雅砻江锦屏一级水电站
工程地质勘察与实践

中国电建集团成都勘测设计研究院有限公司
李文纲　杨静熙　刘忠绪　巩满福　郑汉淮 等　编著

中国电力出版社
CHINA ELECTRIC POWER PRESS

内 容 提 要

本书根据雅砻江锦屏一级水电站极其复杂的工程地质条件，对世界最高的混凝土双曲拱坝和高地应力区大型地下洞室群等重大工程地质问题的地质勘察过程、勘察研究成果及其实践进行了回顾、总结，系统论述了锦屏一级水电站艰难的勘察工作、工程地质勘察重点、区域地质与地震、水库工程地质、工程地质选址、岩体工程地质特性及物理力学参数、枢纽建筑物工程地质、天然建筑材料等复杂工程地质条件与重大工程地质问题的勘察研究成果。本书对锦屏一级水电站特高拱坝和地下洞室群地质勘察研究思路、内容与方法的总结，体现了国内外300m级拱坝和30m级大跨度地下洞室群工程地质勘察研究和实践的水平与应用发展方向。

本书在水电站工程地质勘察研究的经验和成果可供水电、水利、铁路、交通、建筑、矿山等行业的勘察与设计、施工与监理、建设业主等工程技术人员，以及高等院校有关专业的师生参考使用。

图书在版编目（CIP）数据

雅砻江锦屏一级水电站工程地质勘察与实践 / 李文纲等编著. —北京：中国电力出版社，2024.1
ISBN 978-7-5198-7111-6

Ⅰ. ①雅… Ⅱ. ①李… Ⅲ. ①水力发电站–工程地质勘察–锦屏县 Ⅳ. ①TV74

中国版本图书馆CIP数据核字（2022）第191334号

出版发行：中国电力出版社
地　　址：北京市东城区北京站西街19号（邮政编码100005）
网　　址：http://www.cepp.sgcc.com.cn
责任编辑：王晓蕾（010-63412610）
责任校对：黄　蓓　王海南
装帧设计：张俊霞
责任印制：杨晓东

印　　刷：三河市航远印刷有限公司
版　　次：2024年1月第一版
印　　次：2024年1月北京第一次印刷
开　　本：787毫米×1092毫米　16开本
印　　张：22.5
字　　数：503千字
定　　价：178.00元

锦屏一级水电站地理位置图

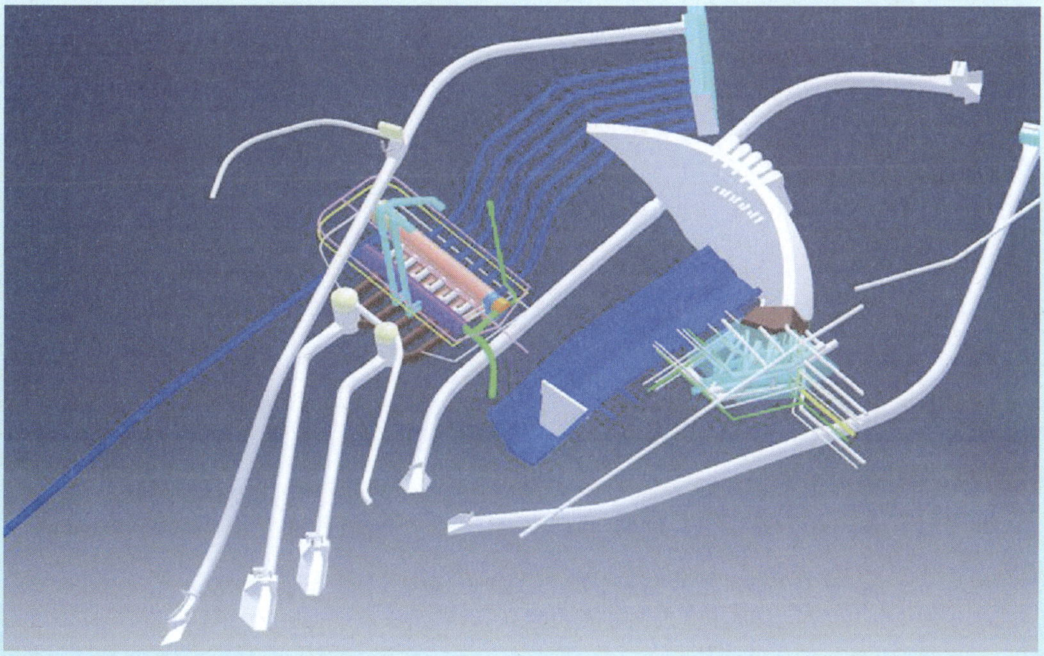

锦屏一级水电站整体三维效果图

坝址河段原始地形全貌

左坝肩边坡全部开挖完成（镜向左岸）

右岸坝肩开挖前自然边坡（镜向右岸）

施工中的右岸坝肩、水电站进水口及泄洪洞进口边坡（镜向右岸普斯罗沟）

施工中的大坝基坑

地下主厂房施工

右岸尾水出口高位危岩体处理

锦屏一级水电站建成后全貌

水电站全面投产发电之地下厂房全貌

水库库首区

中国工程院院士王思敬（左二）现场查勘

成都理工大学黄润秋教授（现生态环境部部长）在探洞考察

全国工程勘察设计大师刘克远（前右一）在探洞中查勘

全国工程勘察设计大师李文纲（右一）在探洞中查勘

国家开发投资公司原总经理王文泽（右二）视察工地，右一为成都院副总工巩满福

中国电建集团总工程师周建平（右一）、水电水利规划设计
总院原副院长彭土标在探洞考察

成都理工大学教授王兰生（右一）在探洞考察

河海大学教授周志芳（右一）在探洞考察

中国科学院研究员伍法权（左一）和水电水利规划设计总院张东升在探洞考察

美国哈扎公司地质师蒙哥马利·沃森（Mr. Stukey）在现场考察

序

混凝土拱坝作为拱梁共同传力的超静定承载结构，具有超载力量强、抗震性能好、工程量与投资节省的优点，从20世纪50年代梅山连拱坝建设开始，于20世纪末和21世纪初在我国水电开发中得到了广泛的发展。从20世纪90年代初期雅砻江二滩拱坝（坝高240m）开始建设、1998年7月发电投产，至2015年大渡河大岗山拱坝（坝高210m）发电投产，我国已陆续建成投产了雅砻江二滩（坝高240m）、锦屏一级（坝高305m）、金沙江溪洛渡（坝高285.5m）、大渡河大岗山（坝高210m）、澜沧江小湾（坝高294.5m）、黄河拉西瓦（坝高250m）、乌江构皮滩（坝高232.5m）等7座坝高超过200m的拱坝。先后于2020年6月和2021年6月投产发电的金沙江乌东德、白鹤滩拱坝坝高分别达270m、289m。在这些特高拱坝的勘测设计和建设过程中遇到了一系列复杂的重大工程地质问题，这些重大难题的勘察查明、设计论证与施工处理对特高拱坝的建坝安全性和技术经济性有着重大的意义。锦屏一级水电站坝高305m，为当今世界第一高坝，其独特的“两高一深”地质特点（高边坡、高地应力、深卸荷）带来的一系列高山峡谷区高坝大库工程场地构造稳定性、水库库岸稳定性、拱坝拱座及抗力体岩体稳定性、大型地下洞室群围岩稳定性、高陡岩质边坡稳定性等重大工程地质问题的勘察最具有代表性。我很高兴看到《雅砻江锦屏一级水电站工程地质勘察与实践》即将出版，也很高兴为他们撰序。

锦屏一级水电站是雅砻江干流下游河段（卡拉至江口）的控制性水库梯级电站，位于四川省凉山彝族自治州盐源县和木里藏族自治县境内。水库总库容77.6亿m^3，调节库容49.1亿m^3，属年调节水库。水电站装机容量3600MW，多年平均年发电量166.2亿kWh。工程于2005年9月8日由国家发展和改革委员会正式核准，2005年11月正式开工建设，2012年11月导流洞下闸蓄水，2013年8月首批机组建成发电，2014年7月6台机组全部投产发电。

随着锦屏一级水电工程建设的顺利投产发电，工程地质勘察手段和方法的应用，区域地质、水库和枢纽工程地质条件的查明，重大工程地质问题的分析评价等的研究论证结论得到了成功的验证，其工程地质勘察研究论证处于国内外领先水平。

在工程地质勘察的手段和方法方面，适时采用行业新技术、新方法来提高勘察精度和工作效率。如应用高分辨率的卫星和航空影像对区域地质与物理地质现象进行遥感解译技术；SM植物胶冲洗液护壁与SD钻具取芯技术、绳索取芯技术被广泛应用于软弱夹层和深孔钻进，断层、挤压破碎带、滑坡滑带等软弱岩带岩芯采取率和品质大大提高；地震层析成像（地震 CT）、地震浅层反射等物探技术应用于探测深卸荷裂缝、变形体、滑坡体等不良地质体的空间展布；高清晰数码摄影技术应用于前期地质测绘与编录；施工阶段应用三维激光扫描技术调查工程建筑物外围自然边坡危岩体，采用“水电水利工程地质三维数字化平台”（GeoSmart）的三维地质模型建模技术建立了枢纽区三维地质模型。

在重大工程地质问题分析研究方面，复杂区域地震地质背景下场地构造稳定性研究，重点解决了锦屏山断裂的槽台边界断裂、历史演变及其分段活动性问题，以及潜在震源区划分与变化问题；高坝大消落深水库库岸稳定性研究，重点解决了近坝库段呷爬、水文站滑坡和三滩右岸变形体对工程的影响评价；坝址选择研究查明了自小金河口至景峰桥长达21km河段的工程地质条件及其建高坝适宜性，拟定了水文站、三滩、解放沟和普斯罗沟四个坝址比较，完成了坝址比较与选择，推荐了普斯罗沟拱坝坝址；针对选定坝址左岸深卸荷裂缝对建坝条件影响这一重大工程地质问题的研究，则通过大量勘探平洞和洞间地震波层析成像（CT）揭示变形破坏现象的分布规律及其成因机制的研究，查明了深卸荷裂缝是高地应力区深山峡谷特定地质条件下形成的边坡深卸荷拉裂体系；查明了深卸荷裂缝岩体工程地质特性，深入分析了其不同发育状况对岩体质量的影响，建立了考虑深卸荷裂缝影响的坝区坝基岩体质量分级体系；开展了特殊地质条件下坝区坝基岩体工程地质特性、分级及参数选取研究；在300m级特高拱坝坝基岩体稳定性研究方面，论证了坝基岩体变形、抗滑稳定和抗渗稳定条件，查明了坝基岩体风化卸荷特性和可利用性，首次在河床坝基利用了微新、弱卸荷的$Ⅲ_1$级岩体，减小了坝基开挖，降低了拱推力；针对左岸中高高程坝基岩体复杂条件，采取了大型混凝土垫座置换等工程处理；左岸拱座及抗力岩体工程地质研究，查明了工程地质条件及其专门处理地质缺陷的性状，提出了处理建议，并在施工期开展了大量检测、监测，评价了灌浆处理效果；高地应力条件下大型洞室群围岩变形破坏与稳定性研究方面，在前期对围岩工程地质条件、围岩分类、围岩整体稳定性与局部稳定性评价基础上，重点查明了施工开挖期围岩变形破坏类型、特征、规律及其成因机制，评价了破坏后的围岩质量，为围岩加固处理提供依据；左岸坝肩高达530m的工程边坡稳定性研究中，查明了边坡坡体结构和高高程砂板岩倾倒变形、左坝头变形拉裂岩体、大范围卸荷岩体的变形破坏成因模式，以地质宏观判断和定量计算综合评判了边坡稳定性，以边坡坡体结构、可能失稳模式为基础，提出了相应的处理建议；300m 级特高拱坝天然筑坝材料选择了变质砂岩粗骨料、大理岩细骨料的组合料源，并通过不同比例粉煤灰掺和抑制了变质砂岩潜在碱活性反应，以及通过整形措施解决了粗骨料针片状超标问题，通过密封式风选解决了细骨料石粉含量超标问题。对上述问题的工程地质勘察、分析评价、论证研究代表了我国水电行业的最新最高水平，处于世界领先地位。

为系统总结锦屏一级水电站工程地质勘察和研究所取得的经验和成就，推广和应用300m 级特高拱坝、高地应力条件下大型地下洞室群、500m 级岩质高边坡等水电工程地质勘察和评价的研究思路、原则与新技术、新方法，中国电建集团成都勘测设计研究院有限公司一批长期从事锦屏一级地质勘察的工程技术人员编撰了国家出版基金项目——《大国重器　中国超级水电工程·锦屏卷》之《重大工程地质问题研究》专著和《雅砻江锦屏一级水电站工程地质勘察与实践》，以供今后类似水电工程地质勘察与研究借鉴，确属必要和适时之举。

我国水能资源丰富，随着水电开发的逐渐西移，尤其是实施我国绿色能源建设——国家战略雅鲁藏布江下游水电开发的勘察设计和即将建设，将会遇到更为复杂的地质条件和难度更大的工程地质问题等待我们去攻克。这既是严峻的挑战，也是新的发展机遇。水电工程地质工作者任重道远，相信专著的出版将会为广大工程地质技术人员提供一定的帮助，共同为我国工程地质事业的发展和实现现代化强国梦做出新的贡献。

欣然作序，向广大读者推荐。

中国工程院院士 王思敬

2022 年 12 月

前　言

锦屏一级水电站是雅砻江干流下游河段（卡拉至江口）的控制性水库梯级电站，位于四川省凉山彝族自治州盐源县和木里藏族自治县境内，是国家重点水电工程，开发任务主要是发电，结合汛期蓄水兼有减轻长江中下游防洪负担的作用。水电站水库正常蓄水位1880.00m，死水位1800.00m，总库容77.6亿m^3，调节库容49.1亿m^3，属年调节水库。水电站枢纽由挡水大坝、泄水及消能、引水发电等永久建筑物组成，混凝土双曲拱坝最大坝高达305m，为目前建成的世界第一高坝；水电站装机容量3600MW，多年平均年发电量166.2亿kWh，社会、经济效益显著。

雅砻江锦屏河段的水电勘测设计工作始于20世纪60年代中期，此后因“文化大革命”而中断，1989年1月重新启动勘测设计工作，并于1999年4月、2003年11月分别完成了锦屏一级水电站预可行性研究、可行性研究阶段的勘测设计工作。工程于2005年9月8日由国家发展和改革委员会核准，同年11月正式开工建设，2006年12月实现大江截流，2007年5月开始坝基开挖，2009年9月完成坝基开挖并开始混凝土浇筑，2012年11月导流洞下闸开始蓄水，2013年8月首批两台机组建成发电，同年12月大坝混凝土浇筑到顶，2014年7月6台机组全部投产发电，2014年8月水库第一次蓄水至正常蓄水位1880.00m，2016年4月枢纽工程通过专项验收。

水电站位于中国西部雅砻江大河湾西侧深山峡谷区，地处青藏高原向四川盆地过渡的斜坡地带，地形地质条件极其复杂，工程规模巨大，技术难度极高，是国内外专家公认的“地质条件最复杂，施工环境最恶劣，技术难度最大”的巨型水电工程。

锦屏一级水电站两岸谷坡相对高差达1000～1500m，坝址位于区域性锦屏山断裂西侧约2km，工程地质条件及水文地质条件极为复杂，具有“两高一深”（即高边坡、高地应力、深卸荷）的独特地质特点，面临的复杂工程地质难题前所未有，主要包括：复杂区域地质背景下区域构造稳定性，深大水库大消落条件下库岸稳定性，复杂工程地质条件下高坝坝址选择，坝区左岸“深卸荷裂缝”成因机制及其对山体稳定、拱座及抗力体稳定影响，坝基岩体工程质量评价与可利用岩体选择，左岸深卸荷裂缝和两岸断层发育形成的复杂水文地质条件对大坝渗控影响，高陡工程边坡及自然边坡的稳定性，高地应力、相对较低岩石强度的大型地下洞室群围岩稳定性，300m 级特高拱坝混凝土人工骨料料源选择等重大工程地质问题。

自 1989 年以来，历经二十多年地质勘察研究和施工建设，前期地质勘察成果得到了充分验证和实践，很好地解决了一系列影响高拱坝建设的重大工程地质难题，主要包括：查明了水电站工程的区域构造稳定条件，坝址工程场地区域构造稳定性较好；查明了水库区工程地质条件，对库岸稳定性进行了预测评价，蓄水后又对库岸稳定性以及水库影响区进行了复核，进行了水库诱发地震预测和监测；查明了建坝河段的基本地质条件和坝址枢纽区建筑物工程地质条件及水文地质条件，在极其复杂的地质环境中，选择了一个适宜性相对较好的拱坝坝址、坝线位置，其中拱坝坝线的选择使拱座及抗力体基本避开了左岸深部卸荷裂隙强烈发育地段；查明了坝基、抗力体存在的断层、层间挤压带、煌斑岩脉、深部IV_2级岩体等地质缺陷的分布、规模和性状，为专门工程加固处理和渗控设计提供了重要依据；查明了地下厂房区岩性、构造、地下水及高地应力特征，进行了地下厂房洞室群的围岩分类和稳定性评价，并根据施工期开挖揭示的地质条件、围岩变形破坏现象，开展了变形破坏机理的专题研究，为地下厂房洞室群支护的动态设计和处理措施提供了地质依据；查明了左岸砂板岩的倾倒变形岩体、坝头变形拉裂岩体和右岸顺向坡中倾坡外软弱结构面发育特征，以及其对高边坡稳定性的影响，提出了边坡加固的地质建议；查明了工程区附近各种天然建筑材料料源的储量、质量，为大坝采用的变质砂岩粗骨料和大理岩细骨料的组合料源提供了地质依据。工程建设表明，对重大工程地质问题的认识和评价是准确和合理的，为电站的顺利建设和投产发电提供了可靠的技术保障。

本书根据锦屏一级水电站工程地质勘察及相关科研工作成果编撰而成，全面反映了工程地质勘察研究的成果及其应用。全书共 8 章。第 1 章艰难的勘察工作，介绍了水电工程勘察的艰苦环境、遇到的技术困难，以及开展的专题研究；第 2 章工程地质勘察重点与方法，论述了工程地质勘察的重点、面临的重大工程地质问题，以及勘察方法与手段；第 3 章区域地质与地震，论述了区域地质背景、主要断裂及活动性和区域地震活动性、场地地震危险性，以及区域构造稳定性评价的研究过程和结论；第 4 章水库工程地质，论述了库区地质条件及工程地质分段，以及库岸稳定性、水库渗漏、水库诱发地震等问题；第 5 章工程地质选址，论述了河段地质条件及其建坝适宜性、坝址与坝型选择、地下厂房位置选择；第 6 章岩体工程地质特性及物理力学参数，论述了 300m 级特高拱坝坝基岩体质量分级、结构面分类、岩石（体）与结构面物理力学特性与参数选取、地下洞室围岩分类及参数选取成果；第 7 章枢纽建筑物工程地质，全面论述并评价了大坝坝基及抗力体、引水发电系统、泄水建筑物的工程地质条件；第 8 章天然建筑材料，介绍了人工骨料料源勘察过程，重点论述了三滩右岸大理岩料场和大奔流沟变质砂岩料场地质条件、原岩特性与人工骨料的性能及最终采用组合料源的研究成果。

在锦屏一级水电站艰难而漫长的地质勘察中，参与各勘察设计阶段的地质人员多达数十人，付出了辛勤的汗水，贡献了聪明的才智。水电站的顺利建成和运行，也有他们的奉献和功劳，在此表示崇高的敬意！同时还有多家科研院所、高等院校参与了各个阶段重大工程地质技术问题的专题研究，他们的卓越工作为勘察工作顺利完成提供了重要的技术支持，他们是：中国地质科学院地质力学研究所、成都理工大学、西南交通大学、中国水利水电科学研究院、中国电建集团北京勘测设计研究院有限公司、中国地质调查局成都地质矿产研究所、中国地震局地质研究所、四川大学、清华大学、中国科学院地质与地球物理研究所、四川省地质矿产勘查开发局九〇九水文地质工程地质队、中国地震局地壳应力研究所、四川省地质矿产勘查开发局一〇一地质工程队、河海大学、三峡大学、中国水电基础局有限公司、中国地震局地震预测研究所、依泰斯卡（武汉）咨询有限公司、中国地质大学（武汉）。各阶段勘察工作得到了水电水利规划设计总院和中国水利水电建设工程咨询有限公司的技术指导，雅砻江流域水电开发有限公司给予了大力帮助和支持，施工过程中得到了各施工单位、监理单位的积极配合。在此表示诚挚的谢意！

本书的编写参考、引用了多家单位的技术文献、资料和多位作者的科技论文，除主要文献、论文列于书末的参考文献外，部分文献和大量未正式刊印出版的资料均未在参考文献中列出，敬请见谅。

本书编写过程中得到了中国电建集团成都勘测设计研究院有限公司领导、有关部门、项目施工设代处领导和有关地质人员的大力支持和帮助，在此表示衷心的感谢！

最后，对中国工程院王思敬院士为本书作序，并给予高度评价表示由衷的谢意！

限于作者水平，书中不妥之处在所难免，敬请读者批评指正！

作者
2022 年 12 月

目录

序

前言

第1章 艰难的勘察工作

锦屏一级水电站从1989年雅砻江锦屏河段的水电规划与开发方式研究开始，到2013年8月首批机组建成发电、2014年7月全部6台机组投产发电，中国电建集团成都勘测设计研究院有限公司（以下简称成都院）几代地质勘察工作者历经25年辛勤劳动、努力工作，克服了山高路险、交通不便、工作条件极其艰苦等困难，攀悬崖、战恶水，风餐露宿，获得了大量工程地质勘察资料和研究成果，查明了区域、水库、各比较坝址的工程地质条件，对选定普斯罗沟坝址主要工程地质问题进行了深入的研究与论证，评价了区域地震地质背景与工程场地构造稳定性、深大水库大消落条件下库岸稳定性、高坝坝址选择、“深卸荷裂缝”的成因及其对工程影响、复杂地质环境下高拱坝坝基岩体质量评价、左岸抗力岩体复杂工程地质特性与加固、500m级超高边坡和不同结构高陡边坡稳定性、高～极高地应力区较低围岩强度应力比条件下大跨度地下洞室群围岩稳定性等重大工程地质问题，为水电站枢纽建筑物的精心设计、顺利建设打下了坚实的基础。

回顾锦屏一级水电站二十多年的工程地质勘察工作，参与过现场地质勘察工作的技术人员，都有着极其深刻的感受：既有山高坡陡的惊险，又有生活条件的艰苦与交通条件的困难，还有工作开展一波三折的辛酸，当然更有工程顺利建设、发电投产成功的喜悦。

二十多年的地质勘察过程之所以称其为艰难的勘察历程，一方面体现在整个地质勘察工作中自然环境、生活条件的艰苦：工作区山高坡陡，道路艰险，早期没有通信设施，工作人员住帐篷、牛棚，生活物资极度匮乏。这种艰辛对现在年轻的水电工作者或许多人来说都是无法想象和体会的。然而，对长期从事锦屏地质勘察工作的几代人而言，这种艰辛则是一种历练、磨砺，更是一种精神升华，相信凡是经历过锦屏一级水电站早期地质勘察工作的每一位工作者对这段经历都是刻骨铭心、终生难忘的。另一方面体现在由于地形地质条件的复杂性所带来的地质勘察的技术难度：锦屏一级工程所在的雅砻江高山峡谷区位于我国青藏高原向四川盆地过渡的陡峻斜坡地带，区域地质构造背景复杂，工程区岩性组合多样，初始地应力高，谷坡外动力地质作用强烈，工程地质条件极其复杂。勘察过程中所发现和揭示的主要工程地质问题，是我国以往水电工程地质勘察中极少或很少遇见的，比如：距工程区仅 2km 的区域性锦屏山断裂的活动性问题；普斯罗沟坝址左岸“深卸荷裂缝”（深卸荷）的发育特征及其对工程影响问题；左右岸岩性不对称带来的坝基岩体质量评价问题；坝址大理岩卸荷拉裂、左岸块体滑移—拉裂、砂板岩倾倒变形等高陡边坡稳定问题；高地应力与低围岩强度应力比条件下大型地下洞室群围岩稳定问题；高混凝土拱坝人工骨料料源选择问题等，都是工程地质勘察面临的世界级技术难题。

在二十多年的地质勘察过程中发生了许多难忘的事，有很多同志长期扎根锦屏，为锦屏一级地质勘察工作和工程建设做出了突出贡献，还有人为此献出了宝贵的生命，让我们永远记住他们。

1.1 艰苦的工作环境

锦屏一级工程位于四川省凉山彝族自治州木里、盐源、冕宁三县交界处，属于少数民族地区。当时该地区经济相当落后，为极度贫困区，除了自然条件的恶劣外，交通、食宿等条件都很差，生活极其艰苦。

在规划与开发方式研究阶段，区域地质调查工作要在整个锦屏雅砻江大河湾及其外围上万平方公里的山区开展，工作范围大、流动性强，生活补给困难。午餐以压缩饼干及土豆、玉米为主，极少吃到米饭，缺少蔬菜；夜宿帐篷，有时借住老乡家。预可行性研究阶段初拟 4 个坝址地勘工作开始后，工作地点相对固定了，但生活补给要从 200km 外大河湾东侧的冕宁县城采购。由于住地无电，肉和蔬菜都无法长时间保存，因此，大多数情况下，最常见的肉制品是罐头、腊肉、火腿，菜则是土豆、园根（一种凉山州特产，类似萝卜）、粉条、海带、花生，都是易于较长时间保存的，绿色蔬菜是一种“奢侈品”。从冕宁县城到工地的碎石路及简易公路路况极差，行程需要七八个小时。在冕宁采购的肉类、新鲜蔬菜，在气温较高的季节，到达工地后都有些变质。可行性研究阶段开始以后，配备了专用冷藏车，条件逐渐有所改善。

在规划与开发方式研究阶段，工作地点散布于大河湾地区和沿江各梯级，地质工作人员大多时候住帐篷或借宿老乡家的茅草房或牛棚、马棚。由于虱子、跳蚤、苍蝇、蚊虫多，晚上常常难以入睡。预可行性研究阶段后，水文站坝址工作人员住在矮子沟临时租借老乡家的几间四面漏风、屋顶漏雨的牛马棚里。三滩、解放沟、普斯罗沟三个坝址工作人员也是临时租借的老乡的牛马棚里，厨房是用彩条布搭建的临时棚子。岩土试验人员还在解放沟坝址右岸平洞内暂住了近 3 个多月。1991 年起，开始住简易活动板房，冬冷夏热，四面透风。2001 年可行性研究阶段选坝后，地勘人员陆续搬入了解放沟沟口的三层楼房，居住条件逐步有所改善。

20 世纪 80 年代末前期地勘工作开始，包括整个可行性研究工作阶段及施工前期，唯一的进出场公路是从凉山州冕宁县城翻越牦牛山绕大河湾到工地，高差上千米，道路曲折遥远，需要一整天。特别是从九龙县二区（现九龙县烟袋乡）到锦屏的勘探公路正在修建或刚修建完成，均为路宽不足 3m 的碎石路面简易公路，路况极差，并通过多处滑坡、崩塌、泥石流等地灾频发路段。诸如十六道拐、十三公桩滑坡、城门洞等路段，每年 5～10 月雨季期间道路损毁严重，无法通车，需要步行或骑马。每年野外地质调查、测绘、勘探、试验等现场工作主要安排在 10 月中下旬到次年 4 月底枯水期进行，这期间现场工作和进出场交通才有一定的安全保障。当时进出场交通工具以北京吉普、双排座小型货车、面包车为主，车况很差，抛锚爆胎是常态，车辆四面透风，乘车人员经常满身灰土，只能露出眼睛和牙齿。早期河流规划和区域地质调查工作中，大多数情况下地质人员还需步行或骑马才能到达工作地点。锦屏进场交通自 2004 年九龙河口—大沱营地的对外辅助公路施工完成后才有所改善，直到 2009 年下半年，对外交通专用公路锦屏山越岭隧洞 AB 洞通车后进出场交通状况才得以根本改善。

坝址区地质勘察工作始于 1990 年，同时在两岸开始修建勘探便道，1991 年建成了坝址区唯一过江通道—解放沟人行吊桥（此前过江只能依靠小木船或橡皮筏摆渡）。由于地形高陡，勘探便道修建只能从低高程向高高程逐渐延伸，经过大约 5 年时间才初步形成两岸勘探便道的基本格局。期间现场地质工作通行条件十分艰难，地质测绘主要依靠便道进行，无便道时只能在陡坡上手足并用上下攀爬，勘探试验设备的搬运也只能靠人背马驮。由于地表地质测绘工作与勘探公路、便道、勘探平洞施工同步进行，地质人员在现场进行作业时，常常遇到上方出渣、下方放炮的情况，存在极大的安全隐患，大家开玩笑地说："我们在冒着'敌人'的炮火前进。"

20 世纪 90 年代，整个凉山州通信极为闭塞，仅县城邮电局才有长途电话，大部分乡镇也不通邮。工地现场行政上属凉山州盐源县洼里乡，当时不通电话，也不通邮，在今天网络通信时代是无法想象的。工地信件往来是在 200km 以外的冕宁县城找熟人代发代收，再由工地每周一次往返县城的生活采购车将信件带进带出，每次邮件往返周期都在半个月以上。当时下工地几个月基本都处于与世隔绝的状况，难以与家人、朋友联系，有时家里面出了急事也无法及时收到信息。预可行性研究阶段地勘工作开始时，工地现场与院本部联系的唯一手段是一部小功率电台，还需经都江堰勘察基地电台转收、转发。由于工地地处深山峡谷，信号不好，噪声大、干扰大，加之地勘工作方面的电文既长且专业术语多，收发报的内容不时出现错误，甚至闹出笑话，给工作带来极大不便。直到可行性研究阶段选坝后期，工地现场才配置了海事卫星电话，方可与院本部直接通信，但通话费用较高，一般有重要事情才使用。2004 年施工筹建期开始后，有线电话、移动电话、网络逐步开通。至此，工地现场通信条件得到根本改善。

吃、住、行、通信等各方面的困难是客观存在的，或多或少对地勘工作开展造成一定影响，但通过全体地勘人员的不懈努力，都一一克服了，保证了地质勘察工作的顺利完成。当时在地质勘察队员间口口相传的打油诗很形象地表达了这些艰辛和地勘队员奉献水电事业的乐观向上精神面貌。

锦屏的山笔陡笔陡
锦屏的路呼哧呼哧
锦屏工作辛苦辛苦
锦屏的人阿啵阿啵
（阿啵：彝族语言，意为好样的）

1.2 困难的地质勘察

锦屏一级水电站开始地质勘察工作时，作为中国乃至世界上第一个坝高超过300m级的高坝，不论混凝土拱坝或重力坝、碎石土心墙或面板堆石坝，可以借鉴的工程勘察和设计经验相当少，比如施工初期的二滩拱坝坝高240m，正在进行勘察的清江水布垭面板堆石坝坝高233m，与锦屏一级水电站初拟305～325m坝高还有相当差距，虽有一些经验可以借鉴，但总体较少。锦屏一级大坝作为当时我国正在勘测设计或施工准备的所有坝型中的最高坝，工程规模巨大，地质条件极其复杂，遇见的工程地质难题在中国水电工程界前所未有，均系一些新课题、新问题。对复杂地质条件下特高坝（拱坝、重力坝、土石坝）建坝条件的勘察、工程地质问题的分析、论证，也是一个边探索、边认识的过程，即摸着石头过河。

地质勘察中的“摸着石头过河”，必然导致勘察工作过程会出现一些波折，尤其是当勘探揭示出复杂的工程地质问题时，对其分析、认识都会出现一定的反复。如左岸深卸荷，高地应力对坝基开挖与大型地下洞室群围岩稳定的影响，西部深切峡谷高陡边坡复杂变形破坏模式对边坡稳定的影响等。随着地质勘察工作的逐步深化、细化，对地质条件揭示的逐步明朗化，对重大工程地质问题及其工程影响的认知亦逐步深入。锦屏一级工程从1989年规划开始至2015年枢纽工程专项验收历时近26年，前期勘察设计用了14年，占一半多，并且对每一个复杂工程地质问题进行反复的勘察与论证。困难的地质勘察主要体现在如下几个方面。

1. 复杂区域地质背景条件下兴建高坝大库可行性论证

研究区位于扬子准地台与松潘甘孜地槽褶皱系交界部位，发育一系列区域大断裂，如锦屏山—小金河断裂、马头山—周家坪断裂、安宁河断裂、理塘—德巫断裂等。喜山期以来由于印度洋板块向亚欧板块的强烈俯冲推挤，使得在青藏高原急剧抬升的同时，川滇菱形块体边界断裂（如北边界鲜水河断裂、东边界安宁河断裂等）发生强烈的剪切错动，成为现代强震活动的发震构造。这些发震构造的发育分布及其新活动性直接影响工程场地区域构造稳定性。为此，成都院联合国内八家科研机构、高等院校，进行了锦屏大河湾及外围地区遥感地质研究、大范围区域地质调查、深部构造解释、断裂活动性和地震活动性研究、区域构造稳定性数值模拟研究与工程场地地震安全性评价等，目的是从区域构造稳定性论证的角度，选择一个相对稳定的河段兴建高坝大库。于1990年完成锦屏大河湾及外围区域地质调查，1992年完成《雅砻江锦屏地区地壳稳定性研究》报告，1993年完成《四川雅砻江锦屏水电站地震安全性评价报告》，2008 年“5·12”汶川地震后，于 2012 年完成《雅砻江锦屏一级水电站工程场地地震安全性评价复核报告》。

2. 极其复杂地质条件的工程勘察

工程区位于青藏高原向四川盆地过渡的斜坡地带，地形起伏巨大。第四纪以来，在地壳运动以间歇性急剧抬升为主的作用下，雅砻江水系强烈下切，形成了典型的高山深切峡谷地貌景观，谷坡陡峻，外动力地质作用强烈，高边坡稳定问题突出。大地构造单元处于扬子准地台与松潘—甘孜地槽褶皱系交界部位，川滇菱形断块东部，岩石普遍变质，岩性组合复杂。本区地层以晚二叠世—晚三叠世活动陆缘（韵律型）复理石建造和碳酸盐岩建造为主，间夹基性火山岩、中酸性火山岩、火山碎屑岩透镜层，岩相变化大、岩性复杂，出露有变质砂岩、板岩、千枚岩、绿片岩、大理岩及岩脉。工程区地质构造复杂，发育三期褶皱，第一期：印支造山期主褶皱；第二期：印支期后层内流变褶皱，第三期：燕山期—喜山期叠加褶皱，它们在类型、规模和特征上各具特色，差异明显，晚期褶皱对早期褶皱还存在叠加关系，从而对本区构造格局的形成以及地层岩石的展布、形态和厚度变化等方面起着直接的控制作用。坝址距区域性锦屏山断裂较近（距普斯罗沟坝址约 2km），初拟坝址区小断层有所发育。从地层展布与河谷的组合关系而言，研究河段多属纵向谷，两岸岩层倾倒变形、顺层蠕滑（溃屈）、卸荷拉裂等物理地质现象发育。河床覆盖层厚 30 余米，层次、结构复杂，上、下部为含漂砂砾卵石层，中部常夹有堰塞相砂壤土、粉质黏土等。

20 世纪 90 年代以前对该区基础地质调查研究较少，区域地质资料薄弱欠缺。1990 年以来，经过大量现场调查与勘察，大量综合地层与地质剖面测绘，从地层岩性的重复、粒序层的鉴定、层间挤压错动构造的分析等，查明坝址区貌似单斜实为一系列复杂的倒转紧密线状褶皱构造形式。在勘察方法手段方面，采用了当时最新发明的植物胶冲洗液配合 SD 钻具钻进、绳索取芯钻进、地震波浅层反射、地震层析成像、数码摄像编录、数值模拟分析等新技术、新方法，查明了各初拟坝址的工程地质条件和存在的主要工程地质问题，尤其在普斯罗沟坝址左岸山体内发现深卸荷裂缝（深卸荷）后，采取地面详细调查、钻孔孔壁全景图像、勘探平洞追踪、对裂缝精细化地质编录、不同充填物质的年龄鉴定、裂缝的烟雾连通试验、地震波层析成像、变形观测、物理模拟试验、数值分析等手段，查明了深卸荷裂缝的发育分布特征、规模及其成因机制，论证了深卸荷裂缝对边坡稳定性和工程的影响，采取了避让应对与针对性加固措施。

3. 面对超 300m 级特高拱坝地质勘察艰巨性的挑战

1990 年坝高超过 200m 的高坝国内仅有雅砻江二滩水电站完成了勘测设计和施工，有一定的经验。国外虽已建成约 30 座 200m 以上高坝，但勘测技术的引进有限，所面对的工程实际情况也不尽相同。锦屏一级水电站勘测设计时，无 300m 级特高拱坝勘察设计与建设经验，地质勘察工作还面临技术要求高、缺乏相关技术标准等方面的严峻挑战。因此，在整个地质勘察过程中要求地质人员不断探索、创新，在勘察方法手段、岩土试验布置、重大工程地质问题的分析评价等方面，都需要有所突破。地质人员如履薄冰、如临深渊，承受了非常大的心理压力，直至工程建成发电，经受住了严峻的挑战。

4. 坝址坝型选择的艰难抉择

锦屏一级水电站坝址、坝型选择历经 10 年（1992—2002 年）。在小金河口—景峰桥长约 21km 的河段，根据地形地质条件、建坝工程地质条件，在初拟 7 个坝址基础上，初选水文站、三滩、解放沟、普斯罗沟共 4 个坝址进一步开展地勘工作，预可行性研究阶段初步查明了各坝址工程地质条件：① 水文站坝址，为薄层状板岩为主的纵向谷，两岸岸坡岩体倾倒变形深厚，岩体较破碎，建坝条件复杂，左岸坝后发育规模巨大的滑坡，高陡边坡及大跨度洞室群围岩稳定性差。② 三滩坝址，为砂板岩纵向谷，河谷相对开阔，适于修建堆石坝，有布置大跨度地下厂房洞室群的条件，但右岸顺向坡砂板岩蠕滑拉裂—溃屈变形体发育，规模大，水平深度达 131m，不但增大了心墙开挖量，且可能存在心墙开挖边坡稳定问题和坝基渗透稳定问题，同时也给右岸溢洪道部分地基和开挖边坡稳定性带来不利影响。③ 解放沟坝址，地形较水文站和三滩坝址狭窄，岸坡陡峻，坝址右岸及河床为较坚硬完整的大理岩，但左岸中上部为砂板岩，发育有数条规模较大的与河流交角较小的断层和层间挤压破碎带，岩体沿这些断层及构造裂隙卸荷松弛拉裂水平深度达 150～200m，且砂板岩浅表部倾倒变形严重，地形零乱，岩体破碎，对刚性坝而言，存在左岸坝基岩体强度及变形不均一和坝肩抗滑稳定等问题。④ 普斯罗沟坝址，河道顺直，河谷狭窄，两岸陡峻，主要由坚硬大理岩组成，是锦屏一级河段内较适宜修建混凝土双曲拱坝的坝址，但右岸为顺向坡，存在绿片岩夹层不利于右坝肩抗滑稳定，左岸存在顺坡向断层对坝肩抗滑稳定和变形稳定不利，深卸荷裂缝可能会影响左坝肩绕坝渗漏、拱座及抗力岩体的变形、抗滑稳定，以及岸坡稳定问题。

在 4 个坝址比选过程中，根据不同坝型建坝对工程地质条件的基本要求，主要针对水文站坝址、三滩坝址土石坝方案，解放沟坝址重力坝方案以及普斯罗沟坝址拱坝方案开展工程勘察工作。经过反复比较，勘察逐步集中到了三滩土石坝坝址和普斯罗沟拱坝坝址。

普斯罗沟坝址和三滩坝址工程地质条件均较复杂。普斯罗沟坝址主要为左岸深卸荷岩体及砂板岩岩体等对拱坝拱座及抗力岩体变形稳定、坝基抗渗稳定带来的不利影响；三滩坝址主要为右岸变形体对心墙地基防渗稳定、高边坡稳定带来的影响。复杂的工程地质条件，给坝址坝型选择带来极大困难，经较长时期针对各坝址重大关键工程地质问题开展大量的勘探试验，深入的分析论证和专题研究，反复比较，直至可行性研究阶段，最终选定普斯罗沟坝址双曲拱坝方案。

5. 重大工程地质问题的研究与解决

自预可行性研究阶段以来，锦屏一级工程勘察遇到了较多的难题，其中坝址枢纽区重大关键的工程地质问题主要有：坝址左岸岩体深卸荷裂缝成因及对工程影响、复杂地质环境下 300m 级特高拱坝坝基岩体质量评价、高地应力与低围岩强度应力比条件下大型洞室群围岩稳定性、复杂超高工程边坡稳定性、复杂岩性特高拱坝混凝土人工骨料料源选择等。

（1）坝址左岸岩体深卸荷裂缝成因及对工程影响。

在工程勘探过程中，发现坝区左岸大理岩和变质砂岩与板岩山体在浅表卸荷带以里穿过一段相对紧密完整的岩体后，又发育一系列规模不等的张开裂缝或裂隙松弛带（统称深卸荷裂缝）。为查明这些深卸荷裂缝成因、空间分布特征，正确评价对工程影响，自 1992

年底勘探发现深卸荷裂缝后，围绕查明深卸荷裂缝性状及其发育分布规律，开展了大量地质测绘、洞探、钻探、物探、岩体力学试验等工作，研究了深卸荷裂缝与地层岩性、地质构造、河谷地貌、地应力场等相关关系；从地震地质、河谷演化、构造学、物理模拟、数值分析等多方面论证了深卸荷裂缝成因机制。

研究结果表明，坝址左岸发育深卸荷裂缝受岩性构造控制，破裂形式具有多样性和复杂性，是在左岸特定的高边坡地形、地质构造、高地应力环境和岩性组合条件下，伴随河谷的快速下切过程，边坡高应力发生强烈释放、分异、重分布，而在原有构造结构面基础上卸荷张裂所形成的一套边坡深卸荷拉裂裂隙体系；普斯罗沟坝址左岸岸坡山体现今整体是稳定的，具备建坝的工程地质条件。

（2）复杂地质环境下300m级特高拱坝坝基岩体质量评价。

坝址区具有“两高一深”的基本地质特点，即高边坡、高地应力和左岸深卸荷。拱坝坝基地质缺陷发育，除贯穿坝基顺河向软弱结构面外，还有随机分布的溶蚀裂隙带、风化绿片岩透镜体，特别是左岸拉裂松弛岩带等软弱岩体（岩带）等，对拱坝变形稳定影响大。坝基左右岸、上下高程间的地质条件差异较大：左岸中上高程坝基由砂板岩构成，岩体风化卸荷拉裂，完整性差，模量较低，低高程坝基由新鲜大理岩构成，模量较高；右岸坝基多由坚硬大理岩组成，模量较高，而中部含有较多绿片岩透镜体，模量相对较低。在如此复杂的坝基地质条件下，305m特高拱坝的变形稳定问题显得十分突出。可行性研究阶段对建坝地质条件进行了大量勘探试验研究，建立了一套适应锦屏一级水电站复杂地质特点的高拱坝坝基岩体质量分级体系。在施工详图阶段，根据开挖揭示的地质条件及检测试验成果，对坝基复杂的工程地质条件又进行了深入的复核。

前期勘察完成了大量的地质测绘、钻孔与平洞等工程勘探、岩石（体）试验、综合测井等，此外采用了地震波CT技术、三维激光扫描技术、三维地质模型建模技术等新技术、新方法，查明坝基岩体岩性、构造、完整性、嵌合紧密程度，以及煌斑岩脉、绿片岩透镜体、断层破碎带、深卸荷松弛岩体等不良地质体的分布、性状，对坝基岩体质量进行了分级研究，并对建基岩体进行了预测评价。施工期，建基面开挖后，采用地质编录、建基岩体复核试验和检测，获得了岩体的块度（I_b）、体积节理数（J_v）、声波纵波速（V_p）、钻孔全景图像、钻孔弹模（E）、岩体变摸（E_0）等岩体质量指标，对开挖后坝基岩体质量进行了复核和全面评价，并对地质缺陷提出了针对性的加固处理建议。

（3）高地应力与低围岩强度应力比条件下大型洞室群围岩稳定性。

地下厂区洞室群置于大理岩内，洞室密集，规模巨大，地质条件复杂，断层、煌斑岩脉等软弱结构面较发育，实测最大地应力高达35.7MPa，岩石饱和抗压强度一般50～70MPa，围岩强度应力比低，多为1.5～3.0，高地应力制约的洞室围岩稳定性是锦屏一级水电站的关键工程地质技术问题之一。开挖期地下厂房、主变压器室等围岩出现了较大变形，局部围岩破坏，为此，进行了地下洞室开挖后围岩二次应力测试、系统声波长观检测、钻孔全景图像和围岩变形监测，开展了围岩监测反馈分析、围岩变形与块体稳定分析、二维反演分析与开挖支护模拟、三维数值仿真分析等研究工作。分析认为，高地应力与相对较低的岩体强度之间的矛盾是厂区围岩变形破坏的根本原因，其次与岩体工程地质特性、洞室群规模与形状、开挖方式、支护时机与强度等多种因素的综合影响有关。根据上述围岩稳定性研究成果，对主厂房等洞室加强了支护后，围岩变形逐步收敛。

（4）复杂超高工程边坡稳定性。

枢纽区左岸自然边坡高陡，大理岩岩体卸荷强烈，上部砂板岩体倾倒变形普遍，发育有断层、层间挤压带、顺坡向结构面，深卸荷拉裂岩体等，地质条件极其复杂。开挖边坡高度达 530m，其中坝顶以上最大坡高 225m。工程开挖边坡高度高、规模大，存在左坝头变形拉裂岩体及高处砂板岩倾倒变形岩体，稳定问题突出，为国内外水电工程所罕见。

边坡复杂地质条件主要体现在：① 边坡上部为软硬相间的变质砂岩与板岩，下部为较坚硬的大理岩，并发育有抗风化能力较弱的煌斑岩脉，地层岩性变化大；② 岩层组合包含了薄层、中厚层和厚层，岩体结构差异大、变化大；③ 坡体内小断层、层间挤压错动带、顺坡向结构面发育，发育规模较大的不利结构面组合；④ 卸荷深度大，除岸坡表浅岩体卸荷外，还发育有最大水平深度达 330m 的深卸荷；⑤ 高处砂板岩反向坡岩层普遍倾倒变形。

为查明边坡的稳定条件，开展了大量平洞和钻孔勘探，以及针对主要软弱结构面和卸荷拉裂松弛岩体的原位力学试验、高应力强渗水作用下弱化效应研究。通过对边坡变形破裂现象、边界条件与可能失稳模式、力学参数取值、边坡变形监测成果等综合分析，进行了工程开挖边坡稳定性计算与评价，提出了边坡加固处理的建议。

（5）复杂岩性特高拱坝混凝土人工骨料料源选择。

锦屏一级水电站工程区附近出露地层主要为一套三叠系浅变质岩，岩性以大理岩、变质砂岩与板岩为主，近坝附近无坚硬的岩浆岩分布。鉴于板岩和粗晶大理岩强度偏低，变质砂岩具潜在碱活性反应，且粗骨料成型差，作为 300m 量级特高拱坝大坝混凝土人工骨料料源尚需进行深入的适用性研究。通过大范围的料源找寻，开展了料场地质测绘、勘探、原岩试验、轧制试验和大量单一岩性、组合岩性、不同晶粒结构大理岩等混凝土性能试验、碱活性抑制试验等研究，最终选择了大奔流沟变质砂岩粗骨料和三滩右岸细晶大理岩为主细骨料的组合骨料作为大坝混凝土骨料，在骨料加工过程中，还采取了对变质砂岩粗骨料整型、添加粉煤灰抑制碱活性和大理岩细骨料密封式风选降低石粉含量的改性措施，较好地满足了锦屏一级特高拱坝对高强度混凝土人工骨料的要求，成为中国水电工程界坝高超过 200m 的特高拱坝中第一个采用大理岩细骨料与变质砂岩粗骨料组合的混凝土人工骨料的工程。

1.3 主要专题研究

锦屏一级水电站地质条件极其复杂，工程勘察设计技术难度极大，许多重大工程地质技术难题，均需进行专题科学研究。从前期规划、预可行性研究、可行性研究到招标设计、施工详图设计阶段，联合国内近 20 家科研单位和高等院校，针对区域、水库和枢纽区重大工程地质问题开展了近 50 项专题研究，取得了丰富的成果，为锦屏一级水电站勘察设计与施工奠定了坚实基础。

主要的科研单位和高等院校所开展的专题研究项目如下。

1. 中国地质科学院地质力学研究所

研究项目：雅砻江锦屏大河湾地区断裂活动性研究

研究时段：1989—1992 年

项目负责人：胡海涛、易明初

提交成果：《雅砻江锦屏大河湾地区断裂活动性研究报告》

2. 成都理工大学（原成都地质学院）

研究项目如下：

（1）锦屏大河湾地区构造稳定数值模拟研究。

研究时段：1989—1990 年

项目负责人：王士天

提交成果：《雅砻江锦屏大河湾地区构造稳定数值模拟研究报告》

（2）锦屏大河湾外围地区深部构造研究。

研究时段：1990—1992 年

项目负责人：朱介寿

提交成果：《雅砻江锦屏大河湾外围地区深部构造研究报告》

（3）锦屏一级水电站高陡岸坡稳定性及建高坝适宜性研究。

研究时段：1992—1994 年

项目负责人：张倬元、王士天

提交成果：《锦屏一级水电站高陡岸坡稳定性及建高坝适宜性研究报告》

（4）锦屏一级水电站近坝库岸及水文站三滩坝址边坡稳定性研究。

研究时段：1994—1995 年

项目负责人：王士天、黄润秋

提交成果：《锦屏一级水电站近坝库岸及水文站三滩坝址边坡稳定性研究报告》

（5）锦屏一级水电站普斯罗沟坝址左岸高边坡深卸荷裂缝形成机理及工程适宜性研究。

研究时段：2000—2001 年

项目负责人：黄润秋、严明

提交成果：《锦屏一级水电站普斯罗沟坝址左岸高边坡深部裂缝形成机理及工程适宜性分析报告》

（6）锦屏一级水电站普斯罗沟坝段岩石及构造研究。

研究时段：2002 年

项目负责人：吴德超、邓江红

提交成果：《锦屏一级水电站普斯罗沟坝段岩石及构造研究报告》

（7）锦屏一级水电站河段水文地质条件研究。

研究时段：2002 年

项目负责人：贾疏源、唐光洁

提交成果：《锦屏一级水电站河段水文地质条件研究报告》

（8）锦屏一级水电站近坝库岸稳定性工程地质研究。

研究时段：2002—2003 年

项目负责人：黄润秋、严明、王运生

提交成果：《锦屏一级水电站近坝库岸稳定性工程地质研究报告》

（9）锦屏一级水电站坝址区工程边坡稳定性研究。

研究时段：2002—2003 年

项目负责人：王兰生、李天斌

提交成果：《锦屏一级水电站坝址区工程边坡稳定性研究报告》

（10）锦屏一级水电站枢纽区工程边坡稳定性及支护对策研究。

研究时段：2005 年

项目负责人：黄润秋、严明、林锋

提交成果：《锦屏一级水电站枢纽区工程边坡稳定性及支护对策研究报告》

（11）锦屏一级水电站施工期工程地质条件（坝基、边坡及抗力体）专题研究。

研究时段：2007—2010 年

项目负责人：黄润秋、严明、林锋、裴向军

提交成果：《雅砻江锦屏一级水电站大坝建基岩体质量评价研究报告》《雅砻江锦屏一级水电站左岸抗力体岩体质量评价研究报告》《雅砻江锦屏一级水电站左岸边坡工程地质条件与变形失稳模式研究报告》

（12）锦屏一级水电站左岸边坡工程地质条件复核及岩体力学参数取值研究。

研究时段：2009—2010 年

项目负责人：严明、林锋

提交成果：《锦屏一级水电站左岸边坡工程地质条件复核及岩体力学参数取值研究报告》

3. 西南交通大学

研究项目如下：

（1）锦屏大河湾及外围地区遥感地质研究。

研究时段：1989—1992 年

项目负责人：马荣斌、秦军

提交成果：《雅砻江锦屏大河湾地区遥感地质研究报告》（1:10 万 NSS 卫片和 1:5 万 TM 卫片遥感地质解译和现场调查）

（2）锦屏一级水电站坝区岩体质量分级及力学参数选取研究。

研究时段：2002—2003 年

项目负责人：胡卸文

提交成果：《锦屏一级水电站坝区岩体质量分级及力学参数选取研究报告》

（3）锦屏一级水电站普斯罗沟和手爬沟泥石流发育特征及其对工程影响专题研究。

研究时段：2006 年

项目负责人：胡卸文

提交成果：《锦屏一级水电站普斯罗沟和手爬沟泥石流发育特征及其对工程影响专题研究报告》

4. 中国水利水电科学研究院（原能源部水利部水利水电科学研究院）

研究项目：水库诱发地震研究

研究时段：1990—1992 年

项目负责人：汪雍熙

提交成果：《锦屏一、二级水电站水库诱发地震危险性分析专题研究报告》和《锦屏一级水电站水库诱发地震研究报告》

5. 中国电建集团北京勘测设计研究院有限公司（原能源部水利部北京勘测设计院）

研究项目：锦屏大河湾外围地区遥感地质研究（1:20 万）

研究时段：1990—1992 年

项目负责人：金丁亨

提交成果：《雅砻江锦屏大河湾外围地区遥感地质研究报告（1:20 万）》

6.中国地质调查局成都地质矿产研究所（原地质矿产部成都地质矿产研究所）

研究项目：锦屏大河湾地区区域地质调查

研究时段：1990—1993 年

项目负责人：廖光宇、潘杏南、杨暹和

提交成果：《雅砻江锦屏大河湾区域地质调查报告（1:1 万）》和《锦屏一级水电站坝段外围地质测绘报告（1:2.5 万）》

7. 中国地震局地质研究所（原国家地震局地质研究所）

研究项目如下：

（1）雅砻江锦屏水电站地震安全性评价。

研究时段：1991—1993 年

项目负责人：蒋溥、梁小华

提交成果：《四川雅砻江锦屏水电站地震安全性评价报告》

（2）锦屏一级水电站地震基本烈度复核和设计地震动参数研究。

研究时段：2002—2003 年

项目负责人：梁小华、蒋溥

提交成果：《锦屏一级水电站地震基本烈度复核及地震安全性评价报告》和《锦屏一级水电站坝址区抗震设计参数核定和时程分析地震动输入研究报告》

（3）锦屏一级水电站工程场地地震安全性评价复核专题研究。

研究时段：2010—2011 年

项目负责人：梁小华

提交成果：《四川省雅砻江锦屏一级水电站工程场地地震安全性评价复核报告》

8. 四川大学（原成都科技大学、四川联合大学）

研究项目如下：

（1）锦屏一级水电站普斯罗沟坝址岩体深裂缝形成机理及三滩坝址右岸边坡稳定性研究。

研究时段：1995 年

项目负责人：范景伟

提交成果：《锦屏一级水电站普斯罗沟坝址岩体深裂缝形成机理及三滩坝址右岸边坡稳定性研究报告》

（2）锦屏一级水电站普斯罗沟坝址新坝轴线坝肩岩体稳定分析评价和用平面刚体弹簧元分析新坝轴线边坡稳定性研究。

研究时段：1996 年

项目负责人：范景伟、何江达

提交成果：《锦屏一级水电站普斯罗沟坝址新坝轴线坝肩岩体稳定分析评价和用平面刚体弹簧元分析新坝轴线边坡稳定性报告》

（3）锦屏一级水电站地下厂房施工期围岩工程特性与反馈分析专题研究。

研究时段：2008—2009 年

项目负责人：谢和平、邓建辉

提交成果：《锦屏一级水电站地下厂房施工期围岩工程特性与反馈分析专题研究报告》

（4）锦屏一级水电站坝基（肩）主要结构面与软弱岩体高应力、强渗水作用下弱化效应研究。

研究时段：2011 年

项目负责人：徐进、张林

提交成果：《锦屏一级水电站坝基（肩）主要结构面与软弱岩体高应力、强渗水作用下弱化效应研究报告》

9. 清华大学

研究项目：锦屏一级水电站普斯罗沟坝址左岸边坡构造稳定性研究

研究时段：1995—1996 年

项目负责人：周维垣

提交成果：《锦屏一级水电站普斯罗沟坝址左岸边坡构造稳定性研究报告》

10. 中国科学院地质与地球物理研究所

研究项目如下：

（1）锦屏一级水电站普斯罗沟坝址左岸高边坡变形与稳定性研究。

研究时段：2000—2001 年

项目负责人：伍法权、祁生文

提交成果：《锦屏一级水电站普斯罗沟坝址左岸高边坡变形与稳定性研究报告》

（2）锦屏一级水电站雾化区边坡变形与稳定性研究。

研究时段：2002—2003 年

项目负责人：伍法权、祁生文

提交成果：《锦屏一级水电站雾化区边坡变形与稳定性研究报告》

（3）锦屏一级水电站枢纽区左右岸边坡地质条件及稳定性分析研究。

研究时段：2005 年

项目负责人：伍法权、祁生文

提交成果：《锦屏一级水电站枢纽区左右岸边坡地质条件及稳定性分析研究报告》

（4）锦屏一级水电站高拱坝坝基裂隙岩体精细结构与工程力学特性参数研究。

研究时段：2005—2006 年

项目负责人：王思敬

提交成果：《锦屏一级水电站高拱坝坝基裂隙岩体精细结构与工程力学特性参数研究报告》

（5）锦屏一级水电站施工期工程地质条件专题研究（引水发电系统及泄洪洞）。

研究时段：2007—2010 年

项目负责人：伍法权、祁生文、任爱武

提交成果：《锦屏一级水电站施工期工程地质条件专题研究报告（引水发电系统及泄洪洞）》

11. 四川省地质矿产勘查开发局九〇九水文地质工程地质队

研究项目：锦屏一级水电站库区综合工程地质调查

研究时段：2000—2002 年

项目负责人：吴长平

提交成果：《锦屏一级水电站库区综合工程地质调查报告》

12. 中国地震局地壳应力研究所

研究项目：锦屏一级水电站水压致裂法地应力测试研究和坝区钻孔高压压水试验研究

研究时段：2002 年

项目负责人：安其美、郭启良

提交成果：《锦屏一级水电坝区水压致裂法地应力测试研究报告》和《锦屏一级水电坝区钻孔高压压水试验研究报告》

13. 四川省地质矿产勘查开发局一〇一地质工程队

研究项目：锦屏一级水电站库区压覆矿产资源评估

研究时段：2002—2003 年

项目负责人：王壬癸、王勇

提交成果：《锦屏一级水电站库区压覆矿产资源评估报告》

14. 河海大学

研究项目如下：

（1）锦屏一级水电站坝址区水文地质条件及渗流场研究。

研究时段：2002—2003 年

项目负责人：周志芳

提交成果：《锦屏一级水电站坝址区水文地质条件及渗流场研究报告》

（2）锦屏一级水电站坝基岩体流变特性及参数研究。

研究时段：2002—2003 年

项目负责人：徐卫亚

提交成果：《锦屏一级水电站坝基岩体流变特性及参数研究报告》

15. 三峡大学

研究项目：锦屏一级水电站坝厂区卸荷岩体宏观力学特性及参数研究

研究时段：2002—2003 年

项目负责人：李建林

提交成果：《锦屏一级水电站坝厂区卸荷岩体宏观力学特性及参数研究报告》

16. 中国水电基础局有限公司

研究项目：锦屏一级水电站拱坝坝基软弱岩体固结灌浆试验研究

研究时段：2003—2004 年

项目负责人：夏可风

提交成果：《锦屏一级水电站拱坝坝基软弱岩体固结灌浆试验研究报告》

17. 中国地震局地震预测研究所

研究项目：锦屏一级水电站水库诱发地震监测台网总体设计

研究时段：2005—2006 年

项目负责人：蔡晋安、陈会忠、林榕光

提交成果：《锦屏一级水电站水库地震监测系统总体设计报告》

18. 依泰斯卡（武汉）咨询有限公司

研究项目：锦屏一级水电站左岸Ⅳ—Ⅵ山梁高边坡稳定岩石力学分析研究

研究时段：2005 年

项目负责人：朱焕春、荣冠

提交成果：《锦屏一级水电站左岸Ⅳ—Ⅵ山梁高边坡稳定岩石力学分析报告》

19. 中国地质大学（武汉）

研究项目：锦屏一级水电站坝区岩体水动力场及渗控工程深化专题研究

研究时段：2008—2009 年

项目负责人：梁杏、潘欢迎

提交成果：《四川省雅砻江锦屏一级水电站坝区岩体水动力场及渗控工程深化专题研究报告》

第 2 章 工程地质勘察重点与方法

在锦屏一级二十多年的地质勘察中，其独特典型的高边坡、高地应力、深卸荷“两高一深”地质特点给工程地质勘察和世界第一高拱坝及其枢纽建筑物的布置选择与设计、施工带来了诸多的重大工程技术难题。在工程地质勘察方面，针对不同勘测设计阶段需要重点解决的工程地质问题，适时采用了工程勘察新技术、新方法，开展了大量深入的地质测绘、物探、钻探、洞探、岩土体物理力学性质试验和重大工程地质问题专题研究等，取得了丰富而翔实的勘察成果，查明了区域、水库、枢纽建筑物区的工程地质条件，解决了世界第一高坝工程面临的一系列重大工程地质难题。

锦屏一级水电站工程地质勘察工作遵循“循序渐进、逐步深入”的原则，经历了雅砻江下游河段水电规划与开发方式研究阶段、预可行性研究阶段、可行性研究阶段、招标设计与施工详图设计阶段，由区域地质工作、坝段与坝址选择，逐步到坝址地质勘察，在不同的设计阶段工程地质勘察内容与重点不同。对典型重大工程地质问题的勘察、研究与其他同类工程既有相似点，但更多的是在研究目的、方向大致相同下差异比较明显的研究思路、技术路线，取得的成果也带有鲜明的锦屏一级特色。

2.1 各勘测设计阶段勘察重点

各勘测设计阶段，由于其目的、目标的不同，需要工程地质勘察解决、回答问题各异，因此，工程地质勘察的内容也有所不同。

1. 规划与开发方式研究阶段

本阶段为解决锦屏河段高坝梯级成立与否的问题，以及怎样选择一个区域构造相对稳定的场址来建设 300m 级高坝，首先重点开展雅砻江锦屏大河湾修建高坝梯级电站能否成立的区域构造稳定性论证工作，进行了雅砻江锦屏大河湾及外围遥感地质研究、深部构造延拓分析、锦屏大河湾区域地质调查、断裂活动性研究，深入论证评价了锦屏大河湾地区的区域构造稳定性，回答了锦屏大河湾地区具备修建高坝梯级的区域构造稳定条件。

2. 预可行性研究阶段

为了完成坝段划分和代表性坝址与坝型初步推荐，针对坝段坝址方案选择的重大制约因素开展了初拟坝段与坝址拟定的工程地质勘察与初步研究。从小金河口—景峰桥长约21km的锦屏一级选址河段的基本地质条件较为复杂，该段河谷山高谷深，岸坡陡峻，出露地层为三叠系绿片岩、大理岩和变质砂岩、板岩等，无大的区域性断裂通过，区内主要构造形迹为NNE向的松林坪复式向斜及其东侧景峰桥—兰坝（倒转）背斜、三滩（倒转）向斜等次级褶皱。河段谷坡外动力地质作用强烈，局部地段岸坡变形破坏现象明显，发育有水文站滑坡、呷爬滑坡等大型滑坡。谷坡高陡边坡稳定问题突出，是坝段划分与代表性坝址与坝型方案初拟的重大制约因素之一。

本阶段重点对锦屏一级选址河段的工程地质条件进行了研究，调查了河段基本地质条件，自上游至下游初拟了小金河口、水文站、兰坝、三滩、解放沟、普斯罗沟、景峰桥等7个坝址，从地形、岩性分布、岸坡稳定条件等初步比较，初选了水文站、三滩、解放沟、普斯罗沟等4个坝址进一步比较。其中，水文站、三滩两变质砂岩、板岩坝址重点研究心墙堆石坝方案，解放沟、普斯罗沟两大理岩坝址重点研究混凝土坝方案。对各初选坝址、坝型的工程地质条件与主要工程地质问题进行同等深度的勘察与评价。勘察成果表明：水文站坝址两岸变质砂岩与板岩倾倒变形深厚，且坝后左岸发育规模较大的水文站滑坡；解放沟坝址右岸、河床和左岸下部为大理岩，但左岸中上部为变质砂岩与板岩，且有两条断层通过，岩体倾倒、拉裂松弛强烈。上述两坝址工程地质条件复杂，工程地质问题严重，难以适应建高坝的要求。而三滩砂板岩坝址和普斯罗沟大理岩坝址分别基本具备修建高土石坝和高混凝土坝的地形地质条件。此外，还重点开展了普罗沟坝址左岸下游深卸荷和三滩两岸变形体工程地质勘察及对建坝条件影响的论证。

本阶段还开展了锦屏一级水电站地震稳定性分析和工程场地地震安全性评价、水库地质综合调查和水库诱发地震初步预测。

3. 可行性研究阶段

根据锦屏一级工程特点，可行性研究阶段分为坝址、坝型选择和坝址选定后枢纽布置与建筑物工程地质勘察两步进行。

（1）坝址、坝型选择。紧密围绕三滩坝址和普斯罗沟坝址的比选开展地质测绘、勘探及试验等。根据两个坝址的地质条件和存在的主要工程地质问题及对不同坝型水工建筑物的影响，勘察工作各有侧重。

1）三滩坝址：是以心墙堆石坝为代表性坝型的坝址，重点对坝址右岸变形体的变形特征及对工程影响进行了勘察、论证，对地下厂房洞室群围岩与工程边坡的稳定条件进行了勘察研究。

2）普斯罗沟坝址：是以混凝土双曲拱坝为代表性坝型的坝址，针对拱坝选坝的关键地质问题，勘察重点是进一步查明坝址左岸深卸荷裂缝发育分布规律、成因机制及对建坝条件的影响，深入分析研究了左岸中上部坝基岩体质量及其变形稳定、左岸高边坡稳定性，分析研究了两岸坝肩抗滑稳定的边界条件。

针对三滩高心墙堆石坝防渗土料料源及普斯罗沟高拱坝混凝土骨料料源，开展了坝址20km 范围内的上游洼里和下游大沱、大铺子、干海子等碎石土料场勘察，初步查明了近坝碎石土料储量、质量；在近坝大理岩出露地带开展了大坝混凝土人工骨料料源初查。

（2）坝址选定后。选定普斯罗沟坝址后，重点对水工建筑物布置区进行了大量补充地质测绘、勘探和试验工作。对拱坝坝基及抗力体、地下厂房洞室群围岩、枢纽区高边坡等工程地质条件进行了勘察和评价。开展了大坝混凝土人工骨料料源勘察，对坝址附近的三滩右岸大理岩料场、兰坝大理岩料场，以及大奔流变质砂岩料场开展了详查精度的测绘和勘探试验研究工作。

开展的重大工程地质问题专题研究主要有工程场地地震安全性评价复核、近坝库岸稳定性研究、坝段岩石与构造研究、河段水文地质条件研究、坝基岩体质量评价、岩体物理力学特性及参数取值研究、高坝坝基岩体稳定性研究、坝址区边坡稳定性研究、雾化区边坡变形与稳定性研究、坝基软弱岩体固结灌浆试验研究等。

4. 招标设计与施工详图设计阶段

（1）招标设计阶段。锦屏一级水电站规模巨大，工程地质条件复杂，招标设计阶段根据可行性研究报告审查意见，进一步复核了影响右岸坝肩抗滑稳定的结构面，特别是走向北北东—北东、倾向河床的顺层缓倾角结构面和绿片岩透镜体的连通率；进一步查明了左岸高程缆机平台及砂板岩部位的工程地质条件和左坝头变形拉裂岩体的范围，对缆机平台、坝肩开挖边坡等分别进行了稳定性分析。

进一步开展了以下专题研究：枢纽区工程边坡稳定性研究，特别是左岸坝肩边坡稳定性研究，泄洪雾化区边坡稳定性研究、枢纽区自然边坡危岩体稳定性分析及防治措施研究等。

根据大坝人工骨料料源勘察成果，三滩右岸大理岩料场部分质量指标不满足规范要求；兰坝大理岩料场储量远不能满足需求，已无开采价值；大奔流沟变质砂岩料场岩石存在潜在硅酸反应。因此，招标设计阶段开展了针对三滩大理岩细骨料石粉含量超标、大奔流沟变质砂岩碱活性问题的改性措施研究，同时，还扩大料源勘察范围，初查了坝址下游51km 的九龙河口花岗岩料场，复核了人工骨料料场选择。最终选用了经改性的三滩右岸大理岩细骨料料源和大奔流沟变质砂岩粗骨料料源。

（2）施工详图设计阶段。工程开工后施工地质工作，除进行了开挖面地质编录、测绘，对工程地质条件进行复核，为动态设计、施工方案确定提供基础地质资料外，还对重大工程地质问题继续开展了深入的专题研究，包括大坝建基岩体质量评价研究、左岸抗力体岩体质量评价研究、左岸边坡工程地质条件与变形失稳模式研究、右岸抗滑稳定边界条件深入研究、地下厂房洞室群施工期围岩稳定性研究与评价、坝基（肩）主要结构面与软弱岩带高应力强渗水作用下弱化效应研究、坝区岩体水动力场及渗控工程深化专题研究等专题研究。

跟随开挖进度，进行了坝基开挖后建基岩体质量检测、评价与验收，大坝地基与地质缺陷处理及效果评价，左岸抗力体岩体质量检测、评价及处理效果评价，防渗帷幕地质缺陷处理及效果评价，以及地下厂房洞室群围岩稳定评价等。

“5·12”汶川地震后，开展了工程场地地震安全性评价复核，为防震抗震研究设计专题提供了扎实的基础资料。

开展了施工期大坝混凝土人工骨料料原质量控制，确保了大坝混凝土质量合格。

开展了蓄水前、后库岸稳定性复核调查，为水库蓄水安全运行提供了基础保障。

2.2 重大工程地质问题勘察研究重点

锦屏一级水电站地处我国西南高山峡谷地区，工程规模巨大，混凝土双曲拱坝高305m，为现今世界建成最高坝。枢纽区地质条件极为复杂，具有“两高一深”的地质特点，即高边坡、高地应力、深卸荷。坝区两岸自然边坡高达 1500～2000m，工程边坡最高达 530m；地应力量级高，实测最大主应力左岸岸坡为 40.4MPa、右岸岸坡为 35.7MPa；左岸表部正常卸荷岩体以里经过一段紧密岩体后又发育的“深卸荷裂缝”，其下限水平深度最大可达 250～300m。锦屏一级水电站工程地质问题十分突出。

独特的“两高一深”地质条件，既给工程地质勘察研究带来了诸多地质难点、难题，同时还要求在常规勘察方法基础上，创新采用先进技术和手段，也给世界第一高拱坝及其枢纽建筑物的设计、施工带来了高难度的技术问题。将“两高一深”带来的诸多难点、难题按问题性质、研究主要内容、涉及工程建筑物进行适当合并、归类，可归并为如下 10 个重大工程地质问题，加以重点勘察研究。从 20 世纪 80 年代末期开始，到 2014 年锦屏一级全部建成投产发电，二十多年来，通过几代地质工程师的努力，由“两高一深”带来的诸多重大技术难点、难题一一被攻克，为后续各设计专业提供了大量翔实而准确的地质资料，并在施工建设中得到充分验证。

1. 复杂地质背景下区域构造稳定性

锦屏一级水电站工程区所在雅砻江锦屏大河湾地区，位于扬子准地台与松潘甘孜地槽褶皱系交界部位，区域构造背景复杂。所处“川滇菱形断块”的边界断裂均为多期继承性活动的断裂带，喜山期以来由于印度板块向欧亚板块的强烈俯冲推挤，使得在青藏高原急剧抬升的同时，川滇菱形断块总体上向南东方向推移，导致川滇菱形断块各边界断裂均发生了强烈的水平剪切错动，成为现代地震活动的发震构造，致使工程区地质构造背景和地震地质背景复杂化，工程场地区域构造稳定问题突出。20 世纪 80 年代末，引进新技术、新方法，开展了航卫片的遥感解译与区域大范围到近场区中范围、再到工程场址区小范围的相关地震地质及活断层调查、地球物理场深部构造延拓、区域构造稳定性数值模拟等深入研究，采用多层次、多手段、不同方法查明了区域地质和地震构造背景，工程建设的场址选在了构造相对稳定区。

“工程场地区域构造稳定性”这一重大工程地质问题的研究，带有锦屏特色、能反映锦屏大河湾地区极其复杂区域地质条件的研究内容主要有下述五方面：① 从坝址东侧外围约 2km 处通过的锦屏山断裂，是否是扬子准地台－甘孜地槽褶皱系之间的大地构造槽台分界线；② 锦屏山断裂分段活动性尤其是工程所在中段的活动性，对工程场地构造稳定性的影响大；③ 包含锦屏山断裂带在内的地震统计区带、潜在震源区划分与确定；④ 地震动参数及其“5·12”汶川地震后的复核；⑤ 区域构造稳定性分级分区评价。

2. 大消落深水库库岸稳定性

锦屏一级水库处于我国西部雅砻江下游高山峡谷中，水库区自然地形地质条件极其复杂，岸坡主要为变质砂岩、粉砂质板岩及千枚岩构成的纵向谷，断裂构造发育，岩层倾倒变形较强烈。因水库雍水高，且每年库水位消落回升达 80m，受其影响，库岸将发生较多的变形破坏。尤其小金河支库区小金河断裂、木里弧形构造发育段，崩塌、滑坡众多，泥石流沟发育，水库库岸在蓄水后的稳定问题突出，特别是近坝库岸距大坝近，如果失稳破坏对大坝影响较大，并对生命财产安全构成威胁，须高度重视。高坝大库尤其是深消落条件下的岸坡稳定性，是锦屏一级重大工程地质问题之一。

按照水库库岸稳定性研究方向，主要研究内容及技术路线可以概化为：① 查明水库区基本地质条件，进行库岸工程地质分段；② 蓄水前库岸变形破坏现状与稳定性评价；③ 蓄水后库岸变形破坏特征与规律的认识；④ 蓄水后不同结构的典型岸坡可能失稳破坏模式、滑移边界条件与稳定性分析评价；⑤ 水库影响区地质判别与蓄水后新增影响区的地质评价。

3. 高坝坝址坝型选择

雅砻江从小金河口—景峰桥长约 21km 的锦屏一级高坝选址河段内，工程地质条件极为复杂，主要表现在：① 河段处于印支期地槽向地台过渡的边缘地带，构造挤压强烈，初始地应力高；② 该河段内地层岩性复杂，各类岩石物理力学性质差异较大；③ 河段主要为纵向谷，谷坡陡峻，外动力地质作用强烈，岸坡岩体卸荷拉裂发育、岩层倾倒变形普遍，谷坡稳定问题突出。上述复杂的地形地质与工程地质条件，致使高坝坝址与坝型选择过程漫长而艰难，挑战前所未有。

预可行性研究阶段，在 21km 的河段内，对筛选出的水文站、三滩两个砂板岩坝址和解放沟、普斯罗沟两个大理岩坝址，进行同等精度工程地质勘察，包括工程地质测绘、地球物理勘探、钻探、洞探、岩土体物理力学性质试验研究及专题研究，各坝址均存在不同工程地质问题和不同坝型适应性，初选三滩坝址砾石土心墙堆石坝和普斯罗沟坝址混凝土拱坝两个代表性坝址坝型；可行性研究阶段，在大量深入的勘察设计、专题研究成果的支撑下，经充分比较与论证，最终选定在普斯罗沟坝址建设一座 305m 世界最高的混凝土双曲拱坝。

4. 左岸深卸荷裂缝对建坝条件影响

坝区左岸坡体内发现的“深卸荷裂缝”是锦屏一级水电站工程特有，也是水电工程第一个揭示的地质现象。深卸荷裂缝的展布、成因及其对建坝条件影响研究，是锦屏一级最重大的工程地质问题，涉及对山体稳定性、边坡稳定性和拱坝坝基及抗力岩体稳定性的评价，在预可行性研究阶段对坝址选择、在可行性研究阶段对坝轴线选择和枢纽建筑物布置具有重大影响。

根据不同阶段的论证要求及其与工程的关系，左岸深卸荷裂缝对建坝条件影响的专题研究主要内容包括：左岸边坡地质及赋存的高地应力背景、深卸荷裂缝发育特征与规律、河谷下切高地应力释放深部岩体卸荷裂缝形成的成因机制及其对建坝条件的影响四个部分，其中对建坝条件影响研究又包括山体稳定性、边坡稳定性和对坝基变形稳定、抗滑稳定、渗透稳定及泄洪雾化区边坡稳定性影响等研究内容。

5. 坝区岩体工程地质分类及参数选取

锦屏一级水电站具有高边坡、高地应力、深卸荷“两高一深”的地质特点，影响岩体工程地质特性的地质因素众多，且作为第一座超300m坝高的混凝土双曲拱坝，对坝基岩体质量要求高。因此，坝区岩体工程地质分类及参数选取就成为锦屏一级水电站最关键的工程地质问题。

该项关键工程地质问题研究方向、技术路线和研究内容可以归纳为：从工程地质岩性岩组划分入手，进一步研究岩体结构面发育与岩体结构特征，开展大量岩石、岩体与结构面的物理力学性质试验研究，客观评价坝基岩体质量，选取各级岩体的物理力学参数，建立了以“工程地质岩组+岩体结构特征+岩体紧密程度+深卸荷裂缝”为要素的坝区岩体质量综合分级评价体系和标准，同时进行地下洞室群围岩工程地质分类及其物理力学参数研究；在坝区地质结构面发育特征研究方面，进行结构面产状分组、规模分级、性状分类及其岩体紧密程度研究。

在岩体质量工程地质分级研究中，充分考虑并纳入不同发育程度的深卸荷裂缝对岩体质量影响，体现了锦屏一级的地质特色；对坝区各级岩体、各类结构面物理力学试验成果进行归类整理、统计分析，完成力学参数选取；在坝基开挖后，结合建基岩体地质鉴定，及时开展建基岩体波速、弹模及钻孔孔壁全景图像等物探检测和补充岩体变形试验，对岩体质量分级进行复核；在地下洞室群围岩工程地质分类研究中，除深入分析影响围岩工程地质分类的岩性岩组与岩石强度、岩体结构与完整性、结构面状态、结构面产状与地下水状态外，还重点考虑了锦屏一级高地应力的实际情况，完成围岩工程地质分类与参数选取研究。

6. 特高拱坝建基岩体选择与坝基岩体稳定性

锦屏一级水电站305m高拱坝为世界第一高坝，其特高拱坝坝基地质条件极其复杂，表现在岩性组合类型多，断层、层间挤压错动带、绿片岩、煌斑岩脉等各种规模、类型的地质缺陷较发育，河床及两岸低高程岩体地应力高，复杂坝基岩体质量评价与利用研究具有世界级难度。因此，作为世界最高坝，复杂地质条件下的特高拱坝建基岩体选择与坝基岩体稳定性又是一个重大工程地质问题。

研究内容主要包括：坝基岩体质量分级与可利用岩体研究，坝基岩体变形稳定性、拱座及抗力岩体抗滑稳定性、坝基岩体渗透稳定性的地质评价，f_2、f_5、f_8、f_{13}、f_{14}、f_{18}断层及煌斑岩脉等地质缺陷对坝基稳定性影响的评价，提出工程处理的地质建议和检测标准，完成处理效果评价。

勘察研究论证成果表明，河床坝基表浅部微风化、无充填弱卸荷的$Ⅲ_1$级岩体，其声波波速达4500～5500m/s，岩体变形模量9～14GPa，经固结灌浆后能满足300m级高拱坝建基要求。$Ⅲ_1$级岩体的利用，最大限度地减少了高地应力对河床坝基深开挖带来的松弛破损，以及一定程度上降低了拱推力，减少了坝基嵌深和工程开挖量。在世界特高拱坝坝工建设史上，$Ⅲ_1$ 级岩体作为特高拱坝河床坝基可利用岩体，当属创新。

7. 拱坝左岸抗力岩体复杂工程地质特性

锦屏一级水电站左岸抗力岩体高程约 1810.00m 以上为普遍风化卸荷拉裂强烈的砂板岩，1810.00m 以下为大理岩第 5～8 层的厚层大理岩夹少量绿片岩，还有一条宽为 1.5～4.9m 贯穿抗力体的煌斑岩脉。除发育有 f_2、f_5、f_8 等规模较大的断层外，第 6 层薄～中厚层大理岩中还发育有较多的顺层层间挤压错动带。在浅表部常规卸荷带以里、水平深度为 120～200m 范围内还发育有Ⅲ、Ⅳ级为主的深卸荷裂缝。这些地质缺陷控制了坝基及抗力岩体的变形稳定，对拱坝有很大的不利影响，因此，“左岸抗力岩体工程地质”研究具有十分重要的意义，为锦屏一级水电站的重大工程地质问题之一。

“左岸抗力岩体工程地质”研究的主要内容有四个方面，首先是查明抗力岩体工程地质条件，进行分高程分区岩体质量评价，并根据处理洞室开挖后揭示的地质条件予以复核；重点是查明 f_2、f_5、f_8 断层与层间挤压错动带及煌斑岩脉、深卸荷裂缝等需专门处理的地质缺陷分布、工程地质性状，评价岩体系统水泥固结灌浆可灌性和重点地质缺陷专门处理的可实施性，提出工程处理的地质建议。灌浆可靠性评价主要是开展普通水泥固结灌浆试验，分析研究其可灌性、灌后工程地质性状改善程度，提出不同对象的灌浆效果检查项目与标准，开展钻孔声波波速测试、压水试验及孔壁全景图像与岩芯鉴定；地质缺陷专门处理主要是研究局部混凝土网格置换和水泥化学复合灌浆的可实施性，分别完成系统处理和专门处理效果评价。根据各项处理质量检测成果和抗力岩体变形等监测成果，进行抗力岩体综合处理效果评价。

8. 高地应力条件下大型洞室群围岩稳定性

锦屏一级水电站地下厂房洞室群布置于右岸山体内，装机 3600MW，洞室群平行布置厂房、主变室、尾水调压室三大洞室，其中主厂房最大跨度 28.9m、最大高度 68.8m，洞室群规模巨大。地下厂房区围岩为三叠系中上统杂谷脑组第二段大理岩，一般岩石湿抗压强度为 50～70MPa，实测最大主应力达 35.7MPa，围岩强度应力比较低，仅 1.5～3MPa。高地应力条件下大型地下洞室群围岩工程地质特性及开挖后围岩松弛变形效应复杂，变形破坏类型、规律、机理的研究难度极大，围岩长期稳定问题十分突出，因此，“高地应力条件下大型洞室群围岩稳定性”研究也是锦屏一级水电站的重大工程地质问题之一。

根据地下厂房洞室区工程地质特征，“高地应力条件下大型洞室群围岩稳定性”研究，具体内容主要包括：查明地下洞室区工程地质条件；开展围岩分类和围岩整体稳定性与局部稳定性评价；分析、研究围岩变形破坏问题，尤其是在高地应力条件下的围岩变形特征、变形机理；预测可能变形破坏模式；提出加固处理和监测布置的地质建议。

9. 高陡边坡稳定性

锦屏一级枢纽区自然边坡高陡，雅砻江面至峡谷谷肩相对高差达 1500m，且由于锦屏大河湾地区新构造运动强烈，地壳急剧抬升、雅砻江快速下切，致使谷坡外动力地质作用突出、普遍且影响深度大。岸坡岩体表浅部卸荷拉裂强烈，加之岩体初始地应力高，左岸坡体内还发育深部卸荷裂缝、高高程砂板岩岩层倾倒变形强烈。工程开挖边坡稳定问题突出，左岸坝肩开挖边坡最高达530m，开挖坡体内仍还保留部分卸荷拉裂、倾倒变形与深卸荷拉裂岩体。工程区独特的岩体结构、边坡地质结构和坡体结构，在谷坡强烈的物理地质作用下，自然岸坡呈现出卸荷松弛拉裂、倾倒变形、深卸荷拉裂及局部平面滑塌等变形破坏现象，而且在开挖过程中，两岸工程边坡局部发生过滑塌现象。因此，自然边坡和工程边坡稳定问题均很突出，“高陡边坡稳定性”是锦屏一级水电站又一个世界级的工程地质技术难题。

“高陡边坡稳定性”研究内容主要包括：查明自然边坡地质条件；分析、研究枢纽区边坡岩体结构、地质结构与坡体结构，边坡变形破坏现状，开展自然边坡稳定性分区；进行工程边坡可能失稳破坏模式、机理分析及其稳定性定性评价和典型工程边坡稳定性分析计算，提出边坡开挖稳定坡比、加固处理和监测的地质建议；开展建筑物区自然边坡高位危岩体勘察与评价，提出防治处理和监测的地质建议。

10. 特高拱坝筑坝人工骨料料源选择与适用性

作为世界最高大坝，锦屏一级水电站拱坝坝高达305m，为满足特高拱坝四级配高强混凝土筑坝需要，对人工骨料料源的原岩性质、破碎轧制和混凝土材料性能等均有特殊要求。首先从料源分析，锦屏一级水电站工程区附近出露岩层主要为大理岩、变质砂岩与板岩，近坝附近无坚硬的岩浆岩分布。鉴于板岩和粗晶大理岩强度偏低，变质砂岩具潜在碱活性反应，且粗骨料成型差，作为300m量级特高拱坝大坝混凝土人工骨料料源尚需开展较大范围的料源调查、勘探、试验，进行深入的适用性研究。因此，“特高拱坝筑坝人工骨料料源选择与适用性”研究也是锦屏一级水电站的重大工程地质问题之一。

“特高拱坝筑坝人工骨料料源选择与适用性”主要研究内容包括：首先大范围的料源普查，筛选出重点料场，进一步开展料源的初查和详查；通过料场地质测绘、勘探、原岩试验、轧制试验和大量单一岩性、组合岩性、不同晶粒结构大理岩等混凝土性能试验、碱活性抑制试验等研究，评价各料场料源储量和质量，选择确定单一或组合粗细骨料料源；对选定料源可能存在影响混凝土质量的局部缺陷，深入研究针对性的改性措施，以满足特高拱坝对筑坝混凝土人工骨料的特殊要求。

经充分勘察试验研究与论证，锦屏一级水电站特高拱坝筑坝材料选择了：变质砂岩为粗骨料和细晶大理岩为细骨料的组合骨料作为大坝混凝土骨料料源。在骨料加工过程中，还采取了对变质砂岩粗骨料整型工艺、添加粉煤灰抑制碱活性反应和大理岩细骨料密封式风选降低石粉含量的改性措施，较好地解决了锦屏一级特高拱坝对四级配高强度混凝土人工骨料的要求。

2.3 勘察方法与手段

锦屏一级水电站在各阶段工程地质勘察中，为了查明区域、水库和坝址枢纽建筑物区工程地质条件，采用了工程地质测绘、工程勘探、工程物探、岩土体试验和计算机信息等几大类方法与手段。除开展了大量的常规钻孔（约3万m）、平洞（约2.7万m）及坑槽等工程勘探和岩土体试验（现场原位岩体变形试验 169 点、岩体及结构面抗剪强度试验 65 组）工作外，还率先采用了 SM 植物胶冲洗液配合 SD 钻具钻进、地震波层析成像（CT）、地震波浅层反射、三维激光扫描、三维地质模型建模、基于声波测试的建基岩体质量检测、基于建基岩体变形快速检测仪（YBKC－70）的坝面刚性承压板变形试验等一系列先进技术和新方法，较好地完成了众多关键工程地质技术问题的勘察与研究，取得的成果已应用于工程设计和施工中。

2.3.1 工程地质测绘

地质测绘方法与手段很多，最主要的有遥感地质解译法、地质点测绘法。地质点测绘法要求首先开展工程地质地层岩性柱状图实测，然后进行平面图实测、剖面图实测等。

实测地层岩性柱状图，划分工程地质岩组，确定测绘填图单位。工程地质测绘以标准的地形图作为底图，在勘察场地及其外围，定点及线路观察、量测和描绘与工程直接或间接有关的各种地质要素，为综合绘制工程地质图、初步判定测绘场地的工程地质环境、合理布置勘探与测试工作奠定基础。一般采用目测、步测、罗盘交会，对大比例尺成图及小比例尺控制点用测量仪器定位。在大面积小比例尺成图以及线路的工程地质测绘中使用遥感地质解译技术。后期，随着计算机图形技术、三维激光扫描技术的发展也开展了基于各种新技术的工程地质测绘。

为了查明水文站、三滩、解放沟、普斯罗沟四个比较坝址工程地质条件，预可行性研究、可行性研究阶段初期在四个坝址进行了大量的平面及剖面工程地质测绘，获取了大量翔实的基础地质资料。其中，在预可行性研究阶段首先利用勘探公路及支沟露头，并结合各比较坝址低高程勘探平洞揭示，开展了从上游小金河口至下游大沱近 30km 长距离的工程地质地层岩性柱状图实测，初步摸清了副变质岩地槽区复杂的岩性组合与紧密线状褶皱的展布，为各比较坝址进一步细分工程地质岩组与查明构造褶皱发育特征打下了扎实基础。在此基础上完成了河段各比较坝址的大比例尺工程地质测绘填图。

在整个勘察期间，工程区受悬崖陡壁等特殊地形条件限制，人员多无法到达，针对性地采用了航卫片遥感测绘、陆地摄影地质测绘和三维激光扫描等先进技术和新方法，较好地解决了这一困难。为确保地质测绘的精度，后期还利用勘探便道并结合孔洞资料，开展了遥感地质解译资料的现场调绘。

1. 航卫片遥感地质测绘技术

该技术是利用航空器、卫星等来获取的影像信息，提取各种目标的几何与物理特征信息，对信息进行解译，获取目标地质信息的技术。

针对雅砻江锦屏大河湾地区区域地质背景调查，从大河湾及其外围区域到大河湾地区、再到锦屏一级工程区，从外围往工程区逐步逼近，分别采用 1:20 万卫片（NSS）、1:5 万卫片（TM）、1:2.5 万航片的遥感地质解译开始，范围由大到小，比例尺由小到大，再结合 1:1 万区域地面地质调查复核，查明了锦屏大河湾地区地形地貌、地层岩性及地质构造形迹。

完成了《雅砻江锦屏大河湾外围地区遥感地质研究报告（1:20 万）》、《雅砻江锦屏大河湾地区遥感地质研究报告（1:2.5 万）》、《雅砻江锦屏大河湾区域地质调查报告（1:1 万）》3 本报告。

2. 基于陆地摄影影像定位的地质测绘技术

这是一种通过对高清照片进行大地坐标矫正而获取高清影像上地质特征点、线坐标的平面地质测绘技术。首先进行高清摄影照像，在高清照片选取 4～6 个标志点，并实测这些标志点的大地坐标，形成控制点，从而建立控制像点—地物的大地坐标关系，然后在高清照片上对需要测绘的地质现象进行刺孔，再根据控制点坐标计算刺孔的坐标及高程，之后再放到地形图上，对照现场地质现象的特征，结合地质界线延伸的“V”字形法则勾绘地质线条，最后形成地质平面图。当交通条件具备时，进一步在现场复核校正地质图。

这种地质测绘技术适用于勘察初期阶段人员无法到达地形较陡的具体地质点位，在岩性色彩、风化形态、植被发育等差异明显、构造形迹线条较清晰地区效果较好。过江吊桥建成前，三滩、解放沟、普斯罗沟三个坝址左岸的地质平面测绘都采用了上述陆地摄影影像定位的地质测绘技术。

3. 三维激光扫描技术

该技术是利用激光扫描仪，采集对象含有空间坐标属性的三维点云数据，同时利用内置数码相机获得扫描对象清晰的数字式彩色影像信息，综合生成三维彩色影像；完成三维 CAD 数据的导出，并进行裂隙等扫描对象迹长、间距、产状及性状等特征的数据处理，以及岩体 RQD、岩体体积节理数 J_v 等结构定量化参数的统计。本技术可以准确识别和解译出长度 20cm 以上的裂隙，位置偏差±3mm。

锦屏一级水电站将三维激光扫描技术应用于自然边坡高位危岩体工程地质测绘、主体工程开挖期坝基与边坡开挖后结构面调查、地质编录和岩体地质缺陷定量化指标统计。通过大量工作，最终获得了各种扫描云图、高清晰照片和各种定量化指标的统计成果。

（1）2005 年在自然边坡高位危岩体工程地质测绘中第一次引入三维激光扫描技术，主要通过在现场选取扫描站点，获取危岩体三维点云数据，室内进行危岩体的识别与提取来实现；获取了危岩体的空间分布位置及边界范围；测量危岩体准确的大地坐标或与其他重要构筑物的相对位置关系；测量危岩体长、宽、高等几何尺寸；危岩拉裂缝分布空间位置、发育长度、宽度等；软弱层面（带）的空间发育特征；测量危岩体不利结构面的产状；危岩体任意剖面、断面线的获取；根据三维点云数据输出传统意义的地形图，为危岩体后期治理方案提供详尽地形数据；生成危岩体的立面图，如图 2.3－1 所示。

（2）大坝下游泄洪雾化区右岸猴子坡潜在不稳定岩体边坡控制性结构面 f_7 断层在空间上的发育特征和延伸展布规律，如图 2.3－2 所示。

（3）左岸拱肩槽垫座开挖边坡高程 1840.00～1855.00m 梯段的基于三维激光扫描系统的地质编录成果，如图 2.3－3 所示。

图 2.3-1　右岸 13 号危岩体三维激光扫描云图及高清晰照片

图 2.3-2　对 f_7 断层地表露头三维激光扫描生成的断层面及其产状

（a）基于三维激光点云的地质迹线提取

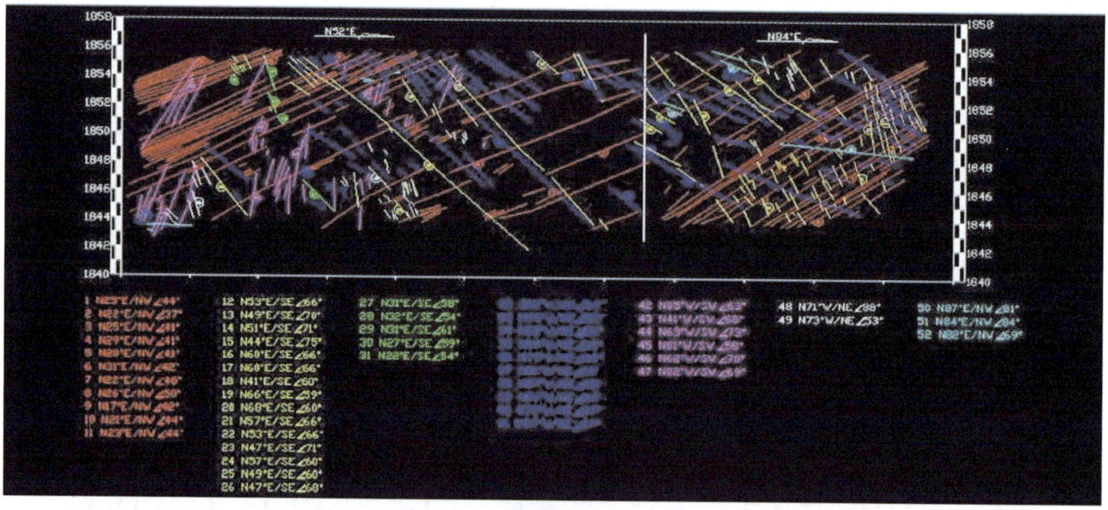

（b） 地质展示图

图 2.3－3 左岸建基面高程 1840.00～1855.00m 三维激光扫描地质编录

（4）初步整理的右岸大坝建基面高程 1710.00～1720.00m 梯段裂隙解译及 J_v 等值线图，如图 2.3－4 所示。

4. 岩体结构精细测量技术

该技术是根据坝基（地基）、边坡岩体或洞室围岩开挖揭示地质条件，选取典型代表性部位布置不小于 5×2m^2 测网（或全断面测网），进行节理裂隙发育和岩体结构的精细编录、测量、统计，并根据获得的信息、数据来计算岩体结构的各种定量化指标，包括岩体质量指数 RQD、岩体块度系数 RBI、岩体体积节理数 J_v 等几何特征，结合现场对节理裂隙嵌合紧密程度、充填物性质等力学性状特征，综合划分确定岩体结构类型。

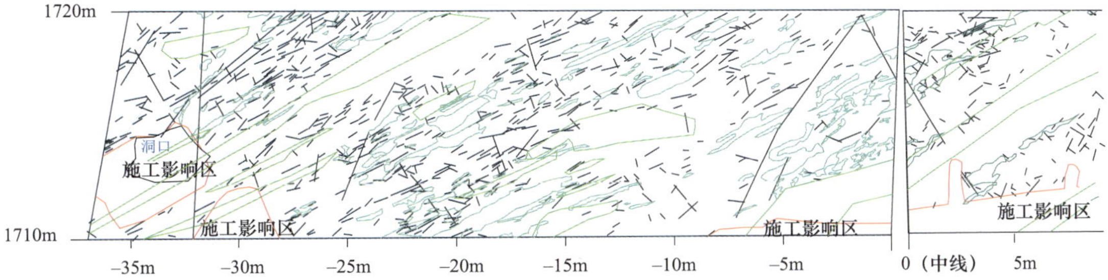

(a) 裂隙

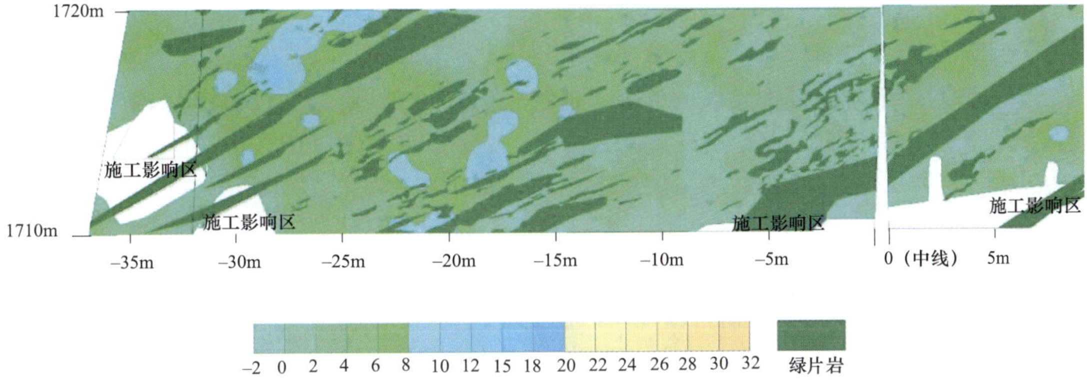

(b) J_v等值线

图 2.3－4　右岸建基面高程 1710.00～1720.00m 三维激光扫描解译

上述岩体结构精细测量技术，在整个前期勘测设计阶段各比较坝址勘探平洞地质资料编录，对工程地质分段岩体结构量化指标的量测统计中得到广泛应用；施工阶段主要用于大坝坝基、左岸抗力体加固处理洞室开挖后的岩体结构量化指标量测统计；此外，左右岸工程边坡开挖、右岸地下洞室群围岩地质资料编录也有所应用。

通过岩体结构精细测量技术使用，获得了锦屏一级大坝坝基全部、左岸抗力体加固处理洞室大部分洞室围岩精测网素描图和岩体 RQD、岩体体积节理数 J_v、岩体块度系数 RBI 的成果，如图 2.3－5 为右岸建基面高程 1801.00～1803.00m 段全断面岩体结构精测网素描图。

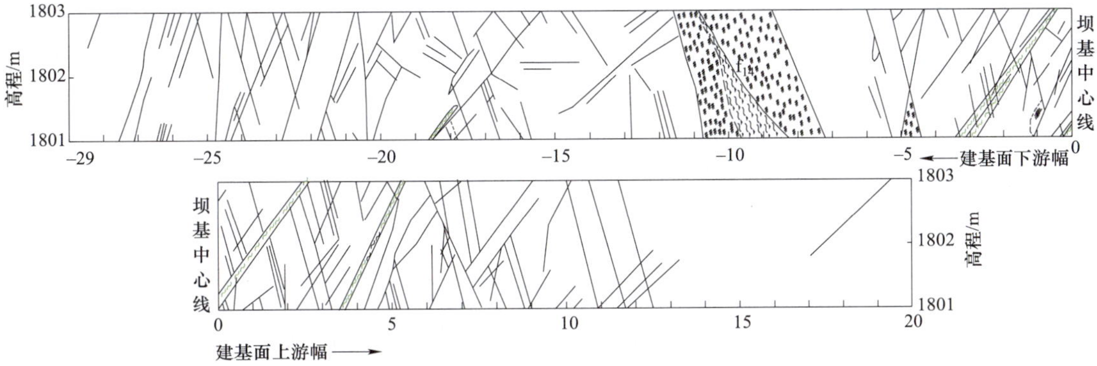

图 2.3－5　右岸建基面高程 1801.00～1803.00m 梯段精测网精测素描图

2.3.2 工程勘探

工程勘探是利用一定的机械工具或开挖作业深入地下揭示地质情况的工作。最常规的方法包括钻孔、平洞、竖井、坑槽等。在锦屏一级水电站二十多年的地质勘察过程中，据不完全统计，四个比较坝址坝区与水库、天然建材料场共完成钻孔约 3 万 m/258 孔、平洞约 2.7 万 m/135 洞等。查明了库坝区工程地质条件，论证评价了工程地质问题，为工程设计、施工提出了相应地质建议。在工程勘探工作中，针对库坝区地质条件与勘探目的，采用了 SM 植物胶冲洗液配合 SD 钻具钻进、绳索取芯钻进等保证岩芯采取率、提高岩芯品质的钻探新技术、新方法。

1. SM 植物胶冲洗液配合 SD 钻具钻进

该项钻进技术是由成都院发明的 SM 植物胶配合 SD 钻具钻进技术，是在特制的植物胶冲洗液护壁作用下，配合金刚石钻头为主的一套双管单动 SD 钻具钻探技术。该技术对软弱夹层、断层破碎带和松散覆盖层等复杂地层原状岩芯取芯效果好。

20 世纪 90 年代初锦屏一级工程预可行性研究阶段勘察开始后即得到了广泛应用，全面应用在整个前期勘察中的钻孔钻进中，获得了四个比较坝址坝区、水库区大量岩芯，查明了覆盖层厚度与结构，基岩岩性、软弱夹层及断层破碎带的物质组成与结构，滑坡体及滑带土、变形体组成与性状等工程地质特性，其成果已应用于各种工程地质条件的评价、预测，对查明重大工程地质问题取得了良好的效果。

2. 绳索取芯钻进技术

该技术是采用气压栓塞绳索取芯取代套管取芯，钻进过程中可以在不提钻减少扰动的情况下继续钻进，主要应用于钻穿易坍塌的断层等软弱破碎夹层或进行压水试验，能较好地保证断层等软弱夹层、破碎带的采取率与取芯质量。

预可行性研究阶段开始后，水文站、三滩、解放沟、普斯罗沟四个坝址河床钻孔各有一个深孔应用了该项技术，取得了完整且质量较好的岩芯。

2.3.3 工程物探

二十多年的地质勘察中，锦屏一级工程采用了主要包括声波测试、地震波测试、3000 系列综合测井、地震波浅层反射、地震波层析成像、电磁法、钻孔全景图像等的工程物探方法。其中地震波浅层反射、地震波层析成像在二十世纪八九十年代当属先进的新技术。施工阶段岩体质量检测和各种处理效果检测使用比较多的是声波、钻孔全景图像及钻孔变模。此外，还采用伪随机流场法探测左岸坝基排水洞内较大涌水来源，在右岸地下厂房帷幕灌浆廊道内采用电磁波层析成像方法进一步查明帷幕区大理岩裂隙式溶洞发育情况。

1. 声波测试

声波在不同类型的介质中具有不同的传播特征。声波探测是测定声波在岩体中的传播速度、振幅和频率等声学参数及变化。根据声波在岩土介质中的声速、声幅及频谱，推断被测岩土介质的结构和完整致密程度，从而对其作出评价。

声波测试在整个锦屏一级地质勘察中各个比较坝址均有应用，包括平洞声波、钻孔声波和承压板变形试验配套声波等。前期主要是风化卸荷带、岩体紧密程度、完整性划分，开挖期坝基岩体质量检测、灌浆效果检测与评价、爆破松弛、洞室围岩松弛检测等。

二十多年的地质勘察，测取了各种岩体波速，根据声波测试成果取得了不同风化、卸荷程度、不同岩类岩体的波速值，计算了岩体完整性系数 K_v，还利用承压板变形试验及配套声波测试成果建立了岩体声波 v_p 与变形模量 E_0 的动静关系，为施工期岩体质量及类别检测和灌浆效果检测提供了地质依据。施工阶段声波测试在各种检测工作中也得到广泛应用，并取得了很好的效果。

2. 地震波测试

地震波测试是利用地震直达波测试岩土体的纵、横波速度，进而计算岩土体的泊松比、动弹性模量、动剪切模量、岩体完整性系数、单位抗力系数、各向异性系数和孔隙度等参数。

预可行性研究阶段，在对深卸荷带的空缝段、断层破碎带等，有针对性地补充布置了地震波测试，取得了深卸荷带空缝段的地震波波速。建立了对穿声波波速（v_{ps}）与地震波速（v_{pd}）相关关系：$v_{ps}=-80.7+1.10v_{pd}$。

3. 3000 系列综合测井

通过测量与研究钻孔中地层的电化学特性、导电特性、声学特性、放射性、磁性以及密度、孔隙度、渗透性等地球物理特性，探查钻孔中地质或工程问题的物探方法，简称为测井。因测量方法与参数众多，故称为综合测井。3000 系列综合测井包括视电阻率、自然电位、自然伽马、密度、井径、井温和磁化率测井等。

前期勘察过程中，广泛应用于枢纽建筑物区的钻孔测试，辅助确定岩层界线、覆盖层厚度及分层；探测断层破碎带、软弱夹层、含水层及岩溶洞穴位置；测定岩土体密度、孔隙率，地下水流向、流速及岩土体渗透系数；测定岩土体纵、横波速并计算其动弹性力学参数；灌浆效果检测等。提出了枢纽建筑物区主要钻孔综合测井曲线图，辅助用于钻孔岩芯鉴定和岩体完整性判别。

4. 地震波浅层反射

地震反射波法是利用地震波的反射原理，在地面沿测线的不同测点上观测由不同波阻抗界面的反射波返回地面的旅行时，根据旅行时与地面各接收点间的位置关系（时距曲线），确定波在介质中的传播速度，计算反射界面的埋深和形态。地震波浅层反射主要是探查地下浅部地质构造、边坡变形等有关地质问题。

地震波向地下传播时，在存在波阻抗差异的地层界面上将产生反射波，并遵循反射定律。反射波返回地面的旅行时间与接收点位置、反射界面埋深和地层波速有关。根据反射波的旅行时间与接收点的关系，可绘制反射波时距曲线，进而计算目标地层的埋深及波在地层中的传播速度。

三滩坝址右岸变形体深度，近坝库岸滑坡滑体厚度及滑带等的探测即应用了地震波浅层反射，最终查明了三滩右岸Ⅰ号、Ⅱ号、Ⅲ号变形体和近坝库岸呷爬滑坡、水文站滑坡体深度。

5. 地震波层析成像（CT）

地震波层析成像（CT）是采用一洞激发、另一洞多道接收的扇形观测系统，组成密集交叉的射线网络，根据接收到射线的疏密程度，按照成像精度划分规则进行成像单元确定，采用特殊的反演计算方法生成探测区域的地震波波速图像，然后再根据图像中的波速等值线分布情况来分析地质构造、软弱岩带、深部卸荷带的空间分布、规模及性状，划分岩体质量等。

前期地质勘察阶段主要应用于普斯罗沟坝址左岸查明深卸荷拉裂带的发育展布规律、连通状况及地震波波速情况，评价其对工程的影响；施工阶段在左岸抗力体加固处理开挖洞室和地下厂房防渗帷幕洞室群也有所应用。

获得了坝区大量水平剖面、垂直剖面的地震层析成像波速等值线图和地质解译图，图 2.3－6 就是左岸边坡中高程 1780.00m 便道 PD18－PD4－PD16－PD14 平洞洞间地震层析成像成果图。

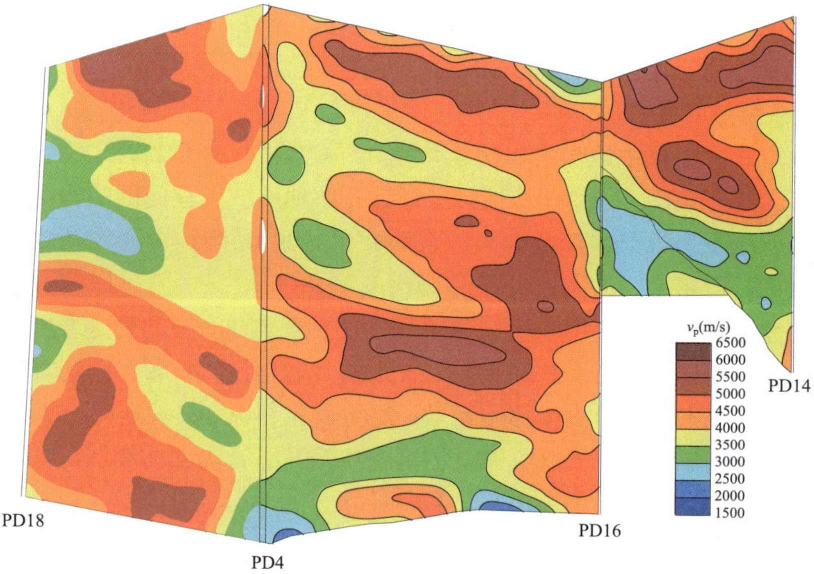

图 2.3－6　左岸高程 1780.00m 水平剖面地震层析成像成果图

6. 电磁法

以介质的电磁性差异为基础，通过观测和研究人工或天然的交变电磁场随空间分布规律或随时间的变化规律，达到某些勘查目的的一类电法勘探方法，简称电磁法。主要用于探测岩溶洞穴、土洞、矿洞、地下水体等。

可研阶段，在普斯罗沟坝址右岸大理岩溶洞、溶蚀裂隙密集带位置的探测中应用了电磁法，并结合其他勘探手段，查明右岸厂房防渗帷幕区大理岩中发育的小溶洞、溶蚀裂隙密集带的分布、形状和规模。

7. 电磁波层析成像（CT）

电磁波层析成像（CT）是依照电磁波在介质中传播规律及一定的物理与数学关系，

反演透视剖面上的物性参数的分布，以图形的形式表现出来，应用于探测溶洞、地下水体等的空间分布、规模。

施工阶段，在右岸地下厂房帷幕灌浆廊道内，于灌浆前采用了电磁波层析成像（CT）方法，进一步查明了帷幕区大理岩裂隙式溶洞发育情况，为针对性的加强灌浆处理提供了依据。

8. 伪随机流场法

水库蓄水阶段，为了分析、研究坝基左岸高程1595.00m最低排水洞地下水来源等，采用伪随机流场法对1595.00m排水洞地下涌水与上游库水、外侧水垫塘水、下游锦屏二级库水的水力联系进行了探测分析。利用原理是在探测现场适当布置电流场，用电位差模拟水头差，通过探测电流场分布达到探测渗漏来源的目的，即均匀半空间中的均匀电流场，当存在管涌、渗漏时，将出现异常流速场，在一定条件下，异常流速场满足的数学物理方程及边界条件与稳定电流场类似。

对伪随机流场法探测成果的分析研究表明，高程1595.00m排水洞内涌水主要来自内侧山体地下水和下游锦屏二级库水，来自坝前库水的渗漏量较小；说明排水洞渗漏水和坝前库水连通性差，证明了大坝帷幕质量良好，处于正常工作状态。

9. 钻孔全景图像

采用先进的DSP图像实时自动采集与高效图像处理算法的钻孔成像技术，包括全景视频图像和平面展开图像。实际使用更多的是图像清晰逼真的平面展开图像。可应用于垂直孔、水平孔、俯孔、仰孔等进行360°全方位、全柱面的观测成像。

可研阶段后期在国内较早开始应用该项技术，其成果可以辅助进行钻孔地质资料编录。施工阶段在岩体质量、灌浆效果、地下洞室围岩松弛等各种检测中大规模采用，获得了各部位大量钻孔的高清晰柱状全景图像，查明了坝基岩体、开挖边坡和地下洞室围岩的工程地质条件，并应用于岩体稳定性判断。

2.3.4 岩土体试验

前期勘察阶段开展了大量室内和现场试验。前者以常规的岩石和土的物理力学特性试验为主，也开展了岩石三轴试验、岩石中剪试验和流变试验、破碎带大型渗透变形试验等；后者主要包括岩体现场原位变形试验、岩体现场原位压缩蠕变试验、岩体现场原位剪切试验、现场原位岩体地应力测试等。

水电水利工程地质勘察中常规的岩石室内试验、岩石三轴试验、完整岩块或包含结构面的岩块室内直剪试验和岩体、结构面现场原位承压板变形试验、抗剪（断）试验，在锦屏一级前期十多年的地质勘察中各个比较坝址均有布置。预可行性研究、可行性研究阶段，在选定的普斯罗沟坝址完成现场原位岩体和结构面变形试验137组，强度试验52组，地应力测试水压致裂法10孔、应力解除法24组等，取得了大量试验成果，并应用于坝区岩体与结构面工程地质分类及参数选取，获得了坝区不同类型岩体的物理力学性质及其参数，提交设计专业使用。

前期勘察阶段，在四个坝址河床钻孔、两岸钻孔中开展了大量常规的钻孔压水试验，其中普斯罗沟坝区共完成了 1937 段压水试验。通过大量压水试验与钻孔地下水位测试、长期观测，查明了各类岩体的含水透水性、相对隔水层的分布范围、岩体透水性的分区分带、两岸地下水位，提出了防渗深度和帷幕灌浆范围的地质建议。

在上述常规的岩土体试验基础上，前期地质勘察阶段和施工阶段还根据工程需要、现场地质条件与试验实施条件开展了一些特殊的岩土体试验，主要项目如下。

1. 绿泥石片岩岩石剪切流变试验

在恒定应力、温度、湿度条件下，岩石的变形随时间不断增长的现象称为蠕变，蠕变试验是研究岩石流变力学属性的主要手段。通过绘制各级剪应力下的剪切位移～时间关系曲线和剪应力～剪切位移同时簇曲线，按照库仑表达式确定绿片岩的长期抗剪强度。

可研后期针对普斯罗沟坝区右岸杂谷脑组第二段第 4 层杂色大理岩中相对软弱的绿片岩透镜体开展了室内中型剪切流变试验，试验采用的试件尺寸为 30cm×30cm×30cm，每组试件总数不少于 5 块，最高法向应力为 7.0MPa，是当时国内外进行的最高法向应力状态下的剪切流变试验。通过试验，获得了绿片岩的极限长期强度，为坝基、边坡岩体长期稳定性评价提供了依据。

2. 现场原位岩体压缩蠕变试验

可研阶段，针对坝址区左岸 PD50 平洞内杂谷脑组第二段第 6 层灰色大理岩中发育的挤压破碎带，开展了现场原位岩体压缩蠕变试验。试验对象为拱坝抗力岩体内具代表性的挤压破碎软弱夹层，岩体结构为碎裂结构。试点地质条件、试验加载方式如图 2.3－7 所示。

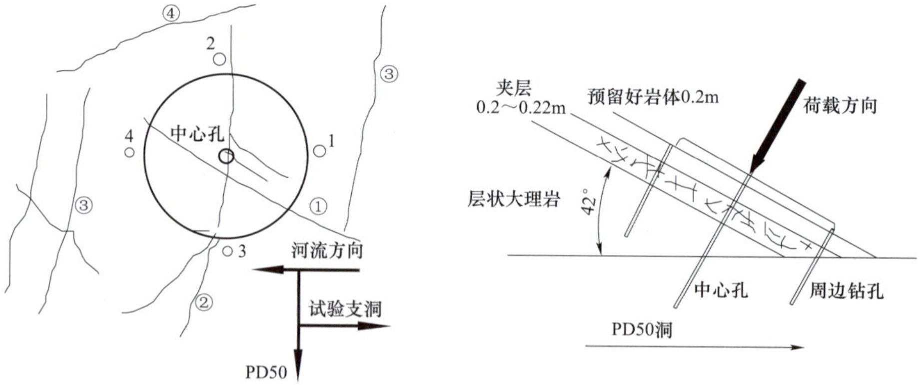

(a) 平面图　　(b) 剖面图

图 2.3－7　试点表面裂隙示意平面图

①～④—裂隙编号；1～4—钻孔编号

在试验中，把岩体压缩蠕变试验、岩体中心孔变形试验和钻孔声波测试有机地结合起来，用较少的工作量取得较多的试验成果，获得了岩体的综合长期模量，岩体蠕变变形模量与常规瞬时变形模量的 E_{∞}/E_0 比值平均值为 0.75，蠕变模量损失率平均为 25.0%。

3. 基于建基岩体变形快速检测仪（YBKC－70）的坝面刚性承压板试验

该试验是利用成都院研制的岩体变形快速检测仪（YBKC－70），采用在检测点外侧岩体上钻孔形成锚拉孔，保证加压、传力系统不偏心的加载加压试验方法。承载板直径为40cm，其加载方式为逐级一次循环法。试验点选择在坝基开挖后具有代表性的建基岩体上。

施工阶段在两岸坝基针对地质缺陷及部分完整岩体，共完成了 66 点试验，同时进行了配套声波测试，获得了坝基岩体 66 点原位承压板变形试验成果及配套单孔声波、对穿声波测试成果，复核了岩体变形模量和变形模量 E_{050} 与对穿声波 v_{cp}、单孔声波 v_p 的相关关系，为坝基岩体质量检测和常规加固处理与地质缺陷专门处理评价提供了可靠依据。

4. 钻孔变模试验

钻孔变模测试是运用钻孔压力膨胀计，求得岩体深部变形特性的一种试验方法。在岩体钻孔中的有限长度内，利用钻孔压力膨胀计向孔壁施加均匀的径向压力，同时测得孔壁的径向变形，按弹性力学平面应变的厚壁圆筒公式，计算岩体的变形模量。

可研阶段坝区主要钻孔开展了钻孔变形模量测试；施工详图阶段为了评价开挖后坝基、抗力体等部位岩体质量，评价灌浆前后岩体变形模量提高情况，也开展了大量的钻孔变形模量测试。

通过测试，在可行性研究阶段获得了工程各部位岩体钻孔变形模量，提出了坝区各级岩体钻孔变形模量分级指标；施工详图阶段获得了坝基、抗力体、地下厂房洞室围岩开挖前后、灌浆前后岩体的钻孔变形模量，结合其他检测指标综合评价岩体抗变形性能、灌浆效果等。

5. 破碎带大型渗透变形试验

该试验是为了获得断层等软弱破碎岩体的渗透系数、临界比降、破坏比降等，在现场获取软弱夹层、断层破碎带等软弱岩带大尺寸原状样进行的室内渗透变形试验；同时配套取样进行相应的物性试验。

为了掌握大坝蓄水后软弱层带的渗透性变化情况，进行了 f_2 断层主错带及影响带、f_5 断层主错带、f_5 与 f_8 断层影响带和 f_{14} 断层主错带及影响带的 4 组现场渗透变形试验。获得了左岸 f_2、f_5、f_8 断层和右岸 f_{14} 断层破碎带及影响带的渗透系数、临界比降、破坏比降，提出了允许比降，应用于坝厂区软弱岩带渗透变形稳定评价，并为加强防渗处理提供了依据。

6. 地下水连通试验

地下水连通试验是为测定不同位置、不同型式地下水之间或地表水与地下水之间的水力联系而进行的试验。在右岸地下水补径排关系及径流体系分析中开展了食盐—电阻率法地下水连通试验，方法是在普斯罗沟高程 2000.00m 以上的锦屏山断层西侧大理岩段沟水中投放工业盐，在右岸平洞的主要涌水点及地表泉等接收，测量涌水点的电导率，通过明显升高的电导率异常信息，来判断是否有示踪剂食盐的到来。

从试验成果分析，各点均接收到食盐水溶液，表明各涌水点与普斯罗沟沟水均有一定的水力联系，各接收点峰值到来时间多在 0.9～3h 范围，按照最快 0.9h 计算，地下水水流的实际流速相当快，可达 0.48m/s，已类似于岩溶管道水流。

7. 深卸荷裂缝连通试验

针对深卸荷裂缝（深卸荷裂隙）与地表及相互之间的连通性而开展的连通试验，利用烟雾有空即入的贯入排放性，在深卸荷裂缝发育的平洞内燃放烟雾，在地表及相邻平洞内观察其连通情况。平洞渗滴水观测方法是利用雨季暴雨时或暴雨过后，对深卸荷裂缝发育洞段渗滴水变化情况进行观测统计。

预可行性研究阶段在左岸高程1780.00m勘探平洞间和IV—VI线山梁上下平洞间进行了烟雾连通试验，烟雾采用的是便于肉眼观测的影视专用彩色烟。预可行性研究阶段和可行性研究阶段在左岸全部平洞开展了雨季渗滴水观测。

试验成果表明深卸荷裂缝不仅相互之间连通性较差，而且与地表连通性方面，在中、低高程与地表连通性差，雨季基本不见渗滴水，在高高程砂板岩中与地表有一定连通，雨季可见少量渗滴水。可见深卸荷裂隙主要仍以断续分布的拉张裂缝为主。

8. 坝区岩体地应力测试

地应力测试是测定岩体内部应力的技术。岩体内的天然应力主要来源于地质构造运动和岩体自重。在岩体天然初始地应力场内，因地下工程开挖而引起的应力称为二次应力。地应力测试方法有应力解除法、应力恢复法和水压致裂法三种。

前期地质勘察阶段在坝区两岸、右岸地下厂区布置了多组3孔交汇的孔壁应力解除法的空间地应力测试，测得左右岸最大主应力 σ_1 达 35～40MPa，最大主应力方向较稳定，一般为N30°～60°W。在河床、左右岸和地下厂房区钻孔布置了多段水压致裂法地应力测试，成果显示与空间地应力一致的特征、规律。

施工阶段由于较低的洞室围岩强度应力比，施工开挖过程中主厂房、主变压器室围岩发生了大范围的、不同程度的高地应力破损现象，为探索工程开挖围岩变形破坏的成因机制，根据现场施工条件选择代表性部位开展了围岩二次应力测试，取得了一定成果。

测试方法包括两种：一是空心包体式套心解除法测试，每孔4点，获得三向应力状态；二是孔壁切缝解除法测试，每孔4点，确定钻孔横截面的平面应力状态。

空心包体式套芯解除法测试测量元件——CKX-97 型空心包体三向应变计，适应于比较软弱、完整性比较差的岩体，操作方便，测试成功率较高。钻孔孔壁切缝法地应力测试是一种基于原位应力释放原理的应力测量方式，这种方法借助金刚石锯片，在钻孔孔壁上切出若干条按一定角度分布的平行于钻孔轴线方向的切缝（切缝宽约 1mm，最大深度 20mm），在切缝前，通过液压设备将紧邻切缝的接触型应变传感器紧贴在预设切缝附近岩体上，通过测读岩体切缝前后应变值变化量，从而计算而得切缝法向应力状况；该方法的优点是不需要水压致裂法的高压设备，也不需要套芯解除法的完整岩心，特别适用于特高应力条件；且通过三个不同方向钻孔的孔壁切缝法测试，可以获得三维空间应力。

在右岸导流洞右边墙（靠近厂房位置）布置了4个水平钻孔进行了两种方法的测试。二次应力测试测得的围岩最大主应力 σ_1 为 8.9～21.6MPa，较初始应力测试成果（最大主应力 σ_1 为 12.96～15.42MPa）的量值水平有所提高。最大主应力方位分布主要为NNW—NNE向，变化亦比较大，但总体上导流洞临空面附近岩体最大主应力方位与所处导流洞走向（亦河流走向）呈小角度相交，且倾角倾向下游侧，而岩柱深部岩体（深度约20m）的应力矢量为NNW向。成果已应用于施工期地下厂房洞室群围岩变形破坏机理研究，为围岩的加固处理提供了地质依据。

9. 岩体风化状态的回弹值测试

岩石室内常规试验成果显示风化对岩石强度影响较大，因此是影响岩体质量的一个重要地质因素。开挖后为了查明建基面岩体尤其是各类地质缺陷的风化程度，在建基面上开展了回弹测试。

通过回弹值实测，统计各类型岩体平均回弹值，采用查表法确定各类岩体单轴抗压强度；再根据式（2.3－1）计算确定平均风化指数；最后按照风化指数参照表2.3－1中判别标准判断岩体风化程度。

$$K_Y = \frac{\sigma_{HT}}{\sigma_0} \qquad (2.3-1)$$

式中：K_Y为岩体风化指数；σ_{HT}为每一类测试对象按回弹数确定的单轴抗压强度平均值，MPa；σ_0为新鲜干燥岩块的单轴抗压强度，MPa。

表2.3－1　岩体风化程度判别表

风化指数K_Y	<0.2	0.2～0.4	0.4～0.75	0.75～0.90	>0.9
风化程度	全风化	强风化	弱风化	微风化	新鲜

坝基开挖过程中对绿片岩（包括微新、弱风化、强风化）和优势裂隙的隙壁选取代表性部位进行了测试。获得了表2.3－2中右岸大坝建基面高程1870.00～1885.00m梯段风化绿片岩测试与风化程度判别成果，可以看出现场肉眼观察和锤击法定性判断、确定的风化程度与根据风化指数判断的风化程度基本一致。

表2.3－2　右岸大坝建基面高程1870.00～1885.00m梯段风化绿片岩回弹值测试结果

绿片岩类型及定性判断风化程度	测试数量/组	回弹值R（修正后）	修正回弹值计算单轴抗压强度/MPa	平均风化指数	风化程度判别
微新—钙质绿片岩	5	41.9～57.6（50.2）	52.7～110.7（80.0）	0.90	微新
微新—绿泥石片岩	4	39.4～43.0（41.0）	46.2～56.0（50.3）	0.80	微新
弱风化—钙质绿片岩	5	30.8～44.5（38.8）	34.6～60.4（47.3）	0.59	弱风化
弱风化—绿泥石片岩	8	30.7～36.6（33.4）	27.4～39.7（33.4）	0.53	弱风化
强风化—绿泥石片岩	6	19.5～28.2（25.3）	14.7～24.7（21.1）	0.34	强风化
强风化—钙质绿片岩	2	19.8～34.5（27.2）	15.0～35.3（25.2）	0.31	强风化

注：1. 计算风化指数时，新鲜干燥岩块的单轴抗压强度取值：绿泥石片岩为63MPa，钙质绿片岩为89MPa。
2. 括号内的数值为平均值。

10. 底摩擦试验

可行性研究阶段后期，在深卸荷裂缝成因机制研究的过程中，还采用了20世纪末至21世纪初比较新的物理模拟试验——底摩擦试验来模拟深卸荷裂缝的产生、发展、演化过程。

底摩擦试验是利用底摩擦力代替重力场的主要原理而进行的深卸荷裂缝的形成机制模型试验，主要用来验证深裂缝的形成机制及其形成的力学机制。底摩擦力代替重力场相当于将重力场放置水平。试验选用有一定弹性并具有一定摩擦系数的橡胶夹塑料代替地质原型中的杂谷脑组地层中具有较高强度和变形模量的第三段巨厚层变质砂岩和第二段大理岩。底摩擦试验通过模拟河谷下切，慢慢形成雅砻江河谷，直至深卸荷裂缝出现，模拟了深卸荷裂缝的产生、发展、演化过程及发育分布规律。

试验结果显示模拟试验产生的裂缝特征与左岸发现的深卸荷裂缝特征能较好地吻合，可以验证深卸荷裂缝的力学机制是由于在河谷下切的作用下三滩向斜核部的坚硬岩层的释能作用产生滑脱造成，如图2.3－8所示。

图2.3－8　左岸深卸荷裂缝形成过程的底摩擦试验

2.3.5　计算机信息技术

随着计算机硬件、操作系统和应用软件的发展，计算机信息技术在水电站地质勘察中得到广泛应用，从一般的工程地质计算机制图、三维可视化，到工程地质数值计算、数值模拟，再到工程地质数据库、工程地质三维建模。锦屏一级在这些计算机信息技术的应用与发展中取得了很多成果，部分成果已直接应用于设计使用。

1. 数值模拟

在20世纪90年代初坝区左岸勘探揭示深卸荷裂缝后，为查明深卸荷裂缝发育分布规律、成因机制，除了开展大量的平洞、钻孔、物探、试验等地勘工作外，还采用数值模拟技术对地壳抬升、河流下切、岸坡形成演变中应力调整的过程进行了模拟。

在 21 世纪初的可行性研究阶段，采用当时国际岩土工程界通用的三维快速拉格朗日分析程序 FLAC3D，用三维数值模拟新方法来研究自然岸坡在河谷下切过程中的应力调整及应力场、位移场分布规律，以及破坏特征。

建立的三维模型共 10 503 个单元，12 895 个节点，如图 2.3－9 所示。模型主要模拟在天然条件下，即在只考虑自重应力与构造应力作用的条件下，分析岸坡岩体的应力场与位移场。

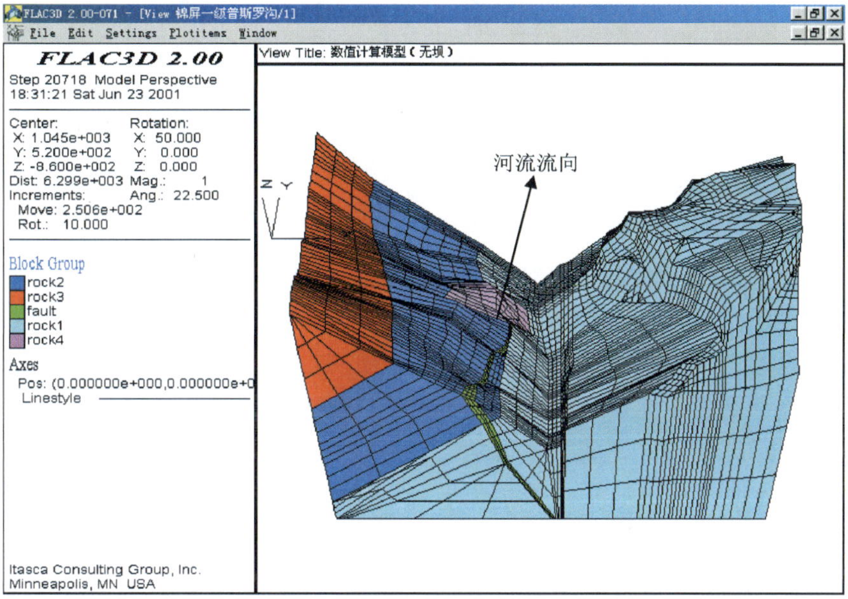

图 2.3－9　普斯罗沟坝址 FLAC3D 三维数字模型

具体应用于分析、研究天然状态下岸坡变形规律和左岸深卸荷裂缝的成因。取得了天然状态下岸坡中横河方向水平应力与位移三维等值线图，如图 2.3－10 所示；横河方向水平应力与位移平面等值线图，如图 2.3－11 所示。

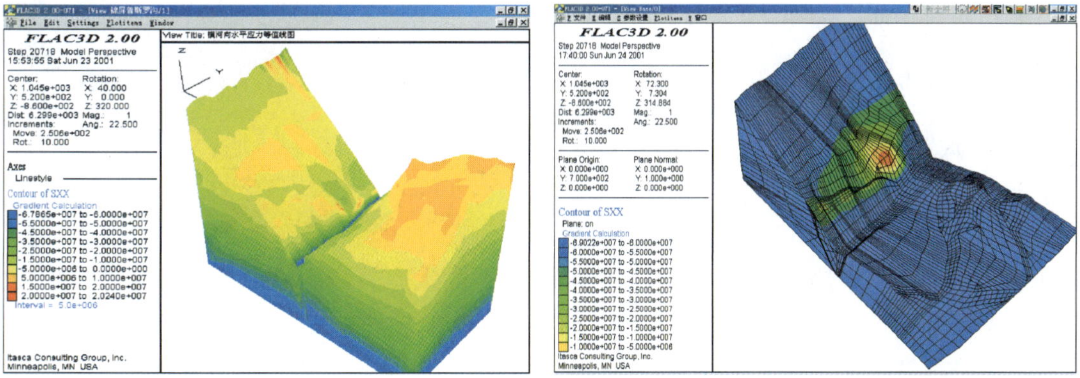

(a) 应力三维等值线图　　　　(b) 位移三维等值线图

图 2.3－10　普斯罗沟坝址天然状态下横河向水平应力与位移三维等值线图

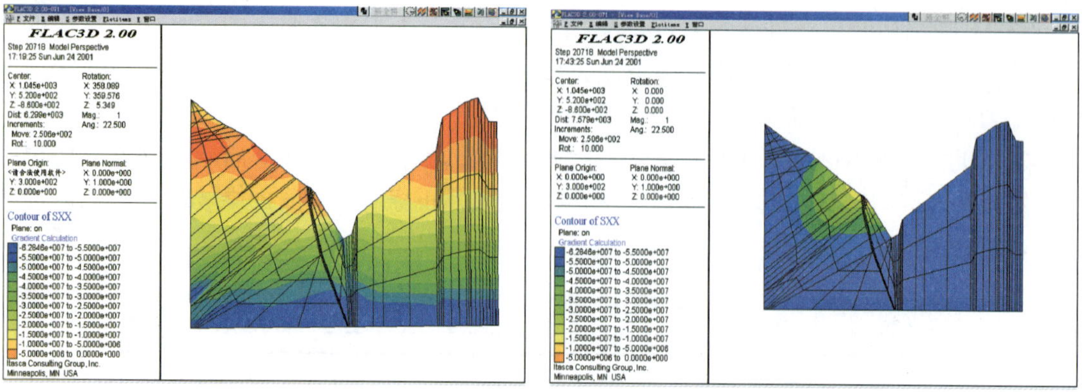

(a) 应力平面等值线图　　(b) 位移平面等值线图

图 2.3－11　横河向水平应力与位移平面等值线图

2. 工程地质三维建模

锦屏一级水电站工程地质三维建模，从 20 世纪 90 年代后期开始初步尝试，到 2002 年正式投入工程应用。利用合作开发的工程地质信息三维可视化系统（VisualGeo），构建了锦屏一级水电站三维地质模型，展示了工程地质三维建模成果。工程开始施工后，在自主研发的“水电水利工程地质三维数字化平台”（GeoSmart）上，实现了正向建模过程，并随施工开挖揭示地质条件完成了模型的动态更新。

基于“水电水利工程地质三维数字化平台”（GeoSmart）的数据管理子系统、地质空间解析子系统、成果应用子系统三个子系统，根据前期地质勘察成果、施工阶段地质编录成果数据开展地质解析，完成了交互式工程地质三维设计，形成含地质属性的三维模型。三维地质模型共包括 15 个地层岩性（工程地质岩组）面，10 个河床及岸坡覆盖层面，3 条煌斑岩脉；231 条地质结构面，47 条深卸荷裂缝；5 个强、弱、深卸荷面和弱风化面；如图 2.3－12 所示。

图 2.3－12　基于 GeoSmart 建立的锦屏一级水电站三维地质模型

2.3.6　简易地质观测

从 1994 年起至 2003 年止，对深卸荷裂缝开展了近十年的简易地质观测。

简易地质观测采用的方法包括洞底或洞壁连续水泥条带开裂观测，洞壁针对单条深卸荷裂缝的水泥条带、玻璃条带开裂观测等，还包括雨季及暴雨过后的平洞渗滴水观测。前者根据平洞中深卸荷裂缝发育情况布置、连续观测，后者根据现场工作情况不定时进行。

第3章 区域地质与地震

区域地质与地震研究的实质就是区域构造稳定性研究，而区域构造稳定性是指水电水利工程所在地区一定范围、一定地质历史时期内，断层和地震的活动性。作为水电水利工程早期地质勘察主要工作之一，无论是对水电规划、开发方式，还是对坝址坝型选择以及大坝等建筑物的设计、运行等有直接的影响。

锦屏一级水电站区域构造稳定性研究始于20世纪80年代末，至21世纪初。施工期于“5·12”汶川地震后又进行了地震危险性和工程场地地震安全性的复核，前后持续时间超过20年。期间使用的规程规范包括《水利水电工程地质勘察规范》(SDJ 14—1978)、《水利水电工程地质勘察规范》(GB 50287—1999)、《水力发电工程地质勘察规范》(GB 50287—2006)和《水电水利工程区域构造稳定性勘察技术规程》(DL/T 5335—2006)。这几本规程规范对区域构造稳定性研究的主要内容基本相同，略有差异。《水利水电工程地质勘察规范》(SDJ 14—1978)规定的区域构造稳定性研究的主要内容有进行工程地区的区域构造背景及其稳定性研究，调查工程地区断层的活动性，对第四纪以来有过活动的断层，应鉴定其最新活动的年龄，确定是否为活断层，评价其对工程的影响，进行地震危险性分析和研究发生水库诱发地震的可能性4个方面；《水利水电工程地质勘察规范》(GB 50287—1999)规定的区域构造稳定性研究的主要内容有区域构造背景研究、活断层判定、地震危险性分析和水库诱发地震的潜在危险性预测4个方面；《水力发电工程地质勘察规范》(GB 50287—2006)规定的区域构造稳定性研究的主要内容有区域构造背景研究、活动断层活动性质鉴定和地震安全性评价3个方面；《水电水利工程区域构造稳定性勘察技术规程》(DL/T 5335—2006)规定水电工程区域构造稳定性评价是在研究地质构造、深部构造、地应力、地形变、断层活动与地震危险性分析的基础上，结合工程研究区地面岩土体稳定性，进行综合分析，最终确定工程近场区及工程场址区的构造稳定性。

锦屏一级水电站所在雅砻江下游锦屏大河湾地区处于“川滇菱形断块”之东部Ⅱ级构造单元雅江—稻城断块中，由理塘—前波断裂所分割的Ⅲ级断块—雅江—九龙断块之最南区域，区域地质环境复杂，对其区域构造稳定性的研究是下游河段规划、锦屏一级河段开发方式研究的重大工程地质问题之一。鉴于锦屏一级复杂区域地质背景下的工程规模巨大、世界级技术难度，从规划阶段就开始了区域构造稳定性的研究工作，并且将研究范围扩大到整个雅砻江锦屏大河湾地区。在研究大河湾地区影响工程安全的断层活动特点和地震活动规律时，其勘察研究范围分为三个层次：坝址周围不小于 150km 的为工程研究区，坝址周围 25km 半径的为工程近场区，坝址周围 5km 半径的为工程场址区。对各不同范围的区域地质构造及其断裂活动性、区域地震活动性进行调查研究，评价区域构造稳定性。

区域地质构造稳定性研究中，其重要内容为工程场地地震危险性分析评价工作。2008年“5·12”汶川地震后根据相关部门关于加强水电工程防震抗震工作、落实防震抗震措施、确保水电工程地震安全的要求，又进行了地震安全性复核评价。主要的工作内容和成果包括：从工程区区域地震背景研究出发，复核工程区区域地震空间分布特征、时间分布特征和近场区地震概况、历史地震对工程场地的影响，复核确定地震统计区带、划分潜在震源区，复核工程区场地的动衰减关系和地震统计区、潜在震源区地震活动性参数，复核确定工程场地基岩动峰值加速度和基岩水平地震动加速度反应谱。

3.1 研 究 过 程

早在 20 世纪 80 年代末期，锦屏一级水电站就在区域地质与地震研究基础上开展了工程场地地震安全性评价和区域构造稳定性研究工作，是我国第一批全面系统开展区域构造稳定性研究的水电工程之一。

3.1.1 区域地质构造稳定性研究

鉴于锦屏一级水电站所在雅砻江锦屏大河湾地区区域地质背景的极其复杂性，其区域构造稳定性研究工作从一开始就将研究范围扩大到整个锦屏大河湾地区，而且是在雅砻江下游卡拉—江口河段的规划阶段就开展了此项研究工作。

锦屏一级水电站所在区域构造稳定研究在传统的地质调查、坑槽探等手段、方法的基础上，基于 20 世纪 80 年代末期、90 年代初期的技术水平，引进新技术、新方法开展了航卫片的遥感地质调查、地球物理场深部构造研究、断层活动性测龄、构造稳定性数值模拟研究等专题研究，并采用多层次、多手段、不同方法来查明工程区所在大地构造单元、区域地质背景、地貌与新构造运动特征、主要断裂及其活动性。

（1）联合成都理工大学（原成都地质学院）、西南交通大学、中国地质调查局成都地质矿产研究所（原地质矿产部成都地质矿产研究所）及中国电建集团北京勘测设计研究院有限公司（原能源部水利部北京勘测设计研究院）开展了锦屏一级水电站所在雅砻江大河湾地区区域地质调查和测绘工作。从大河湾地区及其外围地区 1:20 万卫片（MSS）的遥感地质调查开始，到大河湾地区 1:5 万卫片（TM）的遥感地质调查，再到锦屏一级工程区 1:2.5 万航卫片的遥感地质调查，逐步从外围往工程区、从小比例尺到大比例尺逼近，遥感解译并结合地面地质验证、调查与测绘，反复深入研究了大河湾地区的地层岩性及地质构造。完成了《雅砻江锦屏大河湾外围地区遥感地质研究（1:20 万）》（5 万 km^2）、《雅砻江锦屏大河湾地区遥感地质研究（1:2.5 万）》（5 万 km^2）、《雅砻江锦屏大河湾区域地质调查（1:1 万）》（1.1 万 km^2）、《锦屏一级水电站坝段外围地质测绘（1:2.5 万）》（400km^2）等报告。最大测绘面积 5 万 km^2，相当于 1.5 个海南岛面积，最小面积 400km^2，相当于成都市 5 城区面积。

（2）在调查大河湾及其外围地区地形地貌、地层岩性、地质构造、外动力地质作用、水文地质条件等的同时，还联合中国地质科学院地质力学研究所（原地质矿产部地质力学研究所）开展了工程区主要断层同位素等多种方法年龄测定与活动性研究，对研究范围内具有一定规模的断层，全面系统、逐条地取样，应用多种实验室测试方法进行年龄测定，提出了一批数量较多的断层活动测年数据，完成了《雅砻江锦屏大河湾地区断裂活动性研究》报告。

（3）在大河湾地区 1:10 万地面区域地质调查的基础上，联合成都理工大学（原成都地质学院）开展大河湾地区深部构造延拓解译和构造稳定性数值模拟研究，完成了《雅砻江锦屏大河湾外围地区深部构造解释》《雅砻江锦屏大河湾地区构造稳定数值模拟研究》报告。

《雅砻江锦屏大河湾地区区域构造稳定专题研究》最终于 1993 年完成，在充分研究由断裂活动性、地震活动性、岩浆活动性及水热活动性等因素综合作用所表现的稳定程度的基础上，还研究了与内外动力作用密切相关的地形地貌及介质块体的特征及完整性等的影响，对锦屏一级水电站所在的整个锦屏大河湾地区的区域构造稳定性进行了评价。经由中国工程院胡海涛院士、水电水利规划设计总院陈祖安教授级高工等专家组成的验收组评审，认为该课题通过多项系统深入的研究，对锦屏大河湾地区进行了构造稳定性分区，明确提出了位于西雅砻江的锦屏一级高坝坝址与锦屏二级闸址、位于东雅砻江的锦屏二级厂区分别位于构造稳定区和构造较稳定区的意见是合适的。

3.1.2 工程场地地震安全性评价

雅砻江锦屏水电站工程地震危险性研究始于 20 世纪 60 年代初期，最早由中国科学院地质研究所五〇三队开展工作，之后中国科学院地质研究所、地球物理研究所，水电部水利科学研究所，成都地质学院，水电部成都勘测设计院和上海勘测设计院等单位，又先后进行了地震和地质方面的研究工作。其中，从 1990 年开始联合中国地震局地质研究所全面开展了工程场地地震安全性分析评价工作。

工程场地地震安全性评价工作中，在对坝址周围不小于 150km 的工程研究区、坝址周围 25km 半径的工程近场区、坝址周围 5km 半径的工程场址区三个层次范围的区域地质构造及其断裂活动性研究的基础上，通过对工程区域地震空间分布特征、时间分布特征和近场区地震概况、历史地震对工程场地的影响研究，确定了地震统计区带、划分了潜在震源区，进一步确定了工程区场地的动衰减关系和地震统计区、潜在震源区地震活动性参数，最后采用概率分析方法计算得到了工程场地基岩动峰值加速度 50 年超越概率 10%为 104.3gal、100 年超越概率 2%为 197.1gal。完成并提交了《四川雅砻江锦屏水电站地震安全性评价报告》，并于 1993 年 9 月通过国家地震烈度评定委员会的审查和国家地震局批复（震发烈〔1993〕043 号）。

2008 年“5·12”汶川地震后，锦屏一级水电站在《中国地震动参数区划图》（GB 18306—2001）国家标准第 1 号修改单范围外，属“按照行政许可有效期限的相关规定，取得地震安全性评价结果批复超过 10 年”在建即将完工的工程。根据《国家发展和改革委关于加强水电工程防震抗震工作有关要求的通知》（发改能源〔2008〕124）和水电水利规划总院《关于印发〈水电工程防震抗震研究设计及专题报告编制暂行规定〉的通知》（水电规计〔2008〕24 号），成都院委托原地震安全性评价单位——中国地震局地质研究所对锦屏一级水电站工程场地地震安全性进行复核评价。

“5·12”汶川地震后的电站地震安全性复核工作按照《工程场地地震安全性评价技术规范》（GB 17741—2005）规定进行，主要围绕 3 个方面的研究内容开展：① 1993 年锦屏一级水电站工程场地地震危险性评价以来对锦屏及其周边地震地质环境有了新的研究成果和新的认识，补充和调整区域和近场区地震危险性评估；② 通过对工程场地地震危险性影响较大的近场区活动断裂——小金河断裂的现场考察调查和分析，对其位置、组成、地震地质构造特征及其活动性、潜在地震危险性评价等作出相应评价；③ 对距工程最近的锦屏山区域性断裂再次进行野外和锦屏二级引水隧洞专门观测、采样、测年分析等，评价和分析其地质构造和地震地质特征及其所在坝区地震地质危险性。再次复核认为，工程场址区内距大坝约 2km 的区域性锦屏山断裂为晚更新世以来不具活动性的断裂。先后完成《锦屏山断裂活动性及其对工程影响》《丽江—小金河断裂带活动性分段和地震潜势研究》《锦屏一级水电站校核地震研究》三个专题研究，在此基础上于 2012 年 7 月底提出《雅砻江锦屏一级水电站工程场地地震安全性评价复核报告》，复核后的工程场地 50 年超越概率 10%基岩动峰值加速度为 0.129g，100 年超越概率 2%为 0.269g，其地震基本烈度相当于Ⅶ度，与可行性研究阶段相同。

2012 年 7 月 30 日由中国地震局地质研究所主持在北京召开了“雅砻江锦屏一级水电站工程场地地震安全性评价复核报告”专家咨询会，参加会议的有中国地震局、国家能源局、水电水利规划设计总院、中国水利水电科学研究院、中国水电顾问集团成都勘测设计研究院、二滩水电开发有限责任公司，会议形成纪要主要内容有：① 锦屏一级水电站按照国家地震局（震发烈〔1993〕043 号）确认的场地基本烈度Ⅶ度，坝址区 100 年超越概率 2%基岩地震动水平向峰值加速度 0.197g 等参数进行工程抗震设计，符合国家相关法律法规规定。工程于 2005 年 9 月经国家核准开工建设，计划于 2012 年 10 月下闸蓄水。② 汶川地震发生后，根据国家有关部门相关文件要求，2009 年由中国地震局地质研究所开展了锦屏一级水电站工程场地地震地质环境和地震安全性评价复核工作，依据四代区划图的基础资料，给出场地基本烈度Ⅶ度，坝址区 100 年超越概率 2%基岩地震动水平向峰值加速度 0.269g 的结论是合适的。

3.2 区域地质背景

锦屏一级水电站处于“川滇菱形断块”之东部由理塘—前波断裂所分割的Ⅲ级断块—雅江—九龙断块之最南区域，区域地质环境复杂。成都院等单位在前人研究成果的基础上，经过多年的调查研究，查清了工程区域地质条件：地形地貌上多为中国西部的高山峡谷地貌，地层与岩石类型众多，以浅变质碎屑岩类为主，周边断块边界断裂多且活动性不一，地壳新构造运动表现为大面积的间歇性均衡抬升。

3.2.1 大地构造部位

锦屏一级水电站所在的雅砻江大河湾地区，从槽台学说大地构造部位上，跨越了以锦屏山—小金河断裂带为界的印支晚期形成的松潘—甘孜地槽褶皱系与扬子准地台两个一级构造单元。

根据现今活动断裂构造的格局，从断块学说观点分析，锦屏大河湾地区处于鲜水河断裂带、安宁河断裂带、则木河—小江断裂带及金沙江—红河断裂带所围限的“川滇菱形断块”的东部。这些边界断裂均为多期继承性活动的断裂带，受喜山期以来印度洋板块向欧亚板块的强烈俯冲推挤作用，导致在青藏高原急剧抬升的同时，川滇菱形断块亦向南东方向推移，各边界断裂均发生强烈的水平剪切错动，成为现代地震活动的发震构造。在川滇菱形断块内部，以金河—箐河断裂为界划分为雅江—稻城断块和攀枝花—楚雄断块两个Ⅱ级构造单元。锦屏一级水电站即位于雅江—稻城断块内理塘—前波断裂所分割的Ⅲ级断块—雅江—九龙断块上（见图3.2－1）。

3.2.2 区域地质概况

1. 地形地貌

锦屏一级水电站位于雅砻江中游锦屏大河湾西侧，地处青藏高原向四川盆地过渡之斜坡地带。多属侵蚀山地的高山峡谷区，其间广泛分布有形态各异、大小不等、高程不同的山间盆地和构造洼地，地势由西北向东南、由海拔5000～4000m至约2000m呈阶梯状逐渐降低。雅砻江两岸海拔悬殊，呈典型高山峡谷地貌景观。

大河湾地区西北部属青藏高原东南缘侵蚀山原区，木里一带表现为山顶形态圆缓的山地，海拔一般为3000～3800m，河流切割深度为2000～2500m。东南部属川西南山地区之锦屏大河湾地带，山势多为北北东向展布，与构造线基本吻合，大河湾锦屏山最高峰为罐罐山（4488m），偏于河湾西侧，构成分水岭；最大切割深度为2500～3000m，火炉山以南为海拔一般为2400～2500m的盐源山间盆地。区内广泛发育有自北西向南东递降的多级夷平面，海拔分别为3500～4000m、3000m左右、1800～2300m，小金河以上山原区夷平面保留较完整。

大河湾地区雅砻江河谷为深切峡谷，有谷中谷的形态特征，两岸山峰多在3000～4000m，高差一般为1000～2000m，河谷深切，谷坡陡峭，河道狭窄，急滩跌水屡见不鲜。

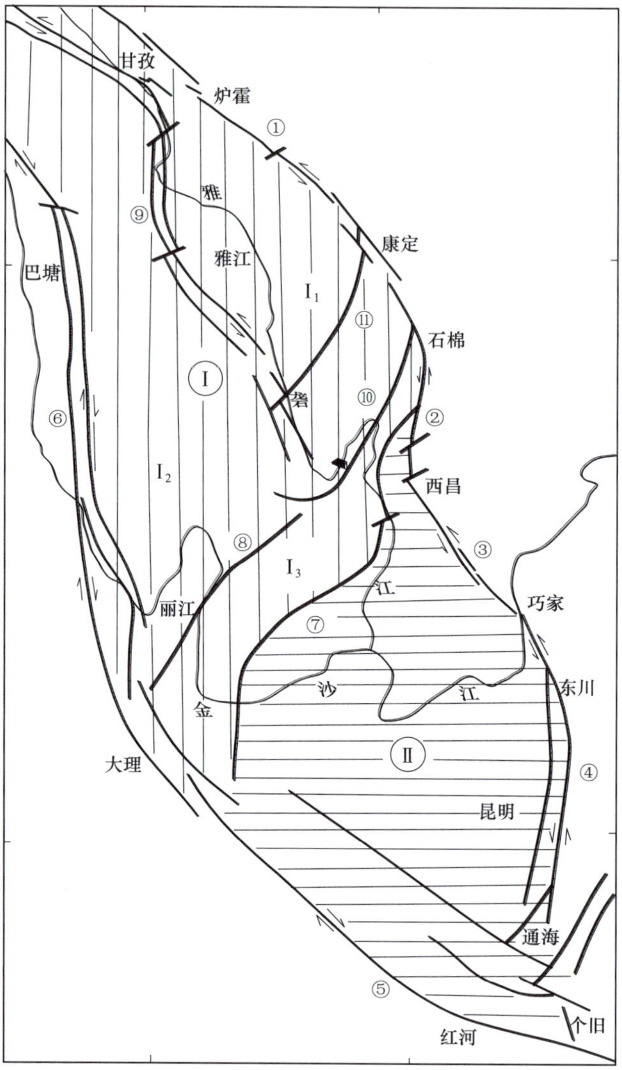

图 3.2-1　锦屏一级水电站大地构造单元位置简图

①—鲜水河断裂；②—安宁河断裂；③—则木河断裂；④—小江断裂；⑤—红河断裂；⑥—金沙江断裂；
⑦—南河—金河—箐河—程海断裂；⑧—丽江断裂；⑨—理塘—前波断裂；⑩—锦屏山—小金河断裂；
Ⅰ—雅江—稻城断块；$Ⅰ_1$—雅江—九龙断块；$Ⅰ_2$—稻城断块；$Ⅰ_3$—盐源—永胜断块；
Ⅱ—攀枝花—楚雄断块；▼—锦屏一级水电站坝址

大河湾河段还零星分布有六级阶地，以基座阶地或侵蚀阶地为主，一般两岸不对称。

2. 地层与岩石

锦屏一级水电站工程区地层分区属盐源—丽江地层分区及马尔康地层分区（见图 3.2-2）。

（1）工程区东侧为扬子准地台的盐源—丽江分区，也即盐源—丽江台缘凹陷，出露地层主要为震旦系，以及志留系到三叠系。主要为一套滨—浅海相建造，包括碎屑岩、碳酸盐岩，与酸性、基性火山岩。根据岩相建造及变质程度本分区南北部又有差异。

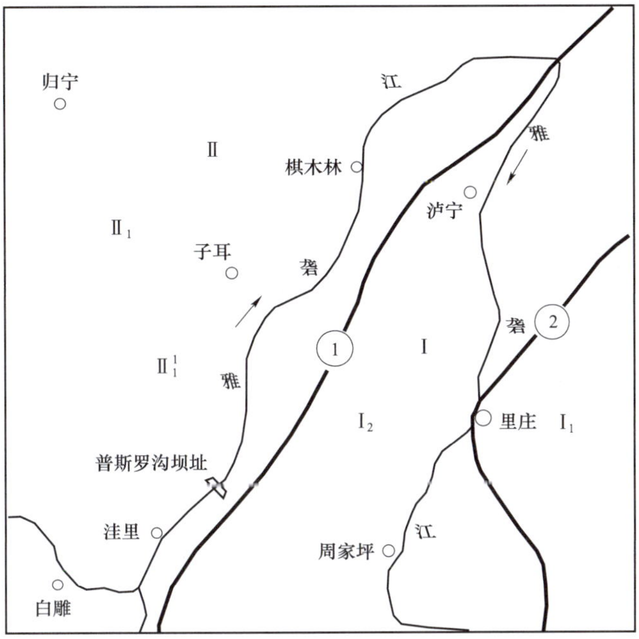

图 3.2-2 锦屏一级水电站大河湾地层分区图

①—锦屏山—小金河断裂；②—金河—箐河断裂；

Ⅰ—扬子准地台；Ⅰ$_1$—攀西分区；Ⅰ$_2$—盐源—丽江分区；Ⅱ—松潘—甘孜地槽；Ⅱ$_1$—马尔康西分区；Ⅱ$_1^1$—九龙小区；

分区南部在盐源一带，出露地层有震旦系上下统，缺失寒武、奥陶系，且志留系超覆在震旦系之上。震旦系以酸性火山岩、碳酸盐岩为主，志留系到二叠系下统以浅海相碎屑岩及碳酸盐岩为主。晚二叠世到三叠纪为海陆相及碳酸盐台地相沉积，晚三叠世末到早侏罗世初褶皱隆起为陆，缺失侏罗纪、白垩纪和第三纪沉积。

分区北部因受构造破坏地层出露不全。由于推覆构造逆冲于南部盐源一带，其中周家坪以北、南部盐源一带，导致缺失晚二叠世和中生代地层。分区北部地层普遍变质。

（2）工程区西侧为松潘—甘孜地槽的九龙小区，边缘剥离断层发育，形成特殊的岩石组合及化石混生现象。晚二叠世的裂谷作用和剥离断层造成一些时代地层的缺失。出露地层主要有前震旦系、下志留统、上石炭统、上二叠统和中上三叠统。

（3）工程区及外围岩浆岩大规模出露分布有九龙河口一带的白垩纪酸性侵入岩、泸宁茶铺一带的晚二叠世基性火山岩和西雅砻江西侧一带的前震旦纪江浪群基性火山岩。岩石已普遍变质，江浪群基性火山岩变质后以斜长角闪片岩为主，泸宁茶铺子一带的大陆裂谷海相基性拉斑玄武岩变质后为绿片岩，锦屏山以西的绿片岩，似层状夹于大理岩和角砾状结晶灰岩中，少数呈绿片岩透镜体。

3. 主要地质构造

整个锦屏大河湾地区内断裂构造十分发育，包括主要分布在康滇地轴一带的南北向断裂带，主要分布在盐源—丽江台缘凹陷一带的北北东—北东向断裂带，主要分布在工程区西部的北西向断裂带，以及主要展布于木里、盐源地区的弧形断裂。

上述 4 组主要区域性断裂的基本地质特征如下：

（1）安宁河断裂带。安宁河断裂是川滇南北向构造带的主要断裂之一，也是川滇菱形断块东边界之一，总体呈南北走向，倾西或倾东，倾角 60°～80°。断裂北起石棉田湾，向南经冕宁、西昌、德昌，到会理以南形迹消匿，总长约 350km。由数条近于平行、横剖面上呈明显的堑—垒构造的南北向压扭性断裂所组成，沿安宁河谷及其两侧展布。断裂大致可分石棉—冕宁、冕宁—西昌、西昌—会理以南三段。

断裂带宽度变化大，最宽可达数千米，是一条多期继承性活动断裂带，形成于晋宁期，之后曾多次活动，控制了断裂带两侧沉积建造和岩浆活动，其中在新生代以来，仍表现出了强烈的新活动性，控制了断裂带沿线早更新统昔格达组的沉积格局，且沿断裂第四纪地层的褶皱断层屡见不鲜，并有中强地震发生。

（2）金河—箐河断裂带。断裂带在工程研究区内长达 220km，南从云南程海延入盐边箐河，向北在金河过雅砻江继续往羊坪子、里庄延伸，在东北被南河断裂斜接。断裂北段走向 NNE—SN 向，南段走向 N40°～45°E，总体都倾北西或西 45°～70°。破碎带一般宽为 50～70m，最宽达 250m，主要由压碎岩、角砾岩、挤压透镜体组成。断裂主要断于震旦、古生界和中、新生界之中。根据断裂上下盘地层的重复和缺失关系分析，断裂带垂直断距达万米以上。断裂是康滇古陆与西缘凹陷带间一条重要的边界断裂，形成较早，经历了长期的发展过程，力学性质也发生了多次转变，控制着两侧地块的差异性活动和地史演化特征，尤其是古生代至三叠纪的差异性运动最为明显，使得东侧古陆长期隆起，而西侧盐源—丽江一带则持续沉降，沿断裂带海西期玄武岩喷发异常活跃。第四纪以来，该断裂仍有活动，北段里庄以北活动微弱；中段金河—箐河断裂偶有中震发生，弱震不多见，活动较弱；南段程海断裂新构造活动强烈，沿线有强震发生。

（3）锦屏山—小金河断裂带。断裂北起石棉西北，往西南经燕麦地，在张家河坝斜穿雅砻江后进入锦屏山区，再往西南兰坝、吉尔坪沿小金河至木里列瓦山以西一带延伸，在工程研究区内延伸约 150km。总体走向在吉尔坪以北为 N20°～40°E，在列瓦山南逐渐变为近东西向；总体倾北西到北，倾角较陡为 70°～85°，在列瓦山一带以弧形推覆构造形式出露，倾角变缓至 45°～70°。断裂主要断于三叠系内部，部分断于二叠系与三叠系之间。断裂带早期形成的破碎带宽十余米至数十米，主要为胶结紧密的碎裂岩、碎粉岩和压碎角砾岩。

该断裂带在地质历史上曾是扬子准地台与西部地槽褶皱系的边界断裂。自晚古生代至中生代，断裂两侧沉积建造差别甚大，西部为斜坡—半深海浊积相复理石建造和塌积相砾块状碳酸盐岩夹火山岩建造，而东部台缘区则以浅海相碳酸盐岩、碎屑岩建造为主。印支运动使西部地槽褶皱回返后，断裂经燕山—喜山早期构造运动进一步改造，已构成一规模宏大的推覆断裂带，使原断裂带的特征被掩盖。第四纪以来，该断裂带除木里弧顶部位有中强震发生外，其余各段均无明显活动。

（4）青纳—民胜断裂带。该断裂与锦屏山山体走向相一致，位于其东侧，总长 70 余千米，展布于青纳以北、泸宁、联合乡西、甘家沟、石沟和民胜乡西侧、瓦力铺子一带。走向 N10°～40°E，倾向北西，倾角 64°～85°。断裂主要断于二叠系绿片岩和玄武岩、中三叠统白山组大理岩中。断层破碎带宽数十米，有强烈的挤压揉皱和牵引褶曲及石英脉，显示压扭性质。断裂通过处在地形地貌上形成绵延数十千米、高数百米的断崖及山垭，沿线见有大量滑塌和崩积堆积，同时还有一系列大泉分布。断裂第四纪以来具有一定活动性。

（5）马头山—周家坪断裂带。断裂带是一组近于平行且首尾基本相连接的北东向断裂带，包括基本控制了里庄附近的燕山期花岗岩西部界线的马头山断层、安沙坪子断层、里庄断层，限制了震旦纪～二叠纪地层继续向北北西方向延伸的周家坪断层，还有棉沙湾断层。

马头山断层总长50余千米，展布于马头山北、司依诺、松林坪一带，逆冲断层，产状N20°E/NW∠60°，断层西侧上盘则为石炭、二叠系结晶灰岩、砂岩、泥灰岩等，东侧下盘主要为泥盆系大理岩、结晶灰岩及板岩。

棉沙湾断层长度仅10余千米，展布于许家坪、棉沙湾东、南河东南一带，与马头山断层近于平行，产状 N25°E/SE∠70°，逆断层性质，是二叠系玄武岩与中三叠统绿片岩的界线。

安沙坪子断层长26km，展布于牙骨台子以北、里庄西、周家坪以东一带，产状N15°～20°E/NW∠60°，逆冲性质，在不同段落切割了不同时代的地层或岩浆岩。

周家坪断层与马头山断层相连，长30多千米，展布于松林坪北、周家坪、海子一带，产状N20°～30°E/NW∠60°，挤压性断层，在不同段落分别构成泥盆系与二叠系之间的界线。

里庄断层长度仅10余千米，与安沙坪子断层近于平行，展布于牙骨台子以北、里庄、里庄以南一带，走向南北，倾向西，倾角60°～80°，挤压逆冲性质，北段断于上三叠统板岩、变质砂岩与燕山期流纹霏细岩之间，南段则断于燕山期花岗岩中。

（6）前波断层。前波断层位于坝区北西侧的水库库尾，距坝址最近处约30km，是理塘—德巫断裂带中往南延伸的一条主要断层，展布于甘孜以北、理塘、前波、卡拉乡、长枪穹窿北端一带，区内长约50km。断裂主要断于二叠系、三叠系之间和二叠系内部。产状 N15°～30°W/SW∠50°～70°。破碎带一般宽为30～60m，由构造角砾岩、碎粉岩等组成，可见高炭化现象。已有研究资料认为其早二叠世晚期可能是本区西北部基性岩浆喷溢的通道，晚三叠世又有强烈活动。该断裂带第四纪以来有明显活动性，沿带有中强地震发生，为一现代活动断裂。

3.2.3 地貌与新构造运动特征

锦屏一级水电站工程区及外围大河湾地区从区域地貌上分属于两个大地貌单元，西北部属于青藏高原的横断山极大、大起伏高山，东、东南为西南中高山地盆地的云贵高原，东北角一小部为四川盆地及成都平原，如图 3.2－3 所示。地势西北高东南低，西北部青藏高原平均海拔在4000m以上。

1. 夷平面

夷平面是新构造运动比较微弱、宁静，侵蚀基准面能维持较长时期的稳定，在各种外力长期的侵蚀、剥蚀作用下形成的近似平坦地面。夷平面形成之后，若遭到新构造运动引起的差异性构造变动，涉及的夷平面就会发生变形、变位，因此，夷平面是判断新构造运动的标志之一。

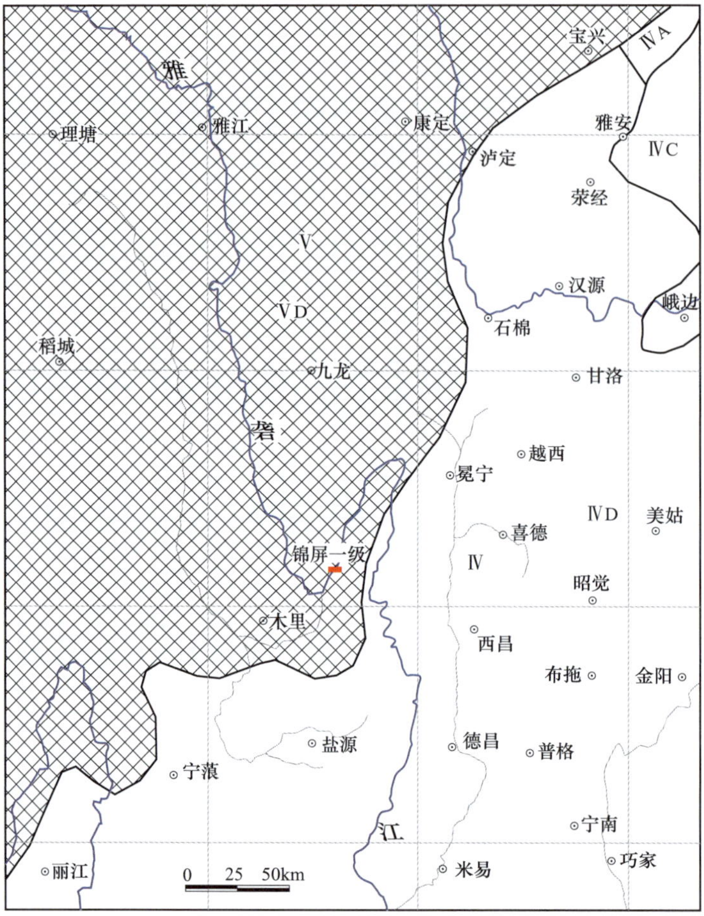

图 3.2－3　锦屏一级水电站区域地貌单元分区图

Ⅳ—西南中高山地；ⅣA—秦岭大巴山高中山；ⅣC—四川盆地；ⅣD—川西南、滇中中高山盆地；Ⅴ—青藏高原；ⅤD—横断山极大、大起伏高山

锦屏一级水电站所处雅砻江锦屏大河湾地区的三级夷平面一般具有 3 个基本特征：① 广泛分布有宽平的或强烈切割，但地面海拔相近的平顶分水岭、等高峰顶面等山顶面、谷肩、山麓剥蚀面，夷平了不同类型的地质体；② 各种山顶面普遍堆积有河流相的砾石或红土等覆盖层残留，三级夷平面的粉砂质昔格达层底部有强风化的玄武岩细砾，下伏有红土风化壳；③ 分水岭高地上保存有非现代外力作用所形成的古岩溶地貌。锦屏一级大河湾地区夷平面特征汇总见表 3.2－1。

表 3.2－1　锦屏一级大河湾地区夷平面特征汇总

级别	海拔/m	形态特征	盖层堆积物	代表地点
一	3500～4000	平顶分水岭、等高峰顶面	河流相石英质砾石	锦屏山区、韭菜坪、羌活牛场、呷咀、鲁昌山、牛尼、火炉山、白林山、横梁子
二	3000	次级平顶分水岭、等高峰顶面	残留有古坳沟，河流相石英质砾石及红土	花椒坪、二罗梁子、印坝、乌沙洞、木洛山、锦屏山两侧、大草坝、牦牛圈、大林乡
三	1800～2300	谷肩、山麓剥蚀面	粉砂质昔格达层	沿雅砻江流域都可见到，如白乌、长坪子、西番地

一级夷平面：为平顶分水岭和等高山顶面，海拔 3500～4000m，大河湾内外沿锦屏山脊呈狭窄的带状分布，向南延伸到盐源盆地以北和大河湾之西木里一带，雅砻江与安宁河分水岭西侧亦有广泛分布。该级夷平面上残留细粒的河流相石英砾石。夷平面夷平了白垩系地层，但未发生明显的变形，说明未遭受白垩系末构造运动的影响，可见应当形成于白垩纪以后。夷平面的相关堆积以盐源盆地中厚度大、粒径细的下第三系红崖子组为典型。

二级夷平面：为次一级的平顶分水岭和等高山顶面，海拔约 3000m，沿锦屏山两侧的雅砻江两岸呈宽谷状对称分布，盐源盆地四周也有广泛分布。该级夷平面带状分布，高程稳定，表明其形成之时，雅砻江大河湾尚未连通。夷平面上残留有古坳沟、红土和河流相砾石。从盐源水草坝一带约海拔 3000m 的红崖子组与昔格达层之间明显的侵蚀面分析，可判定其形成于第三纪晚期中新世。

三级夷平面：是现今雅砻江河谷分布面积有限的最低谷肩和山麓剥蚀面，一般海拔为 1800～2300m，但各地高程不甚一致。该级谷肩之下是雅砻江之“V”形峡谷，说明该级夷平面构造稳定时期较短，表明夷平作用未能充分实现。从盐源盆地北部最低一级的山麓剥蚀面边缘浅洼地中堆积有粉砂质昔格达层，以及雅砻江沿江河段最高Ⅵ级阶地个别以昔格达层为基座，判断三级夷平面形成于上新世。

总之，从大河湾地区各级夷平面广泛而又成层分布，未受构造变形变位分析，反映了一级夷平面形成以来，地壳运动表现为大面积的间歇性均衡抬升。

2. 阶地

锦屏雅砻江大河湾地区零星分布有六级阶地，呈现出大多数为基座阶地或侵蚀阶地，沿河有一定的连贯性，但两岸不对称的特点。

大河湾地区在盐源洼里、木里倮波和冕宁泸宁、牙骨台子、里庄等地发育有较完整的六级阶地。阶地分布断断续续，或在左岸或在右岸，同一地段呈不对称性；不同地点相邻两级阶地之间的高差具有相似性，一般为 30～35m，说明了地壳运动的统一性；各级阶地的堆积厚度小，阶面狭窄，并朝河谷明显倾斜，表明了以强烈抬升为主，中间仅有短暂的相对停顿。雅砻江大河湾地区沿河各级阶地特征见表 3.2－2。

表 3.2－2　雅砻江大河湾地区沿河阶地特征汇总表

级别	河段	特征				
		阶面高程/m	拔河/m	类型	组成	江水面高程/m
Ⅵ	麦地龙	2135.00	215	侵蚀	表部碎石土；下部砂板岩	1920.00
	洼里	1985.00	325	基座	表部黏土夹砾石，厚 5m；下部砂板岩	1660.00
	泸宁	1810.00	370	侵蚀	表部碎石土；下部片岩	1440.00
	牙骨台子	1770.00	390	基座	半胶结砾石层，厚 10m 低角度不整合于昔格达组之上	1380.00
	里庄	1700.00	345	侵蚀	表部碎石土；下部千枚岩灰岩	1335.00

续表

级别	河段	特　征				
		阶面高程/m	拔河/m	类型	组成	江水面高程/m
Ⅴ	麦地龙	2080.00	160	侵蚀	表部碎石土，下部砂板岩	1920.00
	洼里	1860.00	200	基座	上部砂砾、黏土，厚25～30m；下部砂板岩	1660.00
	泸宁	1690.00～1710.00	250～270	侵蚀	表部碎石土，下部片岩	1440.00
	牙骨台子	1620.00	240	基座	上部砾石，厚10m；下部灰岩	1380.00
	里庄	1600.00	245	侵蚀	表部碎石土，厚3～12m；下部千枚岩、灰岩	1335.00
Ⅳ	麦地龙	2030.00	110	侵蚀	表部碎石土，下部砂板岩	1920.00
	洼里	1790.00	130	基座	上部砾石厚32～41m，下部砂板岩	1660.00
	泸宁	1600.00～1610.00	160～170	侵蚀	表部碎石土，下部片岩	1440.00
	牙骨台子	1520.00	140	基座	上部块砾石夹粗砂，厚8m；下部灰岩	1380.00
	里庄	1480.00	125	侵蚀	表部碎石土，下部灰岩	1335.00
Ⅲ	麦地龙	2000.00	80	基座	表部砂砾石、碎石土，下部砂板岩	1920.00
	洼里	1740.00	80	基座	上部砾石夹粗砂，厚31～47m；下部砂板岩	1660.00
	泸宁	1530.00～1540.00	90～100	基座	表部砾石，厚1m；下部板岩	1440.00
	牙骨台子	1460.00	80	基座	上部砂砾石，下部片岩板岩	1380.00
	里庄	1420.00	65	基座	上部砾石、粗砂，厚11～18m；下部灰岩、千枚岩	1335.00
Ⅱ	麦地龙	1960.00	40	基座	表部砂砾石，下部砂板岩	1920.00
	洼里	1700.00	40	基座	上部砾石，厚20～25m；下部砂板岩	1660.00
	泸宁	1480.00～1485.00	40～45	基座	表部砾石，厚1m；下部板岩	1440.00
	牙骨台子	1435.00	55	基座	上部砾石，厚6m；下部片岩板岩	1380.00
	里庄	1390.00	35	基座	砾石夹粉细砂，厚4.5m以上	1335.00
Ⅰ	麦地龙	1940.00	20	堆积	砂砾石壤土	1920.00
	洼里	1680.00	20	基座	上部粗砂、砾石，厚10～15m；下部砂板岩	1660.00
	泸宁	1455.00～1460.00	15～20	堆积	上部沙、黏土厚0.5～1m；下部块砾石	1440.00
	牙骨台子	1402	22	基座	上部砾石，厚6m；下部花岗岩	1380.00
	里庄	1370.00～1375.00	15～20	堆积	上部砂层，厚0.5～3m；下部块砾石，总厚20m左右	1335.00

根据上述各级阶地地貌形态、结构特征分析及阶地中相关物质的测年资料，综合判断各级阶地形成时期是：Ⅵ级阶地TL测年为（15.63±1.23）万年，属中更新世；Ⅴ、Ⅳ级阶地TL测年为（4.29±0.39）万年，属晚更新世中期；Ⅲ级阶地TL测年为（3.44±0.26）万年，属晚更新世晚期；Ⅱ、Ⅰ级阶地属全新世。

3. 新构造运动强度

根据前述六级阶地的高程和时代，对雅砻江大河湾地区各时期的新构造运动抬升速度的估算成果见表 3.2－3。

表 3.2－3　　雅砻江大河湾地区新构造运动上升幅度和速率统计表

阶地级别	拔河高度/m	形成时代	上升时代	上升幅度/m	抬升速度/（mm/a）
Ⅵ	215～390	Q_2	16 万～5 万 aB.P.	150～210	1.36～1.91
Ⅴ	160～270	Q_3			
Ⅳ	110～170	Q_3			
			5 万～3.4 万 aB.P.	40～60	2.50～3.75
Ⅲ	65～100	Q_3			
Ⅱ	35～55	Q^1_4	3.4 万 aB.P.	75～110	2.21～3.24
Ⅰ	15～20	Q^2_4			

注：表中拔河高度指河流阶地顶面高出当地雅砻江常水位的相对高度。

3.3　主要断裂活动性

锦屏一级水电站所在雅砻江大河湾地区主要构造形迹是区域中部的川滇南北构造带，由安宁河、则木河和小江断裂带构成，区域东部以北东向构造为主；区域西部构造形迹复杂，有北西向、南北向、北东向和弧顶朝南的弧形构造等（见图 3.3－1）。

3.3.1　区域主要断裂带

区域中与锦屏一级工程关系较密切的有理塘—德巫断裂带、小金河—丽江（锦屏山—小金河）断裂带、金河—箐河断裂带、安宁河断裂带、鲜水河断裂带。

1. 理塘—德巫断裂带

理塘—德巫断裂带是川滇断块内部的主要全新世活动断裂带，在理塘附近断裂与近南北向的甘孜—理塘断裂斜交。理塘—德巫断裂带第四纪以来表现出明显的活动性，沿断裂可见断层陡崖、边坡脊、水系扭错和山脊扭错。

理塘—德巫断裂带是川西北次级活动块体内部一条重要的活动断裂，与其北侧和东—东南侧的甘孜—玉树断裂带、鲜水河断裂带、安宁河断裂带等一起构成了青藏高原东南部侧向滑移断裂系统，其中理塘断裂带中—南段近代 1948 年曾发生过 7.3 级地震。

理塘—德巫断裂带西北起自四川无量河源头的小毛垭坝盆地北缘，向东南经毛垭坝盆地、理塘盆地、康嘎盆地，南端止于德巫以南，由毛垭坝盆地北缘断裂带、理塘断裂带和康嘎—德巫断裂带等三条次级断裂段斜列而成，总长度约 145km。在空间展布上，理塘

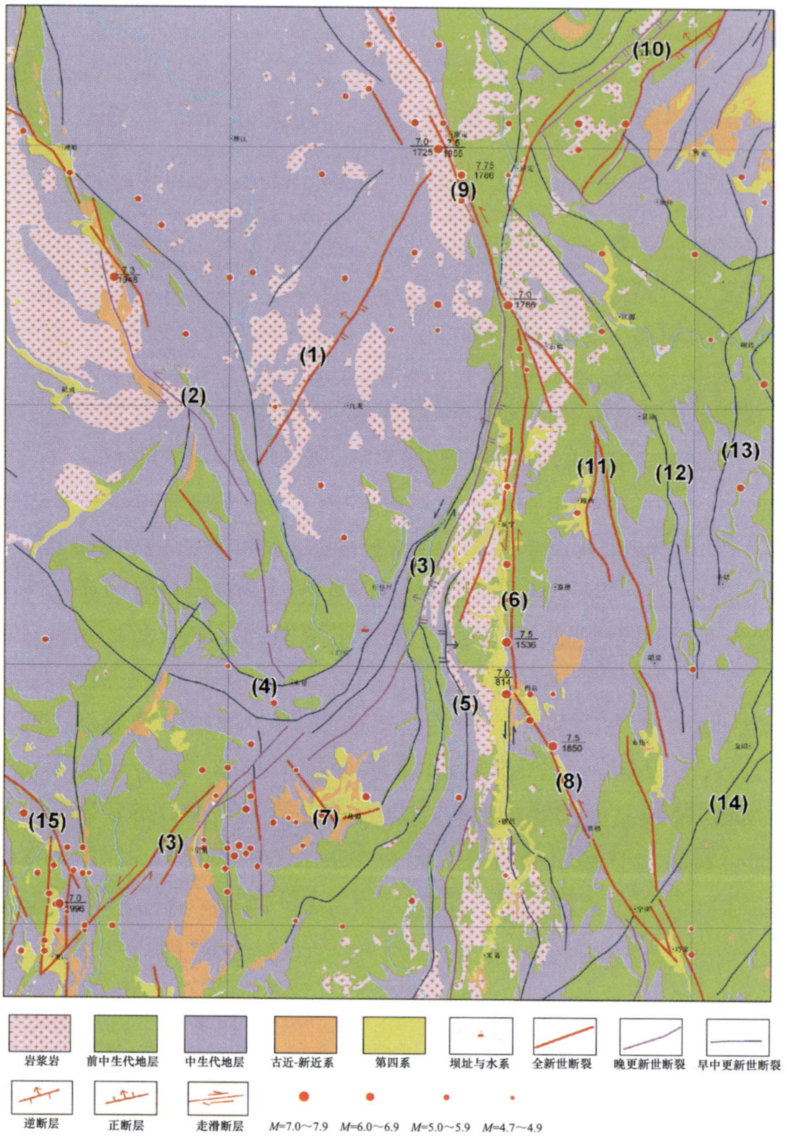

图 3.3-1 锦屏一级水电站区域地质构造与地震分布图

(1)—玉龙希断裂带；(2)—理塘—德巫断裂带；(3)—小金河—丽江断裂带；(4)—木里弧形断裂带；(5)—金河—箐河断裂带；(6)—安宁河断裂带；(7)—盐源—棉垭断裂带；(8)—则木河断裂带；(9)—鲜水河断裂带；(10)—龙门山断裂带；(11)—大凉山断裂带；(12)—甘洛—昭觉断裂带；(13)—西河—美姑断裂带；(14)—莲峰断裂带；(15)—大具断裂带

断裂带切割中生代晚期形成的近南北向甘孜—理塘深断裂带，表现出第四纪新生断裂的基本构造特征。

理塘—德巫断裂带最新活动断层面近于直立，局部地段倾向 NE，倾角 60°～80°，主要发育在三叠系及侵入的燕山期花岗岩中，为一条兼有逆冲分量的晚第四纪走滑活动断裂带。

综上，理塘—德巫断裂带为一全新世活动断裂带，以左旋走滑为主，由断错地貌左旋和垂直累积位移量及相关沉积物样品年龄得出，理塘—德巫断裂带全新世左旋滑动速率为（4.0±0.2）mm/a，垂直速率介于 0.1～1.8mm/a 之间。

2. 小金河—丽江断裂

小金河—丽江断裂西南起于剑川，向东北经南溪、丽江、宝地、响水河，过盐源木里后向北东方向延伸与安宁河断裂交汇，总体走向 40°，全长约 360km。该断裂根据其几何特征和活动习性可分为锦屏山—木里段、响水河—金棉段、栗雄卫—丽江段、剑川段等 4 个次级断裂段。其中与工程关系较密切的锦屏山—木里段长约 90km。

断裂带形成于古生代，对沉积起着明显控制作用，构成了扬子准地台和松潘—甘孜地槽的界线。随着对该断裂带研究程度的加深、细化，认为从更大的区域范畴，小金河—丽江断裂带属龙门山—锦屏山—丽江断裂带一部分。丽江断裂带以挤压逆冲为主兼左旋滑动，将川滇菱形块体分为南北两块，西北为川西块体，东南为滇中块体。

小金河—丽江断裂带不同地段和不同断裂具有不同的活动特征，其中南段断裂活动强烈，造成水系、山脊的左旋位移，地震活动强烈，为全新世活动断裂；中南段断裂活动比较强烈，构造地貌清楚，多次发生中强地震，为晚更新世活动断裂；中北段断裂活动明显减弱，断裂带东侧的断裂活动较强，构造地貌清楚，为晚更新世活动断裂，而西侧的断裂则为早中更新世活动断裂；北段断裂晚第四纪以来已不再活动，为早中更新世活动断裂。

3. 金河—箐河断裂带

金河—箐河断裂带是扬子准地台内两个二级构造单元的界线，走向北东—北北东—北北西，倾向西，长约 300km。该断裂带构造岩以胶结或半胶结的碎裂岩为主，无新活动断层泥，断裂走向地貌形态未发现有明显新活动迹象。

早更新世以前断裂带活动强烈，中更新世活动减弱直至停止。在研究区以北不同地点，见断层被雅砻江Ⅴ级阶地或Ⅳ级阶地上部堆积物覆盖，Ⅳ级阶地上部堆积物 TL 样品测试年龄为距今（11.69±0.95）万年，反映断裂带最新活动时代为中更新世晚期。断裂带历史上无大于或等于 6.0 级地震发生。

4. 安宁河断裂带

安宁河断裂带处于康滇地轴的轴部，是川滇南北构造带的主要断裂带，也是川滇菱形断块东边界之一，距坝址最近距离约 40km。断裂带分为东、西两支，近平行展布，两支间距为 4～9km。东支是主干断裂带，全长 350km，自石棉田湾河附近，向南经安顺场拖乌、泸沽、西昌、德昌至会理以南消匿；西支全长 380km，北端起自冶勒，向南经大桥、冕宁，再向南沿安宁河谷西侧延伸，经德昌、米易至会理一带消失（见图 3.3－2）。断裂带总体作南北走向，倾向东或西，倾向 60°～80°，一般为逆冲断层，个别段为正断层。

第四纪以来，安宁河断裂带表现出在先存的断裂破碎带基础上的继承性发展。早更新世，安宁河东、西支断裂带显示张裂活动，发生了几乎同等幅度的断陷活动，沿断陷谷沉积了巨厚的昔格达湖相地层。中更新世以来，断裂以左旋为主，晚更新世以来，主要活动部位转为东支断裂。

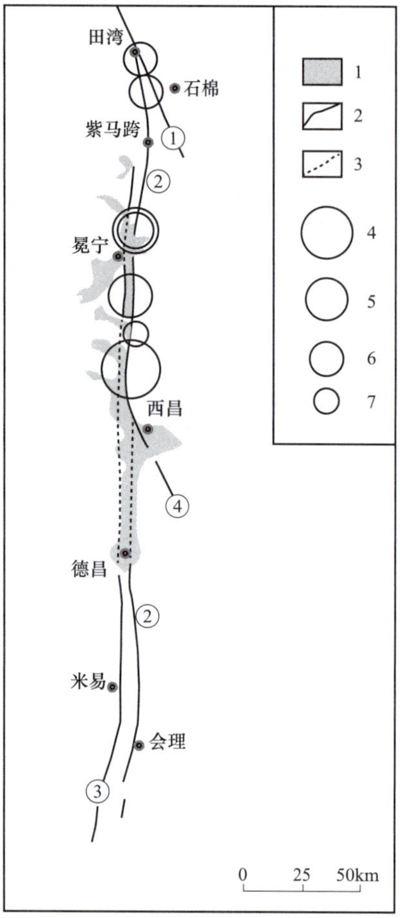

图 3.3-2 安宁河断裂带展布图

1—第四纪盆地；2—断裂及编号；3—隐伏断裂；4—4.7≤M<8.0；5—6.0≤M<7.0；6—5.0≤M<6.0；7— 4.7≤M<5.0；①—鲜水河断裂；②—安宁河断裂东支；③—安宁河断裂西支；④—则木河断裂

安宁河断裂带在晚更新世以来的活动强度及活动方式各段存在较大的差异，表明该断裂带具有明显的分段性特征。西支断裂带中更新世以后活动微弱，部分段落晚更新世早期有活动；东支断裂带在晚更新世以来具强烈活动。

综上，安宁河断裂带东支北段为晚更新世活动，中段为全新世活动，南段多为早中更新世活动，部分地段表现有晚更新世早期活动；而断裂带西支隐伏于全新统及晚更新统冲洪积层之下，为早中更新世—晚更新世早期活动断裂带。

5. 鲜水河断裂带

鲜水河断裂带为我国西部著名的强震活动带，在大地构造上位于四川西部Ⅱ级构造单元—松潘—甘孜地槽褶皱系内部，是松潘—甘孜地槽褶皱系内部两个次级构造单元的分界线，也是川滇菱形断块北边界断裂带。晚新生代以来，鲜水河断裂带表现出强烈的左旋走滑运动，是松潘—甘孜造山带内部一条大型走滑断裂。据统计，鲜水河断裂带发生过 8 次 8.0 级以上强烈地震和多次 6.0～6.9 级强地震，地震活动强度大、频率高，其中最大一次地震为 1786 年康定、泸定磨西间 7.75 级地震，显示出强烈的近代活动性。

鲜水河断裂带北西起甘孜西北，向南东经炉霍、道孚、康定、磨西，石棉以南活动行迹逐渐减弱，终止于石棉公益海附近。断裂带在康定西北走向 N50°～60° W，康定以南走向 N10°～30° W，全长约 400km。鲜水河断裂带由炉霍断裂带、道孚断裂带、乾宁断裂带、中谷断裂带、雅拉河断裂带、色拉哈—康定断裂带、折多塘断裂带、磨西断裂带等八条断裂带组成。

3.3.2 近场区主要断裂带

锦屏一级水电站近场区范围内断裂带发育，基本上可分为三大组，其中近南北向（包括 NNE、NNW、局部 NE 向）断裂带规模大、延伸长，与区域褶皱构造方向基本一致，是近场区内主要构造线，也是对工程区区域稳定性和地震安全性评价影响最大的断裂带；NE、NW 和近 EW 向断裂带规模小，延伸长度短，多为横向构造，沿横向沟谷发育；走向变化的弧形断裂带规模中等，离工程场地较远。锦屏一级工程近场区地震构造如图 3.3-3 所示。

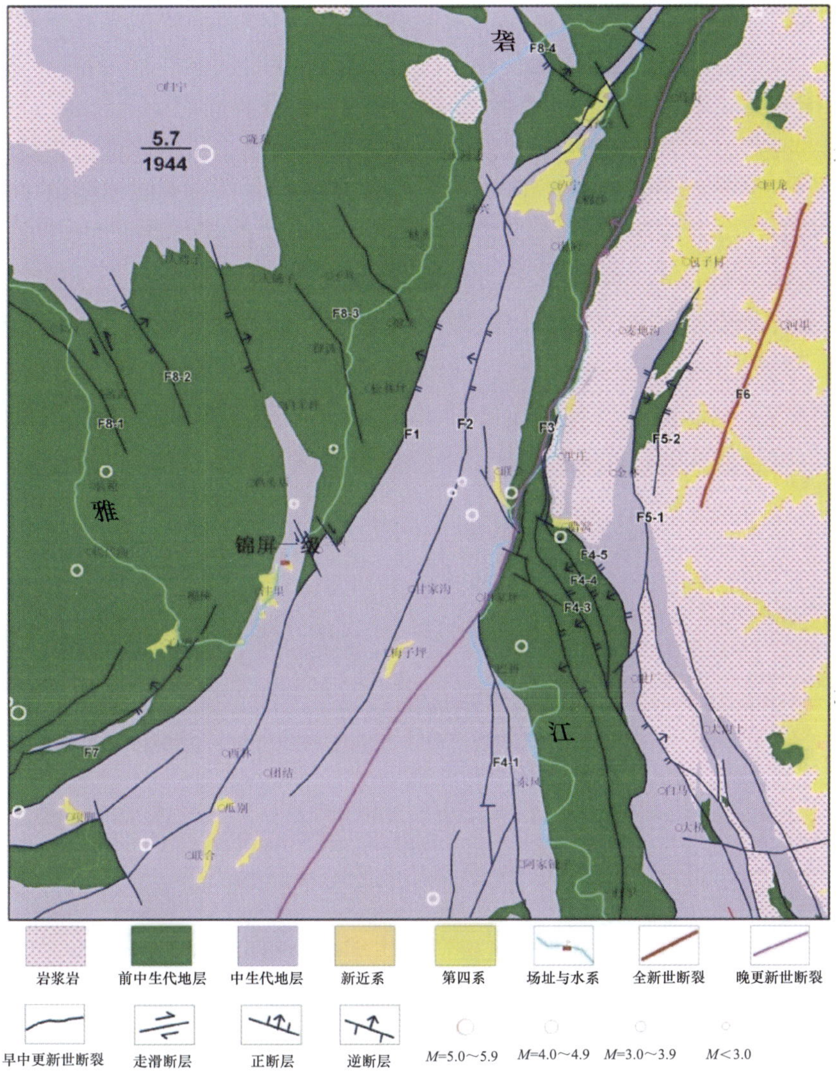

图 3.3-3　锦屏一级工程近场区地震构造图

F1—锦屏山断裂带；F2—青纳—民胜断裂带；F3—马头山—周家坪断层带；F4—羊坪子、大沟断层组；F5—新火村、牦牛山断层组；F6—河里断裂带；F7—木里弧形断裂带东翼断层组；F8—北西向断层组

1. 锦屏山断裂

锦屏山断裂从东北到西南贯穿了整个近场区。其北段在近场区北起窝堡乡以北、经青纳西、锦屏山最高峰西侧、兰坝尔东、止于雅砻江与小金河交汇处以南，称为锦屏山断裂；南段北起瓜别东北、经列瓦山南麓，再往西延出近场区，称为小金河断裂。

锦屏山断裂是龙门山—锦屏山—丽江推覆构造带中段锦屏山推覆构造带内一条断裂，发育于雅砻江河湾地区西侧，是距锦屏一级水电站工程坝址最近仅约 2km 的区域性断裂。断裂为逆冲兼走滑断裂，整体走向北东 25°～30°，倾向北西，倾角 40°～70°，地貌上表现为断续延伸的断层沟谷、垭口和陡崖。

早期国内大部分研究者视锦屏山断裂带为扬子准地台和松潘—甘孜褶皱系之间的大

地构造分区断裂，即槽台界线，也有部分研究者将大地构造单元界线东移出雅砻江河湾地区，将金河—箐河断裂带与龙门山断裂带一起作为扬子准地台（龙门山台褶带和康滇台隆）和昆仑三江褶皱系（可可西里巴颜喀拉槽地褶皱带）的分界断裂。

进入21世纪以来的最新研究认为，青藏高原东缘的龙门—锦屏造山带位于松潘—甘孜印支造山带与扬子克拉通的中新生代（T—Q）四川前陆盆地之间，厘定了扬子准地台西缘的边界断裂（槽—台边界）是茶铺子—巴折区划性复活断裂带（韧性剪切带），距锦屏山断裂以东约16km，从而修正了锦屏山断裂为扬子西缘的边界断裂的认识。从锦屏山推覆体构造看（见图3.3－4），锦屏山断裂为该推覆体内的盖层断裂，其延伸深度在5km左右。

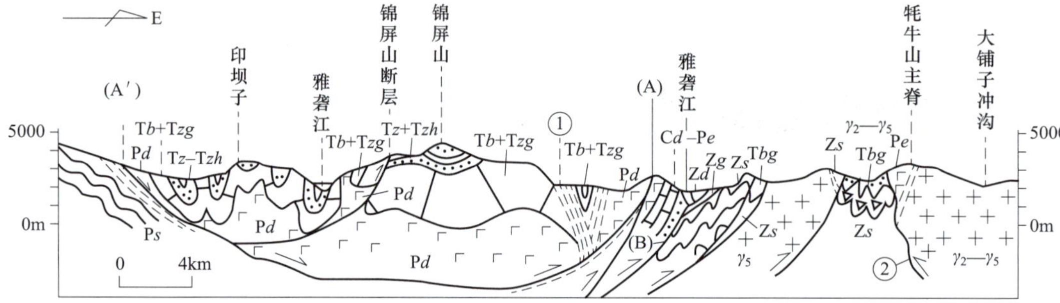

图3.3－4 锦屏造山带地质剖面图（廖忠礼等，2003）

Zg—观音崖组；*Zd*—灯影组；*Zs*—苏雄组；*Cd*—大塘组；*Ps*—三道桥组；*Pd*—大石包组；*Pe*—峨眉山组；*Tb*—菠茨沟组；*Tzg*—扎尕山组；*Tz*—杂谷脑组；*Tzh*—侏倭组；γ_5—三叠纪—侏罗纪花岗岩；γ_2—γ_5—震旦纪—三叠纪花岗岩；（A′）—烂铺子—喇嘛山滑脱面；（A）—茶铺子—巴折复活断裂带；（B）—江口断层；①—青纳韧性剪切带；②—浸水村—四合村断层

20世纪90年代初期以来，通过对断层带物质和沿断层面形成的新鲜矿物的年龄测定，确定了断层的最晚活动时代，如：在和爱乡渡口江边所采的紫红色断层泥作热释光测定，其最晚活动时间是26.98万年；在解放沟顺断面充填的石英脉和方解石脉U系年龄大于36万年，热释光年龄（25.38±1.9）万年；解放沟以北普斯罗沟与牛圈坪之间山梁，在断层带中采用石英脉，ESR方法测得年龄为38.20万年；在羊房沟，顺断层面中的石英中还有后期重结晶的方解石脉，U系方法测得的年龄为（19.10±2.5）万年。

20世纪90年代初期，能源部、水利部华东勘测设计院在解放沟横穿锦屏山断裂开挖的平洞中，清楚可见断层存在（见图3.3－5）。断面产状为N38°E/NW∠78°。断层西盘由二叠系石灰岩、变质岩组成，东盘为三叠系砂板岩。断层破碎带宽4m，破碎带及影响带宽为30余米，破碎带主要为灰黑色断层泥和断层角砾。断层泥热释光年龄为（17.76±1.44）万年，说明断裂的最后一次活动年代为17万年左右，相当于中更新世晚期。

由于推覆构造影响，锦屏山断裂带并非仅仅一个主断面，在其附近还有些规模较小、但与其平行的断层或断面，属于和锦屏山断裂带同一体系的断裂构造。比如在普斯罗沟顶部见到的近南北向压性断面走向NE 15°～20°，倾向SW，倾角70°～80°，断面有方解

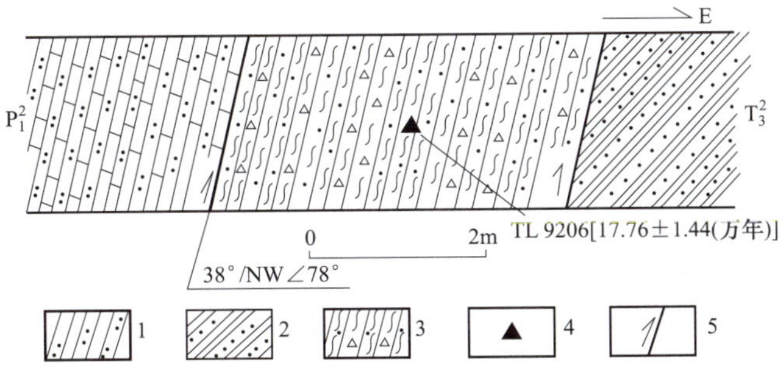

图 3.3-5 解放沟平洞中锦屏山断裂剖面

1—变质灰岩、石英岩；2—砂质板岩；3—断层带；4—释光采样点；5—断层

石充填，采样热释光测年为143万年，显示断裂最晚活动时代更早；另外，在三滩施工公路旁边坡剖面上，也清楚可见在锦屏山断裂带附近发育有与其伴生平行小断层，并可见其被另外一些北西向的小断层所截切，显示北西向断层活动较晚，北西向小断层物质热释光年龄为（15.42±1.23）万年，这也从一个侧面说明锦屏山断裂带的活动年代应当在晚第四纪以前。

综上，锦屏山断裂带的最晚活动年代多为中更新世晚期或更早，属早中更新世断裂。同时，从卫星影像特征分析判断，可认为锦屏山断裂带是晚第四纪（晚更新世以来）不活动的断层。沿断层无破坏性地震记载，也无 $M \geqslant 3.0$ 级小震活动，微震活动也极少，沿断裂也无热水活动。

2. 青纳—民胜断裂带

青纳—民胜断裂带北起青纳西南的青丝堂，经泸宁和联合乡以西、甘家沟和民胜乡西侧，止于瓦力铺子一带。断层总长70多千米，整体走向N 10°～20°E，倾向南东，倾角60°～80°，其活动性质为张性正断层。

青纳—民胜断裂带自东北至西南全都是切割三叠纪地层，其大部分段落是三叠系不同岩性段的界线，小部分段落则是在同一岩性段里通过。断裂在地貌上有清楚的显示，主要表现形式是断层陡崖，还有断层槽地。

磨房沟上游青纳—民胜断裂带剖面上取断层泥样品作TL年龄测试，结果为（86.92±6.87）万年，反映早更新世期间断层是活动的。甘家沟以南顺断层面见三期方解石脉，其中最后一期切割了前两期。最后一期方解石脉作了年龄测试，TL年龄为（32.25±2.29）万年，U系年龄（7.80±0.5）万年，同期石英脉ESR年龄32.17万年。在泸宁西燕彝卡附近，顺断面形成的最后一期方解石脉U系年龄为大于50万年。这些年龄结果基本反映青纳—民胜断裂带的最晚活动年代应在30万年以前。

综上，青纳—民胜断裂带为早中更新世断裂。

3. 马头山—周家坪断层带

马头山—周家坪断层带包括马头山断层、棉纱湾断层、安沙坪子断层、里庄断层和周家坪断层，是一组近于平行且首尾基本上相连接的NE向断层带。其中马头山断层、安沙坪子断层、里庄断层基本控制了近场区东部燕山期花岗岩的西部界线，周家坪断层则限制了震旦纪—二叠纪地层继续向NNW方向延伸。

马头山—周家坪断层带的五条断层处在相同的构造位置，构成有机组合的整体。因此，它们的形成、发展及最新活动时代基本相同，并且各单条断层在地貌上都有一定的显示，且大多数表现为断层沟谷、垭口、断层崖等。

断裂带不同部位不同样品年龄测试结果差别较大。但从总体上看，仍反映了该断层组在中晚更新世及其以前曾活动过，但全新世时未见有明显活动，这与地质剖面所反映的最新活动时代是一致的。

综上，马头山—周家坪断层组为晚更新世活动断裂，全新世以来可能仍在活动。

4. 木里弧形断裂带东翼断层组

该组断层包括博瓦断层、木里断层、瓦科断层和光头山断层等断层。断层走向由北东东向逐渐转变成北东向，其东北端都逐渐消失在雅砻江和小金河交汇处一带。木里弧形断裂带东翼断层组的东北端部距锦屏一级水电站最近距离约 20km 以上。

（1）博瓦断层：木里弧形断裂带最靠近内弧的一条断层，东侧从博瓦起，向东北经长坪子、结束于长坪子东北，长仅 10km。断层面倾向南东，早期断层的活动性质为逆断层，但在第四纪期间，断层的活动性质却表现为正断层性质。

（2）木里断层：有两条断层，一条从木里县城以北起，向东北延至白碉西南，长约 25km，断层面倾向北；另一条从木里县城南起，向东北延至白碉东北，长约 35km，断层面倾向北。活动性质皆为逆断层性质。木里县城西北核桃村公路边采集断层泥样品，经热释光测年，最新活动时代为距今（22.4±1.91）万年。

（3）瓦科断层：断层西起瓦科西南，被近南北向断裂所截。向东北延至雅砻江与小金河的交汇处西南，全长约 30km。断层性质为逆断层。

（4）光头山断层：东北起自西林乡，经光头山北麓，往西延伸出近场区，近场区内断层长约 40km。断层为逆断层。

木里弧形断裂带东翼几条断层在地貌上虽都有显示，主要表现形式是断层沟谷地貌。弧形断层带中各条断层表现及其组合特征表明它们最新活动的整体性，其活动时代应该基本一致。根据东翼木里县城北木里断层剖面上的断层泥热释光测年结果，判断该断层属早中更新世断裂。

另外，在木里弧形断裂带的弧顶部位，有 NNE 向的断层切割了弧形断裂带的各条断层。交切位置是现今小震活动频繁发生的场所，其中 1980 年在木里县城西南的磨房沟一带发生了 5.8 级地震（四川省地震局当时定为 5.5 级）。

5. 前波断层

前波断层是区域性的理塘—德巫断裂带中的一条断层，近场区仅包括其东南端部一小段，即西北起自甲尔，向东南止于苦苦一带。断层在近场区内长度仅 30km。最东南端距场地最近距离约 22km。

前波断层是近场区内松潘—甘孜地槽褶皱系二个二级构造单元的分界线，断层以东是雅江褶皱带的一部分，以西是玉树—义敦褶断带的一部分。

前波断层在地貌上有较清楚的显示，在前波至下田之间雅砻江西岸陡崖的展布与断层一致，属于断层陡崖。前波断层是理塘—德巫断裂带的组成部分，沿断层也有一些5级以上的地震分布，在甲尔西北中、小地震活动频繁。在该断层的乍尼剖面中，对顺断层的石英脉和石膏层作ESR年龄测试分析，其形成年代晚于1.5万年，可以推断前波断层在晚第四纪是活动的。但是前波断层各段的活动强度是不同的，最活动的段落是在近场区以外的果结西北，而在果结东南，断层的活动强度较小。

综上，作为理塘—德巫断裂组成部分，前波断层是晚第四纪活动的断层，但在近场区内，它的活动性是很微弱的，其活动的主体部分为近场区以外甘孜理塘段。

3.3.3 坝址区小断层

锦屏一级水电站场址区5km范围内，锦屏山断裂带为场址区唯一的区域性断裂带，距坝址约2km。另外，据坝址区地表地质调查及平洞勘探揭示，发育一些破碎带宽度小于1m、长度小于2km的小断层，按其产状可划分为NNE—NE向、NEE—EW向和NW—NWW向三组，其中以NNE—NE向组最发育且断层规模相对较大，破碎带宽度在大理岩中一般小于1m，砂板岩中宽数米。

坝址区右岸发育的f_{13}、f_{14}断层，左岸发育的f_5、f_8及F_1（手爬断层）断层等与区域断裂无联系，为孤立小断层。这些坝区断层破碎带中软化泥化碎粉岩和碎裂岩的测龄数据显示最近一次活动在15万年以上，属晚更新世以来无新活动的断层。

3.4 区域地震活动性

3.4.1 区域地震背景

锦屏一级水电站工程区区域内地震活动强烈，截至2013年记录到的$M\geqslant4.7$级地震229次，其中$7.0\leqslant M<8.0$级10次，$6.0\leqslant M<7.0$级31次，$5.0\leqslant M<6.0$级131次，$4.7\leqslant M<5.0$级57次，记录到最早的地震是公元624年发生在四川西昌一带的6.0级地震，最大地震为1733年云南东川紫牛坡7.75级地震。其中$M\geqslant6.0$级地震的时间分布见表3.4－1。从表中可知1900—1999年间26次$M\geqslant6.0$级地震中，发生在前50年的有11次、后50年为15次，将1999—2000年发生的2次$M\geqslant6.0$级地震考虑进去，从1900年到现在，$M\geqslant6.0$级地震发生的频次为2～3次/10年，与我国西南地区强震活动的较短周期性相吻合。

表3.4－1　锦屏一级工程区域内$M\geqslant6.0$级地震时间分布表

震级域	时段						
	公元1500年前	1500—1599年	1600—1699年	1700—1799年	1800—1899年	1900—1999年	1999—2010年
$M\geqslant6$	6	3	0	3	1	26	2

区域内现代地震活动也很活跃。工程区域 $M_L \geqslant 2.0$ 级的地震中，1970 年以来共记载 $2.0 \leqslant M_L \leqslant 4.9$ 级地震 18 560 次，其中 $2.0 \leqslant M_L < 3.0$ 级地震 15 939 次，$3.0 \leqslant M_L < 4.0$ 级地震 2430 次，$4.0 \leqslant M_L < 5.0$ 级地震 191 次。

3.4.2 地震活动空间分布特征

1. 震中分布

从 20 世纪 90 年代初期以来 20 多年的地震研究表明，锦屏一级工程区域内安宁河—小江、马边—荥经、丽江等断裂构造带显示出主要集中地震活动带，其中工程区内现代小震活动频度较高，2.0～4.7 级地震记录有 17 022 次，其震中分布如图 3.4－1 所示，与历史地震活动的空间分布特征基本一致，带状分布更加明显。

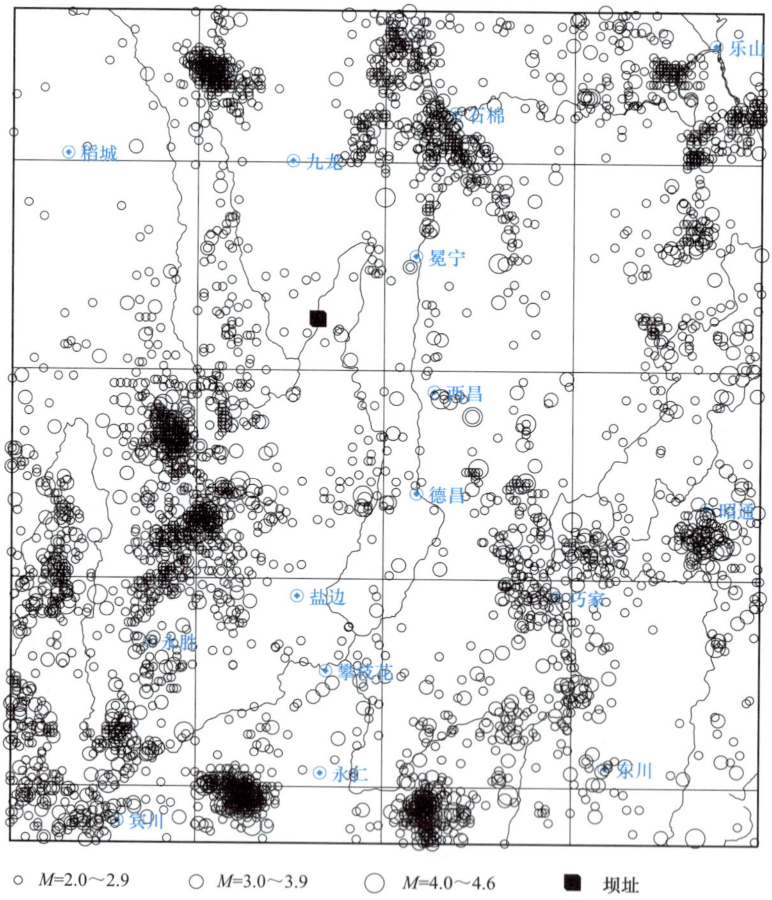

图 3.4－1 锦屏一级工程区域小震震中分布图

（M_L=2.0～4.6，1993 年 1 月—2010 年）

工程区域内 $M \geqslant 4.7$ 级地震震中分布如图 3.4－2 所示，主要发生在区域南部和北部地区，其中以区域东北缘芦山县 2013 年 4 月 20 日发生 7.0 级强震最大。

最新强震、小震统计与震中分布图显示强震和中小地震活动仍集中在锦屏一级水电站工程周边的地震活动带，水电站及其附近地区地震活动仍相对平静，无成带成丛地震活动现象，也无异常地震活动迹象。

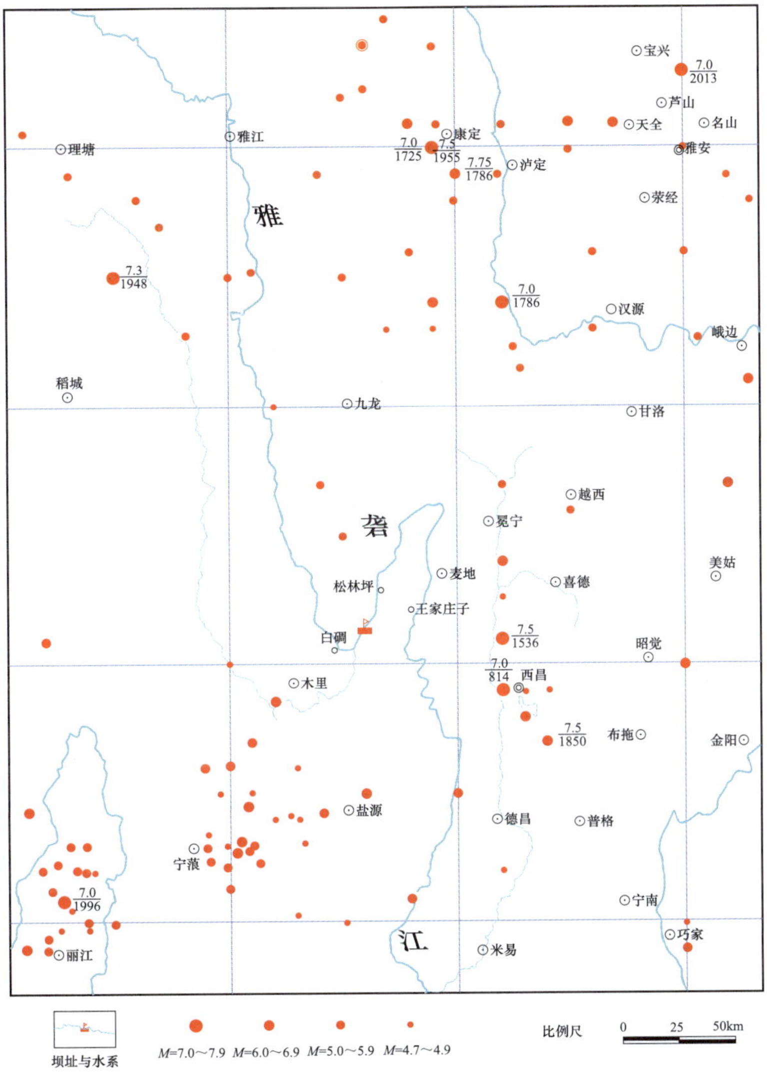

图 3.4－2　锦屏一级工程区域 $M \geqslant 4.7$ 地震震中分布图
（公元 624 年—2013 年 4 月）

2. 震源深度

工程区域地震震源深度分布见表 3.4－2 和图 3.4－3。工程区域地震震源深度普遍小于 40km，其中 24km 以内的占 91%；24km 以内又多集中在 5～14km 区间，占 57%；10～14km 最为集中，独占 32%。由此可知，工程区域内的地震基本上是发生在地壳的中上层，属浅源地震。

表 3.4-2　　锦屏一级工程区域地震震源深度分布统计表

深度/km	1～4	5～9	10～14	15～19	20～24	25～29	≥30
地震次数	187	1034	1314	656	547	261	106
百分比/%	5	25	32	16	13	6	3

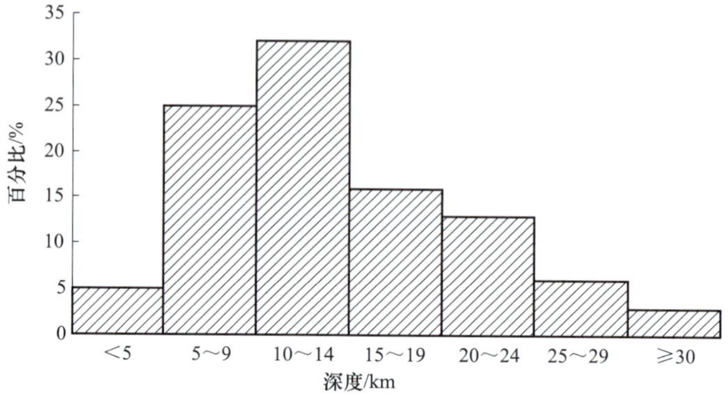

图 3.4-3　锦屏一级工程区域地震震源深度分布直方图

3.4.3　地震活动时间分布特征

锦屏一级水电站工程区强震活动在时间分布上具有不均匀性和周期性特征。

可可西里—金沙江地震带早期地震记载不全，取 1900 年前后至今的中、强地震序列，按地震平静期内地震活动不大于 6.5 级进行划分，则自 1887—1991 年的百余年中可划分出 4 个完整的地震平静—活跃幕（见表 3.4-3）。本带地震群体活动强弱起伏的周期较短，为 20～30 年，其中活跃幕历时 6～20 年，幕内有 1～2 次 7.0～7.9 级地震。最大震级为 7.1～$7^1/_2$ 级，平静幕持续时间 7～10 年。目前正处于 1989 年开始的地震活跃幕中。按此预测，未来百年本带将同样经历 4 个左右地震幕和大致相当的强震活动水平。

表 3.4-3　　可可西里—金沙江地震带地震活动幕划分表

地震活动幕	历时/年	各级地震发生次数			最大震级
		6.0～6.9 级	7.0～7.9 级	8.0～8.5 级	
平静幕（—1892 年） 活跃幕（1893—1904 年）	12	1	2		$7^1/_4$
平静幕（1905—1912 年） 活跃幕（1913—1927 年）	8 14	1 12	1		6 7
平静幕（1928—1935 年） 活跃幕（1936—1955 年）	8 20	2 6	2		$6^1/_4$ $7^1/_2$
平静幕（1956—1962 年） 活跃幕（1963—1981 年）	7 6	3 6	1		6.2 7.1
平静幕（1982—1988 年） 活跃幕（1989 年—）	6	1			6.3

远场区地震活动基本上受可可西里—金沙江地震带地震活动制约，按平静幕内地震活动不大于 $6^1/_4$ 级进行划分，远场区自 1893 年至今也可以划分出 4 个地震活跃—平静幕

（见表 3.4－4）。活跃幕历时 12～20 年，幕内有 3～4 次 7.0～7.9 级地震，最大地震为 $7^1/_2$～7.7 级，平静幕历时 7～12 年。目前正处于 1989 年开始的地震活跃幕中，预计远场区未来百年将同样经历 4 个地震活动—平静幕。

表 3.4－4　　远场区地震活动幕划分表

地震活动幕	历时/年	各级地震发生次数			最大震级
		6.0～6.9 级	7.0～7.9 级	8.0～8.5 级	
平静幕（—1886 年） 活跃幕（1887—1904 年）	18	2	4		$7^1/_4$
平静幕（1905—1912 年） 活跃幕（1913—1927 年）	8 15	1 8	3		6.5 $7^1/_4$
平静幕（1929—1935 年） 活跃幕（1936—1955 年）	7 20	8 12	4		$6^1/_4$ 7.7
平静幕（1956—1962 年） 活跃幕（1963—1981 年）	7 18	2 8	4		6.2 7.7
平静幕（1982—1988 年） 活跃幕（1989 年—）	7	2			6.3

3.4.4　近场区地震活动概况

锦屏一级水电站坝址周围 25km 的近场区内地震活动平静，历史上未发生过 $M \geqslant 4.7$ 级以上中、强地震。距坝址最近的一次 4.7 级以上地震为 1944 年 8 月 3 日九龙南的 $5^1/_4$ 级地震，位于锦屏一级水电站坝址西北约 30km（见图 3.4－4）。

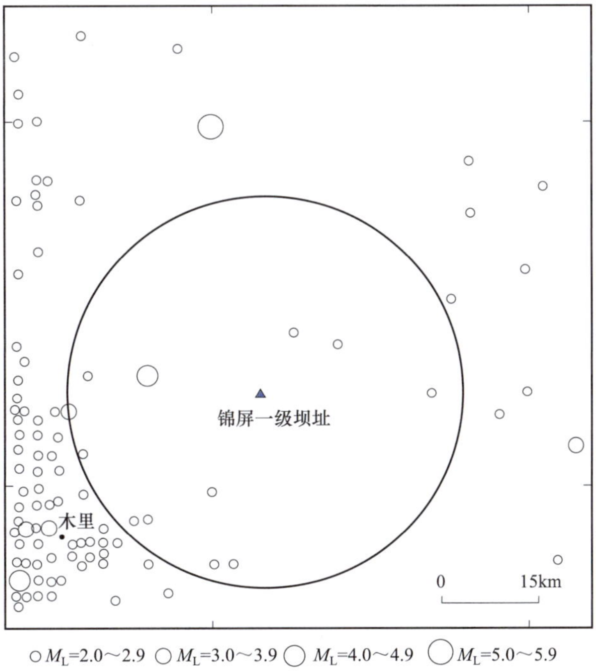

图 3.4－4　近场区地震分布图（大圆为近场区范围）

3.4.5 历史地震对坝址区的影响烈度

历史上锦屏一级水电站近场区以外（大于 25km）的广大地区发生过若干次中强以上地震，它们在场址区的影响烈度从未到达过Ⅶ度。近场区以外地区历史上中强地震对坝址的影响烈度见表 3.4－5。

表 3.4－5　　历史地震对锦屏一级工程场址区的影响烈度

时间	震中地点	震中烈度	震级	震中距/km	长短轴方位	对坝址区影响烈度
624 年 8 月 15 日	西昌一带	≥Ⅷ	≥6.0	65		<Ⅵ
814 年 4 月 2 日	西昌一带	Ⅸ	7.0	65		Ⅵ
1467 年 1 月 19 日	盐源一带	Ⅷ	$6^{1}/_{2}$	70		<Ⅵ
1489 年 1 月	西昌一带	Ⅸ	$6^{3}/_{4}$	78	b	<Ⅵ
1536 年 3 月 19 日	西昌北	Ⅹ	$7^{1}/_{2}$	60	b	Ⅵ
1732 年 1 月 29 日	西昌东南	Ⅸ	$6^{3}/_{4}$	92	b	<Ⅵ
1850 年 9 月 12 日	西昌普格间	Ⅹ	$7^{1}/_{2}$	92	ab	Ⅵ
1913 年 8 月	冕宁	Ⅷ	6.0	81	ab	<Ⅵ
1923 年 8 月	冕宁	Ⅶ	$5^{1}/_{2}$	81		<Ⅵ
1944 年 8 月 3 日	九龙南		$5^{3}/_{4}$	40		Ⅴ
1952 年 9 月 30 日	冕宁	Ⅸ	$6^{3}/_{4}$	62	ab	<Ⅵ
1980 年 2 月 2 日	木里东南	Ⅵ	5.8	48		<Ⅴ

3.5 地震危险性分析

3.5.1 地震危险性分析方法

20 世纪 90 年代初期地震危险性分析评价时，采用中国地震烈度区划图（1990 年）所使用的方法，即考虑地震活动时空非均匀性的概率分析方法，2008 年“5·12”汶川地震后的复核使用的也是这种方法。

其基本技术思路和计算方法概述如下：

（1）以地震带为统计单元，分析地震活动的时间非均匀性，确定未来百年地震发生的概率模型和地震危险性空间相对分布概率模型。对每个统计单元采用分段的泊松过程模型。令 N 表示统计单元未来 t 年内发生次数的随机变量，根据泊松过程的基本假定，发生 n 次 4.0 级以上地震的概率为

$$P(N=n)=\frac{(v_4 t)^n}{n!}\mathrm{e}^{-v_4 t} \qquad (3.5-1)$$

式中：v_4 为 4.0 级以上地震的年平均发生率，该值通过对地震带未来百年地震活动趋势预测结果得到，反映了地震带地震活动水平的时间非均匀性。

统计单元内地震震级概率密度函数为截断的指数函数

$$f_{\mathrm{M}}(m)=\frac{\exp[-\beta(m-m_0)]}{1-\exp[-\beta(m_{\mathrm{uz}}-m_0)]} \tag{3.5-2}$$

式中：m_0为震级下限；m_{uz}为地震带震级上限；$\beta=2.3b$，b为在统计单元内震级频度关系中的b值，它反映大小地震间的比例关系，当震级小于震级下限和大于震级上限时，概率密度值为零。

（2）在地震带（统计单元）内部划分潜在震源区。潜在震源区内地震危险性是均匀分布的。潜在震源区由几何边界、震级上限和分震级档的地震空间分布函数$f_{i,mj}$来描述。

（3）利用全概率求和原理计算在统计单元内发生一次地震时，场点给定地震动值（a）的超越概率。基本计算公式为

$$P(A\geqslant a)=\iiiint P(A\geqslant a|E)f(x,y|m)f_{\mathrm{M}}(m)f_{|x,y}(\theta)\mathrm{d}x\mathrm{d}y\mathrm{d}m\mathrm{d}\theta \tag{3.5-3}$$

其中，$P(A\geqslant a|E)$为震级为m、震中位置为（x，y）、地震动椭圆衰减长轴方向与正东方向夹角为θ时，场点给定地震动值（a）被超过的概率，该函数由地震动衰减关系确定；$f(x,y|m)$为给定震级的空间分布函数，该函数可由考虑震级分档情况和潜在震源区的面积得到；$f_{|x,y}(\theta)$为等震线长轴取向概率密度函数，用δ函数表示，在同一潜在震源区内等震线长轴取向概率密度函数相同，不同的潜在震源区该函数可以不同。

（4）利用地震发生次数的分段泊松模型，可以计算得到某个统计单元k对场点的超越概率：

$$P_{tk}(A\geqslant a)=1-\mathrm{e}^{-v_4 t_{\mathrm{p}}(A\geqslant a)} \tag{3.5-4}$$

（5）若有K个统计单元对场点有影响，则场点总的超越概率为：

$$P_{\mathrm{t}}(A\geqslant a)=1-\prod_{k=1}^{K}\left[1-P_{tk}(A\geqslant a)\right] \tag{3.5-5}$$

3.5.2 地震统计区带确定

20世纪90年代初期的研究认为锦屏一级电站远场区绝大部分位于可可西里—金沙江地震带内，另有一小部分处于阿尔金—祁连山地震带（龙门山地震带）和华南地震区的雪峰—武夷地震带上，其中可可西里—金沙江地震带内的川滇菱形块体的地震活动对锦屏一级电站的地震危险性影响最大和最直接，阿尔金—祁连山的强震活动对电站影响已不大。

进入21世纪后，尤其是2008年“5·12”汶川地震后，随着对工程区区域地震地质背景研究的进展，最新研究成果认为锦屏一级水电站处于一级大地构造单元川滇菱形块体中的川西高原强烈隆起区，区域地震活动主要受川滇菱形块体边界断裂控制，同时受邻近的其他一级构造单元边界断裂影响。川滇菱形块体北东侧—东侧鲜水河断裂带、安宁河断裂带、则木河断裂带、小江断裂带构成鲜水河—滇东地震带；南西侧红河断裂、怒江断裂、澜沧江断裂、金沙江断裂等构成巴颜喀拉山地震带；与川滇菱形块体相邻的北东龙门山断裂带构成龙门山地震带；南东莲峰山断裂带构成华南地震区中长江中游地震带。

因此，最终确定的涉及锦屏一级水电站的地震带统计区共有4个，分别是鲜水河—滇东地震带、巴颜喀拉山地震带、龙门山地震带和华南地震区中长江中游地震带。

3.5.3 潜在震源区划分

20世纪90年代初期基于锦屏一级水电站工程区地震活动主要受可可西里—金沙江地震带内的川滇菱形块体的地震活动影响的认识，认为对锦屏一级水电站工程场地地震危险性影响最主要的近场区及其邻近区主要潜在震源区有前波7.0级潜在震源区、马头山—周家坪6.5级潜在震源区、西昌8.0级潜在震源区、普格8.0级地震潜在震源区、盐源7.0级潜在震源区等5个，其分布位置及与工程的关系如图3.5-1所示。

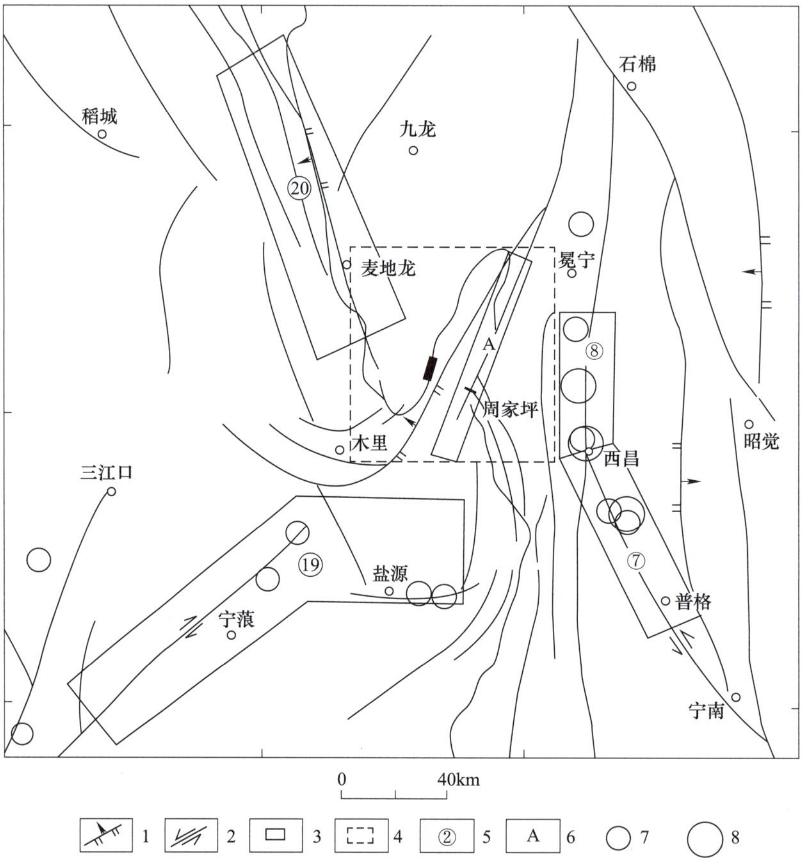

图3.5-1 锦屏一级水电站近场区及其邻近区主要潜在震源区分布图（2001年以前）

1—挤压断层；2—平移断层；3—场址点；4—近场区；5—潜在震源区编号；6—近场区内潜在震源区；7—M_s=6.0～6.9；8—M_s=7.0～7.9；⑦—普格8.0级潜在震源区；⑧—西昌8.0级潜在震源区；⑲—盐源7.0级潜在震源区；⑳—前波7.0级潜在震源区；A—马头山—周家坪6.5级潜在震源区

进入21世纪后尤其是2008年“5·12”汶川地震后的研究中，参照中国地震动参数区划图编制有关潜在震源区划分方案，根据对锦屏一级工程区域及其周边地震地质活动性和地震地质环境特征的研究，锦屏一级工程区域范围内共确定了19个潜在震源区（见图3.5-2），其中对锦屏一级水电站工程场地地震危险性影响最主要的近场区潜在震源区有前波7.0级潜在震源区、锦屏山7.0级潜在震源区，近场区周边主要潜在震源区包括九龙 7.0 级潜在震源区、宁蒗 7.5 级潜在震源区、盐源 7.0 级潜在震源区、李子坪 7.5 级潜在震源区、冕宁 8.0 级潜在震源区、普格 8.0 级潜在震源区等。与 20 世纪 90 年代初期成果比较，水电站周边新增了 2 个潜在震源区，其中西北侧为九龙 7.0 级潜在震源区、东北侧为冕宁 8.0 级潜在震源区；东侧原马头山—周家坪 6.5 级潜在震源区范围从大河湾东侧扩大至整个大河湾地区，震级由 6.5 级提高至 7.0 级，名称改为锦屏山 7.0 级潜在震源区；西南侧的原盐源 7.0 级潜在震源区一分为二，新盐源潜在震源区震级仍为 7.0 级，新增了宁蒗 7.5 级潜在震源区。

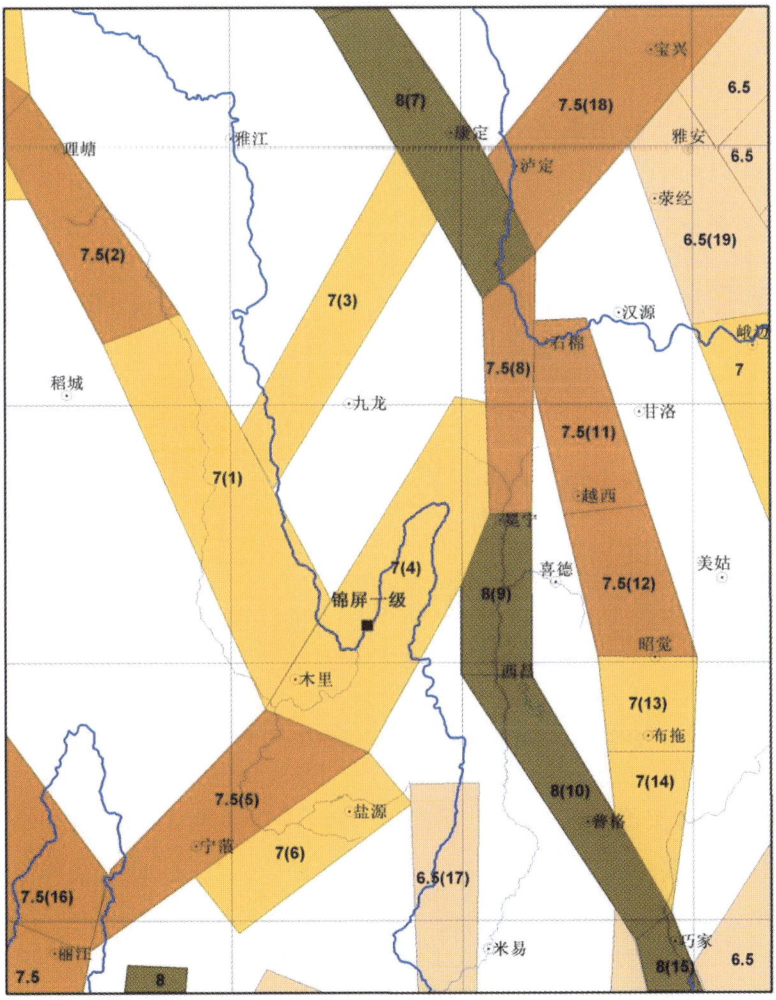

图 3.5-2 锦屏一级水电站周边潜在震源区划分图

（1）—前波 7.0 级潜在震源区；（2）—理塘 7.5 级潜在震源区；（3）—九龙 7.0 级潜在震源区；（4）—锦屏山 7.0 级潜在震源区；（5）—宁蒗 7.5 级潜在震源区；（6）—盐源 7.0 级潜在震源区；（7）—康定 8.0 级潜在震源区；（8）—李子坪 7.5 级潜在震源区；（9）—冕宁 8.0 级潜在震源区；（10）—普格 8.0 级潜在震源区；（11）—越西 7.5 级潜在震源区；（12）—昭觉 7.5 级潜在震源区；（13）—布拖 7.0 级潜在震源区；（14）—布拖南 7.0 级潜在震源区；（15）—巧家 8.0 级潜在震源区；（16）—丽江 7.5 级潜在震源区；（17）—米易 6.5 级潜在震源区；（18）—宝兴 7.5 级潜在震源区；（19）—雅安 6.5 级潜在震源区

1. 前波 7.0 级潜在震源区

前波 7.0 级潜在震源区西北起于德巫以南，东南延至近场区内苦苦一带，受控于理塘—德巫断裂向东南延伸的前波断层，为近场区潜在震源区。

前波断层是理塘—德巫断裂的组成部分，与理塘—德巫断裂一样是晚第四纪活动的断裂。前波断层上只有少数 5.0 级左右的中等地震发生，而且前波断层中各个部位活动强度也是不等的，由西北到东南断层活动逐渐减弱，该断层最活动的段落是在近场区以外的果结西北，而在果结东南其活动强度较小，地表上没有越过茶地沟背斜，在苦苦一带就基本消失。考虑到前波断层是理塘—德巫断裂带中的南沿部分尾端，断层活动水平较理塘德巫断裂要低很多，特别是近场部分，活动量更是很弱。因此，把前波潜在震源区的上限震级确定为 7.0 级。

2. 锦屏山 7.0 级潜在震源区

该潜在震源以 NNE 向丽江—小金河断裂北东段，晚更新世活动的马头山—周家坪断裂为主体的潜在发震构造，向 NE 向延伸与鲜水河断裂带相交。马头山—周家坪断裂延伸长大于 80km，断裂总体上向 WN 向倾，并发育多条与其平行的断裂，断裂通过处多呈沟谷、垭口等地貌类型，沿断裂带延续数千米、高 200～800m 的断崖断续分布，以挤压逆冲为主。该断裂带最新活动时间为晚更新世。马头山—周家坪断裂构成扬子准地台和松潘—甘孜地槽褶皱系的大地构造边界，为锦屏山推覆构造、具向深部延伸特征的前缘断裂，是川滇菱形活动地块内部南北次级活动地块边界断裂。是距锦屏一级水电站最近的潜在地震危险源，其主体发震断裂，晚更新世活动的马头山—周家坪断裂距锦屏一级水电站约 20km。

3. 九龙 7.0 级潜在震源区

九龙 7.0 级潜在震源区受控于 NE 向的玉龙希断裂，为近场区以北的潜在震源区。

玉龙希断裂是锦屏山—玉龙山构造带的后缘逆冲断裂，断裂全长约 150km，为一条高角度逆冲断裂，具全新世活动断裂特征，沿断裂发生过 3 次大于 5.0 级的地震，最大震级 6.2 级。构造条件有发生上限为 7.0 级地震的潜在能力，将其定为上限震级为 7.0 级的潜在震源区。

4. 宁蒗 7.5 级潜在震源区

宁蒗 7.5 级潜在震源区受控于丽江—小金河断裂带西南段，地处锦屏山—玉龙雪山构造带，为近场区以南潜在震源区。

丽江—小金河断裂构造带主要形成于印支期，显示优势的由北向南推覆逆掩运动。新生代以来，锦屏山—玉龙雪山构造带仍然由 NNW 向向 SSE 向推覆，箐河冷山等地多处可见古生界逆冲于古近系之上，在地貌上形成显著的地形反差。锦屏山—玉龙雪山构造带北侧块体大致在中新世发生了顺时针的扭动，导致 NE 向的断裂具有明显的左旋走滑运动特征，如 NE 向的丽江断裂在宁蒗天生桥附近左旋错断了冲沟与洪积扇，其晚更新世以来平均水平滑动速率为 2.6～4.0mm/a，形成 NE 向的地震密集条带。

丽江—小金河断裂全长约 200km，它们是锦屏山—玉龙雪山推覆构造带中具明显晚更新世—全新世活动断裂，可分为活动特征明显不同的两段，即丽江断裂段和小金河断裂段。南西段的丽江断裂，北东起于木里南，向南西延伸经宁蒗天生桥、母猪达等地至丽江南西消失，全长约 100km，是宁蒗 7.5 级潜在震源区的主体发震构造。丽江断裂走向 N40°E，倾向北西，倾角在 60°～80°，主要表现为左旋走滑活动特征。该断裂迄今虽没有 7.0 级以上地震的历史记载，但 5.0 级左右的中强地震和小地震沿断裂密集成带分布。

5. 盐源 7.0 级潜在震源区

盐源 7.0 级潜在震源区位于近场区以南宁蒗 7.5 级潜在震源区东南侧，发育盐源弧形断裂带。

盐源弧形断裂带为该区一条比较典型的中强地震活动带，历史上在其中心部位和两翼多次发生 6.0 级左右地震。该断裂长约 135km，呈向南凸出的弧形，断裂分为东西两段。东段由小高山断裂、水头箐断裂、后龙山断裂组成，长约 95km，挤压逆冲性质，为晚更新世以来的活动断裂段。西段由弧顶和西翼的棉椏断裂、霍儿坪断裂以及盐源盆地南缘断裂组成，长约 38km，控制了盐源新生代盆地的发育。

盐源弧形断裂带形成于侏罗纪以后的燕山期，属于上地壳内断裂，盐源弧形断裂带控制了盐源新生代断陷盆地的沉积。盐源弧形断裂带的活动具有分段的特点，为一总体走向北北东、向北西倾的压性构造带，断裂最新活动影响了本区第Ⅲ级阶地，但未切穿阶地面，超覆于断层上的砂层年龄为距今（8.56±0.64）万年。盐源弧形断裂带的弧顶部分及西翼在全新世仍有明显活动，在盐源县城东南至香房乡多处发现有被断层影响的全新世地层，断层将冲沟一级阶地错断并在地表形成高近 1m 的断层陡坎。

沿盐源弧形断裂带，1976 年曾于其西翼发生 6.7 级地震，历史上还有两次 6.0～6.5 级地震分别发生于盐源县城附近和卫城东小高山一带。

6. 李子坪 7.5 级潜在震源区

李子坪 7.5 级潜在震源区包括安宁河断裂带北段（田湾—冕宁段或小相岭段）的展布范围，为近场区北东方向的潜在震源区。

安宁河断裂带北段由近于平行的三条断裂组成，主干断裂沿田湾、鹿子坪、紫马垮、野鸡洞、大桥及冕宁一线展布，晚第四纪以来的平均水平滑动速率在 4.5～5.0mm/a，该断裂段除发生过 1913 年小盐 6.0 级地震外，无更大的历史强震记载，断裂段具备发生 7.5 级地震的能力。因此，根据地震构造类比原则，将该潜在震源区的震级上限定为 7.5 级。

7. 冕宁 8.0 级潜在震源区

冕宁 8.0 级潜在震源区受控于安宁河断裂带，为近场区东侧潜在震源区，处安宁河断裂的冕宁至西昌段。20 世纪的研究中曾将其命名为西昌 8.0 级潜在震源区。1536 年 3 月 19 日发生在新华附近的 7.5 级地震是该潜在震源区历史上记载的最大地震。

安宁河断裂带地处南北地震构造带的中南段，是青藏高原东西缘的一条重要活动性深大断裂带。该断裂带由多条近于平行的断裂组成，但主要可分为东西两支。西支断裂始于冕宁冶勒，向南经大桥、于冕宁附近隐伏于安宁河谷西岸，在德昌附近断裂重新出露，向南经米易至会理，在小关河附近消失，断裂走向南北、东倾，早更新世后活动十分微弱，未见地层的构造形变现象，历史上未发生过中强地震，现今仅有一些弱震活动。东支断裂北起石棉、冕宁东河，向南经西昌西宁、德昌至会理以南消失，走向近南北，断面陡立，倾角在 70°左右。断裂带晚更新世以来活动具有明显的分段性：① 以冕宁—西昌段活动最为显著，与地震活动关系密切；此段正好位于安宁河断裂与则木河断裂的交汇处，是新构造运动最强烈的地段，共发生 6.0 级以上地震 4 次，其中 7.0～7.9 级地震 2 次，6.0～6.9 级地震 2 次；② 冕宁大桥以北仅发生过两次中强地震，分别是拖乌附近的 4.6 级地震，1951 年石棉附近的 5.0 级地震；③ 西昌以南仅有一次 4.0 级地震。

8. 普格 8.0 级潜在震源区

普格 8.0 级潜在震源区北部与冕宁 8.0 级潜在震源区交接于西昌，东南到普格，边界包括则木河断裂组，走向北西 30°，距锦屏一级水电站坝址最近为 40～60km。

普格 8.0 级潜在震源区受控于则木河断裂，为近场区东南方向的潜在震源区。该潜在震源区历史上最大一次地震为 1850 年大菁梁子南 7.5 级地震。

则木河断裂西北与安宁河断裂相接于西昌附近，位于西昌—巧家之间，是川滇菱形块体边界断裂之一。断裂由 4 条 NNW 向的压扭性断层，即西宁—缸窑断层、大石板—扯扯街断层、普格—松新断层、松新—宁南断层彼此呈右阶雁列组成一个断裂带，总体走向 NW 25°～30°，倾向北东、倾角大于 60°。新生代以来伴随着青藏高原的强烈隆起，该断裂新构造活动十分强烈。早更新世末期，由于南北向的拉张作用致使则木河断裂发生了左旋走滑错动，在上述 4 条断层的雁列区或其一侧形成了拉张型断陷盆地，如邛海、松新、宁南等第四纪断陷盆地。晚更新世至全新世早期沿断裂的断陷活动基本结束，这时则木河断裂以强烈的抬升运动为主，致使断裂带河湖相沉积上升至距邛海水面 1000m。则木河断裂晚更新世末期～全新世的断裂活动主要展布在断陷盆地的周边附近，即大石板—扯扯街断裂及松新—宁南断裂，这两条断裂的最新活动与地震互相对应，完全吻合，前者以黏滑破裂运动为主，曾发生过 5 次 6.0 级以上地震，其中 7.0 级以上地震两次，都分布在大石板—扯扯街以及西昌—普格一带。后者以蠕滑运动为主，普格以南历史上未发生过 6.0 级以上地震，但中小地震重复出现，主要分布在松新宁南段。

据研究，普格 8.0 级潜在震源区内大震重复的时间间隔为 333 年左右，7.0 级以上强震在则木河断裂带上重复发生的最小时间间隔约 1000 年，平均间隔 1800 年。表明普格潜在震源区在短时间以内（100 年）发生 7.0 级以上地震的可能性较小。

3.5.4 地震活动性参数

1. 地震动衰减关系

（1）地震烈度衰减关系。地震烈度衰减普遍采用椭圆长、短轴联合衰减模型，衰减方程为

$$I = a + bM + c_1\ln(R_1 + R_{oa}) + c_2\ln(R_2 + R_{ob}) + \varepsilon \tag{3.5-6}$$

式中：I为地震烈度；M为震级；R_{oa}、R_{ob}分别为长、短轴方向烈度衰减的近场饱和因子；R_1、R_2分别是烈度为 I 的椭圆等震线的长半轴和短半轴长度；a、b、c_1、c_2 均为回归系数；ε为回归分析中表示不确定性的随机变量，通常假定为对数正态分布，其均值为零，标准差为σ。

为了确定研究区的地震烈度衰减关系，搜集了锦屏一级水电站工程区域内有仪器记录以来有可靠等震线的地震共 45 个。由于这些地震的等震线多呈椭圆形，因此分别测量了这些地震等震线的长、短轴半径，共 121 组，按上述方法，确定了研究区的地震烈度衰减关系，见表 3.5－1。

表 3.5－1 锦屏一级工程区域地震烈度衰减关系

a	b	c	R_0	σ	备注
4.707	1.254	－1.571	20	0.697	长轴衰减
2.399	1.254	－1.233	7	0.697	短轴衰减

（2）基岩水平地震动峰值加速度衰减关系。基岩水平地震动衰减关系的一般形式如下：

$$\ln Y = C_1 + C_2 M + C_3 M^2 + C_4 \ln[R + C_5 \exp(C_6 M)] \tag{3.5－7}$$

式中：Y为地震动参数；R 为震中距；M 为震级；C_1、C_2、C_3、C_4、C_5、C_6 为回归常数，见表 3.5－2。

表 3.5－2 锦屏一级水电站工程区域基岩水平地震动峰值加速度衰减关系的系数

C_1	C_2	C_3	C_4	C_5	C_6	备注
－2.153	2.857	－0.106	－1.904	0.327	0.614	美国西部
1.397 0	2.123 4	－0.063 4	－1.977	0.497	0.563	研究区长轴
－0.562 9	1.984 9	－0.056 6	－1.624	0.101	0.667	研究区短轴

2. 地震活动性参数

（1）地震统计区活动性参数的确定。在确定地震活动性参数时，将以地震带为基本统计单元。20 世纪 90 年代的研究认为锦屏一级水电站工程区主要涉及可可西里—金沙江地震带，另有一小部分处于阿尔金—祁连山地震带（龙门山地震带）和华南地震区的雪峰—武夷地震带（华南地震带）上，其中以可可西里—金沙江地震带内的川滇菱形块体的地震活动对锦屏一级水电站场地的地震危险性影响最大最直接。但进入 21 世纪后，特别是 2008 年"5·12"汶川地震后的研究认为锦屏一级水电站工程区主要涉及青藏高原地震区中的鲜水河—滇东地震带、巴颜喀拉山地震带、龙门山地震带和华南地震区中长江中游地震带。

最终采用的是鲜水河—滇东地震带、巴颜喀拉山地震带、龙门山地震带和华南地震区中长江中游地震带 4 个地震统计区带。

地震统计区的地震活动性参数包括震级上限 M_{uz}、起算震级 M_0、震级频度关系式中的 b 值、年平均发生率 v。

震级上限 M_{uz} 是指震级—频度关系式中，累积频度趋于零的震级极限值。它是地震危险性分析中的重要参数之一，该参数选取的正确与否，对工程场点的地震危险性估价有显著的影响。地震带的震级上限 M_{uz} 与带内历史最大地震震级，地震带的地震活动水平，b 值以及该带最大地震的重现期有关。长江中游地震统计区震级上限为 $M_{uz}=7.0$，对本场址地震危险性贡献很小，鲜水河地震统计区和龙门山地震统计区的震级上限都是 $M_{uz}=8.0$，巴颜喀拉山地震统计区的震级上限为 $M_{uz}=8.5$。

起算震级 M_0 是指对工程场点有影响的最小震级，它与震源深度、震源类型、震源应力环境等有关。由于区域范围内地震属浅源地震，一些 4.0 级地震也会产生一定程度的破坏，故 M_0 取 4.0 级。

震级频度关系式中的 b 值代表着地震带内不同大小地震频数的比例关系，它和地震带内的应力状态及地壳破裂强度有关。该值由实际地震资料统计得到。根据对工程区历史地震资料完整性的分析和对未来百年地震活动水平的估计，取震级间隔为 0.5 级，起始震级取 5.0，采用最小二乘法进行统计回归，可以得到 4 个地震统计区 b 值结果。

地震年平均发生率 v，是指一定统计区（地震带）范围内，平均每年发生等于或大于起算震级 M_0 的地震次数。对年平均发生率的主要影响因素是 b 值和选取资料的统计时段。要求被统计时段的地震活动性能代表未来百年内地震活动水平。

在地震危险性分析中 4 个地震统计区带所采用参数见表 3.5－3。

表 3.5－3　　锦屏一级工程区域 4 个地震带地震活动性参数

地震带	活动性参数				所取资料起始年		
	M_u	M_0	b	v_4	$M\geq7.0$ 级	$M\geq6.0$ 级	$M\geq5.0$ 级
鲜水河—滇东地震带	8.0	4.0	0.831	28.31	—	1900	1923
巴颜喀拉山地震带	8.5	4.0	0.588	3.156	—	1915	1960
龙门山地震带	8.0	4.0	0.731	5.105	—	1573	1921
长江中游地震带	7.0	4.0	0.989	1.67	—	—	1800

（2）潜在震源区的地震活动性参数。潜在震源区的地震活动性参数包括震级上限 M_u，空间分布函数 f_i、m_j，椭圆长轴取向及其方向性函数。

震级上限 M_u 在划分潜在震源区时，已依据各潜在震源区的地震活动性及地震构造特征确定。

空间分布函数 f_i、m_j 的确定主要考虑以下因子：潜在震源区的可靠性程度、地震中长期预报结果、小地震活动情况、强震复发间隔与构造空段、地震的随机性。

椭圆长轴取向及其方向性函数：我国地震危险性分析的衰减模型通常采用椭圆衰减模型，而等震线的长轴取向则因地而异。一个地区等震线长轴的取向主要来源于对该地区地震等震线几何形状的研究，根据对锦屏一级工程区等震线长轴取向的分析结果，绝大部分 6.0 级以上地震的极震区长轴走向与区域活动断裂带的走向一致。因此，可按区域构造走向来预测未来地震等震线长轴走向。具体确定时，按单一断层性质、共轭断层性质和一组断层为主、另一组断层为辅三种情况分别取值。

在锦屏一级地震危险性分析中 8 个主要潜在震源区地震活动性参数见表 3.5－4。

表 3.5-4 锦屏一级水电站 8 个主要潜在震源区地震活动性参数

序号	名称	M_u	θ_1/(°)	P_1	θ_2/(°)	P_2	4.0~5.4	5.5~5.9	6.0~6.4	6.5~6.9	7.0~7.4	≥7.5
1	前波 7.0 级	7.0	145	1.0	0	0.0	0.013 0	0.013 0	0.011 3	0.013 9	0.000 0	0.000 0
2	理塘 7.5 级	7.5	125	1.0	0	0.0	0.013 9	0.013 9	0.011 9	0.014 7	0.037 3	0.000 0
3	九龙 7.0 级	7.0	55	1.0	0	0.0	0.013 1	0.013 1	0.011 4	0.012 9	0.000 0	0.000 0
4	锦屏山 7.0 级	7.0	35	1.0	0	0.0	0.010 3	0.010 3	0.007 8	0.000 0	0.000 0	0.000 0
5	盐源 7.0 级	7.0	35	1	0	0.0	0.014 5	0.014 5	0.050 8	0.057 6	0	0
6	李子坪 7.5 级	7.5	95	1.0	0	0.0	0.010 2	0.010 2	0.011 1	0.013 6	0.028 8	0.000 0
7	冕宁 8.0 级	8.0	125	1.0	0	0.0	0.01	0.01	0.011	0.013 4	0.041 5	0.115 1
8	普格 8.0 级	8.0	125	1.0	0	0.0	0.008 5	0.008 5	0.008 3	0.009 1	0	0

注：M_u 为各潜在震源区的上限；θ_1、θ_2 为等震线长轴取向角度；P_1、P_2 为相应分布概率。

3.5.5 场地地震危险性计算

锦屏一级水电站坝址所在地属青藏高原区之一部分，地壳结构为块状和镶嵌结构，地球物理和深部结构简单，第四纪以来的运动特征是以大面积的间歇性抬升为主，其间无强烈的差异运动。近场区虽有较多的断层分布，但规模不大，全新世以来多数不活动，少数断层晚更新世有活动，但强度不大，其中锦屏山—小金河断层虽是一级大地构造单元分界，但在晚更新世以来没有活动。因此，近场区没有发生强震的构造标志和深部构造条件。

坝址周围 25km 范围内无发生 $M>6.5$ 级强震的地质构造条件，历史上也未发生过 $M_s \geq 4.7$ 级以上中、强地震，距坝址最近的二次地震分别为 1944 年 8 月 3 日九龙南 5.75 级地震和 1980 年 2 月 2 日木里西南 5.8 级地震，震中距坝址均在 40km 以上。因此，可以认为近场区为地震相对稳定区，坝址区地震危险性主要来自坝址东侧 60km 处的安宁河地震带，南西侧 50~100km 的盐源—木里地震带及北西侧 30km 处的理塘—德巫地震带的波及影响。

1. 工程场地基岩峰值加速度

根据前述潜在震源划分、地震活动性参数赋值和地震动衰减关系，进行锦屏一级水电站工程场地地震危险性分析计算，其中 1993 年成果见表 3.5-5，2010 年成果见表 3.5-6、图 3.5-3。

表 3.5-5 锦屏一级水电站工程场地基岩地震动加速度参数表（1993 年成果）

超越概率	50 年 10%	50 年 5%	100 年 2%	100 年 1%
水平峰值加速度/gal	104.3	131.6	197.1	229.9

表 3.5-6　锦屏一级水电站工程场地基岩地震动加速度参数表（2010 年成果）

超越概率	50 年 10%	50 年 5%	100 年 2%	100 年 1%
水平峰值加速度/gal	129	167	269	317

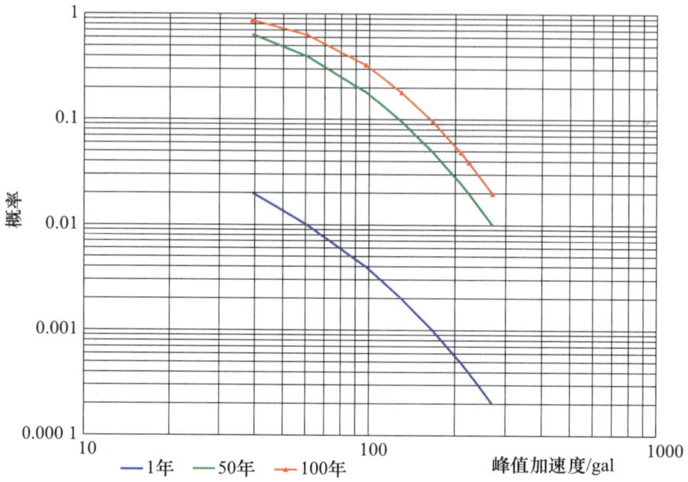

图 3.5-3　锦屏一级水电站场地不同超越概率水平的
基岩水平峰值加速度（2010 年成果）

从表 3.5-6 中可以看出，“5·12”汶川地震后 2010 年复核结果明显高于 1993 年安评结果。通过对工程区地震地质背景的研究，主要原因有：

（1）自 20 世纪 90 年代锦屏一级水电站工程场地地震安全性评价以来，对锦屏一级水电站工程场地所在地区及其周边地震地质环境（地震地质活动性和危险性）总体认识有较大的变化，主要结果反映在《中国地震动参数区划图》（GB 18306—2001）对工程所涉及地区的地震区划值由地震动参数 0.1g 提高为 0.15g。

（2）近些年对安宁河地震构造带的研究成果显示，在该断裂带发现有多次古地震事件，因此该断裂带大震的重复间隔时间明显缩短，地震发生频度增高。20 世纪对该地区潜在地震危险性的评估和“5·12”汶川地震后对该地区的评估有很大的差别，基本的认识认为该地区安宁河断裂的冕宁段潜在危险性的上限强度由 $M_u = 7.0$ 级提高至 $M_u = 8.0$ 级，并发现和确认该潜在震源区内存在距锦屏一级坝址最近距离为 40～45km、NW 向展布的全新世活动的断裂为河里断裂，从而增高了该潜在震源区对工程场地地震危险性的影响。

（3）距锦屏一级水电站最近的小金河断裂带的组成断裂，包括马头山—周家坪断裂等不仅具晚更新世最新活动，且小金河断裂构造构成扬子准地台和松潘—甘孜地槽褶皱系的大地构造边界，为锦屏山推覆构造带中具向深部延伸特征的前缘断裂，是川滇菱形活动地块内部南北次级活动地块边界断裂，构成距锦屏一级水电站最近的潜在地震危险源，其主体发震断裂，晚更新世活动的小金河断裂距锦屏一级水电站约 20km。

2. 工程场地地震基本烈度

按《中国地震动参数区划图》（GB 18306—2001），工程场地位于地震动峰值加速度0.15g区，相当于地震基本烈度Ⅶ度区。根据概率地震危险性分析结果，水电站工程场地的计算结果，以50年超越概率10%，场地基岩水平向峰值加速度为129gal，也相当于地震基本烈度Ⅶ度。因此，锦屏一级水电站工程场地地震基本烈度仍为Ⅶ度。

3. 基岩水平地震动加速度反应谱

利用概率地震危险性分析方法，复核得到“5·12”汶川地震后坝址工程场地基岩水平地震动加速度，其地震动加速度反应谱参数见表3.5－7，不同超越概率水平的基岩地震动加速度标准反应谱曲线见图3.5－4。

表3.5－7　锦屏一级水电站工程场地基岩水平地震动加速度反应谱参数

参数	50年超越概率		100年超越概率
	10%	5%	2%
PGA/gal	129	167	269
T_1	0.10	0.10	0.10
T_2	0.6	0.7	0.8
β_{max}	2.8	2.8	2.8
γ	0.9	0.9	0.9

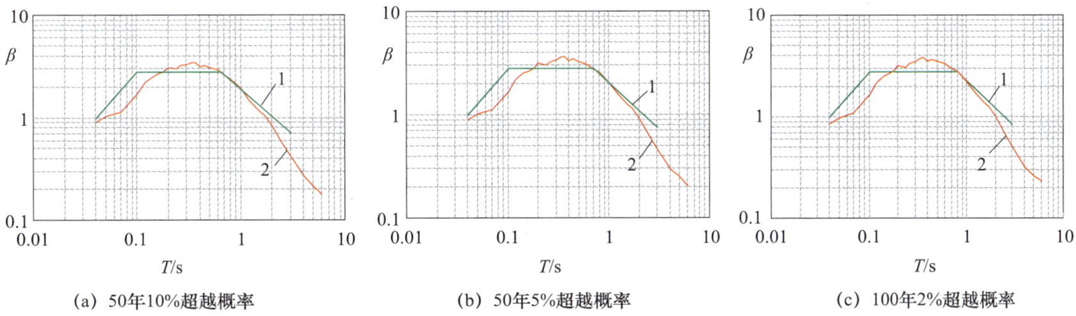

图3.5－4　锦屏一级水电站坝址基岩水平动加速度反应谱

1—设计地震动反应谱；2—标准反应谱

采用AS08的加速度反应谱衰减关系计算β谱时需要考虑震中距和AS08衰减关系中距离参数的转换，并应该计入上盘效应的影响。将不同超越概率设定地震的震级和距离代入到考虑上盘效应的AS08衰减关系，并对得到的加速度谱按照PGA进行归一化处理，即可得到锦屏工程不同概率水准的放大系数谱$\beta(T)$，见表3.5－8、图3.5－5。

表 3.5-8　锦屏一级设定地震加速度反应谱 $S_a(T)$ 和放大系数反应谱 $\beta(T)$

周期	$\beta(T)$		$S_a(T)$		周期	$\beta(T)$		$S_a(T)$	
	100 年 1%	100 年 2%	100 年 1%	100 年 2%		100 年 1%	100 年 2%	100 年 1%	100 年 2%
0	1.000	1.000	317.600	269.300	0.28	2.093	2.108	664.864	567.657
0.01	1.006	1.006	319.506	270.916	0.29	2.065	2.082	655.749	560.575
0.02	1.028	1.026	326.398	276.356	0.30	2.037	2.056	646.824	553.627
0.022	1.043	1.040	331.130	280.018	0.32	1.970	1.990	625.608	536.015
0.025	1.062	1.058	337.355	284.785	0.34	1.879	1.900	596.612	511.697
0.029	1.096	1.088	348.026	293.106	0.35	1.837	1.859	583.558	500.736
0.03	1.104	1.096	350.757	295.261	0.36	1.798	1.821	571.172	490.315
0.032	1.123	1.114	356.760	300.000	0.38	1.728	1.751	548.940	471.625
0.035	1.151	1.139	365.399	306.813	0.40	1.663	1.686	528.105	454.121
0.036	1.159	1.147	368.003	308.860	0.42	1.603	1.627	509.018	438.070
0.04	1.194	1.180	379.183	317.639	0.44	1.549	1.573	491.835	423.582
0.042	1.216	1.200	386.138	323.187	0.45	1.523	1.547	483.578	416.607
0.044	1.238	1.221	393.030	328.708	0.46	1.497	1.522	475.574	409.875
0.045	1.249	1.232	396.778	331.670	0.48	1.448	1.473	460.012	396.733
0.046	1.259	1.241	399.922	334.174	0.50	1.403	1.428	445.688	384.641
0.048	1.282	1.263	407.290	340.099	0.55	1.277	1.302	405.639	350.602
0.05	1.304	1.283	413.992	345.431	0.60	1.167	1.192	370.734	320.898
0.055	1.363	1.340	432.889	360.835	0.65	1.070	1.094	339.832	294.533
0.06	1.426	1.401	452.866	377.209	0.667	1.040	1.063	330.209	286.320
0.065	1.488	1.460	472.494	393.286	0.70	0.983	1.006	312.106	270.808
0.067	1.512	1.484	480.338	399.722	0.75	0.909	0.931	288.540	250.638
0.07	1.546	1.517	491.041	408.501	0.80	0.860	0.882	273.009	237.415
0.075	1.606	1.575	510.066	424.148	0.85	0.812	0.833	257.796	224.408
0.08	1.664	1.631	528.455	439.309	0.90	0.772	0.793	245.251	213.663
0.085	1.722	1.688	546.844	454.525	0.95	0.728	0.748	231.149	201.490
0.09	1.782	1.746	565.804	470.252	1.00	0.700	0.720	222.415	193.950
0.095	1.838	1.802	583.844	485.279	1.10	0.629	0.647	199.707	174.264
0.10	1.891	1.854	600.423	499.174	1.20	0.569	0.586	180.651	157.756
0.11	1.992	1.955	632.691	526.374	1.30	0.513	0.529	163.024	142.460
0.12	2.099	2.062	666.674	555.216	1.40	0.461	0.476	146.477	128.079
0.13	2.178	2.143	691.701	577.056	1.50	0.418	0.431	132.598	115.988
0.133	2.197	2.163	697.862	582.496	1.60	0.379	0.392	120.466	105.431
0.14	2.215	2.183	703.516	587.990	1.70	0.347	0.358	110.144	96.436
0.15	2.247	2.218	713.520	597.388	1.80	0.318	0.329	101.029	88.492
0.16	2.259	2.235	717.585	601.859	1.90	0.293	0.303	93.025	81.517
0.17	2.273	2.252	721.841	606.491	2.00	0.272	0.281	86.260	75.646
0.18	2.272	2.255	721.619	607.325	2.20	0.233	0.241	73.842	64.982
0.19	2.272	2.259	721.524	608.241	2.40	0.201	0.210	63.869	56.445
0.20	2.258	2.249	717.173	605.521	2.50	0.188	0.196	59.645	52.783
0.22	2.225	2.222	706.565	598.412	2.60	0.176	0.184	55.866	49.551
0.24	2.174	2.178	690.431	586.401	2.80	0.155	0.163	49.196	43.761
0.25	2.159	2.165	685.571	583.088	3.00	0.138	0.145	43.734	38.995
0.26	2.139	2.149	679.442	578.645					

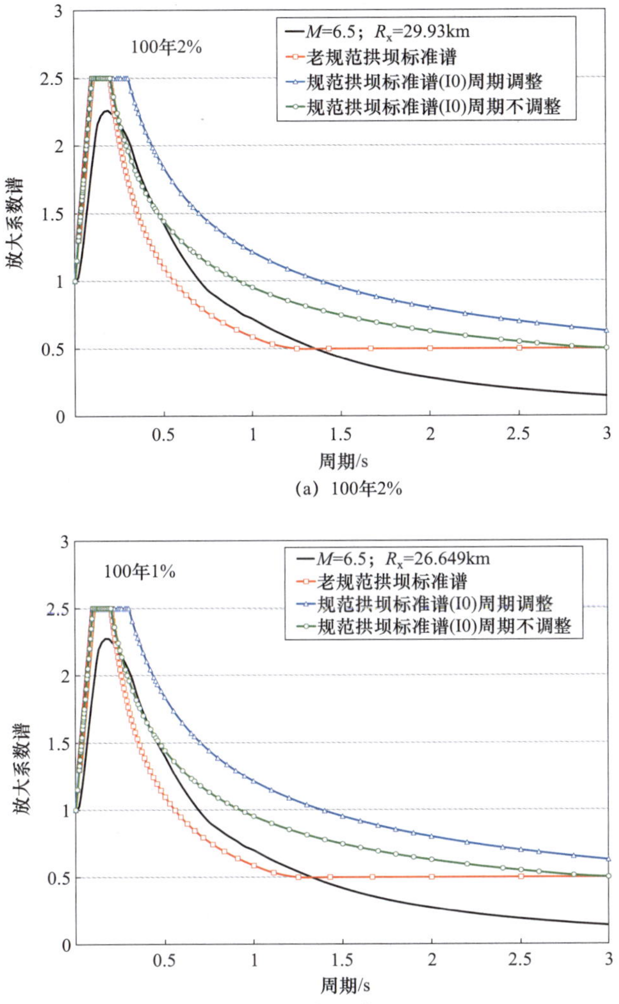

(b) 100年1%

图 3.5-5 锦屏一级工程设定地震放大系数谱 $\beta(T)$

将$\beta(T)$谱值乘以地震危险性概率计算不确定校正后的相应概率水准的地震动峰值加速度（100 年 1%为 317.6gal；100 年 2%为 269.3gal），得到锦屏工程的加速度反应谱$S_a(T)$，见表 3.5-8 和图 3.5-6。

锦屏一级坝址在《中国地震动参数区划图》（GB 18306—2015）中位于 0.45s 区，根据《水电工程水工建筑物抗震设计规范》（NB 35047—2015）中表 5.3.5 特征周期调整表，将锦屏一级坝址标准反应谱的特征周期调整为 0.30s。图 3.5-6 中《水工建筑物抗震设计规范》（DL 5073—2000）标准谱的参数为：$\beta_{max}=2.5$，$T_g=0.2s$，$\gamma=0.9$，NB 35047—2015 标准谱的参数为：$\beta_{max}=2.5$，$T_g=0.30s$，$\gamma=0.6$，NB 35047—2015 标准谱（T_g不调整）的参数为：$\beta_{max}=2.5$，$T_g=0.2s$，$\gamma=0.6$。

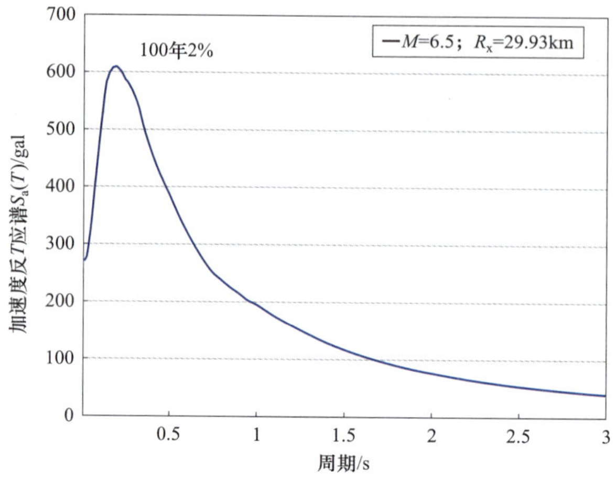

(a) 100年2%

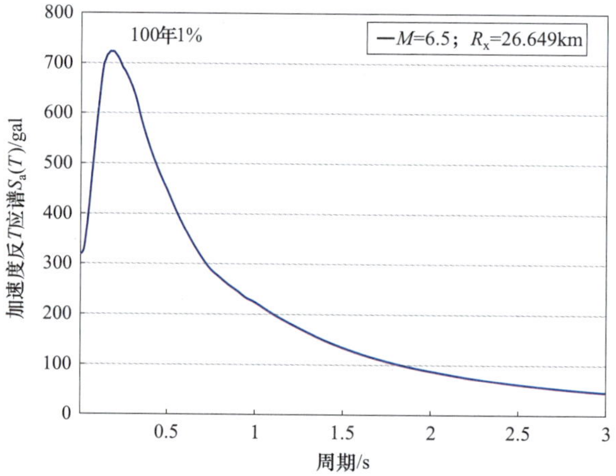

(b) 100年1%

图 3.5-6 锦屏一级工程设定地震加速度反应谱 $S_a(T)$

3.6 区域构造稳定性评价

雅砻江中下游区域构造稳定性的研究，近十几年来结合二滩和锦屏水电站的开发，开展了大量的工作，取得了丰富的成果和可信的结论。从该区深大断裂的展布、新构造运动特征、地震活动性、现代构造应力场和地球物理场特征等诸项地壳稳定性判别指标分析，虽然本区外围边界断裂中有强烈现代活动断裂和地震活动带分布，但在雅砻江中下游流经的各断块内部均具有好的或较好的稳定性。

雅江—九龙断块位于川滇菱形断块东北部，为理塘—前波断裂、金河—箐河断裂和鲜水河断裂所围限的Ⅲ级块体。锦屏一级坝址即位于雅江—九龙断块中部。断块包括了两个前泥盆系地层为核部的穹隆构造。断块内以褶皱为主，断裂构造不发育。断块经历了海西—印支期的地槽演化阶段，印支晚期褶皱回返，岩石普遍变质，硬化程度较高。雅江—九龙断块内部距工程区最近仅 2km 的锦屏山断层，据断层物质测龄显示，中更新世中期（17 万～38 万年）以来无活动，已不属现代活动断裂。北西边界前波断裂是一条现代有一定活动性的断裂，但由于长枪穹隆的阻隔未延伸至近场区。从区内夷平面对比和阶地相位分析表明，该区新构造运动以整体均衡抬升为主，无明显差异性活动。因此，断块应划属构造稳定区。

3.7 小　结

锦屏一级水电站处于“川滇菱形断块”之东部Ⅱ级构造单元雅江—稻城断块中，由理塘—前波断裂所分割的Ⅲ级断块—雅江—九龙断块之最南区域，具有极其复杂的区域地质背景和地震地质背景，其区域性断裂活动性强且分区分段活动性特征复杂，整个大河湾地区区域构造稳定问题突出。2008 年“5・12”汶川地震后，随着对锦屏一级工程区区域地质背景和地震地质背景研究的不断深入，对工程区主要断裂活动性和地震统计带、潜在震源区等有了新的认识。综合上世纪和“5・12”汶川地震后区域地质与地震研究成果，有如下结论与认识：

（1）锦屏一级水电站工程区从区域地貌上分属于以龙门山—安宁河—小金河—丽江一线为界的两个大地貌单元，西北属于青藏高原，东南为云贵高原，工程所在雅砻江大河湾地区处于深切的高山原和切割的中山原之间的过渡带。

工程区位于鲜水河—安宁河—则木河—小江断裂带和金沙江—红河断裂带所围限的川滇巨型菱形断块内，鲜水河断裂、理塘—前波断裂、金河—箐河断裂所围限的Ⅲ级块体之雅江—九龙断块上。雅江—九龙断块内以褶皱为主，断裂构造不发育，断块经历了海西—印支期的地槽演化阶段，印支晚期褶皱回返，岩石普遍变质，硬化程度较高。

（2）区域断裂主要有理塘—德巫断裂带、小金河—丽江断裂带、木里弧形断裂带、金河—箐河断裂带、安宁河断裂带等。理塘—德巫断裂带、安宁河断裂带及小金河—丽江断裂带的西南段为全新世活动断裂；小金河—丽江断裂的中北段、木里弧形断裂、金河—箐河断裂为早中更新世活动断裂。其中从工程区东侧约 60km 通过的安宁河断裂带为强震带，位于工程区西北的理塘—德巫断裂带属中强地震带。

近场区断裂主要有锦屏山断裂、前波断裂、马头山—周家坪断裂等。锦屏山断裂是距坝区最近仅约 2km、规模最大的区域性断裂，属早中更新世断层；库尾的前波断裂活动性微弱；坝址东侧约 20km 的马头山—周家坪断裂晚更新世晚期有一定活动，但活动量很小，全新世以来没有明显活动。

（3）锦屏一级水电站位于川滇菱形块体内，块体周边为强烈构造活动和地震活动区，菱形块体的边界断裂多为地震多发区，已记载到 140 余个 5.0 级以上地震中，7.0 级及以上强烈地震达 10 个，占总数近 8%，而且极震走向与断裂走向基本一致。川滇菱形断块的边界断裂鲜水河断裂、安宁河断裂、则木河—小江断裂及金沙江—红河断裂虽然地震活动强烈，但是距坝址区较远，沿断裂带所发生的地震活动对坝区影响烈度均未超过Ⅵ度。

坝址周围 25km 的近场区内地震活动强度低、频度低，历史上未发生过 $M_s>4.7$ 级地震，也无发生中强震的地震地质构造背景，坝区地震危险性主要来自外围强震带的波及影响。

（4）根据国家地震局地质研究所 1993 年 6 月提出的《四川雅砻江锦屏水电站地震安全性评价报告》，并经国家地震局烈度评定委员会审定，锦屏一级水电站坝址区基岩 50 年超越概率 10%的地震动水平向峰值加速度为 104.3gal，相应地震基本烈度为Ⅶ度；100 年超越概率 2%的地震动水平向峰值加速度为 197.1gal。2008 年“5·12”汶川地震发生后，原地震安全性评价单位对锦屏一级水电站地震动参数进行了复核，复核结果 50 年超越概率 10%、100 年超越概率 2%、100 年超越概率 1%的基岩地震动水平峰值加速度分别为 129、269gal 和 317gal。

（5）锦屏一级水电站在大地构造部位上位于鲜水河断裂带、安宁河断裂带、则木河—小江断裂带及金沙江—红河断裂带所围限的“川滇菱形断块”之东部。坝址则位于“川滇菱形断块”内部鲜水河断裂、理塘—前波断裂带、金河—箐河断裂带所围限的Ⅲ级块体之雅江—九龙断块上。距工程区最近仅 2km 的锦屏山断层，中更新世中期以来无活动，已不属现代活动断裂。南西边界前波断层是一条全新世活动性的断裂，但由于长枪穹隆隔未延伸至近场区。工程区新构造运动以整体均衡抬升为主，属构造稳定区。

第4章 水库工程地质

锦屏一级水电站水库属典型的高山峡谷型水库，电站正常蓄水位1880.00m时，雅砻江干流回水至木里县卡拉乡，主库长达58km；一级支流小金河回水至木里县后所乡嘎姑村附近，小金河支库长达90km；二级支流卧罗河回水至盐源县壁基乡卧罗村，长度21km。库区控制流域面积为10.26万km^2，总库容为77.6亿m^3，调节库容为49.1亿m^3。

锦屏一级水电站库区均处于高山峡谷中，山高谷深，通行困难，给库区地质调查带来极大难度。前期勘察阶段工程技术人员克服库区生活、气候、交通等重重困难，开展了库区工程地质调查和测绘工作，查明了水库区水文地质、工程地质条件，以及存在的主要工程地质问题，对近坝库岸稳定性进行了专题调查研究，在蓄水期又完成4个蓄水阶段的库岸稳定复核调查。经过水库蓄水检验，前期勘察中对水库区主要问题的认识判断基本正确：水库蓄水后库岸塌岸以小规模的边岸再造为主，未见较大规模库岸失稳现象；库区大型滑坡、变形体的稳定性与前期预测基本一致，监测表明近坝呷爬滑坡在蓄水后整体出现蠕滑变形，水文站滑坡基本稳定，近坝三滩右岸Ⅲ号变形体蓄水期持续变形，存在局部失稳的危险，这在前期已有预测，并已有了相应的安全预防措施。

4.1 勘察过程及取得的主要成果

锦屏一级水电站水库均处于高山峡谷中，到20世纪末、21世纪初，库区交通仍无明显改善，仅个别乡（区）有到县城的通乡公路，库区沿线尤其是江边仍绝大多数不通公路。预可行性研究阶段、可行性研究阶段，成都院先后数次组织工程技术人员克服库区工作的重重困难，开展了库区工程地质综合调查和测绘工作，查明了水库区水文地质、工程地质条件，以及存在的主要工程地质问题，并联合科研院校对近坝库岸稳定性进行了专题调查研究。取得的主要成果如下：

（1）查明了库区地层岩性和地质构造。库岸岩性以一套浅变质的碎屑岩为主，主要由变质砂岩、粉砂质板岩及千枚岩组成，大理岩分布较少，仅在坝前、雅砻江金洞子、小金河下落府及卧罗河库尾一带发育，多形成狭谷。库区断裂构造形迹主要为北北东—北东向、北北西—北西及木里—博瓦弧形构造，其中北北西向的前波断层在主库库尾附近穿过，断层附近库岸外动力地质作用强烈，对库岸稳定性影响较大。支库小金河库区有北东向卧罗河断层和北北东向的锦屏山—小金河断裂穿过。

（2）查明了水库区滑坡、变形体发育规律。共发育各类滑坡、崩塌、变形体共 72 个，其中雅砻江主库有滑坡及崩塌 44 处，总体积约 2.4 亿 m^3；小金河支库有崩滑体 28 处，总体积约 0.8 亿 m^3。库区两岸的崩塌、变形体、滑坡等岸坡变形破坏现象的发育分布极不均一，具有明显的地段性，有 70%的滑坡、变形体发育在工程地质特征较差的板（片）状变质碎屑岩类及层状变质碎屑岩类（区）中，又多分布在纵向谷和构造发育的库段；由块状～厚层状碳酸岩、变质岩类岩体组成的岸坡，岩质坚硬、岩体较完整，其变形破坏以卸荷～拉裂、崩塌作用为主，一般仅发育小型滑坡；沿断裂带或断裂交汇部位，尤其是活动性的断裂带，也是滑坡、崩塌等集中发育地段。

（3）完成了库岸稳定性评价。根据库区岸坡地形地貌、地质结构及宏观变形迹象，将库岸划分为稳定岸坡、次稳定岸坡和不稳定岸坡三种类型。锦屏一级水库区稳定岸坡和次稳定岸坡段约占库区两岸总长度的 87%；不稳定岸坡段约占库区两岸总长度的 13%，不稳定岸坡主要集中在水文站—小金河口长约 10km 的近坝库岸及小金河支库局部库段。

（4）完成了小金河口以下近坝库岸滑坡、变形体稳定性评价。查明了位于坝址上游 11.5km 雅砻江右岸呷爬滑坡天然状况下稳定，在正常蓄水位 1880.00m 时整体处于不稳定状态，预计失稳方式将以逐级牵引式滑塌为主，对工程不会造成大的影响。距坝址 9.1km 雅砻江左岸水文站滑坡天然状况下稳定，施工期及蓄水后均能保持稳定，预计失稳将以岸边再造的方式产生滑塌，对工程不会造成大的影响。坝址上游 2.0～2.5km 雅砻江右岸三滩右岸：Ⅰ号变形体约 200 万 m^3，天然状况下稳定，水库蓄水后处于库水位以下，对工程无大的影响；三滩右岸Ⅱ号变形体约 900 万 m^3，天然状况下稳定，蓄水后仍处于稳定状况；三滩右岸Ⅲ号变形体约 130 万 m^3，残留体在天然状况下处于基本稳定，在围堰挡水（1686.5m）及正常蓄水位 1880.00m 时处于临界稳定～不稳定。坝前约 500m 左岸坡体，其下部大理岩较为完整，缓倾结构面不发育，未发现有剪切蠕滑变形迹象，天然状况下和蓄水后整体稳定性均较好，仅上部砂板岩坡体在水库蓄水过程中或水位骤降时可能产生小型滑塌。

（5）论证了水库蓄水后不存在产生永久渗漏的可能。水库属典型的高山峡谷型水库，两岸山体雄厚，雅砻江为地区最低排泄基准面，库区出露的地层岩性以相对不透水的变质砂板岩为主。坝前出露的大理岩岩溶程度微弱，支库小金河、卧罗河及大河湾下游东雅砻江分布的白山组大理岩虽岩溶较发育，但下游东雅砻江岩溶大泉露头多在高程 2100.00m

以上，其间存在远高于水库正常蓄水位的岩溶地下水分水岭，因此不存在库水永久渗漏的问题。

（6）论证了泥石流活动除造成水库局部淤积外，不会对工程安全及运行造成危害。

（7）预测了水库诱发地震的类型、震级及发震库段。锦屏一级水电站库区可能发震的库段为主库坝前、小金河支库岩脚—下落府—盖地和卧罗河等三个库段，其中坝前库段为应力调整型诱发地震，小金河支库岩脚—下落府—盖地库段为岩溶叠加构造型诱发地震，卧罗河库段为岩溶型诱发地震，预测地震强度均不超过 4.0 级。

4.2 库区基本地质条件

锦屏一级水库区位于青藏高原东南缘侵蚀山原区，具有以侵蚀作用为主的准高原地貌景观。卡拉乡以南至小金河口一带山原顶面呈阶梯状递降，属于强烈切割的准山原亚区。木里一带为向南凸出的山地，山顶形态圆缓，高程一般为 3000.00～3800.00m，最高达 4000.00m 以上，河谷切割深度为 1500～2000m，由于受雅砻江及小金河等支流的强烈切割，山原面基本解体，地表起伏大，相对高差多在 600～800m，1000m 以上者也较常见，具有高山地貌的雏形。库区山高谷深，河谷狭窄，多呈不对称的 V 形谷，其横剖面总体上表现为上宽下窄的“谷中谷”形态，江面宽度 50～200m 不等，河床纵坡降一般大于 3‰，其中，卡拉至白碉段纵坡降在 8‰～10‰以上。

库区地层分区以锦屏山—小金河断裂为界，东南属盐源—丽江地层分区，西北属松潘—甘孜地层分区，其中，包括雅江小区和木里小区。出露地层由老至新分别为：志留系（S）出露于雅砻江拖沟至库尾及木里河落锅米一带，呈带状分布；泥盆系（D）出露于雅砻江白碉、大铺子、下苦苦及下马鸡店一带，出露较少；石炭系（C）主要出露于雅砻江草坪子、下苦苦一带，出露较少；二叠系（P）在雅砻江扎凹、小金河下落府及木里河一带广泛出露；三叠系（T）在库区内分布广泛，为库盆的主要地层；第四系松散堆积物零星分布于沿江两岸坡脚及谷底。库岸基岩以变质岩为主，其岩性主要为变质砂岩、粉砂质板岩及千枚岩，分布于库区整个主库和支库河段，库内滑坡及崩塌体主要发育在该地层之中；大理岩分布较少，仅在坝区、雅砻江金洞子、小金河下落府及卧罗河库尾一带发育，多形成狭窄的深谷。

库区处于鲜水河断裂带、安宁河断裂带、则木河—小江断裂带及金沙江—红河断裂带所围限的“川滇菱形断块”之东部：雅江—稻城断块区。库区断裂构造形迹主要有北东向卧罗河断层、北北东向的锦屏山—小金河断裂、北北西的前波断层及木里弧形断裂带，如图 4.2－1 所示。

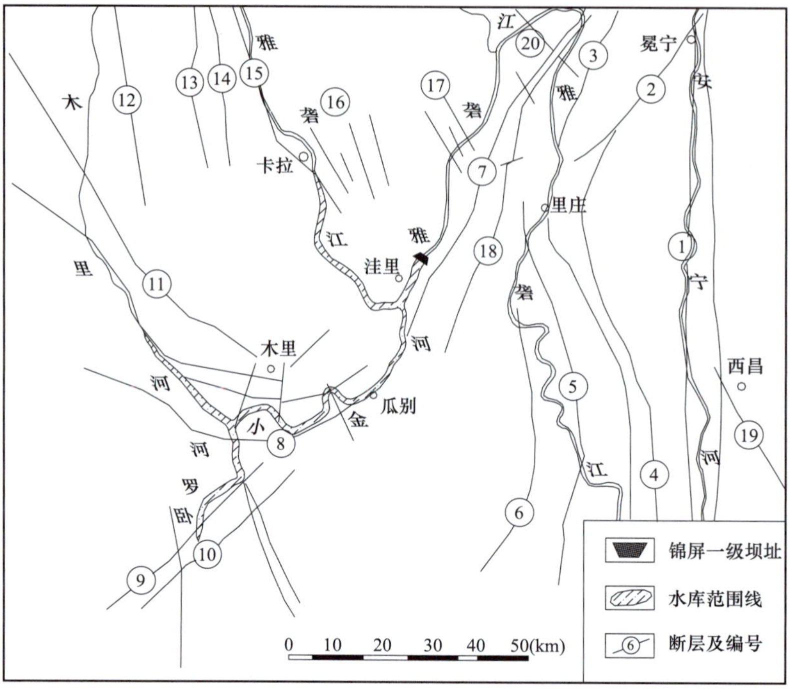

图 4.2－1 锦屏一级水库区断裂构造简图

①—安宁河段裂；②—南河断裂；③—马头山断裂；④—磨盘山断裂；⑤—金箐断裂；⑥—小高山断裂；⑦—锦屏山断裂；⑧—小金河断裂；⑨—卧罗河断裂；⑩—麦架坪断裂；⑪—丁多断裂；⑫—无量河断裂；⑬—航牵断裂；⑭—藏翁断裂；⑮—前波断裂；⑯—高牛场断裂束；⑰—磨子沟断裂束；⑱—青纳断裂；⑲—则木河断裂；⑳—朵落乡断裂

4.3 库岸工程地质分段

库岸工程地质分段是岸坡稳定分段的基础，根据库区岸坡河谷地貌形态和岩性、构造、岸坡地质结构类型等工程地质条件将锦屏一级雅砻江主库、小金河支库、卧罗河支库划分为 14 个库段。

第一段坝区—矮子沟，为雅砻江主库近坝库段一部分，距坝址 0～8.3km。该段以中陡倾纵向、斜纵向谷为主，岸坡坡度 40°～50°，其中，五二湾沟—兰坝沟段为横向谷段。段内基岩多裸露，由三叠系杂谷脑组变质砂岩、板岩及大理岩、绿片岩组成。库段内在五二湾沟—矮子沟、三滩—解放沟段砂板岩岸坡段内发育倾倒变形和滑移拉裂变形体，由于变形体距坝址较近，其稳定性对工程具重要影响，其余库段为大理岩岸坡，无变形迹象发育，岸坡稳定性较好。

第二段矮子沟—小金河口，为雅砻江主库近坝库段一部分，距坝址 8.3～18.4km。该段呈较宽缓 V 形谷，坡度 40°～50°。岸坡两侧地层陡立，为陡倾纵向谷段。基岩多裸露，由三叠系杂谷脑组极薄层板岩夹薄层、极薄层变质砂岩构成。洼里一带局部发育Ⅰ～Ⅵ级阶地；库段内发育 5 处倾倒变形及其折断带贯通进一步发育的滑坡体，其中，大于 1000

万 m^3 有水文站、呷爬等 2 处滑坡，段内还发育小型泥石流沟 3 条。该段岸坡倾倒变形强烈，岸坡总体稳定性较差。

第三段小金河口—三家铺子，为雅砻江主库库段，距坝址 18.4～37.9km。该段河道弯曲，谷坡坡度 40°～50°，河谷对称，以横向、斜向谷为主。基岩多裸露，主要由泥盆系板岩、千枚岩；二叠系板岩、玄武岩等；三叠系变质砂岩、板岩及大理岩组成。在金洞子附近有 NNE 向断裂横穿库区。该段发育滑坡及变形体 11 处，方量均小于 100 万 m^3，规模较小；发育 3 处小型泥石流，仅可产生少量水库淤积。库岸岸坡稳定性较好。

第四段三家铺子段，为雅砻江主库库段，距坝址 37.9～42.2km。该段河谷不对称，左岸缓，谷坡坡度为 30°～40°，局部 10°～20°；右岸陡，谷坡坡度 40°～50°，以斜向谷为主。出露基岩为志留系板岩、千枚岩；泥盆系板岩、千枚岩。该段左岸发育三家铺子等 4 处滑坡及变形体。岸坡稳定性差。

第五段三家铺子—下苦苦，为雅砻江主库库段，距坝址 42.2～55.7km。该段为 V 形河谷，谷坡坡度 40°～50°，局部为陡坡，以横向、斜向谷为主。基岩多裸露，主要由志留系板岩、千枚岩；泥盆系板岩、千枚岩组成。段内发育滑坡及变形体 3 处，方量均小于 100 万 m^3，规模小，段内仅发育 1 处小型泥石流，库岸稳定性较好。

第六段下苦苦—主库库尾，为雅砻江主库库段，距坝址 55.7～58.0km。该段河道顺直，谷坡坡度 40°～50°，以斜向谷为主。基岩多裸露，主要由志留系板岩、千枚岩；泥盆系板岩、千枚岩；三叠系砂岩、板岩组成。前波断裂从左岸约高程 2300.00m 通过。库段内方量小于 100 万 m^3 的滑坡、变形体 3 处，另外，在库尾以上左岸发育有体积约 1 亿 m^3 草坪子滑坡及右岸下马鸡店等特大型滑坡，稳定性差。

第七段小金河口—西林乡，为小金河支库库段，距坝址 18.4～28.3km。该段为 V 形河谷，谷坡坡度 40°～50°，局部 50°～60°，以斜向谷为主。基岩多裸露，主要由三叠系薄层～互层状变质砂岩、板岩组成，在滴水岩处锦屏山—小金河断裂斜穿库区。库段内发育 8 处滑坡及变形体，其中大于 100 万 m^3 滑坡 4 处，滑坡稳定性较差，水库蓄水后部分滑坡处于临界稳定状态，通过调查，滑坡失稳方式以前缘次级滑动及解体方式为主。库岸稳定性较差。

第八段西林乡—松坪子，为小金河支库库段，距坝址 28.3～42.4km。该段谷坡坡度 40°～50°，河谷对称，以斜向谷为主。基岩多裸露，主要由三叠系薄层～互层状变质砂岩、板岩组成，局部（瓜别一带）发育Ⅱ、Ⅲ级阶地。沿河发育一顺河断裂。断裂穿过库区。该段岸坡主要以浅表岩体倾倒变形为主，破坏方式为小规模塌滑和崩塌，该段仅发育苗尔村滑坡一处，滑体方量约 288 万 m^3；发育小龙洞沟、凹萨沟、喇地沟 3 条大～巨型泥石流，目前已停止发育。岸坡稳定性较好。

第九段松坪子—项脚，为小金河支库库段，距坝址 42.4～51.9km。该段河谷较对称，谷坡坡度 50°～70°，河道弯曲，为横向及斜向谷。基岩多裸露，主要由三叠系薄厚互层状变质砂岩、板岩及少量大理岩组成。在松坪子附近有顺河断裂通过。该库段岸坡浅表倾倒较发育，岩体较为破碎，并发育 4 处滑坡，其中大于 100 万 m^3 滑坡 3 处，由于滑体内发育有规模不等的横张裂缝，水库蓄水后稳定性较差，有滑动的可能，并将增加水库淤积；

段内发育泥石流沟 2 处，其中张家沟大～巨型泥石流 1 处，目前已趋稳定。该段库岸稳定性较差。

第十段项脚—下落府，为小金河支库库段，距坝址 51.9～60.1km。该段河道弯曲，河谷对称，谷坡坡度近直立，以横向谷为主。基岩裸露，主要由三叠系中厚～厚层状大理岩及少量变质砂岩、板岩组成。库段岩体完整性好，岸坡无变形迹象，稳定性好。

第十一段下落府—铜凹，为小金河支库库段，距坝址 60.1～86.9km。该段河道弯曲，谷坡坡度 40°～50°，右岸局部库段为缓坡。为斜向谷，出露基岩为二叠系薄层～互层状砂岩、板岩；三叠系变质砂岩、板岩及大理岩。库段内发育近 EW 向及近 SN 向断裂。库段内变形迹象较明显，发育滑坡及变形体 11 处，其中大于 100 万 m^3 滑坡 5 处，大于 1000 万 m^3 滑坡发育有盖地上游滑坡、大湾子滑坡等 2 处。段内泥石流发育 8 处，其中摩梭沟、盖地沟、马窝沟、碾水沟 4 条沟为大～巨型泥石流。该段库岸稳定性较差。

第十二段铜凹—西秋，为小金河支库库段，距坝址 86.9～102.9km。该段河道较为顺直，谷坡坡度 30°～40°，河谷对称，以斜向谷为主。基岩多裸露，主要由志留系砂板岩；二叠系砂岩、板岩；三叠系变质砂岩、板岩及大理岩组成。NW 向断裂在铜凹附近穿过库区。库段内大部分无明显变形迹象，发育 4 处滑坡，其中大于 100 万 m^3 滑坡 3 处，稳定性较好，无滑动迹象；段内发育小型泥石流 3 处，仅产生少量淤积。该段岸坡稳定性较好。

第十三段西秋—木里河库尾，为小金河支库库段，距坝址 102.9～108.4km。该段河道顺直，谷坡坡度 30°～50°，以斜向谷为主。基岩多裸露，主要由二叠系砂岩、板岩及三叠系变质砂岩、板岩组成。NWW 向、近 SN 向和 NEE 向断裂穿过库区。库段内无明显变形迹象，仅发育 1 处小型石流，岸坡稳定性好。

第十四段卧罗河口～卧罗河库尾，为卧罗河二级支库库段，长约 21km，卧罗河口距坝址 83.4km。该段河道顺直，谷坡坡度 50°～80°，局部直立，主要为斜向谷和横向谷。基岩多裸露，主要由三叠系变质砂岩、板岩及大理岩组成，其中，卧罗沟口—道角岸坡岩体主要为三叠系变质砂板岩，局部有浅表部变形迹象，并有小规模的塌滑；道角—库尾岸坡岩体主要由三叠系大理岩构成，岸坡变形不明显。库岸稳定性较好。

在 14 个库段中，第 1、3、5、8、10、12、13、14 库段工程地质条件较好，库岸稳定性为较好～好，第 2、4、6、7、9、11 库段工程地质条件较差，库岸稳定性为较差～差。

4.4 库岸稳定性研究

4.4.1 库岸变形破坏特征

锦屏一级水电站水库作为典型的高山峡谷型水库，在地层岩性、地质构造、岸坡结构等基础上，其岸坡受强烈的物理地质作用，岸坡变形破坏强烈，点多面广，类型众多，呈现出一定的发育特征和规律。

1. 库岸变形破坏概况

蓄水前，水库区岸坡共发育各类滑坡、崩塌、变形体共72个。

雅砻江主库长约58km，两岸有滑坡及崩塌44处，总体积约2.4亿m^3，线密度约0.6个/km，线变形模数约350万m^3/km，其中，体积100万～1000万m^3的滑坡1处，大于1000万m^3的巨型滑坡4处，最大的草坪子滑坡达1亿m^3以上。支流小金河库区长约100km，有崩滑体28处，总体积约0.8亿m^3，线密度约0.3个/km，线变形模数约90万m^3/km，其中，体积100万～1000万m^3的大型滑坡19处，大于1000万m^3的巨型滑坡有2处。

库区滑坡位于水库蓄水位1880.00m以上的20处，体积约1.6亿m^3，约占崩滑体总体积的50%；完全被淹没的12处，体积约159万m^3，部分淹没的29处，体积约1.55亿m^3。

2. 滑坡与变形体发育规律

库区两岸的崩塌（变形体）、滑坡等岸坡变形破坏现象的发育分布极不均一，具有明显的地段性。岸坡的变形破坏主要受地层岩性、岸坡结构、地质构造和地形条件等主要因素控制。总体上有三个与其他大型高山峡谷型水库类似的发育规律：

（1）从岸坡变形破坏与岩石类别、岸坡地质结构之间关系分析，有70%的滑坡、变形体发育在工程地质性状较差的板（片）状变质碎屑岩类及层状碎屑岩类（区）中，其中又有30%发育在纵向谷的顺向岸坡一侧。如卡拉至苦苦变质碎屑岩的顺向坡、小金河口至水文站陡倾角薄板状砂板岩纵向谷两侧岸坡等。这些河段由于岩性软弱或软硬相间，以及断层的破坏，岩石风化剧烈，岸坡变形破坏分布的密度大，其变形破坏的类型以滑移－拉裂、滑移－弯曲、弯曲－拉裂（倾倒）为主。由块状～厚层状碳酸岩、变质岩类岩体组成的岸坡，如苦苦至小金河口雅砻江横穿过长枪背斜核部，由于岩质坚硬、岩体较完整，其变形破坏以卸荷～拉裂、崩塌作用为主，一般发育小型滑坡，多组成河段内稳定或次稳定性岸坡。

（2）沿断裂带或断裂交汇部位，岸坡岩体破碎，节理、裂隙发育，也是滑坡、崩塌等集中发育地段。这些部位滑坡的数量和规模均高于其他库段，其岸坡变形破坏密度和模数分别为0.7个/km和894万m^3/km。

（3）岸坡变形破坏受挽近时期的地壳抬升及新构造运动的制约，明显地表现出晚更新世末期至全新世初期、全新世中期两期较大规模的活动。

4.4.2 库岸稳定性分段

库岸稳定性分段是在库岸工程地质分段的基础上，再根据库区岸坡岩（土）体工程地质性状及组合特征，考虑影响岸坡稳定的地形地貌、地质构造、岸坡地质结构、岸坡现有变形、破坏发育分布状况、岸坡天然坡度、地震烈度、植被覆盖率、人类活动等因素，以多因子开展综合评价，最终将库岸划分为稳定岸坡、次稳定岸坡和不稳定岸坡三种类型，如图4.4－1所示。

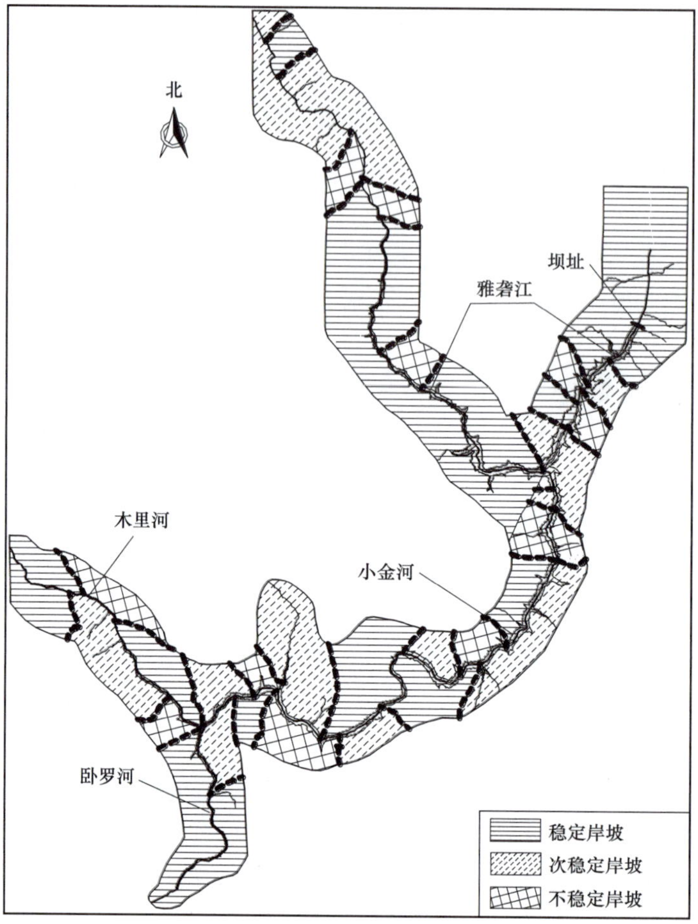

图 4.4－1　锦屏一级水库库岸稳定性分段示意图

（1）稳定岸坡：岩性及其组合、岸坡地质结构有利于自身的稳定，已有变形破坏轻微，在天然状态及工程运行期内均能保持稳定。该类岸坡顺河总长 247km，约占库区两岸总长度的 54%。主要分布在坝区、雅砻江库尾、小金河向家坪子—下落府左右岸及小金河库尾和卧罗河库尾段。

（2）次稳定岸坡：岩性及其组合、岸坡地质结构较有利于稳定，已有变形破坏总体上较轻微，在天然状态及工程运行期内岸坡能基本保持稳定。该类岸坡顺河总长 148.5km，约占库区两岸总长度的 33%。主要分布于雅砻江呷爬—小金河口左右岸，小金河吉尔坪—西秋乡左岸、垮纳—项脚左岸、茨茹地—卧罗河口左右岸、木里河日不佐沟—西秋左右岸，以及卧罗河口—棉布哑口右岸等。

（3）不稳定岸坡：主要是现有不稳定或稳定性差的大型滑坡体组成的岸坡，这些滑坡表现为目前有滑动迹象或推测蓄水后及在不利的条件下局部或整体有滑动的可能。该类岸坡顺河总长 58.9km，约占库区两岸总长度的 13%。主要分布于主库的水文站、呷爬等河段；小金河支库松坪子、上落府—哗口、铜凹等河段。

在库区全库段内，库岸稳定岸坡和次稳定岸坡占全库两岸总长度的 87%，而不稳定岸坡除水文站及呷爬段外，其余均在库尾。总体上，锦屏一级水库库岸稳定性较好，具备兴建大型水库的地质条件。

4.4.3　近坝库岸稳定性分析

鉴于小金河口至坝前长约 19km 的近坝库段发育有 1300 万 m^3 的呷爬滑坡、1500 万 m^3 的水文站滑坡和总量近 1230 万 m^3 的三滩右岸Ⅰ、Ⅱ、Ⅲ号变形体，坝前左岸岸坡卸荷拉裂岩体，规模大、距大坝近，失稳破坏对工程影响大，对其岸坡稳定性开展了专题研究，分析论证了呷爬、水文站滑坡和三滩河段变形体、坝前左岸岸坡的稳定性及其对工程的影响。

1. 近坝库岸岩体结构特征

近坝库岸岸坡主要由一套三叠系浅变质大理岩、绿片岩及砂板岩组成。研究表明，岩性及岩体结构特征上的差异，尤其是体现在力学强度方面的差异，结合岸坡走向，控制着近坝库岸两岸不良地质现象的发育分布。

小金河—矮子沟陡倾板岩纵向谷段：以板岩夹薄层砂岩为主，岩层倾角陡立，两岸倾倒变形强烈，变形深度大，近坝库岸几个大型的滑坡都发生在该段。

矮子沟—五二湾沟陡倾砂板岩纵向、斜向谷段：地层陡倾，为砂板岩岸坡，且砂岩所占比重较大，岸坡虽有倾倒变形，但变形程度较轻微。

五二湾沟—兰坝沟陡倾大理岩横向谷段：即三滩峡谷地段，该段雅砻江横穿背斜核部大理岩、绿片岩和砂板岩，岸坡稳定性较好。

三滩右岸中倾砂板岩顺向岸坡：岸坡岩体内层间挤压带发育，滑移－拉裂、滑移－弯曲现象明显，发育Ⅰ号、Ⅱ号、Ⅲ号 3 个变形体。

三滩左岸中倾砂板岩及大理岩反向岸坡：谷坡中下部为砂板岩，上部为大理岩（下软上硬），再上部又为砂板岩。最上部砂板岩倾倒变形明显。

坝前右岸中倾大理岩顺向岸坡：以厚层块状为主，层间胶结总体较好，其变形破坏主要体现为卸荷－拉裂变形和表层局部块体的稳定，岸坡高陡，以小规模的局部崩塌为主。

坝前左岸中倾反向岸坡：岸坡下部为大理岩；中上部为砂板岩表现为倾倒变形、卸荷拉裂和表层局部块体的崩塌等变形破坏形式。

2. 近坝库岸稳定性分析预测

近 19km 长的近坝库岸中，基岩岸坡已有变形破坏发育情况与地层岩性、岸坡结构密切相关，主要特征表现为：① 中倾大理岩顺向岸坡高陡，以表层局部块体失稳和浅表层卸荷变形为主要变形破坏方式，变形破坏程度低；② 中倾砂板岩顺向岸坡，以滑移—弯曲为主要变形破坏方式；③ 中倾砂板岩反向岸坡，以弯曲—拉裂为主要变形破坏方式；④ 大理岩及砂板岩横向岸坡主要沿多组结构面切割的组合块体局部崩塌为主；⑤ 陡倾砂板岩纵向或斜向谷岸坡主要为浅表层弯曲—拉裂变形破坏方式；⑥ 陡倾板岩纵向谷岸坡以深层弯曲—拉裂为主要变形破坏形式。土质岸坡中，滑坡堆积岸坡以局部复活或表层局部范围的崩滑为主，岸坡变形破坏程度强；冲洪积岸坡基本稳定，洼里堆积体坡度小于 20°，不会出现大规模的塌岸。

三种稳定类型的岸坡中，稳定岸坡约占总长的 65%，次稳定岸坡约占总长的 23%，不稳定岸坡约占总长的 12%。变形破坏程度高的岸坡主要为土质岸坡，主要分布在矮子沟以上。

坝前左岸高边坡深部破裂是高地应力区河谷快速下切过程中发生的深部卸荷松弛结果；随着河谷的快速下切，坡体地应力强烈释放，边坡深部发生卸荷（破裂），一旦应力释放完毕，变形即趋于稳定。在天然状态下边坡整体稳定，其中强卸荷带砂板岩岩体接近临界稳定状态，但由于岩体内没有特定的贯通结构面，破坏方式以局部塌滑、崩塌为主。

三滩右岸发育三个规模较大的变形体：Ⅰ号变形体对施工期和运行期无大的影响，仅可能增加水库的淤积；Ⅱ号变形体整体稳定，变形体基本处于正常蓄水位 1800.00m 以下，仅少量位于库水位以上，对工程影响较小；Ⅲ号变形残留体在围堰挡水时即处于临界状态。

水文站滑坡在天然状态及降雨状态下整体稳定，在蓄水条件下其次级滑体将产生滑动，失稳方式为逐级分块下滑，不会引起巨大涌浪。

呷爬滑坡天然及暴雨状态下整体稳定，蓄水后可能发生失稳，但由于滑体内发育二条深切冲沟，预计滑体以牵引式土滑解体方式为主，不会产生巨大涌浪。

4.4.4 蓄水后库岸变形破坏特征与规律

锦屏一级水电站水库从 2012 年 11 月开始蓄水，至 2014 年 8 月第一次蓄水至正常蓄水位 1880.00m 高程，共分 4 个阶段进行，每个阶段最高库水位分别为 1700.00、1800.00、1840.00m 和 1880.00m。

已有研究表明，水库蓄水后库区岸坡岩土体水文地质条件发生急剧变化，导致岸坡发生不同类型的变形破坏。首先是抬升的水位使被淹没斜坡岩土体因饱水而强度降低；其次是库水涨落引起地下水位波动变化还对斜坡岩土体产生动水压力；再次是水库水体波浪拍打库岸产生的波浪的冲刷作用；最后就是不常见的水库蓄水后或蓄水过程中库水倒灌库岸岩溶管道及岩溶洞穴塌陷引起岸坡及库岸平地地表塌陷。这几种情况都可能导致水库岸坡的变形破坏。蓄水后的调查分析表明，锦屏一级库区岸坡的变形破坏主要受前面三种因素控制。

根据水库岸坡变形的岩性与物质组成，锦屏一级水库蓄水后库岸的变形破坏类型除了有塌岸、滑坡两大类外，还有一类层状变质砂板岩倾倒变形体或溃曲变形体因蓄水导致变形复活，岩体蠕动、拉裂、坐落而引起的库岸变形。

原处于基本稳定或接近于极限稳定的水库库岸边坡，特别是由松散土石构成的边坡或风化的松软破碎岩质边坡，往往在水库骤降时，由于岩土体排水不畅，形成滞水压力作用，可能导致滑坡的产生，其变形往往是突发性的。按发生岩性可以分为基岩滑坡和覆盖层滑坡两类，其中后者按滑面位置还可进一步划分为沿基覆界线塌滑及深厚覆盖层内部浅层塌滑。调查表明，锦屏一级库区蓄水期和运行期新增的 2 处滑坡都为崩坡积层浅层滑坡，未出现新的基岩滑坡。

1. 库岸变形破坏类型

锦屏一级水库一开始蓄水，库岸即开始出现变形破坏，随着水库水位的上升，库岸变形破坏逐渐加剧，至2014年8月首次蓄水至1880.00m，雅砻江主库、小金河支库均出现多处变形破坏。之后，随着水库水位每年一次80m消落、上升，水库主库、支库又出现了更多的变形破坏，已有变形破坏有加剧的现象。

根据库岸变形破坏发生地层岩性、特征、破坏形式及其可能的演化趋势，考虑到锦屏一级水库的特点，将其类型划分为塌岸、变形库岸、老滑坡复活和新滑坡4类。

（1）塌岸是岸坡土体或岸坡浅表强风化、强卸荷、强倾倒岩体的前缘，在库水长期浸泡、冲刷作用、地下水作用、波浪作用等综合作用下，在库水位抬升或下降过程中、抬升或下降后发生的塌落、滑塌失稳现象。根据塌岸岩土体岩性及成因可以划分为崩坡积层塌岸、滑坡前缘塌岸、岸坡浅表强风化、强卸荷、强倾倒岩体的前缘破碎基岩塌岸。塌岸为锦屏一级水电站库区蓄水期和运行期最主要的库岸破坏类型，点多面广，但规模有限。根据蓄水以来至2016年第二次消落至死水位期间塌高规模大于50m的塌岸统计，共发生塌岸破坏100余处。

1）崩坡积层塌岸：水库周边岸坡土体在库水位消落及上升过程中发生塌落、滑塌失稳的现象。此类塌岸为水库蓄水及运行期最主要的库岸破坏类型，共55处，一次性失稳规模有限，但受库水位升降影响部分塌岸范围会逐渐牵引扩大，塌岸高度（从正常蓄水位起算的高度）一般小于100m，少数可达200m。

2）滑坡前缘塌岸：是指原处于稳定或基本稳定状态的滑坡，随库水位抬升与消落的浸泡、冲刷、地下水等作用下，其临水前缘发生的局部坍塌破坏或逐级塌滑的局部破坏现象。蓄水后至第二次消落到死水位，库区共有8处滑坡出现前缘塌滑破坏现象。

3）破碎基岩塌岸：库周岸坡浅表强风化、强卸荷、强倾倒岩体前缘在库水位消落过程中发生塌落、滑塌失稳的现象，根据塌岸高度大于50m的基岩塌岸进行统计，库区共发生基岩岸坡塌岸40处，塌岸一般比较高，塌高多位于150～200m之间，少量大于200m。

（2）变形库岸又称为变形体库岸，根据变形岩层岩性可以分为基岩变形库岸和覆盖层变形库岸两类。根据蓄水后产生的呈一定规模的变形库岸统计，基岩岸坡变形发生了15处，覆盖层库岸发生了11处。

基岩变形库岸是库岸强风化、强卸荷、倾倒变形岩体在库水长期浸泡、浮托、软化等作用下不能保持原有稳定，发生向临空方向的变形，甚至逐级失稳破坏。表现形式主要为坡表出现横向拉张裂缝，有的还会形成下座陡坎，但一般未见整体滑移迹象。基岩变形库岸一般情况下总体规模较大，如呷爬下游变形体、小金河河口左岸变形体、小金河黄家屋基变形体、小金河岩多变形体、卧罗河下坪子中村变形体等，后缘最高高程多超过了2100.00m。该类变形库岸在蓄水初期通常表现为前缘临水岸边发生塌滑塌岸，随水库不断上升，上部坡体产生拉裂变形，且范围逐渐扩大，最后库岸变形范围远大于前缘塌岸范围。

蓄水过程中有相当一部分覆盖层岸坡受库水浸泡，土体强度降低，发生蠕变，坡表出现拉张裂缝，有的还形成下座陡坎，并且随库水位抬升、下降，会有新变形破坏的出现，已变形范围逐步扩大。该类变形相对于基岩岸坡的变形而言规模一般有限，但个别规模也比较大，如茶地沟岸坡后缘破坏高程已超过了2000.00m。该类变形库岸在相关规程规范与手册中原没有规定，但鉴于锦屏一级库区这类覆盖层岸坡变形比较多，且影响的居民、耕园地也较多，需要重点分析研究，将其分类定为覆盖层变形库岸，属变形库岸的一种。

（3）滑坡复活是在水库蓄水过程中，原有老滑坡发生滑移复活，根据滑移复活范围可以分为部分复活和整体复活两类。水库蓄水以来，先后有小金河水凼子滑坡、杉木坪滑坡、呷爬滑坡等5处滑坡出现整体复活迹象，即原老滑坡后缘出现贯通性拉张坐落；二罗沟滑坡、松坪子滑坡等8处滑坡出现部分复活迹象，滑移拉裂尚未发展到原老滑坡后缘。小金河左岸的松坪子滑坡，蓄水后滑坡活动不断发展，产生次级滑移，蓄水到高程1880.00m后，在约高程2000.00m出现了连续贯通的拉裂缝并错落，形成高为1～3m的后壁陡坎，两侧出现连续剪裂延续到前缘，属于部分复活。

（4）新滑坡。水库蓄水期未出现新滑坡，但水库运行初期（库水位首次从正常蓄水位消落至死水位及第二次蓄水至正常蓄水位期间）共出现了2出新滑坡，即营盘滑坡及瓦屋滑坡。2处均为崩坡积覆盖层岸坡内部的浅层滑坡，后缘地带出现多条横向拉张裂缝，与两侧裂缝基本贯通。

2. 库岸变形破坏特征

水库蓄水后，前期预测稳定性不同的库段在不同的蓄水时间、水位表现出不同的变形破坏特征，而且其变形破坏还受岸坡地形地貌、地层岩性、岸坡结构、已有变形破坏等的影响、控制进一步呈现出不同的特征。同时在水位上升、水位消落、水位不变期间表现出不同的变形破坏特征。

整个水库蓄水期和运行期库岸稳定的调查成果显示，前期预测稳定、次稳定、不稳定3种不同稳定程度的岸坡，蓄水后稳定状况总体上与预测基本一致，但局部稳定性变差，少数稳定性变好。

（1）稳定岸坡变形破坏特征。前期预测稳定岸坡主要有雅砻江主库坝区—矮子沟库段左右岸、小金河口—三家铺子库段左右岸、三家铺子—下苦苦库段左右岸，小金河支库向家坪子—下落府库段左右岸、小金河铜凹—库尾左右岸，卧罗河二级支库左岸等。这些库段岸坡在水库蓄水期和运行期总体上仍然是稳定的，但部分库段岸坡稳定性变差为不稳定，出现了一些有一定规模的变形岸坡，并且这些岸坡的变形破坏在蓄水期随着水位的上升和运行期水位的涨落循环有所发展；同时前期预测稳定的覆盖层岸坡出现了一些规模不等的塌岸，塌岸范围同样在蓄水期随着水位的上升和运行期水位的涨落循环中有不同程度的扩展。

典型稳定岸坡的变形破坏特征如下：

1）雅砻江主库坝区—矮子沟库段左右岸：整个蓄水期，该库段岸坡总体稳定性较好，除了出现一些塌岸破坏外，没有滑坡、变形岸坡出现，已勘探查明的三滩右岸Ⅲ号变形体稳定性有所降低，坡体中出现了一些纵向裂缝。运行期该库段中的五二湾沟—矮子沟段左右岸稳定性明显变差，一是蓄水期出现的一些塌岸的范围有所扩展，部分塌高超过100m，多为累进性破坏，一次性失稳规模不大，如图4.4-2所示；二是2015年汛前水位首次大幅消落后发生了锦屏—卡拉—杨房沟公路K7+390m变形体；同时坝前三滩右岸Ⅲ号变形体变形仍在持续增加，存在局部较大规模失稳的危险。

图 4.4-2 近坝库岸五二湾沟段塌岸典型照片

2）雅砻江主库小金河口—库尾除三家铺子段的全部库段左右岸：蓄水期和运行期库段岸坡总体上变形破坏不发育，仅见零星塌岸及个别库岸变形，而且主要分布于支沟内，规模较大的有拖沟左岸变形体、毕基沟变形体。

3）小金河支库黄家屋基（原西林乡）—纳地沟（原松坪子）库段左右岸：蓄水期和运行期库段岸坡总体稳定性较好，个别库段出现了一些变形岸坡和零星塌岸。蓄水期水位从 1700.00m 抬升至 1800.00m 后瓜别上游翁家瓦厂库段出现了变形，后缘形成贯通性拉张裂缝（见图 4.4-3），运行期随库水位抬升、消落有所发展。2016 年汛前水位第二次水位降至 1800.00m 后又出现了雕楼梁子变形体，还出现了硝泥湾子、马家沟等塌岸。

图 4.4-3 翁家瓦厂变形体

4）小金河支库岩脚（原项脚）—下落府库段左右岸：蓄水期和运行期该段库岸稳定性都较好，未见大的库岸变形破坏现象，仅有一些小规模的塌岸。

5）小金河支库岩多—小金河库尾左右岸：蓄水期库岸稳定性较好，未见大的库岸变形失稳现象，仅蓄水期 1840.00m 抬升至 1880.00m 后在右岸沿江公路 K24km 处发生塌岸，造成路基垮塌。运行期大部分岸坡同样稳定性较好，仅在 2015 年汛前水位第一次消落至 1800.00m 的大幅消落期，在右岸苏家湾下游山梁出现了变形，山梁上地面产生拉张裂缝；2015 年汛后水位第二次蓄水至 1880.00m 时，在左岸营盘出现新滑坡，右岸羊湾子坡体出现蠕滑变形并在地面形成大量裂缝，谷壳滑坡前缘局部出现次级滑动迹象和地表裂缝。

6）卧罗河二级支库左岸：蓄水期和运行期该段库岸稳定性都较好，绝大多数库岸均未发生滑坡、塌岸、变形岸坡等变形破坏，仅下麦地中村下坪子一处凸出岸坡在蓄水期 1840.00～1880.00m 上升期间出现了岸坡变形。

（2）次稳定岸坡变形破坏特征。前期预测次稳定的库段岸坡主要有雅砻江主库矮子沟—小金河口库段左右岸，小金河支库小金河口—黄家屋基库段左右岸、吉尔坪—西秋乡左岸、垮纳—项脚左岸、茨茹地—卧罗河口左右岸、木里河日不佐沟—西秋左右岸，卧罗河二级支库右岸等。这些库段中雅砻江主库矮子沟—小金河口库段左右岸、小金河支库小金河口—黄家屋基库段左右岸稳定性在水库蓄水后变化较大，表现为塌岸、岸坡变形比较多且有一定规模，原有老滑坡中有个别发生了局部或整体的复活，且这些岸坡的变形破坏一般都会在蓄水期随着水位的上升和运行期水位的涨落循环有不同程度的发展。其余库段则在整个水库蓄水期和运行期都保持了较好的岸坡稳定性，没有发生较大规模的变形破坏，以小规模的塌岸为主要变形破坏形式。

典型次稳定岸坡的变形破坏特征如下：

1）雅砻江主库不含水文站、呷爬等滑坡的矮子沟—小金河口库段左右岸：该段为陡倾板岩纵向谷坡，岩层倾角陡立，倾倒变形强烈，变形深度大，库岸总体稳定性差，原预测为次稳定岸坡，蓄水后岸坡稳定性总体是变差，库岸变形破坏比较发育，主要有塌岸、变形库岸、滑坡复活 3 种类型的变形破坏。

整个蓄水期和运行期塌岸类变形破坏现象普遍，局部库岸成片垮塌，塌岸范围在蓄水期水位上升和运行期水位涨落持续扩展，但多表现为累进性破坏，一次性失稳规模不大，部分塌高超过 100m，如图 4.4-4 所示。

图 4.4-4　矮子沟—小金河口库段蓄水后塌岸典型照片

该库段的变形库岸在蓄水期初期即发生，其中呷爬下游变形体在导流洞下闸后水库蓄水至高程1700.00m发生，尤里坪变形体在水库水位由1840.00m上升至1880.00m过程中发生，表现为基岩岸坡前缘表部持续垮塌，中后部出现一系列拉张裂缝，并且随着库水浸泡时间延长及运行期水位抬升、消落，变形岸坡的变形破坏范围和变形程度持续发展，至2020年底，变形体后缘已牵引发展到高程2000.00～2100.00m，高出正常蓄水位200多米。

同时该库段原发育胡家梁子滑坡、二罗沟滑坡、岔罗沟滑坡等大型滑坡，在运行期库水位第二次蓄至1880.00m后胡家梁子滑坡和岔罗沟滑坡出现整体复活，2016年汛前水位第二次降至1800.00m后，胡家梁子滑坡发展明显。蓄水后原发育滑坡发生整体或部分复活的滑坡前缘局部的塌岸、次级垮塌现象都较为常见。

2）小金河支库小金河口（距坝址18.4km）—黄家屋基段（距坝址28.3km）：原预测为次稳定岸坡，蓄水后库岸变形破坏比较发育，主要有塌岸、变形库岸、滑坡复活3类变形破坏发生。

一是两岸岸坡塌岸现象较普遍，并且随水位上升和运行期水位涨落持续滑塌，但总体上一次性垮塌失稳规模小。

二是整个蓄水期发生了3处规模较大的库岸变形，分别为小金河河口左岸变形体、黄家屋基变形体、拉姑梁子变形体，从蓄水初期即开始变形，一般表现为前缘滑塌，上部坡表裂缝、下座，随水位上升和运行期水位涨落变形持续发展，截至2016年汛后变形体后缘最高高程达2350.00m，高于正常蓄水位450m以上。

三是该库段在吉尔坪附近发育的滴水岩滑坡、水凼子滑坡、吉尔坪滑坡、拉姑滑坡4个大型滑坡中水凼子滑坡发生了整体复活，且主要表现为随库水降落，后缘贯通性坐落裂缝多次下错呈累进式增加，至2020年底，后缘下座已超过40m，其余滑坡均以前缘的逐级滑塌为主。

3）小金河支库垮纳—岩脚（原项脚，距坝址51.9km）库段左岸：预测为次稳定库岸的该库段库岸在整个蓄水期和运行期稳定性仍然较好，未见大的库岸变形、塌岸等变形坡现象。

4）卧罗河二级支库右岸：原预测为次稳定岸坡，蓄水后除局部有一定规模的塌岸发生外，稳定性总体没有太大的变化。

（3）不稳定岸坡变形破坏特征。前期预测不稳定的库岸主要有雅砻江主库水文站—呷爬滑坡库段岸坡、三家铺子滑坡库段，小金河支库松坪子库段（距坝址42.5km）左右岸、上落府—哗口库段左右岸、铜凹库段左右岸等。这些不稳定岸坡普遍在水库蓄水期初期即开始出现变形，变形范围在蓄水期随着水位的上升和运行期水位的涨落循环都有明显的持续扩展，变形程度持续增加，有一部分甚至已发生破坏；变形破坏类型以滑坡复活、变形岸坡为主，不同规模的塌岸也很普遍，如呷爬滑坡库段岸坡、松坪子滑坡群库段岸坡。也有部分不稳定岸坡在蓄水期和运行期新发生的变形破坏不明显或较轻微，一般以临水前缘坡体的局部坍塌、滑塌为主，如水文站滑坡库段岸坡。

典型不稳定岸坡的变形破坏特征如下：

1）雅砻江主库水文站、呷爬等滑坡：与前期预测、判断滑坡在蓄水后不稳定、将发生破坏一致，呷爬滑坡运行期2015年汛前第一次1880.00～1800.00m水位消落后发生整体复活，后缘出现贯通性坐落裂缝，下错约 1.7～2.0m；2016 年第二次 1880.00～1800.00m 水位消落后，已复活的变形破坏迹象发展明显，后面主要变形岸坡稳定性分析中对呷爬滑坡在蓄水期、运行期的变形破坏发展演化过程有详细分析。水文站滑坡在整个蓄水期和运行期与前期预测、判断一致保持了整体稳定，仅在临水前缘局部发生了小规模的塌岸破坏。

2）雅砻江主库三家铺子库段（距坝址 37.9～42.2km）：前期预测、判断为不稳定库段的岸坡，蓄水后岸坡稳定性较好，都能保持整体稳定，其中该段发育的下里多滑坡、上里多滑坡、三家铺子下游滑坡、三家铺子滑坡四个滑坡和上里多崩塌体、大铺子崩塌体二个变形体在整个蓄水期、运行期的变形破坏均不明显，都维持了整体稳定。该库段其余岸坡也无明显的变形破坏，岸坡稳定性较好。

3）小金河支库松坪子滑坡群库段（距坝址 42.5km）：该库段前期预测为不稳定库段，蓄水期初期即开始出现变形破坏，运行期水位涨落过程中不稳定岸坡范围明显变大，至 2016 年汛前第二次 1880.00～1800.00m 水位消落后扩展到纳地沟（距坝址 38.8km）—岩脚（原项脚）（距坝址 51.9km）库段。变形破坏特征首先表现为原有杉木坪、松坪子、坪子三个大型滑坡在蓄水期即变形破坏明显。其中杉木坪滑坡整体下滑，松坪子部分复活，坪子滑坡前缘出现较大规模次级滑动，运行期其变形破坏均有不同程度的扩展，至 2016 年汛前第二次 1880.00～1800.00m 水位消落后杉木坪、松坪子滑坡后缘已连成片。其次是蓄水期陆续出现了大弯子、纳垮等较大规模的库岸变形，且随库水浸泡时间延长，变形发展明显，地表裂缝变宽、增长。再次是小规模塌岸零星发育，2016 年汛前第二次 1880.00～1800.00m 水位消落后又发现了包家屋基塌岸、瓦屋滑塌等新的库岸变形。

4）小金河支库上落府（距坝址 63.0km）—哗口（距坝址 81.3km）库段、铜凹（距坝址 86.9km）库段：该库段前期预测为不稳定库段，蓄水期初期即开始出现变形破坏，在蓄水期水位上升过程和运行期水位涨落过程中不稳定岸坡范围向上下游扩大至下落府（距坝址 60.1km）—岩多（距坝址 88.6km）库段。整个蓄水期和运行期该段库岸变形现象较多，随机分布，运行期原有呷咪坪滑坡、华口滑坡发生了局部复活，前缘次级滑塌时有发生，同时碾水沟口上游侧发生了新的库岸变形破坏现象，蓄水期发生的列瓦大沟下游、小金河大桥左岸、碾水大沟、大弯子、岩多等库岸变形在运行期又都有了不同程度发展，其中盖地、大湾子、岩多等变形发展较快，地表、公路上的拉张裂缝延长变宽，下错幅度增加。

4.4.5 库区主要变形库岸稳定性分析

蓄水过程中覆盖层边坡则发生了多处塌岸，如杨安山屋基塌岸、下里多塌岸等；已有变形破坏岸坡既有变形破坏加剧的，如呷爬滑坡的整体复活、三滩右岸Ⅲ号变形体，也有基本无变化的，如水文站滑坡、坝前左岸卸荷拉裂岩体；稳定、次稳定的基岩岸坡在蓄水过程中大多保持稳定、次稳定，但个别纵向谷、斜纵向谷岸坡发生了较大规模的变形破坏，如小金河左岸花椒坪村、岩多等库段岸坡。

这些蓄水过程中发生了变形破坏的岸坡由于地形地貌、地层岩性、地质构造、岩体结构和岸坡地质结构、已有变形模式的不同而呈现出不同的稳定性，并且稳定性随水库水位上升或下降还呈现出不同的特征。

1. 坝前左岸岸坡

（1）岸坡地质概况。位于锦屏一级水电站大坝坝前约 500m 处雅砻江左岸，高程约 1870.00m 以下坡度为 50°，以上坡度为 35°～40°，为中倾反向岸坡。岸坡所在河段天然河水位 1640.00m，河流走向 N32°E。

坡体主要由杂谷脑组第三段砂板岩组成，高程 1720.00m 以下坡脚部位为第二段大理岩。岩层总体产状为 N0°～30°E/NW∠30°～45°。

砂板岩受构造切割破坏强烈，小断层、层间挤压带发育。除深部发育有规模较大的 f_5、f_8 断层外，还发育有大量小断层及层间挤压错动带，优势裂隙为顺坡向的中陡倾角的裂隙。

砂板岩岩体内松弛拉裂现象相当严重，除表部岩层倾倒弯曲外，深部岩体沿陡倾坡外的构造面卸荷拉裂现象也相当突出，并且具有随高程增加拉裂松弛深度加大的规律。据平洞揭示，大致高程 1680.00～1920.00m，拉裂松弛的水平深度为 60～200m。

由于坝前左岸砂板岩反向岸坡高陡，岸坡发生卸荷后，边坡浅表部岩体弯曲拉裂变形、重力倾倒现象十分明显。据地表地质调查，高程 1750.00～2080.00m 范围内砂板岩普遍有倾倒现象，浅表部岩层倾角明显变缓，甚至水平，倾坡外的拉裂缝十分发育，整个岸坡显得破碎零乱。

坡体中下部缓倾结构面不发育，且下部大理岩较为完整，未发现有剪切蠕滑变形迹象，其整体稳定性较好。岸坡中上部水平深度 40～60m 以外，卸荷松弛及倾倒变形强烈，边坡岩体稳定条件较差。

整体稳定性计算分析：岸坡可能破坏模式有以下组合（见图 4.4－5），① f_{11}＋弱卸荷后缘边界；② f_8＋弱卸荷后缘边界；③ f_8 断层＋f_7 断层＋弱卸荷后缘边界；④ f_5 断层＋f_7 断层＋弱卸荷后缘边界。计算结果见表 4.4－1。从坡体地质结构及计算结果分析，由于坡

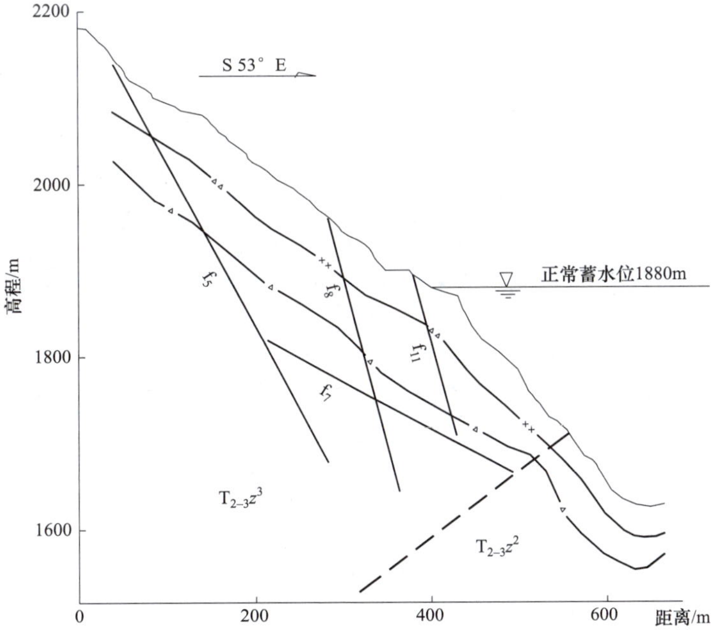

图 4.4－5　坝前左岸坡体失稳模式示意图

脚为较完整的大理岩，且无特定结构面的组合，因此，无论何种工况，其稳定系数均大于1.18，不会产生边坡整体失稳。

表 4.4－1　　坝前左岸边坡整体稳定性计算结果

潜在滑面组合	计算工况					
	天然状态	地震	暴雨	暴雨＋地震	1880.00m 正常蓄水	1880.00m 正常蓄水＋地震
f_{11}＋弱卸荷底界	2.69	2.27	2.56	2.17	2.58	2.18
f_8＋弱卸荷底界	3.53	2.87	3.34	3.16	3.12	2.55
f_8＋f_7＋弱卸荷底界	3.32	3.08	3.09	2.88	3.52	2.91
f_5＋f_7＋弱卸荷底界	1.89	1.58	1.50	1.27	1.31	1.18

浅表部稳定性评价：JD04 和 JD02 平洞揭示，岸坡中上部砂板岩中水平深度 40～60m 以外，卸荷松弛及倾倒变形强烈，边坡岩体稳定条件较差。

浅表部稳定性计算分析：以 f_8 断层及 f_{11} 断层作为后缘边界，以强卸荷底界为其底滑面进行破坏模式组合。计算表明：天然状态、蓄水、地震等工况情况下表层岩体处于稳定状态，其稳定系数为 1.23～2.01；在暴雨＋地震的工况下，局部岩体处于基本稳定状态，稳定系数为 1.05。

由于浅表部岩体弯曲拉裂变形较为严重，考虑该部分岩体离坝仅几百米，施工中由于人为因素的影响，可能发生局部崩塌。

（2）蓄水后岸坡变形及稳定性评价。在坝前左岸边坡布设 10 座外部变形观测墩和 2 套 GNSS 测点，编号为 G－JFG－4 和 G－JFG－8（见图 4.4－6）。外观测墩于 2011 年 8 月取得初始值。由于水位抬升，低高程测点被淹没，截至 2019 年 10 月，监测成果如图 4.4－7 所示。

图 4.4－6　坝前左岸坡体观测墩布置示意

（括号中数字为水平位移量）

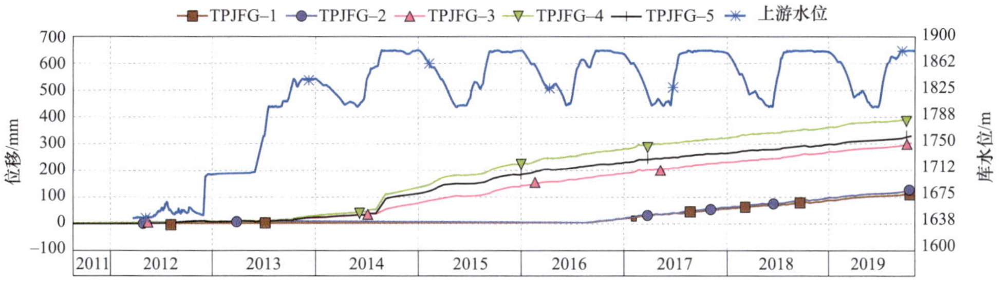

(a) 外观测墩

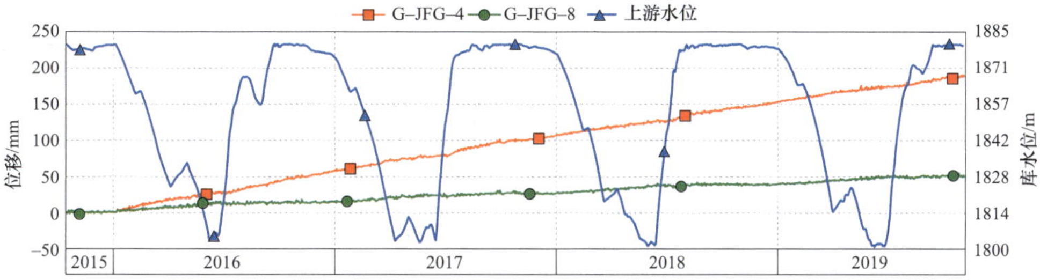

(b) GNSS测点

图 4.4-7 坝前左岸坡体河床方向变形历时曲线图

水库从 2012 年 12 月首次蓄水到 2014 年 8 月蓄水至正常蓄水位（1880.00m）过程中，岸坡未见明显变形破坏迹象，整体稳定。2015 年 9 月第二次蓄水至正常蓄水位（1880.00m）后，仅在近库水边局部有小的裂缝，此后几年多次地表调查均未见明显的变形破坏现象。截至 2020 年 12 月底，坝前左岸边坡临空向变形量介于 95.7～536.0mm 之间，6 年变化量在 63.23～365.61mm 之间，最大变形速率为 0.17mm/d，变形量级较小，库水位变化对变形影响不明显。

综合地表地质调查和监测成果分析，坝前左岸坡体整体基本稳定，局部（主要是 TPJFG-3～TPJFG-5 测点所在的山梁下部）变形持续增加，存在局部失稳的可能。

2. 三滩右岸Ⅲ号变形体

三滩河段距坝址 2.0～3.5km，天然河水位 1643m，雅砻江总体流向为 N25°E，河道微向右岸凸出。前期勘探揭示右岸砂板岩顺向坡中，在无名沟下游—兰坝沟之间发育三个不同规模的变形体，从下游到上游依次为：Ⅲ号变形体（无名沟下游侧）、Ⅱ号变形体（无名沟上游—肖厂沟）、Ⅰ号变形体（肖厂沟上游—兰坝沟）。

蓄水后多年的地质调查和监测成果显示，变形体的变形仅是前缘临水表部岩体的变形破坏为主，没有发现整体性的变形破坏迹象，变形体整体处于稳定状态。蓄水后Ⅰ号变形体已淹没，但变形体及其上部约 50m 自然岸坡岩土体在库水作用下变形、局部滑塌，牵引上部浅表部覆盖层垮塌。受水库运行期库水位浸泡、消落以及降雨等影响，蓄水 5 年以来，Ⅰ号变形体以上自然坡体的变形还在持续发展，但岸坡整体仍基本稳定，仅表部覆盖层变形破坏较为严重，存在局部垮塌的危险，但对工程影响较小。而Ⅲ号变形体自 2012 年 11 月底导流洞下闸蓄水开始，即发生变形，随着蓄水高程上升，变形破坏逐步加大，进入运行期后，变形破坏持续，但在不同时间段呈现出不同的特征。

（1）变形体岸坡地质概况。三滩河段右岸Ⅲ号变形体位于无名沟下游侧雅砻江右岸，距锦屏一级水电站大坝约 2.3km。

变形体呈窄条形分布，前缘高程 1650.00m，后缘高程 2020.00m；顺坡长约 680m，宽 80～130m；水平最大发育深度 82.3m，平均厚 20m。平均坡角 35°，总方量约 130 万 m^3。变形体发育于杂谷脑组第三段第 1、2 层中～厚层砂岩、薄层粉砂质板岩以及第二段薄层大理岩中，表部覆盖有厚 15～25m 崩坡积物。岩层总体产状为 N5°～12°E/NW∠36°。断裂构造较为发育，NEE 向陡倾角断层 f_6、f_3 分别从坡体后缘、前缘坡脚穿过。为一底部受控于砂板岩与大理岩接触界面的顺层蠕滑变形体。

通过计算表明Ⅲ号变形残留体在天然状态下基本稳定，稳定系数为 1.18；预测蓄水至 1880.00m 及围堰挡水（1686.50m）工况下，Ⅲ号变形体稳定性差，其稳定系数为 1.04～1.06；地震工况下，Ⅲ号变形体整体失稳，稳定系数为 0.83～0.85。

（2）蓄水后岸坡变形及稳定性评价。变形体共布设观测墩 6 座，测斜孔一个，于 2012 年 10 月 6 日开始监测，测斜孔在第三阶段蓄水期由于坡体浅表层变形过大而损坏已无法实施监测，表面变形监测也于 2015 年 7 月停止。截至 2015 年 6 月，其外观测点累计位移量时间过程曲线如图 4.4-8 所示。

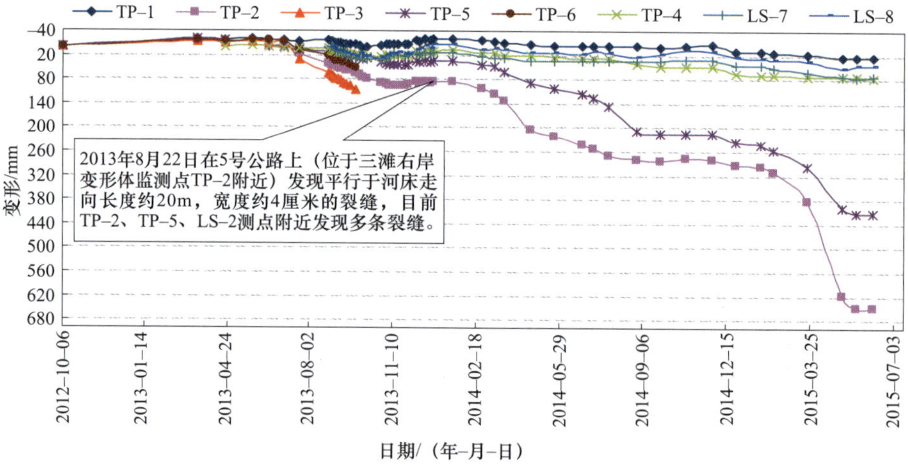

图 4.4-8 Ⅲ号变形体变形历时曲线图

水库第二阶段蓄水至高程 1800.00m 后，2013 年 8 月 22 日在从Ⅲ号变形体上部通过的 5 号公路（高程约 1896.00m）路面发现裂缝，位于Ⅲ号变形体上游侧，长约 20m，最宽约 1.5cm，呈略向外拱出的弧形。在蓄水期受库水位升降影响，裂缝持续发展，并新增了一些裂缝。同时由各测点的变形历时曲线可见，第三阶段蓄水期各测点均发生了不同程度的位移，其中 5 号公路内侧（约高程 1900.00m 附近）的 TP-2 测点位移最大，2014 年 2 月 24 日至 3 月 24 日的 1 个月内，TP-2 测点向下游方向位移了 20.3mm，向河床方向位移了 31.9mm，垂直方向下沉了 27.6mm。变形体在水库蓄水第三阶段库水位下降期变形增加趋势明显。

库水位 2015 年 1 月首次自正常蓄水位 1880.00m 开始下降，到 2015 年 5 月大幅消落至死水位 1800.00m 期间，三滩右岸Ⅲ号变形体的变形增加明显。上部 5 号公路路面及边坡裂缝发展，5 号路及上部边坡高程约 1905.00m 以下开裂增大，5 号路面靠近船舶停靠点附近的外侧路基新增变形开裂路基外侧局部出现明显下沉，靠下游局部公路路面脱空。同时由各测点的变形历时曲线可见，2 号测点在库水位下降期（2015 年 2 月 10 日至 2015 年 5 月 19 日）累计变形量为 310.6～649.05mm，平均变形速率达 3.45mm/d，而在 2015 年 3 月 21 日至 2015 年 5 月 3 日，变形速率更是达到了 5.43mm/d，5 号测点的变形也与此类似。上述成果表明，一是坡体变形为自下部开始逐步向上部牵引式发展，二是坡体变形与水库蓄水关系密切，库水位升降期变形速率明显增大，特别是库水下降影响显著。

2015 年 9 月第二次蓄水到 1880.00m 后，地表变形现象更加明显。变形体靠上游侧裂缝发展，5 号公路路面出现约 50cm 的下沉，坡体上部公路回头弯处外侧路面下错 20～30cm；靠下右侧 5 号公路路面裂缝张开 20～30cm，公路外侧坐落超过 100cm，外侧挡墙变形，向河床位移超过 100cm，上部通往骨料加工厂的公路路面出现一系列顺河向裂缝，张开 3～5cm，错列延伸 30～40m，上部公路外侧出现垮塌破坏现象。

2018 年 10 月调查，变形范围明显扩大，坡体上新增大量变形裂缝，一般张开 5～10cm，外侧下错 3～5cm，5 号公路路面也重新开裂。至 2020 年底坡体变形仍有缓慢发展。2018 年 1 月起启用两套 GNSS 设备监测坡体的变形，截至 2020 年底累积变形在临空向为 38.30mm、102.50mm，垂直临空向为－11.30mm、－35.10mm，垂直位移为 25.02mm、91.15mm。

地表调查和变形监测成果显示，坡体仍有缓慢变形，特别是坡体中下部（约 1950m 以下），仍存在局部失稳的危险。

3. 水文站滑坡

水文站滑坡位于雅砻江左岸，距锦屏一级水电站大坝约 9.1km。

（1）滑坡地质概况。该段雅砻江由南向北经水文站后急转东流，形成向北西突出的凹岸，滑坡所在河段天然河水位 1652m。

滑坡发育于左岸陡倾纵向坡中，坡体下部为杂谷脑组第三段薄层灰～灰黑色钙质绢云母粉砂质板岩，夹钙质长石石英砂岩，坡体中上部为薄层灰绿色片岩，厚层角砾状大理岩，夹有少量砂板岩，岩层总体产状 N10°～30°E/SE∠85°～90°。滑坡平面展布近似箕形，前缘最低高程 1660.00m，后缘高程 2120.00m；滑坡纵长 1000m，宽 570m，滑体厚度 64～120m，平均约 80m，滑坡残体体积约 1500 万 m^3。受纵向冲沟切割，滑体分解成两部分，上游部分为 A 区，下游部分为 B 区。滑体内见Ⅰ级平台，其中Ⅰ级平台被马桑沟破坏，平面展布近似哑铃形，高程 1775.00～1800.00m，坡度 18°；Ⅱ级平台虽被马桑沟切割，但切割深度浅，台面仍保存较好，高程 1875.00～1925.00m，坡度 18°～26°。滑坡体组成物质极不均一，主要为碎裂状板岩、片岩以及碎块石夹泥。滑体部分原始层面常清晰可辨，仅近滑带部分物质较破碎，主要为碎石夹泥，结构疏松。

通过地质调查和勘探资料分析，滑坡滑面（见图 4.4－9）中上部稍陡，倾角 28°～33°；中下部稍缓，倾角 20°～21°。前缘剪出口滑面略呈反翘状，马桑沟内槽探揭露，滑带由黑色泥夹碎石组成，局部上覆和下伏有绿色泥夹碎石。黑色泥夹碎石厚 38～165cm，绿色泥夹碎石厚 0～53cm。滑带泥黏性强，呈软塑至硬塑状，泥中可见搓碎石英粉、屑；绿色泥与黑色泥接触面上，局部可见明显的倾向擦痕。

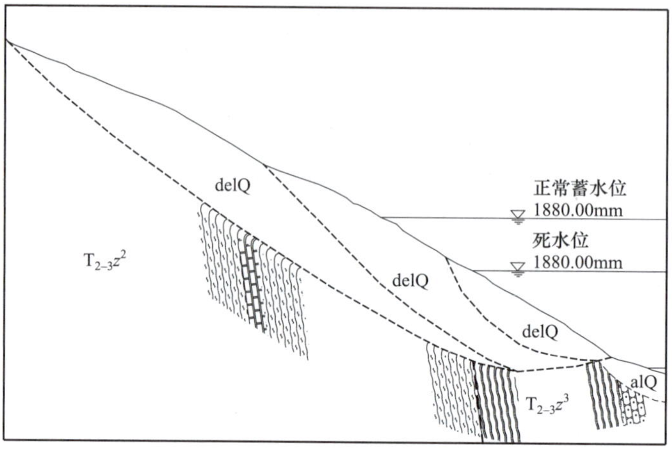

图 4.4-9　水文站滑坡典型剖面示意图

分析计算表结果表明，水文站滑坡天然条件下整体处于稳定状态；预测蓄水工况下整体处于稳定～基本稳定状态；在蓄水+地震的情况下整体处于临界～失稳状态，Ⅱ级平台（1875.00～1975.00m）以下次级滑体处于稳定状态，Ⅰ级平台（1775.00～1800.00m）以下滑体在个别工况下，有失稳的可能。

（2）蓄水后滑坡变形及稳定性评价。截至 2016 年 10 月库水位第 3 次至正常水位 1880.00m 后，水文站滑坡整体均处于稳定状态，坡上未发现新增变形裂缝。2017 年 6 月消落至 1800.00m 水位后调查，发现滑坡中下部约 1930.00、1980.00m 高程新出现 2 条横向拉张裂缝，裂缝长 80～100cm，张开 2～5cm，局部下错 2～3cm。其后变形发展缓慢，2019 年 6 月消落至 1800.00m 水位后调查，除坡体前缘持续解体滑塌外，滑坡原裂缝明显变宽，并有新裂缝出现。

监测资料显示（见图 4.4-10），蓄水后滑坡变形有如下特点：① 台阶状增加明显，每年的 3 月中、下旬水位下降至接近死水位（约 1820.00m 高程）附近期间滑坡体向河床、沉降方向变形明显加剧，变化速率约在 5.0mm/d 左右，其余时段变形历时曲线平直，表明水文站滑坡受库水位下降影响较大；② 已有测点变形曲线相似，变形速率基本一致，反映滑坡体变形特征大体相同。

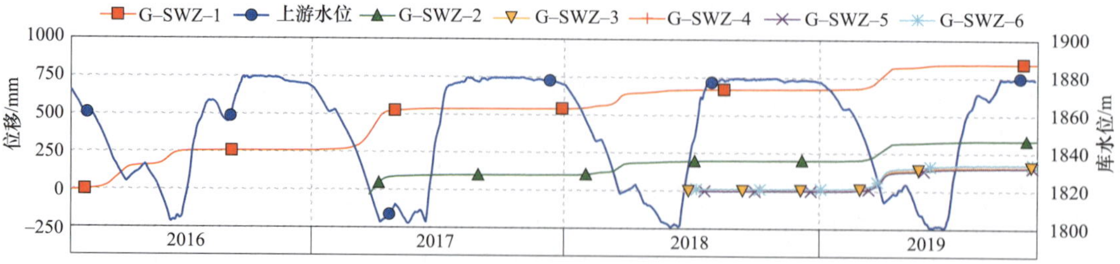

图 4.4-10　水文站滑坡外部变形监测位移变形历时曲线

地表地质调查表明，2017 年库水位下降期滑坡开始出现变形裂缝，随后变形裂缝有所发展。监测成果显示，每年 3 月中、下旬水位下降至接近死水位期间变形发展较快，其余时段变形几乎不变。综合分析，水文站滑坡整体仍基本稳定，预计以后受库水浸泡、水位涨落影响，滑坡中下部变形会进一步发展，滑坡前缘可能局部失稳破坏。

4. 呷爬滑坡

呷爬滑坡位于雅砻江右岸，距大坝约 11.5km。

（1）滑坡地质概况。雅砻江在该处河道较为顺直，滑坡所在河段天然河水位 1653.00m，河流流向 N12° E。河谷较为宽阔，左岸平缓，河漫滩、阶地发育；右岸为反向坡，岸坡相对较陡，坡度为 35° 。

呷爬滑坡处岸坡岩层产状为 N10° ～30° E/SE∠85°，岩性为三叠系杂谷脑组深灰～灰黑色粉砂质板岩夹变质细砂岩，如图 4.4－11 所示。滑坡平面展布呈箕形，其圈谷地貌保存完好。前缘最低高程 1655.00m，与枯期河水位持平，后缘高程 2120.00m，前后缘高差 465m。滑坡纵长约 880m，宽约 260～300m，面积约 0.28km^2，滑坡残体体积约 1300 万 m^3。

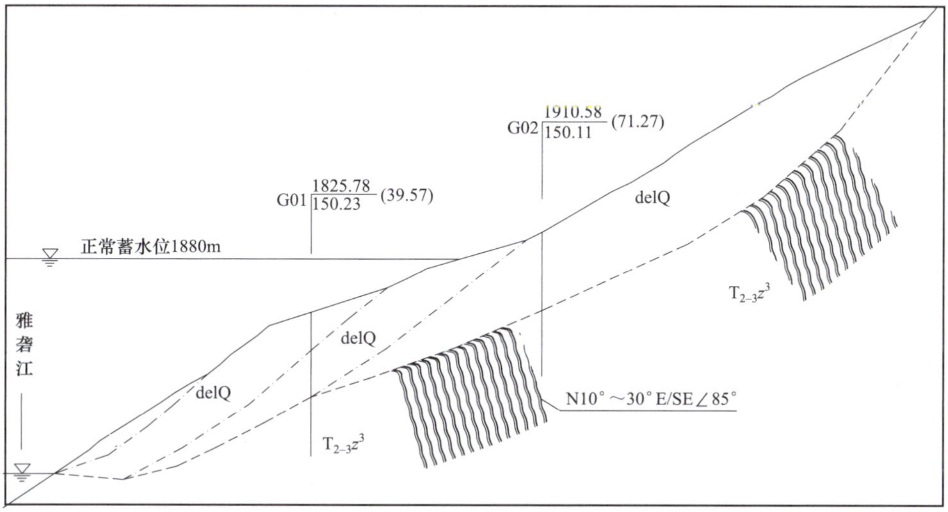

图 4.4－11 呷爬滑坡地质纵剖面示意图

滑坡表面可见 3 级平台，3 级平台高程分别为 1775.00～1840.00m、1880.00～1925.00m、2010.00～2100.00m，坡度为 17° ～18°，原为耕地。滑坡前缘至中部，滑体表层组成物质主要为块碎石土，块碎石成分为粉砂质板岩、泥岩及砾岩；在滑坡中部至后缘，滑体表层组成物质主要为孤石及含块石较多的块碎石土、未完全解体的粉砂质板岩及变质细砂岩、砾岩；滑体物质分层明显，据钻孔揭露，孔深 27.97～39.57m 以上，为褐黄、灰黄色块碎石土，以下至 77.08～81.80m 为破碎的岩石碎块夹黏土，局部岩体保留有原始层面。在滑坡前缘及沟内，见滑带出露。滑带在剪出口位置反翘，其产状 N15° E/SE∠22°。滑带物质主要为灰黑色泥夹碎石，碎石成分为炭质板岩、变质细砂岩等，带内夹有大量石英颗粒，滑带厚 1～3m，局部可达 8m，滑带土干燥时极为坚硬，遇水后松软。

滑坡体内发育一大沟，深切滑体至滑带，将滑体分为 2 部分：下游滑体为Ⅰ区，上游滑体为Ⅱ区。其中Ⅰ区约占整个滑坡的80%，仅临沟滑体部分解体，并向沟内“土滑”，在滑坡前缘（1800.00m～雅砻江江边）次级活动明显，每逢雨季，均产生浅表部土滑；Ⅱ区约占整个滑坡的20%。

采用SARMA法计算滑坡Ⅰ区稳定性，计算工况包括天然状态、天然状态+Ⅶ度地震、暴雨、蓄水至1880.00m 4种，其结果见表4.4－2。

表4.4－2　呷爬滑坡Ⅰ区稳定性计算成果

计算工况	天然状态	天然状态+Ⅶ度地震	暴雨	蓄水至1880.00m
稳定性系数	1.25	1.05	1.12	0.73

综合滑坡已有变形破坏现象和稳定性计算成果判断：天然状态下滑坡处于稳定状态，稳定性系数为1.25；天然状态下叠加Ⅶ度地震，滑坡处于基本稳定状态，稳定性系数为1.05；在暴雨条件下，滑坡处于稳定状态，稳定性系数为1.12；预测当水库蓄水至1880.00m时，滑坡将失稳，稳定性系数为0.73；可能失稳方式以产生局部的次级滑动为主。

（2）蓄水后滑坡变形及稳定性评价。从水库下闸开始蓄水到2014年8月水库第一次蓄水至正常蓄水位1880.00m的蓄水期，呷爬滑坡则表现出先稳后动的变形破坏过程，直至于2015年汛后滑坡发生整体复活。

2015年9月汛后（水库第二次蓄水至1880.00m）地质调查发现呷爬滑坡后缘裂缝广布，在高程约1990.00、2050.00m及后缘地带出现一系列贯通性拉裂缝。裂缝集中发育于后缘高程2070.00～2100.00m一带，走向多与边坡走向一致，基本贯穿滑坡体。下游侧裂缝向下延伸至高程1950.00m左右，呈羽列状连续贯通，并有20～50cm的错落，形成侧向圈闭裂缝，滑坡复活迹象明显，如图4.4－12所示。随库水升降，裂缝持续发展，至2020年6月调查时，最后缘贯通裂缝（L1）延伸长近200m，张开50～60cm，最大下错高度超过200cm；高程约1990.00m拉裂缝延伸长约120m，张开5～20cm。总体上滑坡变形缓慢，2017年后新增裂缝不明显，老裂缝一直有宽度、下错增大迹象，或被覆盖后重新拉开迹象，在每年的库水位下降期，变形相对较明显些。

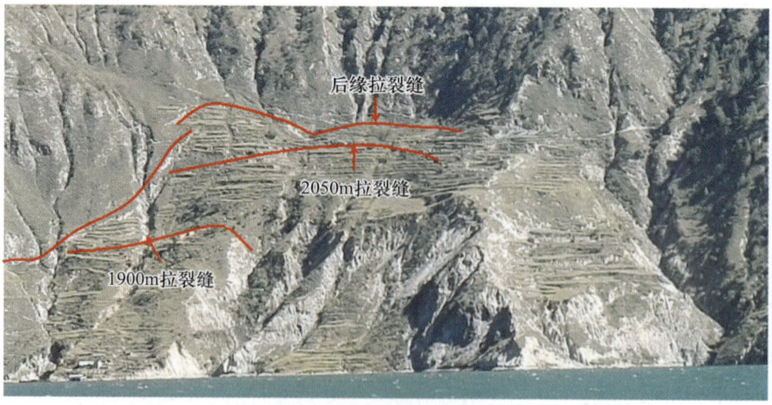

图4.4－12　呷爬滑坡体上拉张裂缝分布示意图

蓄水前呷爬滑坡实施了 5 点外部变形监测点、1 个测斜孔。于 2008 年 5 月 12 日进行了第一次观测，截至 2014 年 5 月由于监测基点损坏而停止监测。呷爬滑坡外部变形观测位移变形历时曲线如图 4.4－13 所示。

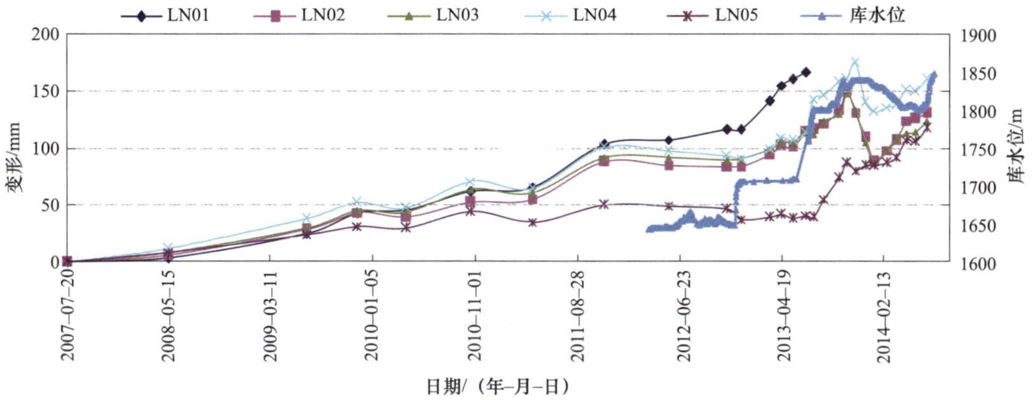

图 4.4－13　呷爬滑坡外部变形观测位移变形历时曲线

深部变形监测布置了 1 个测斜孔，2009 年 6 月 3 日取得初测数据，2013 年 10 月 26 日后由于孔内 76m 部位变形量过大，不能进行观测而暂停观测。整个监测期位移沿孔深分布历时曲线如图 4.4－14 所示。

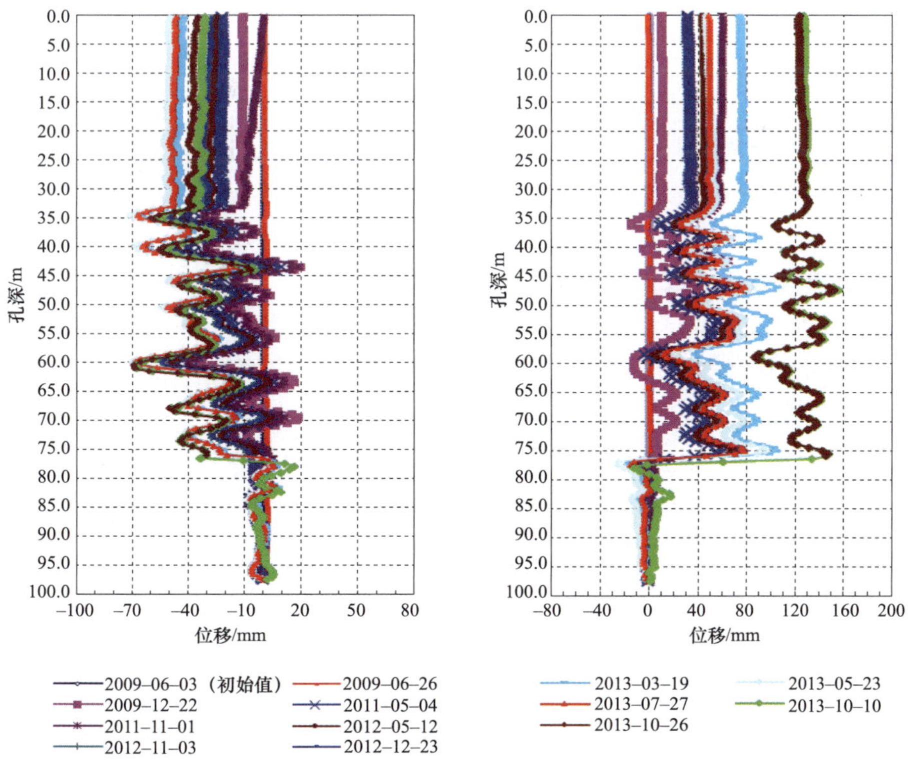

图 4.4－14　呷爬滑坡测斜孔监测历时曲线

自 2016 年 1 月开始采用 GNSS 观测，位移历时曲线该时间段内各表面观测点变形呈舒缓波状的增大趋势，总体变形速率较慢，滑坡处于蠕变状态中（见图 4.4－15）。

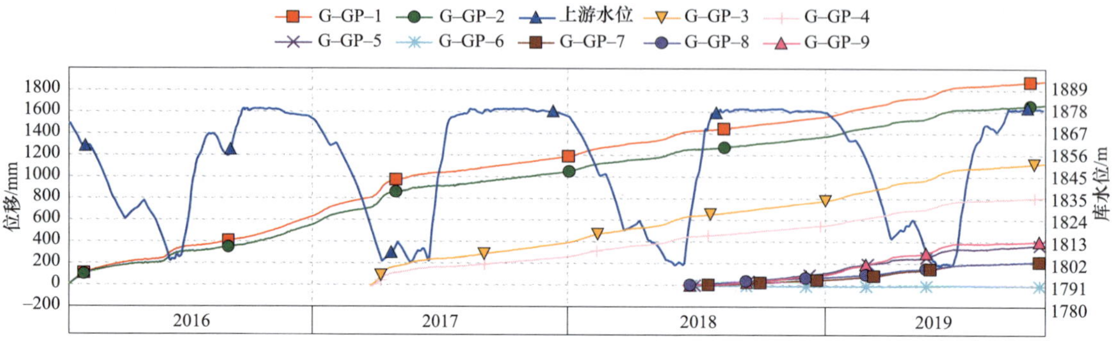

图 4.4－15　呷爬滑坡 GNSS 观测变形历时曲线图

综合地表宏观变形现象和滑坡外部变形监测成果，判断水库第二次蓄水至 1880.00m 后，受库水渗透浸泡影响，呷爬滑坡整体复活，滑坡体中上部出现裂缝，验证了前期正常蓄水位 1880.00m 时滑坡整体处于不稳定状态的结论。

从滑坡现有变形破坏特征分析，截至 2019 年底，复活后滑坡仍处于整体的蠕滑变形阶段，涌浪分析表明，滑坡失稳对工程的影响不大，但对附近居民，主要是对岸洼里乡居民有较大威胁，已采取了搬迁避险等安全措施。

5. 岩多变形体

岩多变形体位于小金河右岸后所乡田坝村岩多组，距卧落河口约 4.2km，距锦屏一级坝址约 87.5km。

（1）变形体地质概况。岩多变形体所在河段天然河水位 1800.00m 左右，河流走向 S48°E。变形岸坡后缘高程约 2530.00m，顺河长约 800m。

岩多变形体总体上由一沟一梁组成，上游侧为略突出的山梁，中上部总体地形坡度为 20°～30°，下部为陡坡，坡度为 50°～60°；下游侧为宽沟，上部总体地形坡度为 25°～35°，下部地形坡度为 45°～55°。坡体组成主要为板岩夹砂岩，风化破碎，卸荷松弛强烈，岩层走向与岸坡小角度相交，总体倾向坡内。下游侧宽沟上部，分布覆盖层，组成为坡积块碎石混角砾及砂壤土，估计厚度为 10～20m。

（2）蓄水过程中变形破坏特征。岩多变形体中上部下游侧覆盖层岸坡在蓄水之前雨季就有轻微的变形，2014 年 7 月水库从 1840.00m 开始蓄水后，坡体变形有所发展，通过变形体中下部的公路以上坡面出现较多拉裂缝，局部裂缝下错约 40cm，拉裂缝发育的最高高程约 2270.00m，后缘裂缝断续延伸，张开宽度多小于 5cm，未见明显错台。

2015 年 1—5 月库水位首次自正常蓄水位 1880.00m，大幅消落至死水位 1800.00m 后，岩多变形体变形明显发展，前缘陡坡地带产生局部塌岸，变形范围有所扩大，后缘拉裂缝扩展到高程约 2470.00m，中上部的原后缘拉裂缝断续延伸长超过 120m，张开 10～20cm，错落 20～30cm，新出现的后缘拉裂缝延伸长约 200m，张开 5～15cm，在岸坡的其他部位也出现了一些新的裂缝。同时从变形体通过的公路，局部路面下沉超过 100cm，公路外侧原有的变形拉裂缝大幅下错超过200cm。

2015年5—9月水库第二次蓄水至1880.00m过程中，岩多变形体变形继续发展，中下部坡体变形较大，前缘塌岸范围明显扩大，高程约2270.00m拉裂缝基本连续贯通，错落为30～50cm，该高程以下的原有裂缝也都有明显变宽、错落，并出现了一些新的裂缝，从下部通过的公路局部路段塌落达3～4m，由于无法再通行，向内开挖回填重筑，公路外侧已垮塌；上部坡体变形发展较小，后缘裂缝宽度略变大，下错约10cm左右，局部有新裂缝出现，延伸约20余米，张开为3～5cm。2016年6月以后随水库运行坡体变形仍持续发展，主要是中下部坡体开裂、下座和局部滑塌，至2019年10月岸坡变形已不明显。

（3）变形体稳定性评价。天然条件下，岩多变形体下游侧覆盖层岸坡稳定性较差，水库蓄水前受降雨已有轻微蠕滑，水库从1840.00m开始蓄水后，岸坡变形开始发展，随后的库水位变化，变形较快发展并扩大，水库第二次蓄水至1880.00m后，坡体变形还在发展。以后库水渗透浸泡及库水位升降影响，岩多变形体的变形持续，从坡体变形的机制分析，总体上属于破碎松弛岩体的坐落变形，在此基础上，在附加强降雨的综合作用下，诱发下游侧覆盖层岸坡的蠕滑变形。岩多库岸在库水浸泡、升降作用下，经过数年变形调整，坡体变形逐渐趋缓直至停止，整体已基本稳定。

4.5 水 库 渗 漏

锦屏一级水电站水库为峡谷型水库，库区的岩性大体上可以分为三类，即碎屑岩及其浅变质岩系，碳酸盐岩和变质玄武岩类。其中碎屑岩及其浅变质岩和变质玄武岩，分布范围广，透水性弱、贫水，可视为相对隔水层。

库区地下水类型为浅循环的基岩裂隙水，出露的地下水多为基岩裂隙下降泉，流量一般都小于1L/s。在库区范围内，仅在雅砻江库尾的木里卡拉乡的岗尖和麻撤一带沿断裂带出露温泉，水温15℃左右，流量分别为10L/s和14L/s，它们的出露高程分别为1910.00m和2300.00m，均高于正常蓄水位1880.00m。

库区主要以碎屑岩及浅变质岩和变质玄武岩、石英岩、石英片岩等非碳酸盐岩为主，但在小金河的木里县盆地，于杂谷脑组变质砂岩、板岩的石灰岩夹层出露一个岩溶大泉，涌水量达600L/s，出露标高低于正常蓄水位高程。因此，这些碎屑岩及浅变质岩和变质玄武岩、石英岩、石英片岩库段无库水外渗的可能。

库区碳酸盐岩仅分布于坝址区及小金河关门山和光头山及卧罗河一带，关门山和光头山一带出露的二叠系灰岩属中等岩溶化区，岩溶较为发育，并有岩溶大泉及暗河分布，其中雅砻江大村暗河的出露在高程2300.00m以上，小金河苏那暗河、瓜别暗河、下落府暗河及别土羊窝子暗河，它们均发育在白山组大理岩出露区，出口流量都超过200L/s，出口高程多数在1920.00～2530.00m，直接补给小金河，唯有下落府暗河出口高程为1740.00m，低于正常蓄水位1880.00m，且这些暗河都是由地表径流潜入地下补给岩溶地下水。在蓄水高程以下的小金河两岸，岩溶化程度微弱，仅见个别孤立溶洞，未见地下暗河和岩溶大泉出露，不存在向外渗漏的岩溶透水通道。因此小金河碳酸盐岩库段不存在库水向外渗漏的可能性。

坝前分布的大理岩，岩溶程度微弱，仅见沿层面或裂隙面发育的裂隙式溶洞、溶孔、溶隙，且由于河谷快速下切，总体上尚未形成连通性的岩溶通道。至于大河湾东侧的东雅砻江，河水位低于正常蓄水位，河湾之东西雅砻江间的河间地块宽度超过16km，主要为碎屑岩分布，岩溶地层夹于中间，河间地块地下水分水岭大体呈南北向，两侧在高程2100.00～2300.00m带上都有地下水渗出，并补给两侧的沟水。此外，河间地块虽有北西或北北西向的张性或张扭性断层，但规模小，延伸短，不能构成渗水通道。

水库蓄水后，亦未发现库水向外渗漏情况。因此，锦屏一级电站水库不存在库水向外渗漏的问题。

4.6 水库诱发地震

锦屏一级水电站高坝水库属于深大水库，水库区既有区域性小金河、前波、卧罗河等大断裂发育，又有灰岩、结晶灰岩、白云岩、大理岩等可溶岩出露，又地处中国西部高山峡谷区，谷坡高陡，岸坡岩体风化卸荷强烈，具有较高的水库诱发地震概率。

4.6.1 前期预测

从岩性条件看，库区出露地层按照岩性组合可划分为灰岩、白云岩或结晶灰岩；大理岩与千枚岩、片岩互层、变质玄武岩；石英岩；绢云母石英片岩；千枚岩、板岩及变质砂岩（或夹变质火山岩、泥灰岩等）；砂、页岩互层等多种类型。其中灰岩、白云岩、大理岩等碳酸盐岩类属于有利诱发地震的岩类，变质砂岩、板岩、千枚岩、片岩等碎屑岩及其浅变质岩类为不利诱发地震的岩类，变质玄武岩也不会发生诱发地震。

从构造条件上看，纵贯小金河库区的小金河断层，它属于挤压性构造，在现今应力场作用下仍处于挤压状态，同时断层两盘的岩性分别为板岩、千枚岩、砂岩互层和砂、页岩等，不利于诱发地震。前波断层仅延伸于雅砻江库尾，作为一种水力通道，沿断层出露的温泉均在蓄水高程之上，同时水库蓄水后的水位增幅，仅相当于最高洪水位，而且断层两盘的岩性亦不利于诱发地震。卧罗河断层贯穿于库尾的卧罗河部分库段，穿过水库的断层两侧为白山组灰岩，断层处于挤压状态，同时断层走向不利现今区域应力作用下的走滑断层错动，不利于诱发地震。因此库区较大规模的断层都不太有利于诱发地震。在现今北北西向主压应力作用下，库内的北西—北西西向断层或近南北向断层规模相对较小，但具引张性质，处于发生走滑断错运动的有利方位，有诱发地震的可能，此外，也不能排除在岩体自重或岸坡局部应力作用下出现的诱发地震。

从渗透条件看，碎屑岩及其变质岩系的透水性差，断层或裂隙是它们主要的透水通道，但是在库区范围内蓄水高程以下未发现能反映地下水深循环的断层泉，可以表明尚不存在深层的水力通道，碳酸盐岩类主要的水力通道是岩溶通道。白山组灰岩中的岩溶甚为发育，但都分布在较高高程，仅局部地段与水库有水力联系，河谷岸坡蓄水高程以下的岩溶并不发育。库首三叠系中的大理岩岩溶不发育，不构成连通性好的水力通道。

综上所述，锦屏一级水电站库区 85% 的水库库岸由变质碎屑岩和碎屑岩为主的岩类构成，它们不具备有利于诱震的岩性和库水渗透条件，这些库段诱发地震的可能性极小；15%的库岸由碳酸盐岩或碳酸盐岩与碎屑岩组合的岩类构成，除个别地段外，它们不属于质纯层厚或岩溶化强烈的碳酸盐岩，诱发地震的条件虽不充分，但还不能完全排除发震的可能性。

按照对上述发震条件的综合分析，锦屏一级水电站库区可能发震的库段为岩脚—下落府—盖地、卧罗河二级支库和坝前等三个库段，如图 4.6－1 所示。

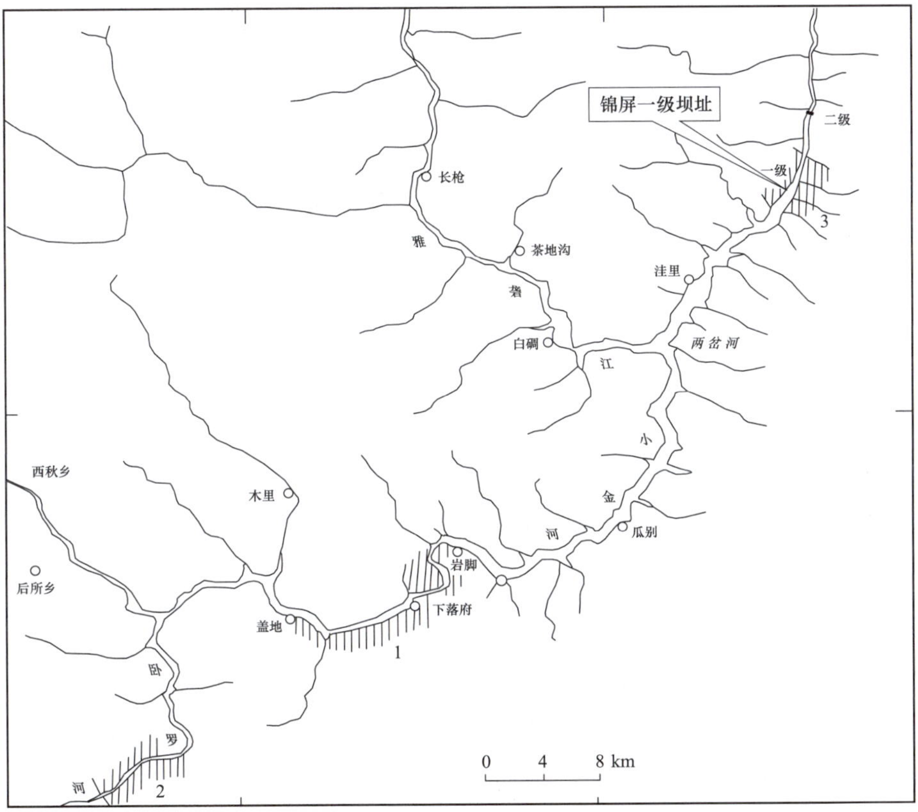

图 4.6－1　水库诱发地震库段预测示意图

1—岩脚—下落府—盖地库段，$M_s \leqslant 4.0$；2—卧罗河二级支库库段，$M_s \leqslant 4.0$；3—坝前库段，$M_s \leqslant 4.0$

（1）岩脚—下落府—盖地库段。由白山组灰岩、变质砂板岩及大理岩构成。下落府暗河、盖地大泉的存在表明有浅层的地下水循环系统，预测可能发生岩溶型水库诱发地震，但震级不会高。在北西向区域主压应力作用和走滑断层应力状态下，近南北向的横向断层为易走滑错动的断层，库水作用下可能发生构造型水库诱发地震。但鉴于这些断层发育在有利于诱震岩类段的长度一般不超过 5km，且可能发震的深度有限，估计可能发生的最高震级为 4.0 级左右。综合预测，岩脚—下落府—盖地库段水库诱发地震的最高震级在 4.0 级左右。

（2）卧罗河二级支库库段。由白山组灰岩构成。大村暗河发育于蓄水高程之上，蓄水高程以下未发现地下水循环的岩溶系统，发生岩溶型水库诱发地震的可能性较小。该段不排除在岩体自重或岸坡局部应力作用下沿平行于河谷方向 NE 向的卧罗河断层或其他不连续结构发生地震的可能性，估计最高震级为 4.0 级左右。综合预测，卧罗河二级支库库段水库诱发地震的最高震级在 4.0 级左右。

（3）坝前库段。坝前普斯罗沟—三滩一带等大理岩出露的库段，未发现岩溶透水系统，发生岩溶型水库诱发地震的可能性较小。该段 NW—NWW 向的断层发育，以引张性质为主，局部有空缝，不排除断层透水的可能性，同时在北西向的区域主压应力和走滑断层的应力状态下，这组断层为走滑错动合适的错动面。但由于 NW—NWW 向断层规模较小，估计可能发生的最高震级为 4.0 级左右。综合预测，坝前库段水库诱发地震的最高震级在 4.0 级左右。

综上预测，锦屏一级水电站蓄水后，一些库段存在诱发弱震的可能性，其中岩脚—下落府—盖地和卧罗河二级支库库段距坝址 40km 以上，即使诱发地震也不会对工程有大的影响；来自坝前库段可能出现的诱发地震，虽然最高震级仅为 4.0 级左右，由于震源较浅和震中距很小，影响烈度可能达到Ⅵ度。鉴于锦屏一级水电站设防基本烈度为Ⅶ度，水库诱发地震最大影响烈度在基本烈度之下，因此，即使有水库诱发地震发生，也不会对大坝设计和设防带来影响。

4.6.2 水库诱发地震监测台网设计及建设

1. 监测台网总体设计

按照《地震监测管理条例》（国务院令第 409 号）、《水库地震监测管理办法》（中国地震局令第 9 号）、《四川省大型水库地震监测管理规定》（2016 年 6 月 1 日起由《四川省水库地震监测规定》取代）和国家标准 GB/T 31077《水库地震监测技术要求》的规定，根据锦屏一级水电站水库诱发地震预测研究成果，开展了水库诱发地震监测台网总体设计工作，并于 2006 年 1 月完成了地震监测台网设计的全部工作。

（1）根据水库诱发地震分段预测成果，将锦屏一级水库诱发地震监测分成不同的区域，即分成重点监测区和一般监测区。其中重点监测区包含坝前库段、岩脚—下落府—盖地库段和卧罗河二级支库库段；一般监测区指锦屏一级水库在内的整个地区。

在重点监测区内，可以定位的地震震级下限为 $M_L=0.6\sim0.7$ 级，震中定位精度优于 1.5km，其中特别对近坝库段设定为 $M_L=0.6$ 级。在一般监测区内，可以定位的地震震级下限设定为 $M_L=1.0$ 级，震中定位精度优于 5km。

（2）地震监测台网的应急速报能力即地震的速报时间，在重点监测区、$M_L>2.5$ 级时短于 15min，在一般监测区、$M_L>3.0$ 级时短于 30min。

（3）锦屏一级水电站地震监测台网监测系统总体规模初步确定如下：① 18 个遥测台站；② 1 个无线中继站；③ 1 个卫星中继站；④ 1 个台网中心；⑤ 1 个分析预警中心；

⑥ 3 个信息节点；⑦ 1 组流动地震观测系统；⑧ 1 个大坝强震监测系统。

（4）锦屏一级水电站地震监测台网观测技术的主要指标：① 观测项目种类分为短周期微震（部分宽带）和加速度观测（坝首台站）；② 观测分向数均为三分向；③ 台网系统平均动态范围优于 100dB；④ 数据采集器分辨率为 2^{-23}；⑤ 线性度优于 0.1%；⑥ 采样率为 100 次/（s·通道）；⑦ 系统具有实时处理地震基本参数功能，在地震波掠过台网后 5min 内完成地震三要素测定；⑧ 具有人机结合处理地震数据功能；⑨ 对 4 个台以上初动大于地噪声水平 4 倍的地震进行自动触发，并发出声音报警。

（5）锦屏一级水电站地震监测台网按全雅砻江流域规划设计，包括雅砻江流域电站水库诱发地震监测系统台网中心和雅砻江流域电站水库诱发地震监测系统分析预警中心，如图 4.6－2 和图 4.6－3 所示。

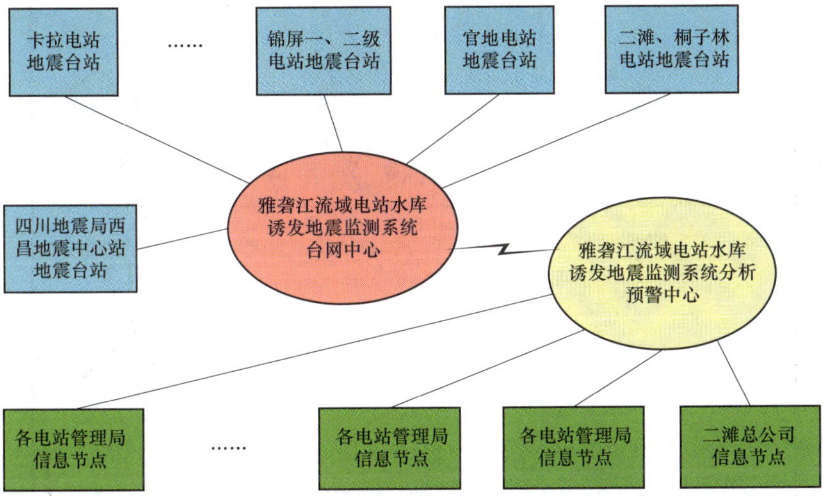

图 4.6－2 雅砻江流域水电站地震监测台网总体规划设计框图

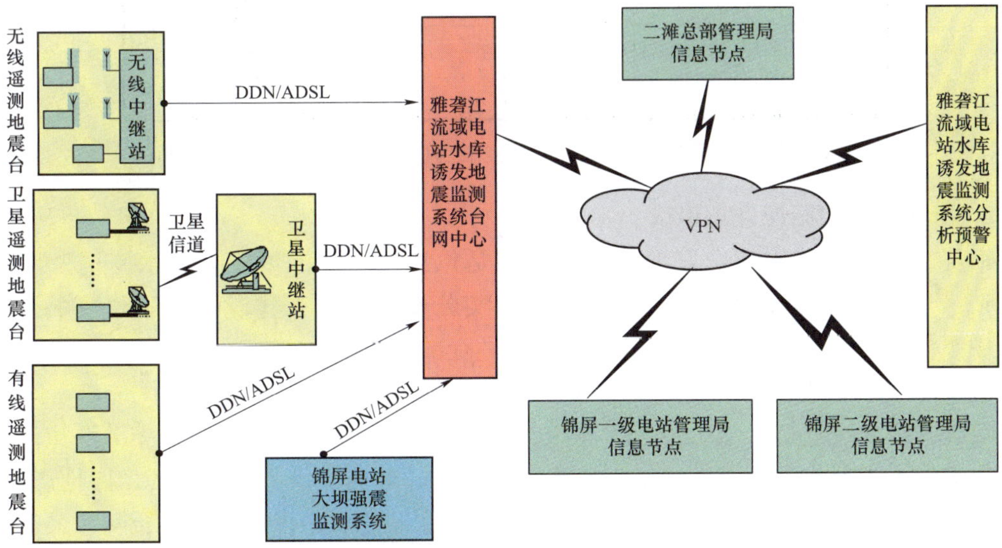

图 4.6－3 雅砻江流域水电站地震监测台网监测系统结构框图

总体设计中在监测台站、中继站和台网中心的选址上，充分考虑了与整个雅砻江流域监测台网设计相匹配的原则，最终初步确定了19个监测台站，其位置分布如图4.6-4所示。其中大沱台、5号营地台、达脚台、印坝子台、长柏台、周家坪台、下麦地台、卡拉台、鸭咀台、白碉台、沃底台、棉桠台、白乌台、拉沙河台等14个台为短周期台，里庄台、泸沽湖台、乔瓦台、梅雨台等4个台为宽带台，还有一个中继站。

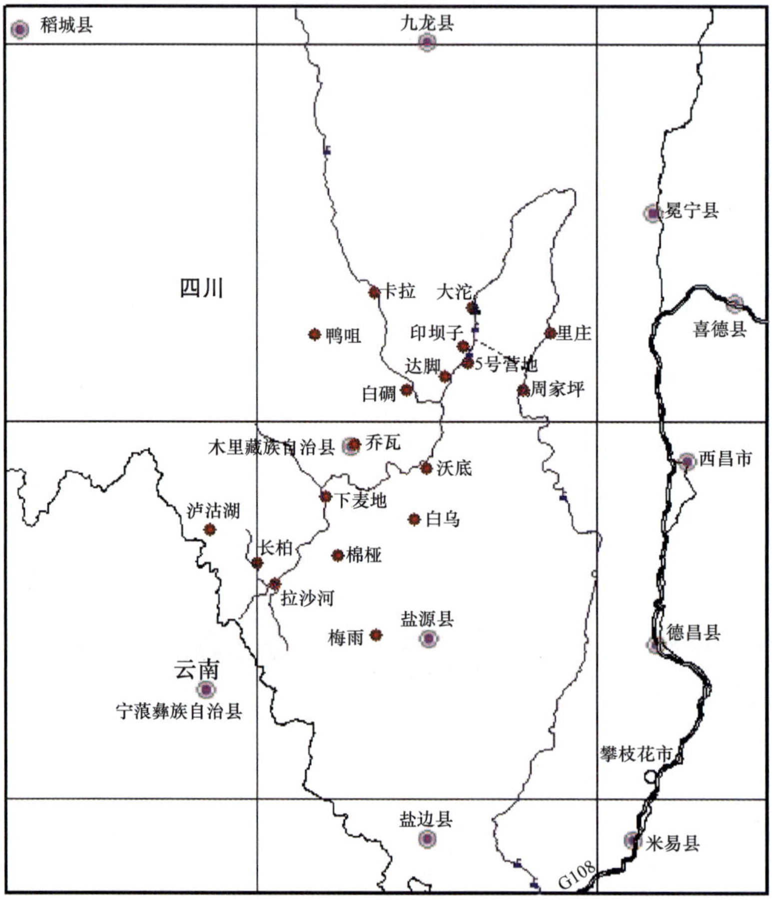

图4.6-4 锦屏一级水电站地震监测台网监测台站分布位置示意图

2. 监测台网实施设计与建设

锦屏一级水电站水库诱发地震监测台网是作为雅砻江流域中下游水库诱发地震监测系统（一期）的重要组成部分，其台站的实施设计和开工建设都是随着整个雅砻江流域中下游水库诱发地震监测系统（一期）进行的，于2010年开始建设，2012年3月正式运行。

锦屏一级水库计划于2012年11月30日开始蓄水，按照国家及省内相关法律法规，在新建大型水库蓄水前一年开展地震监测预测工作，以监测水库蓄水前的本底地震活动。因此，锦屏一级水电站水库诱发地震监测台网的实施设计和建设分为临时台网和最终的监测台网两个阶段。

2009 年 9 月 22 日，锦屏一级水电站水库诱发地震临时监测台网建成投入运行，临时地震台网设有大沱、里庄、周家坪和大盐池 4 个台站和 1 个台网记录处理中心。临时台网在 2011 年 10 月 31 日运行结束后移交给雅砻江流域电站水库诱发地震监测系统台网中心。

截至 2012 年 3 月水库诱发地震监测台网最终建设并投入正式运行的共有大沱、木落脚、印坝子、三滩、矮子沟、里庄、联合、长脚、周家坪、白碉、白乌、项脚、芽祖、棉布垭、牦牛山、长柏、沙拉河、棉桠、列瓦和木里 20 个测震台。重点监测区为水库周边约 10km 范围。

4.6.3　蓄水水库诱发地震监测成果分析

1. 水库诱发地震监测成果

本书依据锦屏一级水库诱发地震的监测数据时段为 2011 年 11 月 1 日至 2015 年 8 月 15 日，近 46 个月。整个监测时段可以分为蓄水前、蓄水期、运行期 3 个大阶段，其中蓄水期又分为 4 个小阶段。各阶段的地震监测结果基本情况统计见表 4.6－1。

表 4.6－1　锦屏一级水电站库坝区地震监测结果统计表

特征值	蓄水前	第一蓄水阶段	第二蓄水阶段	第三蓄水阶段	第四蓄水阶段	运行期
	393 天	198 天	100 天	282 天	315 天	92 天
M_L<1.0	357 次（39.84%）	116 次（36.83%）	1199 次（46.78%）	20 531 次（74.51%）	32 767 次（83.59%）	1348 次（65.28%）
M_L 1.0～1.9	433 次（48.33%）	174 次（55.24%）	1180 次（46.04%）	5928 次（21.51%）	5677 次（14.48%）	638 次（30.90%）
M_L 2.0～2.9	88 次（9.8%）	25 次（7.9%）	169 次（6.6%）	991 次（3.6%）	686 次（1.74%）	69 次（3.3%）
M_L 3.0～3.9	16 次（1.79%）	0 次（0.00%）	15 次（0.58%）	97 次（0.35%）	61 次（0.16%）	10 次（0.48%）
M_L 4.0～4.9	2 次（0.22%）	0 次（0.00%）	0 次（0.00%）	7 次（0.025%）	5 次（0.013%）	0 次（0.00%）
地震总数/次	896	315	2563	27 554	39 196	2065
日地震最高次/（次/日）	7	5	48	319	615	76
日均地震频度/（次/日）	2.28	1.59	25.63	97.71	124.43	22.45
震源深度不大于 10km 地震次数及百分比	221 次（24.67%）	250 次（79.36%）	1717 次（66.99%）	20 570 次（74.65%）	24 445 次（62.37%）	1621 次（78.50%）

2. 蓄水前地震监测成果

水库蓄水前的监测时段为 2011 年 11 月 1 日—2012 年 11 月 29 日，共 393 天。

蓄水前锦屏一级水电站库坝区及附近区域共监测到地震 896 次（包括 M_L=0.5 级及以下地震），其中木落脚附近区域共监测到地震 380 次。896 次地震中，M_L<1.0 级的有 357 次，M_L=1.0～1.9 级的有 433 次，M_L=2.0～2.9 级的有 88 次，M_L=3.0～3.9 级的有 16

次，M_L=4.0～4.9 级的有 2 次。

水库周边 10km 范围重点监测区域内共记录地震 606 次，其中，M_L=1.0～1.9 级的有 161 次，M_L=2.0～2.9 级的有 22 次，M_L=3.0～3.9 级的有 4 次。蓄水前地震分布较为分散，发生次数较少，每日平均发震次数 1.5 次，表明重点监测区域地震活动总体平稳。

3. 蓄水期地震监测结果

根据锦屏一级水电站水库蓄水规划，蓄水期划分为 4 个阶段：第一蓄水阶段库水位升至 1700.00m，时间段为 2012 年 11 月 30 日—2013 年 6 月 15 日，共 198 天；第二蓄水阶段库水位自 1700.00m 升至 1800.00m，时间段为 2013 年 6 月 16 日—2013 年 9 月 23 日，共 100 天；第三蓄水阶段库水位经历 1800.00～1840.00m 升降过程，时间段为 2013 年 9 月 24 日—2014 年 7 月 3 日，共 282 天；第四蓄水阶段库水位先升后降，时间段为 2014 年 7 月 4 日—2015 年 5 月 15 日，共 315 天。

蓄水期库坝区及附近区域共监测到地震 69 628 次（包括 M_L=0.5 级及以下地震），其中 M_L<1.0 级的有 54 613 次，M_L=1.0～1.9 级的有 12 959 次，M_L=2.0～2.9 级的有 1871 次，M_L=3.0～3.9 级的有 173 次，M_L=4.0～4.9 级的有 12 次。

与蓄水前、第一、第二蓄水阶段相比，第三、四蓄水阶段日均地震频度（次/日）明显增加，日均地震由第二阶段的 25.63 次/d 增加到第三蓄水阶段的 97.71 次/d、第四蓄水阶段的 124.43 次/d，日最高频次由第二阶段的 48 次增加到第三蓄水阶段的 319 次、第四蓄水阶段的 615 次，地震最高频度集中在 2014 年 12 月。2012 年 11 月底导流洞下闸以后的地震频度分布如图 4.6－5 所示。

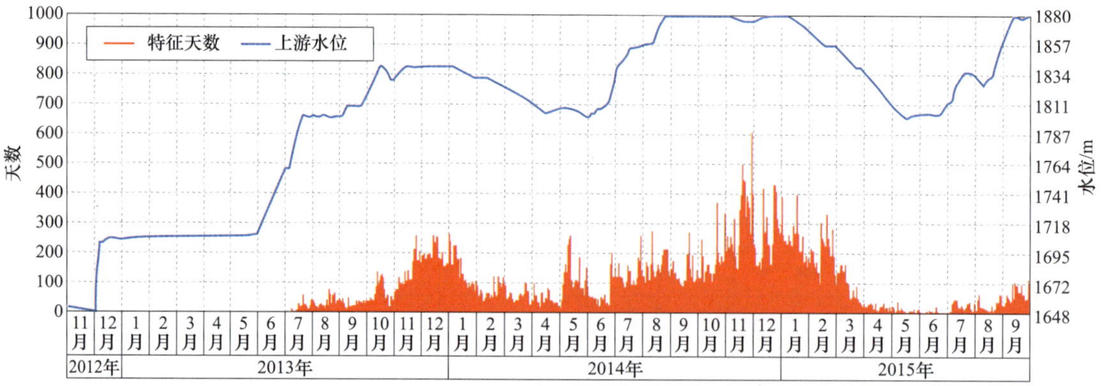

图 4.6－5　锦屏一级水电站库坝区地震活动频次与水位对照

蓄水期地震主要分布在小金河支库项脚附近（见图 4.6－6），该区域距离锦屏一级水电站坝址约 45km，在第四蓄水阶段（库水位从 1840.00m 第一次升至正常蓄水位 1880.00m）在小金河卧罗河口上游区域出现的地震集中分布区，距坝址更远，超过 90km。

蓄水期水库诱发地震总体上以 M_L<2.0 级微震为主（见图 4.6－7），有 67 572 次，占四个蓄水阶段监测到全部 69 628 次地震的 97.05%。地震震源深度以小于 10km 浅源地震为主，有 45 982 次，占四个蓄水阶段监测到全部地震的 66%。地震震级普遍较小，且距坝址区较远，对坝址区影响烈度较小，对大坝的最大影响烈度均远在基本烈度Ⅶ度以下，

对大坝基本无影响。

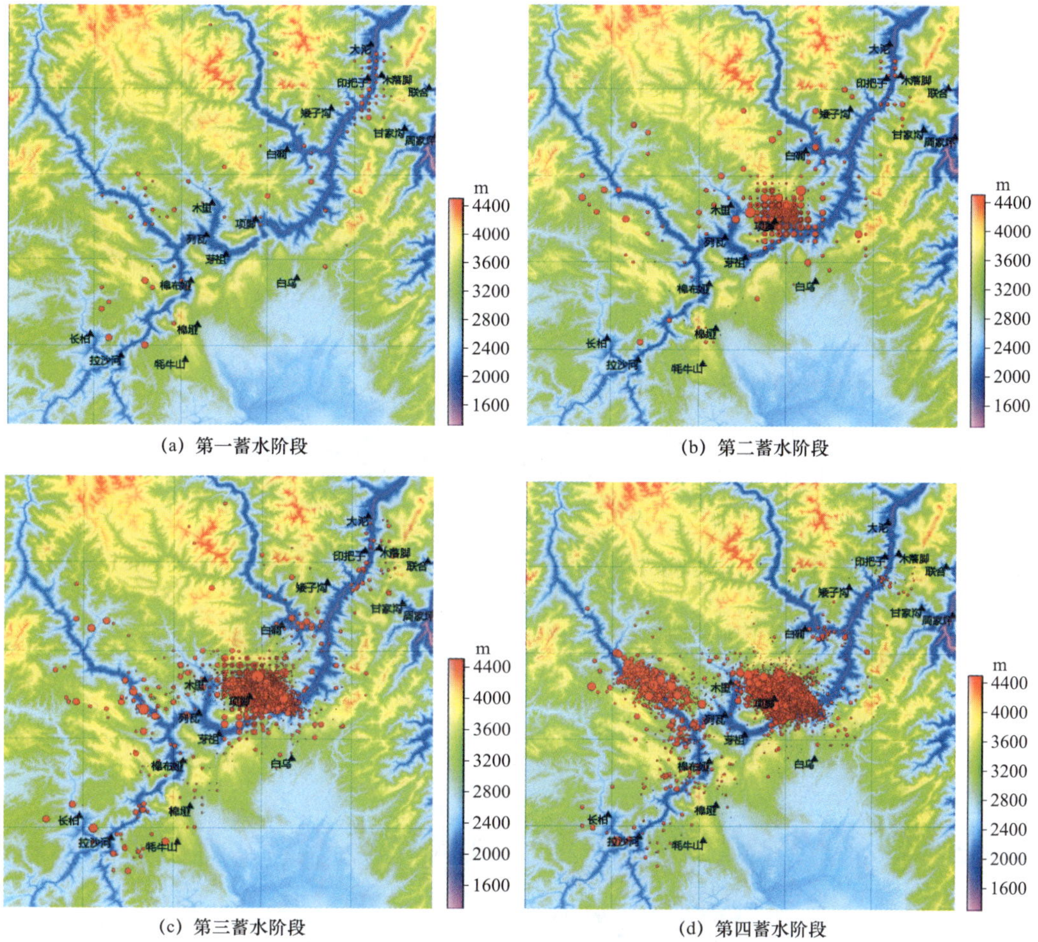

(a) 第一蓄水阶段　(b) 第二蓄水阶段

(c) 第三蓄水阶段　(d) 第四蓄水阶段

图 4.6-6　蓄水期水库地震震中分布图

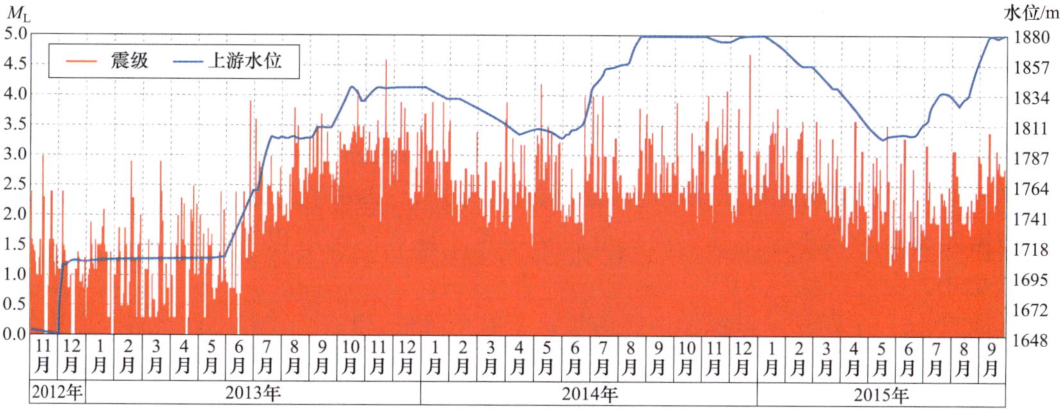

图 4.6-7　锦屏一级水电站重点监测区 M_L—T 图与水位对照

4. 运行期地震监测成果

运行期监测时间段为 2015 年 5 月 16 日—8 月 15 日，共 92 天，库水位自 1800.00m 升至 1835.00m 附近。

运行期库坝区及附近区域共监测到地震 2065 次，其中 M_L<1.0 级的有 1348 次，M_L=1.0～1.9 级的有 638 次，M_L=2.0～2.9 级的有 69 次，M_L=3.0～3.9 级的有 10 次，未监测到 M_L=4.0 级以上地震。

在库坝区蓄水线外延 10km 范围内运行期内共监测记录地震 4202 次，其中 M_L<1.0 级的有 3506 次，M_L=1.0～1.9 级的有 590 次，M_L=2.0～2.9 级的有 97 次，M_L=3.0～3.9 级的有 9 次，未监测到 M_L>4.0 级地震。运行期地震震中在整个库区范围均有分布，其中多数地震仍主要分布在小金河库区项脚附近，共监测到地震 3941 次，占本阶段整个锦屏一级库区 4202 次地震的 92.53%，如图 4.6－8 所示。

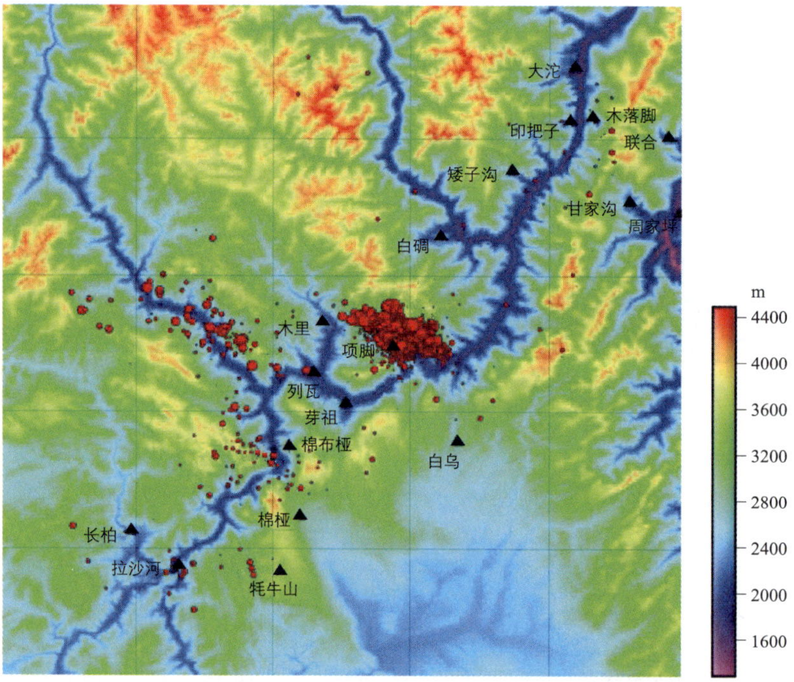

图 4.6－8　锦屏一级水电站重点监测区域运行期地震震中分布图

运行期监测到水库诱发地震震级以 M_L<2.0 级的微震为主，M_L=3.0～3.9 级地震有 9 次，M_L=4.0～4.9 级地震有 0 次。地震震源深度以小于 10km 浅源地震为主。本阶段地震震中在第四蓄水阶段小金河卧罗河口上游集中发生地震的区域也有分布，但不如第四蓄水阶段集中。

从地震 M_L—T 图显示运行期地震震级水平有所降低，没有 M_L>4.0 级地震，其中 2015 年 5 月 21 日 3.5 级为本阶段最大地震，如图 4.6－9 所示。

从地震活动频次看，运行期地震次数显著降低，平均每日发生地震 22.4 次/d，2015 年 9 月 26 日发生地震次数为 120 次，是日频次最多的一天，如图 4.6－10 所示。

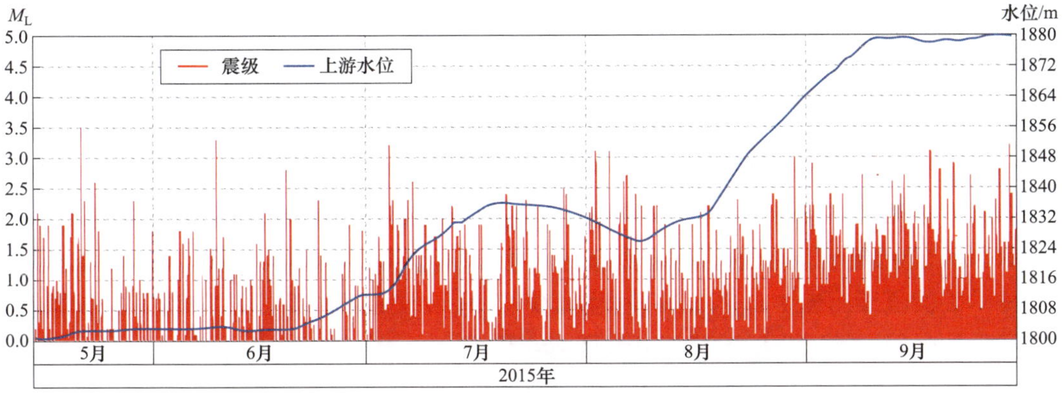

图 4.6－9　锦屏一级水电站库坝区运行期 M_L—T 图与水位对比图

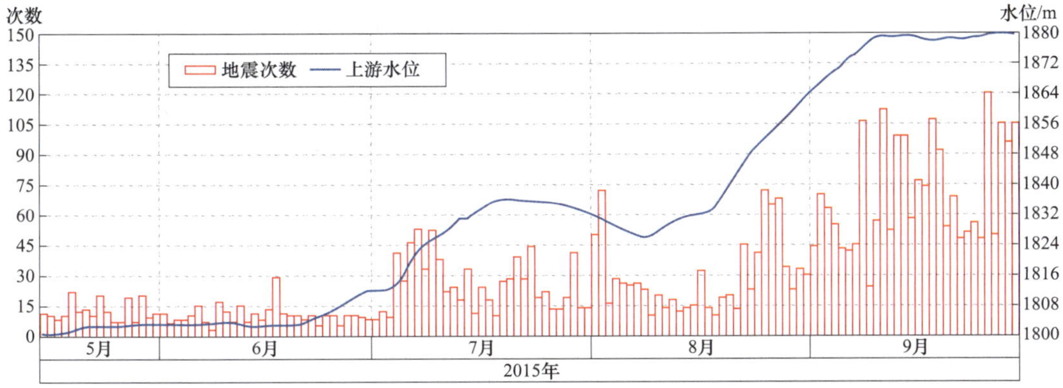

图 4.6－10　锦屏一级水电站库坝区运行期地震活动频次与水位对比图

5. M_s 4.0 级以上地震情况

蓄水期共监测到 $M_L>4.0$ 级地震 12 次，换算为 $M_s>4.0$ 级地震仅 2 次，分别为 2013 年 11 月 22 日木里 $M_s=4.1$ 级地震和 2014 年 12 月 21 日盐源 $M_s=4.2$ 级地震，见图 4.6－11。

（1）木里 $M_s=4.1$ 级地震。2013 年 11 月 22 日 7:49:36，四川省木里县发生 $M_L=4.6$ 级（$M_s=4.1$ 级）地震，震源深度 13km，地震震中位于大坝西南方向，距锦屏一级水电站大坝 33.2km。震中烈度达Ⅵ度，主要分布在项脚乡羊窝子村及甲支村境内，震中烈度区长轴呈 NE 向展布，Ⅵ度区长轴直径 5km，短轴直径 3.5km，总面积约 17.5km^2。

地震破坏主要集中于震中附近的村庄，如羊窝子村、项脚村、甲支村，其结构形式主要为夯土墙结构的严重破坏，木结构基本完好。木里县城、项脚乡政府所在地混凝土结构、砖混结构及砌体结构均未发现破坏。

（2）盐源 $M_s=4.2$ 级地震。2014 年 12 月 21 日 13:09:36，四川省盐源县与木里藏族自治县交界处发生 $M_L=4.7$ 级（国家台网数据发布的震级为 $M_s=4.0$ 级）地震，震源深度 7.0km，地震震中位于大坝西南方向，距锦屏一级水电站大坝 31.1km，距库水 2km 左右，紧邻水库库水淹没区域。根据锦屏一级大坝强震观测资料显示，本次地震传至锦屏一级坝

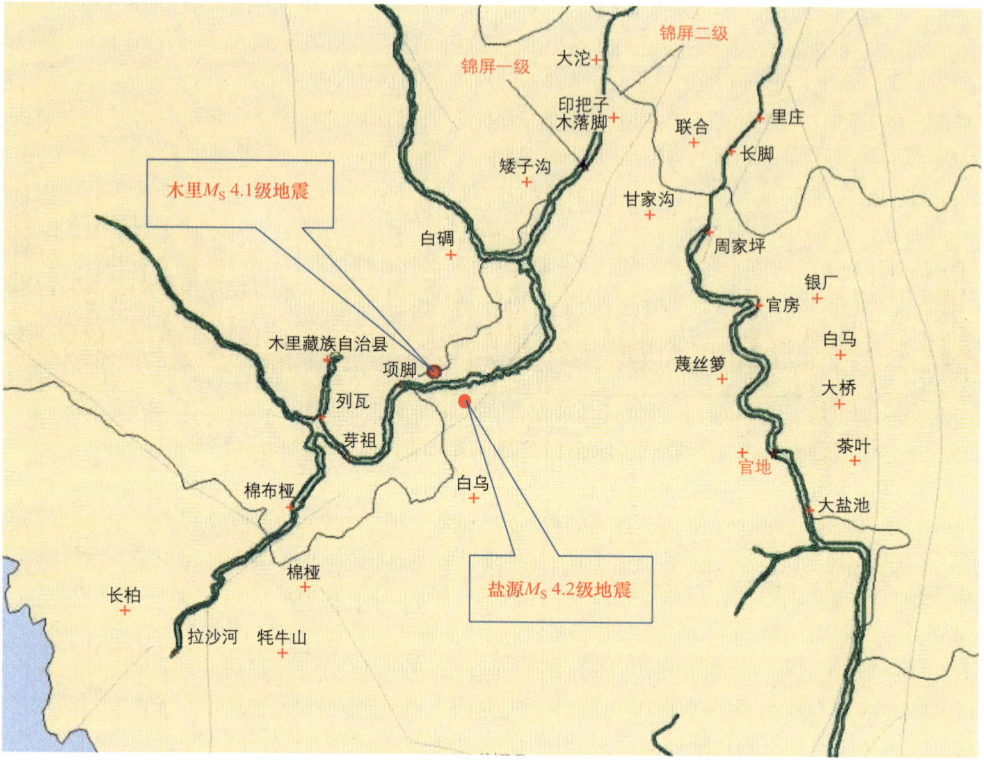

图 4.6-11　锦屏一级监测区域两次 M_s>4.0 级地震震中分布图

址时最大峰值加速度 5.52gal，参考烈度最大为Ⅲ度，对锦屏一级坝址区最大影响烈度低于大坝设防烈度，对工程安全无影响。

6. 水库诱发地震分析

自库水位蓄至死水位 1800.00m 以来，经历 1800.00m 至正常蓄水位 1880.00m 升降过程，库区地震频度有所增大，震级小、震源深度浅是其主要的特征。

地震频度较大的项脚附近属于锦屏一级库区三个可能诱发地震区段之一，即小金河支库岩脚—下落府—盖地库段。地层岩性主要由白山组灰岩和上二叠统结晶灰岩或含薄层灰岩的西康群构成。项脚附近为两条断层的交汇处，其中一条近北东走向断层为光头山断层，属木里弧形断裂之一，沿光头山北坡通过，出露长度 53km，断层东段走向北偏东 55°～70°，西段走向北偏西 70°～80°，总体呈向南凸出的弧形，断层面以 45°～60° 倾角向南倾斜，断层上盘为二叠系—三叠系，下盘则仅见三叠系，为一逆断层，该断层自第四纪晚更新世以来未见活动迹象。另一条 NW 向断裂为八家断裂，总体为一条高角度挤压逆冲断层，为中更新世活动断裂。该区域属中等岩溶化区，发育下落府暗河、盖地大泉等，表明具有浅层的地下水循环系统。

在 NNW 向区域主压应力作用和走滑断层应力状态下，近南北向的横向断层为易走滑错动的断层。在水库蓄水水位上升的过程中，由于静水压力的作用，地层中原有的应力平衡被打破，为了达到新的应力平衡而产生应力调整释放应变能量，从而引发该区域小型、浅源地震增多。

根据已有监测资料，水库区已发生地震最大震级为 2014 年 12 月 21 日 M_s 4.2 级地震，与《四川雅砻江锦屏水电站地震安全性评价报告》中预测水库诱发地震最大震级为 M_s 4.0 左右的评价结论基本一致。

4.7 小　结

锦屏一级水电站水库属典型的高山峡谷型水库，具有水库长度长、库容大的特点，而且水库消落深度大，最大消落深度达 80m，是我国目前已建成水库中消落深度最大的水库之一。水库自 2012 年 12 月开始蓄水以来，经过多年来每年两次库岸稳定性复核调查，对库岸在不同水位期的变形破坏特征与规律有了进一步的分析研究，对不同库段重点滑坡、变形体稳定性及其变化趋势有了认知。同时，结合对水库蓄水以来水库诱发地震发生时间、库段、震级大小及其规律与库区地质条件关系的分析与深入认识，对中国西部高山峡谷型高坝深库水库区工程地质评价有如下认识：

（1）水库库岸岩性以变质岩为主，主要由变质砂岩、粉砂质板岩及千枚岩组成，大理岩分布较少，仅在主库坝前、金洞子，以及支库小金河下落府和卧罗河库尾一带出露，多形成峡谷。库区断裂构造形迹主要为 NNE—NE 向、NNW—NW 及木里—博瓦弧形构造，其中 NNW 向的前波断层在主库库尾附近穿过，支库小金河库区 NNE 向的小金河断裂带通过。小金河口以下的主库和小金河支库以纵向谷为主，小金河口以上主库以横向谷为主。

（2）根据库区河谷地貌形态、岩性、构造、谷坡结构类型等工程地质条件将水库分为 14 个库段，雅砻江主库有 6 段、小金河支库有 7 段、卧罗河二级支库 1 段。第 1、3、5、8、10、12、13、14 库段工程地质条件较好，第 2、4、6、7、9、11 库段工程地质条件较差。

（3）综合考虑地形地貌、构造、岸坡地质结构、岸坡变形破坏现状及分布特征、植被覆盖率、人类活动状况等因素，将库岸划分为稳定岸坡、次稳定岸坡和不稳定岸坡三种类型。锦屏一级水库区稳定岸坡和次稳定岸坡段约占库区两岸总长度的 87%；不稳定岸坡段约占库区两岸总长度的 13%，不稳定岸坡主要集中在水文站—小金河口长约 10km 的近坝库岸和小金河支库局部库段。

（4）小金河口—坝区约 19km 长的近坝库岸中，中倾大理岩纵向谷坡高陡，以表层局部块体失稳和浅表层卸荷拉裂为主要变形方式，变形程度低；中倾砂板岩顺向岸坡，以滑移—弯曲（溃曲）为主要变形方式；中倾砂板岩反向岸坡，以弯曲—拉裂（倾倒）为主要变形方式；陡倾砂板岩纵向谷岸坡主要为弯曲—拉裂（倾倒）变形方式，局部演变为滑坡；大理岩及砂板岩横向谷岸坡主要沿多组结构面切割的结构体拉裂变形与局部崩塌为主。

坝前左岸高边坡卸荷拉裂岩体在天然状态下整体稳定，预测蓄水后仍整体稳定。三滩右岸三个变形体，Ⅰ号变形体全部淹没，Ⅱ号变形体整体稳定，仅少量位于库水位以上，对工程影响较小；Ⅲ号变形残留体天然状态下处于极限稳定，预测在围堰挡水时处于临界状态，蓄水后将失稳。水文站滑坡在天然状态及降雨状态下整体稳定，预测蓄水后次级滑体将产生滑动，失稳方式为逐级分块下滑，不会引起巨大涌浪。呷爬滑坡天然及暴雨状态下整体稳定，预测蓄水后可能发生失稳，滑体以土滑解体方式为主，不会产生巨大涌浪。

（5）水库蓄水后库岸稳定性复核调查表明，库岸稳定性与前期预测基本一致，蓄水后库岸变形破坏类型主要有塌岸、库岸变形、滑坡复活和新增滑坡等 4 种类型。塌岸主要分布于雅砻江主库近坝小金河口至五二湾沟段，小金河支库河口至苗儿村段，成片连续滑塌，水库蓄水初期塌岸现象较多，运行期多在原塌岸基础上扩展，且逐渐减弱；大型库岸变形主要分布于雅砻江主库水文站—呷爬库段和小金河支库段，规模较大的如雅砻江呷爬下游、小金河河口左岸、小金河岩多以及卧落河下坪子等变形库岸，库岸变形后缘均超过 2100m，最高达 2530m，超出正常库水位 650m，坡体内没有形成统一滑面，主要是坡体逐级下座、裂缝；库区原发育的大型～特大型滑坡，多前缘逐级滑塌，少部分滑坡整体或局部蠕滑变形复活，整体持续缓慢滑移，或解体式逐级下滑破坏；新增蠕滑变形体极少，规模较大的仅见 1 处，即小金河营盘蠕滑体，体积约 200 万 m^3。

（6）近坝发育的呷爬、水文站特大型滑坡、三滩右岸变形体等，蓄水过程中均出现了不同程度的变形复活。呷爬滑坡自库水第二次从死水位 1800.00m 升至 1880.00m 正常蓄水位期间，滑坡中上部及后缘出现贯通性拉张裂缝，滑坡体整体蠕滑变形复活迹象明显，后一直持续缓慢变形；水文站滑坡蓄水期前缘逐级垮塌，整体未见失稳迹象；三滩右岸Ⅰ号变形体整体稳定，上部山坡浅表层持续垮塌，Ⅱ号变形体稳定性较好，仅前缘近水边出现局部垮塌，Ⅲ号变形体在蓄水期曾出现明显的整体变形加剧，且变形受库水位变动影响较大，水库蓄满后的运行期变形体的变形逐步趋缓；坝前左岸坡体蓄水过程中未见明显变形现象。

（7）蓄水后库岸变形破坏调查和统计表明，河道起伏不顺直的凹凸坡和支沟交汇山梁部位最容易出现库岸变形、塌岸，统计有 82.7%的库岸变形破坏点属于这类岸坡。覆盖层库岸和基岩库岸均有变形破坏，覆盖层库岸主要是塌岸、逐级滑塌等。基岩库岸主要是板（片）状变质砂岩、板岩构成的岸坡出现塌岸或库岸变形，基岩塌岸均是浅表部强风化、强卸荷破碎岩体逐级垮塌，规模一般有限，而基岩库岸变形规模一般较大，大多高于正常蓄水位 200m 以上，最高约 650m。基岩岸坡变形破坏点更多出现于顺（斜顺）向坡岸坡中，或构造发育部位的岸坡段，如小金河口左岸变形体就是由于锦屏山分支断裂通过，岩体破碎，库水浸泡后出现较大范围边坡变形。库岸变形随水库蓄水和运行逐步发展，并且在库水位首次蓄水过程中和以后的下降期发展更为明显。

（8）前期预测和水库蓄水后调查，水库不存在库水向外渗漏的问题。

（9）综合库区水库地震可能发震条件分析预测，蓄水后可能发震的库段为岩脚—下落府—盖地、卧罗河和坝前等三个库段，存在诱发弱震的可能性，最高震级仅为 4.0 级左右。库坝区水库地震主要发生于蓄水期，地震震中主要集中于小金河支库区岩脚—下落府—盖地库段和卧罗河段，坝前河段较少。水库地震以微小无感地震为主，M_s>4.0 级仅 2 次，最大震级 M_s=4.2 级，具有震级低、频次高的特点，蓄水 2 年进入运行期后水库地震逐步衰减，符合水库诱发地震的一般规律。水库地震对工程和环境没有造成不良影响。

第5章 工程地质选址

雅砻江从小金河口—景峰桥长约21km的锦屏一级高坝初拟坝址河段内，工程地质条件极为复杂，主要表现在：① 河段处于印支期地槽向地台过渡的边缘地带，岩层普通变质，构造挤压强烈，断裂构造发育，岸坡与河床初始地应力高；② 该河段内地层岩性复杂，出露有变质砂岩、板岩、大理岩和变质玄武岩、绿片岩等，各类岩石（体）物理力学性质差异较大；③ 河段主要为纵向谷，由于雅砻江快速下切，谷坡陡峻，内外动力地质作用强烈，高边坡稳定问题突出；④ 由于河段地质条件复杂，从而带来一系列较复杂的工程地质问题。这些复杂的地质条件和不利的工程地质问题虽不影响锦屏一级高坝的成立，但给坝址、坝型选择带来了极大的难度与挑战。

雅砻江锦屏河段的水电勘测工作始于20世纪60年代中期，此后，前期工作搁置。1989年1月起按照水电水利规划设计总院部署，成都院全面开始了锦屏一级水电站的前期工程地质勘察工作，在小金河口至景峰桥长约21km的雅砻江河段上开展了规划一期的工程地质勘察工作，进行初拟坝址的选择研究。

成都院根据1990年11月完成提交的《雅砻江锦屏河段水电开发方式研究》报告和1992年10月完成提交的《四川省雅砻江干流水电规划报告（卡拉至江口河段）》，初选出水文站、三滩、解放沟、普斯罗沟4个比较坝址，开展预可行性研究阶段代表性坝址及坝型选择研究的地质勘察工作。

截至1993年初，4个初拟坝址的初步地质勘察工作基本完成，同年4月水电水利规划设计总院主持召开了锦屏一级选坝前工程地质技术讨论会，对各初拟坝址进行了初步比较研究。根据讨论会意见，结合初拟坝址水工枢纽建筑物的布置，重点加强了对三滩坝址堆石坝和普罗沟坝址混凝土双曲拱坝主要工程地质问题的勘察查明与研究，并同步开展了解放沟坝址的堆石坝方案研究。

截至1999年初，锦屏一级水电站经过十余年艰苦的勘测设计工作，预可行性研究阶段地勘工作全部完成，提交了《四川省雅砻江锦屏一级水电站预可行性研究报告》，并于同年 4 月在西昌通过了由水电水利规划设计总院和四川省发展改革委员会组织的审查。审查认为水文站坝址和解放沟坝址工程地质条件复杂，工程地质问题严重，难以适应高坝的要求；三滩坝址和普斯罗沟坝址基本具备修建高坝的地形地质条件，作为下阶段的比选坝址是合适的；并对两坝址下阶段应重点勘查的工程地质问题也提出了具体建议。

根据预可行性研究审查意见，从 1999 年底开始的可行性研究选坝阶段以三滩坝址和普斯罗沟坝址作为比选坝址，紧紧围绕两个比选坝址的主要工程地质问题开展地质测绘、勘探、试验研究工作。选坝阶段地质勘察工作主要是在对上阶段勘探、试验资料的进一步分析研究的基础上，针对选坝的关键地质问题开展地质勘察和专题研究，补充必要的勘探、试验工作。其中三滩坝址以心墙堆石坝为代表性坝型，普斯罗沟坝址以混凝土双曲拱坝为代表性坝型。截至 2001 年 3 月选坝阶段地勘工作全部完成，同年 4 月完成并提交了《四川省雅砻江锦屏一级水电站可行性研究阶段选坝设计研究报告》，同年 7 月在都江堰市通过水电水利规划设计总院和四川省发展改革委员会组织的审查，最终选定普斯罗沟坝址和混凝土双曲拱坝坝型。

5.1　河段基本地质条件

根据锦屏大河湾开发方式和雅砻江干流（卡拉以下）下游规划的研究，锦屏一级水电站坝址选择的范围为自小金河口至景峰桥段长达 21km 的河段。1990 年开始的锦屏一级预可行性研究工作中，全面开展了对河段及初拟四个比较坝址地质条件的工程地质测绘、勘探及试验工作，包括钻孔、平洞、坑槽探和各种室内、现场试验工作。截至 1999 年预可行性阶段地勘工作全部完成，初步查明了河段和初拟 4 个比较坝址的工程地质条件。

5.1.1　地形地貌

雅砻江自中游两河口～卡拉流至小金河河口后，受锦屏山阻挡，流向急转向北北东方向，与区域 NNE 向构造线一致；至青纳北冕宁县张家河坝，雅砻江又突然急转南下，流向与北北东向青纳—民胜断裂和马头山—周家坪断裂基本一致并受其控制。雅砻江在西侧小金河口至东侧大水沟约 150km 的距离内发生两次大的急转，围绕锦屏山形成著名的雅砻江锦屏大河湾，由此将锦屏山切割成北北东向延伸的“半岛”状河间地块。锦屏一级水电站即位于西雅砻江上。

河段内雅砻江河谷为深切峡谷，两岸山峰高程多在 3000.00~4000.00m，锦屏山最高峰罐罐山峰顶高程达 4488.00m，高差一般达 1000～2000m，最大超过 3000m。河道狭窄，谷坡陡峭，水流湍急。

河段枯期江水位在矮子沟以上水文站坝址约 1657m、以下普斯罗沟坝址约 1635m，平均纵坡降 1.2‰。左岸有西矮子沟、三滩沟，右岸有东矮子沟、羊房沟、解放沟、普斯罗沟、手爬沟等较大支沟。两岸谷肩为高程 2100.00m 左右的第Ⅲ级夷平面，高程 2000.00m

以下雅砻江深切、河谷狭窄，其中三滩以上河谷相对较宽，洼里一带分布有六级阶地，矮子沟、兰坝及三滩等地阶地零星分布。

5.1.2 地层岩性

小金河口—景峰桥河段所在雅砻江锦屏大河湾地区以锦屏山—小金河断裂为界，以西属马尔康地层分区中的九龙小区。

河段内出露地层为三叠系中上统杂谷脑组（$T_{2-3}z$）的变质砂岩、板岩、大理岩及变质玄武岩、绿片岩、千枚岩等，可分为四段。地层分布总的规律从北（下游）到南（上游）由老至新。

$T_{2-3}z^1$：主要为一套变质玄武岩、绿泥石石英片岩、钙凝灰质千枚岩等变质基性火山岩，厚度大于90m（未见底）。出露于三滩峡谷及解放沟坝址、普斯罗沟坝址左岸谷坡高程2300.00m以上及深埋于普斯罗沟坝址河床190m（高程1450.00m）以下及右岸350m以里，该段构成景峰桥次级背斜核部地层。

$T_{2-3}z^2$：由条纹状大理岩及角砾状大理岩夹钙凝灰质千枚岩和绿片岩透镜体及薄层结晶灰岩组成，按照岩性和成层组合特征细分为8个工程地质岩组。由于是斜坡相沉积，震积塌积岩类型，厚度变化大，总厚度375～675m。主要出露于三滩峡谷、三滩坝址谷坡上部、解放沟坝址右岸及河床和普斯罗沟坝址两岸。

$T_{2-3}z^3$：主要为黑色条带状板岩、变质砂岩，按照岩性和成层组合特征细分为6个工程地质岩组，厚度215～550m。其中变质砂岩约占总厚度的51.6%，板岩占48.4%。主要出露于三滩坝址两岸和解放沟坝址与普斯罗沟坝址左岸高处。该段地层构成三滩次级向斜核部地层。

$T_{2-3}z^4$：变质砾岩、细砾岩、粗粒杂砂岩和板岩的不等厚韵律层，厚度大于400m，出露于矮子沟及水文站坝址一带。在矮子沟口附近组成三滩向斜核部。

各种成因类型的第四纪堆积物零星分布于各坝址岸坡地带及谷底。河段内河床覆盖层厚度一般为30～40m，中部常夹有堰塞相砂壤土、粉质黏土及碎石层，上、下部为含漂砂砾卵石层。

5.1.3 地质构造

小金河口—景峰桥河段处于区域性白洋坪向斜（猫猫滩—洼里）向斜上，其形态为同倾局部倒转印支期紧密线状褶皱，北北东向展布。伴有同向逆冲断裂，兼有北西向左行走滑断裂、北东向右行走滑断裂及近东西向的张性断裂。

1. 褶皱

河段涉及的褶皱由西向东依次为区域性白洋坪向斜（猫猫滩—洼里向斜）、景峰桥次级背斜和三滩次级向斜，三者轴向近于平行。

（1）猫猫滩—洼里向斜：为贯通河段并控制河段地层展布格局的区域性褶皱。南起盐源县洼里、水文站坝址附近，向北、向下游经印把子至猫猫滩，到雅砻江右岸松林坪附近封闭并翘起，长约20km，总体走向N20°～30°E，轴面近于直立，倾角达80°～85°。向斜核部为杂谷脑组第四段变质砾岩和砂岩，两侧翼部为第三段条带状砂板岩。

（2）景峰桥—兰坝背斜：位于猫猫滩—洼里向斜东侧、三滩向斜西侧，为紧密陡立背斜。展布于自北东至南西松林坪南、木落脚二坪子、景峰桥、三滩南到兰坝乡一线，其南西端在盐源县兰坝乡附近被羊房沟断层左行错移后在炉房沟上游倾伏，长约 17km，轴向总体走向为 N30°～40°E。主要展布在普斯罗沟坝址至三滩坝址段的雅砻江左岸高程约 2500.00m 以上的谷坡，背斜核部为杂谷脑组第一段变质玄武岩、绿片岩等，两侧翼部为第二段角砾状大理岩等。

（3）三滩向斜：三滩向斜是控制三滩、解放沟、普斯罗沟三个坝址岩层空间分布特征及其岩层产状的褶皱，为紧闭同倾向斜，轴向总体 NNE 向。自北至南展布于木落脚三坪子南之垭口、棉纱沟口到三滩坝址一带，过三滩沟后后折向南东为三滩沟断层所切，长度约 15km。杂谷脑组第三段变质砂岩及板岩为向斜轴部地层，两侧翼部为第二段大理岩，同倾北西，北西翼地层倒转，倾角一般为 30°～50°。

2. 断层

河段内主干断裂以区域性的 NNE 向断裂为主，包括锦屏山断裂西支断层、花椒坪断层等规模较大的断层。河段还主要发育两组规模较小的断层，一组为右扭兼逆冲压性的 NE 向至 NEE 向断层，另一组为左扭兼具正断性质的 NW 向断层。河段发育断裂在大理岩段时破碎带宽度一般小于 1m，且胶结良好，在砂板岩尤其是板岩时，断层破碎带宽度一般达数米，且碎粉岩易吸水软化、泥化，性状较差。砂板岩内软硬岩层接触处，一般易形成顺层发育或与层面小角度相交的层间挤压错动带，逆错特征，宽度一般为 5～10cm，主要由片状岩等组成，泥质物局部易软化，多构成软弱泥化夹层。

河段内以手爬沟断层为代表的主要断层地质特征如下：

（1）手爬沟断层（普斯罗沟坝址 F_1）：是一条有一定规模的北东向断层。它北东起自木落脚四坪子，过棉沙沟，经手爬沟口过河，在普斯罗沟坝址左岸下游往南西延伸。其总体产状 N30°～50°E/SE∠70°，断层角砾岩带宽约 5m，碎粉岩软化泥化带一般厚 5～10cm，最厚 20cm，影响带宽达 18m，断裂面有水平擦痕及沿倾向擦痕，同时擦面上还见有不同程度的石墨化，其力学性质是先张后扭，使杂谷脑组二段角砾状大理岩及三段变质砂板岩右错 50m。主断裂面波状起伏，结合破劈理产状显示右行走滑性质。

（2）普斯罗—解放沟坝址 f_5 断层：纵贯于两坝址左岸谷坡中下部，延伸长度达 2km，其产状 N40°～50°E/SE∠70°～80°，断层破碎带宽度在大理岩中约 0.5m，砂板岩中可达 6.0m，主要由构造角砾岩、碎裂岩及片状岩、碎粒岩、泥化碎粉岩等组成，片状岩局部炭化，断面平直光滑，右行错距 70～90m，并有逆冲性质。其东侧尚有一条平行的同向 f_8 断层相伴展布。

（3）解放沟口 f_1 断层：北起普斯罗沟高程 2200.00m 处，沿解放沟坝址右岸谷坡上部陡崖脚延伸，直达解放沟口过河，消失于砂板岩中，延伸长度超过 1500m。其产状 N45°～60°E/SE∠60～80°，断层破碎带宽 0.3～2.0m，由断层角砾岩、碎裂岩及碎粒岩组成。断面平直有水平擦痕，是一条右行走滑断层。

（4）三滩 f_5 断层：以三滩坝址 f_5 断层为代表，它自解放沟斜切坝址右岸谷坡中部，沿大理岩陡壁脚部延伸，至肖厂沟消失，长度大于 1km，其产状为 N70°E/SE∠70°～80°，断层破碎带宽 0.3～4.0m，由碎裂岩、角砾岩及碎粒岩组成。砂板岩的断层影响带宽达 12m。

（5）三滩沟断层：产状为 N36°W/NE∠75°，在蚂蟥沟口及雅砻江东岸见断层下盘杂谷脑组三段之砂板岩左行平移 300～500m，与上盘二段之角砾状大理岩沿走向相接。

（6）羊房沟断层：产状为 N45°W/NE∠70°，长约 8km。在羊房沟中段见杂谷脑组二段的角砾状大理岩在沟北沿走向突然断失，形成尖峰和断崖，与上盘的砂板岩对接，地貌显示清楚。从地层对比，上盘砂板岩向北西方向平移约 1km 多，为左行走滑断层。此外，在蚂蟥沟断层与羊房沟断层之间，还有几条大致平行的北西向左行走滑断层，断于杂谷脑组地层中。炉房沟断层亦是一条北西向断层，地层错断现象明显。

5.1.4　物理地质现象

小金河口—景峰桥雅砻江河段与锦屏大河湾地区同样，自第四纪以来，地壳急剧抬升、河流快速下切，导致两岸谷坡陡峻，岸坡岩体物理地质作用十分强烈，主要表现形式是高陡谷坡的强烈卸荷及风化，岩体强烈倾倒变形、滑坡，以及冲支沟泥石流。

从河段岸坡岩性组合、构造部位及岸坡结构分析，不同的河段具有不同的变形破坏形式：

（1）小金河口至矮子沟河段谷坡较缓的相对宽阔河谷，为泥质板岩、千枚岩为主的纵向河谷，岩层陡立，物理地质现象除岩体风化卸荷外，主要是两岸陡倾层状板岩岩体超深倾倒变形，部分地段在倾倒变形基础上发育呷爬滑坡、水文站滑坡为代表的规模巨大的滑坡；支沟普遍有泥石流发育，但规模均较小，如水文站坝址下游右岸的陆房沟、羊房沟，左岸的泥浆沟、洼里沟等。

（2）矮子沟至兰坝沟河段河谷狭窄、谷坡陡峻，出露岩层多样，主要有砂板岩、大理岩、绿片岩等；岩层陡立，为斜—横向谷；河段岩体较坚硬、完整性较好，物理地质现象发育较弱，以风化卸荷及局部崩塌为主。

（3）兰坝沟至解放沟河段岸坡总体上左陡右缓，河谷相对较宽，为斜纵向谷。位于三滩倒转向斜轴部，出露板岩与变质砂岩，发育三滩坝址 f_5 断层等。右岸顺向坡砂板岩软硬相间、有层间挤压破碎带发育，向河谷临空方向产生蠕滑—弯曲（溃屈）变形，同时沿陡倾结构面产生拉裂，自上游至下游依次发育Ⅰ、Ⅱ、Ⅲ号变形体。左岸反向坡，物理地质现象主要表现谷坡浅表部岩体的弯曲—拉裂（倾倒）变形，还有强烈的风化卸荷。

（4）解放沟至手爬沟河段河谷狭窄，两岸谷坡高陡，高度达 1000m 以上，为纵向谷，左岸反向坡，右岸顺向坡。左岸中下部、河床及右岸均为第二段大理岩，左岸中上部为第三段砂板岩。位于三滩倒转向斜南东正常翼，主要发育 F_1、f_5、f_8、f_{13}、f_{14}、f_{18} 断层和顺层发育的 f_2 断层等，薄～中厚层条纹条带状大理岩和砂岩夹板岩还发育较多的顺层层间挤压错动带。

岸坡变形的特征主要是左岸大理岩体卸荷—拉裂变形、砂板岩的倾倒变形。左岸谷坡上部及下部均为大理岩，中部为砂板岩，分布有与坡向大体平行或斜交倾向坡外的断层和次级结构面，在河流快速下切过程中，硬脆性大理岩体，早期多沿着已有陡倾结构面高地应力调整，产生松弛卸荷，导致大理岩的深部产生深卸荷张裂缝。这是普斯罗沟坝址特有的岸坡变形特征。自上游到下游发育有解放沟坝址左岸卸荷拉裂岩体，普斯罗沟坝址左岸深卸荷、坝头变形拉裂岩体、Ⅳ—Ⅵ线山梁变形拉裂岩体及中上部砂板岩倾倒变形岩体。右岸发育猴子坡潜在不稳定岩体。

右岸普斯罗沟、手爬沟一般情况下多表现为山洪冲沟特点，但极端条件下可能爆发低频、轻度泥石流。

（5）手爬沟至棉纱沟河段河谷狭窄，两岸基岩裸露、谷坡较陡，为斜顺向谷，左岸反向坡，右岸顺向坡。左岸为板岩与变质砂岩互层，右岸除手爬沟下游山梁为大理岩外，其余谷坡均为变质砂岩与板岩，发育 F_1 断层。物理地质现象总体以风化卸荷及局部崩塌为主，棉纱沟多表现为山洪冲沟，但极端条件下不排除爆发泥石流的可能。

（6）棉纱沟至景峰桥河段河谷较顺直狭窄，两岸基岩裸露、岩壁耸立，为横向谷段。谷坡位于景峰桥背斜核部，两岸出露第二段大理岩和第一段绿片岩。物理地质现象以岩体风化卸荷和局部崩塌为主。

5.1.5 水文地质条件

小金河口—景峰桥河段水文地质条件受砂板岩、大理岩影响分布表现出截然不同的特征。砂板岩与大理岩分布范围以解放沟为界，上游三滩坝址与水文站坝址为砂板岩分布区，下游解放沟坝址两者兼有分布，普斯罗沟坝址为主要大理岩分布区。

砂板岩地区含水类型为基岩裂隙水，其含水性取决于裂隙发育程度，砂板岩中又以砂岩裂隙含水较强。探洞揭示砂板岩中地下水渗滴现象稀少，地表也基本无泉水出露，仅在三滩坝址无名沟上游靠近大理岩分布地带有一个流量 $Q=4.5\text{L/s}$ 的泉水，可见砂板岩分布区含水性弱。

大理岩分布区含水类型为基岩裂隙水或岩溶裂隙水。地质勘察成果显示大理岩岩溶发育总体较微弱，岩溶现象以小溶洞、溶孔、溶隙为主，在大理岩与绿片岩接触部位地下水活动相对较强烈地段岩溶规模较大，表现为具有一定规模的裂隙式溶洞，如解放沟坝址右岸高程 1860.00m 见一个宽 10m，高 5m，深 3m，沿层面与走向 NEE，向 SE 向陡倾的小断层交汇处发育的裂隙式溶洞，无充填；三滩坝址左岸高程 1800.00m 的 SD10 洞 136.8～139.4m 处，有长 20m，宽 0.4～4m，高 0.5～8m，沿层面及 NNW 向陡倾裂隙交汇处顺层发育的裂隙式溶洞。在大理岩分布区较为普遍的是沿 NW、NWW 向的裂隙张性或小断层有溶孔、溶蚀现象。解放沟坝址河床 J101 孔，在河水面以下 161.95～173.11m，沿陡倾裂隙还有溶隙出现。这些溶蚀现象多发育在 NE 向压性断层之一侧，或有绿片岩夹层的部位。NE 向压性断层和绿片岩一般为阻水，NW 向或 NWW 向张（张扭性）裂隙多为导水，在二者交汇处，往往溶蚀现象明显，坝段大理岩岩溶发育有极大的不均一性。

从大理岩中发育的小溶洞、溶孔分布高程看，多分布在 1860.00、1800.00m 及 1650.00m 带附近，这分别与河段内的Ⅴ、Ⅳ、Ⅰ级阶地相对应。说明了雅砻江河谷快速深切过程中，在这三个时期有过相对短暂的停顿，给岩溶作用提供了一定的时机。大理岩分布区很少有泉水，仅在三滩坝址左岸河边 f_9 断层侧有一个下降泉（流量 $Q=5\sim15L/s$），另外，在普斯罗沟坝址右岸分别在高程 1656.00、1666.40m 及 1696.00m 绿片岩夹层顶板层面溶隙中有泉水溢出，枯期流量 $Q=0.3\sim0.75L/s$，汛期流量 $Q=2.5L/s$。大理岩的含水仍然取决于裂隙的发育程度，尤其溶隙、溶孔的发育情况，其地下水类型为基岩裂隙水及岩溶裂隙水，含水性相对较强。根据几处泉水出露及钻孔地下水位长期观测，两岸地下水补给河水，近岸边一定深度地下水力坡降较平缓。

河段水化学分析表明，基岩裂隙水、泉水以及河（沟）水、地下水化学类型大部分为低矿化度的 HCO_3—Ca—Mg 型，在砂板岩坝址中的地下水含 SO_4^{2-} 离子，其原因是砂岩有黄铁矿晶体所致。坝段内的环境水对混凝土无明显侵蚀性。

5.2 河段建坝地质条件

5.2.1 建坝河段分段地质特征

小金河口—景峰桥 21km 长的雅砻江河段可以划分为小金河口—矮子沟段、矮子沟—兰坝沟段、兰坝沟—解放沟段、解放沟—手爬沟段、手爬沟—棉沙沟段、棉沙沟—景峰桥段等 6 段，各段的地层岩性、岩体结构、岩层产状与河流流向关系及边坡稳定条件等地质特征分述如下：

（1）小金河口—矮子沟段长 9.8km，雅砻江总体流向 N15° ～30°E，为陡倾砂板岩纵向谷段。该段呈较宽缓 V 形谷，地形坡度 40° ～50° ，为两侧地层陡立的纵向谷坡。基岩为杂谷脑组极薄层板岩夹薄层、极薄层变质砂岩。在洼里局部发育Ⅰ～Ⅵ级阶地；发育有大于 1000 万 m^3 的左岸水文站、右岸呷爬 2 处滑坡，均为板岩倾倒—折断—滑动机制。岸坡岩体倾倒变形强烈，水文站坝址勘探平洞揭示深度达 200m 以上，但还未形成贯通的折断面。

该河段岩性软弱，岩体风化卸荷和倾倒变形强烈，岩体极破碎，因而建基岩体质量、边坡稳定性及地下洞室成洞条件与围岩稳定条件等总体均较差。综合分析判断，小金河口以下约 2km 范围、水文站滑坡以上约 1km 范围的两段，岸坡地形相对较完整，边坡具有一定的稳定条件，对当地材料坝有一定适宜性。

（2）矮子沟—兰坝沟段长 4.2km，雅砻江总体流向 SN～N70°E，为陡倾砂板岩及大理岩斜—横向谷段。五二湾沟以上呈坡度 40° ～50° 的 V 形谷，为地层陡立的纵向、斜向谷坡；五二湾沟以下为地形坡度 55° ～65° 、局部直立的深窄峡谷。基岩主要为杂谷脑组第三段砂板岩和第四段细砾岩、砂岩、砂质板岩等，三滩峡谷段出露大理岩。该段砂岩多于板岩，岸坡倾倒变形程度在砂岩段较轻微，在板岩段较强烈。三滩峡谷大理岩段为横向岸坡，岩体坚硬，除风化卸荷外未发现较大的变形、崩塌，变形破坏以局部不稳定块体失稳和小规模弯折破坏为主。

该段岸坡倾倒变形轻微～强烈，岩体总体较破碎，建基、边坡等地质条件差，地下洞室成洞条件和围岩稳定条件较好，对当地材料坝有一定适宜性，但不适宜高混凝土坝。三滩峡谷大理岩段两岸地形极不对称，且受冲沟影响地形不完整，对高坝枢纽布置不利。

（3）兰坝沟—解放沟段长2.0km，雅砻江总体流向为N25°E，为砂板岩纵向谷段。该段河道微向右岸凸出，河谷呈两岸地形坡度40°～55°的略不对称V形，左岸较陡。右岸依次发育有兰坝沟、肖厂沟、无名沟等，左岸发育三滩沟。为左岸反向坡、右岸顺向坡的纵向谷坡，岩层总体产状为N25°E～N15°W/NW或SW∠33°～50°。左岸高程约1860.00m以下、河床、右岸高程约1900.00m以下为第三段粉砂质板岩、变质砂岩，左、右岸相应高程以上为第二段大理岩。右岸岸坡砂板岩中，浅表部岩体沿层间挤压错动带滑移—拉裂、滑移—弯曲变形现象明显，岩体普遍拉裂松弛破碎，共发育有Ⅰ～Ⅲ号3个变形体。左岸高程1700.00～1860.00m范围砂板岩岩体倾倒变形明显，发育Ⅳ号倾倒变形体。

该段砂板岩岩性软硬相间，右岸顺向坡发育3个变形体、左岸反向坡岩体倾倒变形，导致建基岩体质量、边坡稳定性等地质条件相对较差，右岸深埋大理岩成洞地质条件较好。综合分析，地形地质条件对当地材料坝有适宜性，对混凝土坝适宜性差。

（4）解放沟—手爬沟段长2.8km，河流流向N25°～35°E，总体上为大理岩纵向谷段。该段河道顺直狭窄，河谷呈V形。普斯罗沟上游右岸岸坡坡度35°～45°，左岸高程1870.00m以下坡度为50°，高程1870.00m以上坡度为35°～40°，为中倾反向岸坡；普斯罗沟下游为典型的深切V形谷，右岸高程1810.00m以下坡度70°～90°、以上一般40°～50°，左岸坡度一般40°～60°。该河段右岸发育解放沟、普斯罗沟和手爬沟3个深切冲沟，具常年性水流，为中倾顺向岸坡。左岸中上部发育有一系列横向浅沟，微地貌上表现为小山梁与浅沟相间的特点，地形完整性较差。该段岩层总体产状N0°～30°E/NW∠30°～45°。右岸、河床及左岸坡脚高程1720.00～1900.00m以下为杂谷脑组第二段大理岩，岩体呈厚层块状，完整性好。左岸高程1720.00～1900.00m以上为第三段砂板岩，断层、层间挤压错动带发育，岩体倾倒变形迹象明显，拉裂松弛强烈，高程2000.00m以上倾倒变形强烈，岩体完整性差。

该段普斯罗沟下游为大理岩纵向谷，两岸地形相对完整，岩性坚硬，建基岩体质量、地下洞室成洞条件等建坝地质条件较好，边坡稳定条件较复杂。地形地质条件对混凝土坝适宜性较好，对当地材料坝也有一定的适宜性。

（5）手爬沟—棉沙沟段长约1.4km，河流流向N10°～25°E，为砂板岩斜—纵向谷段。该段河谷狭窄，为深切V形谷。两岸地形极不对称，左岸地形较完整、无冲沟发育，仅小浅切冲沟较发育，右岸除发育棉沙沟外，地形完整，手爬沟下游为大理岩陡壁。两岸以第三段砂板岩为主，手爬断层（即普斯罗沟坝址F_1断层）斜穿雅砻江，破碎带及影响带宽度大，性状差。两岸岩体除强烈的风化卸荷外，左岸反向坡浅表部岩层倾倒变形强烈，小规模崩塌发育；右岸砂板岩顺向坡稳定条件较差，小规模的顺层滑塌破坏现象多。

该段岩性软硬相间，岩体风化卸荷拉裂强烈且左岸有倾倒变形，建基岩体质量、边坡稳定性及地下洞室成洞条件、围岩稳定条件等地质条件均较差。综合分析判断，地形地质条件对建高坝的适宜性差。

（6）棉沙沟—景峰桥段长约 1.2km，河流流向约 N8°E，为大理岩横向谷段。该段河谷狭窄而顺直，基岩裸露、岩壁耸立，深切 V 形谷，左右岸坡度为 70°～90°。该段位于景峰桥背斜核部，两岸基岩为第二段大理岩和第一段绿片岩。岩体风化卸荷总体较弱，岩体完整性总体较好～好。

该段大理岩岩性坚硬，建基岩体质量、边坡稳定性、地下洞室成洞条件与围岩稳定条件等地质条件总体都较好，但横向岸坡的峡谷段长度有限，下游为绿片岩段，各种条件均差，因此，高坝枢纽建筑物布置困难。

5.2.2 比较坝址初拟

小金河口—景峰桥河段以互层砂板岩、大理岩纵向谷为主，根据各段的地形地质条件、建坝工程地质条件，坝址初步选择首先考虑地形地质条件相对较好的横向谷河段。在以纵向谷为主的小金河口—景峰桥河段，横向谷段仅有五二湾沟—兰坝沟陡倾大理岩横向谷段和景峰桥大理岩横向谷 2 段，但这两个河段长度有限，且地形不对称，枢纽建筑物布置困难。因此，坝址方案初拟未选择这两个河段。

最终在小金河口—矮子沟陡倾砂板岩纵向谷段初拟了水文站坝址，在兰坝沟—解放沟中倾砂板岩纵向谷段初拟了三滩坝址，在解放沟—普斯罗沟中倾大理岩与砂板岩纵向谷段初拟了解放沟坝址，在普斯罗沟—手爬沟中倾大理岩为主纵向谷段初拟了普斯罗沟坝址，以上共初拟四个坝址进一步开展工程地质勘察与高坝设计工作。

5.3 坝址与坝型选择

从 1990 年代开始，在预可行性研究阶段和可行性研究选坝阶段，全面系统开展了 4 个比较坝址工程地质勘察工作，截至 2001 年上半年，包括预可行性研究阶段、可行性研究选坝阶段地质勘察工作全部完成，初步查明了 4 个比较坝址工程地质条件。开展了各坝址基本地质条件、主要工程地质问题及其建坝地形地质条件、坝型适宜性的对比分析，初拟了各坝址坝型，进一步开展了各坝址初拟坝型坝基工程地质条件的比较，论述了各自适宜性的优劣；再进一步开展了主要引水发电建筑物、泄洪消能建筑物等工程地质条件的比较；经过综合比选，完成了坝址与坝型的比较选择，最终选定普斯罗沟坝址及混凝土双曲拱坝坝型。

5.3.1 各比较坝址工程地质条件

针对 4 个比较坝址地质条件和初拟坝型及主要枢纽建筑物工程地质条件的地质调查、工程地质测绘、勘探、试验工作全面铺开，包括地层岩性柱状剖面图测绘、工程地质岩组划分、平面工程地质测绘等地质工作，钻孔、平洞、探坑、探槽、探井等勘探工作，声波、地震波、地震浅层反射、地震层析成像、钻孔弹模等物探工作，岩块室内常规、中型剪、三轴压缩等和现场原位岩体变形、岩体与结构面大剪等试验工作。至 2001 年，预可行性阶段、可行性研究选坝阶段的地勘工作全部完成。经过十多年的地质勘察工作，初步查明了 4 个比较坝址的地质条件和初拟坝型主要枢纽建筑物的工程地质条件，为坝址与坝型的比较选择提供了丰富的地质基础资料。

5.3.1.1　水文站坝址工程地质条件

水文站坝址地勘工作从 1990 年开始，到 1993 年上半年所有地质勘察工作全部完成。共完成钻孔 1431.85m/13 孔、平洞 565.80m/3 洞，现场岩体变形试验 4 点、岩体剪切试验 1 组。

1. 基本地质条件

（1）地形地貌。雅砻江汇小金河后，以 N30°E 的流向经洼里，至烟房村进入水文站坝址峡谷，流向近南北；出峡谷过泥浆沟转向近东流，过陆房沟之后，复转向北流去，形成向西突出的 S 形河湾。坝址河谷呈两岸谷坡陡峻的 V 形，左岸坡度 35°～40°，右岸坡度 40°～50°，枯水期江水位 1653.60m，在正常蓄水位 1880.00m 处谷宽约 610m。

（2）地层岩性。坝址位于猫猫滩—洼里向斜南端倾伏端附近，轴部位于河床一带，岩性为第四段变质砂岩，两岸两翼为第三段板岩夹砂岩，其中板岩占 71.5%、砂岩占 28.5%。此外，左岸高程 1850.00m 以上还有大理岩夹变质玄武岩、绿片岩出露。河床冲积层厚约 12～33m，按其物质组成分为三层：① 上部为厚 8～12m 的含砂砾卵石层，结构松散，渗透性强；② 中部为厚 6～12m 灰黑色或深灰色砂质粉土块碎石层，砂质粉土含量较大，含有机质，有臭味，黏性大，往下游变为黏土，重力触探原位测试 $N_{63.5}=18$ 次；③ 下部为厚 0～10m 的含漂卵砾石层，结构较紧密。

（3）地质构造。坝址区地层陡立，总体产状 N10°～20°E/NW（或 SE）∠60°～80°。由于受构造挤压强烈和倾倒变形影响，岸坡浅表部产状变化大。坝址内断层及层间挤压错动带较发育，断层按产状可分三组：① NNE—SN 向陡倾角断层，多为逆冲压性，一般规模较小，有 9 条；② NEE—EW 向陡倾角断层，部分缓倾角，以右扭性质为主，规模一般较大，有 6 条；③ NNW—NW 向陡倾角断层，一般为左扭性质，规模较小，有 5 条。一般宽度 10～20cm 的层间挤压带较发育，主要发育分布在板岩之中，总体产状为 N10°W～N20°E/SW（SE）∠60°～80°，往往加剧风化形成强风化夹层。节理裂隙以陡倾的层面裂隙和垂直层面的缓倾裂隙最发育。

（4）风化卸荷。坝址岩体岩性软弱，风化极为强烈，其风化程度主要受岩性、裂隙发育程度及岩体卸荷控制，可分为强风化、弱风化、微新三带。两岸风化程度因岩性和卸荷而不均一，右岸总体较弱，以弱风化、微风化为主，左岸则更为强烈，基本全为强风化岩体。坝址两岸谷坡岩体卸荷强烈，其中右岸强、弱卸荷水平深度分别达 100m 左右、近 200m，左岸强、弱卸荷水平深度则分别达 150m、大于 220m。强卸荷表现在卸荷裂隙密集发育，单条裂隙张开一般 2～25cm 不等，岩体强烈松弛；弱卸荷表现为卸荷裂隙密度较低，张开宽度较小，一般 0.5～5cm。

（5）水文地质条件。坝址两岸及河床基岩为变质砂岩及板岩，完整岩体渗透性微弱，但其渗透性主要取决于岩体的风化和裂隙发育程度。由于坝址岸坡岩体风化强烈，裂隙发育尤其是陡倾裂隙更为发育，致使两岸岩体中地下水埋藏深。据两岸钻孔终孔水位分析，地下水位埋深为 80～100m，个别钻孔地下水位埋深大于 100m。两岸岩体透水性极强烈，其中两岸砂板岩在高程 1610.00～1630.00m 以上的岩体均为中等～强透水；河床在基岩顶面以下 153.8m 深度处透水率 q<2Lu。由此可见坝址相对抗水体埋藏很深。

2. 存在的主要工程地质问题

（1）谷坡岩层的重力倾倒。坝址区为陡倾纵向谷，两岸陡倾薄层状岩体普遍发生了向河床临空方向弯曲倾倒变形。据地表调查及探洞揭露，岩层倾角由表往里，由 16° 增大到 60°。除了在最大弯曲处有倾向坡外的楔形张裂缝外，还由于在两岸薄层板状岩体中，有北东向及北西向两组中倾裂隙发育，沿这些横向裂隙发育楔形张裂，形成的柱体，亦发生向坡外倾倒。左岸以极薄层—片状泥质板岩为主，岩体特软弱，岩层弯曲倾倒明显，水平深度达 220m。右岸为薄层状板岩中夹中厚层砂岩，除岩层倾角普遍变缓外，还可见到空隙式的楔形拉裂缝，倾倒变形的水平深度 190m。

根据倾倒岩体产状变化、松弛张裂缝与夹泥带发育密度及风化程度，将岸坡岩体进行分段，大致在高程 1750.00～1760.00m，坝址左岸严重～较严重倾倒变形的强风化碎裂岩体水平深达 114～149m（见表 5.3－1）；右岸 78～103m（见表 5.3－2）。在这些强烈倾倒变形的岩体中，含有较多缓倾坡外或陡倾角的泥夹碎石带与张裂缝，有可能形成次级滑动面，从而恶化了其工程地质性质。尤其在水的作用下，强风化、强卸荷、倾倒变形的破碎岩体将进一步软化，各类岩体和结构面强度及抗渗性能将大大降低，发生蠕变破坏的可能性大大增加。这是该坝址突出的工程地质问题之一。

表 5.3－1　　水文站坝址左岸岩体工程地质分段特征表（高程 1754.00m）

段长/m		0～114	114～149	149～192	192～221.5
岩性		泥质板岩	泥质板岩	泥质板岩	泥质板岩
地层产状变化		倾向山里，倾角 16°～45°（前缘 0～5.5m 反倾山外 40°～水平）	倾向山里，倾角 32°～50°	倾向山里，倾角 37°～55°	倾向山里 倾角 45°～55°
泥夹碎屑带	条数	27 条，分别宽 2～25cm 21m 处滑带 SN/E∠34°	1 条，宽 10cm		
	平均间距	4.1m	17.5m		
张裂缝	条数	8 条，分别张开 1～8cm	126～130m 段岩层弯曲折断		
	平均间距	12.7m	17.5m		
层间挤压带		被夹泥、张裂利用	2 条，各宽 10cm	6 条，分别宽 1～50cm	
小断层		被夹泥、张裂利用		1 条，宽 2～50cm	
卸荷松弛程度		强	强	弱	弱
风化程度		全强	全强	全强～强	强
岩体结构类型		碎裂	碎裂	薄板状	薄板状
岩体倾倒程度		严重	较严重	较轻微	轻微

注：根据 ZD2 探洞资料。

表 5.3-2 水文站坝址右岸岩体工程地质分段特征表（高程 1763.00m）

段长/m		0～78	78～103	103～147	147～192	192～254.6
岩性		泥质板岩	粉砂岩板岩夹薄～中厚层状粉砂岩	薄～中厚层状粉砂岩与粉砂质板岩	粉砂质板岩夹薄～中厚层状粉砂岩	泥质板岩夹薄～中厚层状粉砂岩
地层产状变化		倾向山里，倾角 20°～40°（前缘 0～5.4m 反倾山外～水平）	倾向山里，倾角 20°～45°	倾向山里，倾角 25°～45°	倾向山里，倾角 32°～60°	倾向山里，倾角 45°～60°（趋于正常）
泥夹碎屑带	条数	8 条，宽 1～20m，25m 处滑带 N10°E/NW∠40°	10 条，分别宽 1～20cm	4 条，分别宽 1～20cm	9 条，分别宽 1～20cm 部分 40～100cm	
	平均间距	8.7m	2.3m	8.8m	4.5m	
张裂缝	条数	13 条，分别张开 2～20cm	1 条，张开 4cm，87～93m 段张裂集中	135～138m 段张裂集中，张开最宽 20cm	4 条，分别张开 1～3cm 部分	
	平均间距	5.6m	8.3m	8.8m	9.0m	
层间挤压带		被夹泥、张裂利用	被夹泥、张裂利用	6 条，分别宽 5～10cm	2 条，宽 2～25cm	12 条，分别宽 5～20cm，最宽 50cm
小断层		被夹泥、张裂利用	被夹泥、张裂利用	1 条，宽 3cm	1 条，宽 2～10cm	3 要，分别宽 2～10cm，最宽 40cm
卸荷松弛程度		强	强	弱偏强	弱	紧密
风化程度		0～30m，全强 30～78m，强	弱	弱	弱～微	新鲜
岩体结构类型		碎裂	碎裂	薄板层状	薄板（层）状	薄板（层）状
岩体倾倒程度		严重	较严重	较轻微	轻微	未变形

注：根据 ZD1 探洞资料。

（2）左岸水文站滑坡。位于坝址下游约 300m 处的雅砻江左岸，为梯状斜坡堆积体。平面形态近似箕形，前缘最低高程约 1660.00m，后缘高程达 2120.00m，滑体厚度一般在 60～120m 范围，平均约 80m，体积达 1500 万 m^3。滑体上部是以泥夹块碎石为主，松散堆积，中下部为紧密的含泥砂板岩块碎石，块碎石成分为砂板岩。下伏基岩顶面有一层厚 5.9～1.67m 的黄绿色灰黑色泥夹碎石带（即滑带土），结构紧密，并偶见有擦痕。在堆积体的前缘，亦有滑带出露，滑带顶板处有泉水溢出。滑坡处于纵向谷陡倾角薄层板岩及片岩分布的岸坡上，且位于河流急剧转折的凹岸，随着河流的强烈下切及江水长时间持续不断的冲刷，在重力作用下岩层向临空方向发生强烈的弯曲－倾倒－拉裂变形，当下部最大弯曲部位的缓倾坡外的楔形张裂缝逐渐贯通后，即形成连续的滑动面而产生滑坡。因此，该滑坡是在重力场条件下层状岩体在弯曲倾倒蠕变的基础上进一步发育而成。根据滑坡体地表调查与勘探成果分析，该滑坡为一发育历史比较悠久的推移式古滑坡，经对滑带土电子自旋共振测年研究，结合附近地区阶地高程对比，该滑坡发生于晚更新世中期，前缘次级滑坡在全新世以来仍有活动。

稳定性初步计算结果表明：水文站滑坡在天然状态下，其稳定性系数在 1.28 以上，滑坡失稳的可能性较小。水库蓄水以后，滑面稳定性系数普遍降低，但主滑面均在 1.2 以上，说明滑坡整体复活、失稳的可能性不大。水库蓄水至高程 1800.00m 以后，次滑面稳定性降低，稳定性系数 1.05～1.13，存在局部失稳破坏的可能。水库蓄水后，如发生Ⅶ度地震，主滑面处于临界失稳状态，次滑面将普遍发生失稳破坏，其滑移方式属牵引式滑动。

（3）泥石流。据调查，坝址下游右岸陆房沟是一个历史上曾多次活动，现今仍有活动的泥石流沟，估计泥石流总量约 3 万 m^3。类似这种泥石流堆积在沟内还多处可见。如在右岸布置电站厂房尾水及溢洪道等建筑物，将给工程带来不利的影响。

3. 主要建筑物工程地质条件

水文站坝址下游为河湾，工程地质条件差，以堆石坝为代表的坝型枢纽建筑物工程地质条件如下：

（1）大坝工程地质条件。坝址两岸为深厚且强烈的倾倒板岩，普遍强风化，以碎裂结构为主，岩体性状差，坝基难以利用，有以下几个问题：① 由于泥质板岩全强风化后多呈页片状，遇水后变形大，土石坝的心墙基础和主堆区部位该类岩体难以利用，应予挖除；② 由于岩体强烈松弛、普遍强风化、强烈松弛，完整性差～破碎，岩体中沿倾向坡外的夹泥带在水的作用下，其工程地质性质将进一步恶化而可能构成蠕滑带，从而影响坝肩和边坡的稳定性；③ 对于两岸开挖的全强风化泥质板岩，性状极不稳定，多为薄片状，经压实后以粉粒含量为主，抗剪强度低，不宜作心墙风化土料使用。

（2）泄洪建筑物工程地质条件。由于坝址为纵向谷，砂板岩走向与溢洪道轴向近平行，岩性软弱破碎，挤压破碎带发育，而且蠕变倾倒，风化强烈。因此，溢洪道高陡边坡及洞室出口边坡的稳定性问题十分突出。

（3）地下洞室工程地质条件。坝址处于纵向谷河段，傍岸洞室轴线一般都与岩层走向近于平行，加之砂板岩层薄、陡立且软弱，断层和层间挤压错动带发育，以不稳定的Ⅳ类围岩为主，断层破碎带为极不稳定的Ⅴ类围岩，大跨度洞室成洞条件差。

（4）施工导流建筑物工程地质条件。坝址下游左岸有水文站滑坡存在，影响整个坝址枢纽工程布置，若在左岸布置导流洞等施工导流建筑物不但需往左岸山里布置，加大埋深增加洞长，而且洞线的地质条件差，出口段在矮子沟内。即使布置临时建筑工程，也需作必要的处理和保护措施。

（5）其他建筑物工程地质条件。坝址下游右岸陆房沟、左岸泥浆沟均有泥石流活动，对枢纽区建筑物，尤其是给地面厂房的布置带来不利。同时，也将威胁到右岸溢洪道泄槽下段及出口安全。

5.3.1.2 三滩坝址工程地质条件

三滩坝址地勘工作始于 1990 年，整个预可行性研究阶段、可行性研究选坝阶段地勘工作一直在进行，至 2001 年上半年才全部完成。共完成钻孔 5818.98m/46 孔、平洞 4706.20m/26 洞，坑槽探 3000m^3；平洞声波 4200.90m/23 洞、钻孔声波测试 1767.99m/14 孔；现场岩体变形试验 14 点、岩体剪切试验 8 组，空间地应力测试 1 组。

1. 基本地质条件

（1）地形地貌。坝址位于三滩沟与解放沟间 1.8km 长的河段，坝区雅砻江总体流向约 N25°E。河谷为不对称的 V 形纵向谷，左岸为反向坡，坡度 45°～55°，基岩裸露；右岸为顺向坡，坡度 35°～45°。枯水期江水位 1638.70m，水面宽 90～100m，正常蓄水位 1880.00m 处谷宽约 600m。右岸有兰坝沟、肖厂沟、无名沟等冲沟分布。三滩坝址地形地貌如图 5.3－1 所示。

图 5.3－1　三滩坝址地形地貌

（2）地层岩性。坝址出露地层主要为杂谷脑组第三段（$T_{2-3}z^3$）灰黑色条带状粉砂质板岩与厚层块状变质细粒杂砂岩，呈互层状，按岩性及成层组合特征可以细分为 6 层；两岸谷坡上部出露有杂谷脑组第二段（$T_{2-3}z^2$）之大理岩。另外，该层大理岩还深埋于右岸水平深 200m 以里，大理岩可细分为 8 小层，如图 5.3－2 所示。

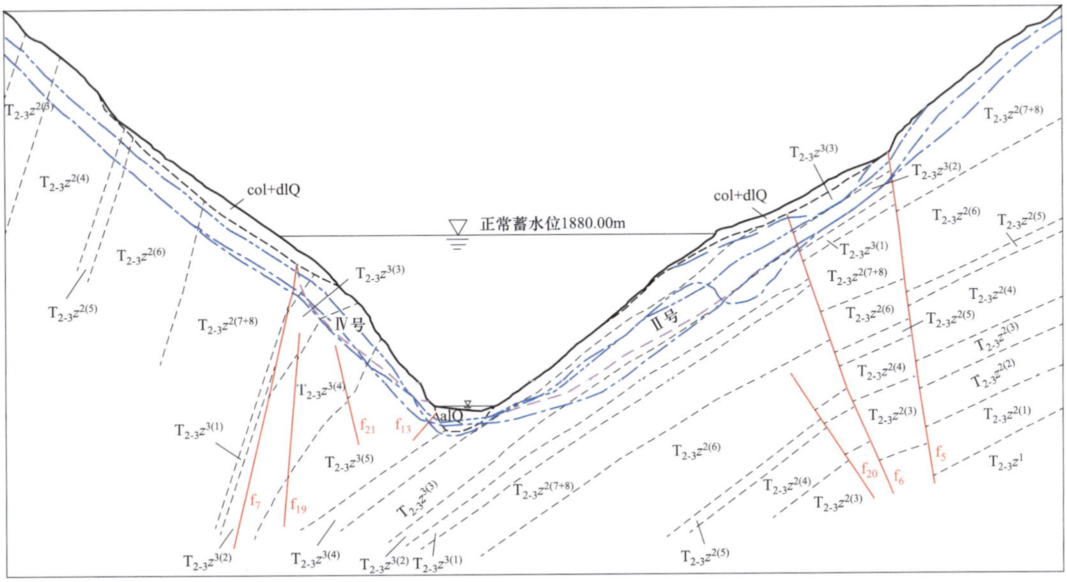

图 5.3－2　三滩坝址工程地质横剖面简图

河床冲积层厚度一般为20～30m，最厚35.92m，根据其物质组成及其结构特征分三层：上部厚0～24.52m的漂卵砾石层，结构松散，渗透性强；中部厚0～26.46m的块（卵）碎（砾）石夹粉质土砂或黏质土层，结构复杂，粒度成分变化大，虽有较好的抗渗性，但力学强度差别大；下部厚0～12.81的含砂砾块（卵）石层，结构紧密。

（3）地质构造。坝址位于三滩紧密同倾向斜，轴部为左岸中下部杂谷脑组三段粉砂质板岩、变质砂岩，左岸中上部为倒转北西翼，反向坡，右岸为正常南东翼，顺向坡，岩层倾角一般为35°～50°。坝址除了规模较大的解放沟口f_1及三滩f_5断层外，还有16条规模较小的断层。按断层产状归纳有四组：① NEE向断层，总体产状为N50°～70°E/SE∠60°～85°；② NNW向断层，总体产状为N20°～40°W/NE（SW）∠65°～85°；③ NWW向断层，总体状为N75°～90°W/NE（SW）∠65°～90°；④ NNE～SN向层间挤压带，常沿岩性分界面或软弱层断续发育。坝址节理裂隙发育四组：N10°～30°E/NW∠35°～70°（层面裂隙），N50°～70°E/SE∠60°～90°，N70°～85°W/NE∠60°～90°，N30°～40°W/NE或SW∠60°～80°。

（4）物理地质现象。坝址区大理岩风化微弱，砂板岩风化较强，其中砂岩风化弱、板岩风化强。断层破碎带、层间挤压带、裂隙密集带、溶蚀裂隙密集带往往形成夹层风化。平洞岩体声波测试表明，砂板岩的强风化纵波速v_p<1500m/s，砂板岩的弱风化纵波速v_p=1500～2500m/s。右岸砂板岩强、弱风化水平深度分别为15～45m、25～135m，左岸强、弱风化水平深度分别为30～50m、30～70m，河床基岩一般无强风化，弱风化下限高程一般为1595.00～1604.00m。

坝址右岸岩体卸荷深，岩体卸荷除了利用平行河流方向的陡倾裂隙卸荷外，还有平行坡面的缓倾裂隙卸荷，强、弱卸荷带水平深度一般分别为50～80m、50～140m。左岸岩体卸荷相对较浅，强、弱卸荷带水平深度一般分别为25～50m、42～120m。两岸谷坡上部岩体卸荷深，下部岩体卸荷相对较浅。

坝址右岸为顺向坡，砂板岩沿层间挤压错动带普遍发生了蠕滑—拉裂、蠕滑—弯曲（溃屈）等变形，形成了Ⅰ号兰坝沟—肖厂沟间蠕滑—拉裂变形体，体积约200万m^3，Ⅱ号肖厂沟—无名沟间蠕滑—弯曲变形体，体积约900万m^3，Ⅲ号无名沟下游蠕滑—拉裂变形残留体，体积约130万m^3。左岸为反向坡，砂板岩中形成了Ⅳ号弯曲、拉裂倾倒变形体，体积约320万m^3。

（5）水文地质条件。坝址砂板岩相间分布，其渗透性取决于岩体的裂隙性及风化卸荷程度。综合分析，砂岩裂隙较发育，透水性强，板岩裂隙不甚发育，但陡倾裂隙多，透水性相对较弱。探洞内的地下水出露点（滴水或线流或股流）一般多沿砂岩与板岸接触带渗出，或层间挤压带之上盘裂隙密集中渗出；或断层带之旁侧渗出。两岸砂板渗透性还受北东向断层控制，由于北东向断层较为发育，将两岸砂板岩分成不同的含水层。两岸大理岩体含水性相对较富，另外，北西向的断层及裂隙是张性特征，具有导水性。右岸岩体透水性较强，地下水位埋藏较深，水力坡降较缓；左岸岩体透水性相对较弱，地下水位埋深相对较浅，水力坡降较陡；河床岩体，以弱透水性为主，且随深度增加，透水性减小的规律明显。

（6）地应力。在右岸高程1657.00m SD1平洞大理岩段完成了一组空间应力测试，最大主应力为 18.1MPa，方位角 144°，仰角为 50°，最小主应力为 7.7MPa，方位角 289°，仰角为 35°。综合坝址岩体地应力实测成果和河流下切过程中河谷应力场变化的数值模拟研究成果表明，两岸谷坡一定深度范围内，最大主应力方向为 N36°W，发生了明显的偏转，形成应力分异带，且带内最大主应力方向与坡面平行，最小主应力则近于垂直坡面。另外，河谷左岸岩体由于断裂构造的影响，局部主应力方向偏转较大。

2. 存在的主要工程地质问题

三滩坝址的主要工程地质问题是边坡稳定问题。坝址右岸从上游兰坝沟至下游无名沟一带为顺向坡，砂板岩沿层间挤压破碎带普遍发生了程度不同的滑移—拉裂、滑移—弯曲变形，形成了一系列规模不等的蠕变岩体。坝址左岸为砂板岩组成的反向坡，砂板岩在其自重产生的弯矩作用下，形成了具有一定规模和范围的弯曲倾倒岩体。4 个变形体是坝址两岸边坡稳定性和工程边坡稳定性的主要工程地质问题。

（1）兰坝沟至肖厂沟之间蠕滑—拉裂变形体（Ⅰ号变形体）。变形体位于三滩紧密同倾向斜核部，出露地层为 $T_{2-3}z^{3(6)}$中厚层变质砂岩，岩层产状 N10°E～N25°W/NW（SW）∠40°～50°，岸坡走向 N45°E，为斜顺向坡。变形体前缘高程 1671.00m，后缘高程 1835.00m，长 240m，宽 220m，平均厚约 80m，体积 200 余万 m^3。据不同高程探洞揭露，该变形体蠕滑—拉裂变形特征明显。在岸坡卸荷过程中，同时存在沿层间挤压带形成陡缓相接的阶梯蠕滑拉裂变形，致使两洞外部岩体强烈松动。

采用 SARM 法计算得到了斜坡在不同工况及荷载条件下的稳定性系数，计算参数为：天然状态$\varphi=33°$，$C=0.05$MPa，饱和情况下：$\varphi=26°$，$C=0.02$MPa，条间参数为：$\varphi=33°$，$C=0.1$MPa。结果表明：天然状况下，该变形体稳定性程度较高，稳定性系数达 1.51；天然状况下叠加Ⅶ度或Ⅷ度地震力作用，坡体亦不致整体失稳下滑。在蓄水过程中，变形体稳定性总体呈下降趋势。当蓄水至 1750m 时，稳定性系数降低至最低值 1.10；当蓄水至 1900m 时，K 值约为 1.15。但在蓄水过程中，若叠加Ⅶ度地震力作用，变形体将处于极限平衡状态。如果考虑库水位骤然下降或遇特大暴雨使坡体饱水，坡体均有失稳破坏的可能。考虑到岩体破碎松弛且有层间挤压带及顺坡向陡倾张裂隙等不利结构面组合，人工边坡开挖后，坡体中上部可能发生局部崩滑失稳，水工枢纽布置及施工中均需采取必要的措施。

（2）肖厂沟至无名沟之间蠕滑—弯曲—拉裂变形体（Ⅱ号变形体）。变形体位于三滩坝址右岸上游肖厂沟至下游无名沟之间顺向岸坡段。变形体后缘高程 1980.00m，前缘伸入雅砻江，高程约 1620.00m，长 540m，宽 420m，最大厚度 80m，平均厚 40m，体积约 900 万 m^3。该段岸坡位于三滩紧密同倾向斜东翼，变形体发育于 $T_{2-3}z^3$ 变质砂岩、板岩中，岩层产状 N25°E～N15°W/NW（或 SW）∠33°～50°，倾左岸略偏上游。该段岸坡断层构造较为发育，陡倾角断层分别从坡体后缘、中部及前缘通过，断层均倾向 SE。坡体内部中缓倾角层间挤压（兼剪切）构造带多沿砂、板岩的层面发育，勘探揭示有 30 余条。

据平洞、钻孔及地震法勘探和地质调查，该变形体变形现象明显、边界清楚。按变形强度，变形体可划分为上游段和下游段两部分：上游坡段以高程 1673.00m SD21、高程 1740.00m SD25 组成的Ⅵ—Ⅵ剖面为代表，变形体水平深度 72～85m，其中强烈变形段

45～55m；下游坡段以高程 1657.00m SD01、高程 1802.00m SD03 组成的Ⅰ勘探线为代表，变形体水平深度 70～131m，其中强烈变形段 30～80m。该斜坡变形破坏机制是受控于坡体软弱层间挤压带的蠕滑—弯曲变形体，如图 5.3-3 所示。经对层间挤压带微观研究，取样进行电镜扫描及热释光（TL）和电子自旋共振（ESR）测年，最新活动年龄约 6.5 万年，说明该变形体在晚更新世有过较明显的斜坡变形。

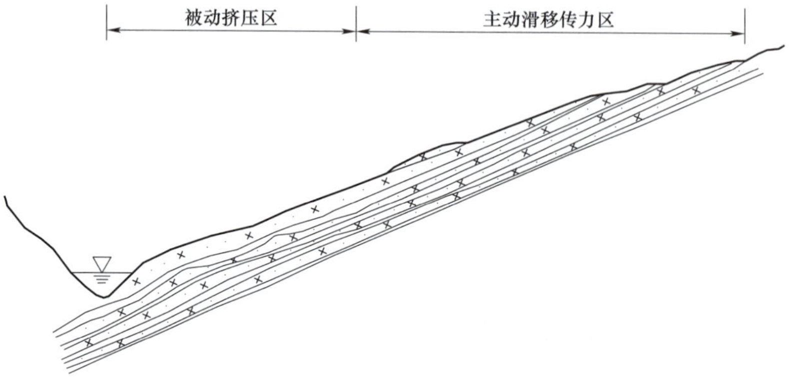

图 5.3-3　Ⅱ号变形体变形破坏机制概念模型

通过地质调查和分析，变形体内部岩体松弛，张开裂隙发育，并有多条次级蠕滑带。由于变形体深部处于轻微变形阶段，其下部坡体岩层仅弯曲张裂，未形成贯通的滑移剪出面，具有一定的抗滑作用，变形体整体稳定。计算结果表明：天然状态、地震、蓄水、围堰挡水等工况下，Ⅱ号变形体均处于稳定状态，其稳定系数为 1.25～1.67；当水库蓄水＋地震时，变形体处于基本稳定状态，其稳定系数为 1.12～1.19。

自然边坡在考虑了本区可能的地震强度情况下，亦是稳定的。在蓄水过程中，在不考虑该变形体受到其他工程荷载作用（如坝的压力、库水压力等）的情况下，当蓄水至高程 1800.00m 时，稳定性系数最低，为 1.19；若遇Ⅶ度地震时，则在高程 1800.00m 水位时，斜坡可能处在极限平衡状态；但此时若考虑坝及水体对坡体的压力，变形体则是稳定的。考虑库水位骤降或空库的极端情况，计算表明，不叠加外荷载，变形体也处于极限平衡状态。变形体位于比选坝址拟建土石坝坝肩心墙部位，变形体浅部（高程 1657.00m，水平深 30m；高程 1802.00m，水平深 80m）岩体十分破碎松动，从坝肩抗滑稳定与防渗角度考虑，均不宜作堆石坝心墙地基。至于 30～80m 以内的变形岩体，因变形轻微，无连续贯穿的滑移面存在，且岩体本身为抗渗性能较好的板岩，虽发育少量的楔形张裂和层间挤压带，但经过地基处理后，对坝肩防渗和抗渗透变形稳定不会带来严重影响，可进一步研究作土石坝坝肩心墙地基的可行性。

需要指出的是变形体上部（1990.00～1980.00m）坡体被 f_5、f_6 两条断层切割，岩体破碎，地震波显示 $v_p=1800m/s$，$v_s=800m/s$ 是一个呈 NE 方向展布，埋深为 60～70m 的低速带，若布置右岸溢洪道应考虑这一不利条件。

（3）无名沟下游侧变形残留体（Ⅲ号变形体）。残留体分布于无名沟下游侧边缘的条状山脊上。前缘 1650.00m，后缘高程 2020.00m，以 f_6 为后缘边界。残留体长约 680m，宽 80～120m，平均厚度约 20m，体积约 130 万 m^3。变形体发育于 $T_{2-3}z^{3(2)}$、$T_{2-3}z^{3(1)}$、$T_{2-3}z^{2(8)}$ 层中～厚层砂岩、薄层粉砂质板岩以及薄层大理岩中，表部覆盖有 15～25m 崩坡积层。岩层总体产状为 N5°～12°E/NW∠36°。断裂构造较为发育，NEE 向陡倾角断层 f_6、f_3 分别从坡体后缘、前缘坡脚穿过。为一底部受控于 $T_{2-3}z^{3(1)}$层，或 $T_{2-3}z^{3(1)}$层与 $T_{2-3}z^{2(8)}$层接触界面的顺层蠕滑变形体。

Ⅲ号变形体为一顺层发育的变形体。变形残留体在早期曾经历过上部滑移，中下部强烈弯曲、隆起、甚至溃屈的变形过程，现在保留于基岩上部的解体变位砂板岩仅是原变形体的残留部分。由于变形残留体形成时代较早，原变形体大部分松动、滑落，保留于完整大理岩顶面上的砂板岩已经不多，自然边坡也不是很陡，故变形不会进一步发展，现状是稳定的。右岸布置溢洪道时，溢洪道泄槽将通过该变形体中部。由于该变形体岩体破碎，强度低，且底滑面清楚，故不宜作溢洪道地基。

（4）左岸砂板岩反向坡倾倒变形体（Ⅳ号变形体）及高程 1800.00m 以上崩坡积体的稳定性。左岸边坡在高程 1820.00～1860.00m 以下是由以板岩为主的变质砂岩与板岩组成薄层状结构的反向坡。河谷在深切过程中，反倾向的砂板岩在其自重产生的弯矩作用下，由坡体表层开始向河谷临空方向弯曲，并逐渐向坡内发育，形成了具有一定规模和范围的弯曲倾倒岩体。在Ⅱ—Ⅲ勘探线范围内，左岸砂板岩倾倒岩体仅在高程 1700.00～1850.00m 间的坡体中部有不同程度发育。其水平深度各处不尽相同，为 40～60m。倾倒变形体的垂直深度限于坡体的表层，厚度为 20～40m。它与正常岩体呈渐变过渡关系，无明显界线。坡体下部（1700.00m 以下），未见岩体倾倒变形，岩体完整性较好。该倾倒变形体总体积约 320m^3，表层水平深度 20～30m 以外，岩层强烈弯曲折断，岩体破碎且有大量的夹泥充填，不适于作土石坝的防渗心墙接头。若在左岸布置地下洞室，其进出口亦应尽量避开倾倒岩体，以防出现洞口边坡稳定问题。坝址左岸中段Ⅱ—Ⅲ勘探线之间，在高程 1800.00～2050.00m 分布有大片崩坡积覆盖层。据高程 1920.00m SD8 平洞揭露，覆盖层最大水平深度 54m，垂直厚度 35m，主要由半胶结的崩坡积大理岩蛮石、大块石、碎石及碎石土组成。在覆盖层底面上有厚度 0.4～0.6m 压密碎石土，其产状 N57°E/SE∠40°，倾向坡外，见有滑动光面和垂直擦痕，显示了覆盖层形成后曾有过滑动。由于该覆盖层后期胶结较好，它与下伏基岩界面上碎石土已呈压密状态，且分布地段坡面较缓，并有浅沟切割，故现状是稳定的。鉴于其位于比选坝址拟建土石坝坝头及其上部，若坝肩心墙开挖后将带来边坡的稳定问题，建议在覆盖层部分设计边坡比为 1:1，并应考虑护坡处理。如果左岸布置溢洪道，同样带来溢洪道里墙边坡稳定问题，亦应考虑将内墙以上覆盖层全部挖除。

3. 主要建筑物工程地质条件

三滩坝址河段河道微向东岸突出，河谷略为开阔，河床覆盖层不厚，据其地形地质条件适应修建土石坝。土石坝枢纽建筑物工程地质条件如以下几个方面。

（1）坝基工程地质条件。

1）河床覆盖层厚 10.98～35.92m，上部及底部为漂卵砾石及含砂砾块碎石层，中下部为含卵（块）砾（碎）石粉质土砂或黏质土层。漂卵砾石层局部架空，渗透性较强，而含碎块石的粉质土或黏质土层强度低、压缩变形不均一，且存在局部砂土液化的可能，地基强度和变形不均一问题较突出，因此，建高土石坝建议将心墙部位覆盖层予以挖除。河床基岩透水性随深度增加而减弱，在基岩面 160m 以下岩体透水率 q 接近 1Lu，建议河床防渗帷幕应深入基岩 160m 以下。

2）左岸坝肩谷坡地形较陡峻，坡度 45°～55°，基岩裸露，为第三段砂板岩和第二段大理岩组成的反向坡。强、弱卸荷带下限水平深 18～50m、30～60m；无强风化带，弱风化下限水平深约 30～60m。高程 1820.00m 以下是变质砂岩与板岩反向坡，浅表部为有一定规模和范围的Ⅳ号弯曲倾倒岩体，强烈变形水平深为 20～30m，中等～弱变形水平深度为 20～60m。

倾倒变形岩体变形强烈、完整性极差，不宜作为心墙接头，建议挖除。心墙基础置于弱或强卸荷砂板岩中，基本满足要求，但需对建基面内岩体中的断层及层间挤压错动带等软弱岩带进行专门处理。心墙边坡岩体中无连续的倾向坡外的结构面，天然状态下是稳定的，但岩体中发育断层、层间挤压错动带对坝肩心墙上、下游边坡及坝头边坡的局部稳定有不利影响。左坝肩岩体透水性较弱，浅表部卸荷岩体的透水率 q 在 10～100Lu 之间的中等透水岩体，以里的无卸荷岩体完整性较好，透水率 q 在 3～10Lu 之间的弱透水岩体，未揭穿相对稳定的隔水层。

3）右坝肩高程 1880.00m 以下坡度约 40°，以上约 25°。强、弱卸荷带下限水平深分别为 50～80m、105～140m；强、弱风化带下限水平深分别为 28～35m、50～135m。右岸顺向坡共发育 3 个变形体。

心墙位于Ⅱ号变形体之上，上、下游坝壳分别位于Ⅱ号变形体和Ⅲ号变形残留体之上。这些变形体岩体松弛拉裂，特别是水平深度 30～80m 以外岩体强烈拉裂松弛，不能作心墙地基。心墙地基置于强卸荷的Ⅳ类岩体上，基本满足要求，需要对建基面内岩体中的断层及挤压错动带、卸荷拉张缝等进行专门处理。右坝肩心墙基础开挖后的坝肩边坡稳定性主要受Ⅱ号变形体控制，岩体拉裂、松动，且砂板岩中断层较发育，开挖边坡稳定性差。右坝肩砂板岩卸荷拉裂和滑移弯曲变形明显，岩体破碎、透水性强，建基面以里仍有强透水带，存在绕坝渗漏及渗透变形问题，坝基防渗处理工程量较大。

（2）泄洪消能建筑物工程地质条件。

1）坝址右岸高程 1880.00m 以上为一平均坡度约 25° 的台阶状缓坡，宽约 200m，后缘为厚层状大理岩陡坡，有布置开敞式溢洪道的地形地质条件，但Ⅱ、Ⅲ号变形体和顺层软弱带将对溢洪道引渠、闸门、泄槽上段布置有不利的影响，其中闸门外侧基础、外侧边墙基础及内侧部分边坡中上部均位于Ⅱ号变形岩体之上，泄槽中上段通过Ⅲ号变形残留体，开挖后需要对闸基和边墙、内外侧边坡采取一定的处理措施，以满足要求。

2）1～3 号泄洪洞布置在左岸，进口位于三滩沟口内 390～450m 范围内。进口区为大理岩横向坡，出口为砂板岩反向坡，两者边坡稳定性总体较好。进口段及洞身以杂谷脑组第二段厚层块状第 6、7、8 层大理岩为主，完整性较好，以Ⅱ、Ⅲ类围岩为主，稳定性总体较好。但洞轴线与岩层走向夹角 35°～22°，对Ⅲ、Ⅳ类围岩应采取及时有效的支护，对断层破碎带与层间挤压错动带段应采取有效处理措施。

3）放空洞布置于左岸，进口同样位于三滩沟内，距离沟口 360m，位于泄洪洞进口的外侧。进口边坡为大理岩横向坡，出口边坡为反向坡，进出口边坡稳定性总体较好，但出口边坡Ⅳ号变形体部位存在局部不稳定块体。放空洞洞身主要为Ⅱ、Ⅲ类围岩，但应对岩层走向与洞向交角较小的Ⅲ、Ⅳ类围岩和断层洞段采取有效的加固支护处理措施。

（3）引水发电系统工程地质条件。电站引水发电系统布置在右岸，进水口位于肖厂沟内下游侧。进水口已避开Ⅱ号变形体，开挖平台高程1777.00m，开挖后边坡岩层为第7、8层厚层块状大理岩，岩体中无贯穿性软弱结构面发育，开挖边坡稳定性好。

压力管道沿线岩层为第二段第3～8层厚～巨厚层状大理岩、角砾状大理岩，岩体新鲜完整、坚硬，以Ⅱ～Ⅲ类围岩为主。

地下厂房三大洞室岩层为第二段第7、8层厚层块状大理岩，围岩以Ⅱ～Ⅲ类为主，其中尾水调压室大部分为Ⅲ类围岩，围岩稳定性总体较好，各洞室 f_5 断层破碎带及影响带段属Ⅴ类围岩，应采取有效措施。断层破碎带及节理裂隙密集带多段存在裂隙溶隙型承压水，施工开挖过程可能存在局部涌水问题，应采取有效措施。

尾水洞以Ⅱ类围岩为主，围岩稳定性较好，两条洞 f_5、f_6、f_4 和 f_3 断层破碎带与影响带段属Ⅴ类岩，应采取有效处理措施。

5.3.1.3 解放沟坝址工程地质条件

解放沟坝址地质勘察工作从1990年开始，到1993年上半年所有地质勘察工作全部完成。共完成钻孔1619.33m/10孔、平洞1383.80m/6洞；现场岩体变形试验14点、现场岩体大剪试验4组。

1. 基本地质条件

（1）地形地貌。坝址位于解放沟与普斯罗沟之间长 1.5km 的河段，雅砻江总体流向N25°～35°E，河谷呈河道顺直的V形纵向谷（见图5.3－4），左岸反向坡坡度40°～50°，

图5.3－4 解放沟坝址地形地貌

右岸顺向坡坡度 35°～45°。枯水期江水位 1635.80m，正常蓄水位 1880.00m 处，谷宽约 540m。右岸解放沟和普斯罗沟为深切的常年性水流冲沟，两沟之间山体雄厚。左岸中高高程砂板岩谷坡段浅小冲沟较发育，地形完整性较差。

（2）地层岩性。坝址岩性为杂谷脑组第二段（$T_{2-3}z^2$）大理岩及第三段（$T_{2-3}z^3$）变质砂板岩。大理岩分布于右岸、河床及左岸谷坡下部（Ⅰ勘探线高程 1720.00m 以下），其岩性为厚层状大理岩、条纹条带角砾状大理岩及少量粗晶大理岩，时见绿片岩夹层或其透镜体，该段大理岩按岩性组合可细分为 8 层。左岸谷坡高程 1720.00m 以上分布变质细、粉砂岩及泥砂质板岩互层，该段砂板岩按岩性可细分 5 层。解放沟坝址工程地质横剖面简图如图 5.3－5 所示。

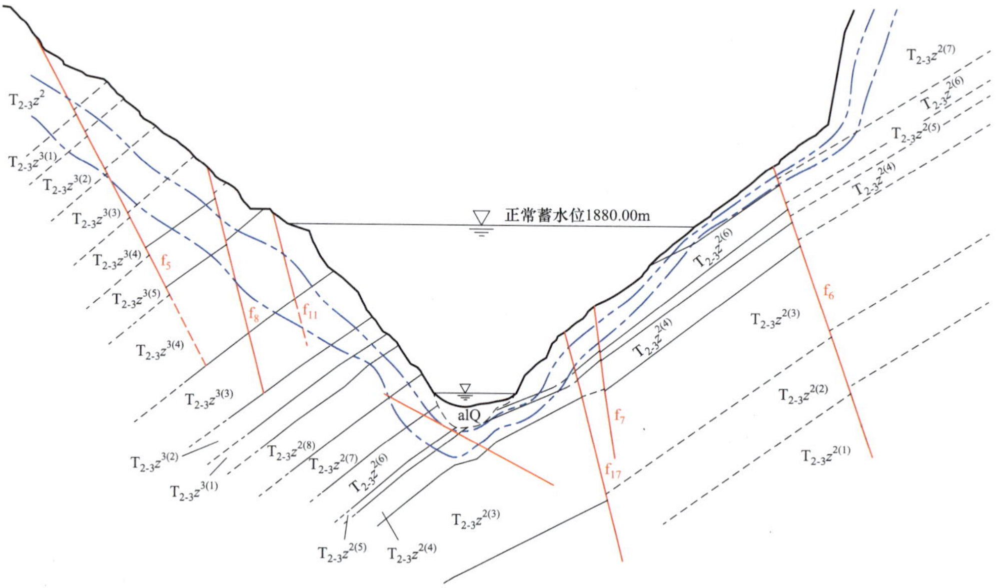

图 5.3－5　解放沟坝址工程地质横剖面简图

河床第四系覆盖层厚度一般 30～47.2m，有从上游到下游略减薄趋势。覆盖层一般具三层结构：上部含漂块卵砾石层，中部为含块卵砾石的中粗砂层或黏质土层，下部含砂块卵砾石层。其中，中部砂壤土或黏质土层厚度一般为 9～22.5m，有上游厚下游薄的变化趋势。河床覆盖层抽水试验成果显示，上部含漂块卵砾石层的渗透系数 $K=6.94～146$m/d，平均系数 56.4m/d；下部含砂块卵砾石层渗透系数明显变小，$K=2.56～14.9$m/d，平均系数 11.85m/d。

（3）地质构造。坝址位于锦屏山断层西侧约 2km 的三滩向斜东翼，岩层总体产状为 N0°～30°E/NW∠30°～45°。断层及层间挤压错动带较发育，其中规模较大者有 f_1～f_5、f_{10} 等断层，以及 g_1、g_2 等层间挤压错动带，延伸长一般都大于 500m，破碎带宽度一般为 0.8～2.0m 不等，在砂板岩中规模相对较大，如左岸 f_5、f_{10} 断层在板岩中破碎带宽达约 8m，延伸长在 1000m 以上，往下游延伸至普斯罗沟坝址。断层可划分为 NEE 向张扭断层、NNE 向断层、NWW 向断层、层间挤压错动带四组。节理裂隙发育 N0°～30°E/NW∠30°～45°

（层面裂隙）、N50°～75°E/SE∠65°～80°、N10°～30°E/SE（NW）∠50°～60°、N70°～85°W/SW∠70°～90°四组优势裂隙。砂板岩中裂隙较发育，而大理岩层间联结尚好，层面裂隙不太发育，但NEE向裂隙极发育，且延伸长。不论是大理岩，还是砂板岩中，NWW向裂隙为张性的导水裂隙。

（4）风化卸荷。坝址右岸由厚层状大理岩组成的顺向坡，岩体卸荷作用主要表现为沿陡倾裂隙的卸荷拉裂现象，强卸荷水平深度一般为10～30m，弱卸荷水平深度为30～70m。边坡卸荷裂隙有利于风化作用的进行，弱风化水平深度一般为25～40m，裂隙密集发育地段往往加剧风化形成夹层状风化，如JD_1平洞含绿片岩的杂色角砾状大理岩，弱风化夹层深达126m。左岸中上部由砂板岩、下部由厚层大理岩组成。砂板岩中断层与裂隙十分发育，岩体完整性差，浅表部岩层往往因重力作用而倾倒变形，深部岩层卸荷拉裂松弛强烈，强、弱卸荷水平深度分别达30～45m、60～150m，高高程则达200余米，砂板岩风化强烈，弱风化水平深度一般为30～60m，夹层状风化可达180～200m；下部厚层大理岩岩体风化卸荷作用轻微。河床大理岩弱风化垂直深度一般为2～30m。

（5）水文地质条件。坝址大理岩岩溶微弱，但常沿NWW向及NEE向两组陡倾裂隙发育溶隙及溶孔。河床部位勘探揭示，沿陡倾裂隙发育溶蚀现象出现最低高程在1455.00m左右。大理岩地下水以裂隙含水和岩溶裂隙水为主。钻孔揭示和钻孔地下水位长期观测资料显示，两岸大理岩中地下水埋深较深且地下水位平缓，枯水期地下水位仅比河水位高约0.2～1.5m。两岸和河床大理岩岩体透水性总体微弱，以弱～中等透水为主。左岸板岩相对隔水，砂岩因裂隙发育而呈裂隙含水岩体。当在断层一侧或两侧由于断层阻水往往有集中出水点，如JD2洞0+245m洞底沿断层集中出水，初期流量约为0.2L/s，后减小。据水质简分析成果，坝址区地下水和地表水均属HCO—Ca—Mg型，为弱碱性，低矿化度淡水，对混凝土无侵蚀性。

2. 存在的主要工程地质问题

解放沟坝址主要的地质问题突出反映在左岸砂板岩的工程地质性状差，具体表现为以下三点：

（1）受构造切割破坏强烈。小断层发育，按走向可分NNE向和NEE向两组，均倾向南东（坡外），倾角50°～80°，破碎带宽度一般5～50cm，最宽可达数米。由于断层从砂板岩中通过，岩层揉皱、破碎、性状差，多以碎粒岩、构造片岩为主，其泥质含量高，遇水易软化泥化。

（2）岩体松弛拉裂严重。左岸砂板岩岩体松弛拉裂现象相当严重，除表部岩层弯曲倾倒外，深部岩体沿陡倾坡外的构造面卸荷拉裂现象也相当突出，并且具有随高程增加拉裂松弛深度加大的规律。据平洞揭示，大致高程1680.00～1920.00m，拉裂松弛的水平深度从60m增至200m。其中强卸荷松弛岩体的声波纵波速值仅1800m/s，完整性系数0.07；弱卸荷松弛岩体声波纵波速值3700m/s，完整性系数0.29。紧密砂板岩体纵波速升至4700～5200m/s，完整性系数0.45～0.56。

（3）浅表岩体重力倾倒现象明显。由于左岸砂板岩反向坡岸坡高陡，岩层走向N5°～20°E，倾NW，倾角40°～55°，岸坡发生卸荷后，岩层在自重应力作用下向临空方向的弯曲拉裂变形—重力倾倒现象十分明显，形成了较大范围和规模的倾倒变形体。据地质调查，高程1750.00～2080.00m范围内砂板岩普遍有倾倒现象，浅表部岩层倾角明显变缓，甚至水平，倾向坡外的拉裂缝十分发育，整个岸坡显得破碎零乱。

综上所述，可明显看出解放沟坝址左岸砂板岩反向岸坡的工程地质条件很差。强烈的构造切割、卸荷拉裂、重力倾倒使本来工程地质性能状况欠佳的砂板岩体更加破碎、松动。由此给水工建筑物的布置带来极大困难；其左岸坝肩的卸荷拉裂、倾倒岩体使坝肩抗滑稳定、变形稳定和防渗条件变得很差，工程处理难度大；若布置左岸溢洪道，则高陡边坡的稳定问题非常突出；左岸支离破碎的砂板岩体的成洞条件极差，给地下洞室的布置亦造成较大困难。

3. 主要建筑物工程地质条件

坝址河道顺直，河谷呈V形，结合地形地质条件研究了混凝土坝及堆石坝两种坝型，重点是混凝土重力坝。

（1）大坝工程地质条件。河床覆盖层上部漂卵砾石层、中部含卵砾石的砂层或黏质土层、下部漂卵砾石层，总厚30～47.2m，总体结构松散，压缩性大，透水性也较强。软基建堆石坝，地基承载力和变形不均一问题突出，且由于中部砂层厚度大，埋深较浅，砂土液化也是软基建坝主要问题。河床基岩全为厚层块状大理岩组成，无断层发育，基岩顶板高程普遍高于1590.00m，风化卸荷轻微，溶孔、溶隙也不太发育，岩体普遍微新、较完整，可满足建高混凝土坝建基要求。河床受大理岩中溶隙、溶孔发育程度、深度影响，岩体透水率随深度增加而逐渐降低趋势不明显，河床基岩相对隔水层埋深较大。因此，不论混凝土坝还是堆石坝，坝基防渗难度均较大。

左岸反向坡上缓下陡，高程1720.00m以下为大理岩，以上为砂板岩组。岩体强、弱卸荷下限水平深度分别为30～45m、60～150m，夹层状弱风化下限水平深度最深可达187m。坝肩岩体构造切割破坏强烈，发育f_5、f_9、f_{10}、f_{11}等断层和少量层间挤压错动带，而且岸坡中上部砂板岩岩体普遍倾倒变形，发育有宽大拉张裂缝。对混凝土坝，左坝肩岩体强度及其变形不均一问题突出，坝肩抗滑稳定条件较差，存在不利块体组合；对堆石坝，左坝肩心墙开挖方量大，且高陡开挖边坡的稳定问题很突出。此外，坝基左岸地下水位埋藏深，岩体破碎，透水率大，防渗处理难度大。

右岸高程1900.00m以下的坡度35°～45°，高程1900.00～2000.00m以上谷坡陡峻，为顺向坡，由厚层状大理岩组成。强、弱卸荷下限水平深度分别约为30、60m，弱风化下限水平深度35m，夹层状弱风化下限最大水平深度约为180m。坝肩高程1760.00m以下有f_7、f_{17}两条断层，走向北东倾南东35°～45°，与发育有绿片岩透镜体的第二段第6层层面或层间挤压带组合对右坝肩抗滑稳定不利。右岸坝基地下水位低平，埋深较大帷幕防渗接地下水位难度大，宜以透水率小于1Lu的相对隔水层作为防渗接头。

（2）泄洪建筑物工程地质条件。坝址左岸砂板岩反向坡地形陡峻，岩体普遍倾倒变形、卸荷拉裂而破碎，作溢洪道，则其基础变形稳定和边墙高陡边坡稳定性问题突出。因此，不宜布置溢洪道。坝址右岸大理岩新鲜、坚硬完整，工程地质性能状况较好，作溢洪道，满足地基变形稳定要求，但存在高300多米的陡崖，布置地面溢洪道削坡量大，而且顺向坡坡脚切脚开挖带来的高陡边坡稳定问题突出。

综合分析，坝址左右岸地形地质条件均不宜布置地面溢洪道，应尽可能采取洞室泄洪方案。

（3）地下洞室工程地质条件。坝址右岸全为大理岩夹绿片岩，水平埋深300m以内主要为杂谷脑组第二段第1、2层的大理片岩和绿片岩及第一段绿片岩，其岩性相对软弱，层面裂隙发育，地下厂房等大跨度洞室群难以避开Ⅳ类围岩，洞室围岩稳定条件较差。

左岸砂板岩受构造切割强烈，工程地质性状较差，不宜布置地下厂房等大跨度地下洞室群。若布置泄洪洞、导流洞等洞室，则将穿过砂板岩和大理岩两类岩体；洞室进口位于倾倒、松弛拉裂岩体之中，边坡稳定问题突出；洞线与岩层走向交角仅10°～23°，与断层交角小于10°，属于Ⅳ、Ⅴ类围岩，成洞条件差。

5.3.1.4　普斯罗沟坝址工程地质条件

普斯罗沟坝址地勘工作始于1990年，至2001年上半年，可行性研究选坝阶段地勘工作完成；至2003年底，整个可行性研究阶段地勘工作全部完成。至可行性研究选坝阶段共完成钻孔5890.24m/36孔、平洞7728.05m/40洞，坑槽探3000m³；平洞声波9528.05m（包括复核1800m）/53洞、钻孔声波测试1751.88m/10孔，洞间层析成像2250m/7剖面；现场岩体变形试验64点、岩体剪切试验19组，空间地应力测试4组。

经过十多年的大量工程地质勘察工作，普斯罗沟坝址基本地质条件和枢纽建筑物工程地质条件业已查明。

1. 基本地质条件

普斯罗沟坝址平面地质简图如图5.3－6所示。

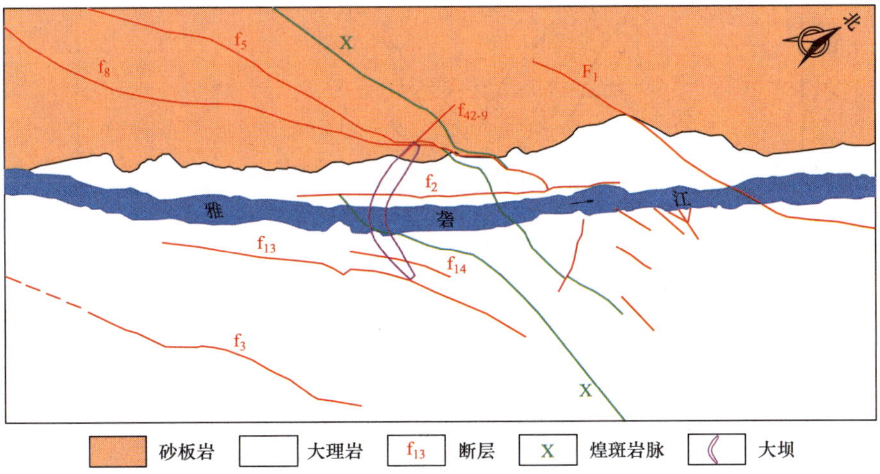

图5.3－6　普斯罗沟坝址平面地质简图

（1）地形地貌。坝址区位于普斯罗沟与手爬沟长约1.5km的峡谷河段，河流流向约N25°E，河道顺直而狭窄。枯期江水位1635.7m时水面宽80～100m，正常蓄水位1880.00m处谷宽约410m。

坝区两岸山体雄厚，岸坡陡峻，相对高差1500～1700m。右岸为大理岩顺向坡，地貌上呈下陡上缓相间的台阶状，陡坡段坡度 70°～90°，缓坡段约 40°。右岸上游为深切的普斯罗沟，沟内有常年水流，高程 1900.00m 以上河谷较开阔，以下为一线天式峡谷，沟壁近直立，坡高 160～300m。左岸为反向岸坡，无大的深切冲沟，高程 1820.00～1900.00m 以下大理岩出露段地形完整，坡度 55°～70°，以上为砂板岩出露段坡度 40°～50°，呈山梁与浅沟相间的微地貌特征。

（2）地层岩性。坝址松散堆积层分布零星，主要有现代河床谷底的冲积物和两岸缓坡地带的崩坡积物。坝址河床冲积层厚度 11.40～37.94m（基岩顶板高程 1619.10～1589.92m）。冲积层根据粒度大小、物质组成及其粗—细—粗的结构特征划分为三层：上下部都为含块碎石砂卵石层，上部厚 11.40～22.19m、下部厚 0～11.41m，上部结构较松散而下部结构紧密，渗透性中等～强；中部为含卵砾石的砂质粉土，厚 0～14.37m，还有呈透镜体状的粉砂层或黏质土层。

坝区基岩地层主要为杂谷脑组变质岩（见图 5.3－7），另外还可见少量后期侵入的煌斑岩脉。杂谷脑组按岩石建造特征可分为三段：第一段（$T_{2-3}z^1$）绿片岩、第二段（$T_{2-3}z^2$）大理岩、第三段（$T_{2-3}z^3$）砂板岩。

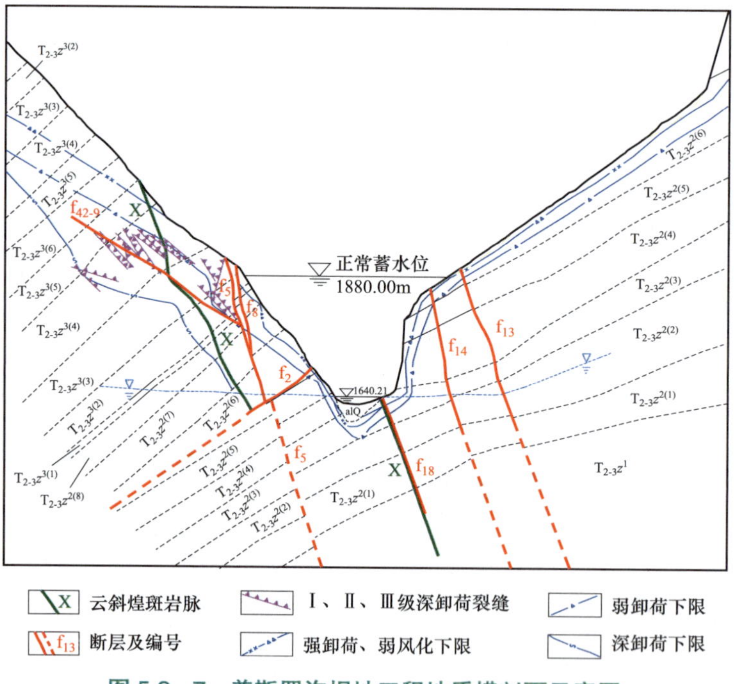

图 5.3－7　普斯罗沟坝址工程地质横剖面示意图

第一段（$T_{2-3}z^1$）绿片岩，厚度大于 90m，深埋于河床以下及右岸谷坡里侧，岩性较复杂，以石英绿泥石片岩和方解石绿泥石片岩为主，夹透镜状、条带状大理岩，中厚层状结构，岩石强度较低，且各向异性明显。

第二段（$T_{2-3}z^2$）大理岩，厚度约 600m，分布于右岸谷坡、河床及左岸谷坡高程 1820.00～1900.00m 以下，枢纽区主要建筑物地基和地下洞室围岩多由该段岩层组成。按岩性特征可细分为 8 层：第 1 层［$T_{2-3}z^{2(1)}$］互层状大理岩与绿片岩、钙质绿片岩；第 2

层［$T_{2-3}z^{2(2)}$］河床下部以灰绿色绿片岩为主，夹条带状、透镜状大理岩，向右岸延伸相变呈两分结构，上部以中薄层状大理岩为主夹少量绿片岩，层面裂隙发育，下部为角砾状大理岩，厚层～块状结构；第 3 层［$T_{2-3}z^{2(3)}$］条纹状大理岩、同色角砾状大理岩，层面在变质过程中多胶结愈合，呈厚层～块状结构；第 4 层［$T_{2-3}z^{2(4)}$］岩性为中厚～厚层状杂色角砾状大理岩，夹透镜状、团块状绿片岩，层面裂隙不发育，但绿片岩岩质较软，片理发育；第 5 层［$T_{2-3}z^{2(5)}$］岩性为呈浅灰至灰白色厚层状大理岩，层面裂隙不发育，岩体新鲜较完整；第 6 层［$T_{2-3}z^{2(6)}$］上部为深灰色薄～中厚层状大理岩、下部为角砾状大理岩，都夹有绿片岩透镜体或夹层；第 7 层［$T_{2-3}z^{2(7)}$］岩性为厚层状大理岩、条纹状大理岩，层面裂隙不发育，岩体新鲜较完整；第 8 层［$T_{2-3}z^{2(8)}$］岩性为深灰色薄～中厚层状大理岩，底部发育较多的绿片岩。

第三段（$T_{2-3}z^3$）砂板岩，出露于枢纽区左岸高程 1820.00～2300.00m 之间，褶皱叠加后总厚度约 400m，按岩性组合特征细分为 6 层，第 1、3、5 层［$T_{2-3}z^{3(1)}$、$T_{2-3}z^{3(3)}$、$T_{2-3}z^{3(5)}$］为薄层状粉砂质板岩，第 2、4、6 层［$T_{2-3}z^{3(2)}$、$T_{2-3}z^{3(4)}$、$T_{2-3}z^{3(6)}$］为厚～巨厚状变质砂岩。

煌斑岩脉贯穿分布于河床、右岸低高程坝基、地下厂房及两岸抗力体内。多呈平直延伸的脉状产出，一般宽 2～3m，局部脉宽可达 7m。总体产状 N60°～80°E/SE∠70°～80°，延伸长多在 1000m 以上，部分地段可见细小分支、尖灭现象，界面平直，后期构造运动使煌斑岩脉与围岩接触面多发育成小断层。

坝区基岩按岩石的结构、构造及其成分特征，可分为 5 种岩性类型，即大理岩、绿片岩、变质砂岩、粉砂质板岩和煌斑岩。大理岩：坝区工程岩体绝大部分由该类岩石组成，其中第 3、5、7、8 层和第 6 层上部主要由普通大理岩组成，岩石以成分较纯、结构致密、岩质坚硬为特征，新鲜岩石湿抗压强度一般为 60～75MPa；第 2、4 层和第 6 层下部主要由角砾状大理岩组成，岩石以颜色杂、角砾状构造为特征，新鲜岩石湿抗压强度一般 60～75MPa。绿片岩：在第一段（$T_{2-3}z^1$）中呈层状延伸，并构成其主体岩性；在第二段（$T_{2-3}z^2$）大理岩中多呈夹层状、透镜状或团块状分布；进一步分为方解石绿泥石片岩和绿泥石石英片岩，其中方解石绿泥石片岩以片理发育、富含绿泥石、性软、较疏松、具滑感和易风化为特征，新鲜岩石湿抗压强度一般为 25～50MPa；绿泥石石英片岩以较浅的灰色、片理发育、富含石英、性硬脆为特征，新鲜岩石湿抗压强度一般为 40～60MPa。变质砂岩：第三段第 2、4、6 层主要由该类岩石组成，岩石以颜色较浅、成层性好、单层厚度大、坚硬为特征，新鲜岩石湿抗压强度一般大于 100MPa。粉砂质板岩：第三段第 1、3、5 层主要由该类岩石组成，岩石以颜色深、层薄、板理发育、易成薄板或薄片为特征，新鲜岩石湿抗压强度一般为 40～60MPa。煌斑岩：岩石类型为云辉正煌岩～黑云正煌岩，遇水或暴露后易风化，风化后呈浅黄褐色～黄褐色，其中左岸煌斑岩，高程 1720.00m 以上松弛拉裂较明显，多呈弱至强风化状，右岸煌斑岩脉与围岩接触紧密，岩石新鲜完整，湿抗压强度达 60MPa。

（3）地质构造。坝区位于锦屏山断裂西侧约 2.0km 处，三滩向斜之南东正常翼。三滩向斜轴向总体 NNE，控制了坝区岩层产状及空间分布特征，坝区所在的向斜正常翼地层倾向左岸，平均产状为N30°E/NW∠35°左右，但由于岩性、厚度、变形差异及后期叠加褶皱等因素的影响，其产状变化较大。

坝区断层、层间挤压错动带等构造结构面较发育，断层主要发育NNE—NE向、NEE—EW向和NW—NWW向三组，其中以NNE—NE向组最为发育，且断层规模较大，见表5.3－3。层间挤压错动带基本顺层发育，主要发育在第二段第6层大理岩和第三段砂板岩中。

表5.3－3　普斯罗沟坝区主要断层及层间挤压错动带汇总表

优势方向	编号	产状	工程部位	破碎带宽度/m	长度/m	主要地质特征
NNE—NE	f_5	N35°～55°E/SE∠65°～80°	左岸坝肩及抗力体	2.0～8.0	1800	主要由构造角砾岩及片状岩组成，片状岩局部炭化，局部见黑色碎粉岩软化、泥化，右行错距70～90m
	f_8	N30°～40°E/SE∠70°～85°	左岸坝肩及抗力体	1.0～2.0	1400	由碎粒岩、角砾岩组成，局部软化泥化
	f_{13}	N50°～60°E/SE∠60°～80°	右岸坝肩及抗力体，地下厂房	1.0～2.0	＞1000	沿重结晶的方解石、胶结好的碎裂岩上接触面发育，有角砾岩、碎粉岩，见碎粉岩软化，泥化
	f_{14}	N35°～65°E/SE∠65°～80°	右岸坝肩及抗力体，地下厂房	0.5～1.0	500～700	胶结良好的角砾岩为主，碎粉岩有软化、泥化现象，上断面附泥膜
	f_{18}	N50°～65°E/SE∠75°～80°	河床坝基及水垫塘边坡，地下厂房	0.2～0.5	800	由片状岩、碎粉岩、大理岩透镜体组成，局部有软化、泥化现象
	F_1	N30°～50°E/SE∠75°～85°	左岸雾化区边坡、泄洪洞冲刷区	0.5～5.0	＞1000	由胶结的构造角砾岩及碎粉岩组成，碎粉岩有黄、红、黑三种颜色，泥化，最宽处约20cm
NEE—EW	f_9	N60°～70°E/NW∠70°～80°	左岸雾化区边坡	1.5	300	由褐黄色和灰黑色两种构造岩组成，前者为褐黄色构造角砾岩，胶结物为泥质、钙质和铁质；后者为灰黑色劈理化炭质破裂岩
	f_{42-9}	N80°E～EW/S∠40°～60°	左岸坝肩	0.2～0.4	＞200	由构造角砾岩、岩屑和碎粉岩组成，碎粉岩泥化，软化，角砾呈次棱～次圆状，有明显的搓磨特征，具压剪性特点。后期风化强烈，呈强风化夹层
	f_{17}	N60°～75°E/SE∠80°～90°	右岸雾化区边坡	0.5～0.8	200	主要为胶结良好的角砾岩，风化强烈，两盘接触面均有黄色泥膜
	f_{19}	N75°E/SE∠80°	尾水洞出口	0.4～0.8	170	主要为角砾岩，见灰黄色泥化碎粉岩，带内物质破碎
	f_1	N70°～85°E/SE∠85°～90°	右岸雾化区边坡	1.0～1.2	200	由角砾岩、碎粒岩及大理岩透镜体组成，胶结紧密
	f_4	N85°E/NW∠86°	尾水洞出口	0.2～0.6	190	由断层角砾岩及灰黄色泥化碎粉岩组成
	f_7	EW/N∠60°～80°	右岸雾化区边坡	0.4～1.5	400	白色碎粒岩、片状岩及黑色泥化碎粉岩组成，碎粒岩、片状岩遇水软化泥化，其上盘有牵引的方解石脉
NW—NWW	f_{20}	N40°W/NE∠75°	尾水洞出口	0.7～0.8	100	由断层角砾及灰黄～浅黄色碎粉岩组成，局部泥化、炭化
	f_{21}	N55°W/SW∠85°	右岸泄洪洞出口	0.3～0.5	100	以角砾岩为主，局部碎粉化，见灰黄色泥化碎粉岩，断面起伏不平

续表

优势方向	编号	产状	工程部位	破碎带宽度/m	长度/m	主要地质特征
层间挤压错动带(g)	f_2	N38°E/NW∠56°	左岸坝基及抗力体	0.2～0.8	500	由片状岩、碎裂岩、碎粒岩组成，局部软化、泥化
	g_{37-2}	N50°～60°E/NW∠30°～40°	右岸雾化区边坡	0.5～1.0	400	由构造角砾岩、灰黄色泥化碎粉岩组成，见灰白色岩屑、碎粒岩及大理岩透镜体
	f_{11}	N3°E/NW∠50°	坝址下游左岸河边	0.3～0.5	180	带内物质破碎，大多为半胶结的方解石、石英，局部炭化

坝址区主要断层工程地质特征如下：

f_5断层：贯穿分布于枢纽区左岸山体内，平面延伸长达1800m；产状N35°～55°E/SE∠65°～80°；破碎带在高高程砂板岩中宽度达4～8m，主要由散体结构的岩屑、角砾及泥质物质组成，在中低高程大理岩中一般宽0.5～3m，主要为断层角砾岩和碎裂岩，沿断面局部有2～3cm的碎粉岩泥化现象（见图5.3－8）。

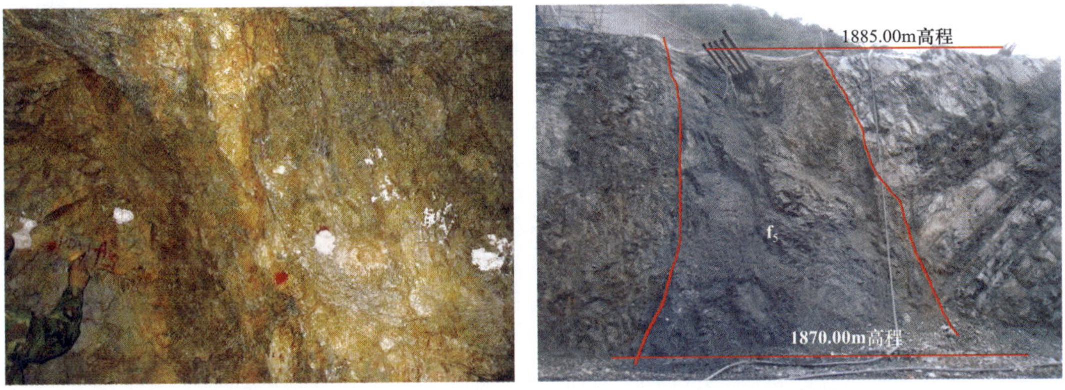

(a) 前期勘探揭示　　(b) 开挖揭示

图5.3－8　f_5断层破碎带照片

f_8断层：位于f_5断层上盘，向下部于高程1740.00m附近尖灭；产状N30°～40°E/SE∠70°～85°；破碎带宽1～2m，由构造角砾岩、碎粒岩、泥化碎粉岩组成。

f_{42-9}断层：发育在左岸Ⅰ—Ⅱ勘探线之间、高程1800.00m以上的f_5断层下盘山内侧，产状近EW/S∠40°～60°，延伸长大于200m；破碎带宽度一般20～100cm不等，由构造角砾岩、岩屑和泥化碎粉岩组成，具压剪性特点；后期风化强烈，呈强风化夹层状（见图5.3－9）。

f_{13}断层：分布于右岸山体内，长度大于1000m；总体产状N50°～60°E/SE∠60°～80°，破碎带宽一般1～2m，主要由胶结良好的构造角砾岩、岩屑组成，沿断面可见1～3cm的黄色泥化碎粉岩；断层上盘NW—NWW向张节理带发育，地下水活动迹象明显。

(a) 前期 PD42 平洞勘探揭示　　(b) 左岸 1860.00m 抗剪洞开挖揭示

图 5.3－9　f_{42-9} 断层破碎带

f_{14} 断层：在坝址区延伸长约 700m，产状 N35°～65°E/SE∠65°～80°；破碎带宽度一般 0.5～1m，最宽达 4m，主要由胶结较好的角砾岩组成，沿主错面一般有 1～3cm 的泥化碎粉岩分布（见图 5.3－10）。

(a) 前期勘探平洞揭示　　(b) 右岸坝基开挖揭示

图 5.3－10　f_{14} 断层破碎带照片

f_{18} 断层：沿煌斑岩脉与大理岩接触面发育，产状 N50°～65°E/SE∠75°～80°；破碎带宽一般 20～50cm 不等，由构造角砾岩、岩屑组成，后期风化较强。

坝址区层间挤压错动带随岩层的起伏而呈舒缓波状。在第 6 层大理岩中，层间挤压错动带基本顺层发育，偶尔斜切岩层，总体产状 N10°～30°E/NW∠30°～40°，带宽一般 3～30cm 不等，由黑色片状岩、碎粒岩和绿片岩组成，性状软弱，遇水泥化。个别发育成略微切层的断层，如左岸 f_2 断层，基本顺层延伸，走向及倾向上呈舒缓波状起伏，总体产状 N10°～40°E/NW∠30°～50°，破碎带宽一般 0.2～0.8m 不等，组成物质主要为片状岩、碎粒岩。坝址区发育 5 组优势裂隙：① N15°～80°E/NW∠25°～45°（层面裂隙）；② N50°～70°E/SE∠50°～80°；③ 近 SN～N30°E/SE∠60°～80°；④ N60°W～EW/NE（SW）或 S（N）∠60°～80°；⑤ N30°～50°W/NE∠60°～80°，局部成带发育（见图 5.3－11）。

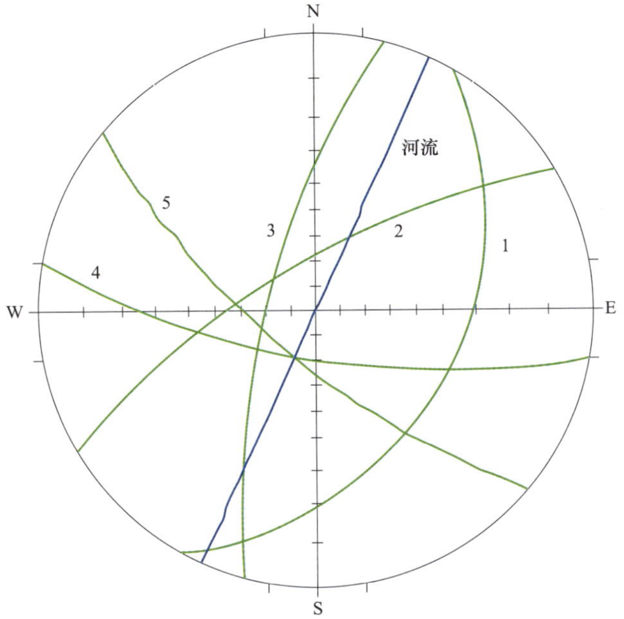

图 5.3-11 普斯罗沟坝区 5 组优势裂隙赤平投影图

（4）风化卸荷。坝区岩体风化程度受岩性、构造及地下水活动影响明显，大理岩、变质砂岩岩石坚硬，自身抗风化能力较强，风化作用主要沿裂隙和构造破碎带进行，具典型的裂隙式和夹层式风化特征。绿片岩、煌斑岩脉岩质相对较软，特别是在有地下水活动时，岩体风化较强，多呈夹层状或囊状风化的特点。

两岸岩体按风化程度将坝区岩体分为弱风化和微风化～新鲜岩体两类。弱风化岩体裂面普遍锈染，结构松弛，呈块裂～碎裂结构，平均值 v_p 小于 3500m/s。左岸弱风化岩体水平深度高高程砂板岩中一般为 50～90m，中低高程大理岩为 20～40m；右岸弱风化岩体水平深度一般小于 20m；河床部位弱风化岩体铅直厚度 5～10m，相应底界高程 1580.00～1590.00m。微风化～新鲜岩体多为强卸荷底界以里的岩体，其风化现象主要表现为沿少量节理裂隙面有轻微锈染迹象。风化夹层总体上沿断层破碎带和层间挤压错动带发育，主要集中在砂板岩中的小断层破碎带，结构松散，多呈厚一般 10～30cm 的强风化夹层；第 6 层大理岩中层间挤压错动带，呈一般厚 2～5cm 的风化夹层，遇水易软化、泥化；f_{14}、f_{13} 断层破碎带及影响带附近，一般呈宽 3～5m 的弱风化夹层。

坝区岸坡高陡，相对高差达 1000 余米，谷坡在长期地应力释放及重力等综合因素作用下，卸荷回弹变形明显。左岸反向坡上部为砂板岩、下部为大理岩，卸荷深度大，既有浅表常规卸荷，又有深部卸荷。右岸大理岩顺向坡，岩体多呈厚层块状结构，总体上具有卸荷深度小，卸荷裂隙不发育的特点。两岸卸荷作用主要表现为结构面拉张松弛变形和卸荷差异回弹使岩体内陡倾裂隙拉张；受岩性、坡体结构控制，大理岩中表现出集中卸荷的特点，多为集中出现的空缝状，张开宽度 1～20cm，卸荷裂隙之间的岩块相对完整，卸荷带岩体在宏观上呈结构极不均一的块裂状；在砂板岩中集中卸荷的特点则不明显，卸荷带内结构面普遍松弛张开，岩体多呈碎裂结构和次块～镶嵌结构。坝区岩体卸荷可分为浅表部强、弱卸荷带和深卸荷带，见表 5.3－4。

表 5.3－4　　普斯罗沟坝区岩体卸荷带分带特征

卸荷类型	卸荷带特征
强卸荷带	（1）平行岸坡裂隙张开，表现为以集中松弛张开为主，充填岩块、岩屑或无充填。卸荷裂隙张开宽一般 3～7cm，个别达 20cm，卸荷裂隙间距一般 2～5m； （2）卸荷裂隙两侧岩体结构松散，洞形不规则，平洞所经之处常塌顶掉块，最大塌顶高 4m，雨季多见滴水或流水； （3）平洞岩体声波测试图形呈锯齿状，高低相间出现，平均纵波速 v_p＜3800m/s； （4）岩体结构极不均一，卸荷张开裂隙与完整岩体相间分布； （5）卸荷裂隙面多数风化锈染
弱卸荷带	（1）平行岸坡裂隙张开，表现为集中松弛张开，充填岩块、岩屑或无充填。卸荷裂隙张开宽 1～5cm，个别达 10cm，卸荷裂隙间距一般 10m； （2）岩体显松弛，但基本上不会塌顶； （3）岩体声波纵波速变化大，一般纵波速 v_p 为 3800～4800m/s； （4）岩体结构均一性差
深卸荷带	（1）深卸荷裂缝松弛段与相对完整段相间出现，以相对完整段为主； （2）大理岩中普遍微风化～新鲜；砂板岩中深卸荷裂缝发育断裂面多锈染； （3）深卸荷裂缝一般无充填，少量充填钙华、方解石膜； （4）相对完整段岩体纵波速 v_p＞4800m/s，Ⅲ、Ⅳ级深卸荷裂缝发育段纵波速 v_p＜3500m/s，Ⅰ、Ⅱ级深卸荷裂缝发育段多无法实测纵波速

左岸浅表下部大理岩中强、弱卸荷带水平深度一般分别为 10～20m、50～70m，平洞声波纵波速分别为 v_p＜3800m/s、3800＜v_p＜4800m/s，岩体结构分别为块裂结构、次块～镶嵌结构。上部砂板岩中强、弱卸荷带水平深度分别可达 50～90m、100～160m，岩体多呈碎裂、块裂结构，局部镶嵌结构。左岸深卸荷带发育在弱卸荷带以里相对紧密完整岩体以里，是在特定地质条件下的深部卸荷现象；在大理岩中底界水平深度一般为 150～200m。总体上，随高程降低深卸荷水平深度、带内张开裂隙密度、宽度变小，至高程 1650.00m 附近深卸荷现象消失；在砂板岩中底界水平深度可达 200～300m，且在岸坡高高程深卸荷与浅表弱卸荷重叠。深卸荷带内松弛段岩体声波纵波速 v_p＜3500m/s。右岸大理岩强、弱卸荷带水平深度分别为 5～10m、20～40m，其平洞声波纵波速分别为 v_p＜3800m/s、v_p 值 3800～4800m/s；卸荷裂隙不发育，张开宽度一般小于 1cm，岩体多呈次块～镶嵌结构。河床强卸荷零星分布，铅直深度为 1～12m；弱卸荷铅直深度一般为 20～40m，相应底界高程 1560.00～1580.00m，主要表现为岩体总体上较松弛，完整性较差，裂隙有一定轻微张开，岩体透水率一般大于 10Lu。

坝区岸坡变形破坏类型可分为变形拉裂岩体和潜在不稳定岩体等，边坡变形破坏机制：左岸主要为倾倒弯曲—拉裂、滑移—拉裂、滑移—压致拉裂、卸荷拉裂等方式，右岸主要为滑移拉裂。① 左岸边坡倾倒变形（见图 5.3－12）：左岸边坡高程约 1990.00m 以上砂板岩岩体倾倒拉裂变形现象发育，岩体极松弛破碎，多组节理裂隙普遍张开 1～10cm，个别张开达 30cm，充填岩块、岩屑及次生泥，岩体呈极松弛的碎裂结构或块裂结构。② 左岸坝头变形拉裂岩体位于左岸Ⅱ线至Ⅰ线之间，深部砂板岩岩体松弛拉裂明显。变形主要表现为滑移拉裂、滑移压致拉裂等变形破裂迹象。③ 左岸下游Ⅳ—Ⅵ线山梁变形拉裂岩体位于左岸Ⅳ—Ⅵ勘探线一带，地形在高程 1750.00m 以下完整，以上为山梁与浅沟相间分布。高程 1720.00m 以上坡体内Ⅰ、Ⅱ级深卸荷拉裂缝发育，裂缝走向与岸坡基本一致，陡倾坡外，对谷坡稳定不利。④ 右岸下游猴子坡山梁潜在不稳定岩体位于大坝下游Ⅲ—Ⅳ勘探线之间，地形上为一脊状山坡，由第二段第 6 层大理岩含层间挤压错动带组成，岩层走向 N45°～60°E，与谷坡小角度相交，倾向坡外，倾角 35°～40°；沿断层及层间挤压错动带两侧有张扭性派生裂隙及在重力作用下向河谷方向和下游手爬沟方向的顺层间挤压错动带滑移—拉裂的错动扩容现象。

图 5.3-12 左岸边坡高高程砂板岩岩层倾倒变形现象

（5）水文地质条件。坝区岩体按含水介质类型可划分为相对隔水岩体、裂隙含水岩体和岩溶裂隙含水岩体三种。第一段绿片岩及第三段中的粉砂质板岩，可视为相对隔水岩体；另外，煌斑岩脉及 NE 向压扭性断层的破碎带，特别是 f_{13} 断层，亦为横向上的相对隔水岩体。第三段中的变质砂岩，节理裂隙发育，属裂隙含水岩体。第二段大理岩未见较大规模的岩溶形态，岩溶化程度微弱，属岩溶裂隙含水岩体。

根据坝区左、右岸水文地质条件差异，将其划分为左岸谷坡水文地质区和右岸谷坡水文地质区。

左岸谷坡地下水唯一的补给来源是大气降水，地表水入渗困难，补给水源有限，岩体中局部存在强透水带，排泄条件良好，地下水位低平，排泄方向一是从浅表部或深部绕过向斜轴直接呈分散状排向雅砻江。二是沿倒转翼大理岩向南通过三滩泉和向北通过岸边断面排泄于雅砻江，根据径流方向可进一步划分为谷坡浅表地下水流体系、倒转翼顺层南流地下水系、倒转翼顺层北流地下水系、倒转翼大理岩横切（斜切）向斜轴水流体系 4 个地下水系。右岸水文地质区被局部地下分水岭分割，可进一步划分为北、南地下水系两个水文地质亚区，其地下水都由大气降水、普斯罗沟地表水及锦屏山断裂带地下水补给，并以泉的形式溢出地表或隐伏方式向雅砻江排泄。右岸地下水具较稳定的补给来源，地下水位在枯水期总体较江水位高，在丰水期不低于江水位，受 f_{13}、f_{14} 两条压扭性断层阻水作用，断层里外地下水位不连续，存在水位陡坎。

坝区裂隙岩体透水性严格受构造、风化卸荷及岩溶发育程度等诸因素控制，具有储水空间分布不均一、透水性具间隔式带状分布之特点，以中等和弱透水为主，微透水段多分布在深部及两岸局部完整岩体内，强透水带多分布在岸坡卸荷带及左岸深卸荷带局部岩体内，河床卸荷岩体多为中等透水，一般无强透水岩体。枢纽区地下水一般无色、无味、透明。左岸砂板岩裂隙水以矿化度、硫酸根、镁离子主偏硅酸较高为特点，水型多为 SO_4—HCO_3—Mg；左右岸大理岩岩溶—裂隙水及右岸泉水以 HCO_3—Ca 水型为主，少量 HCO_3—Mg · Ca 型水；地表水多为 HCO_3—Ca 型水。均对混凝土不具侵蚀性。

（6）地应力。锦屏一级水电站枢纽区地处青藏高原向四川盆地过渡之斜坡地带，枢纽区现今构造应力场为 NW—NWW 向主压应力场，另外枢纽区谷坡高陡，相对高差达 1500～2500m，自重应力量值高。上述两种应力叠加造成枢纽区天然状态下地应力高，卸荷带以里则出现钻孔饼芯、洞壁片帮、岩层弯折、岩体劈裂等应力集中引起的破坏现象（见图 5.3－13 和图 5.3－14）。

图 5.3－13　普斯罗沟坝区钻孔饼芯照片

（a）右岸 1650.00m PD47 平洞内弯折内鼓现象　　（b）左岸 1690.00m PD24 平洞内片帮现象

图 5.3－14　普斯罗沟坝区平洞高地应力现象

坝区左右岸平洞内采用孔径法空间地应力测试方法共进行了24组空间地应力测试，河床部位、左右岸坝肩中低高程各完成了5孔水压致裂法平面地应力测试。实测成果表明坝区初始地应力场具有以下特点：① 河床谷底在基岩面以下50～80m之间出现明显的应力集中，水平最大主应力（σ_H）达36MPa。② 左岸水平深度200m以外最大主应力值波动较大，深度200m附近应力集中明显，最大主应力σ_1量值达21.49～40.40MPa；随岸坡高程增加，岩体应力逐步降低。③ 右岸随水平深度增大地应力量值逐渐提高，在水平深度0～100m，最大主应力σ_1为12.96～15.42MPa，水平深度100～350m，最大主应力σ_1则为16.13～35.70MPa，水平深度大于350m应力趋于平稳，最大主应力σ_1为23.02～27.11MPa；随岸坡高程增加岩体应力同样逐步降低。④ 总体上坝区天然状态下应力量级高，属高应力区，最大主应力σ_1量值普遍在20～30MPa之间，方向较稳定，一般为N30°～60°W。

2. 存在的主要工程地质问题

截至2001年上半年选坝阶段地勘工作结束，普斯罗沟坝址勘探揭露出的主要工程地质问题是大理岩体中的软弱结构面（f_5、f_8、f_{13}断层，层间挤压带及绿片岩夹层）及左岸岸坡岩体中的深卸荷裂缝的分布及其对岸坡岩体稳定性的影响问题。

（1）左右岸大理岩体中的f_5、f_8、f_{13}断层，层间挤压带，以及绿片岩夹层三类软弱结构面。左岸f_5、f_8断层平面上呈入字展布，在剖面上往深部两断层交汇后，断层破碎带及其影响带宽达10余m，由强风化的碎裂岩及泥化碎粉岩组成。断层破碎带变形模量低，压缩变形大，是影响坝肩稳定的一个重要边界条件。右岸f_{13}断层位于坝址右岸高程1900.00m附近，断层破碎带宽度0.4～0.8m，断层上盘影响带宽5.8m，下盘影响带宽13.5～15m，变形模量E_0<2.6GPa，建筑物布置应考虑这一不利条件。坝址左岸层间挤压带较发育，尤其是分布在高程1650.00～1800.00m之间的第6层大理岩中更为发育，亦是影响左岸坝肩抗滑稳定的一个重要底部边界面。坝址区第4、6、8层大理岩中，内含灰黑色炭质大理岩、杂色角砾状透镜体或薄层状绿片岩，构成了右岸顺倾岸坡的相对软层和左岸反倾岸坡的相对软层。其中绿片岩常以透镜体或夹层发育，在各赋存层位中的分布及产状不均匀，随层位及构造部位而变，这可能与原始沉积环境不稳定，变质过程中矿物元素迁移的差异性等因素有关。顺层分布的绿片岩透镜体或夹层，构成右岸坝肩抗滑稳定的底界面。

（2）坝址左岸岸坡深卸荷裂缝。在普斯罗沟坝址左岸勘探过程中，岸坡表浅正常卸荷带、紧密岩带以里深部揭露出一系列规模不等的裂缝或裂隙松弛破裂现象，提出了“深卸荷裂缝”的概念。经过全面地质勘察和多项专题研究，查明了坝区左岸“深卸荷裂缝”的分布特征，论证了“深卸荷裂缝”是在特定的高陡边坡地形、地质构造结构面、高地应力环境和岩性组合条件下，伴随地壳急剧抬升，河谷快速下切过程，边坡初始高地应力卸荷、岩体张裂所形成的一套边坡深卸荷拉裂—剪切裂隙体系。由于深卸荷裂缝发育段岩体破碎、松弛，工程地质性状差，对水工布置和工程边坡稳定将产生不利影响，故成为该坝址一突出的工程地质问题。

据左岸勘探揭露，深卸荷裂缝发育于坝址左岸从上游Ⅱ线到下游A线，距岸坡水平深在50～200m范围内，裂缝主要发现于高程1690.00～1780.00m平洞内，其中以高程

1780.00m 附近最为发育，其裂缝发育段又可划分出集中发育带和零星发育带。集中发育带裂缝平均间距为 3.33～6.31m，零星发育带裂缝平均间距为 9.7～40.1m。深卸荷裂缝中单条裂缝松弛带宽一般 0.1～1m，最大宽度可达 12m；平洞内裂缝大都三壁贯通，其中追踪勘探揭露的最大长度为 179m，单条裂缝张开度最大可达 20cm，单带数条裂缝累计张开度可达 40cm。部分见下错位移，其单条最大下错位移可达 100cm。深卸荷裂缝发育段在地震波、声波波速特征上大多表现为低波速异常，平均纵波波速 1800～3500m/s。深卸荷裂缝发育段岩体破碎，部分平洞开挖时曾出现高达 10 余米塌顶，岩体完整性系数仅 0.08～0.4。张开较小的松弛岩体的变模仅 0.66～1.2GPa。深卸荷裂缝的优势方向为 N30°～50°E/SE∠50°～60°，此外 N50°～70°E/SE∠50°～60° 和下游 N70°～85°W/SW（NE）∠60°～80° 亦有发育。深卸荷裂缝的发育对混凝土坝的坝肩变形稳定和抗滑稳定不利，对拱肩槽开挖边坡、上游库水位变动引起水文地质条件变化后的边坡、下游水垫塘及其雾化区边坡稳定也会有不利影响。

（3）左右岸三个变形拉裂岩体边坡的稳定性。包括左坝头变形拉裂岩体、左岸Ⅳ—Ⅵ线山梁变形拉裂岩体、右岸猴子坡潜在不稳定岩体，发育不同类型、不同程度的岩体变形破坏迹象，总体稳定性较差。

3. 主要建筑物工程地质条件

普斯罗沟坝址河谷为深切 V 形峡谷，河谷顺直而狭窄，两岸谷坡陡峻，厚层块状大理岩裸露，结合地形地质条件研究了混凝土拱坝和堆石坝两种坝型，1999 年预可行性研究报告审查后主要针对混凝土拱坝方案开展工作。

（1）大坝工程地质条件。大坝工程地质条件主要包括坝基岩体质量及其变形稳定、拱坝坝肩抗滑稳定、坝基防渗与渗透稳定和边坡稳定等，各部分工程地质条件分述如下：

1）坝基岩体质量及其变形稳定。河床覆盖层厚为 11.40～37.94m，上、下部为砂卵砾石层，中部为含砾粉质土或黏质土层。基岩顶面高程为 1589.91～1619.10m，主要第二段（$T_{2-3}z^2$）大理岩、大理片岩及绿片岩互层和第一段（$T_{2-3}z^1$）绿片岩。河床基岩风化卸荷较弱。在基岩面以下 35～75m 开始出现饼状岩芯。无论何种坝型，均需挖除河床覆盖层，混凝土拱坝河床建基面初选在高程 1580.00m，坝基利用III_1级微新弱卸荷大理岩，堆石坝心墙基础置于基岩顶面，均可满足建基要求。总体上，河床坝基开挖量较小。

左岸为反向坡，高程 1810.00～1900.00m 以下为大理岩，以上为砂板岩。除浅表部的常规卸荷外，还发育深卸荷裂缝。进行一定开挖并针对性处理后，坝基基本满足拱坝建基要求，但岩体中发育有 f_2、f_5、f_8 等断层、层间挤压错动带及深卸荷裂缝，对拱坝坝基变形稳定不利，需进行一定工程处理。堆石坝心墙基础直接置于基岩上，满足高土石坝建基要求。

右岸为大理岩顺向坡，大理岩体一般坚硬完整，层间联结紧密。岩体风化卸荷弱于左岸。右岸坝基岩体总体较好，进行一定开挖后，满足高拱坝建基要求，但岩体中发育有北东向陡倾山里的 f_{13}、f_{14}、f_{18} 等断层，主要由胶结较好的角砾岩、碎块岩组成，但断层面上有 0.2～1.5cm 的软化、泥化碎粉岩，以及倾向山外偏下游中缓倾角的顺层绿片岩透镜体夹层，对混凝土拱坝坝基变形稳定不利，需进行一定工程处理。堆石坝心墙基础直接置于基岩上，满足高土石坝建基要求。

2）拱坝坝肩抗滑稳定。左坝肩根据 f_2、f_5、f_8 等断层、顺层挤压带及深卸荷裂缝的空间发育展布，及其相互关系主要有 4 种组合对坝肩抗滑稳定不利：① f_5、f_2 双滑面组合；② $T_{2-3}z^{2(6)}$层中 NE 向中陡倾角顺坡卸荷裂隙带、$T_{2-3}z^{2(6)}$层中顺层挤压带双滑面组合；③ NNE 向深卸荷裂缝、$T_{2-3}z^{2(6)}$层中顺层挤压带双滑面组合；④ NE 向深卸荷裂缝、$T_{2-3}z^{2(6)}$层中顺层挤压带双滑面组合。

右岸坝肩根据北东向陡倾山里的 f_{13}、f_{14} 等断层及倾山外大理岩中线连通率达 40%的顺层绿片岩透镜体夹层，和 N68°E/SE∠79°、N63°W/SW∠84°、N28°E/NW∠38°三组裂隙的空间发育展布及其相互组合关系，对右坝肩抗滑稳定不利组合主要是 f_{13}、f_{14} 等陡倾山里断层与倾坡外偏下游中缓倾角顺层绿片岩夹层的组合。

3）坝基防渗与渗透稳定。坝区裂隙岩体透水性严格受构造、风化卸荷及岩溶发育程度等诸因素控制，两岸由表及里依次为：岸坡强卸荷带的强透水带，弱卸荷带的中等透水为主，右岸弱卸荷带以里以弱透水为主，微透水段多分布在深部；左岸弱卸荷带以里紧密岩带以弱透水为主，深卸荷带局部岩体多为强透水带，再往里以微透水带为主。河床为弱卸荷岩体，多为中等透水，一般无强透水岩体，弱～微透水埋藏较深。

不论对混凝土拱坝、还是堆石坝，两岸帷幕防渗工程量均较大，并且左岸由于发育深卸荷裂缝，应高度重视可能由此引起的坝肩绕渗问题；此外，与河流小角度相交的河床 f_{18} 断层，左岸 f_2、f_5 断层，右岸 f_{13}、f_{14} 断层等，破碎带存在松软物质，在库水高水头作用下可能产生渗透稳定问题，均应采取针对性的工程防渗及防渗透变形处理措施。

4）工程高边坡稳定。坝址地形高陡，无论是混凝土拱坝、还是堆石坝，由于坝高达 300m 量级，两岸拱肩槽或心墙边坡开挖工程量都很大，左岸 NE 走向倾坡外裂隙较发育，以及上部砂板岩的强卸荷带水平深度达 70m，开挖后带来的高陡边坡稳定问题须引起重视，左岸还需注意高程 2000.00m 以上的倾倒变形砂板岩、高程 1810.00～2000.00m 之间左坝头变形拉裂岩体所在工程边坡的稳定问题。右岸要注意 f_{13} 断层、NWW 向裂隙和层间挤压错动带、层面裂隙构成的不稳定块体引起的边坡稳定问题。

（2）右岸地下洞室群工程地质条件。坝址右岸山里岩层为杂谷脑组第一段（$T_{2-3}z^1$）绿片岩及第二段（$T_{2-3}z^2$）大理岩局部夹绿片岩组成。预可研阶段混凝土拱坝和堆石坝两方案初拟的引水发电系统地下厂房洞室群均布置于坝后Ⅲ、Ⅳ勘探线之间，水平埋深 250～270m。洞室围岩主要为第二段（$T_{2-3}z^2$）第 3、4、5 层灰白色厚层块状大理岩和杂色角砾状大理岩，局部夹绿片岩透镜体组成。其中第 3、5 层厚层块状灰白色大理岩，岩质坚硬，完整性好，声波纵波速平均大于 6000m/s，完整性系数 K_v>0.9，初步围岩分类属Ⅱ类；第 4 层杂色角砾状大理岩，岩体呈巨厚层状，完整性好，声波纵波速平均 5.9～6.1km/s，完整性系数 K_v=0.8～0.9，局部绿片岩透镜体发育部位，完整性较差，综合分析，该层仍以Ⅱ类围岩为主，但局部有绿片岩透镜体发育，其层面裂隙与走向 NE 倾 SE 的裂隙组合对顶拱围岩稳定不利，同时因较高地应力的影响，其围岩类别可能降至Ⅲ类，施工中应采取有效的加固处理措施。

引水隧洞所穿过的地层，外侧隧洞以杂谷脑组第二段（$T_{2-3}z^2$）中第 3～5 层为主，属

Ⅱ类围岩，局部穿过第 6 层中厚层状大理岩，属Ⅲ类围岩，内侧隧洞部分穿过杂谷脑组第二段中第 2 层大理岩夹绿片岩，该层岩质软弱，层面裂隙和片理发育，初步围岩分类属Ⅲ～Ⅳ类围岩，需采取有效的支护措施。

混凝土拱坝方案电站进水口位于右岸普斯罗沟口上游侧，开挖坡高约 200m，由杂谷脑组第二段中第 4 层杂色角砾状大理岩、第 5 层厚层大理岩、第 6 层中厚层局部薄层条带状大理岩夹绿片岩透镜体组成，第 6 层顺层挤压带发育，岩层倾向坡外，倾角 30°～40°，开挖坡度陡于岩层倾角，且大部分位于库水以下，存在高陡工程边坡的稳定问题，需采取加固处理措施。

堆石坝方案电站进水口位于右岸普斯罗沟口下游侧，出露第二段第 6、5、4 层大理岩，岩层倾向坡外，倾角 30°～45°，开挖坡高达 190m。边坡上部第二段第 6 层为中厚层局部薄层条带状大理岩夹绿片岩透镜体，顺层挤压带发育；中部为第 5 层中厚～厚层大理岩；下部为第 4 层角砾状大理岩夹绿片岩透镜体。上述倾坡外顺层软弱结构面与 NE 向、近 EW 向两组陡倾角裂隙组合，对开挖高边坡稳定不利，需采取加固处理措施。

（3）泄洪洞工程地质条件。选坝阶段在右岸布置了一条有压接无压泄洪洞。

右岸有压接无压泄洪洞进口区位于普斯罗沟下游侧，高程 1890.00m 以上为自然坡度 40°左右的斜坡地形，有厚 0～5m 残坡积堆积的块碎石土覆盖层，高程 1890.00m 以下为普斯罗沟下游侧陡壁，基岩裸露。基岩岩性为 $T_{2-3}z^{2(6、5、4)}$层大理岩，岩层倾向坡外，倾角 30°～45°。泄洪洞进口区边坡开挖坡高达 100m，边坡上部 $T_{2-3}z^{2(6)}$层为中厚层局部薄层条带状大理岩夹绿片岩透镜体，顺层挤压带发育，下部为 $T_{2-3}z^{2(4)}$层角砾状大理岩夹顺层绿片岩透镜体，上述倾坡外顺层软弱结构面与 NE 向、近 EW 向两组陡倾角裂隙组合，对进口区开挖高边坡稳定不利，需采取加固处理措施；中部为 $T_{2-3}z^{2(5)}$层中厚～厚层大理岩，岩体除卸荷裂隙较发育外，其他断层、顺层软弱结构面不发育，没有对进口区开挖高边坡稳定不利的特殊组合，边坡稳定性较好。

泄洪洞洞身进口段置于 $T_{2-3}z^{2(6)}$和 $T_{2-3}z^{2(5)}$层大理岩构成的普斯罗沟陡壁内，受地形影响岩体风化卸荷强烈，强卸荷、弱风化水平深度 15～20m，弱卸荷 45～50m，岩体较松弛破碎，为$Ⅲ_2$、Ⅳ类围岩，占全部洞身的 4.2%，围岩稳定性差～不稳定，需采取有效处理措施。泄洪洞工作闸门室后 0+375m 将遇 f_{13} 断层，f_{13} 断层破碎带及影响带宽 15～20m，由重结晶的方解石和角砾岩、碎粉岩组成，泥化碎粉岩厚 0.2～15cm，为Ⅳ～Ⅴ类岩体，成洞条件差，围岩受断层构造影响，极不稳定。

泄洪洞洞身围岩大部分为 $T_{2-3}z^{2(5、4)}$层大理岩，局部为 $T_{2-3}z^{2(3)}$层大理岩，岩石坚硬，岩体嵌合紧密，完整性好，为Ⅱ类围岩，占全部洞身的 80.9%，成洞条件好。泄洪洞洞身后段为 $T_{2-3}z^{2(6)}$层大理岩，除局部顺层挤压带发育段岩体较破碎外，其他段岩体微风化～新鲜、嵌合较紧密、岩体较完整，为$Ⅲ_1$类围岩，占全部洞身的 4.9%；出口段及挑流段位于卸荷带内，卸荷带大理岩岩体较松弛较破碎，以$Ⅲ_2$、Ⅳ类围岩为主，占全部洞身的 10%；并将穿过总宽度为 3～5m 的 f_{10}、f_{16}、f_{19} 三条断层破碎影响带，断层走向与洞向交角 40°～55°，成洞条件差，需采取有效支护措施。

（4）堆石坝方案右岸溢洪道工程地质条件。坝址右岸高程 1850.00m 以上为自然坡度

40° 左右的层面斜坡地形，斜坡宽度大于 380m，基本具备布置地面溢洪道的地形条件。

溢洪道的引渠及闸门段置于 $T_{2-3}z^{2(6)}$和 $T_{2-3}z^{2(5)}$层大理岩之上。$T_{2-3}z^{2(6)}$层大理岩中有绿片岩夹层及层间挤压带等弱面发育，倾坡外倾角 30° ~40° ，为顺向坡，且有 NE 向陡倾坡内 f_{13} 断层切割，构成后缘切割面。溢洪道引渠及闸门段内侧边坡开挖高度约 120m，其稳定问题应予重视。

溢洪道泄槽段位于 $T_{2-3}z^{2(6)}$层含绿片岩大理岩中，其中泄槽中段穿过 f_7 断层，该断层产状 N40°W/NE∠42° ~50° ，地层产状 N30° ~35°E/NW∠40° ~45° ，且大理岩中发育炭化层间挤压带等弱面，其组合对内侧边坡稳定不利，开挖坡高达 160m，其稳定性应予重视。

5.3.2　比较与选择

由于锦屏一级极其复杂的自然环境与地质条件带来的诸多重大工程地质问题及其勘察难度，以及四个比较坝址鲜明的地形地貌条件特点及其坝型适宜性，使得坝址与坝型选择比同期类似工程更加困难，前后历时十多年。通过地质勘察和大量的分析、研究、论证，先对水文站、三滩、解放沟、普斯罗沟 4 个坝址进行比较，初步选出三滩、普斯罗沟两个代表性坝址和三滩堆石坝、普斯罗沟拱坝两个代表性坝型方案，再针对性开展进一步的勘察论证和对比分析，最终选定了普斯罗沟坝址混凝土双曲拱坝方案。

5.3.2.1　各坝址工程地质条件比较

在各比较坝址初步查明工程地质条件的基础上，根据各自初拟坝型及其枢纽建筑物布置，先对坝址建坝地形地质条件进行分析，再对枢纽建筑物工程地质条件进行分析、评价，指出存在的主要工程地质问题，再进行坝址之间的相互比较。

1. 水文站坝址

该坝址可利用河段弯道，岩层以薄层状板岩为主，对堆石坝方案的水工枢纽布置有一定适应性，但其工程地质条件差，主要表现为：① 两岸岸坡存在深厚的强风化碎裂倾倒岩体，层间错动及挤压破碎带发育，坝肩稳定性差；② 坝址砂板岩以薄层状板岩为主，两岸岸坡岩体倾倒变形深厚，岩体较破碎，地层产状与河道近于平行，高陡边坡及大跨度洞室群围岩稳定性亦差；③ 坝址上游两岸倾倒变形岩体发育普遍，且 2.7km 右岸有方量达 1300 万 m^3，规模巨大的呷爬滑坡存在，水库蓄水后，该滑坡将存在失稳的可能，滑坡产生的涌浪将威胁到堆石坝的安全；④ 坝址下游Ⅲ勘探线左岸有方量达 1500 万 m^3 的水文站滑坡，下游右岸陆房沟，左岸马桑沟还有泥石流活动，严重影响枢纽区水工建筑物布置。

综合判断，水文站坝址地质条件复杂，工程地质问题突出，不具备修建高土石坝条件。

2. 解放沟坝址

解放沟坝址地形较水文站和三滩坝址狭窄，岸坡较陡，右岸、河床及左岸高程 1720.00m 以下全为大理岩，左岸高程 1720.00m 以上为砂板岩，其工程地质条件对混凝土坝和堆石坝有一定的适应性。解放沟坝址的主要有利条件是坝址右岸及河床为较坚硬完整的大理岩，对堆石坝右岸、河床心墙部位开挖量小。

解放沟坝址存在一系列较突出的工程地质问题：① 左岸砂板岩发育有数条规模较大

的与河流交角较小的断层和层间挤压破碎带，岩体沿这些断层及构造裂隙卸荷松弛拉裂水平深度达 150～200m，且砂板岩表部倾倒变形严重，地形零乱，其岩体破碎；左岸地下洞室围岩稳定性问题突出，成洞条件差，且坝肩开挖深度大，边坡稳定性亦差；若作混凝土坝址，还存在左岸坝基岩体强度及变形不均一和坝肩抗滑稳定问题；若作堆石坝坝址则存在溢洪道地基和高边坡的稳定性问题。② 坝址右岸为顺向坡，大理岩及所夹的绿片岩透镜体层面以中等倾角倾向坡外，对混凝土坝的坝肩抗滑稳定不利。③ 坝址河床基岩岩溶发育下限较深，不论混凝土坝还是堆石坝，坝基防渗难度较大。④ 坝址两岸谷坡较陡，尤其右岸高程 1900.00m 以上，大理岩陡壁耸立，对堆石坝若开挖溢洪道，高陡边坡的稳定问题十分突出。

综合判断，解放沟坝址无论修建堆石坝还是混凝土坝，其左岸岩体质量、边坡稳定性、洞室围岩稳定性、坝基防渗深度及右岸高边坡稳定性等工程地质问题均较突出，对建高坝的适应性较差。

3. 普斯罗沟与三滩坝址比较

普斯罗沟坝址根据地形地质条件拟建混凝土双曲拱坝，预可行性研究阶段还研究了堆石坝方案，可行性研究阶段选坝主要以混凝土双曲拱坝方案开展选坝工作，与三滩坝址的堆石坝方案进行比较选择。

（1）坝基工程地质条件。由于三滩坝址是堆石坝，而普斯罗沟坝址是混凝土双曲拱坝，两者无法进行直接对比，只能从各自的有利条件、不利条件进行对比分析，综合判断其建坝条件优劣。

1）普斯罗沟坝址河谷狭窄，宽高比仅约 1.7，河道顺直，地形完整，山体对称雄厚，基岩裸露，自然边坡整体稳定；坝基岩体以大理岩为主，岩质坚硬，右岸及左岸高程 1700.00m 以下大理岩完整均一，抗变形能力强；坝基岩体风化弱，岩溶不发育，河床基岩相对隔水层埋藏较浅，防渗处理工程量较小；左岸及抗力体范围内虽侧滑面发育（f_5、f_8 断层，煌斑岩脉、深卸荷裂缝，表浅部走向 NE 倾向 SE 卸荷裂隙等），但不存在确定性的底滑面，缓倾坡外软弱结构面不发育。总体上，普斯罗沟坝址地形地质条件比较适宜于修建混凝土双曲拱坝。

拱坝存在的主要工程地质问题包括：① 左坝肩及抗力体范围内，高程 1700.00m 以上岩体卸荷水平深度大，发育深卸荷裂缝和低波速松弛岩体，以及 f_5、f_8 等断层的存在，使该部位坝基抗力岩体完整性降低，岩体变形模量不均一，相对完整岩体变模 10GPa 以上，而卸荷松弛岩体变模则小于 2GPa，并局部有强透水岩体分布，这对拱坝抗变形稳定和渗透稳定不利，需采取专门的基础处理措施，处理工程量及难度均较大。② 右坝肩及抗力体范围，第 4 层大理岩中夹绿片岩透镜体，岩层走向 NE 倾向山外偏下游，倾角中等，对右坝肩抗滑稳定较为不利。③ 由于左岸岩体卸荷拉裂较强烈，并有倾坡外深卸荷裂缝和表浅部卸荷裂隙发育，对左坝肩拱肩槽开挖边坡的稳定不利，需采取加固措施。

2）三滩坝址河谷地形相对开阔，地形较缓，对堆石坝有较好的适应性；左坝肩岩体虽浅表部有倾倒变形，但深度不大，建基面以里岩体相对紧密，完整性较好，心墙部位开挖量不大，边坡整体稳定性较好；左岸地下水位高，岩体透水性小，坝肩防渗工程量较小；

右岸高程 1880.00m 以上为一平均坡度约 25° 的台阶状缓坡，地形上利于布置开敞式溢洪道；河床坝基岩体为砂板岩，无强风化，弱风化深度仅为 2.5～12m，相对抗水层埋藏不深，经一般工程处理后可作为心墙地基，心墙地基开挖量和防渗处理工程量均不大。总体上，三滩坝址地形地质条件比较适宜于修建堆石坝。

堆石坝存在的主要工程地质问题包括：① 右坝肩发育的Ⅱ号变形体，分布范围和深度大，心墙基础难以避开变形体的影响，需做好地基处理；② 右坝肩岩体强卸荷深度大，心墙建基面以下局部强卸荷岩体透水性强，防渗处理工程量大；③ 右岸坝肩心墙部位施工开挖中，强变形、强卸荷岩体形成的临时边坡稳定性差，需采取专门的边坡支护措施。

3）对两坝址坝基工程地质条件比较分析可知，两坝址不论是混凝土拱坝还是堆石坝，都各有利弊：普斯罗沟坝址虽地形对称完整，河谷狭窄，坝基大理岩坚硬较完整，适宜修建拱坝，但左岸坝基及抗力体范围内，存在 f_5、f_8 断层、深卸荷裂缝、裂隙松弛带等明显的地质缺陷，为满足高拱坝对地基抗变形稳定等的要求，工程处理量和难度较大；三滩坝址堆石坝，对地形地质条件虽有较好的适应性，但右坝肩变形体的存在，增加了心墙基础的处理难度和工程量。

（2）泄洪消能建筑工程地质条件。普斯罗沟坝址初拟混凝土拱坝仅在右岸布置了一条泄洪洞，而三滩坝址初拟堆石坝在右岸布置了溢洪道，左岸布置了泄洪洞和放空洞各一条。

1）普斯罗沟坝址由于拱坝可利用坝身泄洪，岸边泄洪建筑物简单，仅设右岸一个泄洪洞，泄洪洞全部置于大理岩之中，Ⅱ类围岩约占 84%，Ⅲ、Ⅳ类围岩约占 16%，洞室围岩稳定条件较好。

存在的主要工程地质问题是：泄洪消能产生的强雨雾化将对坝下游雾化区边坡的稳定性产生不利影响，特别是左岸边坡高陡，下游段岸坡深卸荷裂缝发育较强，水平埋深浅，更应引起重视，需采取必要的工程处理措施。

2）三滩坝址堆石坝泄洪消能建筑物布置较拱坝复杂，主要靠岸边泄洪，布置有右岸溢洪道，左岸泄洪洞和放空洞。

右岸开敞式溢洪道泄槽位于Ⅱ号变形体之上，地基及边坡岩体破碎，变形与稳定问题突出，需采取有效的处理措施。

左岸泄洪洞和放空洞洞身围岩由绿片岩、大理岩和砂板岩组成，其中Ⅱ类围岩约占 62%，Ⅲ、Ⅳ类围岩约占 37%，局部小断层、挤压带为Ⅴ类围岩小于 1%。洞室进口区位于三滩沟左岸，绿片岩组成的天然边坡陡，工程开挖边坡高；出口区为砂板岩，岩体较破碎，且发育倾倒变形体，泄洪冲刷和雾化对边坡的稳定性将产生不利影响。

（3）引水发电系统工程地质条件。两个坝址引水发电系统都布置在右岸大理岩中，地质条件相对比较简单、类似。

1）普斯罗沟坝址右岸地下厂房方案，选坝阶段位于坝前库内。厂房三大洞室全部置于 $T_{2-3}z^2$ 大理岩夹绿片岩中，岩体完整性较好。其中厂房Ⅱ类围岩约占 79%，Ⅲ类围岩约占 21%；主变压器室Ⅱ类围岩约占 68%，Ⅲ类围岩约占 32%；尾水调压室Ⅱ类围岩约占 38%，Ⅲ类围岩约占 62%。

存在的主要工程地质问题包括：① 厂房进水口区自然边坡下缓上陡，工程边坡高近

150m，为顺向坡，第 6 层中发育层间挤压错动带，边坡稳定问题较突出；② 地下洞室地应力高，Ⅲ类围岩所占比例较大为 21%～62%，需采取支护处理；③ 厂房位于库内，增加了防渗工程量。

2）三滩坝址右岸地下厂房方案，位于拟建堆石坝坝轴线下游。地下厂房进水口及三大洞室均置于 $T_{2-3}z^2$ 大理岩之中，岩体新鲜，完整性较好，厂区有 f_5、f_6、f_{20} 等小断层通过。地下洞室围岩以Ⅱ、Ⅲ类为主，有少量为Ⅴ类（断层带）围岩。

存在的主要工程地质问题是地下洞室中Ⅲ类围岩及Ⅴ类围岩的稳定问题，在施工中需采取一定的支护处理。

5.3.2.2 坝址与坝型选择意见

分析对比 4 个比选坝址的地形条件和工程地质条件，关于最终的坝址与坝型选择有如下几点认识：

（1）水文站坝址：虽有河弯地形利于堆石坝布置，但两岸岸坡存在深厚的全强风化砂板岩倾倒碎裂岩体、左岸下游侧发育巨型滑坡，下游两岸均有泥石流活动等重大地质问题，不具备建高土石坝的条件。

（2）解放沟坝址：除两岸岸坡陡峻，不利于布置溢洪道外，主要的工程地质问题是两岸岩性和岩体工程地质性状差别很大，右岸和河床为大理岩，有较好的工程地质条件；左岸主要为砂板岩，且受构造强烈切割破坏，岩体松弛拉裂严重、深度大，浅层岩体倾倒现象明显等不利的工程地质因素，使本来工程地质性能欠佳的砂板岩更加破碎、松动，由此使左坝肩防渗、抗滑稳定、变形稳定以及地下洞室和高边坡稳定性问题都非常突出，工程处理难度大，对建高坝的适应性差。

（3）三滩坝址：河谷地形相对开阔，表层为砂板岩，大理岩埋藏较深，两岸均有缓坡地形，具有修建堆石坝以及地下洞室的工程地质条件；主要不利条件是右岸顺向坡砂板岩变形较强烈，左岸表层砂板岩倾倒，存在高位崩塌堆积体等工程地质问题，对岸边溢洪道布置不利，开挖工程量和堆筑工程量均较大；此外水库近坝呷爬滑坡稳定性差，蓄水后若失稳产生的涌浪将对堆石坝有不利影响。

（4）普斯罗沟坝址：两岸河谷陡峻、狭窄，河道顺直，主要由大理岩组成，是锦屏一级河段内较适宜修建混凝土双曲拱坝的坝址；主要不利条件是右岸为顺向坡，存在绿片岩夹层不利于右坝肩抗滑稳定；左岸存在多条顺坡向断层和深卸荷裂缝对坝肩抗滑稳定和变形稳定不利，深卸荷裂缝可能会影响左坝肩绕坝渗漏、坝肩的变形、抗滑稳定，以及岸坡稳定（主要包括拱肩槽开挖边坡、下游泄洪雾化区边坡等的稳定性）。上述工程地质问题已基本查明，只要在设计、施工中针对上述问题采取相应的工程措施加以妥善处理，其建坝条件是具备的。

经过预可行性研究阶段、可行性研究阶段第一期选坝两阶段（期）10 年时间，首先在预可行性研究阶段选出三滩和普斯罗沟两个坝址，可行性研究选坝阶段对三滩堆石坝坝址和普斯罗沟拱坝坝址进行了勘察研究，深入论证。综合水工建筑物布置、施工组织设计和工程投资、施工工期等，最终选定坝址与坝型为普斯罗沟坝址的混凝土双曲拱坝。2001 年 7 月在四川成都都江堰市召开的由水电水利规划设计总院主持的锦屏一级水电站选坝报告审查会，同意了报告推荐的普斯罗沟坝址及混凝土双曲拱坝坝型。

5.4 厂 址 选 择

以下论述推荐的普斯罗沟坝址混凝土双曲拱坝方案，在预可行性研究和可行性研究阶段厂址选择的工程地质勘察与评价。

普斯罗沟坝址处河谷狭窄，两岸岸坡陡峻，枢纽泄洪流量大，且发电机组台数多，厂房规模较大，坝址区地形条件不具备布置岸边地面厂房及坝后式厂房的条件，故采用地下式厂房的布置型式。

坝址右岸由第二段大理岩局部夹绿片岩组成，第一段绿片岩在右岸山里埋藏较深。厂房洞室群可以置于第二段第 3～5 层大理岩内，岩性主要为灰白色厚层块状大理岩和杂色角砾状大理岩，局部夹绿片岩透镜体，其中第 3、5 层厚层～块状灰白色大理岩，岩质坚硬，完整性好，第 4 层杂色角砾状大理岩，岩体呈巨厚层状，完整性好，成洞条件较好。坝址左岸下部为杂谷脑组第二段第 6～8 层大理岩，其中第 6 层上部为薄—中厚层条带状大理岩，夹有性状软弱、分布较连续的绿片岩夹层，且层间挤压错动带发育，上部为第三段砂板岩，其中板岩岩性以薄层粉砂质板岩为主，夹少量变质砂岩，层面构造发育。左岸发育有深卸荷裂缝，左岸成洞条件总体较差，布置大型地下洞室群，不仅对边坡稳定性带来不利影响，而且还存在施工干扰，不适于大型洞室群的布置。因此，从预可行性研究阶段开始，引水发电建筑物就布置于右岸。

在锦屏一级不同勘测设计阶段，根据普斯罗沟坝址混凝土双曲拱坝枢纽布置方案的研究，开展了不同厂址方案选择的工程地质勘察，查明了各个厂址方案的工程地质条件及其主要工程地质问题，经过多专业比较分析，最终选定了中部厂址方案。

5.4.1 预可行性研究阶段

该阶段以尾部厂址方案为代表性方案，地下厂房洞室群布置于坝后Ⅲ、Ⅳ勘探线之间，水平埋深为 250～270m。洞室围岩主要为第二段第 3～5 层灰白色厚层块状大理岩和杂色角砾状大理岩，局部夹绿片岩透镜体组成。其中第 3、5 层厚层块状灰白色大理岩，岩质坚硬，完整性好，初步围岩分类属Ⅱ类，第 4 层杂色角砾状大理岩，岩体呈巨厚层状，完整性好，局部绿片岩透镜体发育部位，完整性较差，综合分析，该层仍以Ⅱ类围岩为主，但局部有绿片岩透镜体发育，其层面裂隙与走向 NE，倾 SE 的裂隙组合对顶拱围岩稳定不利，同时因较高地应力的影响，其围岩类别可能降至Ⅲ类，施工中应采取有效的加固处理措施。

5.4.2 可行性研究阶段第一期（选坝）

研究了两个引水发电系统布置方案：一个方案为首部厂址方案，引水发电系统的进水口位于普斯罗沟上游为 500～600m，地下厂房洞室群位于吊桥至下游 120m 范围内右岸山里，水平埋深大于 190m；另一个方案为上阶段研究过的尾部厂址方案，引水发电系统的进水口位于普斯罗沟上游 200m 附近，地下厂房洞室群布置于坝后Ⅲ、Ⅳ勘探线之间，水平埋深为 250～270m。经多专业比较分析，可研阶段第一期选坝，初步推荐为首部厂址方案。

1. 首部厂址方案

地下厂房布置在普斯罗沟上游约 400m 坝前右岸，属库内厂房。引水发电系统建筑物包括进水口、压力管道、三大洞室、尾水洞和出口边坡，如图 5.4-1 所示。

进水口区自然边坡高程 1900.00m 以下坡度 35°～45°，高程 1900.00m 以上谷坡陡峻，为顺向坡，由厚层状大理岩组成，边坡开挖高度大于 100m，其上部为强卸荷的第 6 层中厚层局部夹薄层条带状大理岩，顺层挤压带发育，与 NE 向、近 EW 向两组陡倾角裂隙组合，是影响进口区工程高边坡稳定的不利组合。

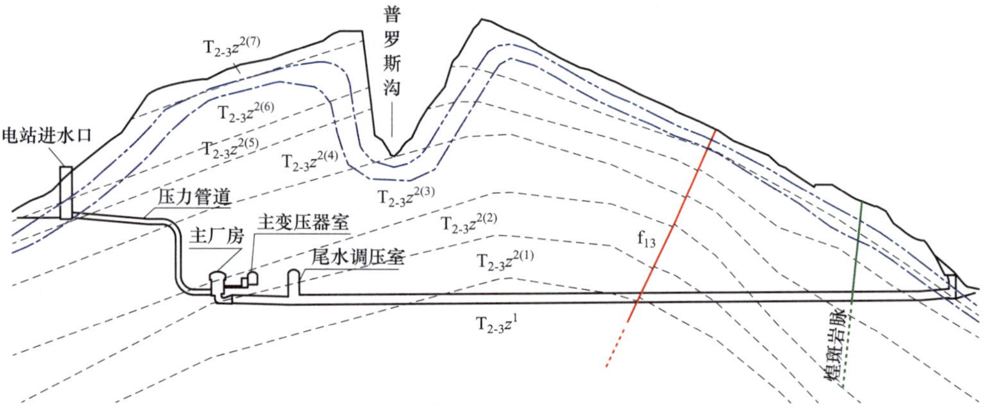

图 5.4-1　首部厂址方案引水发电系统工程地质条件简图

6 条压力管道沿线岩层岩性为第 2～4 层厚层大理岩，围岩类别主要为Ⅱ、$Ⅲ_1$类，成洞条件较好。

厂房三大洞室置于第 1～3 层大理岩、绿片岩中，具备成洞条件。本方案的主厂房顶拱围岩约有 90%为$Ⅲ_1$类，10%为$Ⅳ_1$类；主变压器室顶拱围岩全部为$Ⅲ_1$类；尾水调压室顶拱围岩为$Ⅲ_1$类。

2 条尾水洞沿线岩层岩性为第 1～6 层厚层角砾状大理岩、大理岩、条带状大理岩，围岩类别以$Ⅲ_1$类为主，部分$Ⅲ_1$～$Ⅳ_1$类，围岩稳定性较差。

尾水洞出口位于右岸Ⅲ线上游，出口区自然边坡坡度一般为 35°～55°，由第 6 层厚层角砾状大理岩组成，夹顺层绿片岩透镜体，岩层倾向坡外偏下游，发育 f_7 断层。工程边坡高约 80m，边坡上部的强卸荷岩体为$Ⅳ_1$级，岩体较破碎，且层面裂隙、层间错动挤压带与 NE 向裂隙的组合可能构成出口边坡的不稳定块体。

2. 尾部厂址方案

地下厂房洞室群布置于坝后Ⅲ、Ⅳ勘探线之间，引水发电系统建筑物包括进水口、压力管道、三大洞室、尾水洞和出口边坡，如图 5.4-2 所示。

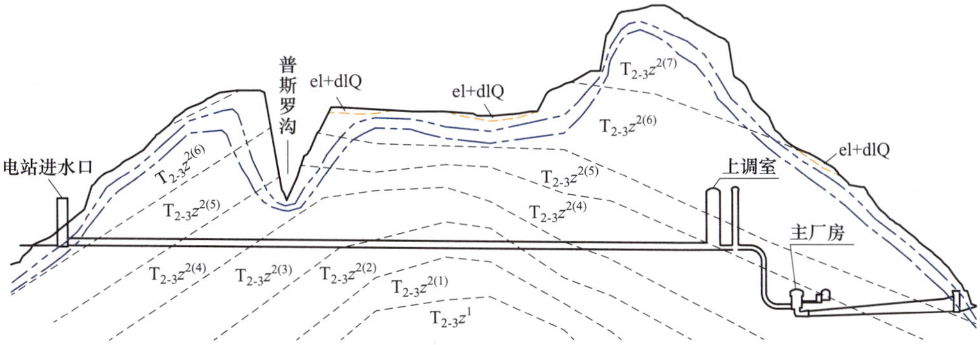

图 5.4－2　尾部厂址方案引水发电系统工程地质条件简图（预可行性研究与可行性研究选坝阶段）

进水口位于普斯罗沟上游 200m 附近，其工程地质条件与首部厂址方案进水口相同。

压力管道沿线岩层为第 3～6 层厚层角砾状大理岩、大理岩、条纹状大理岩，围岩类别为Ⅱ～$Ⅲ_1$类，成洞条件较好；局部分布的绿片岩透镜体，以及可能遇到的 f_{13}、f_{14}、f_7 断层带，局部围岩稳定性较差。

地下厂房三大洞室布置于右岸Ⅲ勘探线上游一带。厂房轴线布置方向 N86°W，水平埋深为 130～380m。洞室围岩主要由第 3～5 层灰白色厚层块状大理岩和杂色角砾状大理岩，局部夹绿片岩透镜体组成，围岩以$Ⅲ_1$类为主，成洞条件总体较好。

尾水洞沿线第 4～6 层厚层角砾状大理岩、大理岩，围岩类别以Ⅱ～$Ⅲ_1$类为主，局部分布绿片岩透镜体，以及 f_1、f_{10}、f_{17} 断层带，局部围岩稳定性较差。

尾水洞出口位于右岸Ⅳ线下游，自然边坡坡度一般 35°～55°，由第 6 层中厚层大理岩、角砾状大理岩组成，夹顺层绿片岩透镜体，岩层倾向坡外偏下游，产状 N50°～70°E/NW∠30°～40°，发育 NEE 向的陡倾 f_{19}、f_{16} 断层。工程边坡高约 110m，边坡上部的强卸荷岩体为$Ⅳ_1$级，弱卸荷带为$Ⅲ_2$级岩体，层面裂隙与 NEE 向断层、裂隙组合，可能构成出口边坡的不稳定块体。

5.4.3　可行性研究阶段第二期（选坝后）

可行性研究选定坝址后，考虑到首部、尾部厂址方案均存在诸多不利条件，如首部厂址方案采用的下游尾水调压室或尾部厂址方案采用的上游调压室其规模、工程量大及技术难度高等，因此，增加了中部厂址方案进行比较。

中部厂址方案地下厂房布置在坝后右岸Ⅰ勘探线下游约 70m。引水发电系统建筑物包括进水口、压力管道、三大洞室、尾水洞和出口边坡，如图 5.4－3 所示。

进水口位于普斯罗沟下游侧，自然边坡为近直立的陡坡，自上而下由第 6、5、4 层大理岩组成。边坡上部为第 6 层顺层挤压带发育，与 NE 向、近 EW 向两组陡倾角裂隙组合，是影响进口区开挖高边坡稳定的不利组合。

压力管道共 6 条，沿线岩层为第 2、3、4 层大理岩，围岩类别以Ⅱ～$Ⅲ_1$类为主，成洞条件较好；靠山里的①、②压力管道后段（下弯段、下平段）岩性以绿片岩为主，岩质相对较软，围岩类别属$Ⅳ_1$类岩体，围岩稳定性差；6 条压力管道均将穿过 f_{13} 断层，围岩稳定性较差。

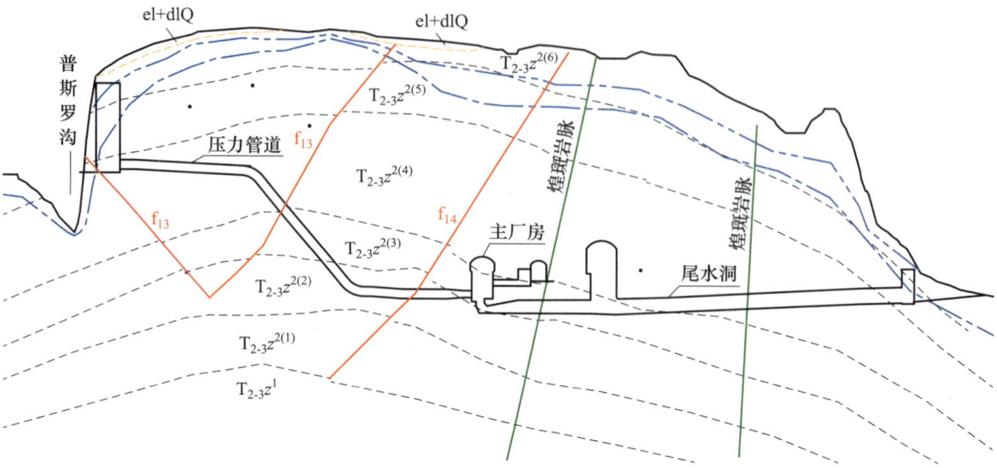

图 5.4-3　中部厂址方案引水发电系统工程地质条件简图

地下厂房洞室群布置于坝下游Ⅰ、Ⅵ勘探线之间，水平埋深大于 150m。三大洞室全部置于杂谷脑组第二段第 2～4 层大理岩夹绿片岩中，围岩类别以$Ⅲ_1$类为主，主要发育 f_{13}、f_{14} 两条断层，是厂区的控制性结构面，布置主要建筑物时需考虑该两断层的影响，f_{13} 断层上盘的安装间部位，发育 NW—NWW 向裂隙密集带，成洞条件差，且地下水丰富。通过可行性研究选坝后加深勘察，地下厂房三大洞室原深部绿片岩分布较预可行性研究阶段预测减少，具备修建大型洞室群条件。

2 条尾水洞沿线岩层为第 2～6 层厚层角砾状大理岩、大理岩、条带状大理岩，围岩类别以$Ⅲ_1$类为主，部分$Ⅲ_1$～$Ⅳ_1$类，对局部分布的绿片岩透镜体，以及中、前段可能遇到的 f_{13}、f_{14} 断层带，围岩稳定性较差。

尾水洞出口区位于右岸Ⅲ线附近，出口区自然边坡坡度一般 35°～55°，由第 6 层厚层角砾状大理岩组成，夹顺层绿片岩透镜体，岩层倾向坡外偏下游，发育 NEE 向陡倾的 f_{19}、f_{16} 断层和顺层方向的 f_7 断层。出口开挖边坡高约 85m，层面裂隙与 NEE 向断层、裂隙组合，可能构成出口边坡不稳定的块体。

5.4.4　厂址工程地质条件综合比较及选择

首部、中部、尾部厂址三个方案主要建筑物工程地质条件综合比较如下：

进水口，三个方案均具备进洞的工程地质条件，中部、尾部方案进水口可利用普斯罗沟下游侧陡壁，地形条件更为有利，但开挖的工程边坡高度较大。

压力管道，三个方案压力管道围岩类别均以$Ⅲ_1$类为主，总体成洞条件均较好。但中部厂房方案压力管道穿过 f_{13} 断层，山里测压力管道涉及第 1、2 层大理岩与绿片岩，围岩稳定性差。尾部厂房压力管道穿过 f_{13}、f_{14} 断层带，局部稳定性差。压力管道工程地质条件看首部厂房较优。

厂房三大洞室，三个方案地下厂房区均属于高地应力区，以尾部厂房、中部厂房的地应力相对略高，首部厂房的地应力相对略低。三个方案地下厂房地下水出露情况以中部厂房较强，表现为渗滴水、涌水，尾部、首部厂房较弱。首部方案厂房涉及大理岩第2、3层，围岩类别主要为$Ⅲ_1$、$Ⅲ_2$、$Ⅳ_1$类；中部方案厂房置于大理岩第 2、3、4 层内，围岩类别以$Ⅲ_1$类为主；尾部方案厂房岩性为大理岩第 3、4、5、6 层，围岩类别主要为$Ⅲ_1$类。因此，三个方案地下厂房洞室围岩稳定条件以尾部厂房相对略好，中部厂房及首部厂房略差。

尾水洞，三个方案尾水洞穿过地层均为大理岩第 2～6 层，工程地质条件基本一致。

从工程地质条件看，首部、中部、尾部三个厂址方案工程地质条件无本质区别，均具备修建大跨度地下洞室的工程地质条件。经水工布置、施工条件、投资、工期等综合条件的比较，认为引水发电建筑物以中部厂房布置，引水线路短、布置紧凑、水头损失小，工程量较少，与其他两个方案比较相对较优。施工方面，首部厂址方案地下部分受库水影响、施工难度相对较大，中部厂址方案施工干扰和对控制进度的制约相对较小，方案最优。最终选定了中部厂址方案。

5.5 小　　结

经过预可行性研究阶段近十年、可行性研究阶段第一期选坝近两年的地质勘察工作，初步查明了小金河口—景峰桥 21km 河段地质条件，评价了建高坝条件和坝型适宜性，拟定了 4 个比较坝址并查明了各自工程地质条件，对影响建坝条件、坝址与坝型选择、地下厂房方案选择和选定坝址后的枢纽建筑物布置的重大工程地质问题进行了深入的研究论证，提出了相应的地质建议。经过归纳、总结，对川西高山峡谷地区 300m 级以上高坝坝址选择工程地质勘察有如下主要结论与认识：

（1）小金河口—景峰桥之间长约 21km 的河段，地形地貌上为强烈切割高山峡谷区，河谷两岸出露基岩主要为三叠系杂谷脑组第一段绿片岩、第二段大理岩和第三段变质砂岩、板岩，无大的区域性断裂通过，区内主要构造形迹为 NNE 向的白洋坪复式向斜及其东侧景峰桥—兰坝（倒转）次级背斜、三滩（倒转）次级向斜等。河段两岸岸坡物理地质作用强烈，谷坡岩体卸荷深度较大，局部地段变形破裂迹象明显，发育水文站滑坡、呷爬滑坡，水文站坝段两岸岩层倾倒变形强烈，在三滩坝段两岸还发育变形体，在普斯罗沟坝址左岸岩体还发育深卸荷。小金河口—景峰桥河段根据地层岩性、岩体结构类型、岩层或控制性结构面产状与河流流向关系及边坡稳定条件等地质特征，可以划分为小金河口—矮子沟陡倾砂板岩纵向谷河段、矮子沟—兰坝沟陡倾砂板岩及大理岩斜—横向谷河段、兰坝沟—解放沟砂板岩纵向谷河段、解放沟—手爬沟大理岩纵向谷河段、手爬沟—棉沙沟砂板岩斜—纵斜谷河段、棉沙沟—景峰桥大理岩横向谷河段等 6 段。

（2）根据各河段地形地质条件及其建高坝适宜性，在小金河口—矮子沟陡倾砂板岩纵向谷段初拟了水文站坝址，在兰坝沟—解放沟砂板岩纵向谷河段初拟了三滩坝址，解放沟—手爬沟大理岩纵向谷河段初拟了解放沟、普斯罗沟坝址共四个坝址进一步开展工程地质勘察工作。

（3）水文站坝址和解放沟坝址工程地质条件复杂，岸坡岩体倾倒变形、强烈卸荷拉裂带来的建基岩体质量、大坝防渗及高陡边坡稳定等工程地质问题严重，难以适应高坝要求。三滩坝址河谷地形相对开阔，具有修建堆石坝以及地下洞室的工程地质条件，但右岸顺向坡砂板岩变形较强烈，左岸砂板岩浅表层倾倒，存在心墙建基岩体质量、岸边溢洪道闸室与泄槽地基稳定、高陡边坡稳定等工程地质问题，且近坝呷爬滑坡稳定性差，蓄水后若失稳产生的涌浪将对堆石坝有不利影响，面对存在的工程地质问题采取有效的工程处理后便具备建高堆石坝的地形地质条件。

普斯罗沟坝址两岸陡峻、狭窄，河道顺直，是河段内较适宜修建混凝土双曲拱坝的坝址，但右岸顺向坡存在绿片岩夹层不利于右坝肩抗滑稳定、左岸存在多条顺坡向断层和深卸荷裂缝对坝肩抗滑稳定和变形稳定不利，深卸荷裂缝可能会影响左坝肩绕坝渗漏、坝肩的变形、抗滑稳定，以及高陡边坡稳定等工程地质问题，在对存在的工程地质问题采取有效的工程处理后具备建高混凝土拱坝的地形地质条件。

（4）综合地形地质条件和主要工程地质问题的认识评价、水工建筑物布置、施工组织设计和工程投资、施工工期，尤其是大坝抗风险能力等，最终选定坝址与坝型为普斯罗沟坝址的混凝土双曲拱坝。

（5）普斯罗沟坝址处河谷狭窄，没有布置地面厂房地形条件。左岸岩性复杂，发育有深卸荷裂缝，大型地下洞室群成洞条件差，开挖对边坡稳定不利。右岸全部由大理岩构成，成洞条件较好，引水发电建筑物布置于大坝右岸。选择了首部、中部和尾部地下厂址 3 个方案进行了比较，从工程地质条件分析，3 个厂址方案无本质区别，均具备修建大跨度地下洞室的工程地质条件。经水工布置、施工条件、投资、工期等条件的综合比较，中部厂址方案具有引水线路短、布置紧凑、水头损失小、工程量相对较少的优点，与首部和尾部方案比较相对较优，且中部厂址施工干扰和对施工进度的制约相对较小，最终选定了中部厂址方案。

第 6 章 岩体工程地质特性及物理力学参数

锦屏一级水电站坝区地质条件极其复杂，一是坝区岩性层组多，既有坚硬的大理岩、变质砂岩，又有相对软弱的板岩和绿片岩，岩石组合较复杂；二是岩体内层面裂隙、层间挤压错动带、断层及节理裂隙发育；三是岩体赋存环境地应力高，左右岸实测最大主应力达 35～40MPa；四是两岸岸坡岩体受卸荷作用影响强烈，特别是左岸深卸荷作用形成的深卸荷裂缝等构成了影响坝基岩体质量的基本地质要素。因此，锦屏一级水电站在进行坝区岩体质量分级时，首先是对这些基本地质因素进行深入分析研究，即进行这些地质因素的单因素分级；其次再以岩体所属地层层位和岩石组合特征为基础，同时考虑岩体结构特征及卸荷（包括深卸荷）作用影响程度，进行基本工程地质单元划分和岩体质量初步分级；最后对初分岩级与岩体力学试验成果进行相关分析，研究主要地质因素与岩体力学参数的相关性和规律性，进行岩级的调整、归纳，并以水电坝基岩体工程地质分类标准为基础，考虑深卸荷（深卸荷裂缝）规模与发育状况等特殊地质条件，在我国水电工程地质界第一个建立了考虑深卸荷影响、富有锦屏一级特色的坝区岩体质量分级体系，包括坝区结构面规模分级与性状分类、坝区岩体质量分级、地下洞室围岩分类。同时开展了大量岩石（体）物理力学性质试验研究和各类岩体与结构面物理力学参数选取研究。

6.1 坝区结构面研究

在工程荷载作用下，坝区各类结构面的力学效应及其对工程岩体稳定性的影响主要受控于两大因素——规模和性状。从工程意义上看，两大因素均同等重要。由于不同规模结构面可含有不同性状的物质组成，还需要研究按性状对坝区结构面进行归类。

锦屏一级水电站普斯罗沟坝址位于三滩紧闭倒转向斜的南东正常翼，首先要研究清楚坝区三滩紧闭倒转向斜等褶皱形态、规模、位态、属性、成因机制、配套构造（伴生、派生构造）的基础上，进一步对坝区不同规模、不同性质、不同期次断层进行几何学、运动学、变形期次、变形强度、变形性质、构造岩特征及年代学深入研究，并对坝区节理裂隙的几何特征、空间形态、组合关系、位移类型、分期配套、定轴定性等进行了详细研究，最终完成了结构面的规模分级和性状分类。

坝区受区域岩石建造、地质构造格局影响，原生结构面以各种层面（层面裂隙）为主，其中绿片岩片理面最为发育。构造结构面包括断层、层间挤压错动带和节理裂隙等。次生结构面包括卸荷裂隙、溶蚀裂隙等，尤其是坝区左岸深卸荷成因的深卸荷裂缝是坝区主要次生结构面。

6.1.1 结构面规模分级

可行性研究阶段，地质勘察当时执行的以《水利水电工程地质勘察规范》（GB 50287—1999）为主的规程规范对结构面的规模分级无统一的规定，在类比有关工程结构面分级情况的基础上，鉴于区域性断层 F_1 手爬断层出露于坝区下游，与工程关系不大，在不考虑 F_1 断层的前提下，根据坝区地质条件实际情况，按照结构面的规模及其对工程岩体稳定性和岩体力学性质的影响程度，将坝区结构面分为 5 级，见表 6.1－1。

表 6.1－1　坝区岩体结构面规模分级表

级别	分级根据及主要地质特征	工程意义	代表类型
Ⅰ	延伸长度大于 300m 的断层，破碎带宽度多大于 1m，主要由碎块岩、碎粒岩组成，接触面附近有不连续的碎粉岩，遇水后易软化泥化	特定的软弱结构面，为独立的工程地质单元，构成控制坝肩稳定的重要边界	f_2、f_5、f_8、f_{13}、f_{14} 断层
Ⅱ	延伸长数十米至百余米的断层、层间挤压错动带及左岸深卸荷带Ⅰ、Ⅱ级裂缝，宽度一般大于 20cm，主要由碎块、碎粒岩及碎粉岩组成，深裂缝约为空缝	软弱结构面，破坏岩体完整性，构成两岸坝肩岩体稳定性的控制组合边界	除上述 5 条断层外的其他断层，如 f_1、f_7、f_9、f_{18} 等断层，g_1～g_4 层间挤压错动带； 左岸深卸荷带中 SL_{15}、SL_{24}； 左右岸强卸荷带内张开卸荷裂隙
Ⅲ	两岸平洞内揭露的小断层、层间挤压错动带和 NWW—EW 向张节理发育带，左岸深卸荷带Ⅲ、Ⅳ级裂缝，延伸长数米至数十米。小断层、层间挤压错动带，宽度一般小于 20cm，主要由碎粒岩、少量碎粉岩组成。Ⅲ、Ⅳ级深裂缝延伸长度多在 10m 以上，一般无软弱物质充填	多属软弱结构面，岩体结构类型划分的主要地质依据，影响岩体力学性质及结构效应	左右岸平洞编号的小断层，第二段第 6 层大理岩及第三段砂板岩中层间挤压错动带； 左右岸弱卸荷带内卸荷裂隙； 左右岸第二段大理岩中的溶蚀裂隙； 左岸深卸荷带Ⅲ、Ⅳ级裂缝
Ⅳ	岩体内普遍分布的节理裂隙，延伸长度一般小于 5m	多属硬质结构面，坝区优势裂隙，控制岩体的完整性，是岩体结构类型划分的主控因素	层面裂隙及构造节理
Ⅴ	随机分布的裂隙，一般延伸长数厘米至数十厘米	硬质结构面，坝区随机裂隙，影响岩块的力学性质	厚层块状大理岩中的细小裂隙

6.1.2 结构面性状分类

与同期勘察的其他水电水利工程一样，锦屏一级坝区结构面分类仍然是按照执行规范

《水利水电工程地质勘察规范》（GB 50287—99）的规定，从性状上按结构面内有无物质充填与充填物性质分成两大类型：硬质刚性结构面（无充填、硬质充填）和软弱结构面（有泥物质或岩屑充填）。但是考虑到锦屏一级水电站坝区左岸所发育的深卸荷及其产物深卸荷裂缝，具有明显张开的特点，在性状上与无充填的硬质刚性结构面及有软质充填的软弱结构面有明显的差异，在按性状分类时，将其单独列出，划分了一类拉裂型结构面。最后，坝区各种结构面分成三大类七个亚类，见表 6.1－2。

表 6.1－2　坝区结构面按性状分类

大类	亚类代号	地质类型	风化卸荷	结构面特征	代表性结构面
刚性结构面	A_1	新鲜硬接触节理裂隙（包括硬质石英脉或方解石脉充填）	微风化～新鲜，无卸荷	面平直粗糙，结合紧密，有一定胶结，强度较高	1）大理岩内的层面裂隙、隐裂面和钙质绿片岩与大理岩接触界面（裂隙）； 2）微～新大理岩、砂板岩岩体内的硬质新鲜节理裂隙面
	A_2	无充填硬接触节理裂隙	微～弱风化，弱卸荷	面平直粗糙，略显松驰，无胶结，强度中等	弱卸荷带岩体中倾坡外的硬质结构面
软弱结构面	B_1	局部夹泥裂隙面	弱卸荷	面平直粗糙，显松弛，局部附泥膜，无胶结	卸荷带内的层面裂隙及其他结构面
	B_2	松弛裂隙面		面平直粗糙，显松弛，局部附泥膜或充填次生泥，无胶结	1）大理岩中近 EW 向长大松弛溶蚀裂隙； 2）左岸山体深卸荷带Ⅲ、Ⅳ级拉裂隙
	B_3	绿泥石片岩片理面		较软弱绿片岩片理面，含绿泥石膜，面波状较光滑	各层大理岩中的绿片岩间界面
	B_4	断层主错带（面）		面平直光滑，局部夹软化泥化碎粉，破碎带物质以岩屑及细、中角砾为主，岩屑含量15%～25%，角砾含量 60%～80%	1）左岸 f_5、f_8 及右岸 f_{14}、f_{13} 等断层破碎带内； 2）左岸砂板岩中断层破碎带内
		层间挤压错动带（面）		面平直光滑，含绿片岩软化面及局部炭化面，带内物质以岩屑及粉粒为主，岩屑含量25%～40%，粉粒含量 35%～60%，另含少量细角砾	大理岩中层间挤压错动带内
拉裂结构面	C	拉张裂缝		面起伏粗糙，张开成空缝状，少充填，延伸长大	1）左岸山体深卸荷带内张开宽度不小于 10cm 的Ⅰ、Ⅱ级深裂缝； 2）表浅部卸荷带内宽大张开裂隙

1. 刚性结构面

刚性结构面指微风化～新鲜及弱卸荷岩体中的各种结构面，具体而言，就是微～新岩体中的“新鲜硬接触节理裂隙（A_1）”和弱卸荷岩体中的“无充填硬接触节理裂隙（A_2）”。具体特征为：

（1）新鲜硬接触节理裂隙（A_1）：面平直粗糙，微风化～新鲜，包括硬质石英脉或方解石脉充填，结合紧密，有一定胶结，强度较高。具体代表性的结构面为：大理岩内的层面裂隙、隐裂面和钙质绿片岩与大理岩接触界面（裂隙）；微～新大理岩、砂板岩岩体内的硬质新鲜节理裂隙面。

（2）无充填硬接触节理裂隙（A_2）：面较平直粗糙，微～弱风化，无充填，无胶结，部分微张，长大裂面锈染。强度中等。具体代表性的结构面为：弱卸荷带岩体中倾坡外的硬质结构面。

2. 软弱结构面

软弱结构面指可能构成坝肩抗滑稳定、边坡稳定的底滑面或侧裂面和地基变形稳定、渗透稳定影响较大的各种结构面。它包含上述所指的层面裂隙（局部夹泥）、松弛裂隙面（松弛溶蚀裂隙、Ⅲ、Ⅳ级卸荷拉裂隙）、绿泥石片岩片理面、层间挤压错动带和断层主错带。按组成物质及错动强度，依次可归成局部夹泥裂隙面（B_1）、松弛裂隙面（B_2）、绿泥石片岩片理面（B_3）、断层主错带（面）和层间挤压错动带（面）（B_4）”四个亚类。这种软弱结构面的分类既考虑了锦屏一级软弱结构面的成因多样、性状多样的地质特点，也考虑了地质勘察工作者野外工作面对软弱结构面分类与性状的把握。

（1）局部夹泥裂隙面（B_1）：指弱卸荷带内的层面裂隙及其他结构面。面平直粗糙，显松弛，局部附泥膜，无胶结。

（2）松弛裂隙面（B_2）：包括大理岩中近 EW 向长大松弛溶蚀裂隙和左岸山体深部成带出现的Ⅲ、Ⅳ级拉裂面两种。面平直粗糙，显松弛，局部附泥膜或充填次生泥，无胶结。

（3）绿泥石片岩片理面（B_3）：指各层大理岩中的绿片岩间界面。以较软弱绿片岩片理面为主，含绿泥石膜，面波状较光滑，强度较低。

（4）断层主错带（面）和层间挤压错动带（面）（B_4）：断层主错带面平直光滑，局部夹软化泥化碎粉岩，破碎带物质以岩屑及细、中角砾为主，岩屑含量 15%～25%，角砾含量 60%～80%。而层间挤压错动带面也为平直光滑，含绿片岩软化面及局部炭化面，带内物质以岩屑及粉粒为主，岩屑含量 25%～40%，粉粒含量 35%～60%，另含少量细角砾，强度低。

3. 拉裂结构面

拉裂结构面特指左岸山体深部松弛带内的Ⅰ、Ⅱ级深裂缝和卸荷带内宽大张开裂隙，是锦屏一级特有的一种结构面类型。面起伏粗糙，张开成空缝状，少充填，延伸长大。

6.1.3 结构面连通率研究

结构面的连通率是反映结构面延伸程度和连通状况的一个重要参数，对评价坝基、坝肩岩体的稳定性起着关键的控制作用。它是拱坝工程地质勘察的重要内容之一。

结构面的连通率可分为线连通率和面连通率。结构面线连通率可通过实迹投影法、统计窗口法以及基于结构面网络模拟等方法确定。结构面线连通率一般难以直接测定，可根据在结构面的走向和倾向上分别测得其线连通率相乘之积确定；也可在横河向平洞中和顺河向平洞中根据同组结构面线连通率统计相乘之积确定；还可以用线连通率的平方确定。

从预可行性研究阶段开始，锦屏一级就对控制普斯罗沟拱坝坝肩抗滑稳定、边坡稳定的诸如右岸近 SN 向裂隙、右岸大理岩中绿片岩夹层与层面裂隙、左岸缓倾河床裂隙、左岸 SL_{44-1} 等主要控制性节理裂隙开展了连通率研究。研究方法包括理论计算和现场调查统计两种。

1. 研究方法及主要原理

（1）理论计算方法。20 世纪 90 年代末期和 21 世纪初，关于结构面连通率研究的理论方法较多，主要包括迹长估算窗口法（H—H 连通率法）、广义 H—H 连通率法计算方法、蒙特卡洛连通率法等。其中广义 H—H 连通率法计算方法复杂，三维面连通率法涉及计算机三维网络模拟，实际工程中仅作验证对比研究。

迹长估算窗口法（H—H 连通率法），是在裂隙走向方向上无平洞揭露，不能进行全迹长调查的情况下，可以采用大量的基体裂隙测窗和某一方向组裂隙专题调查资料，统计窗面积宜 $10m^2$，用窗口法估算该方向组裂隙的连通率。可按下式计算：

$$K=\frac{n_1+2n_0}{2N+n_2} \tag{6.1-1}$$

式中：K 为裂隙连通率，%；n_0 为统计窗两端不可见的不连续面数；n_1 为一端可见的不连续面数；n_2 为两端可见的不连续面数；N 为不连续面的总数。

（2）现场调查统计方法。现场调查统计方法最常见、最常用方法是全迹长实际投影法。该方法是通过确定一定宽度的测带，将这一带上所有的裂隙都向测量基线上投影，求出基线上所有投影线段长度总和，其与测量长度的比值即为裂隙连通率。全迹长实际投影法一般用于勘探平洞的调查统计，此时勘探平洞的布置应与需进行调查统计的主要节理裂隙走向一致。裂隙连通率可按下式计算：

$$K=\frac{\sum_{i=1,n}^{D} l_i\cos\theta}{L} \tag{6.1-2}$$

式中：K 为裂隙连通率，%；L 为测带长度，m；l_i 为第 i 条裂隙长度，m；D 为测带宽度，m；n 为实测的裂隙条数；θ 为裂隙走向与基线的夹角，（°）。

采用全迹长实际投影法调查、统计节理裂隙的连通率，可按以下方法开展：① 统计位置以拱座和抗力体一定范围内的顺河向平洞内为主，横河向洞室为辅；② 统计宜在 2m×2m 的平洞内，向平洞洞壁中心线（底滑面）或洞顶中心线（侧裂面）投影；③ 陡倾角、中陡倾角结构面走向与投影方向交角不大于 30°，缓倾角结构面与投影水平面夹角不大于 40° 为宜。

具体步骤一般有三步，以统计（侧裂面）SN 向陡倾角裂隙（坝区第 3 组裂隙）为例，第一步，在平洞调查中编录近 SN 向裂隙出露位置，描述并记录裂隙产状、长度、性状等工程地质特征；第二步，根据近 SN 向裂隙出露情况以及相互之间的关系，取洞顶中心线为投影线，对洞顶 2m 宽带内的全部近 SN 向裂隙，向洞顶中心线进行两端端点投影；第三步，求每一统计带内所有近 SN 向裂隙的投影总长，与假定一 SN 向迹线长度的比值即为近 SN 向裂隙的连通率，有 4 种统计计算方法，如图 6.1－1 所示。

2. 结构面连通率成果

预可行性研究阶段后期和可行性研究前期对坝区发育的层面裂隙、N50°～90° W/NE（SW）∠80°～90°、N50°～70° E/SE∠60°～85°、N20°～40° E/SE∠60°～85° 四组裂隙的连通率进行了研究。

可行性研究阶段开始后，对控制左右岸坝肩抗滑稳定的主要非确定性结构面左岸缓倾河床节理裂隙、右岸近 SN 向陡倾侧裂面、右岸第 4 层大理岩中绿片岩，控制左坝头变形拉裂岩体稳定的 SL_{44-1} 深拉裂带开展了连通率研究。

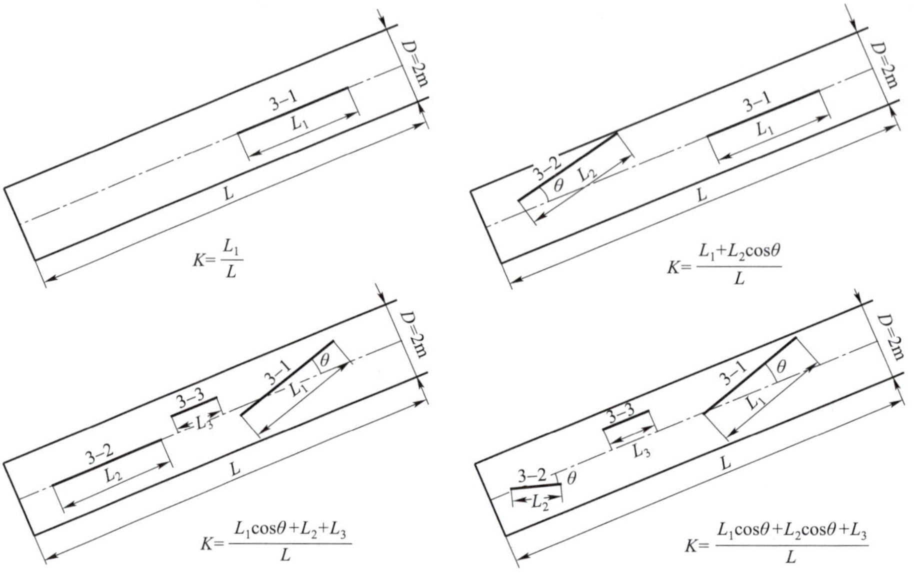

图 6.1－1　坝区第 3 组裂隙连通率统计示意图

（1）坝区优势裂隙连通率。预可行性研究阶段后期和可行性研究前期坝区勘探平洞以垂河向平洞为主，对近洞向的 NWW 向导水张裂隙顺走向延伸特征揭示较清晰。但对层面裂隙、走向 NNE—NE 与平洞大角度相交的顺坡向中陡倾裂隙顺走向延伸特征揭示不清晰，只对其 2～3m 范围内的走向延伸性、连通性有所揭示，同时对其 2～3m 范围内的倾向延伸性、连通性也有所揭示。

利用平洞已有统计窗节理裂隙统计资料、全洞节理裂隙统计资料等已有编录资料，采用式（6.1－1）对层面裂隙、N50°～90°W/NE（SW）∠80°～90°、N50°～70°E/SE∠60°～85°、N20°～40°E/SE∠60°～85°四组裂隙的连通率进行了计算。其成果汇总见表 6.1－3、表 6.1－4。

表 6.1－3　　左右岸各岩层层面裂隙连通率统计成果汇总表

岩层代号	岩性	层面裂隙发育程度	连通率/%
2（3）	厚层大理岩、条纹状大理岩	延伸短小，发育较少	30～40
2（4）	杂色厚层角砾状大理岩夹绿片岩透镜体	延伸短小，发育较少	35 （绿片岩连通率）
2（5）	厚层大理岩、条纹状大理岩	延伸短小，发育较少	10～30
2（6）	薄～中厚层状条纹条带状大理岩夹绿片岩		60～80
2（7）	厚层大理岩、条纹状大理岩	延伸短小，发育较少	10～30
2（8）	厚层大理岩、条纹状大理岩，底部为绿片岩夹层	延伸短小，发育较少	30～40
3（2）	厚层变质砂岩夹少量粉砂质板岩	延伸长，发育	60～80
3（3）	粉砂质板岩夹少量砂岩	延伸长，发育	100

表 6.1－4　　左右岸三组裂隙连通率统计成果汇总表

连通率统计分类	N50°～90°W/NE（SW）∠80°～90°				N50°～70°E/SE∠60°～85°				N20°～40°E/SE∠60°～85°			
	左岸平洞	连通率/%	右岸平洞	连通率/%	左岸平洞	连通率/%	右岸平洞	连通率/%	左岸平洞	连通率/%	右岸平洞	连通率/%
平洞	PD44	47.1	PD35	22.2	PD44	23.2	PD35	20.4	PD44	—	PD35	—
	PD54	26.0	PD33	—	PD54	31.6	PD33	48.1	PD54	—	PD33	—
	PD52	—	PD05	79.8	PD52	—	PD05	—	PD52	25.6	PD05	—
	PD50	16.3	PD11	46.6	PD50	15.7	PD11	—	PD50	23.0	PD11	—
	PD42	29.6	PD13	27.2	PD42	22.0	PD13	—	PD42	—	PD13	—
	PD12	26.8	PD1xz	—	PD12	—	PD1xz	8.6	PD12	—	PD1xz	—
	PD10	17.5	PD21	14.5	PD10	—	PD21	—	PD10	—	PD21	—
	PD18	21.5	PD17	12.4	PD18	—	PD17	19.2	PD18	—	PD17	—
			PD19	46.9			PD19	—			PD19	—
			PD23	21.1			PD23	—			PD23	—
			PD25	25.8			PD25	21.0			PD25	—
综合	最大	47.1	最大	79.8	最大	31.6	最大	48.1	最大	—	最大	—
	最小	16.3	最小	12.4	最小	15.7	最小	8.6	最小	—	最小	—
	平均	26.4	平均	32.9	平均	23.1	平均	23.5	平均		平均	20.0
	25～35				20～25				20～25			

（2）左岸缓倾河床节理裂隙。前期地质勘察阶段地表调查缓倾河床节理裂隙发育间距一般大于 30～50m，裂隙延伸长度一般 1～3m，少量 3～5m，起伏、粗糙，一般无充填，个别受卸荷影响充填少量次生泥、岩块、岩屑。

左坝肩及抗力体范围 13 个平洞调查统计，f_5 断层以外共发现缓倾河床裂隙 40 条，占全部统计段裂隙总数的 1%～3%左右；缓倾河床裂隙发育的水平间距一般为 20～100m，线密度 0.01～0.05 条/m；缓倾河床裂隙延伸长度小于 1m 的占缓倾角裂隙总数的 15%，1～2m、2～3m 的分别占 31%、33%，大于 3m 的占 21%，表明缓倾角裂隙延伸普遍比较短小；缓倾河床裂隙一般起伏、粗糙、闭合、无充填。

通过左岸中高程、低高程顺河连接平洞的全迹长实际投影法的现场调查、统计，采用式（6.1－2）计算缓倾河床裂隙连通率，各平洞缓倾角裂隙线连通率 1%～25%不等，平均约 6%左右。左岸缓倾角裂隙发育情况及连通率见表 6.1－5。

表 6.1－5　　左坝肩及抗力体范围内缓倾河床的缓倾角裂隙连通率统计表

高程/m	f_8 断层以外			f_5 断层以外			总体产状
	条数/条	间距/m	连通率/%	条数/条	间距/m	连通率/%	
1850.00～1885.00	—	—	—	2	37.0	8.0	N20°～50°E/SE∠20°～32°
1810.00～1850.00	—	—	—	11	9.5	25.0	N20°～40°E/SE∠10°～25°

续表

高程/m	f_8 断层以外			f_5 断层以外			总体产状
	条数/条	间距/m	连通率/%	条数/条	间距/m	连通率/%	
1770.00～1810.00	7	21.6	4.7	11	22.4	7.6	N20°～40°E/SE∠10°～30°
1730.00～1770.00	—	—	—	—	—	—	N25°～40°E/SE∠25°～30°
1690.00～1730.00	—	—	—	12	30.2	3.2	N20°～30°E/SE∠28°～32°
1650.00～1690.00	—	—	—	4	13.1	7.6	N45°～50°E/SE∠20°～35°

综合前期勘察成果和施工期左岸坝基及拱肩槽边坡开挖、左岸抗力体加固处理各高程洞室群开挖揭示地质条件分析，总体上左岸缓倾角裂隙不发育，为零星随机发育的裂隙，不构成左岸坝肩抗滑稳定计算中的可能底滑面。

（3）右岸近 SN 向陡倾侧裂面。根据右坝肩抗滑稳定分析，对右坝肩抗滑稳定起控制作用的侧裂面是近 SN 向陡倾裂隙。

对右岸坝肩及抗力体范围内近 SN 向陡倾角裂隙的调查成果表明，该组裂隙在右岸为非优势裂隙，不发育，地表调查该组裂隙零星发育，间距一般大于 30m，平洞调查该组裂隙平均水平间距 6.16m，线密度 0.16 条/m，一般多短小，延伸长 0.5～1m 的占该组裂隙的 25.6%，1～2m 的占 56.8%，2～3m 的占 15%，多闭合，无充填，是一组随机裂隙，不能构成右岸坝肩抗滑稳定计算中的确定性侧裂面。

根据右岸与近 SN 向陡倾裂隙走向近于平行或小角度相交的勘探平洞 PD01xz、PD13xz 和 PD05—PD47 连接洞揭示地质条件，和采用全迹长实际投影法计算出近 SN 向陡倾角裂隙的走向线连通率平均为 15%～20%，可行性研究阶段建议在抗滑稳定计算中采用 20%的线连通率。

施工期根据右岸坝基及拱肩槽边坡、泄洪雾化区边坡、抗力体各高程洞室群和新旧过坝交通洞开挖揭示近 SN 向陡倾裂隙特征，开展了对其连通率的复核工作。右岸坝基及抗力体范围内共揭示延伸长短不一的近 SN 向裂隙共 96 条，对其中 43 条（带）采用宽 2m 的统计带进行走向连通率的全迹长实际投影法统计，统计计算成果见表 6.1－6。

表 6.1－6　　右岸近 SN 向裂隙走向连通率统计计算汇总表

岩层	按 2m 带宽统计带数/个	SN 向裂隙连通率/%		
		最大	最小	算术平均
2（6）	15	45.8	3.0	16.1
2（5）	4	21.8	3.6	11.2
2（4）	18	44.3	4.1	15.6
2（3）	5	23.5	12.6	14.8
2（2）	1	12.8	12.8	12.8
不分岩层	43	45.8	3.0	14.1

综合前期地质勘察成果和施工期复核成果，右岸近 SN 向裂隙为非优势裂隙，发育数量较少，总体产状 N15°～20° W/NE∠70°～75°，延伸长度以 3～10m 为主，发育裂隙间距一般为 10～20m，线连通率为 15%～20%。

（4）右岸第 4 层大理岩中顺层绿片岩。右坝肩抗滑稳定分析表明，第 4 层大理岩中顺层发育、呈透镜状或夹层状的绿片岩是右岸坝肩抗滑稳定的控制性底滑面。

前期地质勘察期间的野外地质调查和统计成果表明：第 4 层大理岩中透镜状或夹层状的绿片岩平均水平间距 3.0～3.4m，单条平均出露长度 2.56～3.0m，平均出露厚度 78.2cm，占第 4 层大理岩洞内出露岩层总厚度的 10.4%。根据绿片岩岩性、性状特征可分为两类：第一类为钙质绿片岩、石英片岩，岩质较硬，与大理岩接触紧密，除局部破裂面外，层面裂隙不发育，一般为微新，占全部绿片岩透镜体的 62.5%，属 A_1 类刚性结构面；第二类为绿泥石片岩，绿片岩内及与大理岩接触面层面多为破裂面，岩质较软，弱～强风化，占全部绿片岩透镜体的 37.5%，属 B_3 类软弱结构面。

根据右岸与近 SN 向陡倾裂隙走向近于平行或小角度相交的勘探平洞 PD01xz、PD13xz 和 PD05—PD47 连接洞揭示地质条件，和采用全迹长实际投影法计算出绿片岩透镜体顺走向的线连通率为 35%。

根据右岸坝基和拱肩槽下游侧坡、右岸抗力体地下洞室及右岸雾化区边坡 3 个部位开挖揭示地质条件，对绿片岩特征及连通率进行了复核调查、统计，其结果：① 性状较好、与大理岩接触紧密的钙质绿片岩及大理片岩占全部绿片岩的 62.6%（勘测设计阶段为 62.5%）；② 性状较差、与大理岩多为裂隙接触的绿泥石片岩、炭质千枚岩占 37.4%（勘测设计阶段无炭质千枚岩，绿泥石片岩为 37.5%）；③ 综合绿片岩走向、倾向连通率统计，复核不分走向、倾向的线连通率为 35%～40%。其中第 4 层大理岩中出露 85 条绿片岩根据出露分布位置、相互间关系共划分为 17 条宽 2m 的统计带进行连通率统计，统计成果见表 6.1－7、图 6.1－2。

表 6.1－7　右岸第 4 层中绿片岩连通率统计表

岩层	绿片岩总条数	统计带数	单带绿片岩连通率/%			相邻两带垂直间距/m			同一带内倾向间距		
			最大	最小	平均	最大	最小	平均	最大	最小	平均
2（4）	85	24	90.8	9.8	39.5	11	2	4.6	68	1.4	16.8

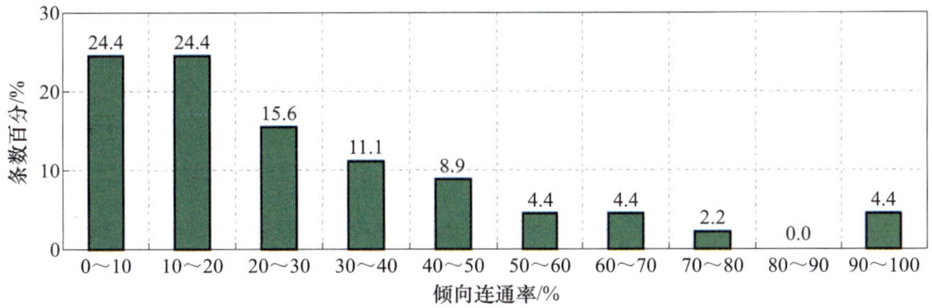

图 6.1－2　右岸第 4 层中绿片岩线连通率分段统计直方图

从表 6.1－8 和图 6.1－2 中可以看出：① 平均连通率较高，为 39.5%；② 相邻带间垂直间距以 4～10m 为主，同一带内沿倾向间距一般均大于 5m，最大达 27m；③ 连通率以小于 10%、10%～20%为主，都有 11 带各占 24.4%，连通率小于 40%的共有 33 带占 75.5%。

综合前期地质勘察成果和施工期复核成果，右岸第 4 层大理岩中绿片岩，性状较好、与大理岩接触紧密的钙质绿片岩及大理片岩占 62.6%，性状较差、与大理岩多为裂隙接触的绿泥石片岩、炭质千枚岩占 37.4%；不分走向、倾向的线连通率为 35%～40%，抗滑稳定计算中建议取 35%，其中钙质绿片岩、石英片岩占 22%，绿泥石片岩占 13%。

3. 几个拱坝工程主要结构面连通率

岩体节理裂隙连通率统计方法有全迹长实际投影法、迹长估算窗口法（H—H 连通率法）、广义 H—H 连通率法和蒙特卡洛法等，水电工程常用全迹长实际投影法。由成都院设计的已建成发电投产的 4 个坝高超 200m 的特高拱坝工程中，锦屏一级水电站采用全迹长实际投影法来研究坝区主要结构面的连通率，溪洛渡、大岗山水电站则采用了多个方法来研究坝区主要结构面的连通率，而二滩水电站则将裂隙考虑在裂隙岩体中，抗滑稳定分析中不再考虑裂隙的连通率。

由成都院设计的已建成发电投产的 4 个坝高超 200m 的特高拱坝坝区主要节理裂隙的连通率统计方法及成果见表 6.1－8。从表中可以看出除了大岗山左右岸缓倾角裂隙连通率可以达到 50%以上外，其余结构面和其他工程的各种结构面连通率总体都较低，普遍在 30%以下。

表 6.1－8　4 个坝高超 200m 的特高拱坝坝区主要节理裂隙连通率统计方法与成果汇总表

工程名称	地层岩性	节理裂隙发育情况	连通率统计方法	连通率/%	备注
二滩水电站	正长岩 玄武岩	裂隙岩体，短小裂隙发育	—	不考虑	由于现场抗剪断试验各个加工好试墩中已包含各个方向的短小裂隙，不再统计裂隙连通率
溪洛渡水电站	玄武岩	左岸 N20°～25°W/SW∠75°～82°	广义 H—H 连通率法	12.8	综合各高程
		右岸近 EW/N∠80°		17.5	
		左岸侧裂面 1	全迹长投影法	10.0	用蒙特—卡罗方法进行裂隙二维网络模拟，计算中拱圈连通率，投影带宽均取 2m
		左岸侧裂面 2		9.5	
		右岸侧裂面 1		11.9	
		右岸侧裂面 2		11.5	
		左岸低高程截面角 80°	三维面连通率	1.9～20.5	综合各平洞统计数据，搜索宽度 5m 以下
		左岸中高程截面角 80°		0.8～21.0	
		右岸低高程截面角 80°		7.2～23.9	
		右岸中高程截面角 80°		8.3～32.9	

续表

工程名称	地层岩性	节理裂隙发育情况	连通率统计方法	连通率/%	备注
锦屏一级水电站	大理岩	坝基绿片岩条带，产状 N45°～50°E/NW∠30°～35°	全迹长投影法	35.0	未分走向、倾向
		近 SN 向陡倾裂隙，产状 N15°～20°W/NE∠70°～75°		15.0～20.0	
		NWW 向裂隙，产状 N70°W/SW∠70°		50.0～70.0	
大岗山水电站	花岗岩辉绿岩脉	左岸缓倾角裂隙（倾角小于 30°）	全迹长投影法	50.0～60.0	综合各高程，投影带宽 2m
		右岸缓倾角裂隙（倾角小于 30°）		40.0～65.0	
		NE 向陡倾角裂隙		28.0	
		左坝肩抗力体近 NE 向裂隙	迹长估算窗口法（H—H 连通率）	20.0～35.0	采用 2m×5m 测窗，坝肩基体裂隙的迹长绝大多数小于 5m
		左坝肩抗力体近 EW 向裂隙		15.0～37.0	

6.2 坝区岩体质量分级

进行坝区岩体质量分级，首先必须理顺坝区岩性、成层组合及相应的工程地质岩组划分；其次是理顺结构面的类型，在此基础上初步完成岩体质量分级体系；同时根据特殊不良地质状况，如深卸荷的发育位置及密度（间距），最终完成坝区岩体质量分级；再结合室内和现场原位物理力学试验成果，选取相应岩级的物理力学参数。概括起来，锦屏一级水电站坝区岩体质量分级步骤可为以下 5 步：① 按岩性及对应的岩石饱和抗压强度，作出坝区各层位及岩性成层组合的合理分层，划归主要的工程岩组类型；② 按规模和性状对坝区结构面级别和类型作出合理划分；③ 查清左岸深卸荷裂缝及其松弛带（SL）、部分岩体中溶蚀裂隙（KL）的发育间距、性状，找出确定性结构面；④ 对坝区岩体作出合理分级；⑤ 对岩体质量级别、各类结构面配套选取物理力学参数。按照上述五个步骤，综合考虑了坝区工程地质岩组层、岩体结构类型、岩体紧密程度和深卸荷裂隙发育状况等地质因素对岩体质量的影响，建立了一套能全面反映锦屏一级水电站坝区工程地质特点的岩体质量分级体系。

6.2.1 影响岩体质量的主要地质因素

通过对锦屏一级水电站坝区地质条件的研究认为，岩性与成层组合特征、岩体结构类型及赋存条件是控制性的基本因素，表现为坝区岩性组合多，既有坚硬的大理岩、变质砂岩，又有相对软弱的板岩和绿片岩，岩石成层组合较复杂；岩体内层面、层间挤压错动带、断层及节理裂隙发育；岩体赋存环境地应力高、边坡陡峻卸荷强烈等。坝区两岸浅表部岩体受卸荷作用影响外，左岸还存在的深卸荷裂缝和两岸局部发育的溶蚀裂隙带等特殊现象也构成了影响坝区岩体质量的基本地质要素。

综合认为，影响坝区岩体质量的主要地质因素包括：地层岩性及工程地质岩组、岩体结构类型、岩体风化卸荷与紧密程度以及深部卸荷裂缝发育状况。勘测设计阶段开展了大量的勘探、试验工作，以分析研究这四个方面对岩体质量的影响情况。

1. 工程地质岩组划分与工程地质特性

锦屏一级水电站坝区分布地层为三叠系中上统杂谷脑组，按岩性及其组合可以划分为以下三段：

第一段（$T_{2-3}z^1$）总体上以绿泥片岩、云母片岩为主，色调上以灰绿色为特征，少见或基本无大理岩或变质砂板岩，出露在坝段厚度大于 90m，可能不超过 200m；原岩为玄武质凝灰岩、泥质粉砂岩和含凝灰质灰岩透镜状层及同质条带，其沉积环境为活动陆缘滨海相，即属晚二叠世—早三叠世活动陆缘下部复理石建造，后经区域变质而成。

第二段（$T_{2-3}z^2$）以各种大理岩、变余岩块—角砾状大理岩夹互大理岩质变晶碎粒岩和富绿泥—云母片岩为主，色调上以深浅不同的灰—白色为特征，无变质砂板岩；从普斯罗沟沿北偏西方向向下游，岩层厚度受紧密褶皱构造影响明显加厚；岩石原岩为碳酸盐岩、岩块—角砾状碳酸盐岩夹玄武质凝灰岩、含凝灰质和铁泥质、泥云质灰岩透镜状层及同质条带，其沉积环境为活动陆缘浅海相，即属中三叠世活动陆缘过渡型碳酸盐岩建造，后经区域变质而成；出露厚度为 230～780m，根据岩性差异进一步划分为 8 个岩层，其中第 1 层绿片岩夹大理岩片岩，第 2 层为绿片岩与大理岩互层，第 3、5、7 层厚层块状大理岩为主，第 4、6、8 层为大理岩夹绿片岩。

第三段（$T_{2-3}z^3$）总体上以深灰色—灰黑色变质砂岩、千板岩为主，无稳定成层的大理岩及变质火山岩；原岩为一套细屑陆源碎屑岩——富含钙泥质、炭质、铁泥质的细砂岩—粉砂岩—泥岩，其沉积环境为被动陆缘滨海相，即属晚三叠世被动陆缘碎屑岩（上部复理石）建造，后经变质而成；出露厚度为 155～430m，岩性稳定，叠置层位上根据岩性差异可明显分为 6 个岩层，其中第 1、3、5 层以泥质、粉砂质板岩为主，第 2、4、6 层以变质砂岩为主。

根据上述第一～三段的 15 个岩层及煌斑岩、断层岩的岩性、岩石强度、成层组合特征、岩体宏观结构及整体力学特性等可将坝区微风化～新鲜岩体划分为 9 个工程地质岩组，再考虑不同工程地质岩组对岩体质量的影响分析，可将九个岩组按其质量优劣概括为 4 类。各类岩组及其所包含的地层层位、工程地质特征，以及岩体质量初步分类见表 6.2－1。

表 6.2－1　坝区工程地质岩组类型

工程地质岩组	地层层位	工程地质特征	湿抗压强度 R/MPa	岩体质量初步分类
厚层～块状大理岩组	$T_{2-3}z^{2(3、5、7)}$	岩性以条纹状大理岩为主，岩石坚硬、致密。层面因变质作用胶结愈合较好，宏观构造裂隙不发育，但隐微裂隙发育，该组岩体岩性均一，抗变形和抗剪性能好	60～75	Ⅱ
厚层～块状角砾状大理岩组	$T_{2-3}z^{2(4、8)}$、$T_{2-3}z^{2(6)}$下部及部分 $T_{2-3}z^{2(2)}$	岩性为角砾状大理岩，角砾成分以大理岩为主，绿片岩呈团块及透镜状散布在其间，胶结物为钙质，层面及宏观构造裂隙不发育，岩体抗变形能力强，抗剪强度则受其间的绿片岩连通率控制	60～75	
厚层变质砂岩组	$T_{2-3}z^{3(2、4、6)}$	岩性为变质细砂岩，单层厚 1～2m，岩石坚硬、致密；其间夹少量薄层砂质板岩	100	

续表

工程岩组	地层层位	工程地质特征	湿抗压强度 *R*/MPa	岩体质量初步分类
中厚～薄层大理岩组	$T_{2-3}z^{2(6)}$上部及部分 $T_{2-3}z^{2(2)}$	岩性以条带状大理岩为主，岩石坚硬，层厚 20～50cm；层面及层间挤压错动带发育，且胶结差延伸长，抗剪切强度较低	60～75	Ⅲ$_1$
板岩组	$T_{2-3}z^{3(1、3、5)}$	岩性为薄～极薄层粉砂质板岩，新鲜时板理面结合紧密；卸荷后板理松弛张开明显	40～60	
互层状大理岩组	$T_{2-3}z^{2(1)}$及部分 $T_{2-3}z^{2(2)}$	岩性为大理岩与绿片岩，不等厚互层状，层面发育，绿片岩性质较软，片理面发育	25～50	Ⅲ$_2$
绿片岩岩组	$T_{2-3}z^{1}$ 及部分 $T_{2-3}z^{2(1、2)}$	岩性以方解石绿泥石片岩为主，片理面发育，岩质较软，各向异性明显	25～50	
煌斑岩岩组	煌斑岩脉	岩石新鲜时坚硬、致密，但遇水易风化分解，在不同埋深性状变化较大	60	
断层岩岩组	f_5、f_8、f_{13}、f_{14} 等断层破碎带	由断层角砾岩、碎粒岩及碎粉岩组成，在不同岩性不同部位胶结紧密程度变化较大	—	Ⅴ$_1$

2. 层状硬脆岩体的结构特征

一般来说，岩体结构是制约岩体力学特征、影响岩体质量的重要地质因素，尤其是对硬质节理岩体更是如此。

锦屏一级水电站从 1989 年重启全面勘察设计工作，到 2003 年可行性研究完成，2014 年 7 月全部投产发电，在二十多年的地质勘察中，可行性研究期间执行的规程规范是原电力工业部、水利部主编的于 1999 年 8 月 1 日正式实施的《水利水电工程地质勘察规范》（GB 50287—1999）。按其规定，岩体结构可以划分为块状结构、层状结构、碎裂结构、散体结构等 4 种类型，进一步可以划分为 12 种亚类，见表 6.2－2。

表 6.2－2　　GB 50287—1999 规定岩体结构类型划分表

类型	亚类	岩体结构特征
块状结构	整体状结构	岩体完整，呈巨块状，结构面不发育，间距大于 100cm
	块状结构	岩体较完整，呈块状，结构面轻度发育，间距一般 100～50cm
	次块状结构	岩体较完整，呈次块状，结构面中等发育，间距一般 50～30cm
层状结构	巨厚层状结构	岩体完整，呈巨厚层状，结构面不发育，间距大于 100cm
	厚层状结构	岩体较完整，呈厚层状，结构面轻度发育，间距一般 100～50cm
	中厚层状	岩体较完整，呈中厚层状，结构面中等发育，间距一般 50～30cm
	互层状结构	岩体较完整或完整性差，呈互层状，结构面较发育或发育，间距一般 30～10cm
	薄层状结构	岩体完整性差，呈薄层状，结构面发育，间距一般小于 10cm
碎裂结构	镶嵌碎裂结构	岩体完整性差，岩块镶嵌紧密，结构面较发育到很发育，间距一般 30～10cm
	碎裂结构	岩体较破碎，结构面很发育，间距一般小于 10cm
散体结构	碎块状结构	岩体破碎，岩块夹岩屑或泥质物
	碎屑状结构	岩体破碎，岩屑或泥质物夹岩块

研究表明，在工程地质岩组一定时，岩体内结构面类型、发育程度、张开充填情况、岩块尺寸大小等岩体结构特征，就成了制约岩体力学特性和影响岩体质量的关键因素。

对坝区复杂岩石建造类型的研究表明 9 个工程地质岩组、15 个岩性的层厚变化大，对岩体结构类型影响大。构造改造强烈，岩体内不同类型的构造结构面发育，裂隙组数及间距控制着岩体结构类型。坝址实测最大主应力 σ_1 在左岸达 40.4MPa，右岸达 35.7MPa，属高～极高应力区，岩体一般嵌合紧密，但在谷坡浅表卸荷带和深卸荷带一定范围内的岩体沿结构面松弛拉裂张开明显，两个部位的岩体结构差异大。这些因素都对岩体的结构特征有着决定性的影响。

（1）岩层层厚的影响。地质调查和勘探揭示，坝区左岸高程 1800.00m 以下、河床、右岸分布的第二段大理岩中，第 1、2 层薄层为主，局部中厚层；第 3、4、5、7 层以厚层～巨厚层为主；第 6 层以薄～中厚层为主；第 8 层中上部厚～巨厚层为主，下部含较多薄层绿片岩。第三段砂板岩中第 1、3、5 层以薄层状为主；第 2、4、6 层以厚层状为主。

对第 6 层的单层厚度分布进行了统计分析，统计中按照单层厚度大于 100cm（巨厚层）、50～100cm（厚层）、30～50cm（中厚层）、10～30cm（薄层）和小于 10cm（极薄层）对坝区左岸揭示第 6 层比较全的 PD36、PD50、PD52 平洞作实测统计，结果见表 6.2－3。统计是按照常用岩体结构块度大小对应而采用大于 100cm、50～100cm、30～50cm、10～30cm 和小于 10cm 的分级。统计结果表明第 6 层厚度以薄层、中厚和厚层三者为主，是一种典型的薄～中厚层结构。

表 6.2－3　坝区左岸第 6 层大理岩厚度统计分析表

洞号	统计总厚/cm	极薄层		薄层		中厚层		厚层		巨厚层	
		统计厚/cm	所占百分比/%	统计厚/cm	所占百分比/%	统计厚/cm	所占百分比/%	统计厚/cm	所占百分比/%	统计厚/cm	所占百分比/%
PD36	5186	256	4.9	2361	45.5	1126	21.7	1314	25.4	129	2.5
PD50	6226	119	1.9	1594	25.6	1905	30.6	1960	31.5	648	10.4
PD52	6223	237	3.8	2454	39.5	1660	26.7	1453	23.3	419	6.7

（2）构造的影响。坝区右岸 f_{13}、f_{14}、f_{18} 断层及煌斑岩脉和左岸 f_5、f_8、f_2 断层及煌斑岩脉规模都较大，除断层破碎带外，断层（岩脉）上下盘都有宽度不等的断层影响带。

断层破碎带以碎块岩为主、局部碎粒岩，为破碎的散体结构，嵌合程度与断层所处位置密切相关：微新、无卸荷部位一般嵌合较紧密；浅表风化卸荷带、深卸荷带部位嵌合较松弛～较紧密。

右岸 f_{13}、f_{14}、f_{18} 断层及煌斑岩脉影响带主要受构造影响，岩体较破碎，但一般嵌合较紧密，呈现碎裂结构～镶嵌结构的特点。左岸 f_5、f_8、f_2 断层及煌斑岩脉的影响带不但受构造影响，还受深卸荷松弛影响，一般嵌合较松弛，呈现碎裂结构～块裂结构的特点。

（3）赋存环境与卸荷程度的影响。锦屏一级水电站不论两岸浅表部常规卸荷，还是左岸深卸荷都表现出集中卸荷的特点。坡体从外至里，表浅部常规卸荷带、紧密岩带、深卸荷带，以及无卸荷岩体带，呈现出不同的地质特点，使得锦屏一级水电站岩体呈现出独特的结构特征：

1）浅表卸荷带分为强、弱卸荷带。强卸荷带：在卸荷裂隙及两侧一定范围内岩体完整性较差，但卸荷裂隙之间岩体块度较大，一般块度大小都在30～50cm左右，只是嵌合松弛～较松弛。长大的卸荷裂隙将岩体切割成顺坡向中陡倾坡外张开裂隙分隔的板状～厚板状（似层状）结构。弱卸荷带：表现为平行岸坡裂隙集中松弛张开，卸荷裂隙间距一般大于10m，岩体显松弛。

2）浅表卸荷带至深卸荷带之间紧密岩带岩体完整性较好，嵌合较紧密～紧密。

3）深卸荷带内张开～微张的深卸荷裂缝发育有一定间距，长大深卸荷裂缝及两侧一定范围内岩体、深卸荷裂缝密集带岩体完整性差～破碎，裂缝之间相对较完整岩体被切割成顺坡向中陡倾坡外张开裂缝分隔的板状～厚板状（似层状）结构。

4）深卸荷带以里无卸荷岩体埋藏深，处于高地应力环境，岩体新鲜完整且普遍嵌合紧密。

根据大量地质测绘资料和平洞钻孔地质调查资料分析，综合原岩建造及构造和浅表生改造结果，将坝区岩体结构分为厚层～块状结构、中厚层～次块状结构、互层状结构、薄层状结构、次块～镶嵌结构、块裂～碎裂结构、板裂～碎裂结构和散体结构8种类型，见表6.2－4。

表6.2－4　坝区岩体结构类型划分表

岩体结构类型	岩体基本地质特征
厚层～块状结构	岩体坚硬，一般1～2组裂隙，间距大于50cm，延伸一般小于3m，部分小于10m；节理一般无软弱物质充填，岩块嵌合紧密，常处于较高围压状态，总体较完整
中厚层～次块状结构	岩体单层厚20～50 cm，除层面、层间挤压带外，还发育2～3组构造裂隙，间距一般30～50 cm，延伸长1～3m。部分裂隙中充填方解石膜，岩体嵌合较紧密
互层状结构	坚硬的大理岩和相对软弱的绿片岩呈互层状出现，岩体内结构面以层面和片理面为主，一般嵌合较紧密
薄层状结构	板岩岩组特有的结构类型，结构面以板理面为主，间距一般5cm左右，构造结构面不发育，新鲜深埋时，板理面嵌合较紧密，岩体抗变形能力较强
次块～镶嵌结构	弱卸荷带岩体，完整性较差，卸荷张开裂隙较发育，卸荷裂隙之间的岩体嵌合较紧密
块裂～碎裂结构	强卸荷带岩体，完整性差。大理岩卸荷张开裂隙发育，呈块裂结构；砂板岩中多呈碎裂结构
板裂～碎裂结构	深卸荷裂缝发育部位岩体，结构面松弛张开明显，但裂面多新鲜无次生充填，岩体完整性差
散体结构	断层破碎带物质，以岩屑和角砾为主，带内物质呈松散状

受变质岩岩性、岸坡卸荷和深卸荷的影响，锦屏一级水电站枢纽区岩体结构类型表现出与其他工程不同的特点：① 大理岩、变质砂岩为副变质岩，既具有沉积岩的层状结构，又表现出块状结构的特点。因此在岩体结构类型划分时，将层状结构、块状结构综合在一起分类，划分出“厚层～块状结构”“中厚层～次块状结构”两种结构类型。②“块裂结构”是锦屏一级水电站坝区两岸大理岩强卸荷带中岩体的一种常见结构，当时执行的《水利水电工程地质勘察规范》（GB 50287—1999）还没有此类岩体结构（见表6.2－3），直

到《水力发电工程地质勘察规范》（GB 50287—2006）中才增加了此类结构类型。③ 板裂结构为左岸深卸荷裂缝发育区重要的一种岩体结构，主要分布在深卸荷裂缝发育部位。④ 左岸边坡和右岸边坡的岩体结构有很大差异，对于左岸边坡来讲，其砂板岩区的岩体结构和大理岩区的岩体结构也迥然不同。

3. 岩体紧密程度

岩体紧密程度是一项表征岩体质量的综合指标，受多种因素制约，在很大程度上可以以弹性波速的高低来反映。

锦屏一级水电站坝区为高地应力区，深部岩体在高围压状态下，结构面多挤压紧密，岩体多紧密；而浅表风化卸荷岩体和深卸荷岩体中结构面松弛张开明显，岩体较松弛～松弛。因此，在岩体质量分级时，必须充分考虑岩体所处围压状态及其紧密程度。不同的围压状态和风化卸荷程度可以影响岩体紧密程度，因此，岩体紧密程度可用定性的岩块嵌合程度、风化卸荷程度和定量的声波纵波速度值的大小来表征。

（1）岩块嵌合程度。根据节理松弛张开程度、洞壁地应力现象等宏观地质调查成果，结合洞内地应力测试及钻孔压水试验资料分析，将岩块嵌合程度分为紧密、较紧密、较松弛、松弛和极松弛五级，分级标准及其与行业标准《水电工程坝址工程地质勘察规程》（NB/T 10339—2019）的对比见表 6.2－5。对比表明，裂隙张开度的分级标准一致，但嵌合程度分级定名略有差异。

表 6.2－5　　坝区岩块嵌合程度分级表

岩体嵌合程度	裂隙张开度 D/mm	岩体基本地质特征	建议岩体质量级别	NB/T 10339—2019
紧密	$D<0.5$	岩块间嵌合好，以块状、层状为主，部分镶嵌结构	Ⅱ	名称及标准相同
较紧密	$0.5\leqslant D<1$	岩块间嵌合好，以块状、层状、镶嵌结构为主	$Ⅲ_1$	
较松弛	$1\leqslant D<5$	岩块间嵌合较差，弱卸荷，镶嵌和碎裂结构为主，部分次块状	$Ⅲ_2$	标准相同，定名为中等紧密
松弛	$5\leqslant D<10$	岩块间嵌合差，强卸荷，以碎裂结构为主，部分块裂结构	Ⅳ	标准相同，定名为较松弛
极松弛	$D\geqslant 10$	岩块间嵌合极差，强卸荷、强松弛，以松弛的块裂结构、碎裂或散体结构为主	Ⅴ	标准相同，定名为松弛

（2）岩体风化。坝区主要岩组大理岩组、砂板岩组抗风化能力强，岩石风化微弱，风化作用主要使节理裂隙面壁锈染变色，因此对岩体紧密程度的影响总体较小；但风化可造成层间挤压错动带、断层破碎带物质进一步分解蚀变成风化夹层，这种情况下岩体紧密程度降低较大。按风化类型及风化作用结果，可将坝区岩体分为强风化夹层、弱风化岩体和微新岩体三级，其中微新岩体一般嵌合较紧密～紧密，弱风化岩体嵌合较松弛～较紧密，强风化夹层嵌合较松弛～极松弛。

（3）岩体卸荷。坝区岸坡高陡，天然状态下地应力高，谷坡岩体受卸荷（浅表卸荷和深卸荷）作用强烈，与谷坡近于平行的结构面松弛拉裂明显，特别是左岸，在浅表正常卸荷带以里一定范围内，还可见深卸荷作用形成的松弛拉裂岩带，导致岩体紧密程度显著降低，岩体完整性变差。因此，卸荷作用因为对岩体紧密程度的影响而构成了影响坝区岩体质量的主要地质因素之一。

按卸荷程度划分为强卸荷、弱卸荷、深卸荷和无卸荷四级，考虑到卸荷裂隙多为张开的空缝状，对坝基岩体变形具有控制意义。因此，在岩体质量初步分级时，把强卸荷岩体划为Ⅳ_1级；弱卸荷岩体一般划为Ⅲ_2级；弱卸荷与深卸荷之间的岩体按深卸荷裂缝发育状况分别划为Ⅲ_1和Ⅳ_2级。

（4）岩体声波纵波速度分级。岩体弹性波速的高低主要取决于岩石性质、岩体结构、围压状态、岩体含水性等基本地质因素，因此，它是一种表征岩体质量的综合性的单一指标。锦屏一级水电站在前期勘测过程中，对坝区岩体进行了大量室内和现场波速测试工作，主要测试方法有洞壁单孔及对穿声波测试、钻孔声波测试及洞间地震纵横波速测试。

对不同测试方法所得岩体声波、地震波成果和它们之间的相关关系统计分析后，有以下认识：第一，坝区新鲜岩块室内声波纵波速（v_{pr}）普遍小于现场微新、无卸荷岩体声波纵波速（v_{pm}）值，岩块室内声波纵波速（v_{pr}）一般为 4000～5000m/s，现场微新、无卸荷岩体声波纵波速（v_{pm}）一般都大于 5500m/s。因此，在进行岩体完整性系数计算时，岩块声波以现场微新、无卸荷岩体声波纵波速（v_{pm}）的大值平均值为代表，大理岩及变质砂岩 v_{pm} 取 6500m/s、板岩“岩块”v_{pm} 取 6000m/s；第二，坝区声波及地震纵波速值与控制岩体质量的主要地质因素—岩体卸荷程度密切相关。因此，声波纵波速值的高低综合反映了岩体质量的优劣，根据岩体声波纵波速对坝区岩体的初步分级见表 6.2－6。

表 6.2－6　　坝区岩体按声波纵波速 v_p 初步分级表

纵波波速 v_p/（m/s）	完整性系数 K_v	卸荷状况	嵌合程度	建议岩体质量级别
＞5500	＞0.72	无卸荷	紧密	Ⅱ
4500～5500	0.48～0.72	深卸荷带内相对完整的岩体	较紧密	Ⅲ_1
3800～4800	0.34～0.55	弱卸荷	较松弛	Ⅲ_2
＜3800	＜0.34	强卸荷	松弛	Ⅳ_1
＜3500	＜0.29	深卸荷带内Ⅲ、Ⅳ级裂缝发育段	松弛	Ⅳ_2
＜3000	—	破碎的断层带物质	松弛～紧密	Ⅴ_1
＜2500	—	Ⅰ、Ⅱ级宽大深卸荷裂缝发育段	极松弛	Ⅴ_2

从表 6.2－6 初步分级成果和岩体声波的分析中可以发现锦屏一级水电站与其他水电工程不同的两个特点：

第一，由于锦屏一级水电站坝区为高～极高地应力区，岩体围压效应明显，未受卸荷影响的岩体嵌合紧密，现场平洞、钻孔所测声波大部分高于室内岩块声波，导致按规范规定的计算方法，完整性系数大于 1。为真实反映岩体完整性，锦屏一级水电站在岩体完整性系数计算时，以现场微新、无卸荷岩体声波纵波速的大值平均值代表“岩块声波”。在锦屏一级水电站之后，其他水电工程在遇到类似情况时都参照锦屏一级水电站的这种方法来确定岩块声波。

第二，与其他水电工程比较，锦屏一级水电站坝区Ⅱ级岩体 v_p>5500m/s，普遍高于其他类似工程。

4. 深卸荷裂缝发育状况对岩体质量的影响

坝区左岸由于深卸荷裂缝的存在，导致左岸岩体均一性极度降低，岩体结构类型复杂，因此，深卸荷裂缝发育状况构成了控制锦屏一级水电站坝区岩体质量特有的地质因素。

坝区左岸深卸荷裂缝发育段结构面多松弛张开，岩体呈板裂～碎裂结构，抗变形能力差，透水性强；而深卸荷裂缝之间岩体相对完整，但由于应力释放，岩体紧密程度有所下降。因此，深卸荷裂缝发育与否、发育程度等状况控制了坝区岩体质量，且影响主要体现在其所发育的规模（延伸长度）、间距和张开度等。

按深卸荷裂缝发育状况即平洞所揭示的深卸荷裂缝规模（延伸长度）、间距和张开度以及相对应的岩体结构特征、紧密程度状况，可以将深卸荷裂缝发育状况划分为微、弱、较强和强 4 级，在坝区岩体质量分级时，根据深卸荷裂缝发育段岩体的工程特性，将张开宽度大、延伸长的Ⅰ、Ⅱ级裂缝发育段，岩体质量划为V_2级；对Ⅲ、Ⅳ级裂缝发育段，岩体质量划为IV_2级；深卸荷裂缝之间相对完整岩体，考虑到应力松弛的影响由Ⅱ级降为III_1级，见表 6.2－7。

表 6.2－7　　深卸荷裂缝发育状况及其初步建议的岩体质量级别

深卸荷裂缝发育状况	深卸荷裂缝特征	建议岩体质量级别
微	延伸长小于 20m、间距 5～20m、微张开	III_1
弱～较强（Ⅲ、Ⅳ级裂缝）	延伸长 20～60m、间距 1～5、张开小于 0.1m	IV_2
强（Ⅰ、Ⅱ级裂缝）	延伸长大于 60m、间距小于 1m、张开大于 0.1m	V_2

6.2.2　坝区岩体质量分级标准与体系

坝区岩体质量取决于多种地质因素的耦合作用，各种因素对岩体力学性质的影响不尽相同；同时，在不同地质单元中，起控制作用的各种地质因素之间的主次关系也常常会发生变化。因此，任何单一因素的分级都不可能全面反映岩体质量级差，必须采用多因素综合评判的方法，综合考虑各种因素的相互影响，进行系统的分析评价，进而建立完整的工程岩体质量体系。在深入分析锦屏一级水电站坝区层位及岩性组合、岩体结构特征、岩体紧密程度和深卸荷裂缝发育状况等地质因素对坝区岩体质量综合影响的基础上，根据可行性研究阶段执行规范《水利水电工程地质勘察规范》（GB 50287—1999）中关于水电工程坝基岩体质量分类标准的规定，结合大量岩体与结构面力学试验成果，将坝区岩体划分 4 个大级 7 个亚级。具体分级结果见表 6.2－8。

从表中可以看出：锦屏一级坝区无Ⅰ级岩体；但锦屏一级岩体质量分级有别于其他工程最特殊的地方在于从III_1级岩体以下的各级岩体，均不同程度地体现出深卸荷裂缝的影响，尤其是IV_2级和V_2级岩体，就是基于锦屏一级水电站左岸独特的深卸荷裂缝，而专门单独列出的。

表 6.2－8　坝区岩体质量分级成果汇总表（可行性研究—招标设计阶段）

岩级	亚级	岩组及岩性	岩石湿抗压/MPa	岩体结构类型	风化卸荷	深卸荷拉裂发育状况	岩体基本特征及评价	岩体结构特征		岩体紧密程度	
								RQD/%	J_v	v_p/(m/s)	K_v
Ⅱ		2（3、5、7）层大理岩	60～75	厚层～块状	微～新、无卸荷	无	岩体较完整，一般 1～2 组裂隙，间距大于 50cm，延伸一般小于 3m，部分小于 10m；节理一般无软弱物质充填，岩体嵌合紧密，常处于较高围压状态，属良好地基，可直接利用，但应注意开挖松弛问题	＞85	＜8	＞5500	＞0.72
		2（4、8）层大理岩夹绿片岩透镜体，2（6－1）层角砾状大理岩、大理岩									
		3（2、4、6）层变质砂岩	＞100								
Ⅲ	Ⅲ$_1$	2（2、6－2）层大理岩夹绿片岩	60～75	中厚层状	微～新、无卸荷	无	岩体较完整，发育 2～3 组裂隙，间距一般 30～50 cm，一般延伸小于 10m。部分裂隙中充填方解石膜，岩体嵌合较紧密。2（2）、2（6－2）层大理岩夹绿片岩中层面裂隙发育，延伸长大。总体上强度较高。但对影响变形或稳定的层间挤压错动带、随机分布的松弛裂隙带和小型构造破碎带等应作专门处理后可利用	65～85（局部 40～50）	8～15	4500～5500	0.48～0.72
		2（7、8）层大理岩夹绿片岩透镜体		次块状	微～新、深卸荷	微					
		3（2、4、6）层变质砂岩	＞100								
		3（1、3、5）层粉砂质板岩	40～60	薄层状	微～新、无卸荷	无					
		2（3）层大理岩	60～75	次块状	微风化、弱卸荷	—					
	Ⅲ$_2$	2（1、2）大理片岩与绿片岩互层 1 层绿片岩	25～50	中、厚互层次块状	微～新、无卸荷	无	岩体完整性较差，发育 3 组以上裂隙，间距一般 10～30 cm，延伸一般小于 10m。岩体较松弛或强度较低，偶见裂隙充填泥膜、碎屑及方解石膜，一般不宜作为高坝地基。上部坝段若需利用，应作专门处理	45～65	15～20	3800～4800	0.34～0.55
		2（3）层大理岩	60～75	次块～镶嵌	弱风化、弱卸荷	—					
		2 段大理岩夹绿片岩透镜体			微～弱风化弱卸荷	—					
		3（2、4、6）层变质砂岩	＞100								
		3（1、3、5）层粉砂质板岩	40～60	薄层状							
		煌斑岩脉（X）及胶结的断层带	40～60	镶嵌～次块	微～新、无卸荷	无					
Ⅳ	Ⅳ$_1$	2 段大理岩夹绿片岩透镜体	—	块裂～碎裂	弱风化、强卸荷	—	岩体完整性差，3 组以上裂隙，延伸大于 10m。岩体松弛，裂隙风化显著，普遍充填泥膜、碎屑及方解石膜，常见贯穿性弱面，不宜作为大坝地基，需开挖清除	25～45（局部 45～70）	＞20	＜3800	＜0.34
		3（2、4、6）层变质砂岩	—								
		3（1、3、5）层粉砂质板岩	—								
	Ⅳ$_2$	2 段大理岩夹绿片岩 3 段变质砂岩、板岩拉裂松弛岩体	—	板裂～碎裂	微～新、深卸荷	弱～较强	岩体完整性差，拉裂松弛；溶蚀裂隙带普遍延伸大于 10m，且裂面锈斑；煌斑岩脉岩体软弱，强度低。不宜直接作为高坝地基，须作专门处理	25～45（局部 45～70）	＞20	＜3500	＜0.29
		大理岩中松弛溶蚀裂隙集中带	—		弱风化						
		煌斑岩脉（X）	—	碎裂	弱～强风化						

续表

岩级	亚级	岩组及岩性	岩石湿抗压/MPa	岩体结构类型	风化卸荷	深卸荷拉裂发育状况	岩体基本特征及评价	岩体结构特征		岩体紧密程度	
								RQD/%	J_v	v_p/(m/s)	K_v
V	V_1	断层破碎带（无胶结、松散）	—	碎裂～散体	强～弱风化	—	岩体破碎，以岩屑和细角砾为主，带内物质呈松散状。不能直接作为坝基，须作专门处理	—	—	—	—
		层间挤压错动带	—								
	V_2	2段大理岩夹绿片岩拉裂松弛岩体 3段变质砂岩及板岩拉裂松弛岩体	—	碎裂	深卸荷	强	岩体破碎，松弛拉裂密集带，一般张开10～20cm。不能直接作为高坝地基，须作专门处理	—	—	—	—

2007年7月大坝坝基开始开挖，至2009年10月坝基开挖完成后，根据开挖揭示地质条件，坝区岩体质量分级标准和体系不变，坝基岩体质量分级分区主要有以下几点细化调整：

（1）右岸大坝建基面开挖揭示，在高程1820.00m以上坝基岩体为第6层大理岩，不考虑风化卸荷影响，其岩性、岩体结构具有明显的二分性：上部为薄～中厚层灰～深灰色大理岩（记为大理岩第6－2层），含较多夹层状绿片岩及在其基础上发育的层间挤压错动带，单层厚度一般10～60cm，微新、无卸荷岩体划分为$Ⅲ_1$级岩体（与招标设计阶段相同）；下部为灰白～浅灰色厚层大理岩（记为大理岩第6－1层），含较多团块状、透镜状绿片岩，层间挤压错动带发育少，单层厚度一般大于100cm，微新、无卸荷岩体划分为Ⅱ级岩体。

（2）右岸大坝建基面开挖揭示，f_{13}、f_{14}断层上下盘普遍有宽度不等的影响带发育，主要为碎裂岩，与断层同向裂隙及其他裂隙较发育，一般弱风化，局部强风化，结构较松弛、性状较差，按照施工详图阶段坝区岩体质量分级标准和体系应划分为$Ⅳ_1$级岩体。

（3）右岸大坝建基面开挖揭示，受断层构造影响、受风化绿泥石片岩影响，在坝基中出现由夹层状、囊状分布的弱～强风化岩体，以块度大于30cm的裂块、块裂结构为主，局部嵌合紧密的次块状结构和嵌合松弛的碎裂结构，完整性较差～差，抗变形能力弱，按照施工详图阶段坝区岩体质量分级标准和体系划分为$Ⅲ_2$级岩体；此外，受第④组NWW～近EW向溶蚀裂隙影响，部分岩体呈弱风化的板裂结构，嵌合较松弛～松弛，完整性较差，按照施工详图阶段坝区岩体质量分级标准和体系划分为$Ⅲ_2$级岩体。

（4）CV标左岸抗力体加固处理洞室开挖揭示，左岸抗力体范围内弱卸荷以里至深卸荷之间的砂板岩岩体中小断层发育较多，性状差，多组裂隙发育且普遍松弛微张，风化卸荷程度均较可行性研究阶段勘探揭示强烈，总体上该部位砂板岩地质条件变差，按照施工详图阶段坝区岩体质量分级标准和体系划分为$Ⅲ_2$级岩体。

根据施工详图阶段执行的规范《水力发电工程地质勘察规范》（GB 50287—2006）中关于水电工程坝基岩体分类标准的规定和上述主要变化情况，补充完善后的锦屏一级水电站坝区岩体质量分级见表6.2－9。

表 6.2-9　　坝区岩体质量分级成果汇总表（施工详图阶段）

岩级	亚级	岩组及岩性	岩石湿抗压/MPa	岩体结构类型	风化卸荷	深卸荷拉裂发育状况	岩体基本特征及评价	岩体结构特征			岩体紧密程度		
								RBI	RQD/%	J_v	对穿 v_{cp} /（m/s）	单孔 v_p /（m/s）	K_v
Ⅱ		左岸高程1680m以下弱卸荷以里2（3、4、5、6-1）层大理岩	60～75	厚层～块状	微～新，无卸荷	无	岩体较完整，一般1～2组裂隙，间距大于50cm，延伸一般小于3m，部分小于10m；节理一般无软弱物质充填，岩体嵌合紧密，常处于较高围压状态，属良好地基，可直接利用	30～50	>85	<8	>5500	>5750	>0.72
		左岸高程1680m以上深卸荷以里2（7、8）层大理岩											
		左岸高程1680m以上深卸荷以里3（2、4、6）层变质砂岩	>100										
		河床及右岸弱卸荷以里2（3、4、5、6-1）层大理岩	60～75	厚层～块状	微～新，无卸荷	—							
Ⅲ	Ⅲ₁	左右岸弱卸荷以里2（6-2）层大理岩夹绿片岩	60～75	薄～中厚层状	微～新，无卸荷	无	岩体较完整，发育2～3组裂隙，间距一般30～50 cm，一般延伸小于10m。部分裂隙中充填方解石膜，岩体嵌合较紧密。第2、6层大理岩夹绿片岩中层面裂隙发育，延伸长大。总体上强度较高。但对影响变形或稳定的层间挤压错动带、随机分布的松弛裂隙带和小型构造破碎带等应作专门处理	20～30	65～85（局部40～50）	8～15	4500～5500	4800～5750	0.48～0.72
		左岸高程1680m以上深卸荷以里3（1、3、5）层粉砂质板岩	40～60	薄层状	微～新，无卸荷	无							
		右岸抗力体弱卸荷以里及河床弱卸荷以下2（2）层大理岩夹绿片岩、大理片岩与绿片岩互层	60～75	薄～中厚层状	微～新，无卸荷	—							
		左岸高程1680m以上弱卸荷以里2（7、8）层大理岩	60～75	次块状	微～新，深卸荷	微							
		左岸抗力体下游高程1680m以上弱卸荷以里3（2、4、6）层变质砂岩	>100	次块状	微～新，深卸荷	微							
		河床弱卸荷2（3）层大理岩	60～75	次块状	微～新，弱卸荷	—							
	Ⅲ₂	河床及右岸弱卸荷以里2（1）大理岩与绿片岩互层	25～50	中、厚互层次块状	微～新，无卸荷	—	岩体完整性较差，发育3组以上裂隙，间距一般10～30 cm，延伸一般小于10m。岩体较松弛或强度较低，偶见裂隙充填泥膜、碎屑及方解石膜，一般不宜作为高坝地基。高程1830.00m以上坝段若需利用，应作专门处理	10～20	45～65	15～20	3800～4800	4200～5200	0.34～0.55
		河床及右岸弱卸荷以里1段绿片岩											
		左右岸弱卸荷以里弱风化2段大理岩	60～75	镶嵌～块裂	弱风化，无卸荷								
		左右岸及河床弱卸荷2段大理岩夹绿片岩透镜体		次块～镶嵌	微～弱，弱卸荷	—							
		左岸弱卸荷3（2、4、6）层变质砂岩	>100										
		左岸弱卸荷3（1、3、5）层粉砂质板岩	40～60	薄层状	微～弱，弱卸荷	—							

续表

岩级	亚级	岩组及岩性	岩石湿抗压/MPa	岩体结构类型	风化卸荷	深卸荷拉裂发育状况	岩体基本特征及评价	岩体结构特征			岩体紧密程度		
								RBI	RQD/%	J_v	对穿 v_{cp}/（m/s）	单孔 v_p/（m/s）	K_v
Ⅲ	Ⅲ$_2$	左岸抗力体高程1680m以上弱卸荷以里3段变质砂岩及板岩	>100	镶嵌～次块	弱风化，深卸荷	弱	岩体完整性较差，发育3组以上裂隙，间距一般10～30cm，延伸一般小于10m。岩体较松弛或强度较低，偶见裂隙充填泥膜、碎屑及方解石膜，一般不宜作为高坝地基。高程1830.00m以上坝段若需利用，应作专门处理	10～20	45～65	15～20	3800～4800	4200～5200	0.34～0.55
		河床弱卸荷2（3）层大理岩	60～75	次块～镶嵌	弱风化，弱卸荷	—							
		右岸2段大理岩中松弛溶蚀裂隙集中带	—	板裂～碎裂	弱风化	—							
		左岸高程1680m以下煌斑岩脉（X）	40～60	镶嵌～次块	微～新，无卸荷	—							
		左岸高程1680m以下胶结的f_5断层带	—	镶嵌	微～新，无卸荷	—							
Ⅳ	Ⅳ$_1$	左右岸及河床强卸荷2段大理岩夹绿片岩透镜体	—	块裂～碎裂	弱风化、强卸荷	—	岩体完整性差，3组以上裂隙，延伸大于10m。岩体松弛，裂隙风化显著，普遍充填泥膜、碎屑及方解石膜，常见贯穿性弱面，不宜作为大坝地基，需开挖清除	5～10	25～45（局部45～70）	>20	<3800	<4200	<0.34
		左岸强卸荷3段变质砂岩及粉砂质板岩	—	块裂～碎裂	弱风化、强卸荷	—							
		右岸f_{13}、f_{14}、f_{18}断层影响带	—	碎裂，局部块裂	弱～强风化	—							
		弱风化绿泥石片岩、钙质绿片岩及大理片岩	—	碎裂，局部块裂	弱风化	—							
	Ⅳ$_2$	左岸高程1680m以上2段大理岩夹绿片岩拉裂松弛岩体	—	板裂～碎裂	微～新，深卸荷	弱～较强	岩体完整性差，拉裂松弛；溶蚀裂隙带普遍延伸大于10m，且裂面锈斑；煌斑岩脉岩体软弱，强度低。不宜直接作为高坝地基，须作专门处理	5～10	25～45（局部45～70）	>20	<3500	<4000	<0.29
		左岸高程1680m以上3段变质砂岩、板岩拉裂松弛岩体	—										
		左岸高程1680m以上煌斑岩脉（X）	—	碎裂	弱～强风化	弱～较强							
		左岸高程1680m以上f_5、f_8等断层影响带	—	碎裂	弱～强风化	弱～较强							
Ⅴ	Ⅴ$_1$	左右岸断层破碎带（无胶结、松散）	—	碎裂～散体	强～弱风化	—	岩体破碎，以岩屑和细角砾为主，带内物质呈松散状。不能直接作为坝基，须作专门处理	—	—	—	—	—	—
		左右岸层间挤压错动带	—										
		强风化绿泥石片岩、钙质绿片岩及大理片岩	—		强风化								
	Ⅴ$_2$	左岸高程1680m以上2段大理岩夹绿片岩拉裂松动岩体	—	碎裂	深卸荷	强	岩体破碎，松弛拉裂密集带，一般张开10～20cm。不能直接作为高坝地基，须作专门处理	—	—	—	—	—	—

6.3 坝区岩体与结构面参数选取研究

从1989年重启全面勘察设计工作，至2003年完成可行性研究，期间使用的地质勘察规范主要有《水利水电工程地质勘察规范（试行）》（SDJ14—1978）、《水利水电工程地质勘察规范（送审稿）》《水利水电工程地质勘察规范》（GB 50287—1999）。这些规范都对坝区岩体与结构面参数选取的原则和方法做了规定。

在这些规定的基础上，参照其他类似工程，尤其是20世纪末建成发电的二滩水电站工程经验和相关研究成果，根据锦屏一级水电站拱坝的受力特点和地质特点，开展锦屏一级水电站岩体与结构面参数选取研究，最终采用以岩类或结构面类型归类整理、优定斜率法取值的参数整理选取方法。

6.3.1 岩石物理力学试验与参数

1. 岩石室内常规试验

坝区出露的岩石类型较多，其大类主要有由碳酸盐岩变质而成的大理岩；由碎屑岩类变质而成的变质砂岩、粉砂质板岩；基性火山岩类变质而成的绿片岩。室内岩石常规试验基本上涵盖了坝区所有不同岩性的岩石，共完成135组。

试验结果表明微风化～新鲜岩石的主要物理力学性质有以下特征：

（1）各类岩石的干密度界于2.57～2.90g/cm^3，比重界于2.71～2.94；普通吸水率，大理岩类较低（0.08～0.29），砂板岩类、绿片岩类较高（0.11～0.90），煌斑岩脉最高，为0.87～2.33，平均达1.75。

（2）岩石的饱和单轴抗压强度：普通大理岩64.3～100MPa，杂色角砾状大理岩55.9～99.8MPa，白色粗晶大理岩40～50MPa；绿泥石石英片岩平行片理39.7～56.1MPa，垂直片理39.94～55MPa；方解石绿泥石片岩介于22.9～49.5MPa之间；变质砂岩最高，达86.8～201MPa；粉砂质板岩介于31～86MPa之间，煌斑岩脉43.3～75MPa。

（3）软化系数：坚硬岩类为0.50～0.89，中硬岩较低，介于0.36～0.75。应注意砂板岩类、绿片岩类、煌斑岩脉的软化性质。

（4）大理岩中的绿片岩及粗晶大理岩透镜状夹层，其物理力学性质因矿物成分与晶粒联结程度的不同而异。在绿片岩类中，绿泥石石英片岩强度较高，钻孔钻进中亦有饼状岩芯形成。而方解石绿泥石片岩性质较软弱，普通吸水率可达0.59%，岩石的软化系数最低为0.4。

2. 岩石室内三轴试验

岩石三轴试验在日本园井高刚性三轴试验机上进行（$\sigma_1>\sigma_2=\sigma_3$），通过测定一组岩石试件在不同三向压应力作用下的强度，绘制 $\tau-\sigma$ 关系曲线，根据莫尔－库仑定律确定岩石在三轴应力状态下的强度参数。

四种岩石类型的岩块在常规三轴压缩下的全过程变形曲线如图6.3－1所示。岩块常规三轴下的抗剪强度参数及弹性与变形模量参数见表6.3－1、表6.3－2。

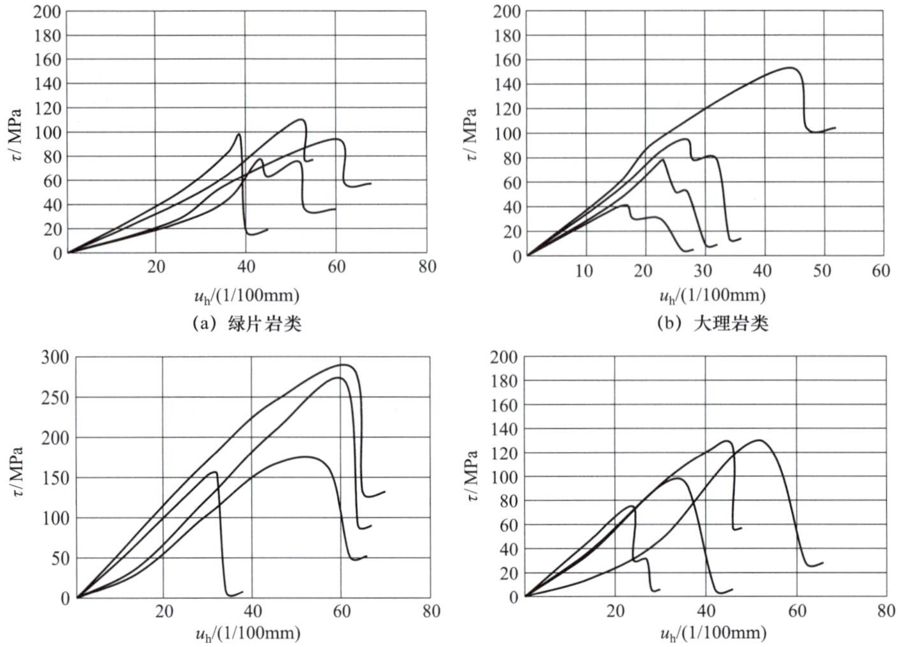

(a) 绿片岩类　(b) 大理岩类　(c) 变质砂岩类　(d) 粉砂质板岩类

图 6.3-1　四类岩石三轴压力下的应力-应变关系曲线

表 6.3-1　岩石常规三轴下抗剪强度参数表

岩性	试验点数	峰值		屈服		残余	
		tanφ	C/MPa	tanφ	C/MPa	tanφ	C/MPa
绿泥石片岩	4	1.06 1.04～1.07	9.75 9～10.5	0.92 0.90～0.95	8.5 8～9	0.76 0.75～0.78	1.5 1～2
大理岩	8	1.30 1.19～1.38	9.88 9～11	1.04 0.93～1.15	7.5 7～8	1.05 1～1.11	1.25 1～2
变质砂岩	4	1.57 1.48～1.66	12 10～14	1.38 1.28～1.48	8.5 7～10	1.04 1～1.07	1
粉砂质板岩	16	1.38 1.33～1.43	12.5 12～13	1.19 1.15～1.23	10.5 10～11	0.98 0.97～1.0	1.5 1～2

表 6.3-2　岩石常规三轴下弹性与变形模量参数表

岩性	试验点数	弹性模量/GPa				割线模量/GPa			
		σ_3=0MPa	σ_3=5MPa	σ_3=10MPa	σ_3=15MPa	σ_3=0MPa	σ_3=5MPa	σ_3=10MPa	σ_3=15MPa
绿泥石片岩	4	21.3 17.2～27.0	24.8 22.6～27.0	22.2 20.3～24.1	30.0 29.0～30.9	14.8 14.5～15.1	17.2 16.0～18.5	16.4 16.3～16.6	20.7 19.3～22.1
大理岩	8	31.6 26.7～39.7	54.1 37.8～63.7	52.3 42.4～58.5	49.3 39.9～57.8	21.5 19.0～25.0	42.3 27.2～51.5	38.9 30.9～44.0	34.4 30.0～40.0
变质砂岩	4	53.8 51.5～56.5	60.0 57.8～62.3	56.4 55.0～57.9	56.4 53.1～59.6	42.6 38.4～46.7	49.1 48.7～49.5	45.8 41.5～50.2	46.5 41.5～51.5
粉砂质板岩	16	58.4 58.3～58.6	40.7 28.3～53.1	61.0 55.4～66.6	66.5	44.3 42.8～45.8	44.5 39.5～49.5	44.9 39.8～50.0	43.3 42.6～44.0

四种岩石类型岩块在三轴压缩下具有如下特性：

（1）四类岩石的应力－应变关系曲线虽有一定差异，但都为典型的脆性破坏，总变形量小（0.3～0.6mm），但随围压增高塑性变形逐渐增加，总变形量增大，峰值强度、屈服强度、残余强度也有规律性的增高，增加速率基本一致；而残余强度与围压关系更密切，随围压增加的速率更快，说明 σ_3 对它有明显影响。绿片岩变形有明显的应变强化及软化特征，随着围压的增加，应力降低值有减小的趋势；变质细砂岩的弹性变形显著，几乎没有应力强化现象，而应变软化特征明显，峰值强度后，应力降低迅速，降低速率随围压增加而减小。大理岩围压较低时，应变硬化不明显，而应变软化较为明显，围压较高时，变形曲线呈现明显的理想弹塑性特性，随围压进一步增加，大理岩变形的线性强化特征更加明显。

（2）四种岩石的强度曲线接近于抛物线型，属中等坚硬岩类；岩石的残余强度指标与峰值强度指标相差悬殊，表明边坡岩石（体）一旦破裂其抗剪能力特别低，这是高边坡深部岩体破裂后产生剪张裂的重要物质基础；从峰值强度来看，表现为变质砂岩＞粉砂质板岩＞大理岩＞绿泥石片岩，而残余强度则表现为大理岩＞变质砂岩＞粉砂质板岩＞绿泥石片岩。

（3）岩石抗压强度随围压增高而增大，四类岩石中每种岩性不论处在应力平行层理状态，还是应力处在垂直层理状态下，岩石静弹模都随围压增加而不同程度升高，围压 $\sigma_3 \leqslant 15$MPa 时，围压对各类岩石的弹性模量没有明显影响，即 E 不随 σ_3 增加而增加，可将 E 看作一个常数。

（4）根据三轴试验成果，坝区各类岩石岩体各强度特征点之间的相关性有如下关系：

1）大理岩类：比例强度/峰值强度＝0.70～0.83（平均 0.76），屈服强度/峰值强度＝0.71～0.93（平均 0.80），残余强度/峰值强度＝0.33～0.74（平均 0.52）。

2）变质砂板岩类：比例强度/峰值强度＝0.71～0.84（平均 0.79），屈服强度/峰值强度＝0.88～0.93（平均 0.91），残余强度/峰值强度＝0.32～0.71（平均 0.46）。

3）绿片岩类：比例强度/峰值强度＝0.71～0.91（平均 0.78），屈服强度/峰值强度＝0.87～0.94（平均 0.90），残余强度/峰值强度＝0.35～0.63（平均 0.51）。

4）各类岩石：屈服值/峰值＝0.76～0.88，平均 0.82，残余值/峰值＝0.38～0.56，平均 0.46。

6.3.2 岩体变形试验与参数

锦屏一级水电站在整个勘察阶段选取代表性部位，有针对性布置了 97 点的现场变形试点，试验采用直径 50.5cm 的刚性承压板法，加载为硬岩岩体法向最大荷载 10MPa，断层、层间挤压错动带等法向最大荷载 5.6MPa。针对坝区岩体层状结构特点，变形试验时主要按垂直和平行层面的两个方向进行，其中，平行结构面方向变形点 60 个，垂直结构面方向变形点 37 个。从试点代表类型分析，除Ⅳ_1级岩体因结构极不均一，难于布点而未能试验外，其余各级岩体均有试验控制，其中Ⅱ、Ⅲ_1、Ⅲ_2、Ⅳ_2、Ⅴ级岩体各有 23、22、35、10、7 点。岩体变形试验点的布置总体上反映了坝区所有岩类岩体的各种岩性及结构类型特点。

岩体变形试验成果显示岩体变模具有高岩级声波高、变模也高，低岩级声波偏高、变模低（高地应力影响结果）的特点，其中隐微裂隙不发育、完整性好的Ⅱ级大理岩具直线型特征，$Ⅲ_1$级薄层～中厚状大理岩具曲线下凹的弹—塑型特征，胶结较差的断层角砾岩、碎粉化及泥化严重的炭质大理岩和泥质板岩等具曲线上凹的塑—弹型特征。

1. 岩体变形试验特征

对坝区各类岩体（含断层、层间挤压错动带等软弱破碎带）97点现场岩体变形试验曲线的分析，大致可分为以下三种类型：

（1）直线形：岩体在逐级循环荷载作用下，加、卸载变形曲线的包络线呈直线形。坝区隐微裂隙不发育、完整性好的Ⅱ级大理岩具有此类变形特征，如图6.3－2所示。

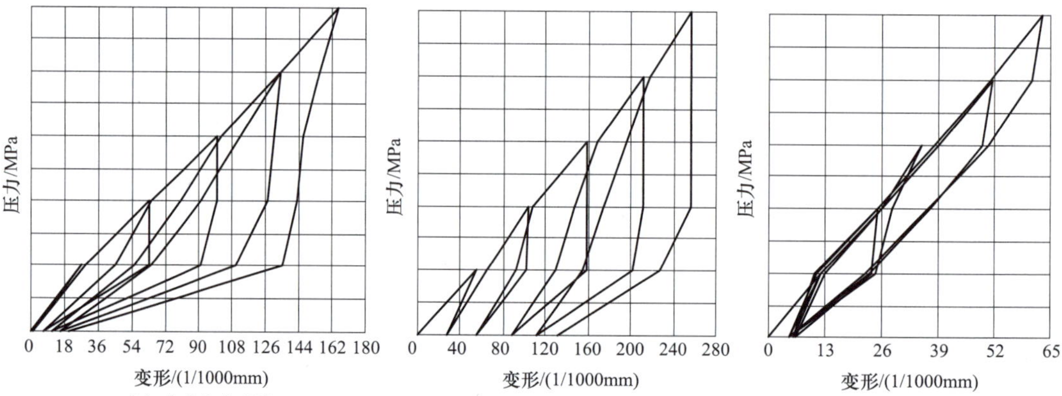

(a) 灰白色大理岩　(b) 灰色大理岩　(c) 灰色条纹状大理岩

图6.3－2　隐微裂隙不发育完整性好的Ⅱ级大理岩压力－变形曲线

（2）弹—塑型：岩体在逐级荷载作用下，加载变形曲线的包络线呈向下凹形式。岩体变形随着循环荷载增加，产生的塑性变形总量增加缓慢，且趋于常数。$Ⅲ_1$级中厚～薄层状大理岩和$Ⅲ_2$级灰色厚层状大理岩往往具有此类变形特征，如图6.3－3所示。

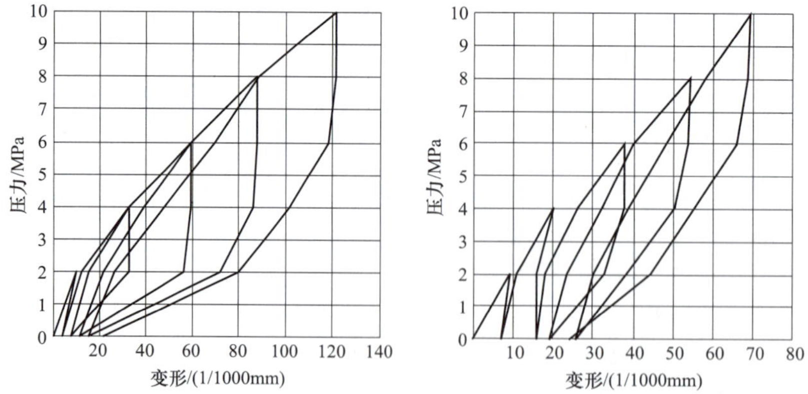

(a) 杂色角砾大理岩（$Ⅲ_1$级）　(b) 灰色大理岩（$Ⅲ_2$级）

图6.3－3　Ⅲ级大理岩压力－变形曲线

（3）塑—弹型：岩体加、卸载变形曲线的包络线向上凹。载荷较小时，岩体的变形几乎全是永久变形，随着应力的增加，弹性变形量增加，永久变形量减小。胶结较差的断层角砾岩、碎粉化及泥（岩）化严重的炭质大理岩和泥质板岩等具有此类变形特征，如图 6.3－4 所示。

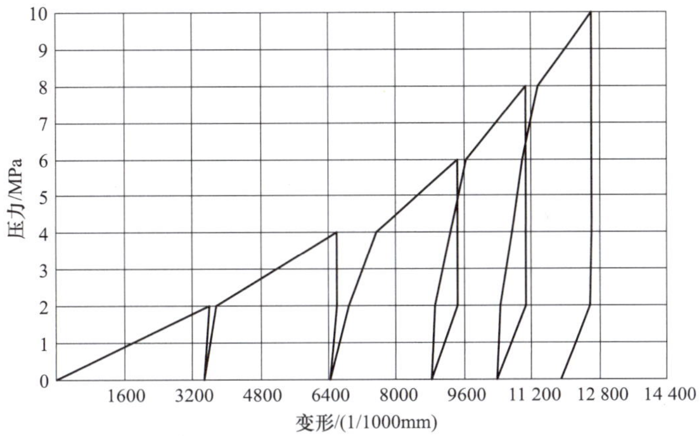

图 6.3－4　Ⅴ级断层破碎带压力－变形曲线

施工详图阶段，利用灌排洞在大理岩段又进行了 12 点变模试验，利用前期勘探平洞和边坡排水洞在砂板岩段进行了 7 点变模试验。对其变形曲线的分析，大理岩、砂板岩在平行优势裂隙加载时符合直线形和弹—塑型特点，而砂板岩在垂直优势裂隙加载时符合塑—弹型特点。

2. 变形试验成果整理标准值

（1）变形模量基本值选取。水电水利工程岩体变形模量通常可采用切线模量 E_0、割线模量 E_s、最大荷载模量 E_t 来表述。锦屏一级对各试点 E_0、E_s、E_t 与单位变形量 Y 进行了相关性分析，将变形试验所有试点的 Y 与 E_0、E_s、E_t 值绘于双对数图中，得到图 6.3－5 的成果来进行对比分析，以求真实地反映坝区岩体的变形特点。

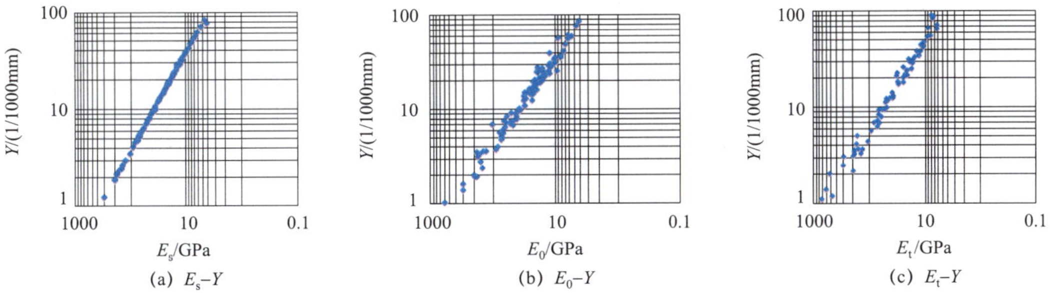

图 6.3－5　E_0、E_s、E_t 与单位变形量 Y 相关关系图

由图 6.3－5 可以看出，E_t-Y、E_0-Y 或 E_s-Y，虽然各试点处的岩性和岩体完整程度及试验时的加荷方向不同，但是图中各试点所得结果分布却呈一条较规律的直线或一个条带。其中尤以 E_s-Y 关系规律性很强，试点基本集中在一条直线上，有良好的相关性。这

充分说明根据变形试验所得压力—变形关系曲线，变形模量采用割线线模量取值，符合客观实际并较好地反映了岩体的本构关系。而 E_0-Y、E_t-Y 关系为呈一条带展布，相关性较 E_s-Y 关系相对较差，不能很好反映岩体变形本构关系。因此，变形模量基本值采用割线模量 E_s，分水平向和垂直向模量分别归类，进行整理、分析、取值。

（2）变形模量试验成果标准值整理。岩体变形参数的整理严格按照岩体质量分级进行，首先是各试点代表性复核。对照各试点地质素描进行试点岩类复核，对全部 97 个试点逐点核实其岩类代表性，对不具代表性的试点，试点边界条件、加工质量达不到要求的试点，以及成果缺乏完整性的试点予以剔除，以保证基础资料真实可靠。

整理时将同一岩级的各试点成果绘制散点图（见图 6.3－6），并再次对散点图中具有一定离散度的点和成果异常点进行第二次重点复核与剔除，不参与整理。然后再根据点群集中段求出各岩级变形模量的小值平均值、大值平均值、总体平均值，取小值平均值～总体平均值的范围值即为试验标准值，整理成果见表 6.3－3。

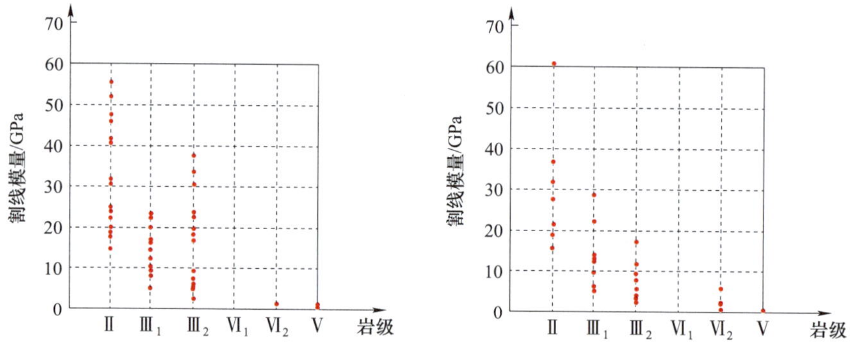

(a) 平行结构面　　(b) 垂直结构面

图 6.3－6　割线模量与岩级关系散点图

表 6.3－3　不同岩级岩体变形模量试验标准值整理成果表

岩级	岩体变形模量试验标准值/GPa					
	E_0（平行层面）			E_0（垂直层面）		
	小值平均	大值平均	总体平均	小值平均	大值平均	总体平均
Ⅱ	21.17	44.87	31.53	20.63	42.90	30.17
$Ⅲ_1$	9.66	18.57	14.12	9.87	25.25	13.72
$Ⅲ_2$	6.08	19.26	10.30	3.39	11.38	6.59
$Ⅳ_2$	—	—	1.20	1.11	2.98	1.94
Ⅴ	0.31	0.95	0.63	0.20	0.56	0.44

3. 岩体变形模量地质建议值

各级岩体变形模量试验标准值为舍弃异常点后的小值平均值～平均值的范围值，它介于总体统计时（不舍弃离散度大的高低值）的小值平均值～平均值之间。为保证取值的合理性，对试验组数较多的岩级进行保证率计算，按取值范围的试验标准值，大致相当于总体统计时保证率为90%的保证值。

因此，以试验标准值为基础，分平行与垂直层面（优势结构面），按“四舍五入”法划整提出各级岩体变形模量的地质建议值，见表6.3-4。施工详图阶段补充开展了19点变模试验，按同样整理与取值原则和方法进行整理、分析，得到各级岩体试验标准值成果均处于表6.3-2中的地质建议值范围内。

表6.3-4 坝区岩体变形模量试验标准值和地质建议值汇总表

岩级	变形模量试验标准值/GPa		变形模量地质建议值/GPa	
	E_0（垂直层面）	E_0（平行层面）	E_0（垂直层面）	E_0（平行层面）
Ⅱ	20.6～30.2	21.2～31.5	21～30	21～32
$Ⅲ_1$	9.9～13.7	9.7～14.1	9～13	10～14
$Ⅲ_2$	3.4～6.6	6.1～10.3	3～7	6～10
$Ⅳ_1$	—	—	2～3	3～4
$Ⅳ_2$	1.1～1.9	（1.2）	1～2	2～3
$Ⅴ_1$	0.20～0.44	0.31～0.63	0.2～0.4	0.3～0.6
$Ⅴ_2$	—	—	<0.2	<0.3

从坝区岩体变形模量的整理、取值过程和最终的地质建议值中可以发现一个与其他水电工程不同的特点：由于锦屏一级水电站坝区为高～极高地应力区，岩体围压效应明显，未受卸荷（含深卸荷）影响的岩体（岩块）嵌合紧密程度高，故坝区未受卸荷影响的各级岩体变形模量值普遍偏高，Ⅱ级岩体E_0=21～32GPa，$Ⅲ_1$级岩体E_0=9～14GPa，均超过规范相应岩体上限值。

4. 岩体变形模量与声波纵波速相关性分析

（1）变形模量与对穿声波关系。坝区前期勘测阶段完成的97点变形模量试验及配套声波测试中，取得84个岩体变形模量和对穿声波的有效数据对（平行56个，垂直28个），将其成果绘制成散点图（见图6.3-7），可得出E_0-v_{cp}关系式如下：

$$E_0=0.009v_{cp}^{4.586},\quad R=0.91 \tag{6.3-1}$$

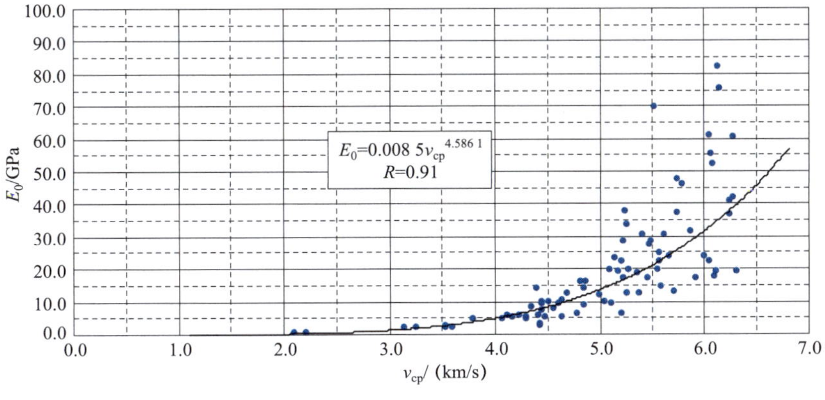

图6.3-7 可行性研究阶段坝区岩体E_0-v_{cp}相关关系曲线

在施工详图阶段在两岸坝基灌排洞内补充布置了12点的ϕ50cm承压板变形试验与配套单孔声波及对穿声波波速测试，取得了12点岩体变形模量E_0和对穿声波v_{cp}的有效数据对，绘入可行性研究阶段84对数据对的E_0-v_{cp}散点图（见图6.3-8），可以看出，施工详图阶段补充的12点变模—声波试验成果，均落于可行性研究数据点的带状区域，表明可行性研究分析得出的E_0-v_{cp}关系式的合理性、准确性。

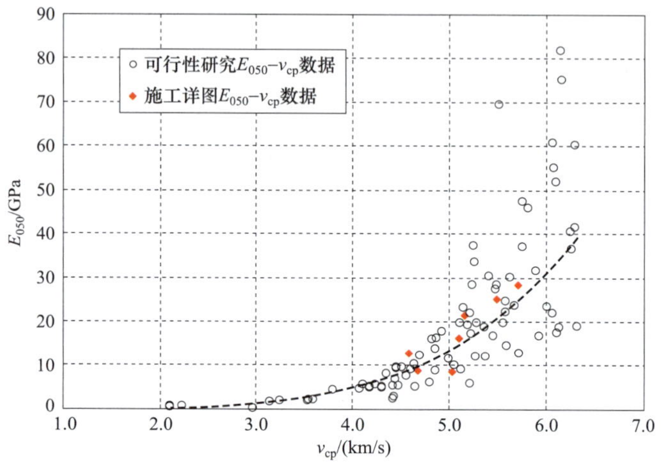

图6.3-8　施工详图阶段复核坝区岩体E_0-v_{cp}相关关系曲线

（2）变形模量E_0与单孔声波v_p关系。前期勘察阶段、施工详图阶段完成的对穿声波、单孔声波对比检测取得了大量的数据，按相同的测试方法和数据整理方法对这些数据的整理分析，建立对穿声波v_{cp}与单孔声波v_p关系见下式：

$$v_p=0.856\,8v_{cp}+955.81 \qquad R=0.708 \tag{6.3-2}$$

将此$v_{cp}-v_p$关系式代入施工详图阶段复核后的E_0-v_{cp}关系式即式（6.3-1），再计算简化得到岩体变形模量E_0与单孔声波v_p的关系：

$$E_0=0.000\,84v_p^{5.844\,06} \tag{6.3-3}$$

（3）根据上述E_0-v_{cp}和E_0-v_p关系式，按变形模量与声波波速关系计算模量与地质建议值对比，按不同级别岩体的声波波速值，可计算得出不同质量级别岩体对应的变形模量的参考值，见表6.3-5。

表6.3-5　用声波波速值计算预测岩体的变形模量与地质建议值的对比分析

岩级	岩体声波波速/（m/s）		地质建议值/GPa		计算E_0/GPa	
	对穿v_{cp}	单孔v_p	E_0（平行层面）	E_0（垂直层面）	用v_{cp}	用v_p
Ⅱ	＞5500	＞5650（其中＜4200m/s段数＜5%）	21～32	21～30	＞22.36	＞20.86
Ⅲ$_1$	4500～5500	4850～5650（其中＜4000m/s段数＜5%）	10～14	9～13	8.91～22.36	8.55～20.86
Ⅲ$_2$	3800～4800	4200～5000	6～10（砂板岩取低值）	3～7（砂板岩取低值）	4.10～11.98	3.69～10.48

续表

岩级	岩体声波波速/（m/s）		地质建议值/GPa		计算 E_0/GPa	
	对穿 v_{cp}	单孔 v_p	E_0（平行层面）	E_0（垂直层面）	用 v_{cp}	用 v_p
Ⅳ$_1$	<3500	<4200	3～4	2～3	<2.81	<3.69
Ⅳ$_2$	<3500	<4000	2～3	1～2	<2.81	<2.85
Ⅴ	<2000	—	0.3～0.6	0.2～0.4	<0.22	—

与国内一些大型水电工程在这方面取得的同样一些有实用价值的成果（见表 6.3－6）对比，锦屏一级水电站建立的关系式合适，可应用于施工期快速对岩体质量进行检测、评价。

表 6.3－6　　国内部分大型水电工程 E_0-v_p 相关关系成果汇总表

工程名称	岩性	相关关系式
二滩水电站	正长岩 玄武岩 玄武岩	E_0（平均值）$=0.05+0.012\,34v_p^{4.567}$（$R=0.912$） E_0（小值平均值）$=0.05+0.012\,34v_p^{4.567}$（$R=0.940$） E_0（小值平均值）$=0.05+5.562\times10^3v_p^{4.596}$（$R=0.938\,5$）
溪洛渡水电站	玄武岩	E_0（平均值）$=0.06+0.029v_p^{4.108\,7}$（$R=0.981$） E_0（小值平均值）$=0.06+0.020\,5v_p^{4.185\,3}$（$R=0.981$）
瀑布沟水电站	花岗岩	$E_0=0.1+0.100\,33v_p^{3.188\,6}$（$R=0.971\,3$）

6.3.3　岩体与结构面抗剪（断）试验与参数

锦屏一级水电站坝区在前期勘察阶段共完成岩体与结构面抗剪（断）强度试验各 29 组、21 组；施工期针对左岸边坡砂板岩补充布置完成了 3 组强度试验（Ⅲ$_2$、Ⅳ$_1$、Ⅳ$_2$级各 1 点）。总体上试点基本覆盖了坝区各类岩体和结构面，其中Ⅱ、Ⅲ$_1$、Ⅲ$_2$、Ⅳ$_1$、Ⅳ$_2$级岩体各有 7、8、12、3、2 组，新鲜硬接触节理裂隙（A_1）、无充填硬接触节理裂隙（A_2）和局部夹泥裂隙面（B_1）、松弛裂隙面（B_2）、绿泥石片岩片理面（B_3）、断层主错带、层间挤压错动带（B_4）各有 6、3 组和 2、2、2、6 组。

1. 岩体与结构面抗剪（断）强度特性

对坝址区 32 组岩体原位抗剪试验的应力—变形曲线分析后，坝区岩体的抗剪破坏特性可归为 3 类：① 脆性破坏型，这种类型大多数出现Ⅱ、Ⅲ$_1$级岩体中，其剪断破坏型式多呈脆性破坏，峰值和残余强度值特征点明显，如图 6.3－9 中（a）所示；② 塑性破坏型，这种类型在低强度岩体中如Ⅲ$_2$、Ⅳ、Ⅴ级岩体出现，如图 6.3－9 中（b）所示；③ 复合型，这类曲线在试验中为数不多，主要出现在Ⅳ$_2$级岩体，约占试验总数的 5%～10%，如图 6.3－9 中（c）所示。岩体二次剪的破坏类型为塑性破坏型式。

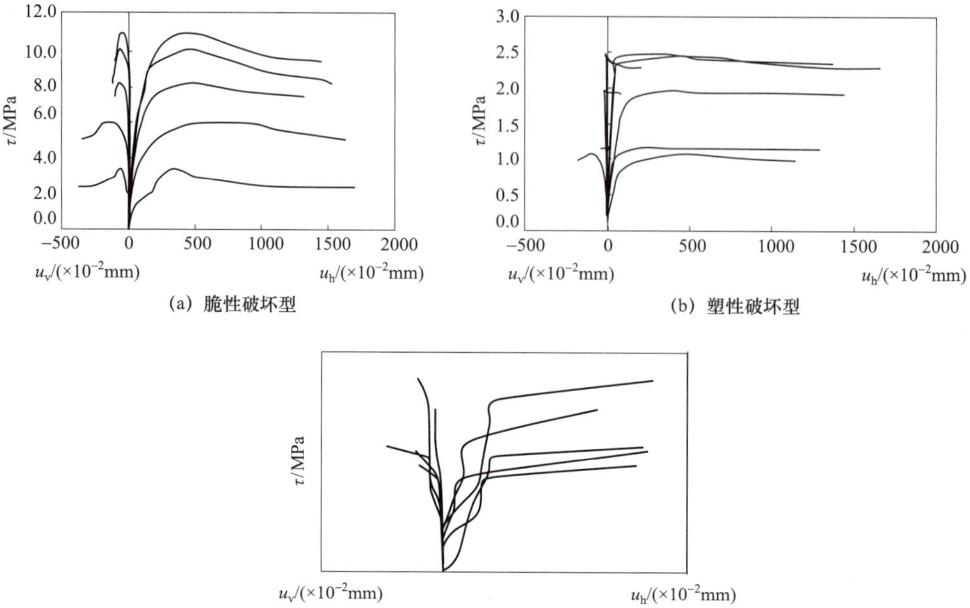

(a) 脆性破坏型

(b) 塑性破坏型

(c) 复合破坏型

图 6.3－9　坝区岩体抗剪破坏类型

对坝址区 21 组共 105 点结构面原位抗剪试验的应力—变形曲线分析后，坝区结构面的抗剪破坏特性可归为以下 2 类：① 塑性破坏型，结构面的破坏型式大多都是此种类型；② 脆性破坏和塑性破坏两种曲线的复合型，主要出现在起伏较大的刚性结构面中，占试验总数的 5%～10%。结构面二次剪的破坏类型为塑性破坏型式。

2. 强度特征点的确定

对坝区岩体、结构面应力－应变关系曲线的分析，可以将其破坏过程划分为三个阶段：首先是可逆的弹性变形阶段，其次是不可逆的屈服变形阶段，最后进入破坏阶段，如图 6.3－10 所示。因此，根据不同的变形破坏阶段可得出常用的 4 个强度特征点，即比例强度（见图 6.3－10 中 1′、1 点）、屈服强度（见图 6.3－10 中 2′、2 点）、峰值强度（见图 6.3－10 中 3′、3 点）、残余强度（见图 6.3－10 中 4′、4 点）。岩体抗剪断强度取峰值强度；抗剪强度脆性破坏时取比例极限强度与残余强度二者的较小值或取二次剪（摩擦试验）峰值强度，塑性破坏或弹塑性破坏时，取屈服强度或二次剪峰值强度。刚性结构面抗剪断强度取峰值强度；抗剪强度取残余强度或二次剪（摩擦试验）峰值强度。软弱结构面抗剪断强度取峰值强度，当试件黏粒含量大于 30%或有泥化镜面时，抗剪断强度取流变强度，抗剪强度取屈服强度或残余强度。

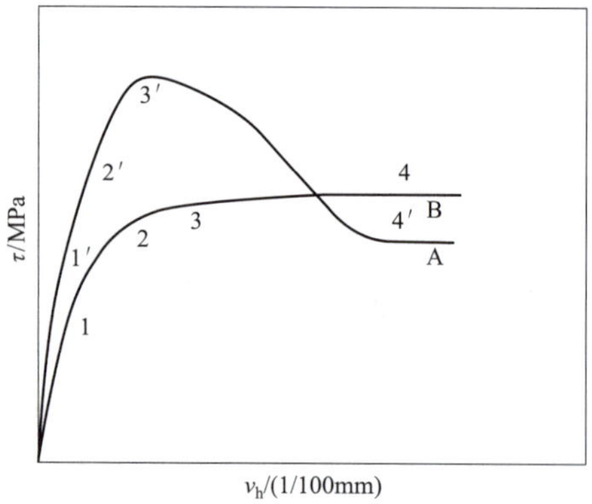

图 6.3－10　强度特征点示意图

A—抗剪断过程线；B—二次剪过程线

3. 强度参数整理方法

锦屏一级水电站可行性研究期间，岩体与结构面抗剪（断）强度参数的整理方法尚无一套成熟的方法，虽然GB 50287—1999在此方面做了原则性规定，但各工程实际运用中的整理方法也不统一，在当时的水电水利工程中，岩体与结构面强度参数C、f值的试验标准值分析、整理的常用方法有点群中心法、最小二乘法、优定斜率法。

点群中心法采用把n组数据点绘成$\tau-\sigma$曲线图，通过点群连直线，且直线两侧点数大致相等，则该直线在垂直轴的截距即为C值，与水平轴夹角即为φ值，此法任意性较大，不同的人可提出不同的成果，尤其试点过少时，情况更甚，导致与实际抗剪特性不符。且为了使抗剪参数有足够的保证率，常对C、φ值加以折减，但折减时无统一原则，故使C、φ值不合理性进一步扩大。

最小二乘法是为克服点群中心法的局限性而进一步发展起来的，它假定岩体破坏服从莫尔－库仑定律，根据试验资料可确定凝聚力及内摩擦系数的均值，标准差及变异系数，从而消除了人为误差，并考虑了试验样本的随机性，但此法在试验样本较多时，计算所得C、φ值规律性好，试点过少则出现异常。与点群中心法相同，对C、φ值也需加以折减，故使C、φ值不合理性进一步扩大。

优定斜率法以岩体质量分级为基础，对试验成果按级归类进行整理，在考虑岩级的前提条件下根据点群分布的总体趋势，首先进行斜率分析优定，再根据点群集中分布的范围，分别求得相应斜率的凝聚力上、下限值，作为试验成果整理标准值。

经分析研究，锦屏一级水电站坝区岩体与结构面强度参数的整理方法以优定斜率法为主，整理获取的强度参数试验成果标准值作为最终地质建议值的依据。近年来，根据对二滩、溪洛渡、大岗山等一些大型水电工程坝区岩体与结构面强度参数的整理、取值经验表明，按归类整理、优定斜率法选取是较为合理、可行的。

4. 岩体强度参数试验标准值

锦屏一级水电站岩体强度参数的整理采用优定斜率法。整理时将同一岩级、同一类结构面的成果点绘在$\tau-\sigma$关系图上，根据试验成果的总体趋势，优定出各类岩体的斜率，绘出$\tau-\sigma$曲线的上、下限值，图中斜率为摩擦系数f'（f）的试验标准值，截距的上、下限值为内聚力C'（C）的试验标准值。各级岩体强度参数优定斜率法整理图如图6.3－11～图6.3－15所示，各类结构面强度参数优定斜率法整理图如图6.3－16～图6.3－21所示。

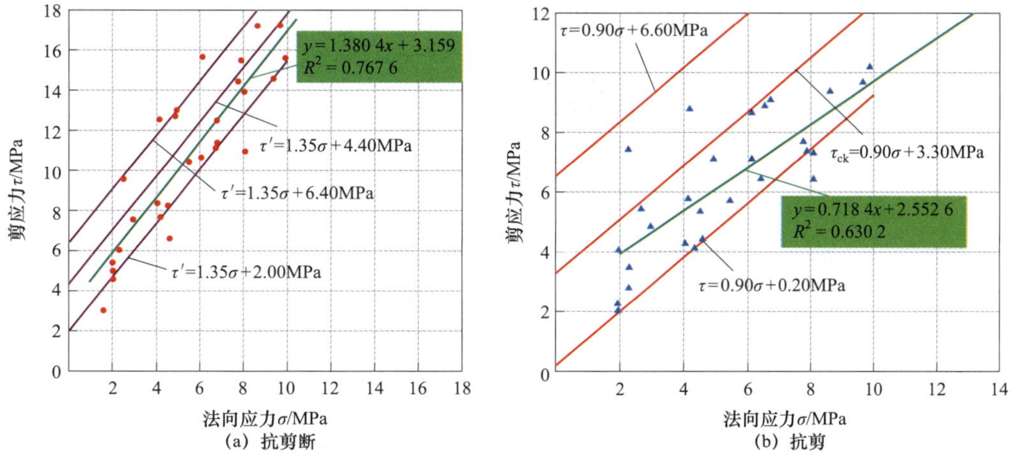

图6.3－11 Ⅱ级岩体抗剪（断）强度关系曲线

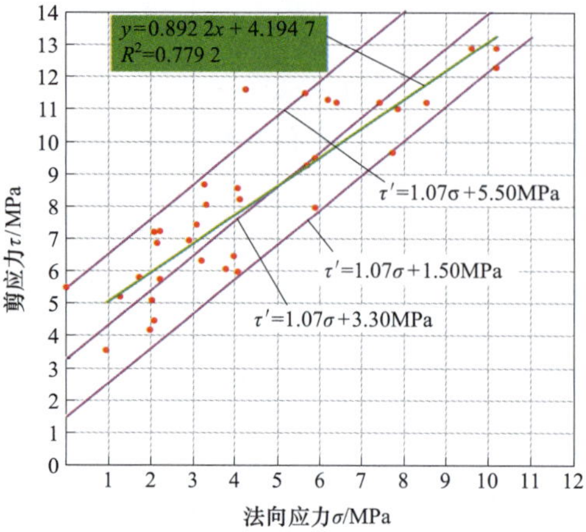

(a) 抗剪断

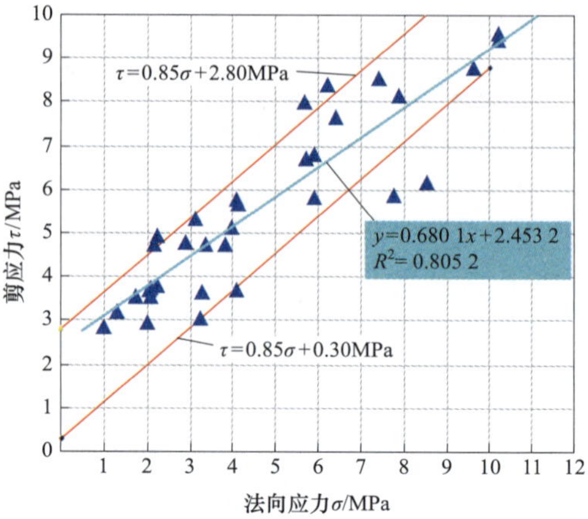

(b) 抗剪

图 6.3-12 Ⅲ₁级岩体抗剪（断）强度关系曲线

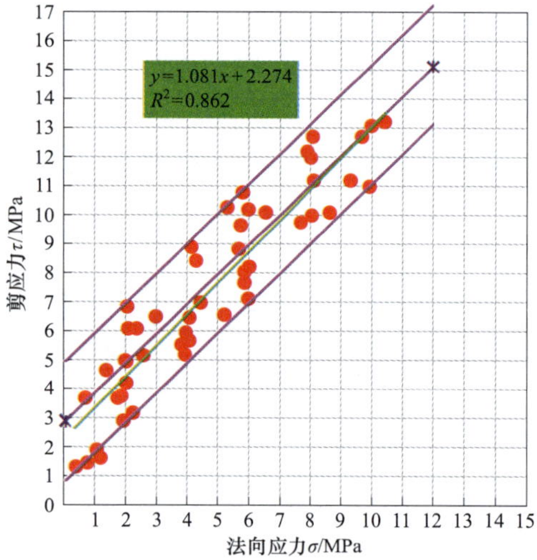

(a) 抗剪断

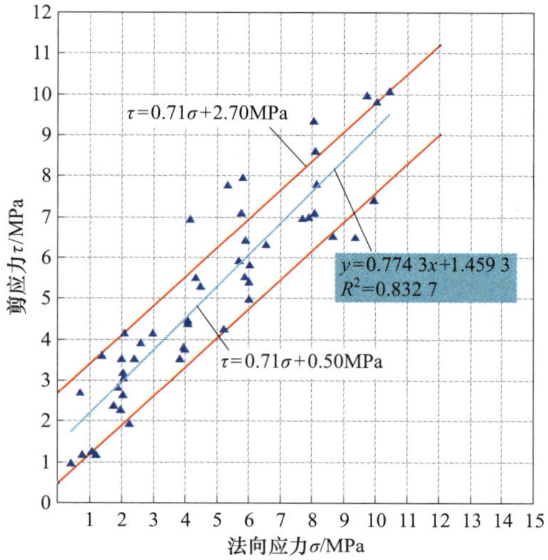

(b) 抗剪

图 6.3-13 Ⅲ₂级岩体抗剪（断）强度关系曲线

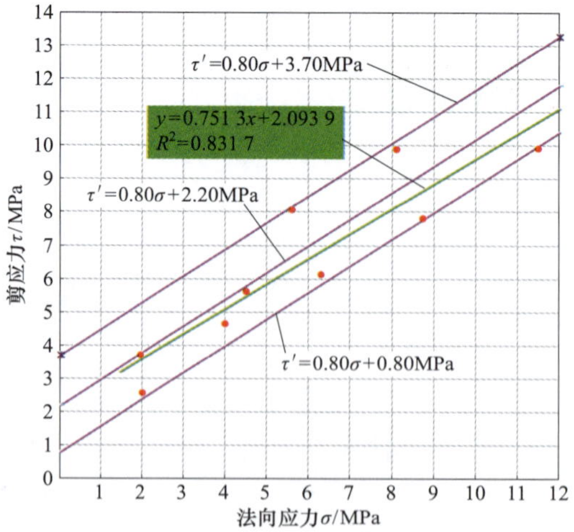

图 6.3-14 Ⅳ₁级岩体抗剪断强度关系曲线

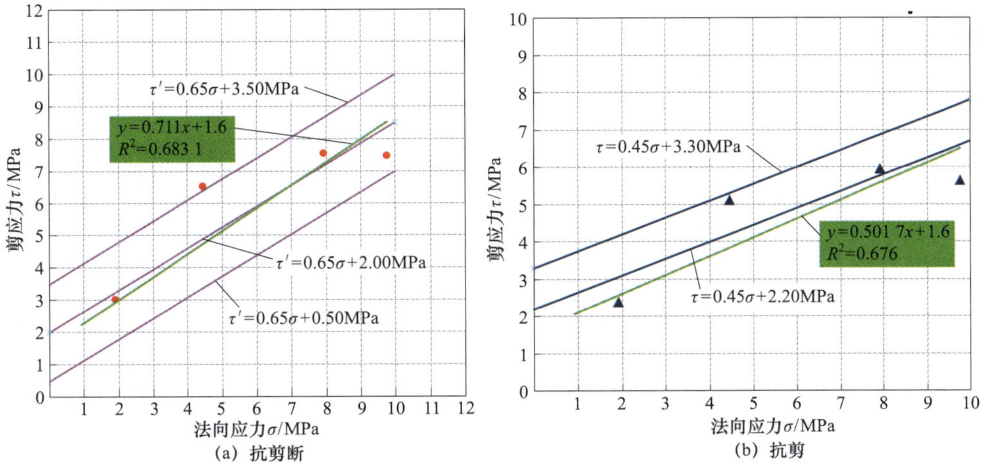

(a) 抗剪断　　(b) 抗剪

图 6.3-15　Ⅳ$_2$级岩体抗剪（断）强度关系曲线

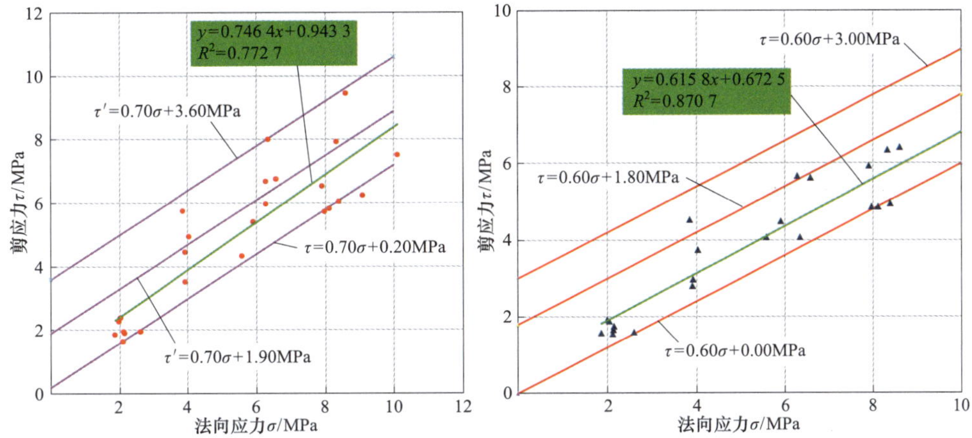

(a) 抗剪断　　(b) 抗剪

图 6.3-16　刚性结构面（A$_1$）抗剪（断）强度关系曲线

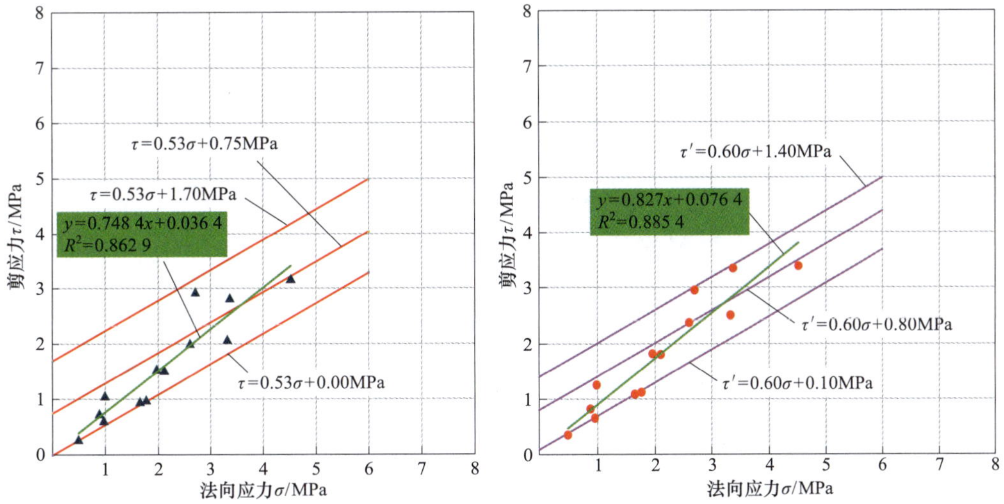

(a) 抗剪断　　(b) 抗剪

图 6.3-17　无充填硬接触节理裂隙（A$_2$）抗剪（断）强度关系曲线

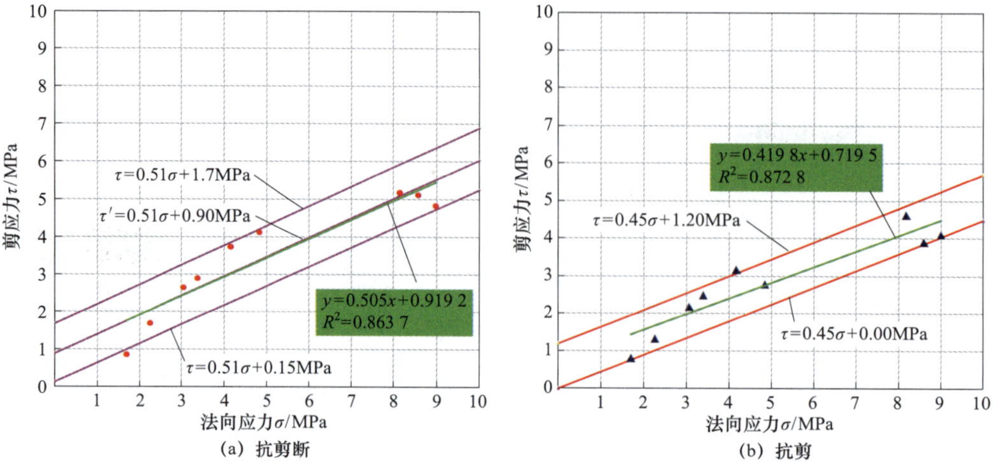

图 6.3-18　局部夹泥裂隙面（B_1）抗剪（断）强度关系曲线

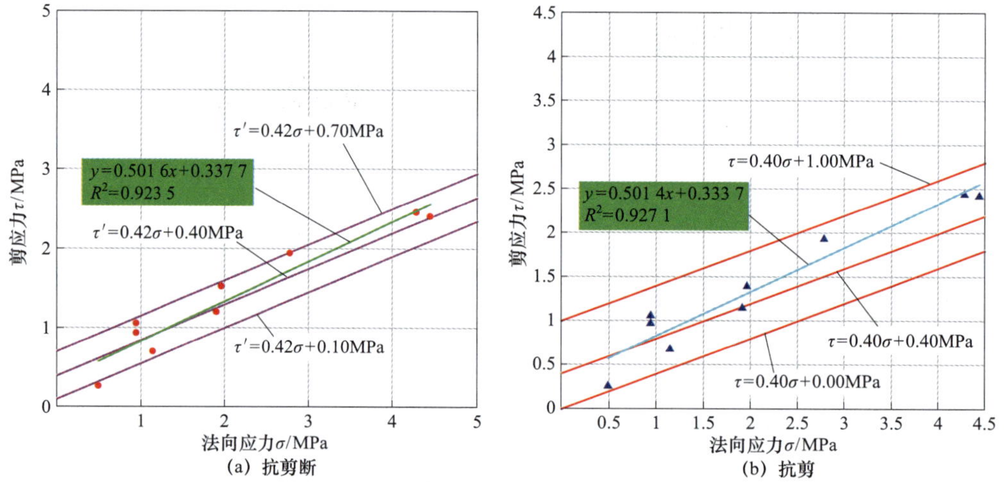

图 6.3-19　松弛裂隙面（B_2）抗剪（断）强度关系曲线

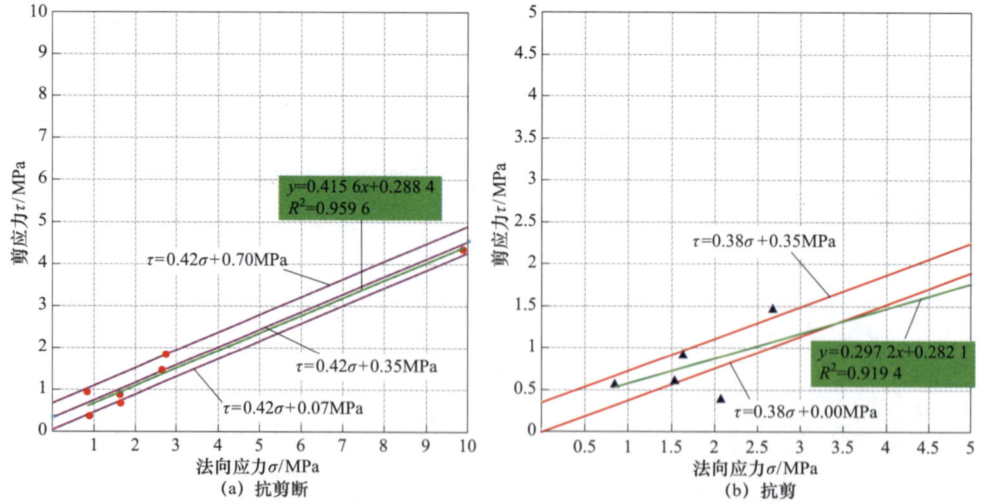

图 6.3-20　绿泥石片岩片理面（B_3）抗剪（断）强度关系曲线

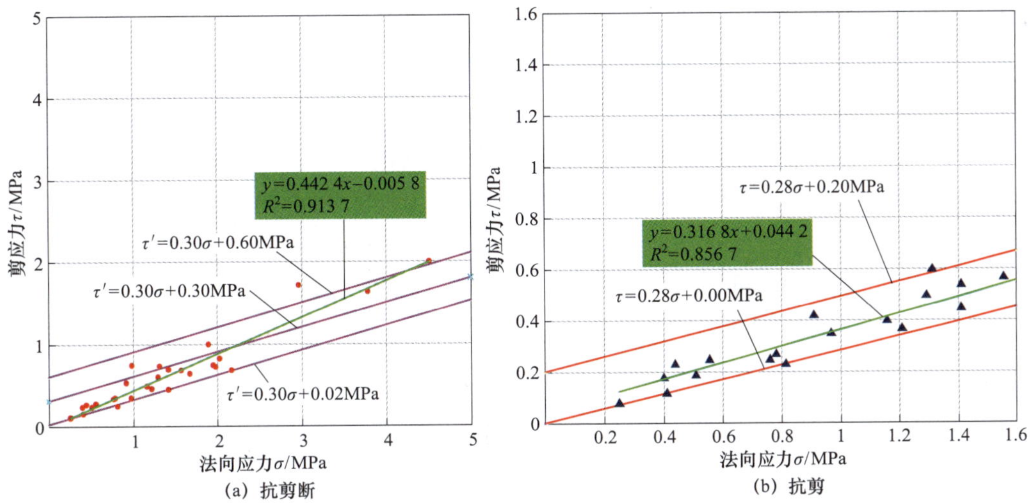

图 6.3-21 断层与层间挤压错动带（B_4）抗剪（断）强度关系曲线

各级岩体抗剪断强度试验标准值汇总见表 6.3-7。

表 6.3-7 坝区岩体抗剪断强度参数试验标准值汇总表

岩级	抗剪断		抗剪	
	f'	C'/MPa	f	C/MPa
Ⅱ	1.35	2.00～4.40	1.03	0.70～3.30
$Ⅲ_1$	1.07	1.50～3.30	0.85	050～2.50
$Ⅲ_2$	1.02	0.90～2.90	0.68	0.70～3.30
$Ⅳ_1$	0.80	0.80～2.20	0.58	1.20～2.20
$Ⅳ_2$	0.65	0.50～2.00	0.45	2.20～3.30
Ⅴ	0.30	0.02～0.30	0.25	0～0.20

各类结构面抗剪断强度试验标准值汇总见表 6.3-8。

表 6.3-8 坝区结构面抗剪断强度参数试验标准值汇总表

类型	抗剪断		抗剪	
	f'	C'/MPa	f	C/MPa
A_1	0.70	0.20～1.40	0.58	0.35～1.50
A_2	0.60	0.10～0.80	0.49	0.10～0.85
B_1	0.51	0.15～0.90	0.43	0.25～0.75
B_2	0.45	0.10～0.40	0.35	0.10～0.50
B_3	0.42	0.07～0.35	0.34	0.20～0.50
B_4	0.30	0.02～0.30	0.25	0～0.20

5. 岩体与结构面强度参数地质建议值

锦屏一级水电站在进行岩体的强度参数取值研究时，考虑到试验点难于全面反映岩体和结构面的结构特征等具体状况，为将岩体的抗剪（断）强度水平限制在组成岩体的大多数基本单元所能承受的范围内，以避免因某些薄弱单元的累进性破坏而危及岩体的整体安全，以试验成果整理的标准值为基础，摩擦系数的地质建议值以试验标准值为准；考虑到岩体破坏由点及面的渐进性特点及岩体试件的结构效应和尺寸效应，凝聚力一般取下限值为地质建议值。坝区岩体抗剪断强度参数地质建议值见表 6.3－9。

表 6.3－9　坝区岩体抗剪断强度参数地质建议值汇总表

岩级	抗剪断		抗剪	
	f'	C'/MPa	f	C/MPa
Ⅱ	1.35	2.00	1.03	0
$Ⅲ_1$	1.07	1.50	0.85	0
$Ⅲ_2$	1.02	1.02	0.68	0
$Ⅳ_1$	0.80	0.80	0.58	0
$Ⅳ_2$	0.65	0.50	0.45	0
Ⅴ	0.30	0.02	0.25	0

与岩体一样，在进行结构面的强度参数取值研究时，考虑到试验点难于全面反映结构面的结构特征等具体状况，为将结构面的抗剪（断）强度水平限制在大多数基本单元所能承受的范围内，以试验成果整理的标准值为基础，结合各代表结构面类型的工程地质条件，摩擦系数的地质建议值以试验标准值为准，凝聚力的地质建议值取试验标准值的下限。坝区结构面强度参数地质建议值见表 6.3－10。

表 6.3－10　坝区结构面抗剪断强度参数地质建议值汇总表

类型	抗剪断		抗剪	
	f'	C'/MPa	f	C/MPa
A_1	0.70	0.20	0.58	0
A_2	0.60	0.10	0.49	0
B_1	0.51	0.15	0.43	0
B_2	0.45	0.10	0.35	0
B_3	0.42	0.07	0.34	0
B_4	0.30	0.02	0.25	0

通过对坝区各类岩体和结构面力学特性研究与参数的选取，已实现了岩体质量分类中“质”（优、良、中、差、劣）与“量”（具体的力学参数）的统一，在此基础上再通过对岩体力学参数的论证分析，并与反映质量优劣的指标，如声波波速 v_p 等的相关分析，

最终完成坝区岩体质量分类中“质”和“量”两方面的相互耦合及配套。

（1）变形参数试验成果严格按岩类进行归纳整理，以散点图点群集中段进行整理，确定平均值和小值平均值作为试验标准值的上、下限值，标准值不作任何折减，作为地质建议值。

（2）对于未做试验的$Ⅳ_1$、$Ⅴ_1$类岩体，采用插值方法并根据有关规程规范、类比类似工程确定其变形参数。

（3）岩体抗剪指标的选取以现场岩体大剪试验为基础，严格按岩类和结构面类型以优定斜率法进行归纳整理，最后在试验标准值的基础上，根据试件的地质代表性、尺寸效应等，并类比国内外有关工程资料，对标准值进行调整，提出地质建议值。

（4）施工期补充岩体变形试验和岩体、结构面抗剪断强度试验成果以及大量声波检测表明，与前期试验成果基本一致。

综合前期勘察阶段试验成果和施工开挖期间补充试验成果，锦屏一级水电站坝区各级岩体与各类结构面的地质建议参数见表6.3－11和表6.3－12。

表6.3－11　坝区岩体变形模量和强度参数地质建议值

岩级	变形模量建议值/GPa		强度参数建议值			
	E_0（平行层面）	E_0（垂直层面）	抗剪断		抗剪	
			f'	C'/MPa	f	C/MPa
Ⅱ	21～32	21～30	1.35	2.00	0.95	0
$Ⅲ_1$	10～14	9～13	1.07	1.50	0.85	0
$Ⅲ_2$	6～10（砂板岩取低值）	3～7（砂板岩取低值）	1.02	0.90	0.68	0
$Ⅳ_1$	3～4	2～3	0.70	0.60	0.58	0
$Ⅳ_2$	2～3	1～2	0.60	0.40	0.45	0
$Ⅴ_1$	0.3～0.6	0.2～0.4	0.30	0.02	0.25	0
$Ⅴ_2$	<0.3	<0.2	其强度参数根据具体部位拉张裂缝的性状及连通率等综合确定			

表6.3－12　坝区结构面按性状分类及配套力学参数地质建议值

大类	亚类代号	地质类型	风化卸荷	结构面特征	代表性结构面	建议值			
						f'	C'/MPa	f	C/MPa
刚性结构面	A_1	硬接触节理裂隙	微风化～新鲜	面平直粗糙，微～新，结合紧密，有一定胶结，强度较高	1）大理岩内的层面裂隙、隐裂面和钙质绿片岩与大理岩接触界面（裂隙）； 2）微风化～新鲜大理岩、砂板岩岩体内的硬质新鲜节理裂隙面	0.70	0.20	0.58	0
	A_2	硬接触节理裂隙	弱卸荷	面平直粗糙，微～弱风化，无胶结，强度中等	弱卸荷带岩体中倾坡外的硬质结构面	0.60	0.10	0.49	0

续表

<table>
<tr><th rowspan="2">大类</th><th rowspan="2">亚类代号</th><th rowspan="2">地质类型</th><th rowspan="2">风化卸荷</th><th rowspan="2">结构面特征</th><th rowspan="2">代表性结构面</th><th colspan="4">建议值</th></tr>
<tr><th>f'</th><th>C' /MPa</th><th>f</th><th>C /MPa</th></tr>
<tr><td rowspan="5">软弱结构面</td><td>B_1</td><td>局部夹泥裂隙面</td><td>弱卸荷</td><td>面平直粗糙，显松弛，局部附泥膜，无胶结</td><td>弱卸荷带内的层面裂隙及其他结构面</td><td>0.51</td><td>0.15</td><td>0.43</td><td>0</td></tr>
<tr><td>B_2</td><td>松弛溶蚀裂隙面</td><td></td><td>面平直粗糙，显松弛，局部附泥膜或充填次生泥，无胶结</td><td>1）大理岩中近 EW 向长大松弛溶蚀裂隙；
2）左岸山体深部成带出现的Ⅲ、Ⅳ级拉裂面</td><td>0.45</td><td>0.10</td><td>0.35</td><td>0</td></tr>
<tr><td>B_3</td><td>绿泥石片岩片理面</td><td></td><td>较软弱绿片岩片理面，含绿泥石膜，面波状较光滑</td><td>各层大理岩中的绿片岩间界面</td><td>0.42</td><td>0.07</td><td>0.34</td><td>0</td></tr>
<tr><td rowspan="2">B_4</td><td>断层主错带（面）</td><td></td><td>面平直光滑，局部夹泥，破碎带物质以岩屑及细、中角砾为主，岩屑含量 15%～25%，角砾含量 60%～80%</td><td>1）左岸 f_5、f_8 及右岸 f_{14}、f_{13} 等断层破碎带内；
2）左岸砂板岩中断层破碎带内</td><td rowspan="2">0.30</td><td rowspan="2">0.02</td><td rowspan="2">0.25</td><td rowspan="2">0</td></tr>
<tr><td>层间挤压错动带（面）</td><td></td><td>面平直光滑，含绿片岩软化面及局部炭化面，带内物质以岩屑及粉粒为主，岩屑含量 25%～40%，粉粒含量 35%～60%，另含少量细角砾</td><td>大理岩中层间挤压错动带内</td></tr>
<tr><td>拉裂结构面</td><td>C</td><td>拉张裂缝</td><td></td><td>面起伏粗糙，部分张开成空缝状，少充填，延伸长大</td><td>左岸山体深部松弛带内的Ⅰ、Ⅱ级深裂缝。卸荷带内宽大张开裂隙</td><td colspan="4">其强度参数根据具体部位拉张裂缝的性状及连通率等综合确定</td></tr>
</table>

6.3.4 岩体地应力测试

1. 平洞应力解除孔径法空间地应力测试

孔径法空间地应力测试主要采用套钻应力解除技术，将钻孔变形计测试传感器安放在小孔（ϕ56mm）中，用大直径（ϕ130mm）的钻孔套住小孔钻进，使小孔周围应力释放，通过接收仪器测定压力释放引起的小孔孔径的变形，不断加深钻孔和套钻解除，便可获得不同深部的应力，从而计算地应力大小和方向及其变化规律。

整个前期勘测设计阶段进行了 24 组平洞孔径法空间地应力测试，其中左岸 7 组测点分布高程 1650.00～1830.00m，水平深度 35～200m；右岸 17 组测点分布高程 1650.00～1830.00m，水平深度 40～500m。实测地应力成果显示如下特点：

（1）24 组实测地应力成果显示，σ_1 量值超过 20 MPa 共有 17 点，其中右岸最高达 35.7MPa、左岸最高达 40.4MPa，可以判断坝区初始地应力处于高～极高地应力。

地应力量值随水平埋深呈现出一定的变化规律，根据σ_1 量值可以划分出应力释放带、集中带和平稳带，其中，左岸水平深度 200m 以外最大主应力值波动较大，水平深度 200m

附近应力集中明显，最大主应力σ_1量值达21.49～40.04MPa。右岸地应力量值随水平深度增大逐渐提高，如图6.3-22所示，在水平深度100m以外，最大主应力σ_1为12.96～15.42 MPa；100～350m之间最大主应力σ_1为16.13～35.7MPa；350m以里应力趋于平稳，最大主应力σ_1为23.02～27.11MPa，岩石强度应力比一般为1.5～4。

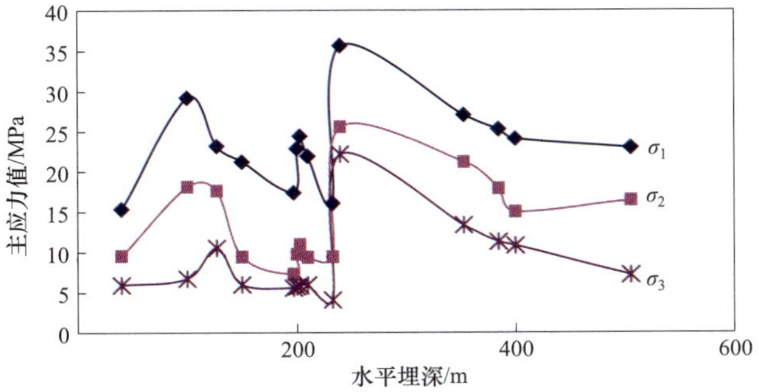

图6.3-22 锦屏一级水电站坝址区右岸岩体主应力与水平埋深关系图

（2）随岸坡高程增加岩体应力降低，如右岸Ⅱ$_1$勘探线高程1650.00m PD19平洞200m处σ_1=22.9MPa，高程1830m PD25平洞220m处σ_1=18.44MPa。

（3）地应力量值受深卸荷裂缝和断层发育影响大。如σ_{14-1}测点位于Ⅳ勘探线高程1780.00m水平深度120m处，该测点前后均有深卸荷裂缝，导致应力明显松弛，σ_1量值仅为5.84MPa；右岸在水平深度约200m附近受断层影响而降低明显，如σ_{27-1}、σ_{27-4}测点位于f_{14}断层附近，岩体完整性相对较差，σ_1量级分别为16.13MPa和18.44MPa，远低于完整厚层状大理岩内的σ_{01-1}、σ_{19-4}测点的最大主应力σ_1量级35.7、22.9MPa。

（4）左岸水平埋深大于200m测点的σ_1方向介于N3°W～N65°W，平均N42°W，右岸最大主应力σ_1方向介于N28.5°～79.3°W，平均N48°W，均与岸坡走向近于垂直；另外，左岸σ_1倾角最小3°，最大63°，平均为39°，右岸σ_1的倾角最小4.5°，最大78.9°，平均为16°。

2. 钻孔水压致裂法平面地应力测试

可行性研究阶段坝区共进行了10个钻孔的水压致裂法平面地应力测试，其中河床部位5孔、左右岸坝肩中低高程5孔。

（1）河床谷底地应力测试。河床谷底地应力测试钻孔分布在坝基至二道坝之间长约400m的范围内，5个钻孔共完成地应力测试43点，试段深度在谷底以下70～150m，最大、最小水平主应力值随深度的变化曲线如图6.3-23所示。

从河床谷底地应力测试成果可得出以下几点认识：① 在基岩面以下40m范围内，由于岩体卸荷，地应力不同程度释放，岩体完整性较差，多数孔段无实测值，仅有的少量测点水平最大主应力（σ_H）也相对较低，一般小于15MPa。② 在基岩面以下50～80m之间，出现明显的应力集中（即应力包），水平最大主应力（σ_H）一般为20～36 MPa。孔深130m以下，为应力平稳区，最大水平主应力值为25 MPa左右。③ 实测水平主应力（σ_H）方向为N40°W左右，范围为N36°～55°W。

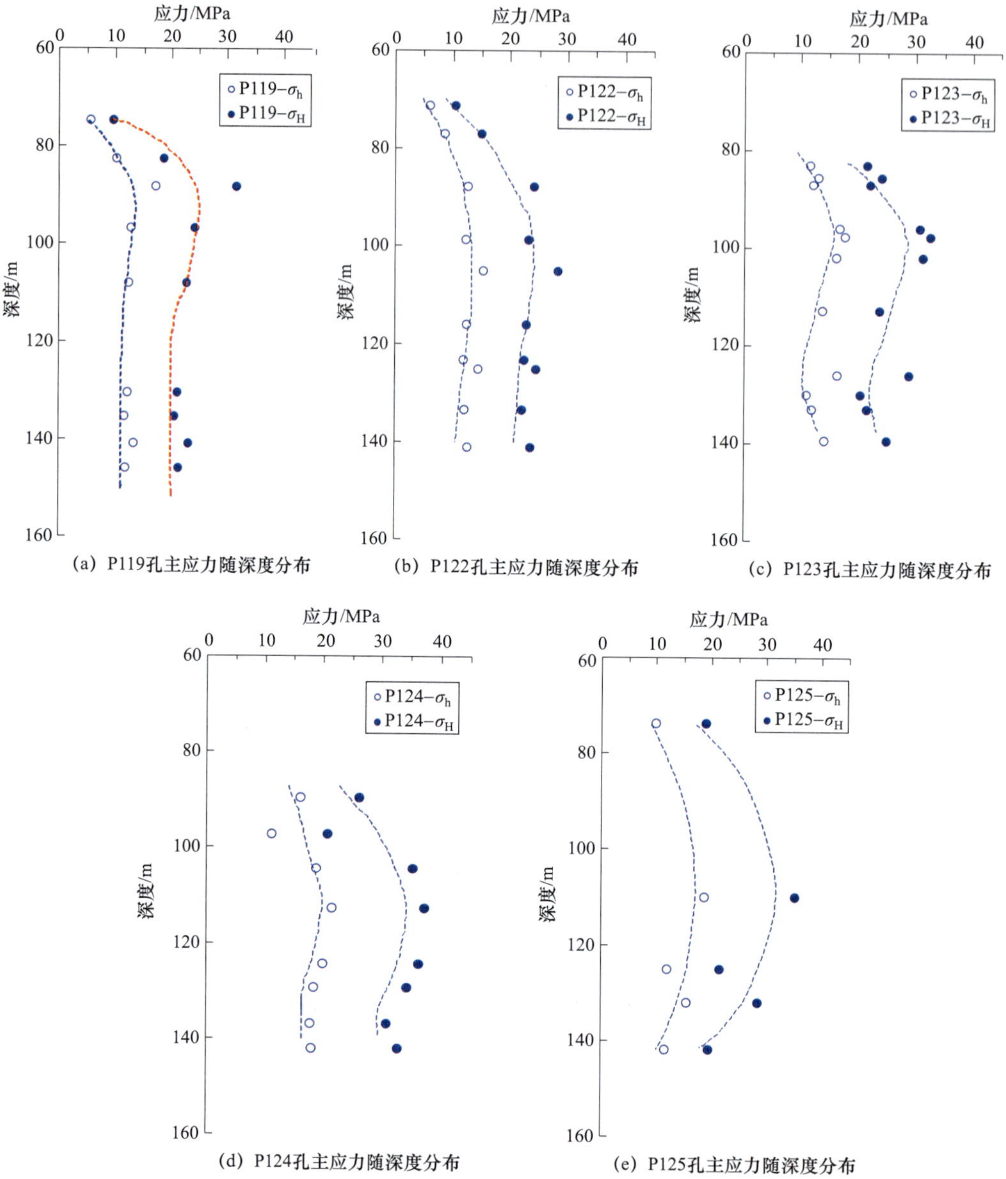

(a) P119孔主应力随深度分布　(b) P122孔主应力随深度分布　(c) P123孔主应力随深度分布

(d) P124孔主应力随深度分布　(e) P125孔主应力随深度分布

图 6.3−23　河床部位钻孔水压致裂法测试地应力随深度变化曲线

（2）坝区左岸地应力测试。坝区左岸完成了 P213、P214 两个钻孔共 11 段的水压致裂法地应力测量。

P213 位于 PD54 平洞内，水平埋深 240m，孔口高程 1830.00m，试段岩性为第三段砂板岩，因岩层破碎，仅取得了 4 段资料，水平最大主力σ_H=5.52～7.71MPa，相对偏低。实测水平最大主应力方向为 N50°～55° W。

P224 位于 PD50 平洞内，水平埋深 30m，孔口高程 1669.00m。在孔深 36.78～42.61（相应高程 1633.00～1627.00m，相当河床覆盖层顶面附近）的三段应力值偏低，其水平最小主应力σ_h=3～4MPa，水平最大主应力σ_H=7MPa 左右。孔深 72～139m 水平主应力随孔深增加略有增大，其水平最小主应力σ_h=9MPa 左右，水平最大主应力σ_H=15MPa 左右。

（3）坝区右岸地应力测试。坝区右岸完成了 P316、P319、P327 三个钻孔共 29 段的水压致裂法地应力测量。

P319、P327 孔位于高程 1650.00m 的Ⅱ和$Ⅱ_1$勘探线坡脚部位；P316 孔位于 PD25 平洞内，水平埋深约 200m，孔口高程 1830.00m。

右岸坡脚部位和中部地应力有如下特点：① 高程 1560.00～1580.00m 以上，受卸荷影响应力较低，水平最小主应力σ_h=4～8MPa，水平最大主应力σ_H=8～14MPa；高程 1560.00～1580.00m 以下应力值呈增大趋势，水平最小主应力σ_h=13～16MPa，水平最大主应力σ_H=20～30MPa。② 水平最大主应力的方向为 N40°～50° W。

3. 坝区地应力特征

根据坝区所处的大地构造环境、坝区地应力现象及对两种方法的地应力实测成果的分析研究表明，坝区地应力分布具以下特征：

（1）锦屏一级水电站峡谷区初始地应力处于高～极高状态，各测点σ_1量值普遍在 20～30MPa 之间，左岸低高程深部（180m 以里）测点超过 30MPa，最高达 40.4MPa；右岸局部应力集中点σ_1量值接近和超过 30MPa，最高达 35.7MPa。岩石强度应力比一般为 1.5～4。

（2）随着河流下切，谷坡一定范围内岩体卸荷强烈，岩体应力急剧降低，特别是左岸应力释放后，岩体松弛拉裂明显，发育岩体深卸荷现象，高程 1700.00m 以上水平深度 200m 以外，基本处于重力场作用之下。

（3）最大主应力（σ_1）方向较稳定，一般为 N30°～60° W，与区域应力场方向基本一致，与河谷走向大角度相交。

6.4 地下洞室围岩分类及参数

锦屏一级水电站地下厂区地质特点是岩层岩性差异大导致的岩体强度差异大，以f_{13}、f_{14}、f_{18}断层为代表的多条规模较大的软弱结构面较发育，实测最大主应力σ_1最高达 35.7MPa 的高～极高地应力环境，出露点多、涌水量大的地下水较活跃特点。根据《水利水电工程地质勘察规范》（GB 50287—1999）关于地下洞室围岩工程地质分类方法的相关规定，在参考 RMR、Q 系统分类方法的基础上，结合地下厂区地质特点，与同期其他水电水利地下洞室工程类似，选择微新岩石单轴饱和抗压强度、围岩岩体完整性和结构面间距、结构面性状进行围岩工程地质分类，再考虑结构面产状和地下水状态进行校正，最后根据围岩地应力状况调整，建立了地下洞室围岩工程地质分类体系。

6.4.1 围岩分类指标的选取

《水利水电工程地质勘察规范》（GB 50287—1999）规定的地下洞室围岩分类方法考

虑了岩石强度、岩体完整性、结构面的性状、地下水、结构面方位 5 个指标，以及作为限定判据的地应力指标。

（1）微新岩石饱和单轴抗压强度。地下厂区围岩岩性主要有第二段第 2～6 小层的厚层状大理岩、角砾状大理岩、条纹状大理岩等，夹绿片岩条带或团块绿片岩，岩性较为复杂，各种岩性的差异导致岩体强度差异大，采用的各类微新岩石饱和单轴抗压强度取值见表 6.4－1。洞室围岩分类实际评分过程中，对由不同岩性组成的洞段则按岩性所在洞长进行加权平均。

表 6.4－1　各类微新岩石饱和单轴抗压强度 R_b 取值表

岩层岩性	微晶大理岩 条纹状大理岩 条带状大理岩	角砾状大理岩	绿片岩	弱风化大理岩	煌斑岩
R_b/MPa	60～75	60～75	25～50	40～60	60
岩质类型	坚硬岩	坚硬岩	较软～中硬岩	中硬岩	中硬岩

（2）岩体完整性。水电系统围岩分类中岩体完整性程度一般是用岩体完整性系数 K_v 来表征。根据锦屏一级水电站岩体完整性及其完整性系数 K_v 的统计分析，岩体不同完整程度的完整性系数 K_v 分级指标见表 6.4－2。

表 6.4－2　RQD 值与完整性系数 K_v 对应关系

岩体完整程度	破碎	较破碎	完整性差	较完整	完整
RQD/%	0～25	25～50	50～75	75～90	90～100
K_v	0～0.2	0.2～0.4	0.4～0.6	0.6～0.8	0.8～1.0

地下厂区地应力高～极高，岩体普遍嵌合紧密，声波纵波速普遍偏高且级差不明显，用声波计算的 K_v 值不能准确反映岩体的完整性。通过分析研究，采用岩石质量指标 RQD 来确定 K_v 的大小，RQD 值通过洞壁测线法统计获取，它基本能够较准确地反映岩体的完整程度。根据岩体 RQD 值与完整性系数 K_v 的对应关系，利用实测的 RQD 值即可推算出岩体完整性系数 K_v，进而判断岩体完整程度。

（3）结构面状态。右岸地下洞室区大理岩中发育的节理裂隙一般新鲜硬接触，平直粗糙，结合紧密，性状好，但绿片岩片理面含绿泥石膜，面波状较光滑，性状较差。此外还发育有溶蚀裂隙，微张～张开，充填碎屑、泥质物，对围岩稳定有不利影响。

具体围岩分类中，按现场实际调查结果进行结构面状态评判。

（4）地下水状态。地下水的出露受结构面发育状况影响大，受裂隙的发育及分布情况控制，断层破碎带、NNW—NW 向裂隙带往往有地下水出露，特别是 f_{13} 断层上盘，地下水丰富，沿裂隙面多呈线状流水、甚至股状出水，影响围岩分类。

具体围岩分类中，对洞室地下水状况进行描述，并完成地下水状态评分。

（5）结构面校正。根据洞室出露的结构面统计，确定优势结构面分组，以地下厂区优势裂隙中第一组层面裂隙和第二组 NE 向倾 SE 陡倾裂隙的方位为主，确定其与洞轴线的关系，完成主要结构面产状评分值。

（6）地应力。地下厂区最大主应力σ_1实测值一般为 20～35.7MPa，岩石强度应力比（R_C/σ_{max}）多为 1.5～4，根据《水利水电工程地质勘察规范》（GB 50287—1999）对初始地应力状态的分级标准，地下厂区属高～极高地应力区。厂区洞室围岩强度应力比 S（$S=R_b K_v/\sigma_1$）为 $1.5<S<3$，根据规范规定，对不满足 S 判据要求的围岩类别进行了降级处理。

6.4.2 围岩分类结果及参数

根据锦屏一级水电站围岩工程地质分类体系，考虑到深埋洞室与浅埋洞室围岩的紧密状态、地应力量级的较大差异，第二段第 2 层岩体结构既有厚层～块状结构、也有中厚层状结构的差异，将地下洞室区围岩划分为 4 个大类，其中Ⅲ类围岩又细分为$Ⅲ_1$、$Ⅲ_2$。各类围岩的分类特征如下：

Ⅱ类：分布于卸荷带以里、深部应力集中区之外的 $T_{2-3}z^{2(3-5)}$层大理岩、杂色角砾状大理岩；微风化～新鲜，嵌合紧密，呈厚层～块状结构，一般偶见 1～2 组裂隙，间距＞50cm，岩体完整；一般最大主应力$\sigma_1<20$MPa，围岩强度应力比 $S>4$；Ⅱ类围岩基本稳定。

$Ⅲ_1$类：① 分布于卸荷带以里、深部应力集中区之外的 $T_{2-3}z^{2(6)}$层条带状大理岩，层面裂隙较发育，微风化～新鲜，呈中厚层～块状结构，部分为薄层～中厚层状结构，岩体完整性总体较好，一般最大主应力$\sigma_1<20$MPa，围岩强度应力比 $S>2$；② 分布于高地应力区的 $T_{2-3}z^{2(2-5)}$层厚层状大理岩、杂色角砾状大理岩，微风化～新鲜，嵌合紧密，呈厚层～块状结构，发育 1～2 组裂隙，岩体较完整，最大主应力$\sigma_1=20$～35MPa，围岩强度应力比 $2<S<4$，施工开挖易导致洞周应力集中，围岩可能产生较强的脆性变形破坏；③ $Ⅲ_1$类围岩局部稳定性差。

$Ⅲ_2$类：① 分布于高地应力区的 $T_{2-3}z^{2(2、6)}$层薄～中厚层条带状大理岩、角砾状大理岩，岩体嵌合紧密，发育 1～2 组裂隙，岩体较完整，最大主应力$\sigma_1=20$～35MPa，围岩强度应力比 $1<S<3$，施工开挖易导致洞周应力集中，围岩可能产生较强的脆性变形破坏；② 分布于高地应力区、埋深较大的煌斑岩脉，微风化～新鲜，次块～镶嵌结构；③ 弱卸荷的 $T_{2-3}z^{2(2-6)}$层厚层状大理岩、角砾状大理岩，岩体以次块～镶嵌结构为主，但由于位于弱卸荷带内，岩体嵌合较松弛；④ $Ⅲ_2$类围岩稳定性差。

Ⅳ类：① 分布于高应力区、埋深较大的 $T_{2-3}z^{2(1)}$层绿片岩及大理岩互层，最大主地应力$\sigma_1=15$～30MPa，围岩强度应力比 $S<2$；② $T_{2-3}z^{2(2-6)}$层大理岩中的裂隙密集带；③ 埋深较浅的煌斑岩脉，岩体较坚硬，多弱风化，较破碎，板裂～碎裂结构；④ 施工开挖易导致洞周应力集中，围岩可能产生较大规模的脆性变形破坏，Ⅳ类围岩不稳定。

Ⅴ类：宽度较大的强风化夹层或断层破碎带，嵌合较紧密～松弛，呈碎裂～散体结构，岩体破碎，围岩极不稳定。

各类围岩的分类特征和物理力学参数建议值分别见表 6.4－3 和表 6.4－4。

表 6.4－3

锦屏一级水电站地下洞室围岩工程地质分类表

围岩类别		层位与岩性	饱和单轴抗压强度/MPa	岩体结构特征				岩体完整性				风化状态	地下水状态	水平埋深/m与地应力	围岩强度应力比	围岩基本特征与稳定性评价
				结构类型	RQD/%	裂隙组数	裂隙间距/m	声波纵波波速/(m/s)	K_v	紧密状态	完整性					
Ⅱ		第3～5层大理岩、角砾状大理岩	60～75	厚层～块状	100～85	1～2	＞0.5	＞5500	＞0.72	紧密	完整	微新	干燥	水平埋深50～150m，地应力增高过渡带	＞4	岩石坚硬，完整，嵌合紧密，岩体呈厚层～块状结构，一般偶见1～2组裂隙，间距大于50cm，延伸一般小于3m，部分小于10m，最大主地应力$\sigma_1=10\sim20$MPa，围岩基本稳定
Ⅲ	Ⅲ$_1$	第6层大理岩，条带状、角砾状大理岩	60～75	中厚层状	85～65	2～3	0.2～0.4	4500～5500	0.48～0.72	紧密	较完整	微新	局部渗滴水	水平埋深小于100m，地应力增高过渡带	＞2	岩石坚硬，较完整，微风化～新鲜，沿结构面或绿片岩透镜体发育风化夹层，嵌合紧密，呈中厚层状结构，发育2～3组裂隙，一般延伸小于10m，在$T_{2-3}z^{2(6)}$层层间挤压错动带发育，长度大于10m，最大主地应力$\sigma_1=10\sim20$MPa，围岩强度应力比$S>2$，局部围岩稳定性差
		第2～5层大理岩、角砾状大理岩	60～75	厚层～块状	100～85	1～2	＞0.5	＞5500		紧密	完整	微新	干燥	水平埋深大于100m，地应力集中带及以里	＜4	岩石坚硬，完整，嵌合紧密，呈厚层～块状结构，一般偶见1～2组裂隙，间距大于50cm，延伸一般小于3m，部分小于10m。最大主应力$\sigma_1=20\sim35$MPa，围岩强度应力比$2<S<4$，施工开挖易导致洞周应力集中，围岩可能产生较强的脆性变形破坏，变形破坏形式以洞壁及顶拱的劈裂剥落为主，局部围岩稳定性差

续表

围岩类别		层位与岩性	饱和单轴抗压强度/MPa	岩体结构特征				岩体完整性				风化状态	地下水状态	水平埋深/m与地应力	围岩强度应力比	围岩基本特征与稳定性评价
				结构类型	RQD/%	裂隙组数	裂隙间距/m	声波纵波波速/（m/s）	K_v	紧密状态	完整性					
Ⅲ	$Ⅲ_2$	第2、6层大理岩、条带状、角砾状大理岩	60～75	薄～中厚层状	85～65	2～3	0.2～0.4	4500～5500	0.34～0.55	紧密	较完整	微新	局部渗滴水	约大于100m，地应力集中带及以里	>1	岩石坚硬，较完整，微风化～新鲜，沿结构面或绿片岩透镜体发育风化夹层，嵌合紧密，呈中厚层状结构，发育1～2组裂隙，一般延伸小于10m，主地应力$\sigma_1=20～35MPa$，围岩强度应力比$1<S<3$。施工开挖易导致洞周应力集中，围岩可能产生较强的脆性变形破坏，变形破坏形式顶拱以弯折内鼓为主，边墙以劈裂剥落为主。围岩稳定性差
		煌斑岩脉	60	次块～镶嵌								微新				岩石坚硬，较完整，微风化～新鲜，裂隙发育，施工开挖后围岩可能产生较强的脆性变形破坏，围岩稳定性差
		第3～5层大理岩、角砾状大理岩	60～75	次块～镶嵌、厚层状								微新		弱卸荷带内	>2	分布于弱卸荷带内的岩体，裂隙发育，嵌合较松弛，围岩稳定性差

续表

围岩类别	层位与岩性	饱和单轴抗压强度/MPa	岩体结构特征				岩体完整性				风化状态	地下水状态	水平埋深/m与地应力	围岩强度应力比	围岩基本特征与稳定性评价
			结构类型	RQD/%	裂隙组数	裂隙间距/m	声波纵波波速/(m/s)	K_v	紧密状态	完整性					
Ⅳ	第2～6层大理岩、角砾状大理岩中的裂隙密集带	60～75	板裂～碎裂	65～45	1～2	0.1～0.3，局部0.05～0.2	4500～5500	<0.34	较紧密	较破碎	微新为主	涌水	随机分布	<2	岩石坚硬，完整性较差，以板裂～碎裂结构为主，1～2组裂隙密集发育，局部溶蚀松弛张开，涌水。最大主地应力σ_1=15～20MPa，围岩强度应力比S<2。施工开挖易导致洞周应力集中，围岩可能产生较强的脆性变形破坏，变形破坏形式边墙以弯折内鼓为主，围岩不稳定
	第1层大理岩、绿片岩互层	25～45	中厚层状～互层状	45～65	>3	>0.5	3500～4500		紧密	较完整	微新	局部渗滴水	>300，地应力平稳带		岩质较软，以中厚层状结构为主，嵌合紧密，最大主地应力σ_1=20～30MPa，σ_2=10～20MPa，围岩强度应力比S<2，施工开挖易导致洞周应力集中，围岩可能产生较强的脆性变形，变形破坏形式顶拱以弯折内鼓为主，边墙以剪切滑移、碎裂松动为主，围岩不稳定
	煌斑岩脉	60	碎裂～镶嵌								弱风化		埋藏较浅的弱风化煌斑岩脉		岩石坚硬，较完整～较破碎，以弱风化为主，裂隙发育，施工开挖后围岩可能产生较强的脆性变形破坏，围岩不稳定
Ⅴ	f_{13}、f_{14}等断层带		碎裂～散体						松弛～较紧密	碎裂～散体	微新～弱风化	渗滴水			岩体破碎，嵌合较紧密～松弛，呈碎裂～散体结构，围岩极不稳定

注：结构面产状修正应根据具体建筑物评价。

表 6.4－4 锦屏一级水电站地下洞室围岩物理力学参数建议值表

围岩类别		变形模量 E_0/GPa		弹性模量 E_0/GPa		泊松比 μ	抗剪断强度		抗剪强度		弹性抗力系数 K_0/(MPa/cm)	坚固系数 f_k
		平行结构面	垂直结构面	平行结构面	垂直结构面		f	C'/MPa	f	C/MPa		
Ⅱ		22～30	19～28	29～42	25～42	0.25	1.35	2.00	0.95	0	45～55	5～6
Ⅲ	$Ⅲ_1$	9～15	8～13	16～22	13～22	0.25	1.07	1.50	0.85	0	35～45	4～5
	$Ⅲ_2$	6～10	4～7	9～17	5～11	0.3	1.02	0.9	0.68	0	25～35	3～4
Ⅳ		3～4	2～3	3～4	2～3	0.35	0.7	0.6	0.58	0	15～20	2～3
Ⅴ		0.4～0.8	0.2～0.6	1～2	0.6～0.9	0.35	0.3	0.02	0.25	0	＜10	＜1

6.5 小 结

本章在坝区结构面发育特征、规模分级、性状分类和连通率研究的基础上，对影响岩体质量工程地质分级的主要地质因素进行了研究，建立了一套考虑深卸荷裂缝影响的适宜锦屏一级水电站地质特点的坝区岩体质量分级标准与体系，开展了大量岩石、岩体及结构面物理力学性质试验研究，完成了岩体与结构面力学参数选取，并建立了地下洞室围岩分类标准和完成了围岩力学参数选取。根据工程开挖揭示地质条件，对坝区岩体质量分级标准、地下洞室围岩分类标准及其力学参数选取原则、方法和成果的对比分析，有了如下结论与认识：

（1）坝区岩体遭受过强烈的构造改造和浅表生改造作用，坝区无区域性断裂通过，构造结构面以 f_2、f_5、f_8、f_{13}、f_{14}、f_{18} 等为代表，次生结构面以深卸荷裂缝、卸荷裂隙、NWW 向溶蚀裂隙为代表。在不考虑区域断裂的前提下结构面按规模分为五级，Ⅰ、Ⅱ级以结构面破碎带宽度大于 0.2m 的断层、层间挤压错动带、早期为小断层后期深卸荷形成深裂缝中的Ⅰ级与Ⅱ级深裂缝等为主。结构面性状分类中在规程规范的刚性结构面和软弱结构面两大类基础上增加了一个拉裂结构面类型。软弱结构面中依据锦屏一级水电站坝区特点划分了局部夹泥裂隙面（B_1）、松弛裂隙面（B_2）、绿泥石片岩片理面（B_3）、断层主错带（面）和层间挤压错动带（面）（B_4）4 个亚类，反映了锦屏一级水电站坝区地质结构面的特点。

（2）在工程地质岩组、岩体结构与完整性、岩体紧密程度和深卸荷裂缝发育程度 4 个单因素分级研究的基础上，综合考虑各种因素影响和岩体质量分级与岩体力学试验成果相关性和规律性，最终将锦屏一级水电站坝区岩体质量分为 4 级 7 个亚级。

（3）坝区岩石种类较多，按岩石强度包括较软岩、中硬岩、坚硬岩。绿泥石石英片岩湿抗压强度可达 90MPa，方解石绿泥石片岩湿抗压强度仅 22.9～49.5MPa。条纹状大理岩、角砾状大理岩湿抗压强度可达 65～80MPa，粗晶大理岩湿抗压强度仅 40～50MPa。

根据现场变形试验成果和试点代表性，采用点群中心法对坝区各级岩体的割线模量参数进行了选取，提出了地质建议值，建立了 $E_0 - v_{cp}$ 关系式为 $E_0 = 0.009\, v_{cp}^{4.586}$ 。

采用优定斜率法对岩体、结构面现场大剪试验成果进行统计、整理，提出了各级岩体、各类结构面抗剪（断）强度参数的地质建议值。

（4）在一套能全面反映锦屏一级水电站坝区地质特点的岩体质量分级体系基础上，根据地下洞室工程特点与地质特点，综合考虑围岩岩石强度、岩体完整性、结构面性状和地下水、结构面产状、地应力条件，将锦屏一级水电站地下洞室围岩分为 4 类 5 个亚类，并在坝区岩体地质建议参数基础上提出了地下洞室围岩物理力学参数的地质建议值。

第7章 枢纽建筑物工程地质

锦屏一级水电站枢纽建筑物包括挡水、引水发电、泄洪消能三大系统，其中挡水建筑物为世界最高坝——坝高305m的混凝土双曲拱坝；泄洪消能设施由坝身4个表孔、5个深孔、2个放空底孔、坝后二道坝水垫塘以及右岸1条有压接无压泄洪洞组成；引水发电建筑物布置在右岸山体内地下，由岸塔式进水口、压力管道、主厂房、主变压器室、尾水调压室、尾水隧洞组成。电站总装机3600MW。

在1990—1999年预可行性研究阶段地质勘察成果的基础上，从1999年底可行性研究阶段开始，尤其是2001年选定坝址后，针对各枢纽建筑物工程地质条件开展了大量的地质测绘、勘探、试验工作，所有地质勘察工作至2003年上半年全部完成，查明了各建筑物的工程地质条件，完成了拱坝坝基及抗力岩体变形稳定、抗滑稳定、防渗与渗透稳定的评价，同时对复杂地质条件高陡岩质边坡稳定性、大型地下洞室群围岩稳定性、左岸抗力体加固处理等重大工程地质问题进行了全面、深入的勘察论证，评价和预测了各建筑物工程地质条件及其主要工程地质问题，提出了加固处理的地质建议，对处理效果进行了地质评价。

7.1 大坝坝基及抗力岩体

锦屏一级水电站拱坝坝轴线（通过河床拱冠）最后选定在Ⅱ线，大坝坝基位于勘探线Ⅱ线—下游Ⅴ线之间，呈月亮形向两岸弧形展布，其中高程1580.00m河床坝基宽60m，坝顶高程1885.00m两岸坝基宽16m。

7.1.1 河床坝基

河床坝基位于Ⅱ勘探线上下游约60m范围内，选定河床建基面高程为1580.00m。

1. 变形稳定

据勘探揭示，河床坝基岩性由上至下分别为$T_{2-3}z^{2(3)}$层灰白～浅灰色厚～巨厚层状大理岩、角砾状大理岩，偶夹少量绿片岩透镜体，$T_{2-3}z^{2(2、1)}$层以钙质绿片岩为主夹浅灰～灰白色大理岩条带，逐渐过渡到以灰绿色绿泥石片岩为主，夹少量大理片岩或大理岩条带。河床坝基下伏岩体中断层和层间挤压错动带不发育，主要发育陡倾角节理裂隙，线密度约0.28 条/m，裂面起伏、粗糙，多新鲜，少量轻锈，多无充填，建基面岩体结构及完整性主要受这组裂隙控制。

建基高程选定在高程1580.00m时，建基面岩体79%为微新、弱卸荷的第3层厚层大理岩，属Ⅲ_1级，分布在河床建基面中部；21%为微新的第3层厚层大理岩，属Ⅱ级，分布在河床建基面靠左岸与1580.00～1660.00m段坝基相连接的部位和右岸靠上游坝踵部位。Ⅲ_1和Ⅱ级岩体变形模量E_0达10GPa以上，抗变形能力较强，但在距建基面垂直深度20～40m以下大部分为微新的绿片岩，Ⅲ_2级，$E_0=6\sim10$GPa，变形模量总体较低。建基面开挖后，浅表部岩体经坝基固结灌浆处理后即可满足建基的要求。

河床坝基开挖显示，建基面60.4%为微新、弱卸荷的Ⅲ_1级岩体，39.3%为Ⅱ级岩体，新揭示f_{LC14}、f_{RC4}两条小断层外，工程地质条件与前期预测一致。在对f_{LC14}、f_{RC4}断层破碎带的Ⅴ_1级岩体进行刻槽置换、加强固结灌浆处理后，河床坝基岩体质量满足设计要求。

2. 防渗与渗透稳定

河床坝基建基高程1580.00m时，高程1560.00～1580.00m段岩体为微新、弱卸荷岩体，中等透水性，透水率一般为20～60Lu；高程1530.00～1560.00m段为微新岩体，弱偏中等透水性；高程1530.00m以下为微新岩体，弱～微透水性，其中弱偏微透水岩体与微透水岩体交互出现；高程1450.00m以下开始进入第二段第1层的钙质绿片岩夹大理岩条带，透水性微弱，透水率$q<1$Lu约占55%；高程1390.00m以下为第一段的绿片岩、钙质绿片岩，以微透水为主。

河床坝基防渗帷幕建议应深入透水性$q<1$Lu为主的微透水岩带，最终防渗帷幕底界确定高程为1430.00m，即建基面以下铅直深度150m，进入了透水性$q<1$Lu的岩体。

河床防渗帷幕按设计方案实施垂直深度为150m、相应高程1430.00m，进入了透水性$q<1$Lu的微透水岩体，满足300m级高坝防渗要求。

7.1.2 左岸坝基及抗力岩体

1. 变形稳定

左岸坝基高程1735.00m以下f_2断层出露在高程1660.00～1680.00m段，岩层岩性为微新的第二段第3～7层大理岩，厚层～块状结构为主，局部镶嵌结构，构造不发育，嵌合紧密，完整性好，抗变形能力强，Ⅱ、Ⅲ_1级岩体，开挖后浅表部岩体经固结灌浆后即可满足建基的要求。

高程1735.00m以上坝基f_5断层出露在高程1780.00～1860.00m段，f_8断层出露在高程1755.00～1830.00m段，煌斑岩脉位于建基面以里50～100m不等。坝基中f_5、f_8断层破碎带为Ⅴ_1级岩体，f_5、f_8断层之间影响带也为Ⅴ_1级岩体，f_5断层与煌斑岩脉及其两侧

$Ⅳ_2$级岩体之间为$Ⅲ_2$、$Ⅲ_1$级岩体。$Ⅲ_1$级岩体抗变形能力较强，经过固结灌浆处理可以满足建基的要求；$Ⅲ_2$级岩体次块～镶嵌结构，完整性较差，不宜作为建基面岩体，需要进行专门处理；$Ⅳ_2$级岩体为受断层构造作用和深卸荷作用影响而强烈松弛拉裂的岩体，岩体结构以碎裂结构为主，普遍较松弛，完整性差，不能作为建基面岩体，需要进行专门处理；f_5、f_8断层破碎带为$Ⅴ_1$级岩体，主要由角砾岩、碎粒岩、片状岩及软化泥化物质组成，岩体破碎，不能作为建基面岩体，需要进行专门处理。

左岸坝基工程地质条件与岩体质量分级分区如图 7.1－1 所示。

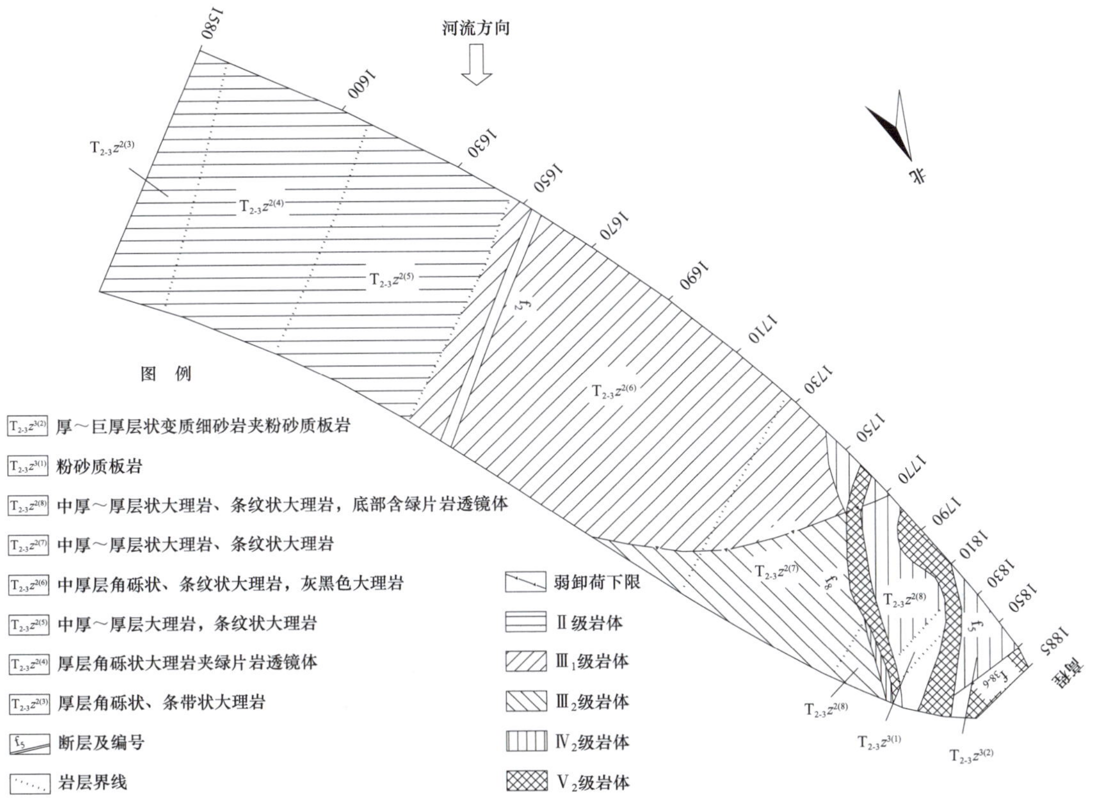

图 7.1－1　左岸坝基工程地质条件与岩体质量分级分区图

左岸坝基需要重点处理的岩体和软弱结构面见表 7.1－1。

表 7.1－1　　左岸坝基需重点处理岩体与软弱结构面汇总统计表

序号	编号	岩级	出露位置	高程/m	长度/m	宽度/m	工程地质性状
1	f_5	$Ⅴ_1$	整个建基面	1780.00～1870.00	连续延伸	1.0～10.0	破碎带主要为角砾岩、碎裂岩、碎粒岩、片状岩及泥化碎粉岩，局部见方解石脉或团块，后期普遍有轻微胶结，结构较松弛～较紧密，局部有轻微张开，微～弱风化

续表

序号	编号	岩级	出露位置	高程/m	长度/m	宽度/m	工程地质性状
2	f_5下盘影响带	$Ⅳ_2$	建基面上游侧	1780.00～1885.00	连续延伸	25.0～40.0	f_5下盘影响带弱～强风化，结构松弛的碎裂结构砂板岩
3	f_5、f_8影响带		建基面下游侧	1760.00～1870.00	连续延伸	7.0～20.0	f_5、f_8断层间影响带，弱～强风化，结构松弛的碎裂结构砂板岩
4	f_8	$Ⅴ_1$	整个建基面	1760.00～1840.00	连续延伸	0.0～1.0	破碎带由强风化褐黄色构造碎裂岩、角砾岩、碎粒岩及泥化碎粉岩组成，局部沿断面有后期方解石脉充填，结构普遍较松弛，散体结构
5	f_2		整个建基面	1660.00～1680.00	连续延伸	0.0～0.8	破碎带主要由片状岩、碎粒岩、泥化碎粉岩等组成，一般挤压较紧密，局部软化、泥化，无胶结，散体结构
6	f_{50-4}		建基面下游侧	1620.00～1660.00	80～100	0.12～0.25	重胶结角砾岩和碎裂岩，结构紧密
7	g_{50-2}		建基面下游侧	1645.00～1690.00	60～100	0.15～0.35	性状较软的片状岩和局部软化泥化的碎粒岩，紧密，湿润
8	XL_{56-12}		建基面上游侧	1630.00～1655.00	40～50	0.1～0.2	卸荷溶蚀裂隙，充填岩屑、局部软化黄色泥

由于左岸坝基约高程 1730.00m 以上以$Ⅲ_2$、$Ⅲ_1$级岩体为主但分布有较多的$Ⅳ_2$、$Ⅴ_1$级岩体，尤其是坝基上部性状差的$Ⅳ_2$、$Ⅴ_1$级岩体经固结灌浆处理后仍不能满足建基岩体质量要求，不能直接作为大坝建基面岩体，因此，采用了高 155m 大体积混凝土垫座型式对 1730.00～1885.00m 坝顶范围内$Ⅳ_2$、$Ⅴ_1$级岩体进行了混凝土置换处理。

混凝土垫座建基面高程 1730.00～1800.00m 为大理岩段、高程 1800.00～1885.00m 为砂板岩段。建基面 f_5、f_8断层刻槽开挖，深部进行了混凝土网格置换和加强固结灌浆；煌斑岩脉及其两侧$Ⅳ_2$级岩体位于建基面以里 20～40m，加强固结灌浆，防渗线上斜井置换；大理岩以次块状～厚层状结构为主，岩体完整性较好，$Ⅲ_1$级岩体为主，抗变形能力较强；砂板岩以次块～镶嵌结构为主，完整性较差，$Ⅲ_2$级岩体为主，抗变形能力较弱，进行加强固结灌浆处理；垫座建基面以里水平深度 30～60m 范围内分布的深卸荷$Ⅳ_2$级岩体以碎裂结构为主，受构造、卸荷作用影响较强烈，普遍较松弛，完整性差，抗变形能力弱，位于拱坝推力影响范围内，进行加强固结灌浆处理。

施工开挖揭示，左岸混凝土垫座建基面除揭示前期勘探已查明 f_8、f_5、f_{38-2}、f_{38-6}等规模较大的断层外，还揭示 f_{LC1}～f_{LC2}、f_{LC4}～f_{LC7}等规模较小的断层和层间挤压错动带 g_{LC1}，其他地质条件与前期预测基本一致。开挖后，左岸混凝土垫座建基面$Ⅲ_1$级、$Ⅲ_2$级约占 70%，$Ⅳ_2$级、$Ⅴ_1$级岩体约占 30%，各级岩体在建基面出露面积总体上与前期预测基本一致，建基面地质条件与前期勘察成果和认识基本吻合。

左岸高程 1730.00m 以下坝基除揭示前期勘探已查明 f_2断层外，还揭示 f_{LC12}～f_{LC14}等断层及 g_{LC2}、g_{LC3}、g_{LC5}～g_{LC10}、g_{LD7}、g_{LD9}等层间挤压错动带，其他地质条件与前期预测基本一致。开挖后，坝基主要由Ⅱ级（约占 59.4%）、$Ⅲ_1$级（约占 39.8%）岩体组成，极少量V_1级岩体（约占0.8%）。在对f_2、f_{LC12}、f_{LC13}、f_{LC14}断层及g_{LC2}、g_{LC3}、g_{LC5}～g_{LC10}、g_{LD7}、g_{LD9}层间挤压错动带破碎带的V_1级岩体进行刻槽置换、加强固结灌浆处理后，坝基岩体质量满足设计要求。

左岸抗力岩体高程1820.00m以上岩性为第三段砂板岩，以下岩性为第二段大理岩，煌斑岩脉（X）从高高程到低高程、上游到下游贯穿抗力体，厚一般2.0～3.0m，总体产状N50°～70°E/SE∠60°～80°。左岸抗力岩体内构造发育，除规模较大的f_2、f_5、f_8断层外，开挖揭示了36条小断层和24条层间挤压错动带。弱风化下限水平深度在砂板岩中一般为50～90m，大理岩中一般为20～40m，f_2、f_5、f_8断层破碎带及第6-2层中的层间挤压错动带、绿片岩弱～强风化。左岸抗力岩体范围内总体上具有卸荷深度大、卸荷裂隙张开宽、卸荷类型较复杂的特点。高程1810.00～1900.00m以下大理岩段强卸荷带下限水平深度一般为10～20m，弱卸荷带下限水平深度一般为50～70m；高程1810.00～1900.00m以上砂板岩段强卸荷带下限水平深度为50～90m，弱卸荷带下限水平深度为100～160m。高程1680.00m以上砂板岩中深卸荷带下限水平深度为200～300m，大理岩中深卸荷带下限水平深度为150～200m。

左岸抗力岩体质量分级主要为Ⅱ、$Ⅲ_1$、$Ⅲ_2$级，少部分V_1、$Ⅳ_2$级。弱卸荷带以里的大理岩为Ⅱ、$Ⅲ_1$级岩体；弱卸荷岩体、砂板岩、高程1680.00m以下弱风化～新鲜的煌斑岩脉（X）为$Ⅲ_2$级岩体；f_2、f_5、f_8断层破碎带及影响带、1680.00m以上煌斑岩脉（X）及影响带、深卸荷裂缝发育带、层间挤压错动带为V_1、$Ⅳ_2$级岩体。

左岸抗力岩体内存在的主要地质缺陷为f_5断层及两侧影响带、煌斑岩脉及两侧影响带、f_2断层及上下盘的层间挤压带、深卸荷裂隙较发育的$Ⅳ_2$级岩带。

针对上述地质缺陷的处理措施分一般处理和专门处理。一般处理主要是系统固结灌浆；专门处理主要针对f_2、f_5断层及煌斑岩脉，根据不同对象，具体处理措施包括对f_5断层及煌斑岩脉采取平洞与斜井开挖混凝土网格置换与固结灌浆；对f_2断层主要采取高压水冲洗混凝土置换，细磨水泥—化学复合灌浆。地质缺陷经一般处理和专门处理后满足设计要求。

水库蓄水以后坝基未发现明显变形，表明左岸坝基、抗力体加固处理后，抗变形能力满足大坝的抗变形要求。

2. 抗滑稳定

左岸抗力体总体地形完整，无深沟切割，谷坡陡峻，山体雄厚。影响坝肩抗滑稳定的结构面有f_2、f_5、f_8断层、$T_{2-3}z^{2(6)}$层中顺层层间挤压错动带、煌斑岩脉、深卸荷裂缝、其他走向NE倾向SE的陡倾角小断层及走向NE倾向SE的缓倾角裂隙，其中，能构成坝肩抗滑稳定底滑面的结构面有f_2断层、层间挤压错动带、缓倾角裂隙，能构成侧滑面的结构面有f_5、f_8断层、煌斑岩脉、深卸荷裂缝、其他走向NE倾向SE的陡倾角小断层。

第6层薄～中厚层条带状大理岩、深灰色大理岩夹绿片岩透镜体岩体中，沿绿片岩透镜体常常发育的顺层层间挤压错动带的地表及平洞调查表明，层间挤压错动带发育的平均水平间距为4m，宽度小于5cm的约占66%，6～20cm约占19%，大于20cm约占12%。

由上述结构面组合构成的滑移块体的可能形式主要有：① f_5、f_2双滑面组合，如

图 7.1－2（a）所示；② 煌斑岩脉（X）、f_2双滑面组合，如图 7.1－2（b）所示；③ f_5、坡体中下部随机的 N29° E/SE∠25° 缓倾角结构面剪断岩体的单滑组合，如图 7.1－2（c）所示。

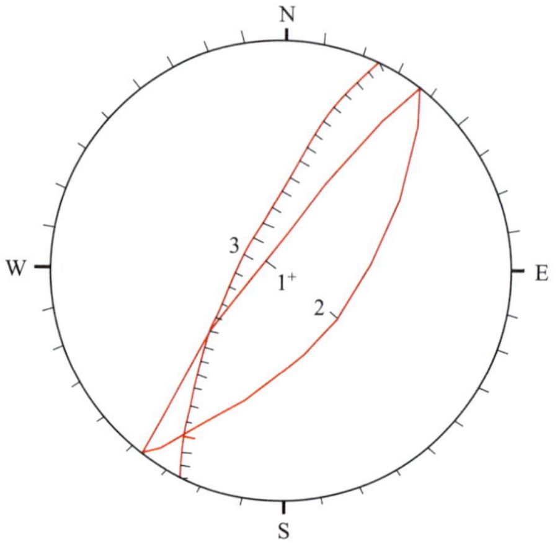

(a) f_5、f_2断层的双滑组合
1—f_5断层；2—f_2断层；3—岸坡

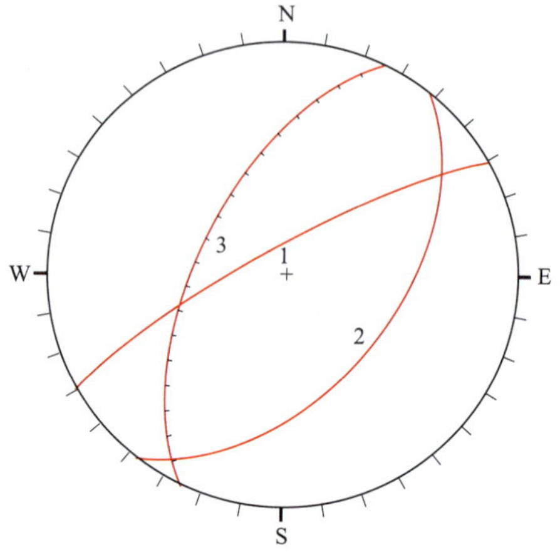

(b) 煌斑岩脉（X）和f_2断层的双滑组合
1—煌斑岩脉X；2—f_2断层；3—岸坡

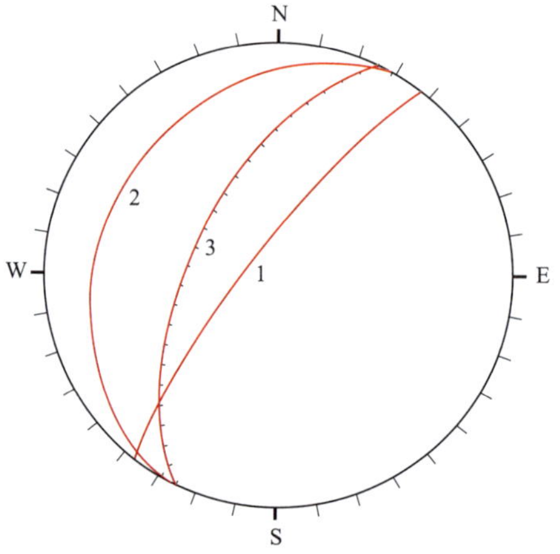

(c) 沿缓倾河床裂隙剪断岩体的单滑组合
1—f_5断层；2—缓倾河床裂隙；3—岸坡

图 7.1－2　左岸坝肩抗滑稳定不利结构面组合赤平投影图

三个组合中 f_2 断层与 f_5 断层、煌斑岩脉（X）的两种组合形式中，两个结构面交棱线较平缓，倾向上游，略微偏山里，对左岸坝肩抗滑稳定较为有利；f_5 断层与缓倾河床裂隙剪断各类岩体的单滑组合形式中，结构面交棱线倾角较小，倾向下游，对抗滑稳定不利，但其中缓倾河床裂隙为零星发育的非优势裂隙，延伸普遍短小，且起伏粗糙、闭合。因此，对左岸坝肩抗滑稳定的影响有限。

f_8 断层位于 f_5 断层上盘，仅发育在中高高程，规模较 f_5 断层小，且第 6 层大理岩中层间挤压错动带多发育于 f_2 断层上盘，规模较 f_2 断层小。因此，由它们构成的可能滑移块体都较 f_5 与 f_2 组合和煌斑岩脉（X）与 f_2 组合小。

施工期复核显示左岸抗力体控制坝肩抗滑稳定的主要结构面仍为 f_2、f_5、f_8 断层、$T_{2-3}z^{2(6)}$层中顺层挤压错动带、煌斑岩脉、深卸荷裂缝、其他走向NE倾向SE的陡倾角小断层及走向NE倾向SE的缓倾角裂隙，由这些主要边界结构面组成的对左坝肩抗滑稳定不利的可能滑移块体组合见表7.1－2。

表7.1－2　　左岸坝肩抗滑稳定潜在可能滑移块体组合汇总表

序号	块体边界结构面情况					块体性质
	分类	性质	编号	产状	地质特征	
1	陡倾结构面	滑面	f_5 断层	N45°E/SE∠71°	连续延伸长1.5km，破碎带宽度大，B_4 类结构面	双滑面
	缓倾结构面	滑面	f_2 断层	N20°～30°E/NW∠30°～45°	连续延伸长约1km，破碎带宽0.2～0.8m，B_4 类结构面	
2	陡倾结构面	滑面	煌斑岩脉（X）	N50°E/SE∠67°	连续延伸长1.0km，脉宽2.0～3.0m，岩脉与大理岩75%为 B_2 类接触，25%A_1 类接触	双滑面
	缓倾结构面	滑面	f_2 断层	N20°～30°E/NW∠30°～45°	连续延伸长约1km，破碎带宽0.2～0.8m，B_4 类结构面	
3	陡倾结构面	滑面	N50°～70°E优势裂隙	N60°E/SE∠70°	优势裂隙，一般延伸长10～30m，微张，无充填；A_1 类结构面	双滑面
	缓倾结构面	滑面	f_2 断层	N20°～30°E/NW∠30°～45°	连续延伸长约1km，破碎带宽0.2～0.8m，B_4 类结构面	
4	陡倾结构面	滑面	f_5 断层	N45°E/SE∠71°	连续延伸长1.5km，破碎带宽度大，B_4 类结构面	双滑面
	缓倾结构面	滑面	层间错动带	N25°E/NW∠35°～40°	延伸长30～50m，宽5～50cm不等，B_4 类结构面	
5	陡倾结构面	滑面	煌斑岩脉（X）	N50°E/SE∠67°	连续延伸长1.0km，脉宽2.0～3.0m，岩脉与大理岩75%为B2类接触，25%A_1 类接触	双滑面
	缓倾结构面	滑面	层间错动带	N25°E/NW∠35°～40°	延伸长30～50m，宽5～50cm不等，B_4 类结构面	
6	陡倾结构面	滑面	N50～70°E优势裂隙	N60°E/SE∠70°	优势裂隙，一般延伸长10～30m，微张，无充填；A_1 类结构面	双滑面
	缓倾结构面	滑面	层间错动带	N25°E/NW∠35°～40°	延伸长30～50m，宽5～50cm不等，B_4 类结构面	

刚体极限平衡法计算成果表明，左岸坝肩所有可能滑动块体组合的稳定安全系数（单滑面），在各渗压工况下纯摩及剪摩均大于1.0；三维刚体弹簧元计算表明，左岸控制性滑块的稳定安全系数在各种渗压工况下纯摩均大于1.3，剪摩均大于3.5；三维非线性有限元法计算成果表明，左岸控制性滑块的稳定安全系数在各种渗压工况下纯摩均远大于1.3，剪摩均大于3.5。多种分析方法的计算成果均满足规范及控制标准的要求，且有较大的安全裕度。

3. 防渗与渗透稳定

左岸坝基岩体透水性由岸坡浅表部卸荷带的中等～强透水岩体，往深部岩体透水性逐渐过渡到弱、微透水，局部含中等透水透镜体，总体以中等透水（q=20～70Lu）为主，微透水（q<1Lu）岩体埋藏较深。

左岸坝基帷幕岩体受 f_5、f_8、f_2 等断层及深卸荷裂缝影响，呈现微透水带埋深较大、地下水位低平及在弱透水带中分布较多的中等透水带透镜体。坝基从建基面至以里水平深度 70～220m 范围内岩体透水性较强，属中等透水岩体；中等透水带以里至水平深度 510（高程 1710.00m）～540m（高程 1790.00m）、高程 1830.00m 以上水平深度大于 600m 范围内，岩体透水性以弱偏中等透水为主（q=3～10Lu），夹少量中等透水性透镜体；再往里，岩体完整性较好，微风化～新鲜，嵌合紧密，以微透水性为主（q<1Lu），为相对隔水层。

钻孔地下水位长观资料表明，左岸地下水位总体比较低平，其中建基面以里至水平埋深约 320m 范围内地下水位基本与江水位持平，水平埋深 320～510m 范围内地下水位缓慢抬升至高程 1677.00m，平均水力坡降约 4%。左岸坝基帷幕岩体渗透性分带与地下水位如图 7.1－3 所示。

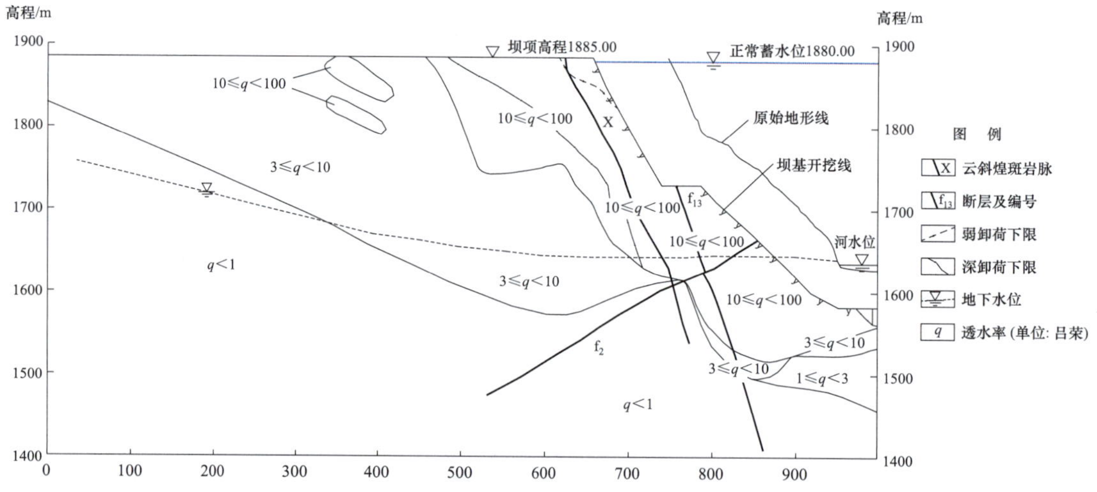

图 7.1－3　左岸坝基帷幕岩体渗透分带与地下水位示意图

左岸勘探和试验揭示，左岸地下水位低平，大坝防渗帷幕在左岸中高高程以上无法接到地下水位，透水性 q<1Lu 的微透水岩体埋藏深，在高程 1830.00m 已达 600m 左右；新鲜、紧密的厚～巨厚层变质砂岩中，N50°～70°E/SE∠50°～80°和 N60°W～EW/NE（SW）或 S（N）∠60°～80°裂隙发育且比较长大，局部存在中等透水带，不能作为防渗的隔水岩层。新鲜的薄层粉砂质板岩，层面结合紧密，裂隙除层面裂隙外多较短小，以弱～微透水性为主，可作为防渗的隔水岩层。建议左岸防渗帷幕在高程 1885.00m 向山里延伸约 600m 接到三滩向斜倒转翼的 $T_{2-3}z^{3(5)}$层板岩，且帷幕通过砂岩时适当加深以截断砂岩中强透水带，同时应做好抗力体内排水设施。

施工开挖和实施表明，左岸防渗帷幕实施长度在高程 1885.00、1829.00m 两层帷幕洞均进入倒转翼大理岩，水平深度分别为 671、715.7m（自建基面算起，下同），高程 1885.00m 进入透水率小于 3Lu 大理岩岩体，高程 1829.00m 进入小于 1Lu 大理岩岩体，两层均接到地下水位。高程1785.00、1730.00、1670.00m帷幕洞分别长613、535、520m，均已进入小于1Lu岩体，但均未接到地下水位。1601.00m帷幕洞在地下水位以下，长438m，水平方向已进入小于1Lu岩体，垂直方向上也进入了小于1Lu岩体，其帷幕最大成孔深度达171.5m，最终形成的防渗帷幕最深162m。

在完成帷幕系统灌浆，并针对高程1730.00～1670.00m f_5断层、高程1829.00～1670.00m煌斑岩脉（X）混凝土置换并局部化学灌浆，f_2断层及其上下盘层间挤压错动带等局部特殊地段化学灌浆处理后，满足防渗和渗透稳定标准要求。蓄水后监测显示帷幕工作正常，大坝运行正常。

7.1.3 右岸坝基及抗力岩体

1. 变形稳定

右岸坝基全部由大理岩第二段第3～6层组成；f_{13}、f_{14}、f_{18}断层在建基面出露高程分别为1875.00～1885.00m、1740.00～1810.00m、1590.00～1605.00m。建基面以微新的Ⅱ、$Ⅲ_1$级岩体为主，岩体总体上较均一，浅表部岩体经固结灌浆处理后能够满足建基的要求；局部弱卸荷的$Ⅲ_2$级岩体，松弛微张，以镶嵌～次块结构为主，总体上完整性较差，不宜直接作为建基面岩体，须经专门处理后才可作为建基面岩体；断层破碎带$Ⅴ_1$级岩体，影响带$Ⅳ_2$级岩体，沿断层带岩体风化较强，抗变形能力弱，需要进行专门处理。

右岸坝基工程地质条件与岩体质量分级分区如图7.1-4所示。

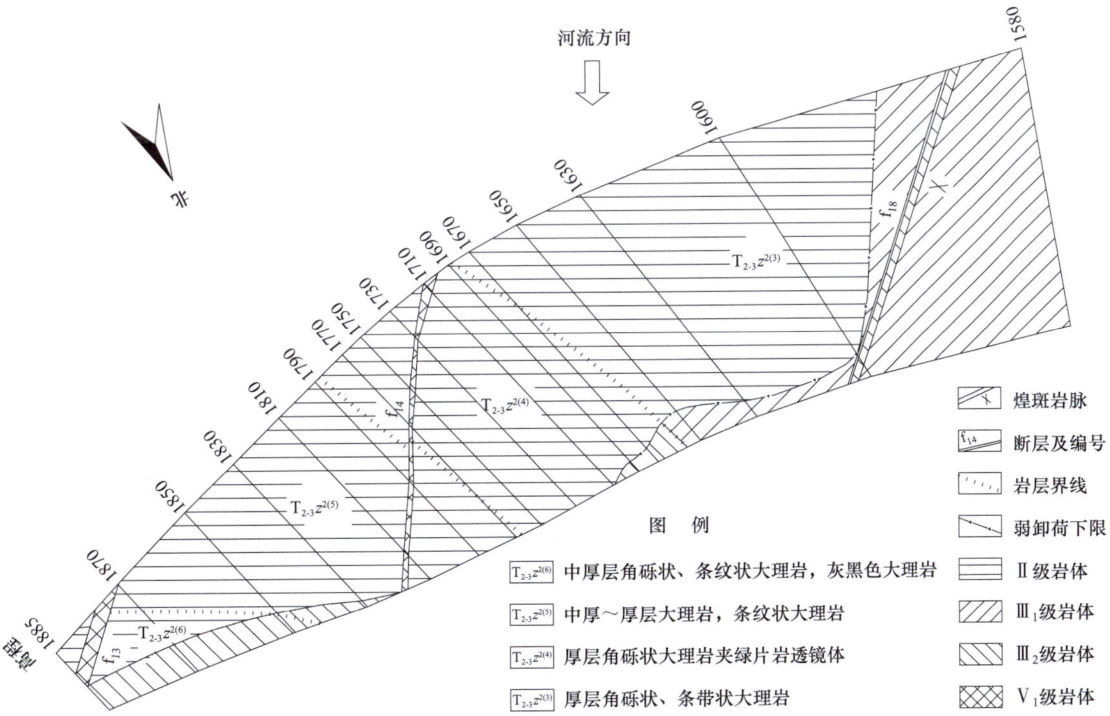

图7.1-4 右岸坝基工程地质条件与岩体质量分级分区图

右岸坝基需要重点处理的岩体和软弱结构面见表 7.1－3。

表 7.1－3　　右岸坝基需重点处理岩体与软弱结构面汇总统计表

序号	编号	岩级	与拱座关系		长度/m	宽度/m	工程地质性状
			出露位置	高程/m			
1	f_{13}	V_1		1875.00～1885.00	连续延伸	0.4～0.8	主要由重结晶的方解石、胶结好的碎裂岩组成，个别部位在上盘接触带有角砾岩、碎粒岩及厚 1～2mm 的不连续少量泥化碎粉岩
2	f_{13} 影响带	Ⅳ$_2$—Ⅲ$_2$	与断层位置相同		断续延伸	一般 0.5～5 局部 10～15	主要为胶结紧密、坚硬的碎裂岩，普遍受地下水浸染，弱风化成黄褐色
3	f_{14}	V_1	建基面	1740.00～1810.00	连续延伸	0.5～1.0	主要由重胶结角砾岩组成，上下断面处有厚 1～10mm 的软化、泥化碎粉岩，普遍风化成黄褐色，一般无胶结，散体结构
4	f_{14} 影响带	Ⅳ$_2$—Ⅲ$_2$	与断层位置相同		断续延伸	3～10	弱～强风化成黄褐色，碎裂岩为主，沿影响带局部渗滴水
5	f_{18}	V_1	建基面	1590.00～1605.00	连续延伸	0.2～0.7	主要为灰色角砾岩及碎粉岩，结构较紧密，局部角砾岩强风化为黄色
6	X	Ⅲ$_2$	建基面		连续延伸	2～3	煌斑岩脉，微新，嵌合紧密，较完整，岩性致密坚硬
7	溶蚀裂隙带	Ⅳ$_2$	建基面	零星发育	断续延伸	0.1～1.0	密集发育的 NW—NWW 向溶蚀裂隙，充填黄色泥，局部张开 1～10cm

施工开挖揭示，右岸坝基除揭示前期勘探已查明的规模较大的 f_{13}、f_{14}、f_{18} 断层外，还揭示规模较小的 f_{18-1}、f_{RC1}～f_{RC4} 等断层，g_{RC1}～g_{RC4} 等层间挤压错动带，其他地质条件与前期预测基本一致。

开挖后，坝基主要由Ⅱ级（约占 74.7%）、Ⅲ$_1$ 级（约占 14.8%）岩体组成，少量Ⅲ$_2$ 级（约占 5.9%）、Ⅳ$_1$ 级（约占 2.9%）、V_1 级（约占 1.7%）岩体。在对 f_{13}、f_{14}、f_{18} 断层，f_{RC1}～f_{RC4} 断层，g_{RC1}～g_{RC4} 层间挤压错动带破碎带及影响带类Ⅳ$_1$ 级、V_1 级岩体进行刻槽置换、加强固结灌浆，对弱～强风化绿片岩类Ⅳ$_1$ 级、V_1 级岩体和溶蚀裂隙密集带加强清基和固结灌浆处理后，坝基岩体质量满足设计要求。

右岸抗力岩体全由大理岩构成，分布一条煌斑岩脉（X）。发育 f_{13}、f_{14}、f_{18} 断层，开挖揭示数条小断层和层间挤压错动带。右岸抗力岩体普遍新鲜，断层破碎带及影响带、层间挤压错动带岩体弱～强风化。岸坡浅表弱风化下限水平深度一般为 10～20m。卸荷深度总体不大，强卸荷水平深度一般为 10～20m，弱卸荷水平深度一般为 30～40m。右岸抗力岩体质量分级主要为Ⅱ级，少部分Ⅲ$_1$、Ⅲ$_2$ 级，少量 V_1、Ⅳ$_1$ 级。右岸抗力体主要地质缺陷为 f_{13}、f_{14} 断层及两侧影响带，均进行了专门处理。对 f_{13} 断层的处理主要是结合防渗帷幕分不同高程进行斜井开挖置换或化学灌浆；对 f_{14} 断层的处理措施为开挖平洞及帷幕线上开挖斜井混凝土置换，同时在平洞内进行加密固结灌浆处理。地质缺陷经专门处理后满足设计要求。

水库蓄水后坝基与大坝未见明显变形，表明右岸坝基及抗力岩体加固处理后，抗变形能力满足大坝的抗变形要求。

2. 抗滑稳定

右岸抗力体地形完整，无沟谷发育，山体雄厚，谷坡陡峻。高程 1810.00m 以下谷坡陡峭，坡度 70° 以上，局部为倒坡，高程 1810.00m 以上坡度较缓，自然坡度 40°～50°，为大理岩组成的顺向坡。

岩性为杂谷脑组第二段第 3～6 层大理岩，岩层产状 N40°～60° E/NW∠20°～40°。在变质过程中由于重结晶作用，层面胶结愈合良好，顺层结构面一般不发育。

右岸抗力体范围内可构成抗滑稳定侧裂面的主要结构面为陡倾坡内的 f_{13}、f_{14} 断层和 NWW—EW 向节理裂隙带、近 SN 向陡倾裂隙；可构成抗滑稳定底滑面的结构面为第 4 层大理岩中含绿片岩透镜体的层面裂隙，总体产状 N15°～80° E/NW∠15°～45°，走向随层面起伏变化较大。

根据右岸地质结构特征分析，f_{13}、f_{14} 断层贯穿分布于抗力体，但由于其产状倾向坡里，且从上游向下游延伸向山里，它们与层面组合形成的滑移块体向下游逐渐增大，因此要形成剪出坡外的滑移块体还必须与近 SN 向结构面组合。

由上述结构面组合构成的滑移块体的可能组合形式主要有：① f_{13}（或 f_{14}）断层、绿片岩、NWW 向优势裂隙组合，如图 7.1－5（a）所示；② f_{13}（或 f_{14}）断层、绿片岩、近 SN 向非优势裂隙组合，如图 7.1－5（b）所示。

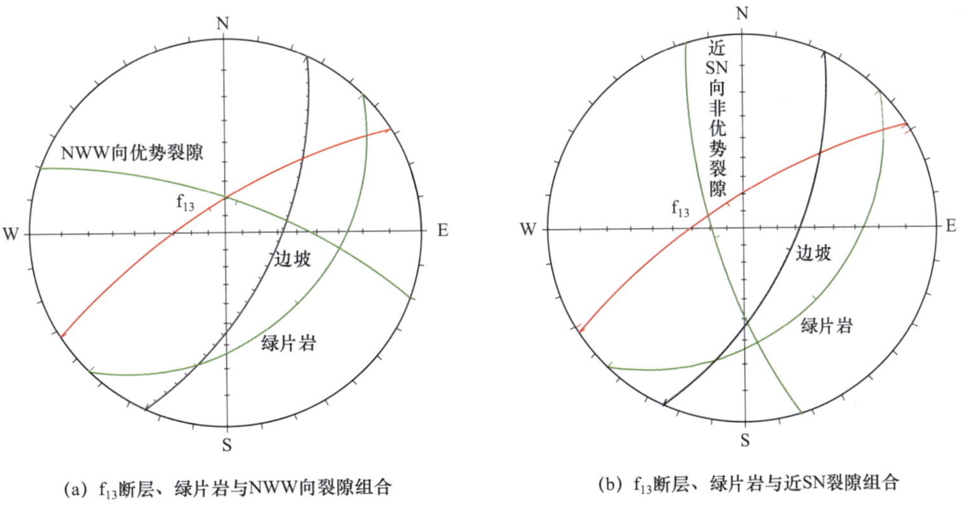

图 7.1－5　右岸坝肩抗滑稳定不利结构面组合赤平投影图

右岸坝肩及抗力体范围内近 SN 向陡倾角裂隙为非优势裂隙，不发育，地表调查和平洞勘探揭示该组裂隙零星发育，是一组随机裂隙，不能构成右岸坝肩抗滑稳定计算中的确定性侧裂面。根据顺河向平洞勘探揭示资料和采用全迹长实际投影法计算出近 SN 向陡倾角裂隙的走向线连通率平均为 15%～20%，在抗滑稳定计算中建议采用 20% 的线连通率。

大理岩岩层层面经褶皱作用和变质作用后，产状变化大，右岸坝肩及抗力体范围内从低高程到高高程、从上游到下游，岩层产状有从NNE—NE向逐渐向NEE—EW向转变的趋势，Ⅱ线—Ⅱ$_1$线间为近于平行河流的N20°～30°E方向，Ⅱ$_1$线—Ⅴ线间略偏向N40°～60°E方向，往下游Ⅰ～Ⅵ线逐渐偏转为N70°～80°E方向，对右坝肩的整体抗滑稳定较为有利。抗滑稳定计算中岩层产状取N45°～50°E/NW∠30°～35°。

右坝肩及抗力体范围内第4层大理岩中顺层发育、呈透镜状或夹层状的绿片岩，根据绿片岩岩性、性状特征可分为两类，第一类为钙质绿片岩、石英片岩，岩质较硬，与大理岩接触紧密，除局部破裂面外，层面裂隙不发育，一般为微新，占全部绿片岩透镜体的62.5%，属A_1类刚性结构面；第二类为绿泥石片岩，绿片岩内及与大理岩接触面层面多为破裂面，岩质较软，弱～强风化，占全部绿片岩透镜体的37.5%，属B_3类软弱结构面。绿片岩透镜体顺走向的线连通率为35%，抗滑稳定计算中建议采用35%的线连通率。潜在底滑面的参数取值原则为，在底滑面通过的各类岩体参数基础上，按65%大理岩岩体、22%（35%×62.5%）性状好的钙质绿片岩或石英片岩（A_1）、13%（35%×37.5%）性状差的绿泥石片岩（B_3）进行加权平均综合取值。

施工期复核显示右岸抗力体控制坝肩抗滑稳定的主要结构面仍为陡倾山里贯穿展布于抗力体中的f_{13}、f_{14}断层，第4层大理岩中的绿片岩透镜体或夹层，新揭示的第6层中g_{RC1}、g_{RC2}、g_{RD1}（g_{h10}）、g_{RD2}（g_{h13}）、g_{RD3}、g_{RD4}、g_{RD5}等顺层挤压错动带，由这些主要边界结构面组成的对右坝肩抗滑稳定不利的可能滑移块体组合，见表7.1－4。

表7.1－4　右岸坝肩抗滑稳定潜在可能滑移块体组合汇总表

序号	块体边界结构面情况					块体性质
	分类	性质	编号	产状	地质特征	
1	陡倾结构面	后缘拉裂面	f_{13}断层	N58°E/SE∠72°	连续延伸长550m，破碎带宽度0.4～0.8m，B_2类结构面	单滑面
	缓倾结构面	底滑面	层间错动带	N45°E/NW∠35°	延伸长30～50m，宽5～50cm不等，B_4类结构面	
2	陡倾结构面	后缘拉裂面	f_{13}断层	N58°E/SE∠72°	连续延伸长550m，破碎带宽度0.4～0.8m，B_2类结构面	楔形体
		侧裂面	近SN向裂隙	N17°W/NE∠72°	非优势结构面，一般多短小、延伸1～3m，闭合、无充填，A_1类结构面	
	缓倾结构面	底滑面	层间错动带	N45°E/NW∠35°	延伸长30～50m，宽5～50cm不等，B4类结构面	
3	陡倾结构面	后缘拉裂面	f_{13}断层	N58°E/SE∠72°	连续延伸长550m，破碎带宽度0.4～0.8m，B_2类结构面	楔形体
		侧裂面	NWW向裂隙	N70°W/SW∠70°	主要为溶蚀裂隙，一般延伸长7～10m，局部充填有软化黄色泥，B_2类结构面	
	缓倾结构面	底滑面	层间错动带	N45°E/NW∠35°	延伸长30～50m，宽5～50cm不等，B_4类结构面	

续表

序号	块体边界结构面情况					块体性质
	分类	性质	编号	产状	地质特征	
4	陡倾结构面	后缘拉裂面	f_{13} 断层	N58°E/SE∠72°	连续延伸长 550m，破碎带宽度 0.4～0.8m，B_2 类结构面	单滑面
	缓倾结构面	底滑面	绿片岩	N45°～50°E/NW∠30°～35°	第一类钙质绿片岩、石英片岩，A_1 类结构面；第二类绿泥石片岩，B_2 类结构面	
5	陡倾结构面	后缘拉裂面	f_{13} 断层	N58°E/SE∠72°	连续延伸长 550m，破碎带宽度 0.4～0.8m，B_2 类结构面	楔形体
		侧裂面	近 SN 向裂隙	N17°W/NE∠72°	非优势结构面，一般多短小、延伸 1～3m，闭合、无充填，A_1 类结构面	
	缓倾结构面	底滑面	绿片岩	N45°～50°E/NW∠30°～35°	第一类钙质绿片岩、石英片岩，A_1 类结构面；第二类绿泥石片岩，B_2 类结构面	
6	陡倾结构面	后缘拉裂面	f_{13} 断层	N58°E/SE∠72°	连续延伸长 550m，破碎带宽度 0.4～0.8m，B_2 类结构面	楔形体
		侧裂面	NWW 向裂隙	N70°W/SW∠70°	主要为溶蚀裂隙，一般延伸长 7～10m，局部充填有软化黄色泥，B_2 类结构面	
	缓倾结构面	底滑面	绿片岩	N45°～50°E/NW∠30°～35°	第一类钙质绿片岩、石英片岩，A_1 类结构面；第二类绿泥石片岩，B_2 类结构面	
7	陡倾结构面	后缘拉裂面	f_{14} 断层	N60°E/SE∠73°	连续延伸长 500～550m，破碎带宽 0.5～0.55m，B_4 类结构面	单滑面
	缓倾结构面	底滑面	层间错动带	N45°E/NW∠35°	延伸长 30～50m，宽 5～50cm 不等，B4 类结构面	
8	陡倾结构面	后缘拉裂面	f_{14} 断层	N60°E/SE∠73°	连续延伸长 500～550m，破碎带宽 0.5～0.55m，B_4 类结构面	楔形体
		侧裂面	近 SN 向裂隙	N17°W/NE∠72°	非优势结构面，一般多短小、延伸 1～3m，闭合、无充填，A_1 类结构面	
	缓倾结构面	底滑面	层间错动带	N45°E/NW∠35°	延伸长 30～50m，宽 5～50cm 不等，B_4 类结构面	
9	陡倾结构面	后缘拉裂面	f_{14} 断层	N60°E/SE∠73°	连续延伸长 500～550m，破碎带宽 0.5～0.55m，B_4 类结构面	楔形体
		侧裂面	NWW 向裂隙	N70°W/SW∠70°	主要为溶蚀裂隙，一般延伸长 7～10m，局部充填有软化黄色泥，B_2 类结构面	
	缓倾结构面	底滑面	层间错动带	N45°E/NW∠35°	延伸长 30～50m，宽 5～50cm 不等，B_4 类结构面	
10	陡倾结构面	后缘拉裂面	f_{14} 断层	N60°E/SE∠73°	连续延伸长 500～550m，破碎带宽 0.5～0.55m，B_4 类结构面	单滑面
	缓倾结构面	底滑面	绿片岩	N45°～50°E/NW∠30°～35°	第一类钙质绿片岩、石英片岩，A_1 类结构面；第二类绿泥石片岩，B_2 类结构面	

续表

序号	块体边界结构面情况					块体性质
	分类	性质	编号	产状	地质特征	
11	陡倾结构面	后缘拉裂面	f_{14}断层	N60°E/SE∠73°	连续延伸长 500～550m，破碎带宽 0.5～0.55m，B_4类结构面	楔形体
		侧裂面	近 SN 向裂隙	N17°W/NE∠72°	非优势结构面，一般多短小、延伸 1～3m，闭合、无充填，A_1类结构面	
	缓倾结构面	底滑面	绿片岩	N45°～50°E/NW∠30°～35°	第一类钙质绿片岩、石英片岩，A_1类结构面；第二类绿泥石片岩，B_2类结构面	
12	陡倾结构面	后缘拉裂面	f_{14}断层	N60°E/SE∠73°	连续延伸长 500～550m，破碎带宽 0.5～0.55m，B_4类结构面	楔形体
		侧裂面	NWW 向裂隙	N70°W/SW∠70°	主要为溶蚀裂隙，一般延伸长 7～10m，局部充填有软化黄色泥，B_2类结构面	
	缓倾结构面	底滑面	绿片岩	N45°～50°E/NW∠30°～35°	第一类钙质绿片岩、石英片岩，A_1类结构面；第二类绿泥石片岩，B_2类结构面	

刚体极限平衡法计算成果表明，右岸坝肩控制性滑块（由 f_{13} 断层、第 4 层大理岩中绿片岩及 SN 向裂隙组合，由 f_{14} 断层、第 4 层大理岩中绿片岩及 SN 向裂隙组合，以及由 SN 向裂隙与第 4 层大理岩中绿片岩组合），其刚体极限平衡法抗滑稳定计算成果尚不能满足规范的要求。鉴于刚体极限平衡法不考虑侧裂面的抗滑作用，单纯采用刚体极限平衡法来分析锦屏一级水电站拱坝右岸坝肩抗滑稳定性具有一定的局限性，还应结合三维刚体弹簧元法、三维非线性有限元法等多种方法对右岸坝肩稳定问题进行综合评判。从刚体弹簧元法及三维非线性有限元法分析计算成果，影响右岸坝肩稳定的控制性滑块基本都处于稳定状态，三维刚体弹簧元剪摩稳定安全系数接近 3.0，小于 3.5，仍存在对侧裂面抗滑作用的贡献考虑不足的问题。在做好基础处理和防渗、止水、排水措施等前提下，可以保证锦屏一级水电站拱坝右岸坝肩岩体的稳定性，蓄水 10 余年大坝监测成果表明，拱坝工作形态正常，运行良好。

3. 防渗与渗透稳定

右岸坝基岩体透水性同样由岸坡浅表部卸荷带的中等～强透水岩体，往深部逐渐过渡到弱、微透水岩体，局部含中等透水透镜体，总体以弱偏中等透水（q=3～10Lu）为主，其透水性随水平埋深及垂直埋深的增加而减弱，中低高程水平埋深约 230m 以里进入微透水岩体。

右岸坝基帷幕岩体以弱偏微透水性为主，但岩体透水性不均一，透水性主要受 NWW 向导水裂隙的控制。高程 1850.00m 以上，建基面以里水平深度 20～40m 范围内岩体透水性较强，为中等透水（q=10～30Lu），建基面以里水平深度 20～130m 范围内岩体透水性为弱偏中等透水（q=3～10Lu），水平深度 70～260m 范围内岩体透水性为弱偏微透水（q=1～3Lu），水平深度约 260m 以里为微透水（q<1Lu）；高程 1850.00m 以下，中等透

水性岩体不成带出现，且未出现在建基面附近，坝基建基面至以里水平深度约130m范围内为弱偏中等透水岩体（$q=3\sim10$Lu），局部夹中等透水透镜体，建基面以里水平深度130～260m（高程1710.00～1850.00m）、320m（高程1600.00～1670.00m）范围内为弱偏微透水岩体（$q=1\sim3$Lu），水平深度260m（高程1710.00～1850.00m）～320m（高程1600.00～1670.00m）以里为微透水性岩体（$q<1$Lu），岩性为$T_{2-3}z^{1、2(1)}$层的绿片岩、钙质绿片岩，透水性分界线基本与岩层层面大致平行，可视为相对隔水层。钻孔资料和地下水位长观资料表明，右岸在高程约1660.00m以下、建基面以里水平埋深约180m以外地下水位比较低平，平均水力坡降约16%，水平埋深约180m以里、高程1660.00m以上地下水位抬升较快，至建基面以里水平埋深约450m即抬升至高程1885.00m，平均水力坡降约54%。右岸坝基帷幕岩体渗透性分带与地下水位见图7.1－6。

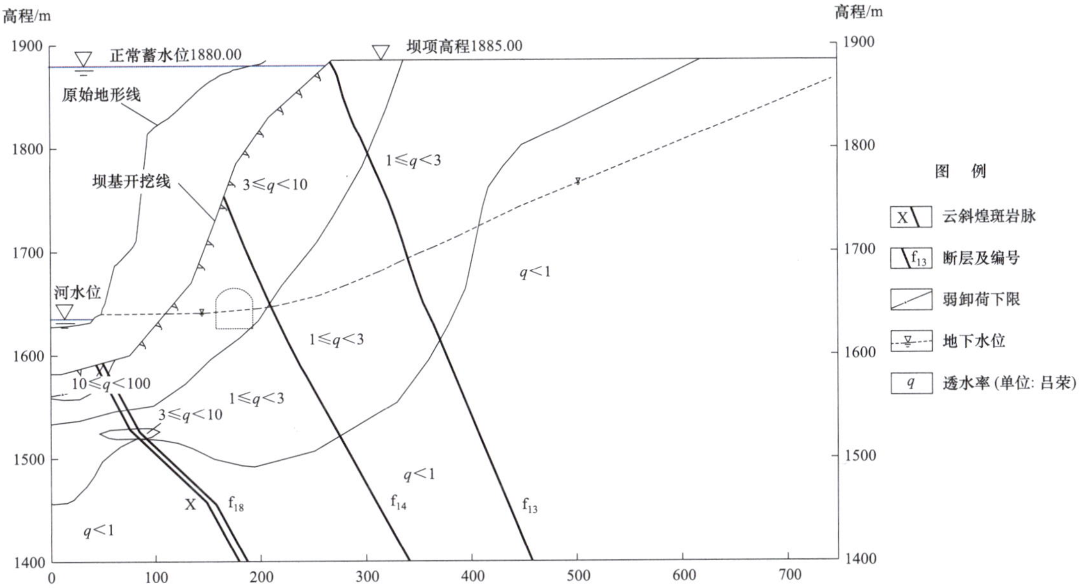

图7.1－6 右岸坝基帷幕岩体渗透分带与地下水位示意图

由于NWW向导水裂隙的发育，因此在右岸坝基岩体透水性分带中，考虑到不能排除在微弱透水岩体中还存在未揭示的由NWW向导水裂隙构成的强透水带，同时考虑到地下水连通试验表明右坝肩岩体中存在NWW向与NE向地下水径流通道，勘探又很难完全揭示，因此，按接$T_{2-3}z^{2(1)}$层绿片岩为标准，可研阶段地质建议右岸防渗帷幕在高程1885.00m帷幕向山里延伸之水平深度约为650m，既可接到地下水位，也可进入透水性$q<1$Lu为主的微新绿片岩体，满足防渗要求。另外，鉴于右岸地下水另一补给源为普斯罗沟高处来水，其渗压对抗力体稳定不利，故应对帷幕后抗力体加强排水。

右岸坝头防渗帷幕向山里延伸接地下厂房帷幕，在右岸高程1885.00m、1829.00m防渗帷幕实施长度分别为381、270m，没有接到地下水位，其他各层帷幕灌浆洞高程1785.00、1730.00、1670.00、1601.00m实施深度分别为508.3、318.5、342.36、397.6m，均接到地下水位；除高程1885.00、1829.00m帷幕灌浆进入$1\text{Lu}\leq q<3\text{Lu}$的弱偏微透水带外（进入

大理岩第 3 层），其他各层帷幕灌浆均进入 $q<1$Lu 的大理岩第 2、1 小层微透水岩带。高程 1601.00m 以下防渗帷幕已进入微透水岩带。在对右岸高程 1601.00～1829.00m 段的 f_{13} 断层和高程 1670.00～1730.00m 段的 f_{14} 断层，进行了防渗斜井混凝土置换处理，以及对 f_{13}、f_{14} 断层、煌斑岩脉及其伴生的 f_{18} 断层化学灌浆处理后，满足防渗和渗透稳定标准要求。蓄水以来的地下水位、渗压等监测显示右岸帷幕工作正常，验证了帷幕处理效果良好。

7.1.4 左右岸坝肩边坡

1. 左岸边坡

（1）基本地质条件。左岸坝肩边坡在高程 1820.00m 以上为砂板岩边坡，坡度 40°～50°，局部覆盖有厚 1～5m 不等的崩坡积块碎石土层，以下为大理岩边坡，坡度 50°～70°。自然边坡现状稳定。

边坡中规模较大的软弱结构面有：出露于中高程以上的 f_5、f_8、f_{42-9}、f_{38-2}、f_{38-6} 等不同规模断层、深卸荷裂缝、煌斑岩脉（X），中低高程第 6 层中发育的 f_2 断层、层间挤压错动带和边坡浅表部发育的各个方向的卸荷裂隙，节理裂隙主要发育 3～4 组。其中发育倾坡内的 N15°～35°E/NW∠30°～45°层面和倾坡外的 N20°～40°E/SE∠60°～85°、N50°～70°E/SE∠50°～80°两组 NE 向构造裂隙，使自然边坡大部分是以层面构成的倾坡内层状体斜坡（逆向坡）和以近顺坡向裂隙构成的倾坡外层状体斜坡（顺向坡）。

左岸边坡中下部大理岩中，变形破坏现象以卸荷拉裂为主，卸荷带内第②、③组顺坡向陡倾角节理裂隙松弛张开明显，且延伸较长、贯通程度高，坡体结构呈现“似板状”的顺向坡结构。

边坡上部及缆机平台边坡中，岩体变形破坏形式复杂，在卸荷松弛的基础上又叠加了倾倒（弯曲）—拉裂和蠕滑—拉裂等变形现象，且受岩性、岩体结构控制明显，按变形破裂型式可分为卸荷拉裂、倾倒—拉裂和蠕滑—拉裂。高程 2000.00m 以上的砂板岩普遍出现倾倒—拉裂，受微地形和岩性岩层组合情况影响在山梁、冲沟等不同部位倾倒变形强烈程度有差异，地形突出的部位由于岩体倾倒变形强烈在坡面形成危岩体，其中规模较大的有 1 号危岩体和 2～3 号危岩体，倾倒变形下限水平深度 55～65m。倾倒强烈部位局部剪切滑移，导致倾倒拉裂带（缝）两侧岩层产状突变，裂缝闭合。蠕滑—拉裂主要发育在坡体第 4 层变质砂岩内，受 f_{42-9} 断层控制的上盘岩体内相间出现的一系列松弛拉裂带。

边坡中上部砂板岩中卸荷拉裂、倾倒—拉裂和蠕滑—拉裂最典型、规模最大的为左岸坝头变形拉裂岩体（大块体），其上游侧边界为 SL_{44-1} 深卸荷裂缝、下游侧和底滑面为 f_{42-9} 断层、后缘面为煌斑岩脉（X），开挖前总方量约 232 万 m^3。f_5 断层为变形拉裂岩体的外侧边界，由于砂板岩中 f_5、f_8 断层破碎带及影响带宽达 10～20m，实际上起到了变形拉裂岩体内部临空面的作用，f_5 断层及外侧阻滑岩体总方量约 130 万 m^3。边坡开挖将 f_5 断层及外侧阻滑岩体全部挖除，大块体大部分挖除，仅余约 44.5 万 m^3。

施工开挖揭示边坡岩层岩性没有变化。高程 2000.00m 以上砂板岩中新揭示以 f_{LL-2}、f_{1B-2}、f_{1A-7} 断层为代表的一系列小断层，高程 2000.00m 以下 f_{42-9} 断层出露于拱肩槽上游侧坡，其上下盘新揭示一系列与 f_{42-9} 断层同向的中倾小断层。高程 2000.00m 以上倾倒变形砂板岩中发育有 L1～L4 共 4 条总体产状 N0°～30° E/SE∠60°～80° 拉裂逢，延伸长为 50～150m，普遍张开 0.10～0.50m，充填岩块、岩屑及次生泥。

（2）边坡稳定性分析。

1）前期勘测设计阶段根据地质勘察成果对左岸边坡整体稳定性的分析研究如下：

① 对开挖后的左岸边坡整体稳定性影响起控制作用的结构面主要为陡倾坡外的 f_5 断层和煌斑岩脉。

② 左岸拱肩槽边坡高程约 1800.00m 以上及缆机平台边坡整体稳定性受左岸坝头变形拉裂岩体控制，由于坡体前缘发育宽达 10～20m 的 f_5、f_8 断层破碎带及影响带，限制了 f_{42-9} 断层向坡外延伸，大块体天然状态下整体稳定，可能的失稳破坏组合模式为 f_{42-9} 断层、SL_{44-1} 和煌斑岩脉组成的楔形“大块体”破坏，可能失稳模式可归为两种：一是楔形体滑移破坏模式，其边界为 f_{42-9} 断层和 SL_{44-1} 松弛拉裂带构成楔形体的双滑面，剪断 f_5 断层外侧的起阻滑支撑作用大理岩，后缘切割面为 NEE 向贯穿坡体分布的煌斑岩脉；二是平面滑移模式，其边界为 f_{42-9} 断层作为底滑面垂直谷坡方向滑动，煌斑岩脉作为后缘拉裂面，剪断 f_5 断层外侧的起阻滑支撑作用大理岩，该破坏模式的滑动方向为 f_{42-9} 断层视倾向，如图 7.1-7（a）所示。

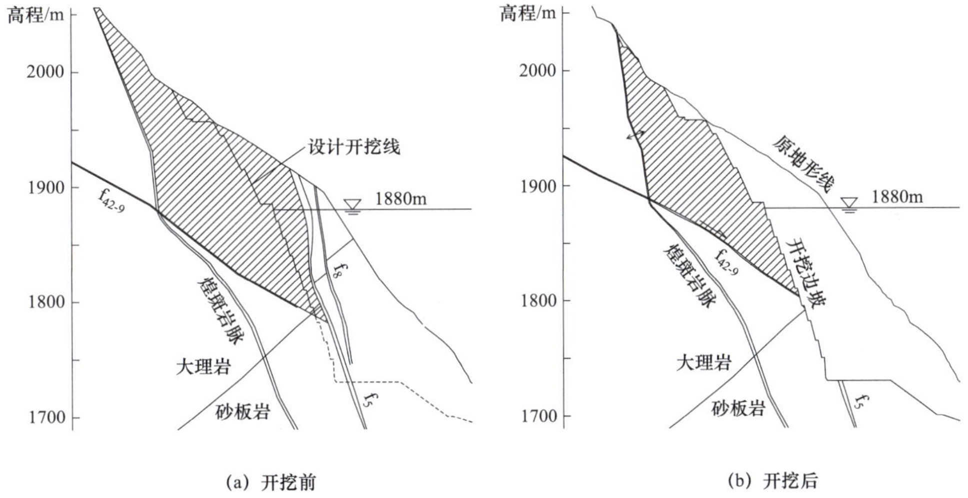

图 7.1-7 左岸坝头变形拉裂岩体可能破坏模式示意图

当左岸边坡开挖后，f_5 断层外侧起阻挡作用的“岩墙”将大部分被削去，f_{42-9} 断层将大范围出露于开挖坡面，如图 7.1-7（b）所示，大块体稳定性将大幅降低，应对边坡开挖后左坝头变形拉裂岩体的整体稳定性进行全面复核，针对复核成果采用针对性的加固支护。

③ 拱肩槽边坡高程约 1800.00m 以下，虽然左岸边坡中陡倾坡外的 f_5 断层和煌斑岩脉及一系列同向的节理裂隙发育，但由于缓倾河床的底滑面不发育，边坡整体是稳定的。边坡可能的失稳破坏形式主要以 f_5 断层（或煌斑岩脉）为后缘拉裂面，底滑面以剪断各类岩体为主。

2）对左岸边坡局部稳定性的分析如下：

① 左岸边坡形成后除低高程有微新岩体出露外，中高高程主要由浅表部卸荷岩体，f_8、f_5、f_{42-9}等断层破碎带及影响带的$Ⅳ_2$、$Ⅴ_1$级岩体组成，边坡各部位稳定性总体较差。

② 在上游侧及坝头边坡中，以f_{42-9}断层为代表的一系列NEE—近EW向倾SE的小断层或卸荷裂隙（见图7.1－8中4）与坝头边坡交角较小，倾向坡外，由于倾角小于边坡开挖坡度，坝肩边坡开挖后会在坡面出露，有发生单滑失稳破坏的可能，应对以f_{42-9}断层为代表的该组软弱结构面进行加固处理；此外，层间挤压错动带或岩层层面与NE向小断层或裂隙也可构成坝头边坡的可能不稳定块体（见图7.1－8中2和3）。

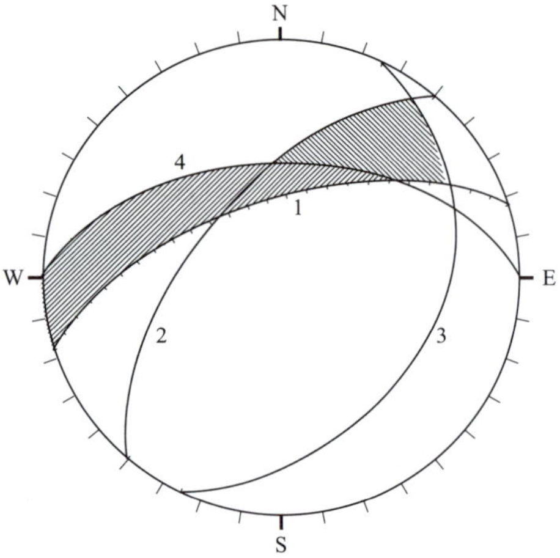

图7.1－8　左岸坝肩边坡砂板岩段中可能不稳定块体赤平投影图

1—N72°E/SE∠63°（边坡）；2—N40°E/SE∠60°（卸荷裂隙）；3—N25°E/NW∠35°（层面）；4—近EW/S∠40°～60°（f_{42-9}断层）

③ 上游侧边坡中，f_8、f_5断层破碎带及影响带分别出露在上游侧边坡的1750～1760m、高程1770.00～1785.00m之间，而且高程约1810.00m以上的砂板岩段中、f_8断层以里为左岸坝头变形拉裂岩体宽约50m的$Ⅳ_2$级松弛碎裂岩体，局部为宽大的Ⅰ、Ⅱ级深卸荷裂缝所在$Ⅴ_2$级岩体，岩体普遍极松弛、破碎～极破碎，稳定性差，可能失稳破坏模式以松弛破碎岩体的崩塌破坏为主。

④ 上游侧边坡砂板岩段中，Ⅱ、$Ⅱ_1$线之间高程1830.00m PD66平洞60m处揭示的产状N20°E/SE∠14°缓倾坡外的软弱结构面（见图7.1－9中4）和$Ⅱ_1$线高程1930.00m PD44平洞揭示的一系列近SN向、中陡倾角的深卸荷裂缝（见图7.1－9中5），与上游边坡近于平行且倾角小于边坡坡度，在坝肩边坡开挖后会在边坡坡脚出露，以f_5断层和煌斑岩脉代表的一系列NE—NEE向为后缘切割面（见图7.1－9中3），沿这两组结构面有可能发生单滑失稳破坏或与其他不利结构面组合的失稳破坏，应进行加固处理。

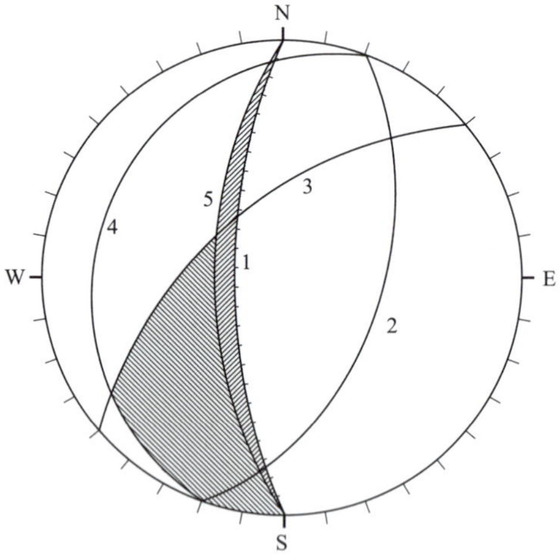

图7.1－9　左岸坝肩上游侧边坡砂板岩段各组结构面与边坡赤平投影图

1—近SN/E∠63°～71°（边坡）；2—N20°E/NW∠40°；3—N50°E/SE∠55°；4—N20°E/SE∠14°；5—近SN/E∠55°～60°

⑤ 下游侧边坡中砂板岩段，NE向卸荷裂隙（节理裂隙）（见图7.1－10中3）、近EW向卸荷裂隙（节理裂隙）（见图7.1－10中4）与缓倾坡外的层间挤压错动带（层面裂隙）（见图7.1－10中2）组合，其交棱线方向均倾向坡

外，可构成下游侧边坡的可能不稳定块体，有发生失稳破坏的可能，应进行加固处理。

⑥ 下游侧边坡中大理岩段，f_8、f_5 断层破碎带及影响带分别出露在下游边坡的高程 1825.00～1835.00m、1850.00～1865.00m 之间，f_2 断层倾向坡外且在坡脚出露，这些部位岩体碎裂～散体结构，$Ⅳ_2$、$Ⅴ_1$ 级岩体，而且由开挖边坡和自然边坡组成的三角形坡体三面临空，稳定性差，应进行加固处理。此外下游边坡中由层间挤压错动带（或层面裂隙）与 NWW 向裂隙组合、f_5 断层（或 f_8 断层）与层间挤压错动带（或层面裂隙）组合，形成的交棱线都倾向坡外，有失稳的可能性（见图 7.1－11），应采取相应的边坡处理措施。

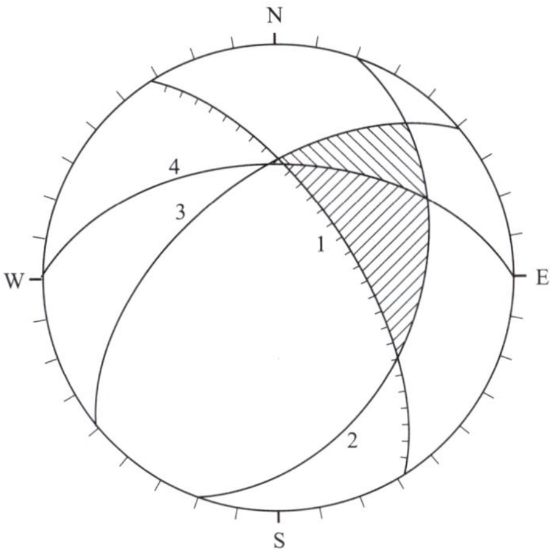

图 7.1－10 左岸坝肩下游侧边坡砂板岩段中可能不稳定块体赤平投影图

1—N30°～35°W/SW∠63°（边坡）；
2—N20°E/NW∠40°（层面）；
3—N50°E/SE∠55°（裂隙）；4—EW/S∠40°～60°（裂隙）

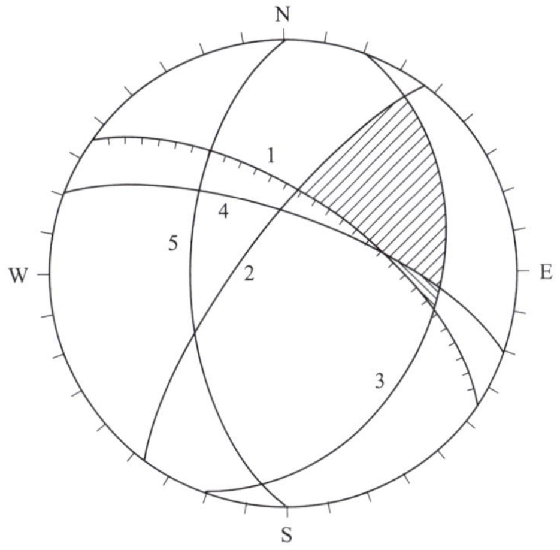

图 7.1－11 左岸坝肩下游侧边坡大理岩段中可能不稳定块体赤平投影图

1—N26°W/SW∠73°（边坡）；2—N37°E/SE∠75°（f_5）；
3—N20°E/NW∠35°；4—N70°W/SW∠70°（裂隙）；
5—近 SN/E∠55°～60°（裂隙）

3）根据施工开挖揭示地质条件，对左岸边坡整体稳定性复核显示总体上与前期分析评价结论基本一致，主要结论如下：

① 高程约 2000.00m 以上倾倒变形砂板岩在边坡开挖后整体稳定性将降低，可能发生以拉裂张开的 f_{LL-1}、f_{LL-2}（煌斑岩脉 X）、f_{1B-2}、f_{1A-7} 等断层及 XL_{1B-5}、XL_{1B-6} 等卸荷裂隙为后缘面，剪断下部变形松弛岩体的失稳破坏，如图 7.1－12 所示。

② 左岸边坡高程约 1800.00m 以上整体稳定性仍然受 f_{42-9} 断层、煌斑岩脉、SL_{44-1} 等边界构成的左岸坝头变形拉裂岩体控制，可能变形失稳破坏模式为以 SL_{44-1} 松弛拉裂带为上游滑面，以 f_{42-9} 断层为下游滑面及底滑面，以煌斑岩脉为后缘切割面的楔形体滑移破坏，如图 7.1－13 所示。但由于 f_{42-9} 断层开挖后出露于拱肩槽上游侧坡，大块体体积较前期预测有所减小。

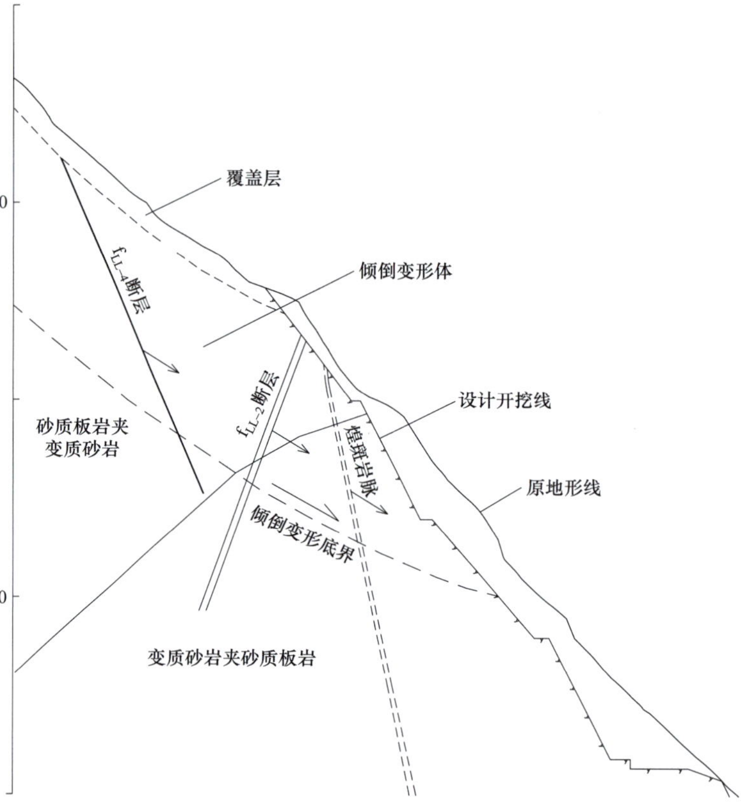

图 7.1-12　左岸边坡高程约 2000.00m 以上倾倒砂板岩可能失稳破坏模式示意图

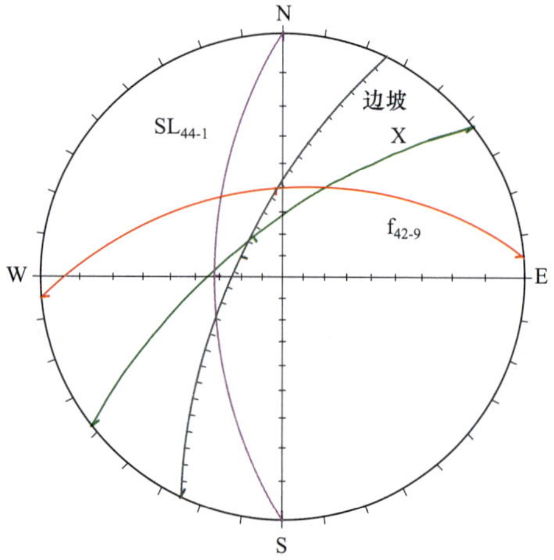

图 7.1-13　左岸坝头变形拉裂岩体楔形体破坏赤平投影图

③ 拱肩槽边坡高程约1800.00m以下大理岩边坡整体与局部稳定条件没有变化。施工开挖后左岸边坡各部位局部稳定条件基本没有变化，只是搜索出的确定性、半确定性局部块体比前期预测的局部块体多，这与边坡大面积开挖后新揭示出较多的小断层、层间挤压错动带和顺坡向卸荷裂隙密切相关。

（3）边坡加固处理措施及稳定性评价。

1）边坡加固措施。左岸坝肩边坡岩体主要由倾倒变形和深卸荷拉裂的Ⅳ级岩体组成，且存在由f_{42-9}断层、煌斑岩脉 X 和深卸荷裂缝SL_{44-1}组成的“大块体稳定”问题。采用加固措施主要有：边坡截排水；浅表层系统锚杆（锚杆长 6、9m）、混凝土框格梁；深层预应力系统锚索（吨位 1000、2000、3000kN，长 30.0～80.0m）。针对

f_{42-9}断层、煌斑岩脉 X 和深卸荷裂缝 SL_{44-1}组成的“大块体”，在系统锚索的基础上，特别对底滑面、下游边界 f_{42-9}断层采取了高程 1883.00、1860.00、1834.00m 三层宽 9.0m×高 10m 的抗剪洞及键槽加固处理。边坡经上述系统加固后稳定性计算表明，地震工况下，安全系数大于 1.17，极端工况下（部分锚索失效或应力损失）安全系数大于 1.14，边坡整体安全系数能满足规范要求。

2）边坡稳定性评价。边坡不同分区的变形特征和主导机理不同，导致其变形和稳定性也有所不同。左岸坝肩边坡布设有外部变形观测点、多点位移计、锚杆应力计、锚索测力计、水准观测、谷幅观测、测斜孔等，在边坡开挖区不同高程的洞室中还布设有石墨杆收敛计、梁式位移计、滑动测微计、测缝计等。变形监测表明，截至 2020 年 6 月，经系统支护处理后，高程 1960.00m 以上倾倒变形岩体变形缓慢，2015 年 10 月—2020 年 6 月间，位移平均速率约 0.8mm/月；左岸拱肩槽上游开挖边坡（主要是楔形“大块体”区域），2015 年 10 月—2020 年 6 月间，位移平均速率约 0.5mm/月，虽变形尚未完全收敛，但变形量值微小，且变形速率总体趋缓，“大块体”没有发现整体趋向的滑移迹象，总之边坡处于稳定状态。

2. 右岸边坡

（1）基本地质条件。

1）右岸边坡部位谷坡高陡，绝大部分基岩裸露，坡面较完整，自然边坡全为大理岩边坡，在 1810m 以上坡度 40°～50°，局部覆盖有厚 1～5m 不等的残坡积堆积层，以下坡度 70°～90°，局部有倒悬陡壁。右岸虽为顺向坡，但层面嵌合一般紧密，自然边坡现状稳定。

2）边坡岩性主要为厚层状大理岩、杂色角砾状大理岩，少量薄～中厚层深灰色条带状大理岩，夹绿片岩透镜体。边坡中规模较大的断层为 f_{13}、f_{14}、f_{18}断层，其他结构面主要是高程 1650.00～1780.00m 的 $T_{2-3}z^{2(4)}$层、高程 1860.00m 以上的 $T_{2-3}z^{2(6)}$层中的层间挤压错动带、绿片岩透镜体、层面裂隙，以及边坡岩体中发育的 NWW 向导水裂隙带、浅表部岩体中发育的卸荷裂隙。边坡岩体除层面裂隙外，主要发育有两组陡倾角裂隙，分别为 N50°～70°E/SE∠60°～80° 和 N50°～80°W/NE（SW）∠65°～90°。

施工开挖揭示边坡岩层岩性没有变化；新揭示 f_{RL1}、f_{RL2}、f_{RL3}、f_{RU1}、f_{RU2}、f_{RU3}、f_{RU4}等多条断层，其中 f_{RL1}、f_{RL3}断层规模较大，新揭示 g_{RL6}、g_{RL7}、g_{RL8}、g_{RL9}、g_{RL10}、g_{RL13}、g_{RL18}和 g_{RD5}等多条层间挤压错动带。

（2）边坡稳定性分析。前期勘测设计阶段根据地质勘察成果对右岸边坡整体稳定性的分析评价如下：

1）右岸边坡在高程 1810.00m 以上自然岸坡中未发现较大规模的变形破坏迹象，自然岸坡稳定性好～较好。由于开挖是对顺层坡的切脚开挖，开挖后工程边坡稳定性有所降低，高程约 1860.00m 以上（含缆机平台）边坡可能变形失稳模式和块体是第 6 层大理岩中层间挤压错动带（或层面裂隙）为底滑面，NE 向卸荷裂隙为后缘拉裂面的平面滑动组合。

2）右岸边坡在高程 1810.00m 以下为厚层、块状大理岩陡壁，自然岸坡中未发现变形迹象，岸坡稳定性好～较好。对高程 1860.00m 以下开挖边坡稳定起控制作用的主要结构面包括 f_{13}、f_{14} 断层，$T_{2-3}z^{2(4)}$层中绿片岩夹层、层面裂隙，以及 NE 向卸荷裂隙、局部集中发育的 NWW 向导水张裂隙，总体上开挖边坡中无缓倾坡外、贯通性的软弱结构面发育，$T_{2-3}z^{2(4)}$层中的绿片岩以透镜体或夹层的形式分布，总体上含量较少，且有 67.5% 为性状好的钙质绿片岩、石英片岩，以及经变质作用后 $T_{2-3}z^{2(4)}$层中的层面嵌合一般较紧密，边坡整体稳定性好。可能的失稳破坏模式以层面裂隙为底滑面，f_{13}、f_{14} 断层为后缘拉裂面的平面滑动破坏，如图 7.1－14 所示。

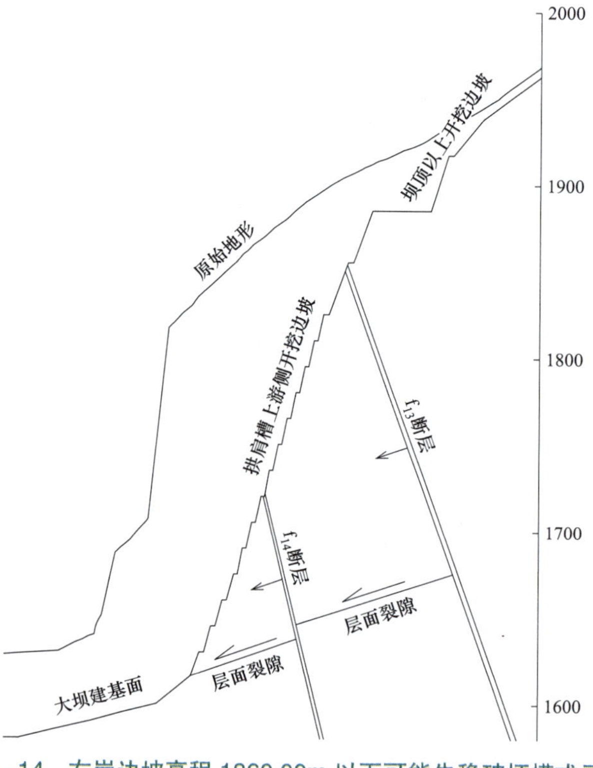

图 7.1－14　右岸边坡高程 1860.00m 以下可能失稳破坏模式示意图

3）右岸边坡开挖前后，边坡中的主要不利结构面均是 f_{13}、f_{14} 断层破碎带及影响带，第 4、6 层大理岩中发育的顺层层间挤压错动带、绿片岩透镜体。前期勘测设计阶段根据这些断层、层间挤压错动带在开挖边坡的出露情况、与其他各个方向软弱结构面在边坡中的交切组合情况，对右岸开挖边坡局部稳定性分析如下：

① 右岸高程 1860.00m 以上（含缆机平台）边坡由层间挤压错动带（或层面裂隙）与 NE 向卸荷裂隙组合的确定性、半确定性块体，块体规模取决于层间挤压错动带出露位置、延伸长度及其与切割面的组合情况。

② 拱肩槽上游侧边坡中，第4、6层大理岩中发育有顺层的层间挤压错动带、绿片岩透镜体，性状差，为边坡中的软弱部位，其走向总体与开挖边坡走向夹角较小且缓倾向坡外，当以 f_{13} 断层为后缘切割面时，在一定条件下可能发生顺层单滑失稳破坏，应进行加固处理，如图7.1-15所示。

③ 拱肩槽下游侧边坡中，以 f_{13} 断层（或 f_{14} 断层）为特定的后缘切割面，与层间挤压错动带或层面裂隙组合，存在失稳破坏的可能性，因此应对层间挤压错动带、层面裂隙较发育及绿片岩集中分布的部位采取加固处理措施，如图7.1-16所示。

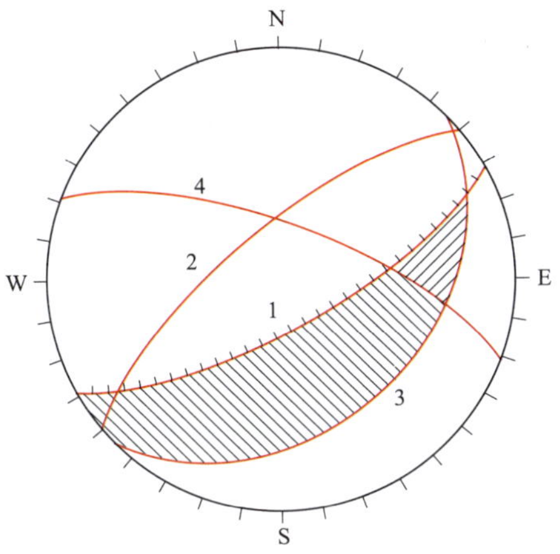

图7.1-15 右岸坝肩上游侧边坡中可能不稳定块体赤平投影图

1—N59°～63°E/NW∠71°～73°（边坡）；
2—N50°E/SE∠72°（f_{13}）；
3—N45°E/NW∠35°（层间挤压错动带）；
4—N70°W/SW∠70°（裂隙）

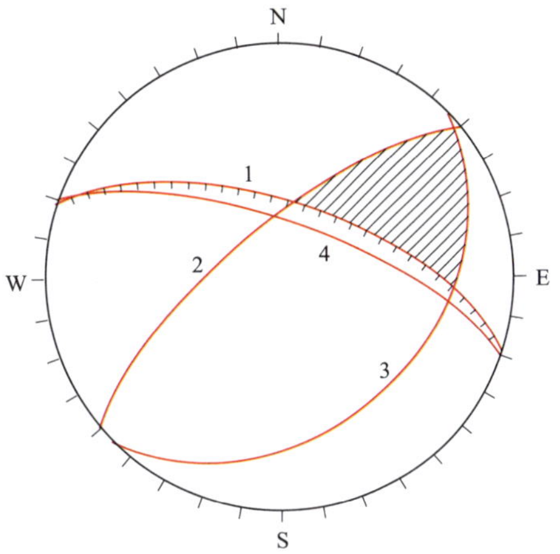

图7.1-16 右岸坝肩下游边坡可能不稳定块体赤平投影图

1—N60°～83°W/SW∠63°（边坡）；
2—N50°E/SE∠72°（f_{13}）；
3—N45°E/NW∠35°（层面）；
4—N70°W/SW∠70°（裂隙）

④ 右岸坝肩边坡开挖中，其中低高程上游边坡的开挖将与电站进水口边坡开挖相连接，并与普斯罗沟下游侧天然边坡组成一个三面临空的孤立坡体，稳定性差，应进行重点加固处理。

4）根据施工开挖揭示地质条件，对右岸边坡整体稳定性复核显示与前期分析评价结论一致，结论如下：

① 右岸开挖边坡高程约1860.00m以上主要由第6层薄～中厚层大理岩组成，除开口线锁口锚固外，边坡开挖后对坝顶以上及拱肩槽侧坡及时支护，未见顺层蠕滑—拉裂现象，无规模较大的不稳定块体组合，边坡整体稳定性较好。

② 右岸开挖边坡高程约1860.00m以下起控制作用的结构面仍然是 f_{13}、f_{14} 断层和第4层大理岩中的绿片岩、层面裂隙，由于开挖边坡中除 f_{13}、f_{14} 断层发育外，没有发育有贯穿性的不利软弱结构面，经变质作用后第3～5层中的层面嵌合一般较紧密，第4层大理岩中的绿片岩以透镜体或夹层的形式分布，总体上含量较少，且大部分为性状好的钙质绿片岩、石英片岩。所以，右岸拱肩槽边坡整体稳定。

施工开挖后右岸边坡各部位局部稳定条件基本没有变化，只是搜索出的确定性、半确定性局部块体比前期预测的局部块体多，这与边坡大面积开挖后新揭示出较多的小断层、层间挤压错动带和层面裂隙密切相关。

（3）加固处理措施及稳定性评价。

1）右岸坝肩边坡于2007年陆续完成了加固处理措施，主要有系统预应力锚索、边坡防排水措施保证边坡的整体稳定，对边坡表层、潜在不稳定块体，实施了以喷混凝土、锚杆及预应力锚索为主的加固措施。

2）右岸坝肩边坡主要采用观测墩、多点位移计、锚索测力计等进行监测，以变形监测为重点内容。右岸坝肩边坡加固后，巡视未发现变形破坏迹象，监测成果显示，边坡变形量值小，各监测物理量历时曲线呈平缓或小幅波动状态，无明显变形及较大应力调整现象出现。右岸坝肩边坡经加固处理后处于稳定状态。

7.2 引水发电系统

锦屏一级水电站引水发电系统布置于雅砻江右岸普斯罗沟上游约170m至下游手爬沟之间，由进水口、压力管道、地下厂房、主变压器室、出线竖井、尾水调压室、尾水隧洞等建筑物组成。

7.2.1 基本地质条件

该段河道顺直而狭窄，雅砻江流向约N25°E，地形陡峻，高程1810.00m以下坡度70°～90°，以上约40°，上游右岸发育深切的普斯罗沟，水电站进水口就布置于其下游陡壁。

出露地层为三叠系中上统杂谷脑组第二段（$T_{2-3}z^2$）大理岩，可细分为8层，引水发电建筑物区主要涉及第1～6层：第1层［$T_{2-3}z^{2(1)}$］，大理岩与绿片岩互层，层面裂隙发育；第2层［$T_{2-3}z^{2(2)}$］，岩性变化较大，既有厚层块状结构的大理岩，又有薄～中厚层状或互层状结构的大理岩与绿片岩；第3层［$T_{2-3}z^{2(3)}$］，以条纹状大理岩、同色角砾状大理岩为主，呈厚层～块状结构；第4层［$T_{2-3}z^{2(4)}$］，为杂色角砾状大理岩，透镜状、团块状绿片岩和石英片岩，厚层～块状结构，该层中零星分布的绿片岩岩质较软，片理发育，构成了第4层中的软弱结构面；第5层［$T_{2-3}z^{2(5)}$］，为成分较纯的大理岩，层面裂隙不发育，厚层～块状结构；第6层［$T_{2-3}z^{2(6)}$］，岩性具两分的特征，上部为深灰～灰黑色薄～中厚层条带状大理岩，夹有性状软弱、分布较连续的绿片岩夹层，且层间挤压错动带发育，下部为灰～深灰色角砾状大理岩，层面裂隙不发育，具块状构造特征。另外，还将遇到少量灰绿色的云斜煌斑岩脉，呈平直延伸的脉状产出，一般宽2～3m，局部脉宽可达7m。总体产状N60°～80°E/SE∠70°～80°，延伸长多在1000m以上，部分地段可见小分支、尖灭现象，后期构造运动使煌斑岩脉与围岩接触面多发育成小断层。

右岸岸坡为顺向坡，岩层总体产状 N15°～80°E/NW∠15°～45°。在右岸发育一宽缓背斜，普斯罗沟上游岩层倾向略偏上游，向下游岩层走向往东偏转，岩层倾向坡外偏下游，至手爬沟口岩层倾向下游。

发育 NE 向 f_{13}、f_{14} 断层，以及 NEE 向和 NW—NWW 向小断层，断层的基本地质特征见表 7.2－1。

表 7.2－1　锦屏一级水电站引水发电建筑物区主要断层汇总表

编号	产状	发育工程部位	破碎带宽度/m	长度/m	主要地质特征
f_{13}	N50°～65°E/SE∠60°～80°	压力管道、地下厂房	1.0～2.0	＞1000	沿重结晶的方解石、胶结好的碎裂岩上接触面发育，有角砾岩、碎粉岩，见软化、泥化
f_{14}	N50°～70°E/SE∠65°～85°	压力管道、地下厂房、尾水管	0.5～1.0	500～700	胶结良好的角砾岩为主，碎粉岩有软化、泥化现象
f_{17}	N60°～75°E/SE∠80°～90°	Ⅲ勘探线附近	0.5～0.8	200	主要为胶结良好的角砾岩，风化强烈，两盘接触面均有黄色泥膜
f_{19}	N70°～80°E/SE∠75°～80°	尾水洞出口	0.4～0.8	170	主要为角砾岩，见灰黄色软化、泥化碎粉岩
f_{18}	N50°～70°E/SE∠70°～80°	副厂房、主变压器室、2 号尾调室、尾水洞	0.2～0.4	800	灰黑色碎粉岩、角砾岩组成，碎粉岩有软化、泥化现象
f_{20}	N40°W/NE∠75°	尾水洞出口	0.7～0.8	100	由断层角砾及碎粉岩及次生灰黄～浅黄色泥组成，局部炭化

另外，在大理岩中还随机发育有层间挤压错动带，总体产状 N30°～60°E/NW∠30°～40°，带宽一般 3～10cm，少量 20～30cm，由黑色片状岩、碎粉岩和绿片岩组成，性状软弱，遇水泥化。

优势节理裂隙可归纳为 4 组：① N30°～60°E/NW∠25°～45°（层面裂隙），主要发育于第 2 层大理岩内；② N50°～70°E/SE∠50°～80°；③ N50°～70°W/NE（SW）∠80°～90°，发育少、一般延伸长，显张性；④ N25°～40°W/NE∠80°～90°，局部发育，多见于 f_{13} 断层盘，密集成带出现，长数十米，显张性。

除沿构造破碎带和绿片岩夹层局部有强风化外，岩体一般无强风化，弱风化岩体水平深度一般小于 20m。f_{13}、f_{14} 断层破碎带及影响带附近，沿断层带多形成弱～强风化夹层，一般宽 3～5m，局部达 10～20m。

岸坡高陡，天然状态下地应力较高，岸坡地质结构较复杂，谷坡形成后在长期应力释放及重力等综合因素作用下，谷坡岩体向临空方向卸荷回弹变形明显，但总体较轻微。强卸荷带下限水平深度一般 5～10m，弱卸荷带水平深度一般 20～40m。

大理岩岩溶化程度微弱，前期平洞、钻孔及开挖揭示，发育有横河向 NW—NWW 向溶蚀导水裂隙，但未见较大规模的岩溶，属岩溶裂隙含水岩体，地下水的分布主要受裂隙的发育及分布情况控制。微风化～新鲜的煌斑岩脉和 f_{13} 等压扭性断裂带则为隔水岩体或相对隔水岩体，断层上下盘地下水位不连续，存在水位陡坎，f_{13} 断层上盘以里为高压富水带。

电站枢纽区现今构造应力与高自重应力叠加造成天然状态下地应力量值高。钻孔岩芯饼裂和洞壁片帮、弯折内鼓以及现场测试岩体波速高于室内岩块波速等现象均表明地下厂区为高～极高地应力区。实测地应力成果表明：最大主应力 σ_1 量值普遍在 20～30MPa 之间，最大值达 35.7MPa；最大主应力 σ_1 方向较稳定，一般为 N30°～60° W，与区域应力场方向和边坡坡向基本一致。

7.2.2 地下厂房三大洞室位置及轴线方向的确定

可行性研究阶段的中后期，在选定中部厂址基础上，对地下厂房三大洞室具体位置和轴线方向进行了比较选择。

（1）三大洞室位置确定。选定中部厂址主厂房、主变室和尾水调压室全部置于杂谷脑组第二段大理岩中，主要涉及大理岩第 1～4 小层，具备成洞条件。但存在的主要不利地质因素：① 厂区发育 f_{13}、f_{14}、f_{18} 等 NE—NEE 向的断层，其中 f_{13} 断层规模较大，断层下盘影响带宽 1～3m，上盘影响带宽 10～20m，断层上盘还发育有 NNW—NW 向裂隙密集带（涌水带）；② 第二段大理岩第 1 层绿片岩及大理岩互层岩石强度较低，围岩稳定条件差；③ 地应力量值高，岩石强度应力比低。

综合考虑地下厂区工程地质条件，地下厂房三大洞室应尽量避开不利地质因素的影响，因此，三大洞室位置的确定主要考虑了下面三个因素：① 尽量减小 f_{13} 断层及上盘 NNW—NW 向裂隙密集带（涌水带）对地下厂房的影响程度，将主厂房置于 f_{13} 断层下盘，岩体较为完整，避开了 NNW—NW 向裂隙发育段，地下水活动较弱；② 避开第二段大理岩第 1 层绿片岩及大理岩互层对地下厂房的影响，该层岩石强度较低，围岩类别为Ⅳ类，围岩稳定条件差；③ 保证地下厂房有足够的埋深，选定的地下厂房垂直埋深为 160～420m，水平埋深为 100～380m，能满足修建大跨度地下洞室的要求。此外，厂房位置的选择还应考虑枢纽布置、水力条件、施工条件和工程投资等因素影响。

最终，通过综合比较，将地下厂房置于大坝下游约 350m 右岸山体内，水平埋深为 100～380m，垂直埋深为 160～420m，满足了上述要求。

（2）三大洞室轴线方向确定。三大洞室轴线方向的拟定主要考虑下面几个因素：① 地下厂区为高～极高地应力区，最大主应力 σ_1 平均方向为 N48.7° W，三大洞室轴向应尽量与 σ_1 方向呈较小的夹角；② 洞室轴向应尽量与主要结构面走向呈较大角度相交，包括规模较大的 N60°～70° E 向断层和 N40°～60° E/NW∠15°～30°、N50°～70° E/SE∠50°～80° 两组裂隙。

根据厂址区初始地应力的最大主应力 σ_1 方向和主要结构面产状，结合枢纽整体布置，最终将三大洞室轴线方向确定为 N65° W，与 σ_1 夹角仅 15° 左右，与规模较大断层带、两组主要裂隙夹角为 50°～90°，基本同时满足了上述两个因素的考虑。

7.2.3　引水发电各建筑物工程地质条件

7.2.3.1　电站进水口

进水口布置在普斯罗沟下游侧沟壁，为塔式进水口，其前缘方位角 N27.5° W。塔基尺寸 158m×31m（长×宽），塔基高程 1774.00m，塔顶高程 1886.00m，塔高 112m。

前期工程地质勘察查明进水口区边坡高陡，基岩裸露，自然边坡走向 N57° W～N33° W，坡度 70° ～80° 。由第 4～6 层大理岩组成，岩层产状 N40° ～60° E/NW∠30° ～40°，除第 6 层内层面裂隙较发育外，其余多属厚层～块状结构，岩体完整性较好。f_{13} 断层从坡体内通过。除层面裂隙外，主要节理裂隙有两组：① N50° ～70° E/SE∠65° ～85°；② N70° ～80° W/SW∠75° ～85°，发育稀少，但延伸长大，多集中成带出现。普斯罗沟下游陡壁岩体强卸荷水平深度为 3～5m，弱卸荷水平深度约 25m，弱风化水平深度为 3～5m。自然边坡整体稳定。

进水口塔基由第 4 层角砾状大理岩夹绿片岩透镜体组成，岩体新鲜，以厚层～块状结构为主，属 Ⅱ级岩体，能满足塔基承载稳定要求。但 f_{13} 断层从 5 号进水塔外侧通过，对 5 号进水塔塔基稳定有一定的影响，应进行加固处理，防止地基不均匀变形。

洞脸开挖边坡走向 N27.5° W，倾 SW，最大开挖坡高约 300m。高程 1795.00～1865.00m 以下由第 4、5 层厚层～块状大理岩组成；以上由第 6 层薄～中厚层大理岩组成，大理岩岩石坚硬，整体强度高。坡体内的主要结构面 f_{13} 断层和层面裂隙走向与开挖边坡近于垂直，无贯通性中缓倾坡外的软弱结构面发育，洞脸开挖边坡整体稳定条件较好。

进水口内侧边坡位于普斯罗沟上游侧，开挖边坡走向 N62.5° E，倾向 NW，最大坡高约 190m，主要为第 4～6 层大理岩，开挖边坡整体稳定。由于内侧边坡为一顺向坡，特别是坡体上部第 6 层大理岩层面、层间挤压错动带较发育，且受第①、②组陡倾裂隙切割，局部稳定条件较差，对局部形成的滑移块体应充分重视。

施工开挖揭示，进口区 NE 向小断层和层间挤压错动带较发育，与前期预测基本一致。在洞脸边坡和 1 号塔基揭露出 f_{xd4} 断层，与洞脸边坡大角度相交；在引渠内侧边坡揭露出有 f_{yj6} 等 5 条 NE 向小断层和 g_{yj2} 等多条顺坡向层间挤压错动带。开挖揭示出的小断层、层间挤压带规模小，走向与洞脸边坡大角度相交，对进口塔基岩体质量和洞脸边坡稳定影响较小，但由于这些 NE 向小断层、层间挤压错动带走向与内侧坡走向小角度相交，或近于平行，在边坡不同高程、不同部位形成了一定规模的不利块体组合，可能破坏模式主要为以 f_{yj6}、f_{XD5} 等 NE 向小断层为后缘拉裂面、以层间挤压错动带为底滑面的平面滑动破坏，如图 7.2－1 所示。

对塔基出露 f_{13} 断层、f_{xd4} 断层带等进行了刻槽混凝土置换，并对塔基整体固结灌浆，提高了进水塔地基整体性。此外，为保证进水塔长期安全，对 1～5 号进水塔基础前缘普斯罗沟内回填混凝土至高程 1775.00m，并对 4、5 号进水塔前缘沟壁实施锚喷、锚索加固处理，确保了塔基稳定。针对内侧边坡可能的不稳定块体，采取了浅层锚喷系统支护和深层系统锚索加固措施，同时对坡脚已塌滑部位进行混凝土回填保护。

蓄水发电以来水电站进水口区各项监测成果表明，塔基和边坡稳定。

7.2.3.2 压力管道

平行布置共 6 条压力管道，分别由上平段、斜管段及下平段组成，轴线间距上平段 26.00m，下平段 31.70m，断面为内径 9.00m 的圆形。

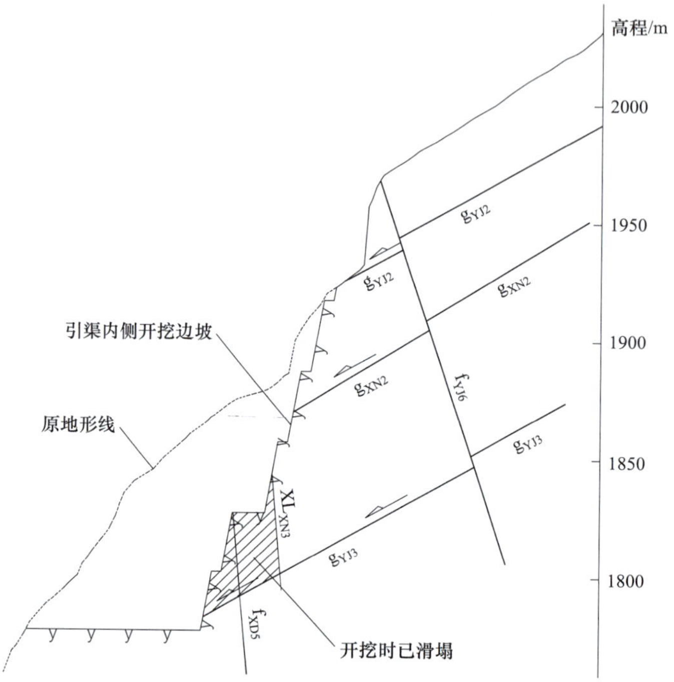

图 7.2-1 电站进水口引渠内侧坡不利结构面块体组合示意图

1. 基本地质条件

6 条压力管道工程地质条件基本相似。沿线出露地层主要为第 2～4 层大理岩，岩性为杂色厚层角砾状大理岩夹绿片岩透镜体、厚层状大理岩、中～厚层状条带状大理岩及少量薄层状绿片岩。岩体新鲜，完整～较完整，以厚层～块状结构为主，局部为薄～中厚层状结构，少量弱风化夹层为碎裂结构。发育 f_{13}、f_{14} 断层。节理裂隙发育 4 组：① N30°～60°E/NW∠15°～45°；② N50°～70°E/SE∠50°～80°；③ N25°～40°W/NE（SW）∠80°～90°；④ N50°～70°W/NE（SW）∠80°～90°。地下水主要为裂隙水及岩溶裂隙水，在裂隙不发育的洞段，多干燥，在裂隙较发育，特别是第③、④组裂隙集中发育的洞段，地下水较活跃。压力管道深埋段属于高地应力区。

2. 围岩稳定性评价

前期勘察阶段以 2、5 号压力管道为例，进行了围岩工程地质分段及稳定性评价。2 号压力管道围岩类别Ⅱ类约 12%，$Ⅲ_1$ 类约 80%，$Ⅲ_2$ 类约 5%，Ⅴ类约 3%；5 号压力管道围岩类别Ⅱ类约 14%，$Ⅲ_1$ 类约 77%，$Ⅳ_1$ 类约 4%；Ⅴ类约 5%。压力管道围岩稳定性总体较好。

压力管道主要存在 4 个方面的工程地质问题：① 压力管道深埋段为高应力区，洞室开挖后会产生较强烈的围岩变形破坏，新鲜完整大理岩以脆性片帮、劈裂破坏为主，岩性相对较软的绿片岩发育部位以弯折破坏为主，建议针对性加强支护处理；② 局部洞段NWW 向溶蚀裂隙密集发育，裂隙式溶洞局部充填块碎石，洞室顶拱会出现一定的塌顶现象，建议施工中加强支护处理；③ 压力管道下平段岩层单层厚度较薄，其中 1～3 号压力管道下平段部分为第 2 小层绿片岩夹薄层状大理岩，岩质较软，洞室开挖后可能产生强烈的围岩变形破坏，建议对该段围岩加强支护处理；④ 压力管道下平段可能会出现NW—NWW 向的涌水带，建议施工中注意加强排水措施。

施工开挖揭示，除 f_{13} 和 f_{14} 断层外，另开挖揭露出 12 条小断层，其中 1 号压力管道进口段发育的 f_{y1-6} 断层和 6 号压力管道下平段揭露的 f_{y6-5} 断层，走向与洞轴线小角度相交，对洞室围岩稳定有较大的不利影响。

开挖揭示各压力管道围岩工程地质分类较前期预测略为变差，但仍以Ⅲ$_1$类为主，部分Ⅲ$_2$类。由于新揭露出 f_{y1-6} 和 f_{y6-5} 等小断层，局部裂隙、溶蚀裂隙、溶洞发育，特别是下平段薄层大理岩、绿片岩在顶拱出露段，岩性较软，岩体呈薄层状或镶嵌状结构，完整性较差，局部洞段围岩稳定性较差。

前期预测 4 个方面的主要工程地质问题在施工过程中均有出现，如图 7.2－2 和图 7.2－3 所示。针对开挖揭示问题均及时采取了针对性加固处理措施，确保了洞室围岩稳定。

(a) 外侧顶拱围岩弯折塌落　　(b) 内侧下部岩层卸荷松弛破坏

图 7.2－2　4 号压力管道下平段开挖后应力集中造成围岩破坏现象

(a) 小溶洞　　(b) 溶蚀裂隙

图 7.2－3　2 号压力管道上平段岩体溶蚀现象

7.2.3.3 地下厂房洞室群

地下厂区洞室群布置于坝区右岸大坝下游约350m的山体内，主要由主（副）厂房、主变压器室、尾水调压室、母线洞、尾水管等组成。主厂房水平埋深为100～380m，垂直埋深为160～420m，吊车梁以下开挖跨度25.60m，以上开挖跨度28.90m，开挖高度68.80m；其中主机间尺寸为204.52m×25.90m×68.80m（长×宽×高）。主变压器室位于主厂房下游，顶拱中心线与主厂房中心线间距67.35m，厂房和主变压器室之间的岩墙厚度为45m；主变压器室尺寸为197.10m×19.30m×32.70m（长×宽×高）。尾水调压室采用“三机一室一洞”布置形式，设置两个圆形调压室，上室直径分别为37.00、41.00m。

1. 地下厂区基本地质条件

自山里向山外依次出露杂谷脑组第二段第2～4层大理岩，第2层，既有中～厚层状大理岩，又有薄层状大理岩、少量绿片岩夹层；第3层，以条纹状大理岩、同色角砾状大理岩为主，夹极少量薄层绿片岩，岩体多呈厚层～块状结构；第4层，岩性为杂色角砾状大理岩、灰白色大理岩，零星分布透镜状绿片岩。岩层产状N40°～60°E/NW∠15°～35°。在第一副厂房、主变压器室、尾调室等部位分布有后期侵入云斜煌斑岩脉（X），脉宽一般宽2～4m，总体产状N60°～80°E/SE∠70°～80°，延伸长多在1000m以上，部分地段可见小分支、尖灭现象，局部明显有断层错动迹象，脉体一般破碎，自稳能力差。

地下厂区发育规模较大的断层有f_{13}、f_{14}、f_{18}断层，与主厂房关系如图7.2－4所示。

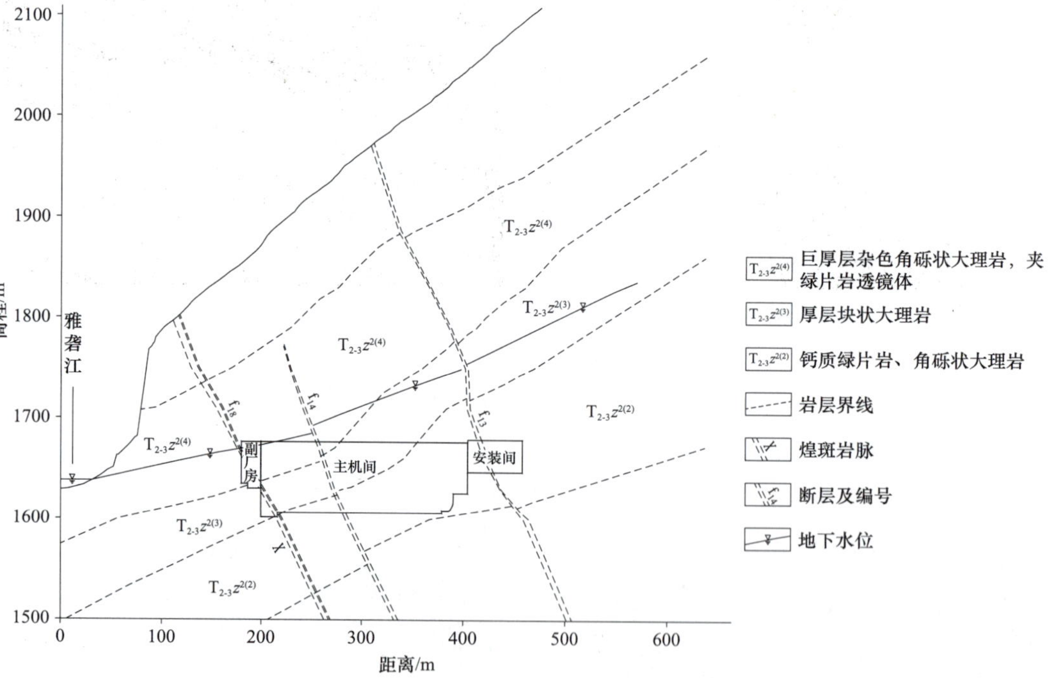

图7.2－4 地下厂房主厂房中心线工程地质纵剖面示意图

f_{13}断层：发育于安装间部位，总体产状N50°～65°E/SE∠60°～80°，主断面起伏、光滑，破碎带宽一般为1～2m，由灰黄色断层角砾岩、碎粉岩组成，碎粉岩厚0.5～5cm，呈条带状连续分布，泥化、软化，带内物质挤压紧密，胶结差，部分弱风化，有滴水现象，下盘影响带一般宽 0.3～1m，上盘影响带宽 3～5m，多弱风化，绿片岩强风化，多呈碎裂～镶嵌结构，上盘往往发育 NNW—NW 向张性裂隙带，为主要的涌水带。

f_{14} 断层：发育于主厂房 4、5 号机组之间，主变压器室处 3、4 号尾水管附近，产状 N50°～70°E/SE∠65°～85°，主断面起伏、光滑，主断带一般宽 0.5～1m，主要由断续分布的碎粉岩、角砾岩组成，部分碎粉岩软化、泥化，带内物质挤压较紧密，部分弱风化，下盘影响带一般宽 0.5～1m，上盘影响带宽 1～2m，多呈碎裂～镶嵌结构。

f_{18} 断层：在厂房洞室区沿煌斑岩脉与大理岩接触面发育，揭露于第一副厂房、主变压器室以及 2 号尾水调压室部位，产状 N50°～70°E/SE∠70°～80°，带宽 20～40cm，主要由灰黑色碎粉岩、角砾岩组成，碎粉岩有软化、泥化现象。

此外，厂区还发育有少量产状以 N60°～70°E/SE∠70°～80°为主的小断层。

地下厂区发育优势节理裂隙 4 组：① N30°～60°E/NW∠30°～40°，层面裂隙；② N50°～70°E/SE∠60°～80°；③ N50°～70°W/NE（SW）∠80°～90°；④ N25°～40°W/NE（SW）∠80°～90°。其中第④组裂隙主要在安装间部位 f_{13} 断层上盘集中成带发育。

地下厂区为岩溶裂隙含水岩体，地下水的分布主要受裂隙的发育及分布情况控制，在裂隙不发育的部位，一般仅表现为弱～微透水；在裂隙较发育，特别是第③、④组裂隙集中发育段，地下水较活跃，多表现为渗水、滴水、股状涌水。如 f_{13} 断层带以里（上盘）第③、④组裂隙发育，勘探平洞揭穿 f_{13} 断层时产生集中涌水，流量稳定，实测流量约 50L/s；施工期第二层排水廊道开挖揭穿 f_{13} 断层时也是如此。前期地下水连通试验表明，厂区地下水补给在高程 2300.00m 以上，与普斯罗沟等地表水下渗有关。

地下厂区属于高～极高地应力区，平洞开挖后洞壁围岩片帮、劈裂剥落、弯折内鼓变形现象明显。实测最大主应力 σ_1 多为 20～35.7MPa；σ_1 的方向介于 N28.5°W～N71°W，平均 N48.7°W；σ_1 倾角为 20°～50°，平均倾角约为 34.2°。

2. 围岩分区分类及稳定性评价

前期勘察成果表明，地下厂区属于高～极高地应力区，考虑高地应力对围岩分类的影响，地下厂区三大洞室围岩以 $Ⅲ_1$ 类为主，部分为 $Ⅲ_2$ 类及Ⅳ类，少量断层带为Ⅴ类。围岩稳定性总体较好。

（1）地下厂房围岩由第 2～4 层大理岩组成，岩层走向与厂房轴线大角度相交，中缓倾向山外。其中第 2 层大理岩既有厚层块状结构的大理岩，又有薄～中厚层状或互层状结构的大理岩与绿片岩；第 3、4 层大理岩、角砾状大理岩，以厚层～块状结构为主，完整性较好。在桩号 0+200 左右，分布一条煌斑岩脉，岩体完整性较差。f_{13} 断层、f_{14} 断层、f_{18} 断层以及煌斑岩脉分别斜穿过安装间、主机间和副厂房。

围岩类别以 $Ⅲ_1$ 类为主，稳定性总体较好；部分边墙薄层状大理岩段为 $Ⅲ_2$ 类，稳定性差；断层破碎带及影响带、煌斑岩脉、裂隙密集带为Ⅳ～Ⅴ类围岩，不稳定～极不稳定。

（2）主变压器室围岩由第 2～4 层大理岩组成，岩层走向与主变室轴线大角度相交，第 2 层大理岩出露段（约 0+050m 以里），岩性为薄～中厚层状大理岩，岩层相对较薄，层面裂隙发育，围岩类别以Ⅲ$_2$类为主，部分为Ⅲ$_1$类，稳定性较差。其余段主要为中～厚层状大理岩、杂色角砾状大理岩夹绿片岩透镜体，除断层带、煌斑岩脉外，围岩新鲜，完整～较完整，以Ⅲ$_1$类为主，稳定性总体较好。

主变压器室 f_{14} 断层破碎带及影响带和一条煌斑岩脉出露段，岩体完整性较差～破碎，为Ⅳ～Ⅴ类围岩，不稳定～极不稳定。

（3）1 号尾水调压室中下部围岩由第 2 层大理岩夹绿片岩组成，岩体多呈薄～中厚层状结构，部分厚层状，围岩类别以Ⅲ$_2$为主，稳定性差；上部围岩主要由第 3 层大理岩组成，岩体多呈厚层～块状结构，围岩类别为Ⅲ$_1$类，稳定性总体较好。上游侧边墙分布一条煌斑岩脉，厚 1.5～2m，呈次块～镶嵌结构，围岩类别为Ⅳ类，不稳定。

（4）2 号尾水调压室中上部为第 4 层杂色角砾状、厚层状大理岩夹绿片岩透镜体，下部为第 3 层厚层状大理岩，层面裂隙不发育，围岩类别均为Ⅲ$_1$类，稳定性总体较好。

（5）地下厂区除主厂房、主变压器室及尾水调压室外，还布置有大量的其他洞室，如母线洞、尾水管等，共布置了 6 条母线洞、6 条尾水管。该部位出露地层主要为第 2、3 层薄～中厚层条带状大理岩、厚层状大理岩，围岩类别以Ⅲ$_1$类为主，部分为Ⅲ$_2$类，稳定性总体较好。煌斑岩脉呈 40°～50° 夹角横穿 5～6 号母线洞以及 3～6 号尾水管，以Ⅲ$_2$类为主，稳定性差。

3. 地下厂区洞室主要工程地质问题

从地应力环境、水文地质条件、地质构造等方面综合分析，地下厂区存在着高地应力、地下涌水、局部块体稳定等主要工程地质问题。

（1）高地应力。地下厂区实测最大主应力σ_1 多在 20～35.7MPa，且多数岩石强度应力比（R_C/σ_{max}）为 1.5～4，为高～极高地应力区，地下厂区洞室群开挖后围岩会出现中等～强烈的脆性变形破坏。其中，主厂房、主变压器室等横河向洞室与σ_1 方向夹角较小，在顶拱与边墙交界部位、交叉洞较多的岩柱、岩墙部位等会产生强烈的应力破坏、松弛现象，影响围岩稳定性；母线洞、尾水管等顺河向洞室，轴线走向与σ_1 走向交角较大，与岩层走向 N40°～60°E 夹角较小，且岩层倾角较缓为 15°～30°，洞室开挖后围岩会出现较强烈的脆性变形破坏，山外侧顶拱、边墙中上部变形破坏尤其强烈，变形破坏方式以片帮、劈裂剥落为主，第 2 层薄～中厚层条带状大理岩段洞室弯折变形破坏会更强烈。

（2）地下涌水。前期勘探平洞揭示地下厂区存在 NW—NWW 向张性裂隙控制的强透水带，开挖后会出现不同规模的涌水。前期平洞勘探揭示安装间位置分布的强透水带流量稳定，实测流量约 50L/s，地下水补给在高程 2300.00m 以上的锦屏山区普斯罗沟等，补给水源稳定。

（3）局部稳定。主厂房、主变压器室跨度大、边墙高，结构面相互切割可形成一定的不稳定块体，如在顶拱层面裂隙与 NE 向裂隙组合，f_{14} 断层遇裂隙切割时都可能形成不稳定块体；在上游边墙 NW—NWW 向裂隙发育部位对边墙稳定不利；在下游边墙层面裂隙与 NE 向和 NWW 向裂隙的相互切割均可能形成不稳定块体，f_{14} 等断层、煌斑岩脉和裂隙组合可能形成规模相对较大的不稳定块体；在内端墙因层面裂隙走向与端墙走向夹角小，对端墙稳定不利；在外端墙NE向裂隙或煌斑岩脉与其他裂隙的切割可能形成不稳定块体。

尾水调压室层面裂隙与NE向结构面的组合可能在边墙部位形成不稳定块体。

4. 施工开挖揭示工程地质条件

施工开挖揭示，构成厂房洞室群围岩的地层岩性，断层、裂隙发育，地下水出露，高地应力引起的围岩强烈破坏等情况，均与前期预测基本一致，仅在主变室下游、尾水调压室等部位 f_{14} 断层、f_{18} 断层和煌斑岩脉出露位置略有变化。各洞室开挖后围岩分类分段与前期预测基本一致。尾水调压室由于煌斑岩脉和 f_{18} 断层出露，局部围岩类别由前期预测的 $Ⅲ_1$ 类降为Ⅳ类。

开挖揭示遇到的主要工程地质问题仍是高地应力破损、地下涌水、局部稳定性，与前期预测一致。施工过程中均进行了针对性处理，确保了施工安全和洞室围岩稳定。

5. 施工期主厂房围岩变形破坏及围岩松弛深度

地下厂区地应力高，围岩强度应力比低，厂房洞室群开挖后应力调整与集中，导致了围岩强烈的脆性变形破坏。

开挖期地应力引起的围岩变形破坏最突出部位有：主厂房、主变压器室等垂直河流向的洞室下游拱脚和上游边墙中下部，母线洞等顺河向洞室的外侧顶拱和内侧下部。围岩变形破坏表现形式为片帮脱落、岩层内鼓弯折、初期支护后喷层裂缝，甚至深层岩体劈裂、松弛，如图7.2－5所示。主厂房岩体较完整，施工期围岩破坏主要为应力型破坏，表现出破坏范围广、空间分布不一、变形量大、变形持续时间长（时效变形）的特点，如图7.2－6所示。

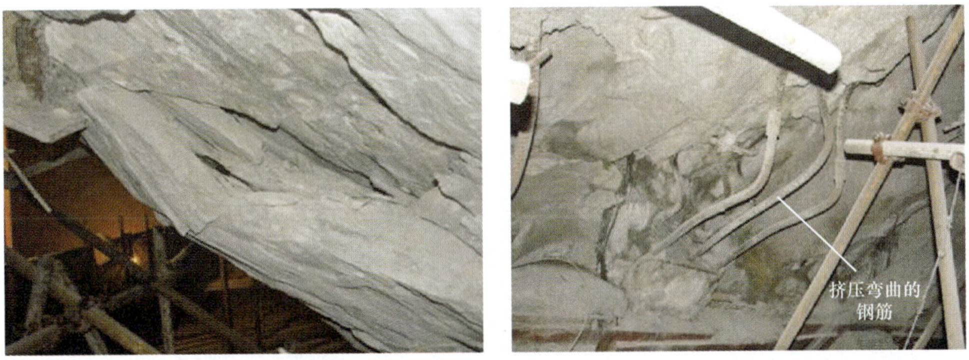

(a) 厂房下游侧拱脚岩体劈裂、弯折　　(b) 厂房下游侧拱脚钢筋肋拱挤压弯曲

图7.2－5　施工期主厂房下游拱脚围岩破坏现象

施工期主厂房物探检测钻孔全景图像和声波曲线清楚地反映了主厂房、主变压器室围岩卸荷松弛程度，如图7.2－7和图7.2－8所示，边墙最大松弛深度超过15m。声波曲线随深度变化一般无明显拐点，多呈锯齿状跳跃，但浅表松弛程度较深部强烈。为了更好地评价围岩松弛情况，根据物探声波值和钻孔全景图像成果，并结合围岩开裂破坏情况，按照围岩破坏程度，将围岩松弛区大致分为破坏、强松弛和弱松弛三区。主厂房围岩松弛深度下游边墙上部和上游边墙中下部相对较深，主厂房与主变压器室之间岩墙松弛深度较大，这与地下厂区地应力场最大主应力 σ_1 偏压、较高的中间主应力与边墙交角较大、岩

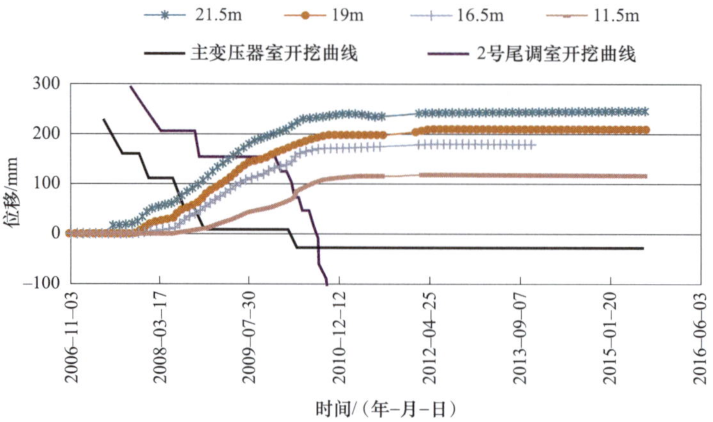

图 7.2-6　主变压器室下游边墙 0+126.8m 高程 1668.00m 位移历时曲线

层产状、群洞效应等有关。破坏区主要分布于主厂房下游侧拱腰至拱座范围，高程为1667.00～1672.00m，深度 2m 左右，与下游拱脚混凝土喷层开裂破坏区相对应。主厂房下游侧拱座附近岩体强松弛底界深度一般为 4～8m、弱松弛底界深度一般为 7～12m；上游侧拱座附近弱松弛底界深度一般为 1.2～3.2m；下游侧拱座较上游侧拱座围岩松弛深度大得多。上游边墙围岩强松弛底界深度一般为 3.8～6.4m、最深 9.8m，弱松弛底界深度一般为 8～13m，中下部最深约 16m；下游边墙围岩强松弛底界深度一般为 4～8m，弱松弛底界深度一般为 9～16m，上部最深约 19m。

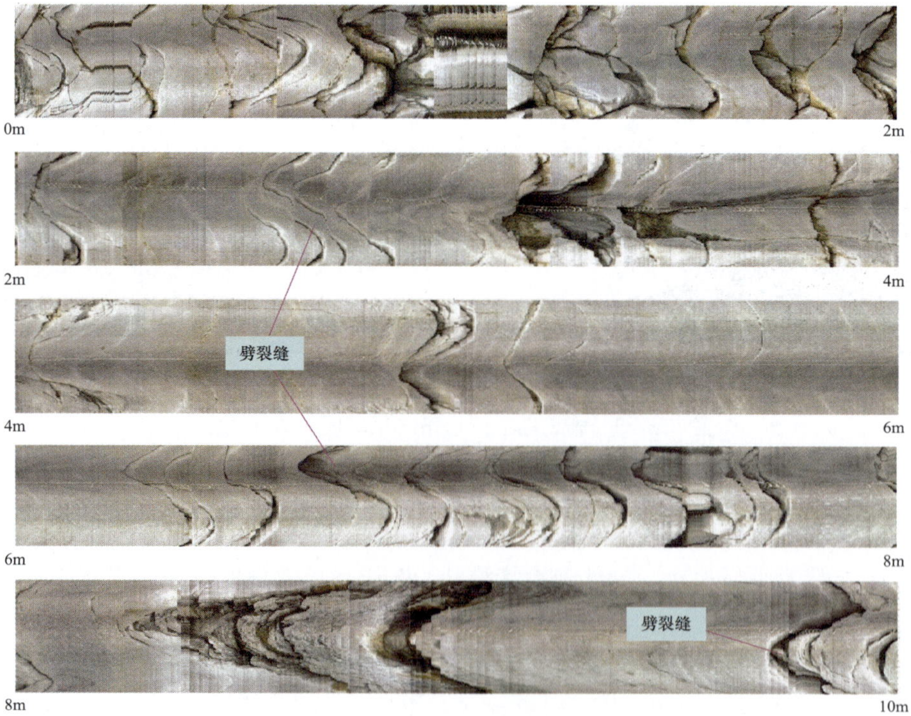

图 7.2-7　施工期主厂房下游拱座围岩破坏钻孔全景图像

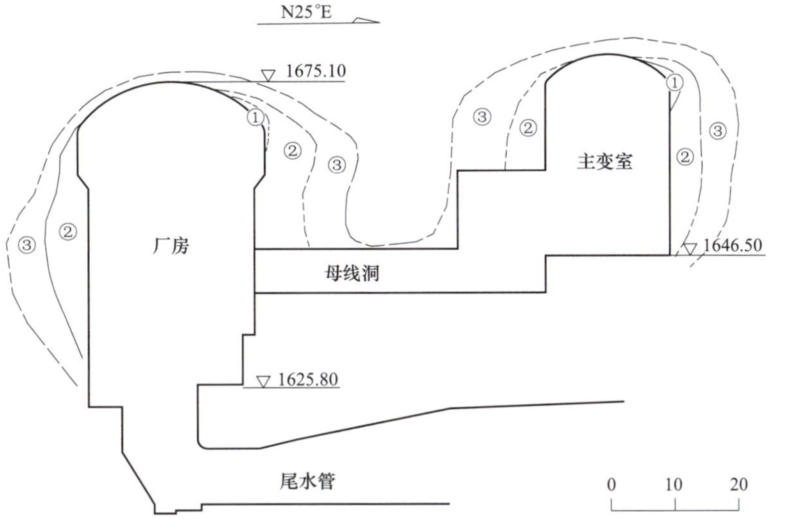

图 7.2-8　施工期主厂房主变压器室围岩松弛范围示意图

①—破坏区；②—强松弛区；③—弱松弛区

施工期地下厂房围岩变形破坏的根本原因，系厂区较高地应力与较低的围岩强度导致围岩强度应力比较低（一般为 1.5～3），开挖后局部应力集中强烈，达到或超过了岩石强度，造成围岩变形破坏。平面应力分析还表明，横剖面上平面最大主应力值远大于最小主应力，其方向偏向厂房下游侧，开挖后在厂房下游拱腰和上游边墙下部可产生明显的应力集中，从而导致厂房下游拱腰岩体最先出现破坏和较大变形，随下挖上游边墙下部和下游边墙岩柱部位应力集中导致岩体松弛深度较大。

地下厂房洞室群采用表层挂网喷锚、浅层系统锚杆和深层系统锚索加固三个层次的系统处理措施，深层系统预应力锚索，能对穿的采用对穿锚索，断层出露部位加强、加密锚杆和锚索，并增加钢筋肋拱支护。对施工期主厂房、主变压器室等围岩松弛变形破坏，针对性地采取了适度加密系统锚杆和锚索、降低锚索锁定吨位、对主厂房和主变压器室下游拱腰、拱脚采用较高密度的锚杆及锚索和灌浆、局部破坏区钢筋混凝土梁等加强支护。

7.2.3.4　尾水洞及出口边坡

平行布置两条尾水洞，洞轴线间距约 71m，1、2 号尾水洞长度分别为 564.988m、404.237m，进口底板高程为 1610.00m；出口位于猴子坡下游，底板高程为 1621.00m。尾水洞断面为城门洞型，断面尺寸为 15.00m×16.50m（宽×高）。

1. 尾水洞洞身

1、2 号尾水洞沿线基本地质条件相似，岩性为第 2～6 层厚层状大理岩、杂色厚层角砾状大理岩夹绿片岩透镜体、厚层条带状大理岩，少量薄～中厚层条带状大理岩，尾水洞沿线尚分布一条煌斑岩脉，裂隙发育，呈次块～镶嵌结构。沿线岩体新鲜，厚层～块状结构为主，部分为薄层～中厚层状结构，完整～较完整。

发育有 f_{14}、f_{18}、f_{19}、f_7 等断层。发育优势裂隙为：① N40°～60°E/NW∠15°～30°，层面裂隙；② N50°～70°E/SE∠50°～80°；③ N50°～70°W/NE（SW）∠80°～90°；

④ N25°～40° W/NE（SW）∠80°～90°。其中第①组层面裂隙在第 2、6 层大理岩内较发育，第②组裂隙相对较发育。

地下水的分布主要受裂隙的发育及分布情况控制，主要表现为裂隙水和岩溶裂隙水。岩体总体透水性弱，在 NW—NWW 向裂隙集中发育的洞段，地下水较活跃。

尾水洞深埋段属于高地应力区，洞室开挖后可能会出现中等～较强烈的变形破坏，变形破坏方式主要为劈裂剥落、弯折内鼓。

前期勘察阶段对尾水洞进行了围岩分类分段及稳定性预测评价，其中 1 号尾水洞沿线围岩类别Ⅱ类约 23%，$Ⅲ_1$类约 65%，Ⅳ类约 3%，Ⅴ类约 9%；2 号尾水洞沿线围岩类别Ⅱ类约 23%，$Ⅲ_1$类约 75%，Ⅳ类约 2%。尾水洞沿线围岩总体稳定性较好。

施工开挖揭示工程地质条件与前期预测基本一致，局部洞段因小断层、溶蚀裂隙发育洞室围岩类别有所调整。经统计 1 号尾水洞$Ⅲ_1$围岩减少约 15%，Ⅳ、Ⅴ类围岩增加约 18%；2 号尾水洞$Ⅲ_1$类减少约 6%，Ⅳ、Ⅴ类增加约 11%。

尾水洞采用系统锚杆加挂网喷混凝土，针对断层、溶蚀裂隙和裂隙密集带等地质缺陷进行了局部加强。尾水洞进口段紧靠调压井，在调压井开挖施工过程中发生了变形及喷混凝土开裂，针对以上现象，现场增加了锚索及预应力锚杆支护，保证了洞室稳定。

2. 出口边坡稳定性

出口区自然边坡坡度 35°～45°，坡体基岩裸露，由第 6 层薄～中厚层状大理岩、角砾状大理岩组成。发育 f_{19}、f_7断层，f_{19}产状 N70°～80° E/SE∠75°～80°，f_7总体产状为近 EW/N∠60°～80°；发育有层间挤压错动带，产状 N50°～60° E/NW∠35°～40°；裂隙主要发育 N50°～60° E/NW∠25°～40°（层面裂隙）、N40°～60° E/SE∠65°～85° 两组。强卸荷水平深度为 5～10m，弱卸荷水平深度为 20～40m。出口区岸坡中上部为 f_7断层等组成的猴子坡潜在不稳定岩体，但天然状态下整体稳定。

1 号尾水洞洞脸边坡岩体均为第 6 层大理岩，中、上部为弱卸荷～强卸荷岩体，岩体质量为$Ⅲ_2$～$Ⅳ_1$级，岩体较破碎，岩层走向与开挖边坡近于平行，第 6 层内层间挤压错动带较发育，可构成控制洞脸边坡稳定的底滑面，NE 向裂隙为后缘切割面，形成不利块体组合，可能发生向开挖坡外的平面滑动破坏。1 号尾水洞外侧坡无大的不稳定块体组合，边坡较为稳定，但开挖边坡岩体主要为弱卸荷～强卸荷岩体，在开挖过程中，可能发生局部掉块。1 号尾水洞内侧边坡同样无大的不稳定块体组合，边坡较为稳定，但由于坡体也为弱卸荷～强卸荷岩体，且第 6 层中的层间挤压错动带发育，易产生局部不稳定块体，在开挖过程中，可能发生局部掉块。

2 号尾水洞洞脸边坡位于第 5、6 层大理岩内，边坡下部为Ⅱ级岩体，中上部为弱卸荷～强卸荷岩体，岩体质量为$Ⅲ_2$～$Ⅳ_1$级。边坡开挖将揭穿 f_7断层，边坡岩体内发育的 f_7断层及层间挤压错动带走向与洞脸坡小角度相交，倾向坡外，构成了控制边坡稳定的不利结构面。通过极限平衡法稳定性计算，由于坡脚处 f_7断层以外岩体被挖除，边坡开挖后，坡体将处于失稳状态，由于其侧裂面不发育，破坏方式以局部塌滑为主，将进一步影响洞脸边坡及其以上分布的猴子坡潜在不稳定岩体的整体稳定性。2 号尾水洞内外侧坡均没有大的不稳定块体组合，边坡较为稳定，但由于开挖边坡岩体主要为弱卸荷～强卸荷岩体，岩体较破碎，在开挖过程中，可能会发生局部掉块。

为了减少开挖边坡对猴子坡潜在不稳定体不利影响，招标设计阶段将2号尾水洞出口位置向下游调整了约 60m。施工开挖揭示尾水洞出口边坡地质条件与招标设计阶段预测基本一致，边坡稳定条件总体较好。

7.3 泄 水 建 筑 物

锦屏一级水电站泄洪消能设施由坝身4个表孔、5个深孔、2个放空底孔、坝后水垫塘以及右岸1条有压接无压泄洪洞组成。地质勘察工作主要针对右岸泄洪洞和水垫塘、二道坝、两岸泄洪雾化区边坡开展。经过多年的勘察，查明了泄水建筑物工程地质条件，评价了存在的主要工程地质问题，提出了加固处理的地质建议。施工开挖后，对建筑物工程地质条件进行了复核评价，完成了加固处理效果评价，保证了泄水建筑物工程的顺利建设。

7.3.1 水垫塘

水垫塘设计采用复式梯形断面。水垫塘中心线在坝 0+314m 处顺河道向左偏转 10°，长 390m，基础底板高程 1591.00m，开挖底宽 45m，边坡 1∶0.5，两侧边墙顶高程 1661.00m，水垫塘顶宽约 112m。

1. 基本地质条件

水垫塘布置区河道顺直，枯水期水面高程 1635.00m 时江面宽 80～90m。左岸基岩裸露，自然边坡坡度 45°～75°；右岸 1660.00m 以下多为覆盖层，自然边坡坡度 30°～35°，1660m 以上基岩裸露，自然边坡坡度 60°～75°。河床深槽位于河心偏左岸，覆盖层厚度一般 30～40m。

河床基岩顶板高程一般为 1590.00～1600.00m。基岩由杂谷脑组 $T_{2-3}z^{2(3、4)}$层厚层状大理岩、角砾状大理岩组成，厚层～块状结构，岩石风化轻微。河床右岸深槽部位一般无强卸荷、弱风化岩体；弱卸荷、微新岩体厚度一般为 15～33m，最大厚度为 50m，底板高程 1575.00～1558.00m，最深部位出现在Ⅰ线和$Ⅱ_1$线附近（高程约 1558.00m）。

施工期开挖揭示，有两个基岩顶板高程为 1585.00～1588.00m 的形状不规则的深槽，分别位于桩号坝 0+220～0+275 段溢流中心线偏左侧约 15m 到基岩坡脚之间宽度为 5～8m 和坝 0+320～0+375 段溢流中心线至偏左侧为 15～18m 之间宽度为 15～18m，还揭示数条规模较小的断层和层间挤压错动带外，其他地质条件与前期勘察预测一致。

2. 水垫塘地基

水垫塘建基高程 1591.00m 时，基础约 90%置于弱卸荷、微新大理岩上，约 10%为河床覆盖层上，覆盖层最大宽度 12～15m，高程 1591.00m 以下深槽部位覆盖层厚 0.5～1m，断续分布，成分为河床冲积堆积层第①层含块碎石砂卵石层。地基岩体普遍裂隙发育，呈块裂～镶嵌结构，较松弛，裂面普遍新鲜，基本无次生泥分布，岩体较破碎，为$Ⅲ_2$级岩体。地基弱卸荷岩体均属于中等透水岩体，一般为 15～40Lu，最大 70 Lu，最小 5 Lu。

前期根据地质勘察成果预测，在对河床偏左岸深槽部位断续分布的厚 0.5～1m、最宽达 12～15m 的覆盖层清除后，高程 1591.00m 的弱卸荷、微新岩体总体上能满足地基强度及变形的要求，但由于弱卸荷、微新岩体普遍属于中等透水岩体（$Ⅲ_1$ 级），建议加强基岩地基的固结灌浆处理。同时对可能出现的 NWW 向裂隙密集带形成的弱风化夹层进行加深刻槽与加密固结灌浆处理。

施工期开挖揭示，河床地基在清除深槽部分河流冲积堆积覆盖层后，地基基岩为弱卸荷厚～巨厚层大理岩、条纹状大理岩、杂色角砾状大理岩夹绿片岩透镜体，以微新为主、局部弱风化，与前期预测一致。地基岩体嵌合较松弛，以嵌合较松弛的次块～块状结构为主，岩体质量分级属 $Ⅲ_1$ 级，如图 7.3－1 所示。

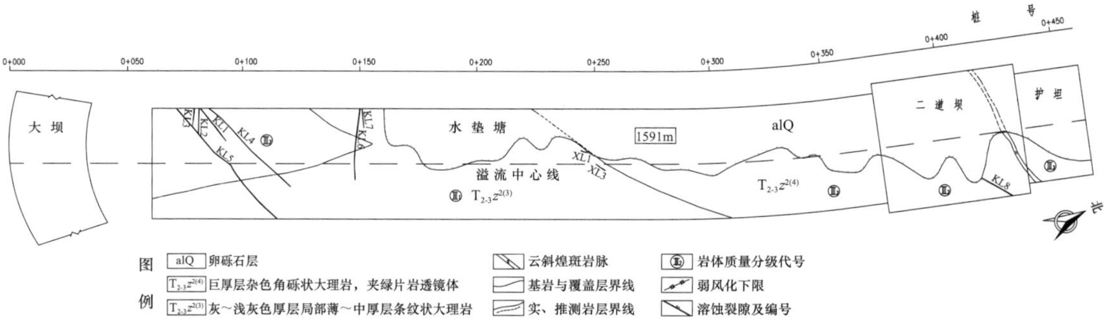

图 7.3－1 水垫塘和二道坝地基岩体质量分级分区示意图

两岸边墙底板部分置于 $Ⅳ_1$ 级岩体，部分置于 $Ⅲ_2$ 级岩体，地基承载能力满足设计要求。

3. 水垫塘边坡

水垫塘两侧边坡出露岩性为杂谷脑组第 3、4 层厚层状大理岩、杂色角砾状大理岩夹少量绿片岩透镜体，约 65%为弱卸荷的 $Ⅲ_2$ 级岩体，约 35%为强卸荷的 $Ⅳ_1$ 级岩体。受浅表风化、卸荷影响，左岸 NE 向节理裂隙及右岸顺层裂隙普遍张开，岩体较破碎～破碎，结构松弛～较松弛。

前期地质勘察成果预测：两侧边坡多为弱风化、强卸荷岩体，右岸 NE 向裂隙（陡倾、反坡向）及顺层裂隙（缓倾河床）普遍张开松弛，左岸 NE 向顺坡裂隙（陡倾河床）多卸荷，张开，松弛，两岸边坡稳定性较差。其中左岸边坡开挖在陡峭岸坡的下部，由于整个左岸岸坡岩体卸荷较强烈，应注意强卸荷岩体对边坡局部稳定的影响，做好边坡的加固处理。右岸边坡开挖由于多数段位于缓坡地带，对稳定比较有利，但部分段仍位于陡峭岸坡的下部，对边坡中可能出现的 NE 向陡倾裂隙与层面裂隙组合构成的不稳定块体，应加强支护处理。

施工期清坡和开挖揭示，两岸边坡地质条件与前期预测一致，整体稳定条件没有变化，但左岸边坡存在边墙上部强卸荷岩体稳定性较差、浅表局部可能沿 NE 向陡倾坡外裂隙剥落掉块或崩塌、局部可能产生 NE 向与 NW 向裂隙组合的楔形体破坏等局部稳定问题，右岸边坡存在强卸荷岩体稳定性较差，浅表部岩体因松弛破碎，局部可能产生以层面裂隙为底滑面、以 NE 及近 SN 向陡倾裂隙为后缘面、以近 EW 向裂隙为侧裂面的滑塌破坏，上游段以层面裂隙为底滑面、以 f_{18} 断层（煌斑岩脉）为后缘面、以近 EW 向裂隙为陡倾侧裂面的滑塌破坏，局部可能产生层面裂隙与近 EW 向裂隙组合的楔形体破坏等局部稳定问题。

7.3.2　二道坝

二道坝位于水垫塘末端，距拱坝轴线约 390m，为重力坝。坝顶高程 1642.00m，建基高程 1591.00m，最大坝高 51m，坝底宽 56.6m，坝顶宽 4m。

1. 基本地质条件

坝址位于Ⅵ线上游约 50m，河道顺直。枯水期 1635.00m 时江面宽 80～85m。

左岸基岩裸露，高程 1675.00m 以下自然边坡坡度 55°～60°。右岸 1650.00m 以下为覆盖层，自然边坡坡度 30°～40°，1650.00m 以上基岩裸露，自然边坡坡度 75°～80°。河床覆盖层厚度 30～40m，深槽部位位于河心偏左岸。

基岩岩性为第 4 层杂色厚层状角砾状大理岩夹绿片岩透镜体，有一条煌斑岩脉分布。断层不发育，节理裂隙以层面裂隙和 NWW 向陡倾裂隙较发育。河床一般无强卸荷，弱风化、弱卸荷垂直深度一般仅数米，两岸风化卸荷水平深度一般小于 40m。

2. 二道坝地基

前期根据地质勘察成果预测，二道坝建基高程 1591.00m 时，坝基岩体为弱卸荷、微新的杂色厚层状角砾状大理岩夹绿片岩透镜体，NWW 向陡倾裂隙较发育，岩体较破碎，均为中等～强透水岩体，岩体质量分级属$Ⅲ_2$级。坝基分布煌斑岩脉，厚 1～2m，较破碎，为$Ⅲ_2$级岩体。在对建基高程 1591.00m 以下的弱卸荷岩体加强固结灌浆处理后，满足二道坝建基要求。

施工期开挖揭示，二道坝河床坝基为弱卸荷第 4 层厚～巨厚层杂色角砾状大理岩夹绿片岩透镜体，岩体嵌合较松弛、局部卸荷裂隙张开 1～5cm 不等，主要为块裂～裂块结构、局部次块状结构，岩体质量分级属$Ⅲ_2$级；煌斑岩脉以微新为主，岩体质量分级属$Ⅲ_2$级，其中浅表部局部弱风化部位在清基验收时进行清除。两岸坝基上部为弱风化、强卸荷$Ⅳ_1$级岩体，下部为微新、弱卸荷$Ⅲ_2$级岩体，均满足二道坝建基要求。

坝基岩体中无缓倾上下游的长大结构面发育，不存在坝基深层抗滑稳定问题。两岸坝肩无顺河向的长大结构面发育，无大的滑块组合，不存在坝肩抗滑稳定问题。

3. 二道坝边坡

前期根据地质勘察成果预测，两岸坝肩边坡岩性为第 4 层杂色厚层角砾状大理岩夹绿片岩透镜体、第 5 层厚层状大理岩，岩体风化卸荷水平深度一般均小于 40m，岩体呈块裂～镶嵌结构，岩体质量分级属$Ⅳ_1$～$Ⅲ_2$级，均为强～中等透水岩体。虽然左岸顺坡向卸荷裂隙发育，右岸顺层裂隙发育，并且在两岸坝肩 NWW 向张裂隙均较发育，局部形成弱风化夹层，但边坡整体稳定性较好，在开挖过程中应注意卸荷裂隙的影响并注意做好护坡处理。

施工期开挖揭示，两岸边坡地质条件与前期预测一致，边坡整体稳定性较好，但左岸坝肩第②组NE向陡倾SE向裂隙走向与边坡走向交角较小，陡倾坡外，倾角与坡度相近，浅表局部时有沿该组裂隙剥落掉块或崩塌现象，局部存在第②组NE向陡倾SE向、第④组NWW向陡倾角裂隙的楔形体组合，产生局部楔形体塌落。右岸坝肩浅表局部沿近SN向陡倾裂隙剥落掉块或塌落，局部产生NW倾NE向与NNW倾SWW向或NW倾SW向裂隙（层面裂隙）组合的楔形体破坏，浅表部岩体松弛，局部时有以层面裂隙为底滑面，以NE向及近SN向裂隙为后缘面的滑塌破坏。经系统喷锚支护后两岸边坡稳定。

7.3.3 泄洪洞

右岸布置一条有压接无压“龙落尾”式泄洪洞。泄洪洞进口位于普斯罗沟的下游侧，紧靠引水发电系统进水口内侧布置。泄洪洞进口底板高程1830.00m，基础底面高程1825.00m。洞身长约1452m。在桩号0+025～0+564.94段为ϕ15m的有压圆洞段，在0+589.95以后为14m×17m（宽×高）的无压城门洞段。出口位于手爬沟沟口上游侧，出口底板高程1688.62m。

1. 进口边坡

泄洪洞进口紧靠电站进水口内侧平行布置，与进水口边坡一起开挖。

泄洪洞进口边坡基本地质条件同引水发电系统进水口边坡，边坡稳定应与引水发电系统进水口边坡稳定一并考虑，其稳定性评价详见7.2.3.1电站进水口工程地质条件及边坡稳定性评价一节。

2. 进口塔基

泄洪洞进口岸塔塔基前缘临普斯罗沟、外侧缘临电站进水口平台。岩性为第4层厚层～块状角砾状大理岩。断层、层间挤压错动带不发育。岩体风化卸荷强烈，顺普斯罗沟方向卸荷裂隙发育且普遍张开。

前期根据地质勘察成果预测，塔基岩体为弱卸荷岩体，以$Ⅲ_2$级为主，少量强卸荷岩体为$Ⅳ_1$级，岩体完整性较差，结构较松弛。建议对塔基岩体进行加固处理。

施工期开挖揭示，塔基上游侧临普斯罗沟，岩体强卸荷、弱风化，破碎，碎裂～块裂结构，岩级质量为$Ⅳ_1$级；塔基下游靠山内侧为弱卸荷岩体，裂隙发育较少，但多延伸长、裂面普遍中～强锈，两侧隙壁有1～5cm不等风化壳，岩体结构为裂块～镶嵌结构，但岩块嵌合较松弛～较紧密，属$Ⅲ_2$级岩体。在对塔基$Ⅳ_1$级岩体进行系统固结灌浆等加固处理后满足要求。

塔基两面临空。向外侧（电站进水口）方向外侧边坡接进水口塔基，外侧边坡走向N62.5°E，高51m，出露1条断层f_{XD5}和2条层间挤压错动带g_{yj3}、g_{yj7}，存在以f_{XD5}断层或同向卸荷裂隙为后缘拉裂面，以g_{yj3}、g_{yj7}层间挤压错动带为底滑面的不利块体组合，可能破坏模式有两种：一是沿层间挤压错动带的平面滑动破坏，二是与NWW—近EW向裂隙为侧向切割面的楔形体破坏，边坡整体稳定性差。泄洪洞塔基外侧坡不利块体组合如图7.3-2所示。经系统锚索加固后塔基及边坡稳定。

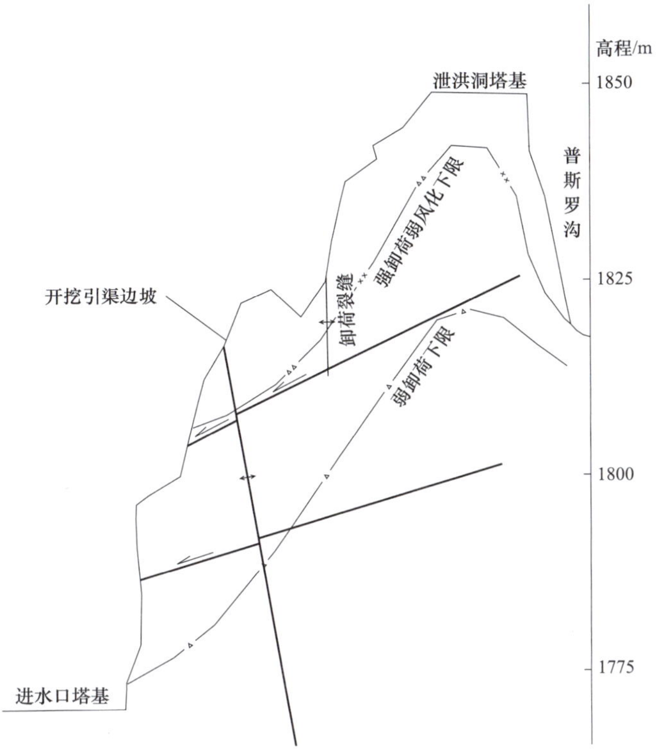

图 7.3-2　泄洪洞塔基外侧坡不利块体组合示意图

向上游侧（向普斯罗沟）塔基上游侧紧邻普斯罗沟下游壁，塔基倾上游坡向的中缓倾角结构面不发育，未见不利块体组合，塔基稳定性较好。但塔基前缘岩体强烈卸荷松弛，卸荷裂隙发育，走向与边坡小角度相交，倾角陡，存在向普斯罗沟方向崩塌或张裂的危险，塔基开挖过程中临普斯罗沟前缘松动岩体崩落（见图 7.3-3），开挖后边坡成型差，经清除基础范围的普斯罗沟内堆渣及坡面松动岩体，回填混凝土和固结灌浆后塔基稳定。

图 7.3-3　泄洪洞塔基上游侧临普斯罗沟岩体松弛强烈

3. 泄洪洞洞身

泄洪洞沿线地形完整，山体雄厚。沿线进口段上覆岩体厚 30～140m，水平埋深 10～20m；深埋段上覆岩体厚 140～280m，水平埋深 150～400m；出口段上覆岩体厚 40～50m，水平埋深 40～50m。

沿线出露地层为杂谷脑组第二段第 4～6 层厚层角砾状大理岩夹绿片岩透镜体、厚层状大理岩、条纹状大理岩，前半段岩层产状主要为 N30°～40°E/NW∠30°～35°，后半段逐渐变化为 N60°～70°E/NW∠30°～35°。岩体新鲜，嵌合紧密，多呈厚层～块状结构，部分为中厚层状结构。进出口段部分岩体位于弱卸荷带内，嵌合较松弛，次块状～镶嵌结构。

沿线分布的主要断层有 f_{13}、f_{14}、f_7 断层，其他小断层主要有 f_{7-9}（X）、f_{7-1}、f_{7-17}、f_{19}、f_{16}、f_4 断层等，产状以 N60°～85°E/SE∠75°～90°为主，带宽一般为数厘米，面多平直光滑，由少量碎粉岩、角砾岩组成。节理裂隙主要发育 N30°～70°E/NW∠30°～45°、N50°～70°E/SE∠50°～80°、N50°～70°W/NE（SW）∠80°～90°三组。

沿线地下水的分布受裂隙的发育及分布情况控制，主要表现为裂隙水及岩溶裂隙水。在裂隙较发育，特别是 NWW 向裂隙集中发育的洞段，地下水较活跃，多表现为渗水、滴水，甚至股状流水。

沿线深埋段属于中～高地应力区，σ_1 与洞轴线夹角一般为 45°～90°。

施工期开挖揭示，沿线地层岩性没有变化；新揭示规模较大的 f_{xh-11} 断层和 27 条规模较小的断层、g_{xh-1}～g_{xh-8} 共 8 条层间挤压错动带；岩体风化卸荷、水文地质条件、地应力与前期预测基本一致。

前期根据地质勘察成果预测，泄洪洞沿线围岩类别Ⅱ类约 4%，$Ⅲ_1$ 类约 67%，$Ⅲ_2$ 类约 22%，Ⅳ类约 2%，Ⅴ类约 5%，围岩稳定性总体较好。属于中～高地应力区的深埋洞段，σ_1 与洞轴线夹角一般为 45°～90°，对边墙的稳定不利；另外，前半段岩层走向与洞轴线夹角较小，对洞室顶拱围岩的稳定不利。预测洞室开挖后围岩会出现一定程度的脆性变形破坏，变形破坏方式主要为劈裂剥落、弯折内鼓。前期预测泄洪洞洞身工程地质条件及围岩分类分段如图 7.3－4 所示。

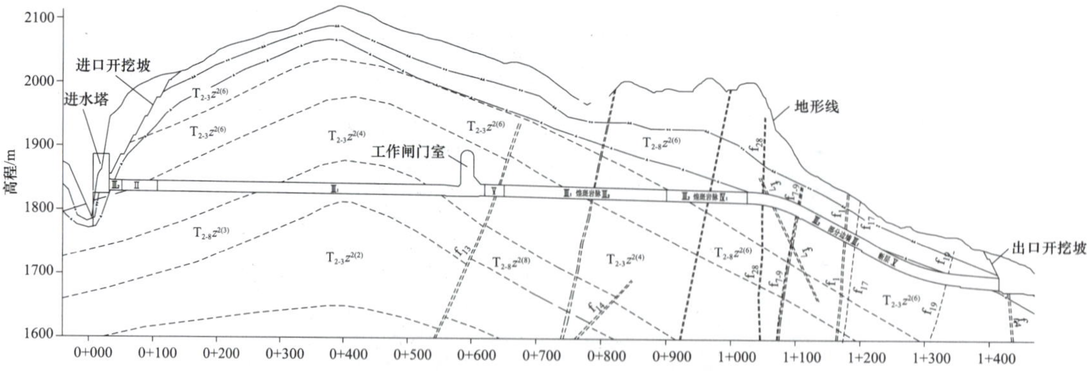

图 7.3－4 前期预测泄洪洞洞身工程地质条件及围岩分类分段示意图

施工期开挖揭示，受断层、层间挤压错动带及溶蚀裂隙，尤其是规模较大的 f_{xh-11} 断层影响，围岩类别总体有所变差。其中$Ⅲ_1$类约占52%，稳定性较好，$Ⅲ_2$类约占26%，稳定性差，Ⅳ类约占22%，不稳定。

断层及层间挤压错动带对围岩稳定不利、局部结构面不利块体组合、溶蚀裂隙对局部围岩稳定不利等三种施工期的主要工程地质问题与前期预测基本一致。按复核后的围岩类别采取不同类型系统支护后围岩稳定。

4. 出口边坡

泄洪洞出口边坡位于手爬沟沟口上游侧，层面坡，地表除部分为崩坡积块碎石土层覆盖外，大多基岩裸露，自然边坡坡度约40°。基岩岩性为中厚～厚层角砾状、条带状大理岩，岩层产状N40°～60°E/NW∠30°～40°。发育 f_4 断层，产状N50°～60°E/NW∠80°～90°，破碎带带宽小于1m。除层面裂隙发育外，还发育一组N60°～80°E/SE∠60～80°裂隙。强卸荷水平深度约15～25m，弱卸荷水平深度约45～50m。自然边坡坡体内无特定的软弱结构面发育，坡体无变形迹象，天然边坡整体稳定。

施工开挖揭示，开挖边坡覆盖层范围较前期预测增大，总体约高程1780.00m以上为崩坡积块孤碎石土，以下岩质边坡岩性为灰～深灰色薄～厚层状大理岩，夹少量绿片岩。崩坡积堆积厚度分布不均，具有高高程厚、低高程薄，山脊厚两侧薄的特点，在高程1780.00m以上，垂直坡面覆盖层厚度一般为5～15m，局部可达20m。新揭示出9条NE～NEE向小断层，破碎带宽度一般为10～30cm，局部最宽达100cm。其他地质条件与前期预测基本一致。

出口洞脸边坡坡面走向EW，最高坡高约80m；外侧边坡坡面走向SN，最高坡高约10m；内侧边坡坡面走向SN倾W向，最高坡高约80m。

前期根据地质勘察成果预测，洞脸边坡开挖岩体主要为弱～强卸荷岩体，洞脸边坡及外侧边坡岩体中层面裂隙、N50°～70°E/SE∠70°～80°裂隙与开挖边坡面易形成不利的楔形体组合，边坡局部稳定性较差，建议边坡开挖时进行针对性的喷锚支护，加强边坡的稳定性。内侧边坡坡体稳定性相对较好，无不利结构面组合，但开挖边坡处于强卸荷和弱卸荷岩体中，对局部不稳定块体应及时进行加固。

施工开挖揭示，泄洪洞出口内侧坡上部为覆盖层、下部基岩出露。上部覆盖层边坡稳定性差，可能发生沿基岩面的滑动破坏或土体内部的滑塌破坏；下部基岩边坡整体稳定。洞脸坡整体稳定性受层间挤压带 g_{xh-4} 的控制，可能产生以 g_{xh-4} 为底滑面，以NE向断层（f_{19}、f_{xh-22}）为后缘面的平面滑动破坏。在进行了坡面截排水、系统锚杆喷混凝土、钢筋混凝土框格梁、钢筋混凝土面板、系统锚索等综合措施处理后边坡处于稳定状态。

5. 出口冲刷区

泄洪洞出口冲刷区涉及右岸手爬沟沟口下游侧、河床覆盖层及左岸低高程岸坡。

手爬沟沟口下游右岸出露第6层中厚～厚层条带状大理岩、大理岩，部分为薄～中厚层大理岩，层间挤压带较发育。发育 F_1 断层，其上下盘次级小断层及裂隙发育，岩体较破碎，并且浅部岩体强烈卸荷，结构松弛。河床覆盖层主要分为三层，第①层含块卵（碎）砾石砂层，第②层卵（碎）砾石粉土层，第③层含块碎（卵）砂砾石层，总厚度为30～

35m，结构松散。左岸岸坡中下部为厚层状大理岩，浅表部岩体卸荷强烈，强卸荷水平深度为10～20m，弱卸荷水平深度为40～50m，结构较松弛，岩体完整性较差。

前期根据地质勘察成果预测，出口冲刷区左右岸边坡无贯穿性中缓倾坡外软弱结构面发育，边坡整体稳定，但 F_1 断层破碎带及影响带出露段岩体破碎，边坡浅表部风化卸荷强烈，岩体结构较松弛、完整性较差，建议对这部分泄洪冲刷区岸坡做好防护措施。

施工期在采用锚喷、贴坡混凝土、锚索等防护措施后，出口冲刷区左右岸边坡稳定。

7.3.4　泄洪雾化区边坡

锦屏一级水电站工程规模大，具有高水头、大泄量、陡岸坡、窄河谷的特点。大坝坝身泄洪的高速水流在消能过程中，其下游出现雾化降水，对岩体的稳定性影响很大。雾化降水可以在很短的时间内充入岩体结构面中，使岩体稳定性迅速降低，当结构面充水达到一定高度时，岩体就有可能发生失稳。因此，对泄洪雾化区边坡进行了全面防护。

左右岸泄洪雾化区边坡全面防护范围为坝后约桩号坝0+80m至桩号坝0+640m段，左岸水垫塘边墙顶高程1661.00m以上至高程1920.00m，右岸为高程1661.00m以上至高程1885.00m。

1. 左岸泄洪雾化区边坡

（1）坝后—Ⅰ勘探线下游的上游段。上游段坡体主要由大理岩组成，以厚层～块状结构为主，坡体内发育 f_5、f_8 断层和煌斑岩脉等软弱结构面，倾角陡，水平埋深较大，未见不利组合，岸坡整体稳定条件较好。

前期根据地质勘察成果预测，在雾化条件下也不会发生规模较大的失稳破坏。谷坡浅表部强卸荷带内，砂板岩段强烈倾倒变形岩体和大理岩中顺坡向卸荷裂隙控制的危岩块体有可能滑塌破坏，其变形失稳模式为 f_5、f_8 断层、煌斑岩脉为后缘切割面，下部剪断岩体（见图7.3－5）。

全部清坡和局部开挖揭示，边坡工程地质条件与前期预测一致，上游段边坡中未发现规模较大的缓倾坡外的不利软弱结构面及其组合，天然状态下边坡整体稳定条件较好，暴雨、泄洪雾化条件下边坡稳定性有所降低，但仍保持基本稳定～稳定。

根据施工期清坡及少量开挖揭示，上游段边坡在不同高程、不同部位有如下几种局部可能不稳定块体组合及可能失稳破坏模式：

1）左岸 f_5 断层与边坡夹角较小，陡倾坡外，靠近地表露头的上盘岩体普遍较单薄，较破碎，易沿 f_5 断层向坡外滑塌。

2）边坡浅表部受卸荷裂隙切割在局部孤立或凸出部位常常形成各种规模不等的危岩体，岩体松弛破碎，稳定性差，施工过程中可能发生局部的崩塌、倾覆、坠落等小规模的失稳破坏。

3）在左岸高程1885.00m马道发育卸荷裂隙 XL_1，顺坡发育，陡倾坡外，受其切割、控制，其上盘岩体可能破坏模式为以 XL_1 为后缘切割面、下部剪断岩体的平面滑动破坏，块体大小取决于剪出口高程。

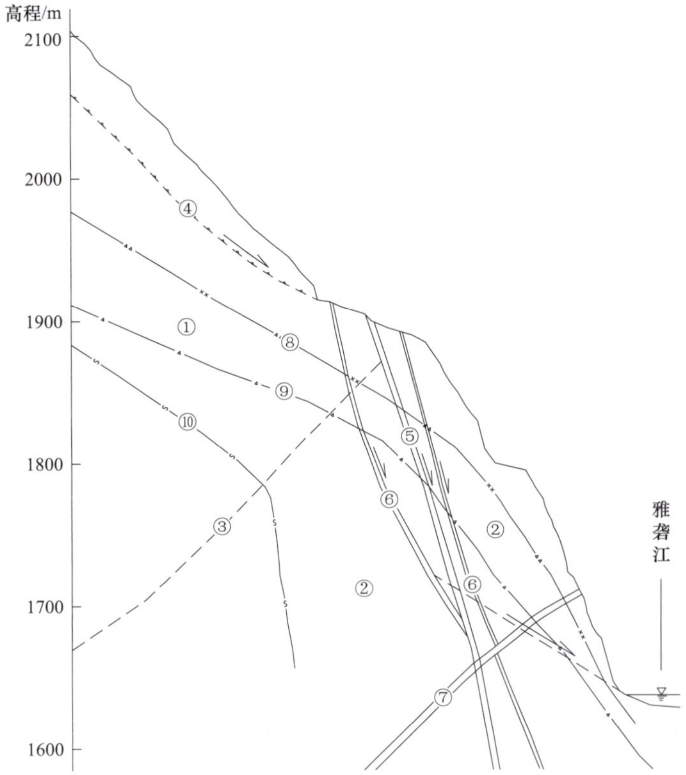

图 7.3-5 左岸泄洪雾化区上游段边坡可能的整体变形失稳模式示意图

①—第三段砂板岩；②—第二段大理岩；③—岩层界线；④—倾倒变形底界；⑤—f_5断层；⑥—煌斑岩脉；⑦—f_2断层；⑧—强卸荷弱风化下限；⑨弱卸荷下限；⑩—深卸荷底界

4）左岸雾化区高程 1885.00～1840.00m、坝 0+200～0+250m 段开挖边坡发育断层 f_{LD1}，产状近 EW/S∠70°～80°，与 XL_{ZX4} 等缓倾坡外卸荷裂隙形成不利块体组合，可能失稳破坏模式为以 f_{LD1} 为后缘面、以 XL_{ZX4} 等缓倾坡外裂隙为底滑面的滑动破坏。

5）左岸雾化区高程 1885.00～1840.00m 坝 0+200～0+250m 段开挖边坡两侧靠近自然坡部位发育 XL_{ZX3} 等多条陡倾卸荷裂隙，与 XL_{ZX4} 等缓倾坡外卸荷裂隙形成不利组合块体，可能破坏模式为以 XL_{ZX3} 为后缘面、以 XL_{ZX4} 等缓倾坡外裂隙为底滑面的滑动破坏。

6）左岸雾化区 f_2 断层下盘岩体与陡倾坡外裂隙形成不利组合块体，可能破坏模式为以 f_2 断层为上部（后缘）切割面、以陡倾坡外裂隙为底滑面的滑动破坏。

7）整个左岸雾化区边坡浅表部卸荷带内顺坡向第②、③组卸荷裂隙或裂隙较发育，中～陡倾坡外，普遍卸荷张开 1～20cm 不等，天然状态下基本稳定，泄洪雾化条件下，可能沿这两组结构面向坡外发生滑塌破坏或以这两组结构面为底滑面，以其上部一定范围内的层面裂隙为后缘、上部边界，沿卸荷裂隙发生平面滑塌破坏。

结合水垫塘边坡支护，对左岸雾化区边坡局部不稳定块体加强处理后，边坡整体稳定。

（2）下游Ⅳ—Ⅵ线山梁段存在山梁变形拉裂岩体，前期勘察查明坡体内深卸荷裂缝发育，坡体稳定条件较差，在雾化降水影响下边坡有失稳破坏的可能，需引起高度重视，不能进行开挖尤其是对下部完整岩体的开挖。

下游段坡体在高程 1920.00m 以上为砂板岩，坡度为 40°～50°；高程 1920.00m 以下为大理岩，坡度为 60°～70°。岩层产状 N10°～35°E/NW∠30°～45°，走向与天然边坡基本一致，倾向坡里，属典型的反向坡。

坡体内除规模相对较大的 f_2、f_5、f_9 断层外，还发育有以 SL_{13}、SL_{18}、SL_{29} 深卸荷裂缝为代表的一系列张开宽大的Ⅰ、Ⅱ级深卸荷裂缝。

f_9 断层（SL_{24}）、SL_{13}、SL_{18}、SL_{29} 深卸荷裂缝发育带总体走向与边坡斜交或平行、中倾～陡倾坡外，空间连通性较好，起到了控制边坡深层稳定的后缘切割面作用，对坡体稳定不利。其变形失稳模式及组合有两种：一是 f_9 断层（SL_{24}）作为后缘切割面，底滑面剪断坡脚岩体；二是与岸坡近平行的 SL_{13}、SL_{18}、SL_{29} 深卸荷裂缝发育带作为后缘切割面，底滑面剪断坡脚岩体（见图 7.3－6）。

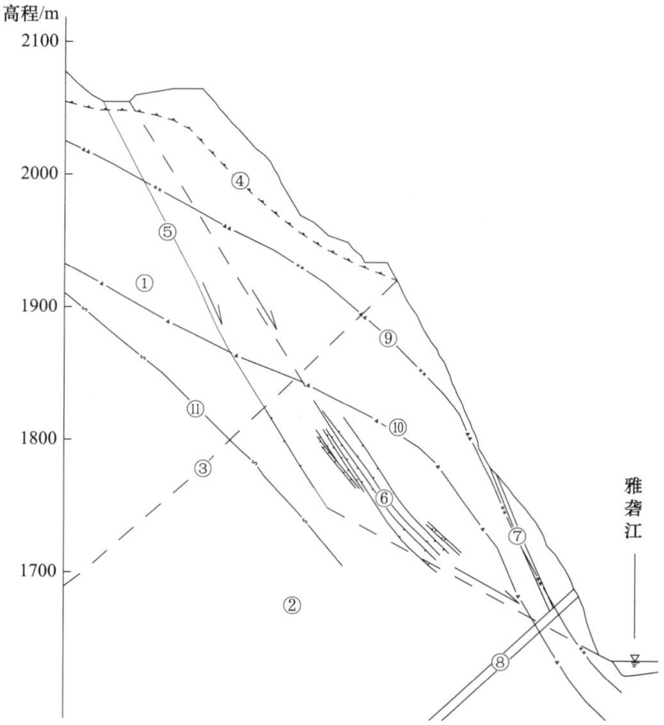

图 7.3－6　左岸泄洪雾化区下游段边坡可能的整体变形失稳模式示意图

①—第三段砂板岩；②—第二段大理岩；③—岩层界线；④—倾倒变形底界；⑤—f_9 断层；⑥—深卸荷裂缝；⑦—f_5 断层；⑧—f_2 断层；⑨—强卸荷弱风化下限；⑩弱卸荷下限；⑪—深卸荷底界

左岸泄洪雾化区边坡下游段Ⅳ—Ⅵ线变形拉裂岩体中虽然中上部高程的后缘发育有 f_9 断层（SL_{24}）、SL_{13}、SL_{18}、SL_{29} 深卸荷裂缝等切割边界，但是由于坡脚岩体相对完整，且岩体中缓倾坡外的结构面不发育，无特定的底滑面，在天然状态下要产生深层滑动破坏，需剪断后缘切割面以外 50～100m 宽的各类岩体。因此，地质宏观分析判断，天然状态下Ⅳ—Ⅵ线山梁变形拉裂岩体整体稳定，但安全裕度不大。采取了截、防、排水，浅表层系统锚杆、局部预应力锚索等加固措施，保证了边坡长期稳定。

左岸泄洪雾化区布置有外部变形观测墩和锚索测力计，截至2020年6月30日，左岸雾化区边坡和自然变坡位移变化量小，位移历时曲线呈平缓或小幅波动状态，边坡稳定。

2. 右岸泄洪雾化区边坡

（1）右岸泄洪雾化区边坡坝后—猴子坡上游段坡体主要由大理岩组成，以厚层～块状结构为主，坡体内发育的 f_{13}、f_{14}、f_{18} 断层和煌斑岩脉等软弱结构面倾角陡，水平埋深较大，未见大的不利组合，岸坡整体稳定条件较好。

前期根据地质勘察成果预测，在雾化条件下不会产生规模较大的岩体失稳问题。谷坡浅表部强卸荷带内，受层面裂隙控制局部可能会产生小型楔体滑动破坏，其变形失稳模式及组合主要为层间挤压错动带和绿片岩为底滑面，与NE向断层或裂隙的块体组合。

右岸雾化区边坡在桩号坝0+080～0+280m、高程约1820.00m以下为陡壁或倒悬边坡，浅表部风化卸荷岩体完整性差、松弛，稳定性尤其是泄洪雾化条件下的稳定性差，施工期对这部分边坡进行了开挖。倒悬边坡2008年11月开始1828.5m以上开挖，12月底开始1828.5～1782m梯段开挖，2009年3月上旬坝0+180m下游基本开挖至高程1782.00m，坝0+180m上游开挖至高程约1813.00m。开挖过程中于2009年3月26日早7时30分、3月28日晚上约11时30分发生了2次塌方，第一次塌方量约17万m^3，第二次塌方量约3万m^3。

综合前期勘察成果和塌方后显示地质条件，2次塌方后的右岸泄洪雾化区高程1828.50～1700.00m坝0+080～0+280m段形成了一个高约130m的近似直坡（见图7.3－7），岩层岩性主要为第5层浅灰色厚层～巨厚层大理岩、第4层杂色角砾状大理岩夹绿片岩透镜体，总体产状N20°～30°E/NW∠30°～50°。f_{14}断层从坡体内通过，f_{18}断层从边坡前缘通过，往下游延伸均逐渐往山里偏转；主要发育第①组N20°～30°E/NW∠30°～50°（层面裂隙）、第②组N50°～70°E/SE∠70°～80°、第④组N60°～70°W/NE∠80°～90°三组裂隙。浅表部以弱卸荷岩体为主，部分为强卸荷岩体，弱卸荷岩体水平深度在塌方后坡体内还有15～20m；岩体普遍弱～强风化。

图7.3－7 右岸泄洪雾化区边坡坝0+080～0+300m段倒悬体两次塌方后照片

泄洪雾化区边坡主要由第二段第4～6层大理岩组成，未见大规模的变形拉裂现象，岸坡天然状态下整体稳定性较好，泄洪雾化条件下边坡稳定性有所降低。根据边坡中发育各种结构面的分布、组合情况，上游段岸坡可能发生的整体失稳破坏模式及组合为：坝后—坝0+320m桩号段以层面裂隙及绿片岩夹层为底滑面、以f_{14}断层为后缘拉裂面的不利块体组合，可能发生沿层面裂隙及绿片岩夹层的平面滑动破坏（见图7.3-8）；坝0+320m桩号以后以煌斑岩脉为后缘拉裂面，第6层底部的层面裂隙（或层间挤压错动带）为底滑面组合的平面滑动破坏。

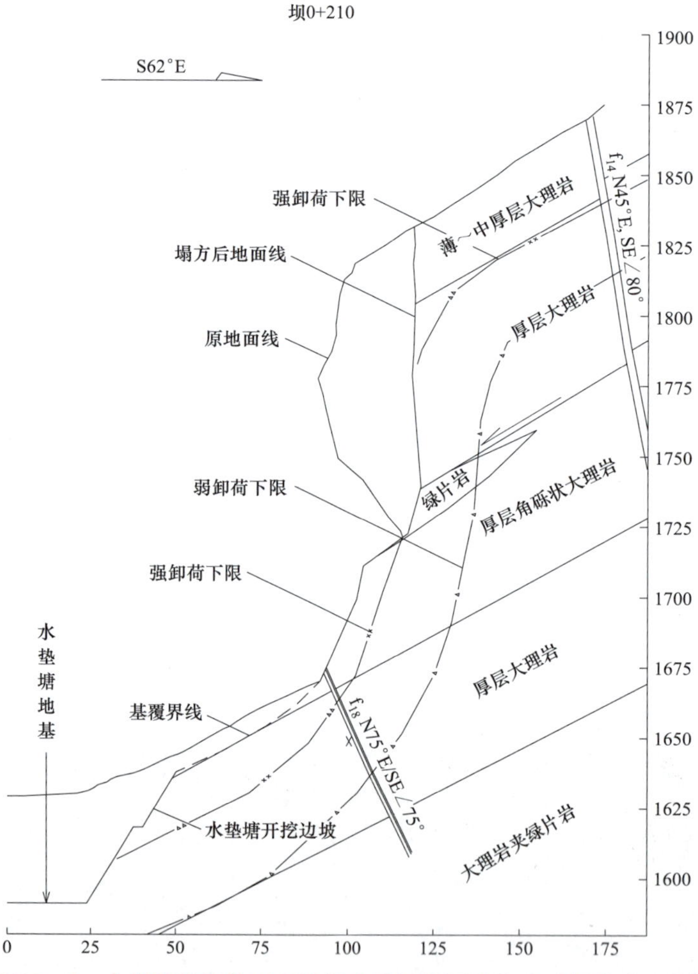

图7.3-8　右岸泄洪雾化区上游段边坡整体可能失稳破坏模式示意图

在先对倒悬边坡高程1690.00～1813.00m坝0+90～0+280m段2次塌方浅表部形成的19处危岩体进行清除或锚固处理后，再对整个倒悬边坡进行系统锚索、锚杆，加贴坡混凝土加固处理后，满足了边坡稳定安全要求。经多年运行考验，右岸泄洪雾化区边坡稳定。

（2）右岸泄洪雾化区下游段主要为猴子坡潜在不稳定岩体，坡体内层间挤压错动带发育，坡体稳定条件较差，需高度重视雾化降水对边坡稳定性的影响，同左岸Ⅳ—Ⅵ线山梁变形拉裂岩体一样不能进行开挖，尤其是对下部完整岩体的开挖。

猴子坡位于右岸Ⅳ勘探线下游，地貌上猴子坡为一上大下小的凸出山梁，如图 7.3－9 所示，山脊走向与河流近于垂直，临江坡度 50°～80°。坡体由第二段第 6、7 层大理岩组成，岩层产状 N40°～55°E/NW∠35°～40°。猴子坡潜在不稳定岩体中发育有 f_7、f_{28} 等断层，以及 f_7 断层上盘 g_5、g_6 为代表的层间挤压错动带和煌斑岩脉等软弱结构面，节理裂隙主要发育有 N40°～55°E/NW∠35°～40°（层面裂隙）、N50°～70°E/SE∠60°～80°、N30°～50°W/SW∠75°～85°三组。

猴子坡潜在不稳定岩体的整体稳定是以层间挤压错动带为底滑面、f_7 断层为上游侧切割面、近 SN 向陡倾角结构面为下游侧切割面、f_{28} 断层为后缘拉裂面的块体组合控制，如图 7.3－10 所示。从层间挤压错动带延伸及出露特征，下游侧岸坡中无特定的、规模较大的近 SN 向陡倾角结构面切割等分析，判断猴子坡山梁潜在不稳定岩体现状整体基本稳定。

图 7.3－9　右岸猴子坡潜在不稳定岩体地形地貌

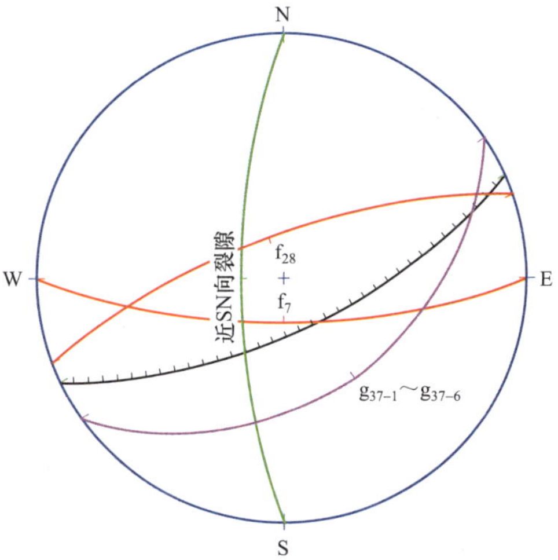

图 7.3－10　右岸猴子坡潜在不稳定岩体失稳模式赤平投影图

为了确保右岸猴子坡潜在不稳定岩体边坡稳定，设计方案主要采用地表截排水、浅层系统锚喷、深层锚索等支护处理，经稳定分析复核，同时经边坡监测成果证明，边坡处于稳定状态。猴子坡潜在不稳定岩体边坡中 PD37 平洞安装了一套石墨杆收敛计，截至 2020 年 6 月 30 日，累计位移在－2.91～－0.36mm 范围，近 5 年变化量在－1.38～0.40mm 之间。量值很小，猴子坡潜在不稳定岩体边坡稳定。

7.4　小　　结

前期十五年多的勘测设计阶段利用各种勘探、试验，查明了枢纽建筑物区的工程地质条件，评价、预测了工程地质问题，提出了处理的地质建议；近十年的施工建设阶段，根据开挖后揭示实际工程地质条件，对前期预测成果进行了复核对比，绝大部分建筑物施工开挖揭示地质条件与前期预测基本一致，对工程地质问题的评价、认识基本一致。对比前期勘察成果和施工阶段成果，结合运行期各种监测成果，对枢纽建筑物工程地质勘察和评价有如下结论与认识：

（1）河床坝基建基高程 1580.00m，建基岩体约 60%为弱卸荷、微新的厚层大理岩，$Ⅲ_1$ 级岩体，约 40%为无卸荷、微新的第 3 层厚层大理岩，Ⅱ级岩体。在对地质缺陷进行刻槽置换、加强固结灌浆处理后，河床坝基岩体质量满足设计要求。河床防渗帷幕实施垂直深度约为 150m、相应高程 1430.00m，进入了透水性 q<1Lu 的微透水岩体，满足高坝防渗规范要求。

左岸 1730m 以下坝基以Ⅱ、$Ⅲ_1$ 级为主，极少量 $Ⅴ_1$ 级岩体；1730m 以上混凝土垫座建基岩体，以 $Ⅲ_1$ 级为主，其次为 $Ⅲ_2$、$Ⅳ_2$ 级，在对地质缺陷刻槽置换、加强固结灌浆处理后，坝基岩体质量满足设计要求。左岸坝肩抗滑稳定的可能滑移块体组合包括 f_5 断层、煌斑岩脉及 N50°～70° E 向优势裂隙与 f_2 断层、层间挤压错动带的双滑面组合。左岸防渗帷幕实施长度在高程 1829.00、1885.00m 均进入倒转翼大理岩，1885.00～1829.00m 高程满足小于 3Lu、1829.00m 以下满足小于 1Lu 防渗标准，且能与地下水相接，f_2、f_5 断层、煌斑岩脉（X）在进行了防渗斜井混凝土置换和加密固结灌浆、水泥—化学复合灌浆处理满足防渗和渗透稳定性要求。

右岸坝基以Ⅱ级为主，$Ⅲ_1$ 级次之，少量 $Ⅲ_2$ 级，在对 f_{13}、f_{14}、f_{18} 断层等地质缺陷刻槽置换、加强固结灌浆处理后，坝基岩体质量满足设计要求。右岸坝肩抗滑稳定的可能滑移块体组合包括 f_{13}、f_{14} 断层、第 4 层大理岩中绿片岩、近 SN 向裂隙、NWW 向优势裂隙的组合。右岸防渗帷幕除高程 1885.00、1829.00m 帷幕灌浆洞外，其他各层均接到地下水位；高程 1885.00m 进入 1Lu≤q<3Lu 的弱偏微透水带，其他各层帷幕灌浆全部进入 q<1Lu 的微透水岩带；高程 1601.00m 以下垂直防渗帷幕进入微透水岩带，对断层进行了防渗斜井混凝土置换和加密固结灌浆等处理后满足防渗和渗透稳定性要求。

（2）左岸坝顶 1885.00m 以上边坡全部为砂板岩，边坡浅表部变形主要为倾倒变形，形成浅表部的倾倒变形岩体，深部变形为深卸荷拉裂缝；对边坡的整体稳定性起控制作用的是左岸坝头变形拉裂岩体“大块体”，可能失稳模式是以 SL_{44-1} 松弛拉裂带为上游边界，以 f_{42-9} 断层为下游边界及底滑面，以煌斑岩脉为后缘切割面的楔形体滑移破坏模式。左岸拱肩槽上游侧坡在高程约 1800.00m 以上的整体稳定性仍受左岸坝头变形拉裂岩体控制，开挖后大块体规模略有变小；槽坡高程约 1810.00m 以上砂板岩段稳定性差，以下大理岩段稳定性较好；下游侧坡整体位于 f_5、f_8 断层上盘，全部为大理岩。经加固处理后左岸坝肩边坡稳定。

右岸坝顶 1885.00m 以上边坡及拱肩槽边坡全部为大理岩。拱肩槽上游侧坡 f_{13}、f_{14} 断层总体倾向坡内，无大的不利组合，开挖坡整体稳定性较好；槽坡整体稳定性较好；下游侧坡为斜横向坡，f_{14} 断层与开挖坡走向大角度相交。经加固处理后右岸坝肩边坡稳定。

自 2012 年 11 月下闸蓄水，截至 2020 年 12 月，经历了 8 个汛期考验，7 次达到正常蓄水位 1880.00m，坝体及坝基、坝肩边坡监测成果显示变形量小，总体处于稳定状态。

（3）右岸引水发电系统进水口引渠内侧边坡为顺向结构岸坡，开挖边坡整体稳定性较好，主要有以 f_{XD5}、f_{yj6} 断层为后缘拉裂面，以 g_{yj2}、g_{XN2}、g_{XN4}、g_{yj3}～g_{yj7} 为底滑面的组合，可能的失稳模式为平面滑动破坏。进水口洞脸边坡主要结构面走向均与边坡大角度相交，边坡整体稳定性较好。进水口经加固处理后塔基及边坡稳定。

6条压力管道总体以Ⅲ$_1$类围岩为主，部分Ⅲ$_2$类，围岩稳定性总体较好。下平段深埋大，地应力高，开挖期围岩脆性破坏强烈。系统支护后洞室稳定。

地下厂房主厂房、主变压器室、尾调室等洞室群以Ⅲ$_1$类为主，部分为Ⅲ$_2$类，少量Ⅳ、Ⅴ类，总体围岩稳定性较好。厂房属高地应力区，围岩强度应力比低，开挖期围岩出现了强烈的脆性变形破坏，围岩最大松弛深度超过 15m。施工期针对厂房洞室围岩变形破坏现象加强支护处理后围岩总体稳定。

尾水洞以Ⅲ$_1$类为主，少部分Ⅳ类围岩，围岩稳定性较总体好；深埋洞段地应力高，开挖后左侧顶拱出现岩层弯折、片帮现象。系统支护后洞室稳定。

尾水出口1号尾水洞出口洞脸边坡为斜顺向坡，整体稳定性较好；内侧坡为斜向坡，边坡整体稳定；外侧边坡为反向坡，边坡基本稳定。2号尾水洞出口洞脸边坡为斜顺向坡，边坡整体稳定性较好；内侧坡为斜向坡，边坡整体稳定性较好；外侧边坡为反向坡，开挖后形成较单薄孤立山脊。经系统支护后边坡稳定。

自2013年8月首批机组发电以来，至2020年12月，检查和监测成果显示，引水发电各建筑物地基、洞室围岩及边坡岩体变形量小，运行正常。

（4）泄洪消能建筑物中水垫塘地基建基面高程 1587.00～1591.00m，以弱卸荷的Ⅲ$_2$级岩体为主，部分强卸荷的Ⅳ$_1$级岩体。边墙地基整体基本稳定。

二道坝地基建基高程 1591.00m 时坝基岩体以Ⅲ$_2$级为主，坝基无缓倾上下游结构面发育，不存在深层抗滑稳定问题。地基岩体固结灌浆处理后，满足设计要求。

泄洪洞进口进行系统锚索、锚杆支护和塔基系统固结灌浆处理后外侧开挖边坡、塔基稳定。泄洪洞洞身围岩类别以Ⅲ类围岩为主，断层属Ⅳ类围岩，系统加固后洞室稳定。泄洪洞出口内侧坡上部覆盖层边坡稳定性差，可能发生沿基岩面的滑动，出口洞脸坡整体稳定性受层间挤压带 g_{xh-4} 的控制，进行了系统和针对性加强支护后边坡稳定。

（5）左岸泄洪雾化区为反向坡，Ⅰ勘探线上游段边坡天然状态下整体稳定条件较好，泄洪雾化条件下边坡稳定性有所降低，但仍然保持基本稳定；下游段为Ⅳ—Ⅵ线山梁变形拉裂岩体，天然状态下整体基本稳定。右岸泄洪雾化区边坡上游段天然岸坡整体稳定性较好，泄洪雾化条件下稳定性有所降低，但仍然保持基本稳定；下游段为猴子坡潜在不稳定岩体，天然状态下整体基本稳定，泄洪雾化条件下有发生平面滑动破坏的可能，采取了浅层系统锚喷、深层锚索等加固处理后，边坡基本稳定。

自2012年11月下闸蓄水，至2020年12月，经历了8个汛期考验，监测成果显示泄水建筑物地基、洞室及边坡变形量小，处于稳定状态。

第 8 章 天然建筑材料

天然建筑材料是指天然产出的，可用于水电水利工程建设的砂砾料、土料和石料等。水电水利工程需要使用的各种天然建筑材料的来源称为料源，包括天然砂砾料场、土料场、石料场的开采有用料和建筑物有用的开挖渣料。在水电工程中，天然建筑材料经开采、加工后，主要用于混凝土骨料、混凝土掺合料、开采后直接作为土石坝（堰）体填筑料、砌石料等。对锦屏一级水电站混凝土拱坝而言，主要需要混凝土骨料。

天然建筑材料勘察是水电水利工程建设非常重要的基础工作之一，它关系到坝址、坝型的选择和施工总布置、施工方案的确定等。在水电工程勘测设计阶段必须开展相应的天然建筑材料调查、勘探和试验等研究，在工程场地附近由近至远找寻到工程所需的储量满足要求、质量合格，开采、加工和运输条件较为适宜的各种天然建筑材料产地。

8.1 天然建材地质工作概述

预可行性研究阶段水文站、三滩、解放沟和普斯罗沟 4 个比较坝址的地质勘察工作开始后，根据设计初拟坝型方案，水文站、三滩心墙堆石坝方案需防渗碎石土料约 760 万 m^3，堆石坝填筑料、反滤料、过渡料共约 3700 万 m^3，另还需槽孔固壁用黏土料等。解放沟混凝土重力坝或普斯罗沟混凝土拱坝方案，分别需混凝土粗细骨料约 900 万 m^3、500 万 m^3。

针对防渗碎石土料，重点对坝址上下游各 20km 范围内的洼里、呷爬、水文站、兰坝乡、兰坝村、大沱、大铺子、干海子、倮波乡等多个土料场开展了勘察工作。经过普查、初查和部分详查工作，主要结论如下：① 三滩坝址上游 12km 的洼里料场可用防渗碎石土料储量 945 万 m^3，加上下游约 20km 的大沱、大铺子、干海子料场储量 1600 万 m^3，共计约 2545 万 m^3。这几个料场较为集中，其物理力学试验指标基本满足高堆石坝心墙防渗土料要求，且储量丰富，可作为防渗碎石土料料源。② 呷爬料场储量约 280 万 m^3，水文站料场储量约 102 万 m^3，料源物理力学性质指标基本能满足高土石坝防渗料质量要求，但分别位于呷爬滑坡的中下部和水文站滑坡下部次级滑体上，开采土料不利于滑坡稳定，可能引起滑坡上部及整体的失稳。③ 兰坝乡、兰坝村料场分别位于雅砻江右岸高程 2100.00～2250.00m、2900.00～3050.00m 的平台上，两料场总储量共约 39 万 m^3，料场分布位置高，储量较少，无开采价值。

针对坝体填筑料、反滤料、过渡料，重点对解放沟、普斯罗沟、手爬沟等大理岩石料场开展了料源勘察工作，主要结论如下：① 解放沟堆石料料场位于解放沟左侧，距三滩坝址 1.0km，总储量约 1.6 亿 m^3，有用层储量约 1.58 亿 m^3，无用层储量约 200 万 m^3，满足设计需用量，存在后缘及临沟侧坡度较大、后缘开采最高达高程 2800.00m 等问题。② 普斯罗沟堆石料料场位于普斯罗沟右侧高程 1640.00～2100.00m，距三滩坝址 2.7km，总储量约 7534 万 m^3，有用储量 7509 万 m^3，无用储量 25 万 m^3，满足设计要求，但存在料场坡度较大、石料开采不便，岩性均一性较差，第 4、6 层内均含有绿片岩透镜体等问题。③ 手爬沟堆石料料场位于手爬沟两侧，距三滩坝址 3.9～4.5km，总储量约 1.26 亿 m^3，无用层较少，满足设计需用量，但存在坡度较大，开采不便，料源内第 4、6 层内含较多的绿片岩透镜体、均一性较差等问题。

针对混凝土骨料，因河段内缺乏天然砂砾石料，只能采用人工骨料方案，对肖厂沟、解放沟口和木落脚沟等人工骨料场开展了人工骨料料源普查工作，还研究了采用一部分两岸地下洞室群开挖弃渣的可能性。主要结论如下：① 肖厂沟大理岩人工骨料场位于三滩坝址右岸肖厂沟下游，距普斯罗沟坝址 5km，总储量约 8035 万 m^3，有用层储量约 7689 万 m^3，无用层储量约 346 万 m^3，分析料场岩石强度等指标基本满足规范要求，储量满足设计需求量，存在料场东西两侧地形陡峻、开采不便，肖厂沟高程 2075.00m 以下至雅砻江边为较宽缓深沟，料场加工场地布置困难，沟内场地较开阔但高程多达 2300.00m 以上等问题；② 解放沟口大理岩人工骨料场位于三滩坝址下游解放沟口一带，估算储量约 5000 万 m^3，岩石强度指标初步分析基本满足规范要求，存在软化系数略低等问题；③ 木落脚沟大理岩人工骨料场位于普斯罗沟坝址下游 6km 雅砻江右岸的木落脚村二坪子一带，基岩裸露，岩性为白～浅灰色厚层砾状、条带状大理岩夹少量绿片岩透镜体，储量丰富，开采条件相对较好，初步试验表明大理岩岩石强度等各项指标基本符合人工骨料的质量要求，存在问题也是软化系数偏低；④ 普斯罗沟坝址混凝土拱坝导流洞、泄洪洞、地下厂房等地下建筑物施工开挖将产生共约 300 万 m^3 的洞渣，在这些洞渣中约有 33%的微风化～新鲜大理岩，其物理力学特性与其他大理岩料区基本相同，可作为混凝土人工骨料利用，同时坝肩开挖弃料中约有 50%微风化～新鲜的大理岩也可作为混凝土人工骨料利用。

预可行性研究阶段后期和可行性研究阶段选坝期，随着锦屏一级水电站坝址和坝型的逐步明朗直至选定，天然建筑材料的地质勘察工作逐渐收缩到拱坝方案需要混凝土人工骨料料源的勘察上，在普查工作的基础上，重新选择了三滩右岸大理岩料场、兰坝大理岩料场、三滩沟大理岩料场、松坪子大理岩料场、九龙河花岗岩料场、大河湾东端模萨沟大理岩料场等 6 个料场开展了初查工作。可行性研究阶段选择三滩右岸大理岩料场、兰坝大理岩料场和大奔流变质砂岩料场开展了详查工作。

8.2 人工骨料料源勘察

8.2.1 人工骨料勘察主要成果

锦屏一级水电站坝体为混凝土高拱坝，工程所需天然建材按用途主要是混凝土骨料，其他料需求较少。由于坝区上下游河段天然砂砾石料匮乏，混凝土骨料只能采用人工骨料。工程共需要粗、细人工骨料约 800 万 m^3，其中大坝混凝土骨料约 510 万 m^3。

坝址上下游 10km 范围内，可作为大坝混凝土骨料的地层岩性只有三叠系中上统杂谷脑组第二段大理岩及第三段变质砂岩；扩大范围，下游九龙河口一带出露花岗岩，大河湾东侧锦屏二级工程区模萨沟一带出露三叠系白山组大理岩也可作为大坝混凝土骨料。

锦屏一级水电站坝址自 1990 年预可行性研究阶段以来，经过对混凝土骨料料源十多年的地质勘察，取得了以下主要成果：

（1）查明了枢纽区上下游一定范围内天然砂卵砾石料储量和质量不满足规程规范对 300m 量级高拱坝混凝土骨料的要求，提出了使用人工骨料的地质建议。

（2）查明了工程区附近出露地层主要为一套三叠系浅变质岩，岩性以大理岩、变质砂岩和板岩为主，近坝范围内未发现坚硬的岩浆岩、沉积岩。从地层岩性分析，可作为人工骨料料源的仅有大理岩和变质砂岩。扩大范围，在下游距坝址 51km 的九龙河口一带出露的花岗岩，在大河湾东侧锦屏二级工程区模萨沟一带出露的三叠系白山组大理岩，也可作为大坝混凝土骨料。

（3）查明了坝址区及附近 20km 范围内大理岩岩性复杂，有浅灰色、灰白色、厚～巨厚层大理岩、条纹状大理岩、角砾状大理岩，灰色～深灰色薄～中厚层条纹条带状大理岩，白色粗晶大理岩而且不同部位夹有数量不等的绿泥石片岩、钙质片岩。各种大理岩的晶粒从隐晶、细晶到中晶、中粗晶甚至粗晶。从岩性和岩质上分析，浅灰色、灰色厚～巨厚层大理岩、条纹状大理岩岩性较纯，以细晶结构为主，岩石强度高，饱和单轴抗压强度一般可达 75～100MPa，且岩体完整性较好，可以用作 300m 量级拱坝混凝土人工骨料；而中晶～粗晶白色～灰白色大理岩（俗称砂糖状大理岩）、中晶～中粗晶浅灰色～灰白色大理岩和绿泥石片岩、钙质片岩岩石强度偏低，饱和单轴抗压强度一般小于 60MPa，不宜用作 300m 量级拱坝混凝土人工骨料，而且呈条带状、透镜状分布于料场岩体中，开挖时无法剔除，致使料场均一性差，开采难度大。大理岩料源如果利用需要专门生产工艺和改性措施。

（4）查明了坝址区及附近 20km 范围内变质砂岩与砂质板岩、泥质板岩等呈互层状产出，且变质砂岩相对集中的地段仍然夹有数量不等的各种板岩。从岩性和岩质上分析，微新变质砂岩岩石强度高，饱和单轴抗压强度一般达 100～140MPa，且岩体完整性较好，可以用作300m量级拱坝混凝土人工骨料；但变质砂岩为浅变质岩，矿物普遍有定向排列，加工后针片状、片块状明显，且具碱活性，亦需专门生产工艺和改性措施。微新各种板岩岩石强度较低，饱和单轴抗压强度一般为50～100MPa不等，加工后针片状、片块状比砂岩更明显，不能用作300m量级拱坝混凝土人工骨料。

（5）查明了坝址附近三滩沟、兰坝及松坪子大理岩料场均含有强度较低的粗晶大理岩及绿片岩，岩性均一性差，开采条件差，不能满足大坝混凝土人工骨料要求。模萨沟右岸分布的白山组大理岩储量大，但原岩强度较低，且运距较远。九龙河口花岗岩料源岩石强度较高，满足人工骨料质量技术要求，储量大，开采条件较好，但离坝址约51km，运距远。三滩右岸大理岩料源岩石强度基本满足人工骨料要求，储量较大，开采运输条件较优越，但料源岩性均一性较差，其中占总量20%～30%的白色、浅灰色中粗晶大理岩强度偏低，呈条带状或透镜体状分布于料场岩体中，开采时无法剔除，需采取专门生产工艺。大奔流沟变质砂岩料源岩石强度较高，基本满足人工骨料质量要求但具碱活性，需采取改性措施；有用层总储量约1320万m^3，距坝址约9km，公路直达坝址，运输方便，但料场地形陡峻，开采条件较差。

（6）通过对大坝混凝土人工骨料的深入研究表明，大奔流沟变质砂岩料源岩石坚硬，基本满足大坝混凝土骨料质量要求，但存在潜在碱活性、加工粗骨料针片状超标问题；三滩右岸部分中粗晶大理岩强度偏低，岩性均一性较差，加工细骨料后石粉含量超标。因此，坝区附近没有单独一个料场的人工骨料料源质量指标能完全满足大坝人工骨料要求。在大量人工骨料原岩、轧制、混凝土性能试验系统研究的基础上，在“创新性”地采取针对性的改性措施后如三滩右岸大理岩细骨料采取密封式风选工艺，有效降低石粉含量；大奔流沟变质砂岩粗骨料采取整型工艺，有效改善成型性和添加粉煤灰抑制碱活性等，最终选择了大奔流变质砂岩粗骨料和三滩右岸大理岩细骨料的组合骨料作为大坝混凝土骨料，较好地满足了锦屏一级特高拱坝对大坝混凝土人工骨料料源的要求。

自2009年10月23日大坝第一仓混凝土浇筑开始，到2013年12月23日最后一仓混凝土浇筑完成，整个大坝混凝土质量满足要求；浇筑过程中的检测表明混凝土质量始终处于受控状态。2012年11月导流洞下闸蓄水、2014年8月第一次蓄水至正常蓄水位1880.00m以来，大坝各项监测成果显示坝体工作正常，综合说明大奔流变质砂岩粗骨料和三滩右岸大理岩细骨料的组合骨料的选择是合适的，较好地保证了锦屏一级特高拱坝大坝混凝土质量。

8.2.2 人工骨料料源初查

在混凝土人工骨料普查的基础上，根据各料场地质条件和人工骨料原岩、骨料质量及储量，从预可行性研究阶段开始，到可行性研究阶段、招标设计阶段，选择了三滩右岸大理岩料场、兰坝大理岩料场、三滩沟大理岩料场、松坪子大理岩料场、九龙河花岗岩料场、东端模萨沟大理岩料场等6个料场，开展了初查的地勘试验工作。

1. 三滩右岸大理岩料场

三滩右岸大理岩料场位于坝址上游约 3km 处，兰坝沟下游高程 1950.00～2650.00m

的山坡上，属于原比较坝址三滩坝址的右岸。

初查阶段的地质勘探工作主要在预可行性研究阶段完成。在初查阶段先对该料场进行了平面地质测绘，再在料场前缘高程 1973.00m 布置了 SD31 勘探平洞（深 151m），并进行了 8 组物理力学试验、3 组人工骨料试验和 1 组跌落性能试验。

初查阶段初步查明了料场地质条件：岩性为单一大理岩；断层不发育，裂隙发育三组。

初步查明了料场有用层和无用层的性状：有用层为三叠系中上统杂谷脑组第二段第 7～8 层大理岩中的细晶大理岩、条纹状大理岩，无用层为其中所夹少量单层厚 3～80cm 的白色薄～中厚层粗晶大理岩。

初步查明了料源原岩质量和人工骨料粗、细骨料的质量：浅灰～灰色细晶大理岩、粗晶大理岩、条纹状大理岩单轴湿抗压强度 53.7～77.8MPa（大于 40MPa），软化系数一般 0.80～0.96，基本满足人工骨料原岩的质量要求；人工骨料粗骨料碎石除压碎指标及孔隙率偏大外其余指标满足质量要求，跌落试验表明随跌落次数的增加骨料损失率剧增；人工骨料细骨料砂各项指标基本满足质量要求。

计算了料场储量：高程 2000.00～2650.00m 间总储量约 9763 万 m^3，有用层储量 9418 万 m^3，无用层储量 345 万 m^3。

初步评价了料场地质条件：三滩右岸大理岩料场距坝址约 3km，开采运输条件较好，运距较近。岩性为三叠系杂谷脑组第二段第 7、8 层白～浅灰色厚～巨厚层细晶大理岩、条纹状大理岩夹少量单层厚 3～80cm 的白色薄～中厚层粗晶大理岩，岩性较均一，抗压强度等指标基本满足人工骨料的质量要求，储量满足工程需用量。同时料场存在如下问题：① 石料软化系数个别偏低、压碎指标偏高、碎石及砂石料孔隙率偏大；② 跌落性能试验表明随跌落次数的增加骨料损失率剧增，开采中应注意控制跌落高度及次数。

2. 兰坝大理岩料场

兰坝大理岩料场位于坝址上游约 5km 处的雅砻江右岸，拔河高度 20～250m。该料场初查地勘工作从可行性研究阶段开始，直至可行性研究阶段末期才完成全部地勘试验工作。勘探方法主要采用了勘探平洞、便道，试验主要进行了岩石室内常规试验、人工骨料原岩试验、人工骨料轧制试验、跌落试验及其他试验。

（1）基本地质条件。料场地形陡峻，临河侧下部为陡壁，上部为 40°～50°斜坡，地表基岩裸露。有用层顺河出露宽为 220～320m，分布高程为 1650.00～1900.00m，岩层倾向坡外，呈条带状（N 20° E）向山里延伸，两侧为连续山体。

地表测绘成果及勘探揭露，料场地层为杂谷脑组第二段第 3～7 层大理岩，垂直厚度为 180～200m，岩层产状 N10°～40° E/NW∠50°～85°。高程 1900.00m 以下岩性为浅灰色致密大理岩和灰色网纹状大理岩，岩石致密坚硬；高程 1900.00m 以上岩性以肉红色中粗晶大理岩为主，夹灰～深灰色薄～中厚层条带状大理岩，岩石结晶颗粒较粗、强度较低。

料场岩体内裂隙总体不发育，多以一组裂隙产出，常见三组裂隙：① EW/S∠55°～65°，迹长 0.5～1.5m 或 3～5m（公路边），间距 60～100cm，少量 20～50cm，多无充填，少量附钙膜；② N30°～65° E/NW∠45°～60°，迹长为 0.5～1.5m，少量 2～3m，间距 1～

1.5m，部分 50～60cm，多无充填；③ N40°～55°E/SE∠30°～45°，迹长 0.5～1.5m，间距多 15～30cm，多无充填，少量附钙膜。

（2）有用层与无用层。从料场岩性及其风化程度分析，微风化、新鲜浅灰色致密大理岩和灰色网纹状大理岩，岩石坚硬，岩体微新、完整，块度大，岩块大小以 50～150cm 和 30～50cm 为主，部分 5～20cm，部分大岩块内可见 20～50cm 短小裂隙，可作为混凝土人工骨料，为有用层。出露于高程 1650.00～1900.00m，拔河 20～250m，沿雅砻江右岸宽为 220～320m，垂直厚度为 180～200m。

高程 1900.00m 以上岩性变化，以肉红色中粗晶～粗晶大理岩为主，岩石强度低，不能作为混凝土人工骨料，为无用层。料场部分地表 1～3m 为弱风化，高程 2100.00m 附近地表局部可见厚为 1～2m 的强风化层，为无用层。

（3）原岩及人工骨料质量。采用 2:1 和 1:1 两种试样尺寸对灰白～浅灰色致密大理岩、灰色网纹状大理岩二种有用层岩性进行了原岩质量研究，成果见表 8.2－1 和表 8.2－2。

表 8.2－1　兰坝岩石常规物理力学（2:1）试验成果表

岩性	烘干密度/（g/cm^3）	比重	吸水率/%		抗压强度/MPa		软化系数
			普通	饱和	干	湿	
灰色网纹状大理岩	2.73～2.82（2.80）	2.74～2.84（2.82）	0.10～0.28（0.21）	0.12～0.30（0.23）	85.9～130.6（114.7）	79.1～118.7（93.9）	0.71～0.92（0.81）
浅色～灰白色致密大理岩	2.72～2.85（2.80）	2.74～2.84（2.82）	0.11～0.3（0.19）	0.13～0.31（0.22）	86.4～162（107.2）	70.7～108（82.4）	0.65～0.84（0.78）

注：试件直径为 50mm，高径比为 2:1；括号内数据为平均值。

表 8.2－2　兰坝大理岩原岩物理力学（1:1）性质试验成果表

岩性	天然密度/（g/cm^3）	干密度/（g/cm^3）	吸水率/%	饱和吸水率/%	抗压强度/MPa		软化系数
					干	饱和	
灰色网纹状大理岩	2.70～2.72（2.71）	2.70～2.71（2.71）	0.01～0.10（0.04）	0.14～0.16（0.15）	106.1～147.5（127.4）	77.1～94.4（84.8）	0.61～0.73（0.67）
灰白～浅灰色致密大理岩	2.79～2.82（2.79）	2.72～2.81（2.79）	0.01～0.19（0.06）	0.10～0.28（0.20）	90.1～141.8（117.4）	74.9～130.2（96.5）	0.71～0.92（0.81）

注：试件直径为 50mm，高径比为 1:1；括号内数据为平均值。

岩石常规物理力学（2:1）试验成果表明：岩石强度满足人工骨料强度要求。

人工骨料原岩（1:1）试验成果表明：浅灰色致密大理岩干密度为 2.72～2.81g/cm^3，饱和吸水率为 0.10%～0.28%，饱和抗压强度为 74.9～130.2MPa，软化系数为 0.71～0.92；灰色网纹状大理岩干密度为 2.70～2.72g/cm^3，饱和吸水率为 0.14%～0.16%，饱和抗压强度为 77.1～94.4MPa，软化系数为 0.61～0.73，除软化系数稍偏低外，岩石强度满足人工骨料强度要求。

人工粗骨料碎石性能试验成果表明：粗骨料成品率为 90.1%～96.5%，压碎指标为 5.1%～20%，坚固性为 0.7%～8.9%。粗骨料主要性能指标满足规程质量要求，见表 8.2－3。

表 8.2-3　　兰坝大理岩人工粗骨料碎石试验成果表

岩性	冻融损失/%	压碎指标/%	坚固性/%	成品率/%
灰色网纹状大理岩	0.12～25.5（8.63）	11.7～20（16.6）	2.7～8.9（5.9）	94.2～95.8（95.1）
灰白～浅灰色致密状大理岩	0.1～7.2（1.11）	5.1～9.5（6.9）	0.7～3.6（1.7）	90.1～96.5（93.2）
《水利水电工程天然建筑材料勘察规程》（SL 251—2000）	＜10	＜20	＜12	

注：括号内数据为平均值。

人工细骨料砂性能试验成果表明：制砂成品率为 78.4%～85.1%，细度模数为 2.46～3.4，石粉含量为 9%～29.5%，坚固性为 0.8%～29%。除灰色网纹状大理岩的石粉含量偏高及坚固性指标不合格外，其余主要性能指标满足规程质量要求（见表 8.2-4）。另据磨耗及跌落性能试验，灰色网纹状大理岩骨料耐磨性较差，跌落损失较浅灰～灰白色致密大理岩大，开采中应注意控制跌落高度及次数。

表 8.2-4　　兰坝大理岩人工细骨料砂试验成果表

岩性	堆积密度/（g/cm^3）	干表观密度/（g/cm^3）	坚固性/%	细度模数	平均粒径/mm	石粉含量/%	成品率/%
灰色网纹状大理岩	1.65～1.69（1.68）	2.73～2.77（2.75）	11.9～29（19.3）	2.46～2.73（2.61）	0.34～0.56（0.49）	21.3～29.5（25.0）	78.4～84（80.5）
灰白～浅灰色致密大理岩	1.63～1.66（1.65）	2.79～2.88（2.85）	0.8～4.3（2.38）	2.82～3.4（3.12）	0.44～0.55（0.49）	9～17.1（13.0）	81.1～85.1（83.1）
《水利水电工程天然建筑材料勘察规程》（SL 251—2000）	＞1.5	＞2.55	＜10	2.5～3.5	0.36～0.50	6～12	

注：括号内数据为平均值。

兰坝大理岩的矿物成分主要由细粒（粒径 0.02～0.05mm）方解石组成（98%以上），少量白云石，网纹为微粒方解石。岩石柱法碱活性试验成果表明：84d 的膨胀率为 0.00%，均小于 0.1%，因此判定兰坝人工骨料场大理岩为非活性骨料，见表 8.2-5。

表 8.2-5　　兰坝大理岩人工骨料碱活性试验成果表

试样编号	化学成分/%						矿物成分/%	试验方法	
	SiO_2	Al_2O_3	Fe_2O_3	CaO	MgO	烧失量		岩石柱法 84d 膨胀率/%	压增法/%
JYZ48	1.23	0.33	0.07	51.05	3.86	43.33	细粒方解石：98%以上，少量白云石	0	—
JYZ49	1.45	0.34	0.19	39.32	13.48	45.06		0	—
JYZ50	1.62	0.30	0.23	54.61	1.27	41.36		0	—
《水利水电工程天然建筑材料勘察规程》（SL 251—2000）								＜0.1	＜0.1

（4）储量。采用平行断面法的储量计算表明：高程 1700.00～1900.00m 间有用层总储量约 96.5 万 m^3；高程 1810.00～1900.00m 间有用层储量约 12.8 万 m^3。该料场储量远低于设计需要量。兰坝大理岩料场开采范围如图 8.2－1 和图 8.2－2 所示。

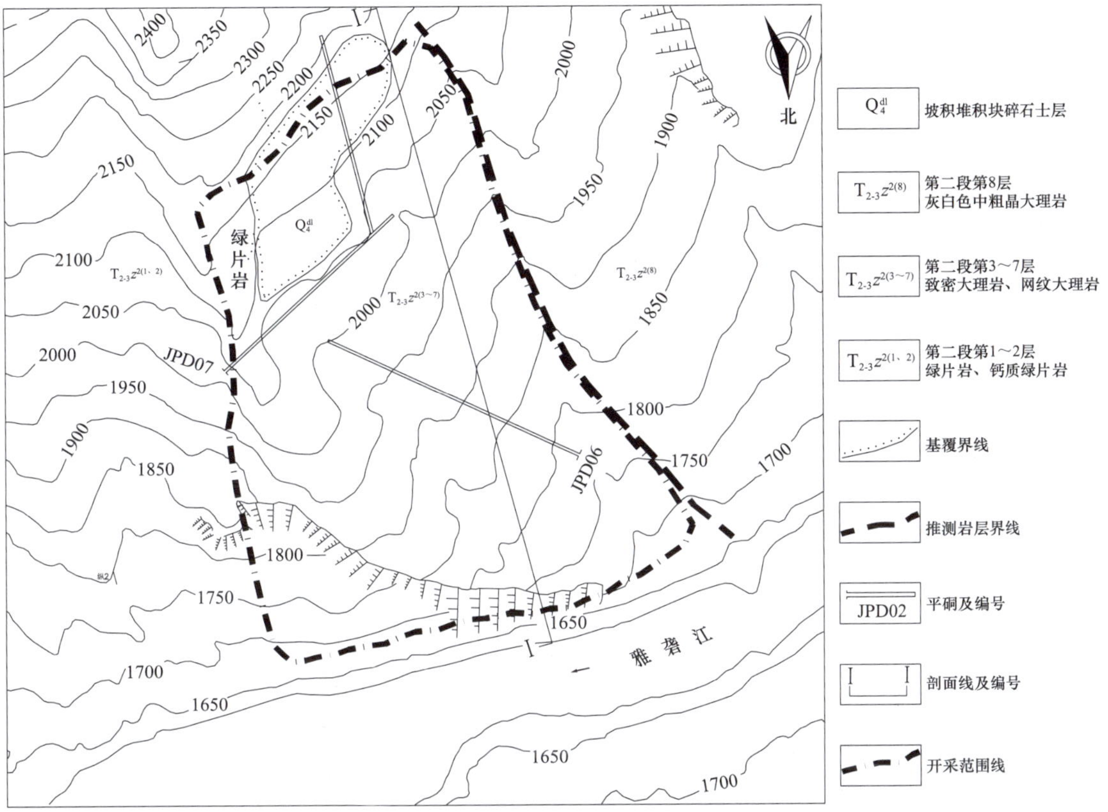

图 8.2－1 兰坝大理岩料场开采范围平面示意图

（5）开采运输条件。料场前沿紧临河边，且地形坡度陡，有用层呈条带向山里延伸，两侧为连续山体，开采较难。距坝址约 5km，运距近，运输较为方便。

（6）料场地质评价。兰坝大理岩料场距坝址约 5km，灰白～浅灰色致密状大理岩和灰色网纹状大理岩强度及块度满足人工骨料质量技术要求，其高程在 1700.00～1900.00m 间有用层总储量约 96.5 万 m^3。料场前沿紧临河边，且地形坡度陡，有用层呈条带向山里延伸，两侧为连续山体，开采较难，但运距近，运输较为方便。

3. 三滩沟大理岩料场

三滩沟大理岩料场位于坝址上游 5km 处的雅砻江左岸三滩沟内，分布高程 1700.00～2050.00m，拔河高度 30～350m。该料场初查地勘工作从可行性研究阶段开始，至可行性研究选坝阶段完成全部地勘试验工作，选坝后停止了进一步的地勘工作。勘探方法主要采用了勘探平洞、便道，试验主要进行了岩石室内常规试验、人工骨料原岩试验、人工骨料轧制试验、跌落试验及其他试验。

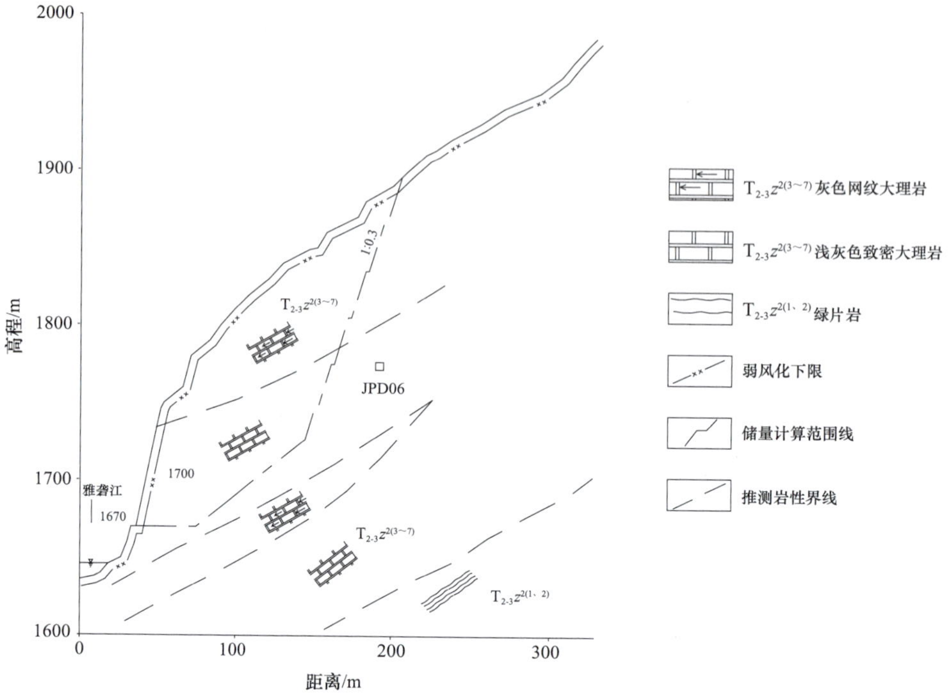

图 8.2-2　兰坝大理岩料场开采范围剖面示意图

（1）基本地质条件。料场地形陡峻，顶部起伏较大，临沟侧有宽约 120m 基岩陡壁。顶部及临沟侧裸露基岩为大理岩，其余两侧分别为绿片岩和炭质砂岩。

大理岩岩性为三叠系杂谷脑组第二段 3～8 层，岩层产状 N30°～40°E/NW∠50°～65°。勘探揭示，大理岩岩性变化较大，有灰色细隐晶大理岩，内夹白色角砾状大理岩，角砾大小 1～5cm，部分 10～20cm，占 3%～5%，且白色角砾大理岩中少量强度较低，锤击易成粉末；有白色条带细晶大理岩，条带宽 1～3cm，少量 4～6cm，条带间为 1～3mm 深灰色条纹，部分锤击易成粉末；有灰黑色角砾状细隐晶大理岩，角砾为白色细晶大理岩，大小 1～5cm 和 10～20cm，占 50%～60%，部分锤击易成粉末；局部夹有绿片岩。岩体以微新为主，局部有弱风化带，部分沿裂面形成厚 10～20cm 的强风化层，约占 4%。

料场岩体内未发现有断层发育，岩体中裂隙不发育，主要发育三组优势裂隙：① N30°～60°W/NE∠60°～75°，0～51m 段出露，迹长 3～5m，间距 30～80cm，部分 10～20cm，多无充填，少量附黄色钙膜，在 25～51m 段形成弱风化带；② EW/S∠60°～70°，51～90m、125～167m 段零星出露，迹长 1～2m，间距多大于 2m，部分 50～60cm，多无充填；③ EW/S∠5～15°，迹长 1～2m，间距多为 20～50cm，无充填。另外在探洞 51～90m、125～140m 段岩体中还发育短小及隐裂隙，迹长 0.2～0.5m，间距 2～10cm。

（2）有用层与无用层。从料场岩层岩性分析，微风化、新鲜灰色～灰黑色细隐晶大理岩、白色条带状细晶大理岩，岩块大小 20～80cm，部分 5～20cm，岩石微新坚硬，可以作为大坝混凝土人工骨料，为有用层。有用层在三滩沟左右岸有较宽的露头，主要分布于三滩沟左岸，沿雅砻江左岸延伸约400m，真厚度150～180m，呈反倾坡内（雅砻江左岸）的条带状夹层分布于炭质砂岩和绿片岩夹大理岩之间。

炭质砂岩和绿片岩性状差，岩石强度较软，不能作为大坝混凝土人工骨料，为无用层。大理岩中还分布强风化无用夹层，以及呈透镜体或团块、条带状粗晶大理岩、绿片岩，性状也较差，同样不能作为大坝混凝土人工骨料，为无用层。

（3）原岩与人工骨料质量。采用2:1和1:1两种试样尺寸对灰色细隐晶大理岩、白色条带细晶大理岩、灰黑色细隐晶大理岩三种有用层岩性进行了原岩质量研究，成果见表8.2－6和表8.2－7。

表8.2－6　三滩沟大理岩室内岩石物理力学性试验成果表（2:1）

岩性	烘干密度/（g/cm³）	比重	吸水率/%		弹性模量	抗压强度/MPa		软化系数
			普通	饱和		干	湿	
灰色细隐晶大理岩	2.70～2.82（2.73）	2.7～2.84（2.75）	0.14～0.36（0.23）	0.17～0.39（0.27）	29.5～37.4（34.2）	70.0～112（86.0）	54.4～81.1（65.8）	0.72～0.83（0.77）
白色条带细晶大理岩	（2.71）	2.72～2.73（2.73）	0.18～0.24（0.22）	0.17～0.27（0.23）	32.3～34.7（33.6）	61.3～81.7（74.4）	50.3～67.3（61.3）	0.81～0.84（0.82）
灰黑色细隐晶大理岩	2.72～2.81（2.77）	2.73～2.84（2.79）	0.21～0.32（0.28）	0.25～0.35（0.31）	31.8～38.2（34.2）	73.0～103.5（86.3）	55.8～85.5（68.7）	0.76～0.83（0.79）

注：试件直径为50mm，高径比为2:1；括号内数据为平均值。

表8.2－7　三滩沟大理岩人工骨料原岩物理力学性试验成果表（1:1）

岩性	烘干密度/（g/cm³）	比重	吸水率/%		抗压强度/MPa		软化系数
			普通	饱和	干	湿	
灰色细隐晶大理岩	2.70～2.80（2.74）	2.72～2.83（2.76）	0.12～0.34（0.25）	0.15～0.39（0.29）	83.2～132.0（104.3）	68.2～97.7（79.8）	0.74～0.82（0.77）
白色条带细晶大理岩	（2.71）	（2.73）	0.20～0.26（0.23）	0.20～0.26（0.23）	81.4～101.1（90.5）	66.8～82.7（75.7）	0.82～0.85（0.83）
灰黑色细隐晶大理岩	2.71～2.81（2.77）	2.73～2.83（2.79）	0.26～0.30（0.28）	0.28～0.32（0.30）	82.1～128.7（102.3）	63.4～108.0（82.0）	0.77～0.84（0.80）

注：试件直径为50mm，高径比为1:1；括号内数据为平均值。

岩石常规物理力学（2:1）试验成果表明：部分岩石湿抗压强度小于60MPa。

人工骨料原岩（1:1）试验成果表明：灰色细隐晶大理岩干密度为2.70～2.80g/cm³，饱和吸水率为0.15%～0.39%，饱和抗压强度为68.2～97.7MPa，软化系数为0.74～0.82；灰黑色细隐晶大理岩干密度为2.71～2.81g/cm³，饱和吸水率为0.28%～0.32%，饱和抗压强度为63.4～108.0MPa，软化系数为0.77～0.84；白色条带细晶大理岩干密度为2.71g/cm³，饱和吸水率为0.20%～0.26%，饱和抗压强度为66.8～82.7MPa，软化系数为0.82～0.85。呈透镜体或团块、条带状的粗晶大理岩因单层厚度薄，取样困难，未获得物理力学指标，岩块锤击易成粉末，野外判断其强度较低。

人工骨料粗骨料碎石性能试验成果表明（见表 8.2－8）：人工碎石成品率为 90.6%～94.6%，压碎指标为 11.7%～28.8%（标准要求小于 20%），指标中有部分不达标或超标。

表 8.2－8　　三滩沟大理岩人工骨料粗骨料碎石性能试验成果表

编号及岩性		干堆积密度 /（g/cm³）		表观密度 /（g/cm³）	孔隙率 /%	吸水率 /%	针片状 /%	压碎指标 /%	坚固性/%	成品率 /%
		密度	振实							
浅灰色细晶大理岩	特	1.324	1.513	2.708	51.1	0.40	0	18.9	1.7	93.4
	大	1.342	1.611	2.704	50.4	0.30	0			
	中	1.370	1.665	2.701	49.3	0.80	0.6			
	小	1.430	1.723	2.675	46.5	1.40	3.0			
灰色细晶大理岩	特	1.274	1.480	2.797	54.3	0.20	8.0	11.8	0.8	94.6
	大	1.306	1.598	2.776	53.0	0.40	8.0			
	中	1.370	1.654	2.771	50.6	0.40	5.0			
	小	1.511	1.803	2.748	45.0	0.90	13.0			
灰色条纹细晶大理岩	特	1.279	1.415	2.698	52.6	0.3	12.0	28.8	5.4	90.6
	大	1.252	1.578	2.691	53.5	0.4	14.0			
	中	1.355	1.650	2.689	49.6	0.7	7.5			
	小	1.407	1.783	2.597	45.8	1.3	7.0			
灰黑色条纹细晶大理岩	特	1.301	1.477	2.808	53.7	0.2	11.5	11.7	0.5	94.4
	大	1.281	1.590	2.797	54.2	0.3	15.0			
	中	1.345	1.662	2.792	51.8	0.5	8.0			
	小	1.435	1.772	2.757	48.0	1.2	12.0			
最小值			试验组数		16 组			11.7	0.5	90.6
最大值								28.8	5.4	94.6
平均值								17.8	2.1	93.3
标准 1	＞1.60		—	＞2.60	＜45	＜2.5	＜15	＜20	—	—
标准 2	—		—	＞2.55	—	＜2.5	＜15	—	＜12	—

注：标准 1 为《水利水电工程天然建筑材料勘察规程》（SL 251—2000）；标准 2 为《水工混凝土施工规范》（SDJ 207—1982）。

人工骨料细骨料砂性能试验成果表明（见表 8.2－9）：人工制砂成品率为 71.5%～83.9%，细度模数为 1.9～3.2（标准 2.5～3.5），石粉含量为 14.0%～36.8%（标准 6%～12%），指标中部分不达标或超标。

表 8.2-9　　三滩沟大理岩人工骨料细骨料砂试验成果表

岩性	堆积密度/（g/cm³）	干表观密度/（g/cm³）	饱干表观密度/（g/cm³）	空隙率/%	面干吸水率/%	坚固性/%	SO_3/%	细度模数	平均粒径/mm	石粉含量/%	成品率/%
灰色细隐晶大理岩	1.720	2.778	2.740	38.1	1.75	6.5	0.03	2.09	0.401	30.0	73.3
灰色细隐晶大理岩	1.637	2.857	2.798	42.7	1.83	1.62	0.02	3.26	0.479	14.0	83.9
灰色条纹细隐晶大理岩	1.695	2.778	2.803	39.0	2.50	5.4	0.02	1.87	0.366	36.8	81.0
灰黑色条纹细隐晶大理岩	1.705	2.857	2.772	40.3	1.60	1.0	0.01	2.97	0.474	17.2	71.5
灰色（条纹）细隐晶大理岩	1.63～1.72（1.68）	2.78～2.86（2.80）	2.74～2.80（2.78）	38.1～42.7（39.9）	1.50～2.50（2.03）	1.6～6.5（4.5）	0.02～0.03（0.02）	1.87～3.26（2.41）	0.37～0.48（0.42）	14～36.8（26.9）	81～83.9（79.4）
灰黑色条纹细隐晶大理岩	1.71	2.86	2.77	40.3	1.60	1.0	0.01	2.97	0.47	17.2	71.5
标准 1	＞1.5	＞2.55	—	＜40	—	＜10	＜1	2.5～3.5	0.36～0.5	6～12	—
标准 2	—	＞2.50	—	—	—	＜10	＜1	—	—	6～12	—

注：1. 标准 1 为《水利水电工程天然建筑材料勘察规程》（SL 251—2000）；标准 2 为《水工混凝土施工规范》（SDJ 207—1982）。
2. 括号内数据为平均值。

（4）储量。按有用层出露的最低高程 1700.00～1900.00m 作为开挖底界，后缘边坡坡比为 1:0.5，开采水平深度为 150～180m，采用平行断面法计算，高程 1700.00～2050.00m 间有用层储量 600 万 m³，需开挖无用层约 550 万 m³。

（5）开采运输条件。料场场地狭窄，有用层出露宽度为 220～260m，呈 N45° E 方向的条带状夹于三滩沟两岸山体内，岩层走向与坡面走向近于平行，倾向山内，开采条件差。距坝址约 5km，运距近，但沟内及左岸无公路，运输不便。

（6）料场地质评价。料场有用层露头距三滩沟沟口约 1km，出露宽为 220～260m，呈 N45° E 方向的条带状夹于三滩沟两岸山体内，分布高程为 1700.00～2050.00m。有用层岩性不均一、且变化较大，夹有强度较低的白色中粗晶大理岩条带、绿片岩。料场场地狭窄，岩层倾向山内，开采条件差，开采剥离较大，无开采价值。

4. 松坪子大理岩料场

松坪子大理岩料场位于坝址下游 0.5km 的雅砻江右岸手爬沟与棉沙沟之间的斜坡地带，紧邻手爬沟右岸。该料场初查地勘工作在招标设计阶段开展、完成。勘探方法主要采用了勘探钻孔，试验主要进行了岩石室内常规试验。

（1）基本地质条件。料场高程 1900.00～2100.00m 为绝壁陡崖，陡壁以上临江方向为倾下游偏山里的大理岩层面斜坡，坡度为 15°～30°，高程为 2100.00～2250.00m。

料场出露地层岩性为杂谷脑组第二段 7、8 层大理岩夹绿片岩，与坝址左右岸分布的大理岩属同一套地层，岩层产状 N70°～80°E/NW∠30°～45°。根据地表调查、公路隧洞开挖以及钻孔勘探揭示，中细晶致密状大理岩主要分布于大理岩层顶部，出露位置有 3 个：① 手爬沟右岸陡崖顶部边缘地带，宽度达 10～20m，长度达 200～300m，厚度达 10～30m，局部达 40～50m，分布高程为 2150.00～2275.00m，灰色，岩溶较发育，表面发育 1～5cm 深的小溶沟、溶孔等；② 老乡马圈后缘陡坡，分布高程 1990.00～2030.00m，长约 100m，向上游为陡崖，主要为灰白色中细晶大理岩，岩溶不很发育；③ 1 号公路 1 号隧洞下游进口段，沿公路隧洞出露宽 50～60m，灰白色～灰色，高程 1700.00m。第二段顶部的中细晶致密状大理岩分布不连续，厚度不稳定，岩性变化较大。勘探揭示料场岩性从上到下可分为 3 层：上部为中细晶大理岩，厚层状，块度较大，岩芯完整，强度较高；中部为绿片岩夹层及绿片岩透镜体或团块及粗晶大理岩与绿片岩互层，绿片岩夹层厚达 4.5m；下部为致密状大理岩与白色粗晶大理岩的互层，粗晶大理岩锤击呈砂糖状粉末，其强度较低。

（2）有用层与无用层。从料场岩层岩性分析，大理岩顶部的中细晶大理岩，岩体新鲜完整，岩石强度高，可作为拱坝大坝混凝土人工骨料，是有用层。

中细晶大理岩、中晶致密状大理岩中发育的绿片岩夹层、绿片岩透镜体或团块及粗晶大理岩，性状差，岩石强度低，不宜作人工骨料，是无用层。

（3）原岩与人工骨料质量。试验成果表明（见表 8.2-10）：中细晶大理岩吸水率为 0.04%～0.07%，饱和抗压强度为 71～103MPa，软化系数为 0.67～0.97；中晶致密状大理岩吸水率为 0.07%～0.15%，饱和抗压强度为 65～76MPa，软化系数为 0.69～0.87；粗晶大理岩吸水率为 0.11%～0.70%，饱和抗压强度为 54～64MPa，软化系数为 0.51～0.68，软化系数稍偏低。中、细晶大理岩石强度较高，饱和抗压强度大于 60MPa，粗晶大理岩饱和抗压强度多小于 60MPa。

表 8.2-10　　松坪子大理岩岩石物理力学性质试验成果表

岩 性	试验组数	饱和吸水率/%	抗压强度/MPa		软化系数
			干	饱和	
中细晶大理岩	2	0.04～0.07	103～105（104）	71～103（87）	0.67～0.97
中晶致密状大理岩	3	0.07～0.15	74～103（88）	65～76（71）	0.69～0.87
粗晶大理岩	2	0.11～0.70	79～125（102）	54～64（59）	0.51～0.68

注：括号内数据为平均值。

（4）储量。按平均厚度 30m 计算，横向开采 400m，开挖最大深度 200m，估算储量为 360 万 m^3。

（5）开采运输条件。松坪子料场中可作为人工骨料料源的中细晶大理岩，主要分布于大理岩层顶部，地表出露较少，且呈夹层条带状分布，开采时需挖出上层无用砂板岩、覆盖层，无用层方量较大，开采条件较差，但距坝址约 0.5km，运距短，运输较为方便。

（6）料场地质评价。松坪子料场分布的大理岩岩性变化大，夹软弱的绿片岩，岩石强度与坝区大理岩基本一致。可作为人工骨料料源的中细晶大理岩，零星分布于第二段大理岩层顶部，且其上部被砂板岩覆盖，开采条件差。因此，在完成地表地质测绘和一个钻孔的勘探后，未对该料场开展进一步的勘探试验工作。

5. 九龙河口花岗岩料场

九龙河口花岗岩料场位于雅砻江左岸支流九龙河左岸，高程 1620.00～2000.00m，距九龙河口 2km，距到锦屏一级坝址的辅助公路起点 1.5km，离坝址约 51km。料场初查地勘工作在招标设计阶段开展、完成。勘探方法主要采用了勘探平洞、便道，试验主要进行了岩石人工骨料原岩试验、碱活性试验。

（1）基本地质条件。料场处于坡度 40°～70° 斜坡地带，高程 1610.00～1800.00m 坡度为 40°～50°，高程 1800.00m 以上坡度为 60°～70°，坡体走向与九龙河流向基本一致，高差 500m 以上，基岩裸露，植被不发育，地形完整性较好，边坡稳定。坡脚为一平缓的Ⅰ级阶地及崩坡积缓坡，拔河高度为 30～80m，长约 300m，宽为 70～100m，为耕地和住户。下游侧发育一较大冲沟，冲沟沟口堆积了崩积、洪积的孤块碎石土，其坡度为 30°～35°。

料场出露岩性为燕山期早期白色中粒黑云母二长花岗岩，岩性均匀。岩体隐裂不发育，为次块状～块状结构。

料场未见规模较大的断层发育，发育有小规模的断层，单条宽 30～80cm 不等，带内物质风化较强，为强风化夹层，约占 3%。主要发育三组裂隙：① N15°～25° W/SW ∠40°～50°，延伸大于 10m，间距为 4～10m，裂面起伏粗糙，轻微锈染；② N45°～50° E/NW ∠60°～70°，延伸大于 10m，间距大于 5m；③ N20°～25° E/SE∠50°～70°，延伸大于 5m，间距大于 10m。

料场岩体强卸荷、弱风化水平深度为 10～30m。

（2）有用层与无用层。从料场岩层岩性分析，白色中粒黑云母二长花岗岩，沿山体连续分布，微新岩体完整性好，岩石强度高，可作为拱坝大坝混凝土人工骨料，是有用层。

花岗岩岩体中发育的小断层多强风化，约占 3%，性状差，不能作为大坝混凝土人工骨料，为无用夹层。料场浅表部强卸荷、弱风化岩体强度相对较低，料场范围线下游发育辉绿岩脉和砂岩、砂板岩的捕虏体，岩体完整性差，风化较强，不能作为大坝混凝土人工骨料，为无用层。

（3）原岩与人工骨料质量。原岩试验成果表明：饱和密度为 2.60～2.64g/cm^3，饱和吸水率为 0.35%～0.74%，饱和抗压强度为 93～128MPa，软化系数为 0.64～0.98，岩石强度满足人工骨料强度要求，见表 8.2－11。

表 8.2－11　九龙河口花岗岩料场原岩物理力学性质试验成果

岩性	饱和密度 /（g/cm³）	饱和吸水率 /%	抗压强度/MPa		软化系数
			干	饱和	
中粒黑云母二长花岗岩	2.60～2.64（2.63）	0.35～0.74（0.49）	95.1～182（139.5）	92.9～128（109.7）	0.64～0.98（0.82）

注：括号内数据为平均值。

料场花岗岩的矿物成分包括：石英含量 25%～30%，斜长石含量 25%～35%，钾微斜长石含量 35%～40%，黑云母含量 3%～5%。对花岗岩采用压蒸法、砂浆棒快速法、砂浆长度法和混凝土棱柱法进行了碱活性试验，试验成果表明：压蒸法最大膨胀率为 0.054%～0.063%，均小于 0.1%；砂浆棒快速法 28d 膨胀率为 0.037%～0.048%，均小于 0.2%；砂浆长度法 3 个月膨胀率为 0.008%～0.010%，均小于 0.05%；混凝土棱柱法 4、5 个月的膨胀率为 0.009%～0.012%，均小于 0.02%。因此判定花岗岩为非活性骨料。

（4）储量。料场按顺河长 600m 进行开采，经平行断面法计算，高程 1610.00～2000.00m 料场有用层总储量约 1300 万 m^3，需剥离表层强卸荷弱风化岩体约 280 万 m^3。

高程 1610.00～1820.00m 料场有用层总储量约 750 万 m^3，需剥离表层强卸荷弱风化岩体约 180 万 m^3。

（5）开采运输条件。料场高程 1610.00～1800.00m 间地形坡度为 40°～50°，高程 1800.00m 以上地形坡度为 60°～70°，坡脚为一平缓的 Ⅰ 级阶地及崩坡积缓坡，地形条件利于开采，但离坝址约 51km，运距远。

（6）料场地质评价。九龙河花岗岩料场岩性为燕山期早期白色中粒黑云母二长花岗岩，岩性均匀单一，为次块状～块状结构，微新岩石饱和抗压强度较高，满足拱坝混凝土人工骨料强度要求。料场开采条件较好，但离坝址约 51km，运距远。

6. 雅砻江东端模萨沟大理岩料场

雅砻江东端模萨沟大理岩料场位于锦屏二级厂区模萨沟右岸，距锦屏一级水电站坝址约 25km（沿对外公路 AB 隧洞）。该料场初查地勘工作在招标设计阶段开展、完成。未进行勘探，试验主要进行了岩石人工骨料原岩试验、碱活性试验。

（1）基本地质条件。模萨沟大理岩料场为一耸立山峰，两面临空，分布高程 1700.00m 以上，其山势陡峻，坡体走向 N30°～40° E，坡度为 50°～80°，坡脚较缓，高程 1500.00～1550.00m 为平缓台地。沿模萨沟右岸坡体走向 N50° W，坡度相对较缓，坡度为 40°～60°，高程 1750.00m 以下植被发育，以上基岩裸露。

地层岩性以三叠系中统白山组厚层～巨厚层状的灰白色～白色粗晶臭大理岩为主，部分薄～中厚层状灰色～深灰色灰岩，局部夹厚层状白色细晶大理岩，产状 N40°～50° E/NW∠65°～75°。未见断层发育，层间错动带也不发育。粗晶大理岩层面裂隙不发育，薄～中厚层状灰色～深灰色灰岩，以层面裂隙发育为主，一般间距为 10～20cm，局部为 20～40cm 或 2～6cm，裂隙无充填，岩体较破碎，新鲜，岩石较坚硬致密，块体多呈片块状。据模萨沟沟水处理排水洞（长约 1250m）揭露，岩性以粗晶大理岩为主，厚度 550m，中间夹 250m 厚的隐晶～细晶大理岩。

（2）有用层与无用层。从料场岩层岩性分析，微新白色细晶大理岩岩体完整，块度较大，岩石强度在 60MPa 以上，可作为大坝混凝土人工骨料，是有用层。

微新粗晶大理岩完整性较好，为次块～块状，但饱和抗压强度多小于 60MPa，作为大坝混凝土骨料，其强度偏低，为无用层。

（3）原岩与人工骨料质量。岩石原岩试验成果表明（见表 8.2－12）：薄～中厚层状灰色～深灰色细晶大理岩，块度较小，多为片状块体，干密度为 2.69～2.70g/cm^3，饱和吸水率为 0.01%～0.03%，饱和抗压强度为 53～61MPa，软化系数为 0.81～0.98；厚层状粗晶大理岩，为次块～块状，块度为 30～60cm，干密度为 2.68～2.70g/cm^3，饱和吸水率为 0.01%，饱和抗压强度为 45～62MPa，软化系数为 0.93～0.99，饱和抗压强度多小于 60MPa，作为大坝混凝土骨料，其强度偏低。

表 8.2－12　　东端模萨沟大理岩料场原岩物理力学性质试验成果表

岩性	天然密度 /（g/cm^3）	干密度 /（g/cm^3）	饱和密度 /（g/cm^3）	饱和吸水率 /%	抗压强度/MPa		软化系数
					干	饱和	
粗晶大理岩	2.68～2.69	2.68～2.70	2.68～2.70	0.01	47～66（53.9）	45～62（52）	0.93～0.99
细晶大理岩	2.69～2.70	2.69～2.70	2.70～2.80	0.01～0.03	59～75（61.5）	53～61（55）	0.81～0.98

注：括号内数据为平均值。

对大理岩采用岩石柱法和混凝土棱柱法进行了碱活性试验，试验成果表明：岩石柱法岩样 84d 膨胀率为 0.009%～0.022%，均小于 0.1%；混凝土棱柱法 4、5 个月膨胀率为 0.003%～0.012%，均小于 0.02%。因此判定该料场大理岩为非活性骨料。

（4）储量。料场开挖按顺沟长 700m 进行，经平行断面法计算，当开采高程为 1700.00～2200.00m 时，储量约 1000 万 m^3。

（5）开采运输条件。料场地势陡峻，山高坡陡，分布位置较高，开采条件较差，沿对外公路 AB 隧洞，距锦屏一级水电站坝址约 25km，运距较远，运输较方便。

（6）料场地质评价。模萨沟右岸分布的白山组大理岩储量大，但原岩饱和抗压强度大多数小于 60MPa，作为大坝混凝土骨料，其强度偏低，且运距较远。

7. 初查料场主要结论

通过各料场初查阶段的地勘工作，初步查明了各料场地质条件、有用层和无用层产出状况，通过适量试验初步查明了各有用层原岩质量、人工骨料质量及其碱活性，初步计算了各料场总储量及有用层储量。根据 300m 量级拱坝大坝混凝土对人工骨料的要求，综合料场地质条件、有用层与无用层特征、有用层原岩与人工骨料质量、储量、开采运输条件对料场进行了评价。主要结论如下：

（1）三滩右岸大理岩料场开采条件较好，运距近，储量充足。岩性为杂谷脑组第二段第 7、8 层白～浅灰色厚～巨厚层细晶大理岩、条纹状大理岩夹少量单层厚 3～80cm 的白色薄～中厚层粗晶大理岩，岩性较均一，抗压强度等指标基本满足人工骨料的质量要求，但存在软化系数偏低、压碎指标与石粉含量偏高、碎石及砂料孔隙率偏大及跌落损失率大等问题。

（2）兰坝大理岩料场中高高程以上岩性变化大，不能用作大坝混凝土人工骨料，下部有用层储量少，远不能满足工程要求。

（3）三滩沟大理岩料场呈条带状夹于三滩沟两岸山体内，岩层倾向山内，岩性不均一，且变化较大，夹有较多强度较低的白色中粗晶大理岩条带、绿片岩，开采条件差。

（4）松坪子大理岩料场岩性变化较大，均一性差，且夹较多的软弱绿片岩，部分岩石强度较高，可作为人工骨料的中细晶大理岩，零星分布于大理岩层顶部，且其上部被砂板岩覆盖，开采条件差。

（5）九龙河口花岗岩料场花岗岩饱和抗压强度高，料场储量丰富，开采条件较好，但运距很远。

（6）雅砻江东端模萨沟大理岩料场分布的白山组大理岩储量巨大，但岩石强度普遍较低，运距较远，开采条件差。

8.2.3 人工骨料料源详查

综合人工骨料料源初查主要结论，可行性研究阶段在三滩右岸、兰坝两个初查料场的基础上，又拟定了大奔流沟变质砂岩料场，共三个人工骨料场来开展详查的地勘工作。

三个料场详查结论表明：兰坝大理岩料场由于岩性的变化，储量已不能满足工程要求，招标设计阶段不再继续开展地勘试验工作；大奔流沟变质砂岩料场存在潜在碱活性问题；三滩右岸大理岩料场主要指标不满足要求。为进一步查明三滩右岸大理岩料场、大奔流沟砂岩料场原岩和人工骨料性能，为305m高拱坝选择合适的大坝混凝土人工骨料，可行性研究报告审查后的招标设计阶段继续对两个料场开展了进一步的地勘试验工作。

1. 三滩右岸大理岩料场

三滩右岸大理岩料场详查工作从可行性研究阶段开始，一直持续到招标设计阶段，直至2005年年底大坝混凝土骨料的组合料源选定后才完成，持续时间在5年以上。

可行性研究审查后的复查工作中，在预可行性研究初查阶段已有勘探试验基础和可行性研究阶段详查成果基础上，主要补充了生产性试验和混凝土性能试验研究。

（1）基本地质条件。料场山体呈N45°E的方向延伸分布，地形坡度为35°～40°，局部达70°，前缘为较缓平台，后缘为陡壁。料场宽为230～430m，长近760m，产地面积约25万m^2。

料场地表除局部有1～5m不等的崩坡积块碎石土层覆盖外，大部分基岩裸露，岩性为杂谷脑组第二段第7、8层白～浅灰色厚～巨厚层细晶大理岩、条纹状大理岩，夹少量单层厚3～80cm的白色薄～中厚层粗晶大理岩，岩层产状N0°～5°E/NW∠30°～35°。岩性较均一，总厚大于400m。

料场岩体中裂隙总体不发育，优势裂隙可见三组：① 近EW/N（S）∠70°～85°，零星出露，迹长 2～3m，少量大于 3m，间距多大于 2m，部分为 30～100cm，局部成带发育，带宽 2～4m，间距 8～20cm，多无充填，部分充填 1～3mm 黄色次生泥，个别可达 2～3cm。② N60° ～75° E/NW∠50° ～75°，零星出露，迹长 1～2m，间距多大于 2m，少量 20～40cm，多无充填。在高程 2000.00m（JPD03、SD31）少量充填 1～3mm 黄色次生泥，个别可达 2～3cm。③ N0° ～20° E/NW∠25° ～35°，零星出露，迹长 2～3m，间距多大于 2m，部分 20～80cm，多无充填。第 1～2 组裂隙在局部可形成 0.3～1m 宽弱风化带。

（2）有用层与无用层。根据岩层岩性，料场有用层为第二段第 7、8 层浅灰色厚～巨厚层块状中细晶大理岩、条纹状大理岩。这部分岩层岩块新鲜较坚硬，岩块大小以 30～150cm 为主，部分 10～20cm，部分大岩块内可见 20～50cm 短小裂隙。

中细晶大理岩、条纹状大理岩中所夹少量单层厚 3～80cm 的白色薄～中厚层粗晶大理岩，强度总体偏低，且部分锤击易成粉末，为无用层。局部出露的第 6 层灰白色细晶大理岩夹绿片岩条带，鉴于绿片岩无法剔除，第 6 层亦为不宜利用层（见图 8.2－3）。

图 8.2－3　三滩右岸大理岩料场岩性照片（白色为中粗晶大理岩无用层）

地质调查和勘探表明白色粗晶大理岩条带发育密度及宽度在不同高程差别较大：在高程 2200.00m 附近条带较集中发育，条带宽 5～40cm 和宽 50～250cm，占 30%～45%；在其余部位条带断续出露，宽 5～50cm 不等，占 2%～5%。

（3）原岩质量。采用 2:1 和 1:1 两种试样尺寸对浅灰～灰白色细晶大理岩、灰色中细晶大理岩、白色粗晶大理岩三种有用层岩性进行了原岩质量研究，其成果见表 8.2－13 和表 8.2－14。

表 8.2－13　三滩右岸岩石常规物理力学性质（2:1）试验成果汇总表

岩性	烘干密度 /（g/cm³）	比重	吸水率/%		抗压强度/MPa		软化系数
			普通	饱和	干	湿	
浅灰～灰白色细晶大理岩	（2.70）	（2.71）	0.14～0.19（0.16）	0.18～0.20（0.19）	81.3～95.8（88.1）	67.4～78.5（72.9）	0.81～0.84（0.83）

续表

岩性	烘干密度/（g/cm³）	比重	吸水率/%		抗压强度/MPa		软化系数
			普通	饱和	干	湿	
灰色中细晶大理岩	2.70～2.72（2.71）	（2.72）	0.10～0.21（0.15）	0.15～0.24（0.19）	60.1～89.0（74.2）	50.5～77.8（62.2）	0.77～0.96（0.84）
白色粗晶大理岩	2.70～2.71（2.70）	2.71～2.72（2.71）	0.16～0.19（0.18）	0.20～0.23（0.22）	58.0～84.9（74.9）	48.1～65.0（59.1）	0.77～0.83（0.80）

注：试件直径为50mm，高径比为2:1；括号内数据为平均值。

表8.2－14　三滩右岸人工骨料原岩（1:1）试验成果汇总表

岩性	烘干密度/（g/cm³）	比重	吸水率/%		抗压强度/MPa		软化系数
			普通	饱和	干	湿	
浅灰～灰白色细晶大理岩	2.70	2.71	0.14～0.19（0.16）	0.18～0.20（0.19）	93.5～95.4（94.5）	75.3～76.2（75.8）	0.79～0.81（0.80）
灰色中细晶大理岩	2.67～2.72（2.69）	（2.72）	0.06～0.19（0.12）	0.12～0.21（0.18）	68.3～100.7（80.6）	51.5～86.1（67.6）	0.77～0.91（0.84）
白色粗晶大理岩	2.71	2.72	0.23	0.25	64.5	54.5	0.82

注：试件直径为50mm，高径比为1:1；括号内数据为平均值。

岩石常规物理力学试验成果表明，粗晶大理岩湿抗压强度小于60MPa。

人工骨料原岩（1:1）试验成果表明：灰色中细晶大理岩干密度为2.67～2.72g/cm³，饱和吸水率为0.12%～0.21%，湿抗压强度为51.8～86.1MPa，软化系数为0.77～0.91；浅灰～灰白色细晶大理岩干密度为2.70g/cm³，饱和吸水率为0.18%～0.20%，湿抗压强度为75.3～76.2MPa，软化系数为0.80，满足人工骨料强度要求；但白色粗晶大理岩夹层或条带，其干密度为2.71g/cm³，饱和吸水率为0.25%，湿抗压强度为54.5MPa，软化系数为0.82，对锦屏一级305m高拱坝C40混凝土而言，岩石强度偏低。因此，除少量粗晶大理岩外，三滩右岸大理岩原岩质量基本满足人工骨料要求。

采用岩石柱法的三滩右岸大理岩碱活性试验成果表明（见表8.2－15）：大理岩的矿物成分主要由细粒（粒径0.02～0.05mm）方解石组成（98%以上），少量白云石；大理岩岩样岩石柱法84d的膨胀率为0.00%，均小于0.1%，因此判定三滩右岸料场大理岩为非活性骨料。

表8.2－15　三滩右岸人工骨料碱活性试验成果表

试样编号	化学成分/%						矿物成分/%	试验方法
	SiO_2	Al_2O_3	Fe_2O_3	CaO	MgO	烧失量		岩石柱法84d膨胀率/%
JYZ35	0.24	0.10	0.13	55.22	1.07	42.25	中细粒方解石：95%以上，少量白云石	0
JYZ37	0.36	0.09	0.14	55.53	1.19	42.35		0
JYZ39	0.21	0.15	0.17	54.96	1.32	42.35		0

续表

试样编号	化学成分/%						矿物成分/%	试验方法
	SiO_2	Al_2O_3	Fe_2O_3	CaO	MgO	烧失量		岩石柱法 84d 膨胀率/%
JYZ40	0.49	0.21	0.18	54.12	1.98	42.47	中细粒方解石：95%以上，少量白云石	0
JYZ42	0.27	0.16	0.23	54.55	1.02	43.13		0
JYZ43	1.15	0.25	0.19	52.04	2.99	43.04		0
JYZ44	0.19	0.27	0.13	54.32	1.35	43.17		0
JYZ45	0.41	0.17	0.20	54.98	1.09	42.55		0
JYZ46	0.81	0.41	0.12	53.84	1.05	43.22		0
JYZ47	1.06	0.19	0.05	54.06	0.95	43.18		0
《水利水电工程天然建筑材料勘察规程》（SL 251—2000）								＜0.1

（4）人工骨料轧制试验。

人工骨料粗骨料碎石试验表明（见表 8.2－16）：灰色中细晶大理岩人工碎石成品率为 80.5%～93.4%，压碎指标为 18.0%～32.4%，冻融损失为 7.2%～26.8%，针片状含量除 2 组小石为 17%～17.2%外，其余小于 15%，坚固性 1.9%～25.4%；浅灰～灰白色细晶大理岩人工碎石成品率为 83.7%～84.8%，压碎指标为 26.4%～42.4%，冻融损失为 21%～22%，坚固性 2.3%～29.5%。碎石主要性能指标多不满足 SL 251—2000 的质量技术要求。

表 8.2－16　三滩右岸人工骨料碎石的物理性能试验成果表

岩性	成品率/%	压碎指标/%	坚固性/%	冻融损失/%
灰色中细晶大理岩	80.5～93.4（89.3）	18～32.4（23.9）	1.9～25.4（7.4）	7.2～26.8（16.4）
灰白～白色中粗晶大理岩	83.7～84.8	26.4～42.4	2.3～29.5	21～22
《水利水电工程天然建筑材料勘察规程》（SL 251—2000）	—	＜20	＜12	＜10

注：括号内数值为平均值。

人工骨料细骨料制砂试验成果表明（见表 8.2－17）：灰色中细晶大理岩人工制砂成品率为 61.4%～89.8%，细度模数为 1.26～2.0，石粉含量为 16.1%～33.6%，坚固性 8.1%～40.9%（多大于 10%）；灰白～白色中粗晶大理岩人工制砂成品率为 66.7%～67.1%，细度模数为 0.93～1.21，石粉含量为 41.4%～50.8%，坚固性 30.8%～33.3%；人工砂主要性能指标多不满足 SL 251—2000 的质量技术要求。

表 8.2－17　三滩右岸人工骨料砂的试验成果表

岩性	堆积密度/（g/cm^3）	干表观密度/（g/cm^3）	坚固性/%	细度模数	平均粒径/mm	石粉含量/%	成品率/%
灰色中细晶大理岩	1.50～1.65（1.57）	2.72～2.80（2.76）	8.1～40.9（21.2）	1.26～2.0（1.6）	0.27～0.32（0.29）	16.1～33.6（24.4）	61.4～89.8（77.3）

续表

岩性	堆积密度/（g/cm³）	干表观密度/（g/cm³）	坚固性/%	细度模数	平均粒径/mm	石粉含量/%	成品率/%
灰白～白色中粗晶大理岩	1.51～1.68	2.74～2.75	30.8～33.3	0.93～1.21	0.25～0.30	41.4～50.8	66.7～67.1
SL 251—2000	＞1.5	＞2.55	＜10	2.5～3.5	0.36～0.5	6～12	

注：括号内数值为平均值。

人工骨料的跌落性能试验表明（见表 8.2－18）：骨料跌落高度为 5m 时，跌落次数从 3 次变为 10、20、30 次，骨料各级配损失率特大石从 14.1%剧增至 53.8%、65.5%、79.7%，大石则从 14.2%增至 34.1%、23.1%、35.1%，施工中应注意控制跌落高度及次数。

表 8.2－18　　三滩右岸人工骨料跌落性能试验成果汇总表

岩性	跌落高度/m	跌落前重量/kg	跌落次数	级配及损失率/%		
				特大	大石	中石
条纹状大理岩	5	100	3	14.1	14.2	12.1
			10	53.8	34.1	31.6
			20	65.5	23.1	—
			30	79.7	35.1	—
细晶大理岩	5	100	3	6.6	4.0	1.8
			10	42.7	21.0	12.9
			20	80.0	52.4	—
			30	88.7	69.4	—

（5）混凝土性能试验。三滩右岸大理岩料场大理岩单一骨料混凝土性能试验成果表明（见表 8.2－19 和表 8.2－20）：① 大理岩抗压强度、抗拉强度较低，当水胶比为 0.40 时，所配制的混凝土 180d 抗拉强度仅为 2.75MPa，抗拉强度较低；镜下还发现，混凝土破坏试验显示裂纹穿过强度偏低的骨料颗粒。从工程的安全角度考虑，判定单一大理岩混凝土的抗拉强度不能满足锦屏一级水电站的要求，因此其不能单独作为大坝混凝土的骨料料源。② 大理岩骨料混凝土胶凝材料用量低，混凝土的绝热温升、线膨胀系数及自生体积变形等性能较砂岩优。

表 8.2－19　　三滩右岸大理岩单一骨料混凝土力学性能试验成果表

水胶比	胶材用量/（kg/m³）		用水量/（kg/m³）	抗压强度/MPa		抗拉强度/MPa		弹性模量/GPa		极限拉伸值/×10⁻⁶	
	水泥	粉煤灰		28d	180d	28d	180d	28d	180d	28d	180d
0.40	140.0	60.0	80	36.5	47.6	2.32	2.80	19.8	23.2	138	170
0.46	124.8	53.5	82	29.6	39.5	1.89	2.58	18.6	21.8	125	165
0.52	113.1	48.5	84	26.8	36.8	1.70	2.38	17.5	20.9	120	158
0.58	102.6	44.0	85	22.1	34.6	1.58	2.22	16.4	19.8	115	146

表 8.2－20　　三滩右岸大理岩单一骨料混凝土热学性能试验成果表

水胶比	导温系数 /（m²/h）	导热系数 /［kJ/（m·h·℃）］	比热 /［kJ/（kg·℃）］	线膨胀系数 /（×10⁻⁶/℃）	绝热温升计算公式中的系数			
					T_0/℃	a	b	相关系数
0.40	0.0037	8.80	0.95	6.38	24.9	0.322	1.273	R=0.998

（6）储量。三滩右岸大理岩料场开采范围如图 8.2－4 和图 8.2－5 所示，采用平行断面法的储量计算表明，高程 1950.00～2370.00m 间有用层储量为 2340 万 m^3。

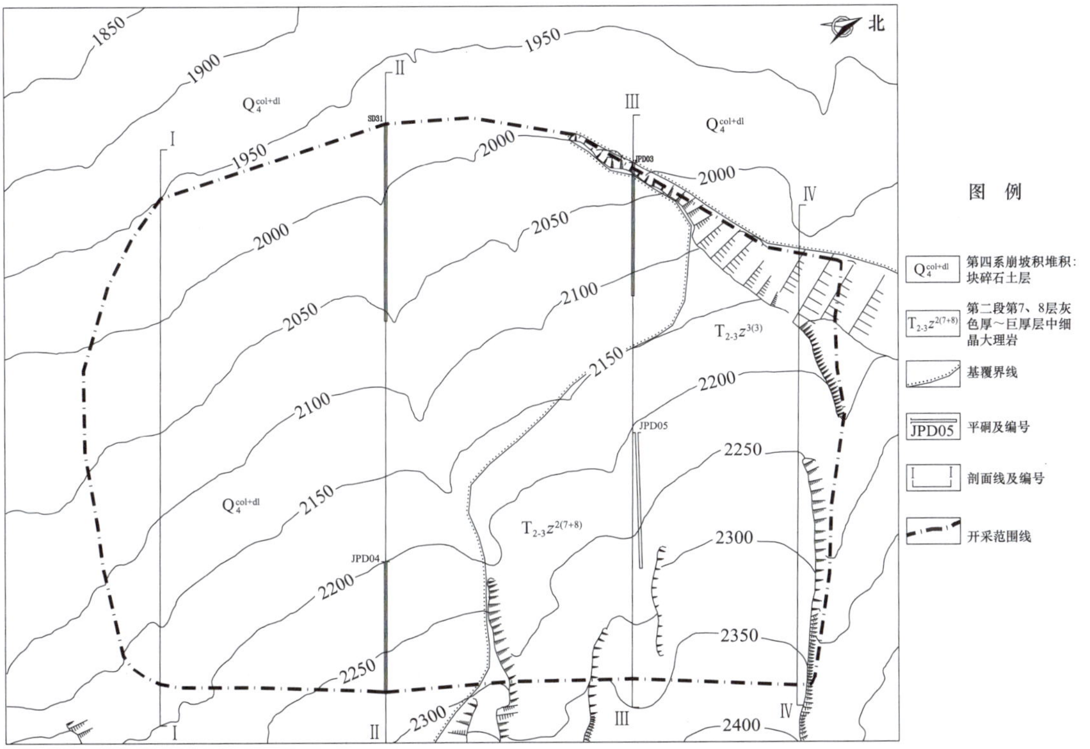

图 8.2－4　三滩右岸大理岩料场开采范围平面示意图

（7）开采运输条件。料场地形坡度适中，岩层倾坡外，利于开采。料场以下地形较平缓，有利于布置施工场地。距坝址约 3km，运距近，运输较为方便。

（8）料场地质评价。料场岩体多裸露，地表无用层在勘探平洞上部及其上游的分布较广，厚 2～4m。大理岩有用层储量丰富，岩性主要为灰色中细晶大理岩夹白色粗晶大理岩条带，岩石新鲜较坚硬，但强度较低的白色中晶大理岩条带集中发育时对骨料质量有一定影响。料场岩石强度（除少量粗晶大理石外）基本满足人工骨料强度要求，但对于本工程（305m 高拱坝）而言，夹层或条带状粗晶大理岩岩石强度偏低，难以单独剔除，且粗骨料的压碎指标及冻融损失达不到标准要求、成品率较低，耐磨性差、跌落损失大；细骨料的细度模数低、石粉含量高、坚固性指标超标。

因此，三滩右岸大理岩料场骨料不适合单独作为大坝混凝土人工骨料。鉴于大理岩骨料混凝土胶凝材料用量低，混凝土的绝热温升、线膨胀系数及自生体积变形等性能均较砂岩优，因此，可考虑用作混凝土组合骨料中细骨料料源，但需采取专门生产工艺，如密封式风选措施降低石粉含量。

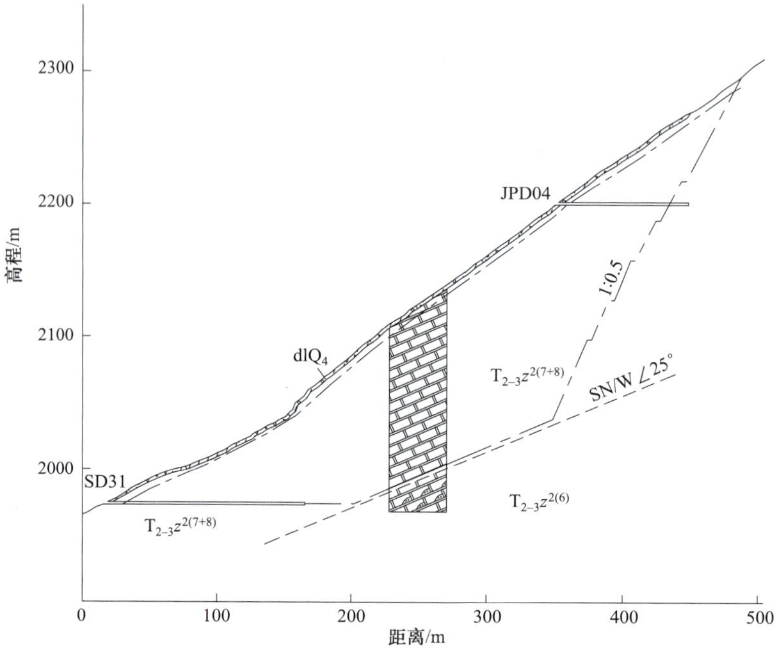

图 8.2-5　三滩右岸大理岩料场开采范围剖面示意图

2. 大奔流沟变质砂岩料场

大奔流沟变质砂岩料场位于坝址下游雅砻江左岸大奔流沟公路内侧山体，距普斯罗沟坝址约 9km，是在选定坝址、坝型后才拟定的料场，从一开始就是按照详查精度进行地勘试验工作的。详查工作从可行性研究选坝后开始，一直持续到招标设计阶段，直至 2005 年年底大坝混凝土人工骨料的组合料源选定后才完成，持续时间在 5 年以上。

可行性研究审查后的复查工作中，在可行性研究阶段详查成果基础上，进一步补充了勘探平洞，补充了岩石室内常规试验、人工骨料原岩试验、人工骨料轧制试验、碱活性试验、跌落试验及生产性试验、混凝土试验和其他试验。

（1）基本地质条件。料场地形为一顺河方向的斜坡，临河坡度 50°～65°。料场长约 1000m，宽 220～370m，分布高程 1640.00～2080.00m，产地面积约 30 万 m^2。料场中部大奔流沟发育较大且深，并长年流水。料场为陡倾顺向坡。

料场地形陡峻，地表基岩多裸露，沟底及缓坡部位为块碎石土覆盖，厚 1～2m，局部厚 3～4m。基岩岩性为杂谷脑组第三段第 1～3 层中厚～厚层状变质石英细砂岩及粉细砂质板岩，岩层总厚 200～350m，岩层产状 N20°～40° E/SE∠60°～85°。砂岩内侧为第二段灰～灰白色角砾、条带状厚～巨厚层大理岩。料场地层由山里向岸边依次分为1、2、3层，其中第1层为中厚层～厚层青灰色变质石英细砂岩夹少量深灰色粉砂质板岩，总厚度130～200m；第2层为深灰色粉砂质板岩夹细砂岩，底部含约1m厚的条纹、角砾状大理岩，呈带状分布于砂岩中，粉砂质板岩板理面黏结较紧，单层厚度5～20cm，部分小于5cm，总厚度70～100m；第3层为青灰色变质石英细砂岩夹深灰色粉细砂质板岩，板岩占35%～40%，板理面黏结较紧，总厚度为40～120m。第1、3层砂岩以中厚～厚层结构为主，岩块大小多为40～100m及20～35cm，少量5～20cm；第2层板岩岩块大多为5～20cm。

料场范围内发育一条断层（F_1），在大奔流沟下游100m处公路内侧出露，产状N60°～70°E/SE∠80°～85°，断层破碎带及影响带带宽8～10m，由压碎岩、片状岩及少量碎粉岩组成，挤压紧密，延伸长度大于1000m。岩体内发育3组裂隙：①层面裂隙，N20°～40°E/SE∠60～85°，迹长大于2m，间距20～35cm和40～100cm；部分夹有0.5～2cm软弱片状条带。② N82°W/NE（SW）∠80°，迹长大于3m，间距1～2m，多无充填。③ N38°～55°W/SW∠15°～23°，迹长大于3m，间距40～100cm，多无充填。

料源区表部岩体以弱风化为主，水平深度一般为10～20m，且以裂隙式风化为主。部分地表厚1～5m范围内为弱偏强风化，层面及裂隙面多为中～强锈外，其余为微新岩体。

（2）有用层与无用层。从料场岩层岩性分析，第1层巨厚～厚层青灰色变质石英细砂岩夹少量深灰色粉砂质板岩，岩层倾向山外，呈条带状，微新岩体完整性好，块度大，岩石强度高，可作为拱坝大坝混凝土人工骨料，是有用层。大奔流沟变质砂岩料场如图8.2－6和图8.2－7所示。

第1层巨厚～厚层变质砂岩中发育的层间挤压错动带、地表局部强风化岩层，性状差，强度低，不能作为拱坝大坝混凝土人工骨料，是无用层。第2、3层粉砂质板岩夹中厚层状细砂岩，分布于山坡外侧，岩性以粉砂质板岩为主，不宜作人工骨料料源。

（3）原岩质量。采用2:1和1:1两种试样尺寸对有用层第1层青灰色变质石英细砂岩进行了原岩质量研究，其成果见表8.2－21、表8.2－22。

岩石常规物理力学（2:1）试验成果表明，第1层岩石强度指标满足人工骨料原岩强度质量要求。

人工骨料原岩（1:1）试验成果表明：第1层厚～巨厚层状青灰色变质石英砂岩饱和密度为2.68～2.75g/cm^3，饱和吸水率为0.02%～0.21%，饱和抗压强度为68～147MPa，软化系数为0.69～0.99；满足人工骨料原岩岩石强度要求。

砂岩的矿物成分测试成果显示（见表8.2－23）：石英含量65%~90%，方解石含量3%～20%，云母含量4%～8%（但以绢云母为主，少量黑云母）。采用岩样压蒸法的碱活性试验成果表明：砂岩岩样膨胀率为0.06%～0.07%，均小于0.1%。

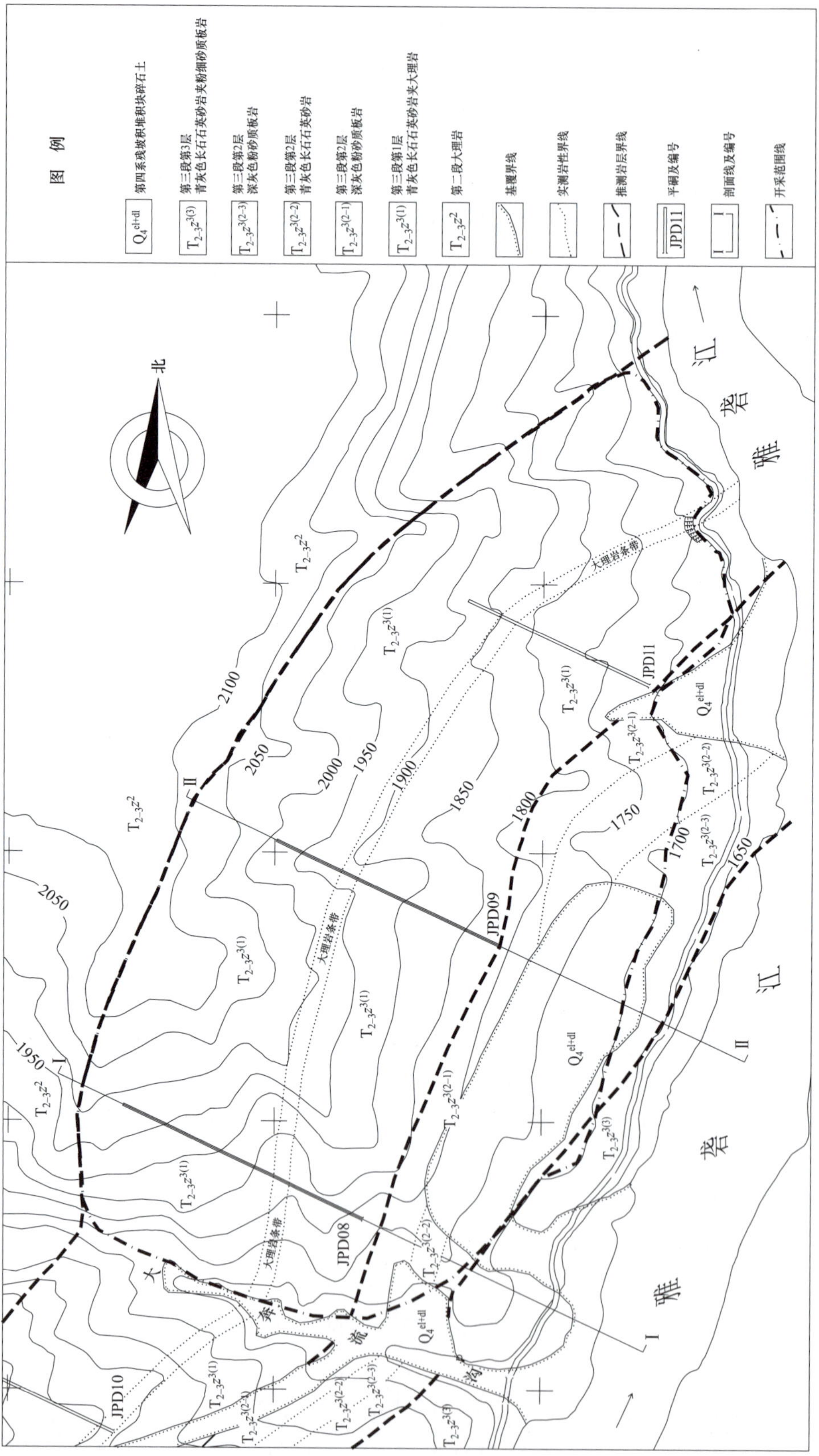

图 8.2－6 大奔流沟变质砂岩料场地质平面图

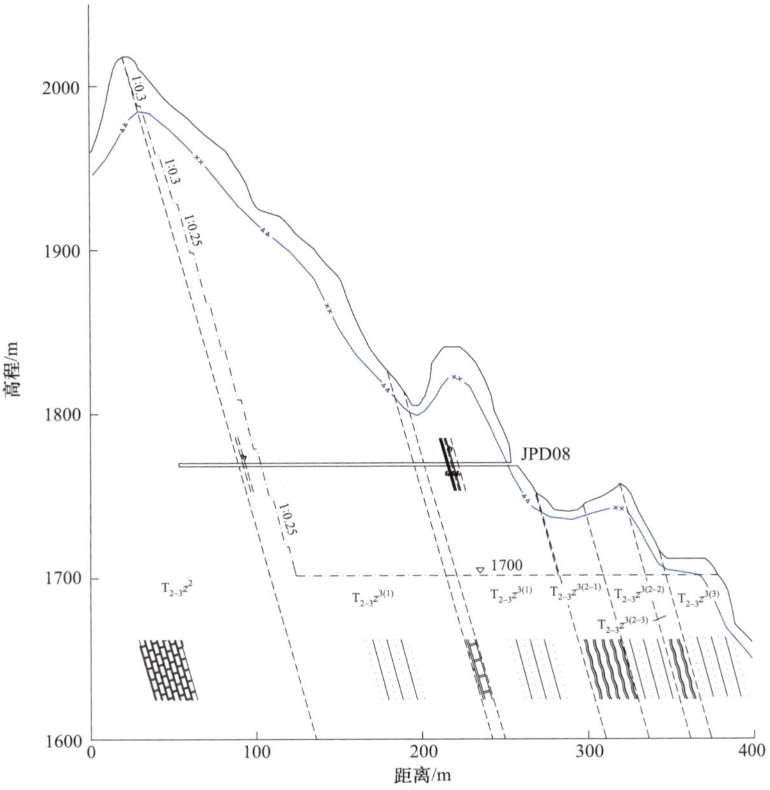

图 8.2-7 大奔流沟变质砂岩料场地质剖面图

表 8.2-21 大奔流沟岩石常规物理力学性质（2:1）试验成果表

岩性	天然密度 /（g/cm³）	干密度 /（g/cm³）	吸水率 /%	饱和吸水率 /%	抗压强度/MPa		软化系数
					干	湿	
第1层青灰色变质石英细砂岩	2.70～2.72（2.71）	2.69～2.72（2.70）	0.02～0.21（0.08）	0.21～0.51（0.35）	145.7～182.3（161）	101～147（128）	0.69～0.88（0.79）

注：试件直径为50mm，高径比为2:1；括号内数据为平均值。

表 8.2-22 大奔流沟人工骨料建材原岩（1:1）试验成果汇总表

岩性		天然密度 /（g/cm³）	干密度 /（g/cm³）	吸水率 /%	饱和吸水率 /%	抗压强度/MPa		软化系数
						干	湿	
第1层青灰色变质石英细砂岩	新鲜	2.68～2.72（2.70）	2.68～2.72（2.70）	0.02～0.21（0.06）	0.16～0.51（0.29）	82～182.3（127）	68～147（105）	0.69～0.99（0.84）
	弱风化	2.66～2.70（2.68）	2.66～2.70（2.68）	0.05～0.07（0.06）	0.32～0.43（0.38）	61～75（68）	54～59（57）	0.79～0.89（0.84）

注：试件直径为50mm，高径比为1:1；括号内数据为平均值。

表 8.2-23　　大奔流沟人工骨料碱活性压蒸法试验成果表

试样编号	化学成分/%						矿物成分/%	压蒸法/%
	SiO_2	Al_2O_3	Fe_2O_3	CaO	MgO	烧失量		
JCD01	64.21	3.19	7.23	9.85	3.91	10.01	石英：55～80 斜长石：3～10 方解石：10～35 云母：3～10	0.06
JCD02	61.32	4.33	10.30	11.98	2.94	8.41		0.06
JCD03	57.67	5.14	15.03	8.61	3.50	9.06		0.07
JCD04	71.37	3.61	8.61	6.80	2.89	5.62		0.06
JCD05	71.16	3.37	8.04	7.45	2.43	6.09		0.06
《水利水电工程天然建筑材料勘察规程》（SL 251—2000）								＜0.1

采用砂浆棒快速法、混凝土棱柱法的碱活性试验成果表明（见表 8.2-24）：可以判定变质石英砂岩为具有碱硅酸反应活性骨料。

表 8.2-24　　大奔流沟人工骨料碱活性试验成果表

试验编号	膨胀率/%							
	砂浆棒快速法				混凝土棱柱法			
	3d	7d	14d	28d	1 月	2 月	3 月	4.5 月
DJ-1	0.028	0.076	0.151	0.293	0.004	0.023	0.034	0.072
DJ-2	0.011	0.030	0.055	0.111	0.006	0.010	0.021	0.065
DJ-3	0.019	0.034	0.069	0.150	0.010	0.025	0.035	0.041
PD8-1	0.022	0.048	0.082	0.159	0.001	0.018	0.040	0.077
PD8-2	0.042	0.125	0.240	0.399	0.012	0.011	0.030	0.065
PD8-3	0.047	0.125	0.239	0.398	0.011	0.046	0.085	0.137
PD8-4	0.038	0.107	0.212	0.367	0.011	0.032	0.069	0.121
PD8-5	0.046	0.110	0.216	0.359	0.011	0.037	0.071	0.126
PD8-6	0.017	0.061	0.125	0.264	0.009	0.039	0.073	0.124
PD9-1	0.041	0.079	0.240	0.391	-0.007	0.008	0.032	0.084
PD9-2	0.031	0.086	0.166	0.294	-0.002	0.010	0.035	0.069
PD9-3	0.018	0.067	0.140	0.291	0.007	0.018	0.035	0.053
PD9-4	0.035	0.088	0.220	0.293	0.008	0.011	0.029	0.075
PD9-5	0.030	0.103	0.188	0.332	0.007	0.020	0.037	0.079

（4）人工骨料轧制试验。

人工骨料粗骨料碎石试验表明（见表 8.2-25）：青灰色变质石英细砂岩人工碎石成品率为 89.5%～97.7%，压碎指标为 5.8%～10.9%，坚固性为 0.2%～3.5%，主要性能指标满足标准要求。

表 8.2－25　　大奔流沟人工骨料粗骨料碎石物理性能试验成果表

岩性	冻融损失/%	压碎指标/%	坚固性/%	成品率/%
第 1 层青灰色变质石英砂岩	0.11～0.38（0.21）	5.8～10.9（8.86）	0.2～3.5（1.2）	89.5～97.7（92.6）
《水利水电工程天然建筑材料勘察规程》（SL 251—2000）	＜10%	＜20	＜12	—

注：括号内数据为平均值。

人工骨料细骨料砂试验成果表明（见表 8.2－26）：青灰色变质石英细砂岩人工制砂成品率为 60%～84.7%，细度模数为 2.47～3.06，石粉含量为 13.9%～25.9%，坚固性 1.1%～4.6%，主要性能指标满足标准要求。

表 8.2－26　　大奔流沟人工骨料细骨料砂物理性能试验成果表

岩性	堆积密度/（g/cm³）	干表观密度/（g/cm³）	坚固性/%	细度模数	平均粒径/mm	石粉含量/%	成品率/%
第 1 层青灰色变质石英砂岩	1.50～1.57（1.54）	2.66～2.86（2.74）	1.1～4.6（2.55）	2.47～3.06（2.76）	0.39～0.60（0.47）	13.9～25.9（17.7）	60～84.7（73.6）
《水利水电工程天然建筑材料勘察规程》（SL 251—2000）	＞1.5	＞2.55	＜10	2.5～3.5	0.36～0.50	6～12	—

注：括号内数据为平均值。

粗骨料针片状试验成果表明（见表 8.2－27）：特大石（80～150mm）及大石（40～80mm）针片状含量多满足标准要求，中石（20～40mm）及小石（5～20mm）针片状含量多超标。砂岩及板岩生产的人工粗骨料颗粒形状差，多为长块（条）状。

表 8.2－27　　大奔流沟人工骨料粗骨料的针片状含量成果表

岩性	各级配针片状含量/%			
	150～80	80～40	40～20	20～5
第 1 层青灰色变质石英砂岩	0～2.1（4.9）	3.6～27.1（10.7）	4.6～26.4（13.9）	4.2～25（14.2）
《水利水电工程天然建筑材料勘察规程》（SL 251—2000）	＜15			

注：括号内数据为平均值。

人工骨料跌落高度均为 5m 的跌落性能试验表明（见表 8.2－28）：跌落损失随跌落次数的增加而增大，同一种骨料跌落损失随粒径的增大而随之增大。

表 8.2－28　　大奔流沟人工骨料跌落性能试验成果汇总表

取样点编号	10 次跌落损失/%			20 次跌落损失/%		
	特大石	大石	中石	特大石	大石	中石
板－1	30.2	30.1	18.6	52.1	49.3	31.9
DJ－1	23.7	33.5	14.9	34.3	50.1	25.6
PD8－2	25.9	28.2	13.0	45.9	47.9	26.9
PD8－3	25.4	28.7	17.1	40.8	46.3	29.5
PD8－4	24.7	29.1	16.3	37.3	48.7	27.5
PD8－5	23.4	34.1	18.1	36.2	48.8	29.0
PD8－6	38.6	37.8	18.3	53.4	50.1	29.1
PD9－1	24.5	33.3	14.6	44.7	48.1	25.5
PD9－2	25.0	32.8	13.8	42.1	47.7	24.9
PD9－3	25.5	30.8	13.3	44.7	50.3	24.6
PD9－4	25.3	35.5	16.2	42.3	50.3	23.4
PD9－5	25.8	37.6	19.4	43.8	53.2	32.8
平均	26.5	32.6	16.1	43.1	49.2	27.6

（5）混凝土性能试验。对大奔流砂岩料场进行了变质砂岩单一骨料的混凝土性能试验研究，其成果见表 8.3－29 和表 8.3－30，砂岩的抗压强度、抗拉强度较高，砂岩混凝土的抗拉强度高，能够满足锦屏一级水电站的要求；砂岩混凝土胶凝材料用量较高，混凝土绝热温升、线膨胀系数高；混凝土自生体积变形收缩性大，对大坝混凝土的温控防裂不利。

表 8.2－29　　大奔流沟变质砂岩单一骨料混凝土力学性能试验成果表

水胶比	胶材用量/（kg/m^3）		用水量/（kg/m^3）	抗压强度/MPa		抗拉强度/MPa		弹性模量/GPa		极限拉伸值/$\times 10^{-6}$	
	水泥	粉煤灰		28d	180d	28d	180d	28d	180d	28d	180d
0.40	154.0	66.0	88	31.6	49.5	2.86	5.16	22.1	31.9	139	177
0.46	137.0	58.7	90	24.4	43.2	2.24	4.58	21.3	30.8	122	157
0.52	123.8	53.1	92	22.6	37.7	1.94	4.15	21.0	29.9	107	147
0.58	111.0	47.6	92	16.8	33.6	1.80	4.08	20.5	29.4	90	140

表 8.2-30　　大奔流沟变质砂岩单一骨料混凝土热学性能试验成果表

水胶比	导温系数 /（m^2/h）	导热系数 /［kJ/（m·h·℃）］	比热 /［kJ/（kg·℃）］	线膨胀系数 /（$\times 10^{-6}$/℃）	绝热温升计算公式中的系数			
					T_0/℃	a	b	相关系数
0.40	0.0042	10.20	0.97	10.32	26.4	0.543	0.583	0.968
0.46	0.0041	9.36	0.92	10.12	25.0	0.509	0.699	0.986
0.52	0.0040	9.03	0.91	9.59	24.1	0.496	0.790	0.994

（6）骨料碱活性抑制试验。国内外对利用混合材特别是粉煤灰防治骨料碱活性反应已取得了大量经验，一定量的粉煤灰能够有效抑制碱骨料反应膨胀，已为大量研究和工程实践所证实。使用粉煤灰置换部分水泥，不仅能够延缓或抑制碱骨料反应，而且对混凝土其他性能也有一定的改善作用。

对大奔流沟料场变质砂岩人工骨料进行了不同粉煤灰掺量和不同碱含量条件下的碱活性抑制试验研究。水泥采用四川峨眉中热 42.5 级水泥，碱含量为 0.51%；粉煤灰采用四川内江市白马电厂Ⅰ级粉煤灰，其碱含量为 1.31%。试验采用砂浆棒快速法进行。

试验成果表明：① 当碱含量一定时，活性骨料的砂浆膨胀率随着粉煤灰掺量的增加而逐渐减小。与未掺粉煤灰的 14d 砂浆膨胀率相比，当粉煤灰掺量分别为 10%、20%、30%和 35%时，其 14d 砂浆膨胀率分别降低 41.3%、76.2%、80.3%和 83.9%，表明掺一定量的粉煤灰对于活性骨料的碱骨料反应有着明显的抑制作用，并且当粉煤灰的掺量超过 20%时，砂浆膨胀抑制率的变化趋于平缓；② 当粉煤灰掺量一定时，砂浆的膨胀率随着胶凝材料的碱含量的增加而呈上升趋势，表明胶凝材料的碱含量对碱骨料反应的膨胀有着一定的影响。

根据试验成果初步判断，掺 20%粉煤灰、控制混凝土碱含量小于 2.1kg/m^3，其膨胀抑制率均大于 75%，可以有效抑制大奔流沟石英砂岩碱活性。

（7）储量。采用平行断面法的储量计算表明：大奔流沟下游料场区，开采高程 1700.00～2100.00m 之间，第一层变质细砂岩有用层总储量约 1200 万 m^3，需剥离其外侧第 2 层、第 3 层板岩及表层 1～5m 的强风化无用层约 180 万 m^3；其中高程 1700.00～1920.00m 之间第一层变质细砂岩有用层总储量约 550 万 m^3，需剥离第 2 层、第 3 层板岩及表层 1～5m 的强风化无用层约 160 万 m^3。

（8）开采运输条件。料场地势陡峻，山高坡陡，分布位置较高，开采条件较差，需采取必要的处理措施，确保开采边坡开采期和永久稳定性。该料场距锦屏一级水电站坝址约 9km，运距较近，运输较为方便。

（9）料场地质评价。大奔流沟砂岩料场位于坝址下游雅砻江左岸大奔流沟公路内侧山体，分布高程为 1660.00～2100.00m，呈长条带状展布，有用层储量丰富，岩性以厚～巨厚层状变质石英细砂岩为主，厚 140～170m，粉细砂质板岩和角砾状大理岩夹层占 8%～10%。岩石强度、粗细骨料主要性能指标基本满足人工骨料质量技术要求；但砂岩加工粗骨料粒形差，多为长块（条）状，中、小石针片状略有超标，碱活性试验成果可评定砂岩骨料为具有潜在危害反应的活性骨料。

大奔流沟下游，高程1700.00～2100.00m之间有用层储量约1200万m^3，能满足工程需要，无用层约180万m^3。场地狭窄，开采条件较差，距坝址约9km，公路直达坝址，运输方便。在选用该料场作为大坝混凝土骨料料源时，应对骨料碱活性采取可靠的抑制措施。

8.3 料源选择综合研究

原岩和人工骨料试验表明三滩右岸大理岩单一大理岩骨料为非活性骨料，但其强度偏低，饱和抗压强度试验平均值为66MPa，有30%岩样饱和抗压强度小于60MPa，其强度、耐久性等主要性能指标达不到规程规范和设计要求，不宜作为300m特高拱坝大坝混凝土单一骨料。单一大理岩骨料的混凝土试验表明：抗压强度、抗冻、抗渗性能指标可达到设计要求，但全级配混凝土抗压强度稍低于设计强度等级；混凝土具有弹性模量较低、极限拉伸值较高和线胀系数较小等对混凝土防裂有利的特点；但抗拉强度及拉压比较低，从全级配劈拉和轴拉破坏断面看，混凝土基本为骨料断裂，极少从混凝土骨料与水泥砂浆的结合面上破坏，大理岩骨料本身抗裂能力较低。考虑施工过程中质量波动对混凝土强度的影响以及高拱坝对混凝土抗裂能力要求，以三滩右岸灰色中细晶大理岩为单一骨料的混凝土难以满足300m量级拱坝大坝混凝土的设计要求。

原岩和人工骨料试验表明大奔流沟砂岩原岩抗压强度较高，饱和抗压强度试验平均值为99.7MPa，劈裂抗拉强度为6.96MPa，人工骨料基本性能总体可满足有关规范要求，存在粗、细骨料针片状含量超标问题，且单一变质砂岩骨料具有潜在碱硅酸反应活性。单一变质砂岩骨料的混凝土试验表明：抗压强度、抗拉强度、抗冻和抗渗性能指标等均达到了设计要求；混凝土抗拉强度、拉压比和极限拉伸值较高，对混凝土防裂是有利的；从全级配劈拉和轴拉破坏断面看，骨料断裂和骨料与水泥砂浆的结合面上破坏各占 50%左右，骨料具有较好的抗裂性能；但单一变质砂岩骨料混凝土的弹性模量较高、线胀系数和干缩变形较大，对混凝土的温控防裂是不利的，需采取有效的温度控制措施。

针对单一大理岩、单一变质砂岩骨料混凝土存在的问题，从提高混凝土强度，尤其是抗拉强度，通过减小活性骨料比例来降低混凝土潜在碱硅酸反应活性出发，开展了大量的组合骨料及混凝土试验的研究。

8.3.1 组合骨料混凝土试验

采用大奔流沟变质砂岩为粗骨料、三滩右岸大理岩为细骨料，和双马P.MH42.5水泥、宣威Ⅰ级粉煤灰、ZB—1A低碱缓凝高效减水剂、上海麦斯特AEA202引气剂，配制大坝混凝土进行组合骨料的混凝土性能试验。水胶比方案有0.38、0.43、0.48、0.53四种，粉煤灰掺量有30%、35%两种。

混凝土抗压强度试验成果表明（见表8.3－1）：组合骨料混凝土抗压强度略高，且混凝土的抗压强度与胶材用量的比值（简称强胶比）也较高。

表 8.3－1　　组合骨料大坝混凝土性能抗压强度试验成果表

粉煤灰掺量/%	水胶比	抗压强度/MPa				强灰比/（MPa/kg）		
		7d	28d	90d	180d	28d	90d	180d
30	0.38	23.2	34.0	43.3	47.7	0.158	0.201	0.221
	0.43	19.2	31.9	38.8	42.2	0.167	0.203	0.221
	0.48	14.8	23.2	33.0	35.6	0.134	0.191	0.206
	0.53	12.6	20.9	29.9	33.5	0.132	0.189	0.211
35	0.38	22.4	36.1	43.6	47.4	0.169	0.205	0.222
	0.43	19.0	29.9	38.0	41.3	0.159	0.202	0.219
	0.48	13.7	21.7	33.1	35.0	0.125	0.191	0.202
	0.53	10.7	18.7	30.1	32.4	0.118	0.190	0.204

混凝土劈拉强度与轴拉强度试验成果表明（见表 8.3－2）：组合骨料混凝土的劈拉强度与轴拉强度在 90d 时分别在 2.45MPa 以上、2.94MPa 以上。

表 8.3－2　　组合骨料大坝混凝土性能劈拉强度与轴拉强度试验成果表

粉煤灰掺量/%	水胶比	劈拉强度/MPa			轴拉强度/MPa			
		28d	60d	90d	28d	60d	90d	180d
30	0.38	2.82	3.14	3.35	2.78	3.18	3.59	4.75
	0.43	2.64	2.86	2.97	2.56	3.08	3.52	3.94
	0.48	1.84	2.48	2.90	2.20	3.01	3.45	3.70
	0.53	1.80	2.12	2.73	2.09	2.81	2.94	3.50
35	0.38	2.70	3.02	3.39	2.70	3.12	3.76	4.62
	0.43	2.26	2.64	2.93	2.54	2.82	3.20	3.92
	0.48	1.64	2.25	2.54	2.15	2.72	3.02	3.63
	0.53	1.56	2.02	2.45	2.01	2.51	3.00	3.42

混凝土的极限拉伸值与弹模体现混凝土的变形性能，极限拉伸值越高、弹模越低，混凝土的变形性能越优。组合骨料弹性模量和极限拉伸值试验成果表明（见表 8.3－3）：组合骨料混凝土的 180d 弹性模量略高而极限拉伸值略低，混凝土变形性能略差。

表 8.3－3　　组合骨料大坝混凝土性能弹模与极限拉伸试验成果表

粉煤灰掺量/%	水胶比	弹性模量/GPa			极限拉伸值/$\times 10^{-6}$			
		28d	90d	180d	28d	60d	90d	180d
30	0.38	24.7	30.0	33.3	106	120	125	130
	0.43	23.4	28.4	32.1	101	111	120	124
	0.48	21.8	27.7	31.3	100	109	113	116
	0.53	19.8	25.2	31.0	96	106	109	114

续表

粉煤灰掺量/%	水胶比	弹性模量/GPa			极限拉伸值/× 10^{-6}			
		28d	90d	180d	28d	60d	90d	180d
35	0.38	23.9	30.3	32.5	105	119	124	128
	0.43	23.2	28.9	31.2	102	105	118	125
	0.48	19.7	28.1	31.0	98	104	112	114
	0.53	17.2	27.5	29.6	94	103	109	112

混凝土热学性能试验成果见表 8.3－4，组合骨料混凝土的线膨胀系数与绝热温升值较低。

表 8.3－4　　组合骨料大坝混凝土性能热学性能试验成果表

水胶比	导温系数/（m^2/h）	导热系数 /［kJ/（m·h·℃）］	比热 /［kJ/（kg·℃）］	绝热温升 T_0/℃	线膨胀系数/（× 10^{-6}/℃）
0.43	0.0036	7.76	0.86	26.0	8.11

混凝土耐久性试验成果见表 8.3－5。试验成果表明组合骨料混凝土的抗冻性与抗渗性略差。

表 8.3－5　　组合骨料大坝混凝土耐久性试验成果表

水胶比	渗透试验		250 次抗冻试验		
	渗透系数/（cm/s）	抗渗等级	相对动弹模/%	质量损失/%	90d 抗冻等级
0.48	0.127 × 10^{-9}	＞W30	81.0	1.2	＞F250

抗裂变形指数 K_z 考虑了混凝土的极限拉伸值、抗拉强度、压缩徐变、线膨胀系数、自生体积变形、干缩对混凝土抗裂性能的影响，K_z 越大，混凝土的抗裂能力越强。组合混凝土的抗裂变形指数计算成果见表 8.3－6。组合骨料混凝土试验性能和抗裂指标计算成果表明组合骨料混凝土的抗裂变形指数较高，说明组合骨料混凝土的抗裂性能较优。

表 8.3－6　　组合骨料大坝混凝土性能试验和抗裂指标计算成果表

试验编号	骨料种类	水胶比	轴拉强度 /MPa	弹性模量 /GPa	自身体积变形 /× 10^{-6}	干缩 /× 10^{-6}	压缩徐变 C/（× 10^{-6}/MPa）	线膨胀系数/（× 10^{-6}/℃）	绝热温升 T_0/℃	抗裂指标 K_z
JA－2	全砂岩	0.43	3.03	26.7	－30.9	－426	58.2	9.70	26.6	0.405
JA－14	组合骨料	0.43	3.52	28.4	－20.4	－370	44.0	8.11	26.0	0.464

组合骨料大坝混凝土上述试验成果与前大奔流沟料场全砂岩骨料大坝混凝土性能试验成果的对比表明：

（1）采用变质砂岩粗骨料、大理岩细骨料的组合骨料混凝土性能能满足设计提出的300m 量级拱坝大坝混凝土技术要求。

（2）采用组合骨料的混凝土用水量比全砂岩骨料低 8～9kg/m^3，胶凝材料少 15～21kg/m^3，混凝土和易性有改善；在相同水胶比条件下，组合骨料的混凝土抗压强度比全砂岩骨料略高，且强灰比高，180d 弹性模量略高，极限拉伸值略低，耐久性能略低，混凝土热学性能指标线膨胀系数以及干缩率明显降低，说明组合骨料混凝土抗裂性能略优。

（3）分析大理岩细骨料细度模数及石粉含量对混凝土性能的影响，在 1.54～2.39 范围内随着细度模数的降低，人工砂的石粉含量增加，混凝土用水量增加（6～7kg/m^3），抗压强度、劈拉强度和轴拉强度随之降低，弹性模量与极限拉伸值变化不大；在 2.14～2.99 范围内不同的细度模数和在 15.7%～32.4%范围内的石粉含量的大理岩人工砂，使混凝土性能在一定范围内（5%左右）波动。大理岩原岩强度越高，其人工砂配置的混凝土抗压强度、劈拉强度越高。

因此，采用细度模数较低、石粉含量较高的三滩右岸大理岩人工砂，虽然对混凝土用水量和混凝土强度有一定影响，但混凝土性能总体可以满足 300m 量级拱坝大坝混凝土技术指标要求。

8.3.2　组合骨料混凝土碱活性试验成果

1. 组合骨料混凝土碱活性试验

单一骨料碱活性试验成果表明大理岩骨料为非活性骨料、变质砂岩骨料为活性骨料。采用混凝土棱柱体法对砂岩＋大理岩的人工组合骨料的碱活性进行检验，水泥为工程拟用的峨胜和双马中热水泥，胶凝材料碱含量考虑为 1.25%和 2.0%。为对比同时做了砂岩、大理岩单一骨料的碱活性试验，检验成果对比见表 8.3－7 和图 8.3－1、图 8.3－2。

表 8.3－7　　组合骨料与单一骨料碱活性检验成果对比表

水泥品种	碱含量/%	骨料种类		一年膨胀率/%
		粗骨料	细骨料	
峨胜水泥	1.25	砂岩	砂岩	0.129
		砂岩	大理岩	0.115
		大理岩	大理岩	0.031
	2.0	砂岩	砂岩	0.180
		砂岩	大理岩	0.146
		大理岩	大理岩	0.035

续表

水泥品种	碱含量/%	骨料种类		一年膨胀率/%
		粗骨料	细骨料	
双马水泥	1.25	砂岩	砂岩	0.119
		砂岩	大理岩	0.109
		大理岩	大理岩	0.034
双马水泥	2.0	砂岩	砂岩	0.177
		砂岩	大理岩	0.151
		大理岩	大理岩	0.040

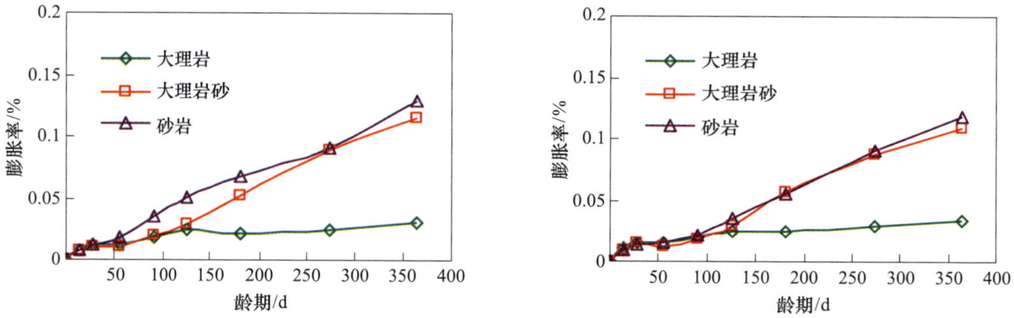

(a) 峨胜中热水泥　(b) 双马中热水泥

图 8.3-1　组合骨料与单一骨料碱活性检验成果对比图（碱含量为 1.25%）

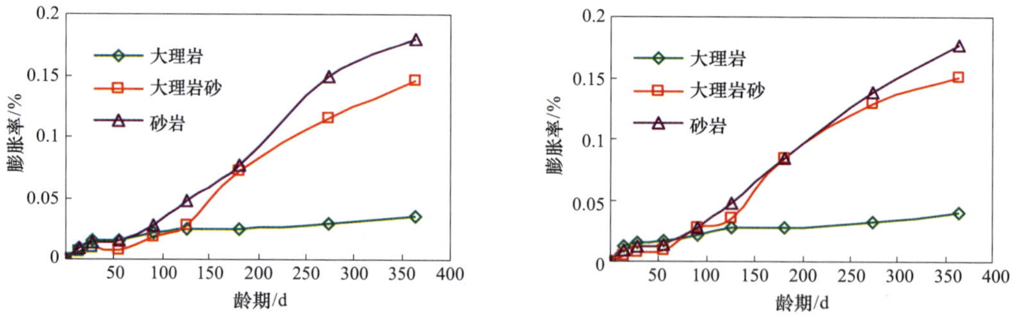

(a) 峨胜中热水泥　(b) 双马中热水泥

图 8.3-2　组合骨料与单一骨料碱活性检验成果对比图（碱含量为 2.0%）

检验成果表明：采用大理岩人工砂的组合骨料 1 年的膨胀率都大于 0.1%，属活性骨料；但组合骨料与活性的全砂岩单一骨料比较，在碱含量为 1.25%时，组合骨料可以降低砂岩骨料 1 年的膨胀率 7.8%～8.4%；在碱含量为 2.0%时，组合骨料可以降低砂岩骨料 1 年的膨胀率 14.7%～18.9%。由此可见，在砂岩混凝土中掺用大理岩人工砂，可以减少砂岩混凝土的碱活性膨胀。

2. 组合骨料混凝土碱活性抑制试验

混凝土碱活性主要受混凝土中活性成分和胶凝材料总碱量影响，因此通过掺加粉煤灰（施工期又掺加了一定的大理岩石粉）、减小胶凝材料用量可以减小胶凝材料总碱量，通过采用大理岩人工砂来取代砂岩人工砂可以减小混凝土中活性成分。

（1）为评价不同比例大理岩人工砂对组合骨料碱活性膨胀的影响，采用工程拟用的峨胜和双马中热水泥，分别在碱含量为 0.9%和 1.5%的条件下，对砂岩和大理岩不同比例的组合砂骨料碱活性进行检验。检测方法采用砂浆棒快速法，检验成果见表 8.3－8 和图 8.3－3、图 8.3－4。

表 8.3－8　不同大理岩人工砂对组合骨料碱活性膨胀的影响

碱含量（%）	组合砂比例/%		峨胜中热水泥		双马中热水泥	
	砂岩	大理岩	14d 膨胀率/%	28d 膨胀率/%	14d 膨胀率/%	28d 膨胀率/%
0.9	100	0	0.207	0.393	0.231	0.447
	90	10	0.191	0.389	0.221	0.438
	80	20	0.161	0.390	0.218	0.423
	70	30	0.156	0.376	0.198	0.380
	60	40	0.179	0.352	0.155	0.203
	50	50	0.178	0.363	0.131	0.169
	40	60	0.134	0.244	0.149	0.290
	30	70	0.114	0.218	0.115	0.239
	20	80	0.096	0.200	0.073	0.171
	10	90	0.052	0.120	0.042	0.103
	0	100	0.008	0.024	0.009	0.026
1.5	100	0	0.231	0.414	0.233	0.466
	90	10	0.170	0.266	0.237	0.463
	80	20	0.182	0.295	0.199	0.394
	70	30	0.189	0.400	0.217	0.440
	60	40	0.187	0.393	0.208	0.399
	50	50	0.156	0.317	0.165	0.325
	40	60	0.118	0.245	0.135	0.289
	30	70	0.108	0.249	0.113	0.248
	20	80	0.081	0.186	0.079	0.195
	10	90	0.041	0.110	0.031	0.101
	0	100	0.017	0.037	0.011	0.031

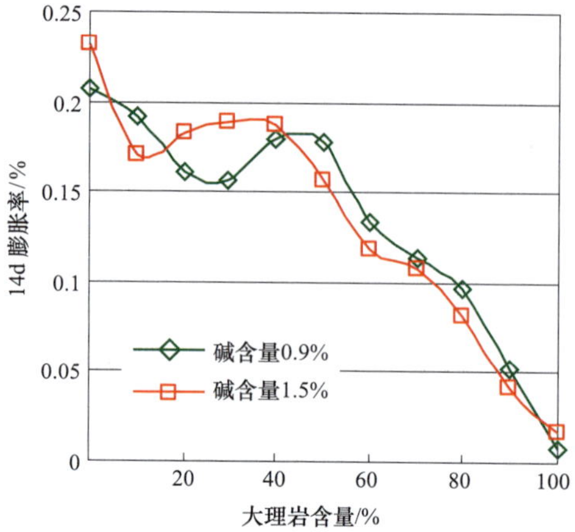

(a) 峨胜中热水泥

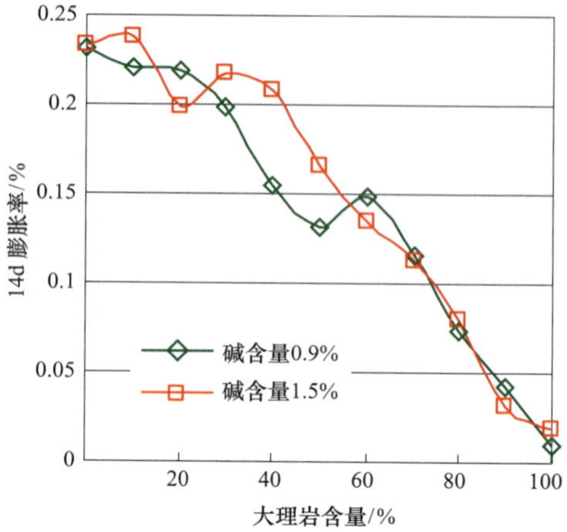

(b) 双马中热水泥

图 8.3－3　不同比例大理岩人工砂对组合骨料 14d 膨胀率的影响

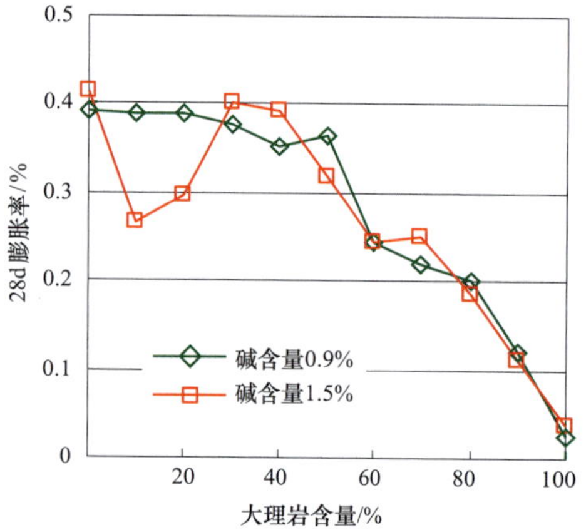

(a) 峨胜中热水泥

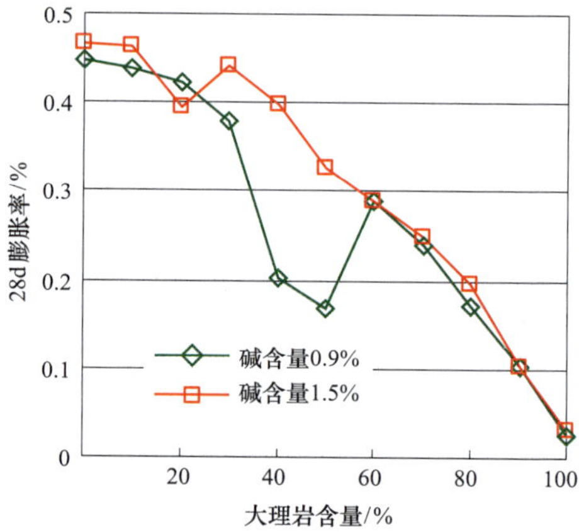

(b) 双马中热水泥

图 8.3－4　不同比例大理岩人工砂对组合骨料 28d 膨胀率的影响

试验结果表明：在碱含量为 0.9%和 1.5%条件下，当大理岩砂含量为 20%时，14d 砂浆膨胀率比全砂岩人工砂减少 6%～22%；当大理岩砂含量为 50%时，14d 砂浆膨胀率比全砂岩人工砂减少 14%～43%；当大理岩砂含量为 80%时，14d 砂浆膨胀率比全砂岩人工砂减少 54%～68%；说明随着大理岩人工砂在砂总量中所占比例的增加，组合骨料 14d 膨胀率有着逐渐减小的趋势，表明大理岩人工砂可以降低砂岩砂的碱活性膨胀。

（2）对不同粉煤灰掺量对碱活性的影响，已有的大量试验研究结果表明：在混凝土中掺用一定量的粉煤灰置换部分水泥，不仅能有效地抑制骨料碱硅反应的膨胀，而且对混凝土的其他性能也有着一定的改善作用。同时对节约资源，保护环境也有着重要意义。因此可采用在大坝混凝土中掺一定量的粉煤灰来研究不同粉煤灰掺量对碱活性的影响。粉煤灰对碱硅反应膨胀的抑制效果与所掺粉煤灰的品质有关，其中尤其重要的是粉煤灰的氧化钙含量和碱含量两个指标。

结合锦屏一级水电站的实际，选用工程拟用的双马中热水泥、峨胜中热水泥以及曲靖Ⅰ级和Ⅱ级粉煤灰、宣威Ⅰ级和Ⅱ级粉煤灰，采用砂浆棒快速法和混凝土棱柱体法，进行不同掺量粉煤灰抑制砂岩碱活性膨胀的试验研究。两种检验方法的试验成果见表8.3-9和图8.3-5、图8.3-6。

表8.3-9 两种方法不同掺量粉煤灰抑制砂岩碱活性膨胀试验成果表

水泥品种	粉煤灰品种	粉煤灰掺量/%	砂浆膨胀率/%									
			砂浆棒快速法				混凝土棱柱体法					
			3d	7d	14d	28d	14d	56d	91d	182d	273d	365d
峨胜中热	—	—	0.058	0.124	0.254	0.478	0.004	0.010	0.027	0.063	0.074	0.089
	曲靖Ⅰ级灰	20	0.005	0.010	0.030	0.067	0.008	0.002	0.005	0.005	0.011	0.010
		30	0.001	0.003	0.016	0.036	0.009	0.004	0.004	0.006	0.008	0.007
		35	-0.004	0.002	0.014	0.027	0.005	0.000	0.003	0.004	0.004	0.004
	曲靖Ⅱ级灰	20	0.011	0.015	0.050	0.090	0.007	0.002	0.005	0.006	0.010	0.012
		30	0.002	0.003	0.027	0.058	0.003	0.000	0.001	0.004	0.004	0.009
		35	0.007	0.010	0.024	0.049	0.006	-0.001	0.000	0.003	0.002	0.004
	宣威Ⅰ级灰	20	0.007	0.021	0.044	0.088	0.006	0.003	0.003	0.006	0.011	0.013
		30	0.010	0.013	0.021	0.046	0.008	0.003	0.003	0.004	0.009	0.007
		35	0.004	0.007	0.012	0.038	0.004	0.001	0.002	0.004	0.016	0.013
	宣威Ⅱ级灰	20	0.001	0.007	0.029	0.064	0.005	-0.001	-0.001	0.001	0.007	0.005
		30	0.002	0.003	0.020	0.041	0.007	0.005	0.006	0.006	0.010	0.008
		35	0.002	0.002	0.018	0.036	0.003	-0.005	-0.006	-0.006	-0.001	-0.004
双马中热	—	—	0.052	0.111	0.250	0.465	0.014	0.016	0.019	0.039	0.058	0.069
	曲靖Ⅰ级灰	20	0.001	0.006	0.027	0.059	0.009	0.005	0.008	0.009	0.016	0.018
		30	0.001	0.002	0.019	0.043	0.007	0.003	0.006	0.006	0.009	0.008
		35	0.004	0.008	0.019	0.033	0.002	-0.006	-0.002	-0.002	-0.002	0.000
	曲靖Ⅱ级灰	20	0.011	0.021	0.039	0.081	0.007	0.002	0.006	0.009	0.013	0.018
		30	0.005	0.012	0.026	0.059	0.005	0.001	0.001	0.005	0.009	0.011
		35	0.004	0.003	0.025	0.052	0.005	-0.001	0.001	0.003	0.007	0.004
	宣威Ⅰ级灰	20	0.003	0.011	0.036	0.073	0.007	0.002	0.005	0.008	0.014	0.014
		30	0.004	0.005	0.021	0.043	0.007	-0.001	0.003	0.007	0.011	0.015
		35	-0.004	0.002	0.016	0.035	0.007	0.001	0.003	0.004	0.008	0.006
	宣威Ⅱ级灰	20	-0.001	0.010	0.031	0.063	0.008	0.005	0.005	0.011	0.017	0.018
		30	0.006	0.003	0.021	0.040	0.007	0.003	0.004	0.008	0.009	0.009
		35	0.002	0.007	0.017	0.037	0.004	0.002	0.003	0.006	0.008	0.010

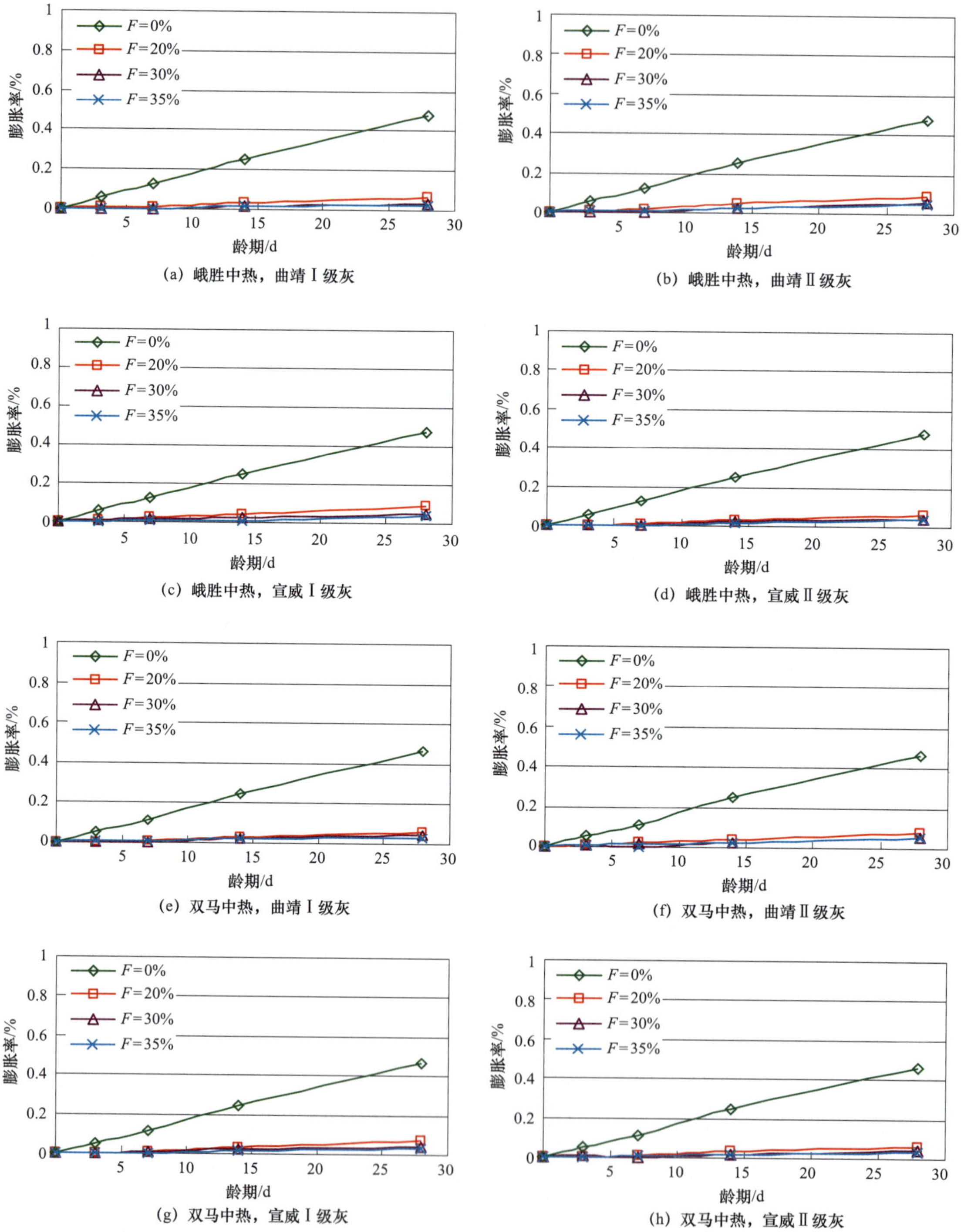

图 8.3-5　不同掺量粉煤灰抑制砂岩碱活性膨胀砂浆棒快速法成果对比图

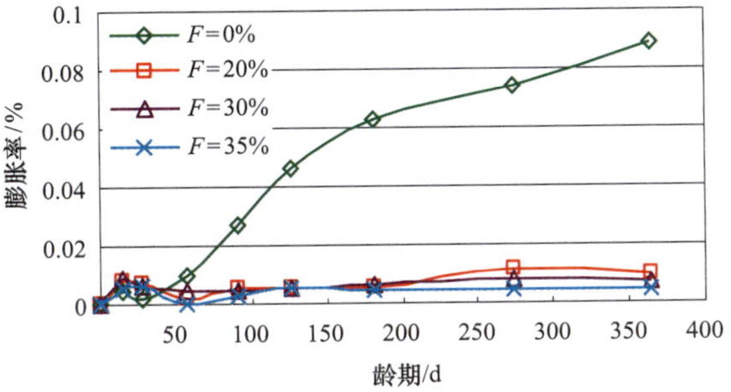

(a) 峨胜中热，曲靖Ⅰ级灰

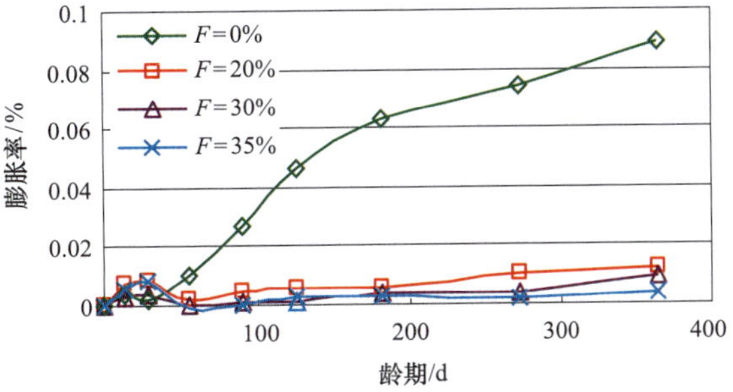

(b) 峨胜中热，曲靖Ⅱ级灰

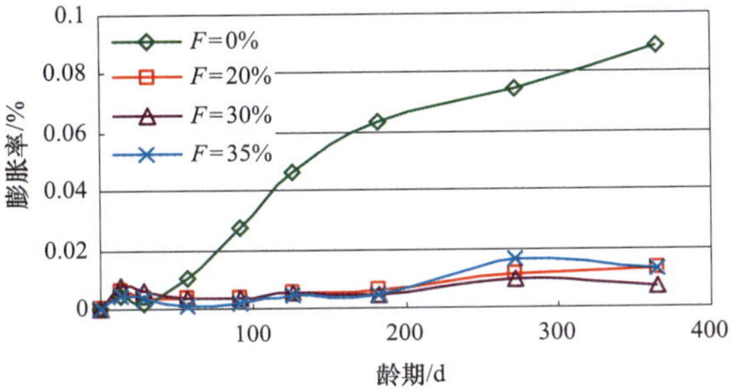

(c) 峨胜中热，宣威Ⅰ级灰

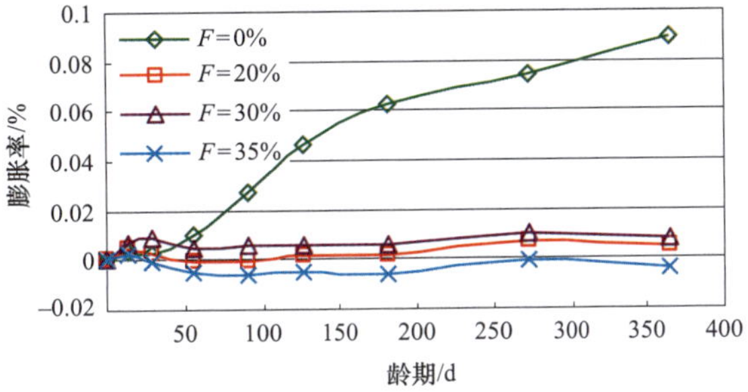

(d) 峨胜中热，宣威Ⅱ级灰

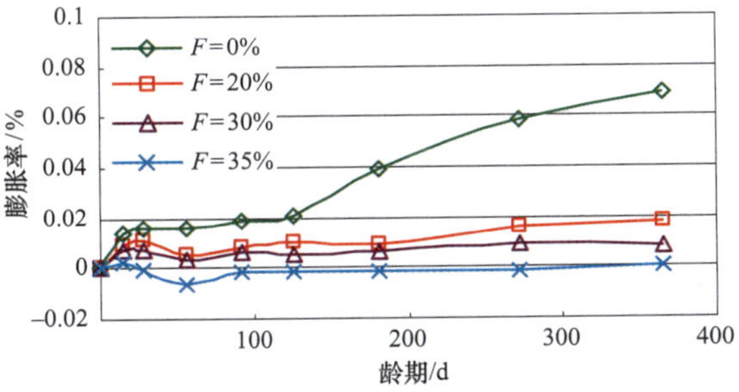

(e) 双马中热，曲靖Ⅰ级灰

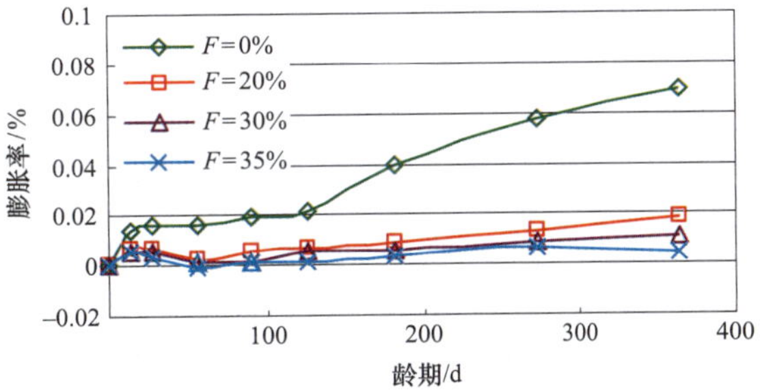

(f) 双马中热，曲靖Ⅱ级灰

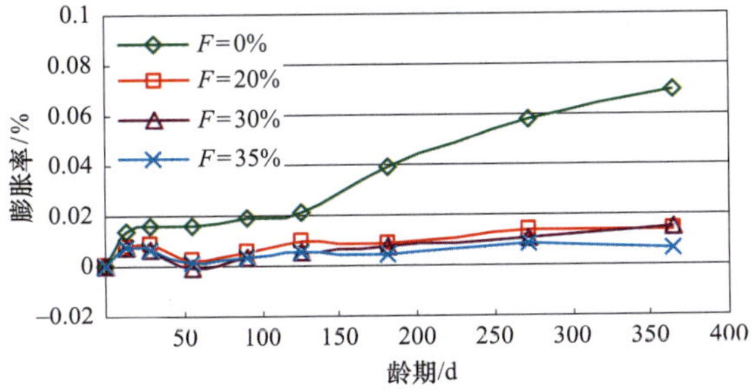

(g) 双马中热，宣威Ⅰ级灰

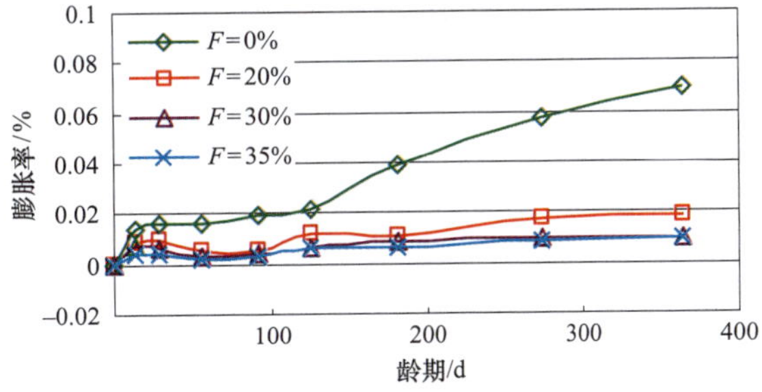

(h) 双马中热，宣威Ⅱ级灰

图 8.3-6 不同掺量粉煤灰抑制砂岩碱活性膨胀混凝土棱柱体法成果对比图

试验成果表明：① 当粉煤灰的掺量达到20%时，无论是掺Ⅰ级还是Ⅱ级粉煤灰，砂浆的14d、28d膨胀率均小于0.1%；混凝土一年的膨胀率均小于0.04%；表明掺20%的粉煤灰可以有效抑制砂岩的碱活性膨胀；② 随着粉煤灰掺量的增加，粉煤灰抑制砂岩骨料碱活性膨胀的效果将提高；③ 在相同条件下，掺Ⅰ级粉煤灰抑制砂岩碱活性膨胀的效果要优于掺Ⅱ级粉煤灰。

8.3.3 拱坝混凝土人工骨料料源综合选择结果

三滩右岸大理岩料场地形坡度35°～40°（局部70°），坡度适中，开采条件较好。大理岩料源岩石强度偏低、岩性均一性差，室内试验粗骨料压碎指标、坚固性和细骨料坚固性等均不满足规范要求，细骨料细度模数低、石粉含量高、成品率低，质量控制难度大。虽然大理岩混凝土弹模低、线胀系数小等热学性能较好，但混凝土抗拉强度和拉压比偏低、变异性大，该料场不能作为锦屏一级水电站305m特高拱坝大坝混凝土人工骨料料源。

大奔流沟砂岩料场地势陡峻，临河坡度50°～65°，开采条件较差。料场岩石强度高、岩性均一性较好。粗骨料针片状含量超标、具有一定潜在的碱硅酸反应活性，其他粗细骨料性能指标满足规范要求。砂岩混凝土弹模和线胀系数相对略高，混凝土抗拉、抗压强度高，后期抗拉强度增长率高，性能比较稳定。经多家科研机构论证，采用低碱水泥和掺加粉煤灰的方法可以有效抑制砂岩碱硅酸反应活性。开采强度可满足要求，大奔流沟变质砂岩料场可作为锦屏一级水电站305m特高拱坝大坝混凝土人工骨料料源。

鉴于单一砂岩骨料混凝土存在弹模和线胀系数相对略高，对混凝土的温控防裂不利，且单一砂岩骨料混凝土碱活性反应明显，从混凝土提高热学性能指标、提高抗裂性能、降低碱活性分析，根据试验成果结合料源的开采及运输、人工骨料的生产及运输和混凝土生产的技术经济性，锦屏一级水电站305m特高拱坝大坝混凝土骨料采用三滩右岸大理岩细骨料、大奔流沟变质砂岩粗骨料的组合骨料是合适的，采取专门的工艺和改性措施后，如三滩右岸大理岩细骨料密封式风选降低石粉含量、大奔流沟变质砂岩粗骨料二次整型改善骨料形状，以及添加粉煤灰抑制碱活性等，能满足规程规范和设计对大坝混凝土技术指标的要求。

8.4 施工期大坝混凝土骨料质量控制

8.4.1 开采过程质量控制

1. 影响料源质量的因素分析

三滩右岸大理岩作为细骨料料源，可用料为灰色中细晶大理岩、浅灰～灰白色细晶大理岩，其中所夹的20%～30%白色中、粗晶大理岩为无用料，其强度低于60MPa，锤击易成粉末，呈条带状或透镜体状分布于料场岩体中，开采时无法完全剔除，加工时会增加成品砂的石粉含量、降低其细度模数，并导致成品砂的成品率偏低，因此是影响大理岩细骨料料源质量的主要因素。

大奔流沟砂岩作为粗骨料料源，可用料为厚～巨厚层状青灰色变质石英砂岩，料场浅表的风化层、沿构造带的风化夹层、砂岩中所夹的粉砂质板岩、角砾状大理岩强度较低，为无用料，开采时同样很难完全剔除，加工后会增加成品骨料中风化料、板岩料、大理岩料的含量，从而降低成品骨料的强度，成为影响变质砂岩粗骨料料源质量的主要不利因素。

2. 应对措施及工作方法

针对影响两料场料源质量的主要不利因素，最主要、最直接的应对措施就是在开采区避免、控制无用料不进入骨料生产加工系统，尽量减小无用料进入比例。

具体办法就是设计院联合监理单位与施工单位在三滩右岸大理岩料场和大奔流沟砂岩料场开采区进行料源质量跟踪、控制。即每次料场开挖爆破后，取料前地质工程师对开挖面进行地质编录，如发现有无用料集中分布则及时以口头和设计便函等形式向监理单位与施工单位明确无用料分布位置，要求对集中分布的无用料进行剔除、弃料处理，如图 8.4－1 所示为大奔流沟砂岩料场开挖至 1835m 台阶关于无用料分布范围鉴定结果的示意图。现场工作之后再将关于无用料分布范围鉴定结果以设计便函的形式发往建设业主进行确认。剔除、弃料处理最终由监理工程师在现场实施控制。

图 8.4－1 大奔流沟砂岩料场 1835m 台阶无用料分布范围鉴定结果示意图

同时，根据本台阶开挖揭示的无用料分布位置和产状对下一个台阶无用料分布可能位置做出预测，并将预测结果以地质预报的形式通知业主、监理单位与施工单位作为对下台阶开挖取料的指导。

从 2009 年 8 月开始，至 2012 年 8 月共发出关于开采区料源质量跟踪控制的设计便函 14 期、地质预报 5 期，有效地控制了料源开采质量。

8.4.2 成品骨料质量跟踪检测

三滩右岸大理岩料场无用料主要为白色中、粗晶大理岩，含量为20%～30%，开采过程中无法完全剔除，被加工后与有用成品细骨料无明显外观差异，均匀混杂，难以区分。无用料对骨料质量的影响一般表现为增加成品砂的石粉含量、减小其细度模数，但这些问题通过调整生产过程中的线速度、采用开式生产、加强风吹或水洗等生产工艺得到解决，从而提高成品砂的成品率及质量，减小无用料对成品骨料质量的影响。因此，三滩右岸大理岩细骨料生产过程中地质工程师没有开展对成品砂质量的跟踪检查，成品砂质量检查由工程建设的试验检测中心和监理工程师完成。

而印把子沟粗骨料生产系统，尽管从大奔流料场开采区就开始质量控制，避免了风化夹层、板岩夹层、大理岩夹层三种无用层进入粗骨料生产系统，但由于无用层分布的不均匀性，无法完全剔除，仍有部分风化夹层、板岩夹层、大理岩夹层进入生产系统，导致成品料中不可避免地含有了不同比例的风化夹层、板岩夹层、大理岩夹层，一定程度上影响了成品骨料质量。为了解并掌握每一批次成品骨料中无用料的类型、比例等情况，评判不同含量对混凝土性能的影响，在建设业主的组织下，地质工程师联合监理单位、施工单位，在粗骨料生产过程中，对成品骨料质量进行了跟踪检查，以确保成品骨料质量满足规程规范和设计对大坝混凝土人工骨料的要求，确保大坝混凝土的顺利浇筑。

1. 成品骨料中无用料类型划分

大奔流沟砂岩料场中无用层主要有三类：浅表风化层及风化夹层、板岩夹层、大理岩夹层，这些无用层由于产出、分布而无法完全剔除，加工成骨料后即成为成品骨料中的风化料、板岩料和大理岩料三类无用料。其中风化料根据风化锈染程度、外观特征进一步细分：有的已全部风化，岩块普遍呈黄色～黄褐色或灰色；有的仅裂面有锈染；还有的岩块见厚度不等的明显风化晕。不同风化锈染程度的料对于混凝土质量的影响不同。

为了与工程地质意义上的宏观岩体风化带区分，同时便于后期的含量控制指标研究，根据风化锈染特征把成品骨料中的风化料划分为全部锈染料、部分锈染料、锈面料三类。各类风化锈染料的工程地质特征和典型照片见表8.4－1。至此，变质砂岩成品粗骨料中的无用料划分为板岩料、大理岩料、全部锈染料、部分锈染料、锈面料5种类型。

表8.4－1 大奔流沟料场变质砂岩粗骨料中三类风化料工程地质特征及典型照片

无用料类型	全部锈染料	部分锈染料	锈面料
工程地质特征	全部变色呈黄色～黄褐色或灰色，或绝大部分变色呈黄色～黄褐色；手感较微新岩块轻；除石英颗粒外，其余矿物大部分风化蚀变；锤击易碎	部分变色呈淡黄～黄色或灰色，或轻度变色呈浅褐色；骨料大部分保持原有颜色；锤击发音较清脆	仅裂隙壁变色呈黄～黄褐色，断口新鲜呈青灰色；岩石原始组织结构清楚完整，锤击发音清脆

续表

无用料类型	全部锈染料	部分锈染料	锈面料
典型照片			

2. 成品骨料中无用料含量控制指标

为了研究无用料不同类型及其含量对混凝土性能的影响，提出各无用料含量的控制指标，开展了骨料与砂浆黏结强度试验、各类无用料不同含量的混凝土试验研究。

（1）三类风化料和大理岩料、板岩料与砂浆黏结强度试验结果表明（见表 8.4－2）：板岩平行层理方向的黏结强度为砂岩黏结强度的 52%，局部锈染骨料的黏结强度为砂岩黏结强度的 88%，板岩、局部锈染砂岩对骨料—砂浆界面黏结性能有降低作用；大理岩与砂浆界面的 90d 黏结强度是砂岩的 1.42 倍，黏结强度高于砂岩。

表 8.4－2　　不同骨料—砂浆黏结抗拉强度试验结果（90d）

岩性	单块试件抗拉强度 /MPa						平均值 /MPa	与砂岩比 /%
大理岩	3.72	3.84	3.22	2.95	—	—	3.43	142
全锈染	1.64	1.52	3.02	3.54	2.52	—	2.39	99
局部锈染	2.07	1.83	2.03	2.40	1.95	2.70	2.11	88
锈面岩	2.31	4.49	1.95	2.10	2.40	2.37	2.30	95
板岩（黏结面平行层理方向）	1.43	1.02	1.33	0.84	2.94	—	1.26	52
板岩（黏结面垂直层理方向）	3.22	3.00	2.28	2.00	2.60	1.51	2.47	102
砂岩	2.30	2.45	3.50	1.95	2.05	2.83	2.41	100

（2）为研究不同类型不同含量无用料对混凝土性能的影响，按表 8.4－3 中无用料含量组合开展了全级配、湿筛混凝土抗压强度、劈拉强度、轴拉强度和极限拉伸强度等性能试验，成果见表 8.4－4～表 8.4－7。

表 8.4－3　　混凝土试验粗骨料不同类型不同含量无用料组合

骨料组合	各骨料成分含量/%				
	全锈染砂岩	局部锈染砂岩	锈面岩	大理岩	板岩
组合 1	3	5	4	2	1

续表

骨料组合	各骨料成分含量/%				
	全锈染砂岩	局部锈染砂岩	锈面岩	大理岩	板岩
组合 2	6	10	8	4	2
组合 3	10	10	8	6	5
组合 4	6	25	8	6	5
组合 5	6	10	25	6	5
组合 6	0	0	0	0	0

表 8.4-4　粗骨料中不同类型不同含量无用料组合混凝土抗压强度试验成果

强度等级	组合编号	全级配						湿筛					
		抗压强度/MPa			与空白混凝土比/%			抗压强度/MPa			与空白混凝土比/%		
		28d	90d	180d	28d	90d	180d	28d	90d	180d	28d	90d	180d
$C_{180}40$	1	24.9	30.1	37.4	103	98	100	29.2	42.7	45.5	98	97	95
	2	23.8	27.9	35.5	98	91	95	24.9	34.9	43.6	84	79	91
	3	20.5	27.2	34.3	85	88	92	28.0	34.6	39.8	94	79	83
	4	25.2	30.7	33.8	105	100	90	32.6	41.2	44.7	110	94	93
	5	24.5	28.2	29.5	102	92	79	30.1	38.2	40.5	101	87	84
	6	24.1	30.8	37.4	100	100	100	29.7	43.9	48.0	100	100	100
$C_{180}35$	1	20.4	25.7	30.7	101	94	101	25.5	30.2	36.0	108	101	90
	2	19.0	24.5	29.1	94	89	96	19.4	30.6	37.1	82	102	93
	3	14.2	19.4	25.2	70	71	83	16.8	27.8	35.2	71	93	88
	4	20.1	25.7	29.0	100	94	96	23.8	30.0	37.5	101	100	94
	5	17.9	20.1	28.7	89	73	95	20.9	29.2	35.0	89	97	87
	6	20.2	27.4	30.3	100	100	100	23.6	30.0	40.1	100	100	100

表 8.4-5　粗骨料中不同类型不同含量无用料组合混凝土劈拉强度试验成果

强度等级	组合编号	全级配						湿筛					
		劈拉强度/MPa			与空白混凝土比/%			劈拉强度/MPa			与空白混凝土比/%		
		28d	90d	180d	28d	90d	180d	28d	90d	180d	28d	90d	180d
$C_{180}40$	1	1.77	2.38	2.52	102	96	97	2.65	3.06	3.56	103	97	97
	2	1.76	2.04	2.46	102	83	94	2.15	2.43	3.27	83	77	89
	3	1.72	1.96	2.40	99	79	92	2.17	2.57	2.97	84	81	81
	4	1.86	2.47	2.35	108	100	90	2.41	2.99	3.46	93	95	94
	5	2.01	1.85	2.49	116	75	95	2.46	2.82	3.20	95	89	87
	6	1.73	2.47	2.61	100	100	100	2.58	3.16	3.67	100	100	100

续表

强度等级	组合编号	全级配						湿筛					
		劈拉强度/MPa			与空白混凝土比/%			劈拉强度/MPa			与空白混凝土比/%		
		28d	90d	180d	28d	90d	180d	28d	90d	180d	28d	90d	180d
$C_{180}35$	1	1.55	2.00	2.42	101	97	93	2.04	2.50	3.05	107	95	94
	2	1.43	1.94	2.35	93	94	90	1.80	2.02	2.98	95	77	92
	3	1.15	1.73	1.94	75	84	74	1.70	2.30	2.55	89	87	78
	4	1.50	2.00	2.42	97	97	93	1.82	2.60	3.21	96	99	97
	5	1.56	1.61	2.13	101	78	82	2.26	2.30	2.90	119	87	89
	6	1.54	2.06	2.53	100	100	100	1.90	2.63	3.25	100	100	100

表 8.4－6　粗骨料中不同类型不同含量无用料组合混凝土轴拉强度试验成果

强度等级	组合编号	全级配				湿筛					
		轴拉强度/MPa		与空白混凝土比/%		轴拉强度/MPa			与空白混凝土比/%		
		28d	180d	28d	180d	28d	90d	180d	28d	90d	180d
$C_{180}40$	1	1.49	1.90	94	95	2.49	2.66	3.24	118	92	90
	2	1.37	1.86	86	93	2.05	3.00	3.12	97	104	86
	3	1.29	1.82	81	91	2.22	2.88	3.09	105	100	85
	4	1.38	1.82	87	91	2.45	2.65	3.20	116	92	88
	5	1.23	1.80	77	90	2.18	2.65	3.10	103	92	86
	6	1.59	2.00	100	100	2.11	2.89	3.62	100	100	100
$C_{180}35$	1	1.40	1.88	106	99	1.73	2.20	3.10	89	88	94
	2	1.30	1.78	98	94	2.08	2.60	3.05	107	104	92
	3	1.20	1.68	91	88	1.89	2.65	2.98	97	106	90
	4	1.37	1.58	104	84	1.80	2.24	2.97	92	90	90
	5	1.15	1.70	87	89	1.81	2.06	2.90	93	82	88
	6	1.32	1.90	100	100	1.95	2.50	3.30	100	100	100

表 8.4－7　粗骨料中不同类型不同含量无用料组合混凝土极限拉伸强度试验成果

强度等级	组合编号	全级配				湿筛					
		极限拉伸强度/MPa		与空白混凝土比/%		极限拉伸强度/MPa			与空白混凝土比/%		
		28d	180d	28d	180d	28d	90d	180d	28d	90d	180d
$C_{180}40$	1	50	62	96	97	98	111	115	105	101	97
	2	53	63	102	98	93	105	106	100	95	89
	3	49	62	94	97	91	103	119	98	91	100
	4	50	59	96	92	95	108	120	102	98	101
	5	44	60	85	94	71	113	96	76	103	81
	6	52	64	100	100	93	110	119	100	100	100

续表

强度等级	组合编号	全级配				湿筛					
		极限拉伸强度/MPa		与空白混凝土比/%		极限拉伸强度/MPa			与空白混凝土比/%		
		28d	180d	28d	180d	28d	90d	180d	28d	90d	180d
$C_{180}35$	1	47	58	100	100	71	89	105	86	99	95
	2	47	56	100	97	75	85	98	90	94	89
	3	46	54	98	93	81	87	95	98	97	86
	4	46	53	98	91	86	116	94	104	129	85
	5	42	54	89	93	81	104	92	98	116	84
	6	47	58	100	100	83	90	110	100	100	100

混凝土性能试验结果表明：全锈染砂岩极限含量（工况 3）对全级配 180d 混凝土抗压强度降低 8%～17%，劈拉强度降低 8%～26%，轴拉强度降低 9%～12%，极限拉伸值降低 3%～7%；局部锈染极限含量（工况 4）对全级配 180d 混凝土抗压强度降低 4%～10%，劈拉强度降低 7%～10%，轴拉强度降低 9%～16%，极限拉伸值降低 8%～9%；锈面骨料极限含量（工况 5）对全级配 180d 混凝土抗压强度降低 5%～21%，劈拉强度降低 5%～18%，轴拉强度降低 10%～11%，极限拉伸值降低 6%～7%；对全级配 180d 混凝土性能降低的影响程度从高到低依次为，全锈染大于锈面与局部锈染，后两者基本相当；大理岩对混凝土的性能影响较小，大理岩含量可适当放宽。

（3）对无用料含量控制指标的研究有一个大前提，即变质砂岩成品粗骨料及由其配制的各级配混凝土的性能指标都应满足《锦屏一级水电站工程大坝主要混凝土及原材料质量标准（A 版）》对粗骨料技术指标（见表 8.4－8），在此基础上再来研究不同类型无用料的含量控制指标。

表 8.4－8　　锦屏一级大坝混凝土变质砂岩粗骨料质量主要控制指标

检测指标	控制标准	评价要求
表观密度	≥2550kg/m³	合格率 100%
吸水率	≤2.5	合格率不小于 90%
坚固性	≤5，最大不超过 8%	按不小于 5%计，合格率不小于 70%
压碎指标	≤10	合格率 100%
针片状颗粒含量	≤15	合格率不小于 85%
软弱颗粒含量	≤5	合格率 100%
含泥量（砂石系统）	小石、中石：≤1	出厂合格率 100%
	大石、特大石：≤0.5	
含粉量（<0.08mm）（拌和系统）	小石、中石：≤1	1）高线及左岸拌和系统使用合格率不小于 85%； 2）低线拌和系统冲洗后按规定频次进行检测，合格率不小于 95%，拌和楼同步按规定频次进行检测
	大石、特大石：≤0.5	

续表

检测指标	控制标准	评价要求
泥块含量	不允许	合格率 100%
硫化物及硫酸盐	≤0.5	合格率 100%
有机质含量	浅于标准色	合格率 100%
超径含量	＜5	1）出厂合格率不小于 90%； 2）高线和左岸拌和系统使用合格率不小于 90%； 3）低线拌和系统按规定频次检测并及时根据检测成果进行拌和配料参数调整
逊径含量	＜10	

根据《锦屏一级水电站工程大坝主要混凝土及原材料质量标准（A 版）》和《关于锦屏一级大坝混凝土砂岩粗骨料中风化骨料等控制指标的函》（〔2011〕006 号总 1081 号）的规定，结合混凝土试验成果，认为：① 全锈染料即全风化料、板岩料不能用于大坝混凝土，鉴于全锈染料、板岩料难以完全剔除，结合混凝土性能试验结果综合分析，全锈染料与板岩料的含量均应严格控制在 2.0%以内；② 锦屏一级水电站拱坝 A 区混凝土强度等级为 $C_{180}40$，配制混凝土的强度等级要求粗骨料原岩饱和抗压强度不应低于 60MPa，原岩饱和抗压强度小于 60MPa 的骨料（包含板岩料及全锈染料等）视为软弱颗粒，其含量总量应控制在小于 5%；③ 局部锈染骨料含量应控制在 6%以内；④ 锈面石骨料含量应控制在 6%以内；⑤ 大理岩含量宜控制在 8%以内。最终提出的粗骨料中不同类型无用料的含量控制指标见表 8.4－9。

表 8.4－9　锦屏一级水电站坝址变质砂岩粗骨料中不同类型无用料含量控制指标

无用料类型	全锈染砂岩	局部锈染砂岩	锈面岩	大理岩	板岩
控制标准/%	＜2	＜6	＜6	＜8	＜2

3. 成品骨料质量跟踪检查

为严格控制变质砂岩成品粗骨料质量，坝址在骨料生产过程中开展了成品粗骨料质量跟踪检查工作。具体方法是：施工单位每天取样自检，监理单位各环节各部位随机抽检；建设业主会同设计院、监理单位、施工单位，每周进行不少于 2 次的抽查。

从 2008 年 11 月 2 日至 2014 年 12 月 18 日，共进行了 342 批次的检查，除个别检查个别料的无用料含量不合格外，绝大多数检查都合格，确保了大坝混凝土使用粗骨料质量合格。通过制定严格的骨料质量技术指标和严格的过程质量跟踪检查，锦屏一级水电站大坝混凝土使用变质砂岩粗骨料各项性能指标均满足《锦屏一级水电站工程大坝主要混凝土及原材料质量标准（A 版）》要求，生产的各级配混凝土质量符合设计文件要求，为世界第一高拱坝锦屏一级工程提供了合格的筑坝材料。

锦屏工程试验检测中心和监理单位质量检测成果显示，大坝混凝土质量合格率为 100%，各项性能指标均满足设计要求。

截至本专著定稿出版，锦屏一级水电站大坝坝体、坝基、帷幕及抗力体加固处理工程的各项监测表明，大坝运行正常，说明了大坝混凝土人工骨料采用的大奔流沟变质砂岩粗骨料、三滩右岸大理岩细骨料的组合料源是合适的，对料源开采、生产过程的质量跟踪检查是有效的。

8.5 小　结

锦屏一级水电站针对选定的混凝土双曲拱坝，作为大坝混凝土骨料料源的天然砂砾石料贫乏，因此采用人工骨料。通过初查、详查、复查阶段的大量勘探试验工作和分析、对比研究，最终选择大奔流沟变质砂岩粗骨料和三滩右岸大理岩细骨料的组合骨料为锦屏一级水电站大坝混凝土骨料，地下洞室及其他建筑物混凝土骨料以三滩右岸大理岩料场为主。最终整个工程混凝土浇筑约 1000 万 m^3，其中大坝混凝土浇筑量近 480 万 m^3，相当于 16 个国家大剧院的混凝土用量。人工骨料勘察有如下结论与认识：

（1）预可行性研究阶段，在普斯罗沟坝址上下游 10km 范围内普查了肖厂沟、解放沟口和木落脚村三个人工骨料场地，还考虑了两岸地下洞室群开挖料利用。三个料场岩性均为大理岩，物理力学指标基本能满足人工骨料原岩的强度要求，但大理岩结晶程度差异大，绿片岩含量变化大，岩体均一性差，且解放沟、肖厂沟料源场地狭窄、有用层分布高程高，木落脚料源运距较远，没有进一步开展初查地勘工作。

（2）可行性研究阶段和招标设计阶段，扩大了人工骨料勘察的范围，对兰坝、三滩沟、三滩右岸、松坪子、东端模萨沟等 5 个大理岩料场，以及大奔流沟变质砂岩料场和九龙河口花岗岩料场进行了初查。三滩右岸中细晶大理岩，强度较高，但粗骨料的压碎指标、跌落损失和细骨料的细度模数、石粉含量、坚固性指标不达标。兰坝大理岩料场岩性变化大，粗晶大理岩和绿片岩含量较多，有用层储量远不能满足工程要求。三滩沟、松坪子料场中细晶大理岩有用层呈带状间夹于粗晶大理岩和绿片岩层中，开采条件差，剥离剔除无用层难度大。九龙河口花岗岩料强度较高，为非活性骨料，开采条件较好，运输方便，但离坝址约 51km，运距太远。东端模萨沟粗晶大理岩其强度偏低，不适宜用作大坝混凝土人工骨料。

（3）可行性研究阶段和招标设计阶段，对三滩右岸大理岩料场、大奔流沟变质砂岩料场开展了详查工作。三滩右岸大理岩料场有用层为第 7、8 层灰色厚～巨厚层状中细晶大理岩，总储量约 760 万 m^3，储量能满足需要；有用层中细晶大理岩夹有少量强度较低的白色～灰白色中粗晶大理岩无用层，局部中粗晶大理岩较集中，需予以剔除；大理岩用作粗骨料料源，其强度偏低、压碎指标及冻融损失达不到要求，不能用作粗骨料；大理岩用作细骨料料源，其细度模数、石粉含量、坚固性指标超标，需采取密封式风选降低石粉含量等改性措施。大奔流沟变质砂岩料场有用层为变质细砂岩，岩石强度高，总储量约 1200 万 m^3，基本能满足人工骨料要求，但骨料具有潜在硅酸盐活性反应的骨料，需要对其采取碱活性抑制措施。

（4）采用变质砂岩粗骨料、大理岩细骨料的组合骨料的混凝土性能，可以满足高300m量级拱坝混凝土要求；组合骨料的混凝土抗压强度比全砂岩骨料略高，180d 弹性模量略高，极限拉伸值略低，耐久性能略低，混凝土抗裂性能略优；通过掺加粉煤灰、减小胶凝材料用量来降低混凝土总碱量，同时通过采用大理岩人工细骨料可替代具有碱活性的变质砂岩人工细骨料。

（5）大奔流沟变质砂岩料场实际开采料源中，除局部混杂有少量薄层状变质砂岩外，还混杂有少量的大理岩料、板岩料及夹层状全锈染料、部分锈染料、锈面石料。通过料源开采区对集中出现的大理岩料、板岩料及夹层状全锈染料等予以剔除，并对针片状颗粒采取二次整型加工，各项指标满足要求。

附录A 大　事　记

（1）1990年9月，编制完成了《四川省雅砻江锦屏大河湾河段开发方式研究报告》工程地质篇。推荐锦屏一级水电站高坝初拟水文站、三滩、解放沟、普斯罗沟4个坝址开展预可行性研究阶段地勘工作。

（2）1992年10月，编制完成了《四川省雅砻江干流水电规划报告（卡拉至江口河段）》工程地质篇。1996年2月29日—3月1日，四川省计划委员会会同电力部水电水利规划设计总院在成都召开了规划报告审查会议，同意报告推荐的锦屏一级水电站为雅砻江干流下游梯级开发的龙头梯级。

（3）1993年9月6日，国家地震局地质研究所通过了《四川雅砻江锦屏水电站地震安全性评价报告》的评审，同意提交国家地震烈度评定委员会审查鉴定。国家地震局以震发烈〔1993〕043号文批复同意将四川雅砻江锦屏水电站的水文站、三滩、普斯罗沟—解放沟、猫猫滩和大水沟5个场点地震基本烈度定为Ⅶ度，同意给出的5个场点地震危险性分析结果和设计地震动参数结果。

（4）1998年9月，编制完成了《四川省雅砻江锦屏一级水电站预可行性研究报告》工程地质篇。1999年4月27—29日，四川省计划委员会会同电力部水电水利规划设计总院在四川省西昌市主持召开了预可行性研究报告审查会。会议审查意见同意工程地质评价的主要结论，同时提出了对下步三滩坝址、普斯罗沟坝址地勘工作的建议。

（5）2001年3月，成都院召开了锦屏一级水电站选坝工作全院性技术讨论会。会上就三滩坝址和普斯罗沟坝址的工程地质条件及坝型适宜性、枢纽建筑物布置格局、施工条件等进行了全面深入的全专业技术经济比较，取得了共识，确定了普斯罗沟坝址为我院推荐坝址，双曲拱坝为推荐坝型。

（6）2001年6月，编制完成了《四川省雅砻江锦屏一级水电站可行性研究阶段选坝设计研究报告》工程地质篇。2001年6月29日—7月2日，水电水利规划设计总院在成都主持召开了选坝报告审查会。审查意见认为工作深度达到了选坝的要求，同意报告推荐普斯罗沟坝址及混凝土双曲拱坝的结论。中国工程院谭靖夷院士和卢耀如院士出席了会议。

（7）2001年8月，编制完成了选坝后《锦屏一级水电站可行性研究阶段勘察设计大纲》。2001年9月24—26日，中国水利水电建设工程咨询公司在成都主持召开了大纲咨询会议。咨询意见认为拟布置的勘探和科研试验工作量基本合适，并提出了下一步地勘、试验、专题研究的工作建议。

（8）2002年7月，编制完成了《四川省雅砻江锦屏一级水电站可行性研究正常蓄水位选择专题报告》工程地质篇。2002年8月20—21日，水电水利规划设计总院在成都市主持召开了正常蓄水位选择专题报告审查会议，同意锦屏一级水电站正常蓄水位为1880.00m。

（9）2003年1月19—20日，中国水利水电建设工程咨询公司在成都市主持召开了锦屏一级水电站可行性研究阶段坝基岩体质量分级及力学参数取值研究专题咨询会。咨询意见总体认为专题报告提出的坝基岩体质量分级及力学参数基本合理，经对部分内容和参数进行适当的调整后，可供设计专业使用。

（10）2003年9月，编制完成了《雅砻江锦屏一级水电站可行性研究报告》工程地质篇。2003年11月25—28日，水电水利规划设计总院会同四川省发展计划委员会在成都共同主持召开了可行性研究报告审查会议。审查意见：同意水库无永久渗漏问题的结论，基本同意对库岸稳定的工程地质评价，同意水库诱发地震的结论；同意坝区Ⅱ线地形地质条件略优于$Ⅱ_1$线的结论，基本同意对拱坝建基面选择的工程地质评价，同意对左、右岸坝肩抗滑稳定边界条件的分析，基本同意对各类岩体、结构面力学参数的建议值，同意以1Lu作为防渗帷幕的设计标准；同意对引水发电系统的工程地质评价，同意对泄洪洞、导流洞等建筑物的工程地质评价，同意对天然建筑材料的工程地质评价。

（11）2004年4月30日，四川省国土资源厅在成都召开了《四川省雅砻江锦屏一级水电站工程区建设用地地质灾害危险性评估报告》审查会议。审查认为：评估报告依据工程建设的重要性、地质环境条件的复杂程度将评估工作确定为一级评估，并进行相应的评价工作部署，符合有关规定要求，评估级别确定恰当；对水库区、枢纽区、辅助道路区、辅助企业区、堆渣场区、建材开挖区等地质灾害发育现状、类型规模、危害、基本特征等论述，论据较为充分，结论较为可信，对上述区域的综合分区评价和场地工程建设的适宜性评价，依据充分，结论可行。

（12）2004年5月，完成了项目立项申请书编制，同年7月20—23日在成都，中国国际工程咨询公司对申请书进行了评估。评估意见认为：经十多年的地质勘察，成勘院完成了大量的勘探试验、地质调查和专题研究工作，基本查明了工程区的工程地质条件和主要工程地质问题，提出的工程设计方案是可行的。

（13）2005年8月1—3日，中国水利水电建设咨询公司在成都主持召开了雅砻江锦屏一级水电站枢纽区边坡工程专题咨询会。咨询专家包括中国工程院院士王思敬、马洪琪、郑颖人、刘广润，全国勘察设计大师王柏乐、刘克远、李文纲等。咨询意见认为：枢纽区工程地质条件已基本查明，枢纽区边坡以稳定条件为主进行分区是合适的，对高程1930.00m以上左岸坝头变形拉裂岩体等边坡的勘探深度尚嫌不足，建议结合边坡排水洞或锚固洞的设计、施工，尽快开展该部位的工程地质补充勘探工作，进一步查明变形拉裂岩体的分布范围、岩体结构特征及可能的变形失稳模式；建议的各类岩体及结构面力学参数基本合理。

（14）2005年11月7日—12月15日左岸导流洞开挖过程中，堵头段上游弯段（K0+430～K0+550m段）连续发生3次较大规模的塌方，塌方最大高度42～46m，最大跨度为25～30m，塌方段围岩的松弛圈深度超过10m，局部达20m。塌方段围岩岩性为薄～中厚层状大理岩和薄层绿片岩，薄层绿片岩性状差；发育的层面裂隙和NE向裂隙2组主要裂隙走向与洞向近于平行，倾向相反，组合切割，在顶拱形成“人”字形不稳定块体，在边墙易形成楔形不稳定体；发育有小断层、煌斑岩脉等软弱结构面；同时塌方洞段埋深大，地应力高，最大主应力 σ_1 量值高达30余MPa，主应力 σ_1 与洞轴线夹角较大，与洞壁近于垂直，随洞室分层下挖，应力释放、调整，造成围岩强烈松弛变形，当遇不利结构面组合时对洞室围岩稳定更是不利。塌方后施工困难，为确保施工安全，实施采用了空腔“戴帽”、预应力锚索加固、分层开挖、岩体（虚渣）灌浆等处理方式。综合处理后至导流洞下闸、堵头段封堵，导流洞运行正常。

（15）2005年12月，编制完成了《雅砻江锦屏一级水电站引水发电及泄洪洞建筑物招标设计报告（工程地质篇）》。2006年1月10—12日，中国水利水电建设工程咨询公司在成都主持召开了引水发电及泄洪洞建筑物招标设计报告咨询会议。全国勘察设计大师王柏乐作为咨询专家参会。咨询意见认为：报告对引水发电系统及泄洪洞建筑物区的工程地质条件的评价是合适的；选定的厂房位置和轴线方向是合适的；对尾水隧洞工程地质条件评价是合适的；建议引水发电系统6条压力管道围岩按上平段、斜井段、下平段分别进行工程地质评价，并复核外水压力，分析其对围岩稳定的不利影响；建议进一步分析地下厂房结构面组合形成的不稳定块体的规模，并复核涌水量，为围岩支护和排水设计提供依据；重视高地应力对泄洪洞围岩特别是边墙围岩稳定的影响及“龙落尾”段不利组合形成的不稳定块体对顶拱围岩的影响；建议对岩体力学参数作必要的复核，进一步补充对本标所采用的建筑材料的工程地质评价。

（16）2006年1月，编制完成了《雅砻江锦屏一级水电站拱坝左岸基础处理招标设计报告（工程地质篇）》。2006年1月13—15日，中国水利水电建设工程咨询公司在成都主持召开了左岸基础处理招标设计报告咨询会议。全国勘察设计大师王柏乐作为咨询专家参会。咨询意见认为：报告主要工作内容及深度基本满足招标设计报告编制规程的要求，报告可作为招标文件编制的基本依据；报告对坝基工程地质条件的评价是合适的；左岸边坡岩体卸荷强烈，自然边坡及开挖边坡高陡，且发育有变形拉裂岩体，边坡稳定问题突出，应加强施工期边坡岩体的变形监测，并做好超前地质预报；对边坡采取以 f_5 断层和砂板岩区为重点的加固措施是必要的。

（17）2006年7月，编制完成了《锦屏一级水电站左岸边坡稳定性分析及加固措施研究报告（工程地质篇）》。2006年7月30日—8月3日，中国水利水电建设工程咨询公司在锦屏一级水电站大沱营地主持召开了报告咨询会议。全国勘察设计大师李文纲参会。咨询意见认为：根据前期地质勘察成果，结合施工开挖，考虑地层岩性组合、岩体结构特征、边坡变形现象、变形破坏机制以及稳定条件，将左岸边坡进行分区，分别开展研究是合理的，有利于采取针对性的工程措施。

（18）2006年7月，编制完成了《雅砻江锦屏一级水电站大坝工程招标设计报告（工程地质篇）》。2006年8月16—20日，中国水利水电建设工程咨询公司在成都主持召开了锦屏一级水电站施工规划报告和大坝工程招标设计报告咨询会议。中国工程院谭靖夷院士、马洪琪院士和全国勘察设计大师王柏乐、刘克远、李文纲参会。咨询意见认为：河床建基面及两岸建基面的选择是合适的，所采用的物理力学参数是合适的；建议对垫座地基的建基条件作补充论述，建议针对固结灌浆处理效果评价，进一步建立、完善声波、钻孔变模和承压板变模的合理关系，为坝基处理的质量检测、参数选取，以致对未来评价大坝的运行状态提供坚实的基础；建议排水洞设计尽量与勘探平洞结合，不能结合的勘探平洞也建议研究保留，不予封堵。

（19）2008 年 1 月 9—11 日，雅砻江锦屏水电站工程特别咨询团在锦屏工程 1 号营地，就锦屏一级水电站工程左岸边坡及大坝建基面等关键技术，主持召开了雅砻江锦屏水电站工程特别咨询团第一次咨询会议。特咨团成员包括：工程院院士马洪琪、谭靖夷、王思敬，全国勘察设计大师王柏乐、李文纲、曹克明等。咨询意见同意对左岸边坡地质条件及稳定性的评价，同意对拱坝建基面岩体质量及地质缺陷、建基面岩体卸荷松弛的评价，同意对建基面加固的地质建议。

（20）2008 年 9 月 20—26 日，雅砻江锦屏水电工程特别咨询团在锦屏工程 1 号营地，就锦屏一级水电站在施工期关键技术，主持召开了雅砻江锦屏水电站工程特别咨询团第二次咨询会议。会议形成了工程建设总体评价、左岸边坡变形及稳定分析评价、大坝坝基岩体和抗力体质量评价及地质缺陷处理、左岸混凝土垫座结构分缝分块、地下厂房围岩稳定与支护设计 5 个方面的咨询意见。咨询意见认为，对左右岸坝基、左岸抗力体部位的工程地质条件、岩体质量和地质缺陷的评价是合适的。

（21）2008 年 11 月，编制完成了《锦屏一级水电站拱坝坝基开挖第一次阶段验收报告（工程地质篇）》。2008 年 11 月 25—27 日中国水利水电建设咨询公司在锦屏水电站 1 号营地召开了雅砻江锦屏一级水电站坝基开挖第一次阶段验收专家组会议。专家组意见认为：左岸垫座建基面开挖揭露的岩性、构造及岩体质量等条件与前期预测基本一致，建基面以Ⅲ_1、Ⅲ_2级岩体为主，总体满足垫座建基要求，施工开挖揭示的其他小规模地质缺陷分布于高高程部位及下游侧坡，进行相应的地基处理后，对建基面质量影响不大；右岸拱坝坝基开挖揭露的岩性、构造及岩体质量等条件与前期预测基本一致，坝基岩体绝大部分为Ⅱ级岩体，总体满足大坝建基要求，主要地质缺陷需要进行针对性的处理。

（22）2009 年 5 月 23—30 日，雅砻江水电工程特别咨询团在锦屏工程 1 号营地，就锦屏一级施工期关键技术，主持召开了第三次咨询会议。特咨团成员听取了《四川省雅砻江锦屏一级水电站大坝坝基岩体质量评价及地质缺陷处理设计报告》《四川省雅砻江锦屏一级水电站地下厂房洞室群施工期围岩稳定与支护复核设计报告》等和有关单位的汇报。咨询意见认为：对大坝建基岩体质量评价是合适的，对左右岸坝基的工程地质条件和岩体质量评价是合适的；左岸边坡处于基本稳定状态，但深部变形对工程安全可能有重要影响；地下厂房洞室群围岩变形较大，且尚未有收敛，松弛圈深度偏大，务必高度重视。

（23）2009 年 8 月，编制完成了《雅砻江锦屏一级水电站坝基开挖第二次阶段验收设计评价报告》《雅砻江锦屏一级水电站左右岸坝基岩体质量评价专题报告》。2009 年 8 月

22—24 日中国水利水电建设咨询公司在锦屏一级水电站 1 号营地召开了雅砻江锦屏一级水电站坝基开挖第二次阶段验收专家组会议。全国勘察设计大师王柏乐、李文纲参会。专家组意见认为：坝基开挖揭露的岩性、断裂构造等基本条件及岩体质量与前期预测基本一致，坝基绝大部分为Ⅱ级、$Ⅲ_1$级岩体，满足拱坝建基要求；主要地质缺陷分布相对集中在断层带、挤压带、煌斑岩脉及溶蚀裂隙密集带附近，可通过工程措施进行处理；建基面开挖揭露的工程地质条件与招标设计阶段比较变化较小，拱坝结构分析采用的地质参数及坝肩抗滑稳定边界条件与招标设计阶段基本一致；建基面地质缺陷处理设计原则是合适的。专家组建议左岸坝肩中下部第二段第 6－2 层大理岩内性状软弱、分布较连续的绿片岩夹层及层间挤压带较发育，岩体均一性较差，建议根据绿片岩及软弱条带的分布情况，对岩体级别进一步细化复核。

（24）2010 年 5 月 6—11 日，雅砻江锦屏水电站工程特别咨询团在锦屏工程 1 号营地，就锦屏一级水电站施工期关键技术，主持召开了第四次咨询会议。会议形成了工程建设总体评价、大坝基础处理、大坝温度控制及防裂、左岸坝肩边坡安全监测及稳定分析 4 个方面的咨询意见。咨询意见认为：对坝基岩体质量的分类和评价以及提出的各类岩体的物理力学参数是合适的；同意针对影响左岸坝肩边坡稳定的结构面及其组合、卸荷拉裂、倾倒变形等地质评价；同意对地下厂房洞室群围岩稳定的地质评价。

（25）2011 年 8 月 30 日—9 月 4 日，雅砻江锦屏水电站工程特别咨询团在锦屏工程 1 号营地，就锦屏一级水电站施工期关键技术，主持召开了第五次咨询会议。会议形成了工程建设总体评价、拱坝混凝土质量有关问题、水泥化学复合灌浆及 f_5 断层处理、工程下闸蓄水发电有关问题四个方面的咨询意见。

（26）2009 年 3 月 26 日和 3 月 28 日，紧邻坝基下游的右岸泄洪雾化边坡（高程 1828.50～1700.00m 坝 0＋080～0＋280m 段），施工过程中发生 2 次垮塌，总方量约 20 万 m^3，垮塌岩体主要为边坡浅表部强卸荷的倒悬岩体，在爆破作用下岩体内陡倾卸荷裂隙之间岩桥撕裂拉断，加之倾向坡外的层面裂隙切割，其外侧岩体垮塌。针对塌方后形成的高约 130m 的近似直坡，实施了浅层系统锚喷、深层系统锚索、混凝土贴坡等加固处理措施。

（27）2012 年 7 月 30 日，中国地震局地质研究所在北京主持召开了“雅砻江锦屏一级水电站地震地质环境和地震安全性评价复核成果”技术咨询研讨会。会议经过充分讨论，认为汶川地震发生后，工程场地地震地质环境和地震安全性评价复核工作，依据五代区划图的基础资料，给出场地基本烈度Ⅶ度，坝址区 100 年超越概率 2%基岩地震动水平向峰值加速度 269gal 的结论是合适的。

（28）2012 年 8 月 13—17 日，雅砻江锦屏水电工程特别咨询团在锦屏电站 1 号营地，就锦屏一级水电站工程建设中的关键技术，主持召开了第六次咨询会议。会议形成了工程建设总体评价、左岸边坡变形稳定有关问题、大坝基础及左岸抗力体灌浆效果评价、大坝混凝土质量评价、导流洞下闸封堵及水库初期蓄水 5 个方面的咨询意见。

（29）2012 年 8 月 30 日，锦屏一级水电站施工区遭遇了罕见的特大暴雨，给工程建设造成重大影响。“8·30”群发性暴雨泥石流灾害导致施工区道路、隧洞、桥梁受到严重破坏，交通、通信、电力全部中断，部分营地供水中断，个别部位坡面泥石流造成人员伤亡。成都院及时参加了抢险救灾工作，根据“8·30”地质灾害联合抢险指挥部工作安排，立即开展了“8·30”地质灾害调查及灾后地质灾害危险性复核工作，完成《雅砻江锦屏一级水电站“8·30”地质灾害复核调查报告》，并于 2012 年 9 月 24 日通过了四川省凉山州人民政府组织专家评审，为抢险救灾及后续灾害治理工作提供了有力技术支持。

（30）2012 年 8 月，编制完成了《四川省雅砻江锦屏一级水电站蓄水安全鉴定（第一阶段）设计自检报告（第三分册　工程地质）》。2012 年 8 月 22 日—9 月 5 日中国水利水电建设咨询公司在锦屏电站 1 号营地完成了蓄水安全鉴定（第一阶段）工作。

（31）2012 年 10 月，编制完成了《四川省雅砻江锦屏一级水电站枢纽工程蓄水验收（第一阶段）设计验收报告（第三分册　工程地质）》。2012 年 9 月 18—22 日，11 月 19—23 日，水电水利规划设计总院分别在锦屏电站 1 号营地、成都主持开展了锦屏一级水电站工程蓄水验收。验收专家组意见：同意设计自检报告中水库库岸整体稳定条件较好，蓄水后不存在永久水库渗漏等工程地质评价和结论，地质提供的岩体和结构面物理力学参数合理，工程边坡经支护处理后处于稳定状态，不存在制约水库蓄水的工程地质问题；同意 2012 年 11 月下旬导流洞下闸，开始第一阶段蓄水。

（32）2013 年 5 月 27—28 日，中国水利水电建设咨询公司在北京主持召开了雅砻江锦屏一级水电站防震抗震设计复核专题报告咨询会议。咨询意见认为：锦屏一级水电站工程依据国家地震烈度委员会确认的烈度和参数进行抗震设计，并通过国家主管部门的审查和核准后开工，符合国家有关法律法规；汶川“5·12”特大地震发生后，根据国家水电行业主管部门要求，依据地震安全性评价复核成果，开展的防震抗震复核设计成果是合适的。

（33）2013 年 5 月，编制完成了《四川省雅砻江锦屏一级水电站蓄水安全鉴定（第二阶段）设计自检报告（第三分册　工程地质）》。2013 年 6 月 10—20 日，中国水利水电建设咨询公司在锦屏电站 1 号营地完成了蓄水安全鉴定（第二阶段）工作。

（34）2013 年 6 月，编制完成了《四川省雅砻江锦屏一级水电站枢纽工程蓄水验收（第二阶段）设计验收报告（第三分册　工程地质）》。2013 年 6 月 14—17 日，水电水利规划设计总院会同四川省发展和改革委员会、国家能源局、国家开发投资公司及四川省投资集团有限责任公司在锦屏水电站 1 号营地召开了雅砻江锦屏一级水电站工程第二阶段蓄水验收现场检查专家组会议。专家组意见认为锦屏一级水电站已具备第二阶段蓄水的条件，在完成放空底孔工作闸门相关调试与试验工作后，同意工程于 2013 年 6 月 20 日左右择机开始控泄并抬高库水位至死水位 1800.00m。蓄水验收专家组意见认为：设计验收报告中按复核后的地震动参数进行的大坝防震抗震复核是合适的；第一阶段蓄水前后库坝区地震频度和震级变化不大，无明显水库诱发地震特征；拱坝坝基岩体质量满足设计要求，电站进水口塔基、尾水闸门室地基对地质缺陷处理后稳定条件满足设计要求，电站进水口边坡整体稳定条件较好；根据调查复核，普斯罗沟具有发生泥石流的条件，在已有沟水处理工程的基础上对泥石流进行治理是必要的。

（35）2013年9月，编制完成了《四川省雅砻江锦屏一级水电站蓄水安全鉴定（第三阶段）设计自检报告（第三分册　工程地质）》。2013年9月5—13日，中国水利水电建设咨询公司在锦屏电站1号营地完成了蓄水安全鉴定（第三阶段）工作。

（36）2013年9月，编制完成了《四川省雅砻江锦屏一级水电站枢纽工程蓄水验收（第三阶段）设计验收报告（第三分册　工程地质）》。2013年9月23—25日，水电水利规划设计总院会同四川省发展和改革委员会、国家能源局、国家开发投资公司及四川省投资集团有限责任公司在锦屏水电站1号营地召开了雅砻江锦屏一级水电站工程第三阶段蓄水验收现场检查和预验收技术工作专家组会议。验收专家组意见认为：第二阶段蓄水后三滩右岸Ⅲ号变形体、呷爬滑坡等可能出现较大规模库岸失稳；库水位抬升过程中，库区塌滑范围将进一步增大，将出现新增变形体、蠕滑体；第二阶段蓄水后库区日均地震频度有所增加，与前期预测的水库诱发地震的库段与震级基本一致；左岸1595m排水洞渗流量有所增大；两岸坝肩边坡整体稳定；泄洪洞进口塔基、泄洪洞及挑坎地基、泄洪洞进出口边坡整体稳定；普斯罗沟存在发生泥石流的可能，进行泥石流综合治理是必要的。

（37）2014年5月，编制完成了《四川省雅砻江锦屏一级水电站蓄水安全鉴定（第四阶段）设计自检报告（第三分册　工程地质）》。2014年5月3—11日，中国水利水电建设咨询公司在锦屏水电站1号营地完成了蓄水安全鉴定（第四阶段）工作。

（38）2014年7月，编制完成了《四川省雅砻江锦屏一级水电站枢纽工程蓄水验收（第四阶段）设计验收报告（第三分册　工程地质）》。2014年7月7—9日，水电水利规划设计总院会同四川省发展和改革委员会、国家能源局、国家开发投资公司及四川省投资集团有限责任公司在锦屏水电站1号营地召开了雅砻江锦屏一级水电站工程第四阶段蓄水验收现场检查和预验收技术工作专家组会议。验收专家组意见认为：第三阶段蓄水后，近坝呷爬滑坡前缘产生次级塌滑，变形持续增大；呷爬下游2号变形体变形范围扩大，发生较大规模失稳的可能性较大；三滩右岸Ⅲ号变形体变形持续增加，存在整体失稳的危险，需注意防范并做好应急预案；库区新增多处变形岸坡，部分对居民、公路及桥梁造成影响，应采取相应处置措施；蓄水后水库区地震频度明显增大，但对坝址区的影响烈度远小于基本烈度，对枢纽建筑物无影响。左岸1595m排水洞涌水量随库水抬升而增大，应加强涌水来源、途径及危害性分析，必要时进行工程处理；监测及巡视成果显示左岸边坡整体处于稳定状态。

（39）2014年12月23—26日，中国水利水电建设工程咨询有限公司在锦屏电站1号营地主持召开了雅砻江锦屏一级水电站第四阶段蓄水及暨首次蓄水至正常蓄水位1880.00m大坝工程及库岸稳定安全性评价会议。中国工程院马洪琪院士参加了会议。

会议认为锦屏一级水电站大坝及边坡工程目前工作状态、工作性态正常，库岸边坡安全可控。

（40）2015年10月，编制完成了《雅砻江锦屏一级水电站枢纽工程竣工安全鉴定设计自检报告（第三分册 工程地质）》。2015年11月，中国水利水电建设咨询公司在锦屏水电站1号营地完成了枢纽工程竣工安全鉴定工作。

（41）2015年12月15—18日，水电水利规划设计总院会同四川省发展和改革委员会、国家能源局、国家开发投资公司及四川省投资集团有限责任公司在锦屏水电站1号营地召开了雅砻江锦屏一级水电站枢纽工程专项验收工作现场检查会，并于2016年4月20—21日组织开展了枢纽工程专项验收专家组活动，并形成专家组意见。验收委员会会议于2016年4月22日在成都召开，会议形成了《雅砻江锦屏一级水电站枢纽工程专项验收鉴定书》，验收委员会同意雅砻江锦屏一级水电站通过枢纽工程专项验收。

附录B 主 要 勘 察 成 果

附表 B-1 锦屏一级水电站前期勘察阶段主要地质勘察成果汇总表

序号	勘测设计阶段	地质勘察成果		完成时间
		分类	名称	
1	规划～开发方式研究	专题报告	雅砻江锦屏大河湾河段开发方式研究报告	1990年12月
2			雅砻江锦屏地区地壳稳定性研究报告	1992年10月
3		阶段报告	雅砻江干流水电规划报告（卡拉至江口河段）	1992年10月
4	预可性研究阶段	专题报告	雅砻江锦屏大河湾地区区域构造稳定专题研究报告	1993年12月
5		阶段报告	雅砻江锦屏一级水电站预可行性研究报告　工程地质篇	1998年9月
6	可行性研究阶段	专题报告	雅砻江锦屏一级水电站地震安全性评价研究报告	2003年9月
7			雅砻江锦屏一级水电站坝段岩石及构造专题研究报告	2003年9月
8			雅砻江锦屏一级水电站河段水文地质专题研究报告	2003年9月
9			雅砻江锦屏一级水电站岩石物理力学特性及参数取值专题研究报告	2003年9月
10			雅砻江锦屏一级水电站近坝库岸及坝址区边坡稳定性专题研究报告	2003年9月
11			雅砻江锦屏一级水电站拱坝坝基软弱岩体固结灌浆试验研究报告	2003年12月
12			雅砻江锦屏一级水电站工程区建设用地地质灾害危险性评估报告	2004年4月
13		阶段报告	雅砻江锦屏一级水电站可行性研究选坝研究报告　工程地质篇	2001年6月
14			雅砻江锦屏一级水电站可行性研究报告　工程地质篇	2003年9月

附表 B-2 锦屏一级水电站招标设计阶段主要地质勘察成果汇总表

序号	地质勘察成果		完成时间
	分类	名称	
1	专题报告	雅砻江锦屏一级水电站混凝土人工骨料料源选择地质勘察报告	2005年8月
2		雅砻江锦屏一级水电站人工骨料料源选择地质报告	2005年8月
3		雅砻江锦屏一级水电站大坝河床坝基建基面选择工程地质专题研究报告	2006年8月
4		雅砻江锦屏一级水电站岩体物理力学特性及参数取值研究报告	2006年8月
5		雅砻江锦屏一级水电站枢纽区边坡稳定性分析及加固措施专题研究	2006年9月
6		雅砻江锦屏一级水电站大坝混凝土细骨料料源选择专题研究报告	2007年8月
7	阶段报告	雅砻江锦屏一级水电站两岸高程1885m以上开挖工程招标设计报告　工程地质	2004年11月
8		雅砻江锦屏一级水电站左岸基础处理工程招标设计报告　工程地质	2006年1月

续表

序号	地质勘察成果		完成时间
	分类	名称	
9	阶段报告	雅砻江锦屏一级水电站引水发电及泄洪洞工程招标设计报告　工程地质	2006 年 1 月
10		雅砻江锦屏一级水电站导截流工程招标设计报告　工程地质	2006 年 6 月
11		雅砻江锦屏一级水电站大坝工程招标设计报告　工程地质	2006 年 8 月
12		雅砻江锦屏一级水电站泄洪雾化区边坡及下游河道防护工程招标设计　工程地质	2007 年 12 月
13		雅砻江锦屏一级水电站右岸导流洞开裂破损区加固处理及其他工程招标设计报告　工程地质	2013 年 9 月

附表 B-3　　锦屏一级水电站施工详图设计阶段主要地质勘察成果汇总表

序号	地质勘察成果		完成时间
	分类	成果名称	
1	专题研究报告	雅砻江锦屏一级水电站泄洪雾化区左岸Ⅳ—Ⅵ线山梁及右岸猴子坡稳定分析及加固设计研究报告	2007 年 10 月
2		雅砻江锦屏一级水电站坝基岩体卸荷松弛评价及加固措施专题研究报告	2008 年 12 月
3		雅砻江锦屏一级水电站左岸抗力体岩体质量评价报告	2009 年 9 月
4		雅砻江锦屏一级水电站大坝建基岩体质量评价专题研究报告	2009 年 12 月
5		雅砻江锦屏一级水电站坝厂区导水裂隙网络及防排措施专题报告	2010 年 7 月
6		雅砻江锦屏一级水电站软弱岩带化学灌浆试验评价报告	2010 年 7 月
7		雅砻江锦屏一级水电站抗力体固结灌浆生产试验评价报告	2010 年 7 月
8		雅砻江锦屏一级水电站枢纽区自然边坡危岩体危害性分析及防护措施专题研究报告	2010 年 12 月
9		雅砻江锦屏一级水电站引水发电及泄洪洞工程设计调整报告	2011 年 4 月
10		雅砻江锦屏一级水电站右岸坝基 f_{18} 断层及煌斑岩脉化学灌浆效果评价报告	2012 年 3 月
11		雅砻江锦屏一级水电站左岸坝基 f_{LC13} 断层化学灌浆效果评价报告	2012 年 3 月
12		雅砻江锦屏一级水电站水库工程地质条件复核报告	2012 年 6 月
13		雅砻江锦屏一级水电站上游垮山洪水对锦屏一级大坝安全影响研究报告	2013 年 3 月
14		雅砻江锦屏一级水电站施工区主要支沟泥石流发育特征及其对工程影响研究报告	2013 年 4 月
15		雅砻江锦屏一级水电站大坝工程设计调整报告	2013 年 4 月
16		雅砻江锦屏一级水电站水库第一阶段蓄水后（库水位 1700m）库岸稳定性复核报告	2013 年 4 月
17		雅砻江锦屏一级水电站防震抗震研究设计复核专题报告	2013 年 5 月
18		雅砻江锦屏一级水电站施工区“8・30”地质灾害排查与治理设计报告	2013 年 6 月
19		雅砻江锦屏一级水电站枢纽工程运行说明书	2013 年 6 月
20		雅砻江锦屏一级水电站水库第二阶段蓄水后（库水位 1800m）库岸稳定性复核报告	2013 年 8 月

续表

序号	地质勘察成果		完成时间
	分类	成果名称	
21	专题研究报告	雅砻江锦屏一级水电站右岸导流洞开裂破损原因分析与加固设计报告	2013 年 11 月
22		雅砻江锦屏一级水电站水库初期蓄水大坝安全监测分析与评价专题报告	2014 年 2 月
23		雅砻江锦屏一级水电站水库第三阶段蓄水后（库水位 1840m）库岸稳定性复核报告	2014 年 5 月
24		雅砻江锦屏一级水电站枢纽工程设计变更汇总报告	2014 年 10 月
25		雅砻江锦屏一级水电站水库初期蓄水大坝及边坡安全监测分析与评价专题报告	2014 年 12 月
26		雅砻江锦屏一级水电站水库第四阶段蓄水至正常蓄水位 1880m 后库岸稳定性复核报告	2014 年 12 月
27		雅砻江锦屏一级水电站库水位首次自 1880m 消落至 1800m 后库岸稳定性复核报告	2015 年 7 月
28		雅砻江锦屏一级水电站第一～三期蓄水新增滑坡坍岸影响区范围界定地质专题报告	2015 年 7 月
29		雅砻江锦屏一级水电站水库 2015 年 1880m 水位库岸稳定性复核报告	2015 年 12 月
30		雅砻江锦屏一级水电站第四期蓄水新增滑坡坍岸影响范围界定地质专题报告	2016 年 8 月
31		雅砻江锦屏一级水电站水库 2016 年 1800m 水位库岸稳定性复核报告	2016 年 8 月
32	特咨团咨询报告	雅砻江锦屏一级水电站大坝坝基岩体质量评价及地质缺陷处理设计报告	2008 年 9 月
33		雅砻江锦屏一级水电站地下厂房洞室群施工期围岩稳定及支护设计报告	2008 年 9 月
34		雅砻江锦屏一级水电站左岸抗力体岩体质量评价及固结灌浆设计报告	2008 年 9 月
35		雅砻江锦屏一级水电站左岸边坡安全监测与稳定性反馈分析专题报告	2009 年 10 月
36		雅砻江锦屏一级水电站地下厂房洞室群施工期围岩稳定及支护设计报告（厂房开挖完成）	2010 年 5 月
37		雅砻江锦屏一级水电站 f_5 断层加固处理及水泥－化学复合灌浆设计报告	2011 年 8 月
38		雅砻江锦屏一级水电站大坝基础处理灌浆效果评价报告	2012 年 8 月
39	施工期科研报告	雅砻江锦屏一级水电站拱坝建基面岩体质量评价及加固措施研究报告	2010 年 6 月
40		雅砻江锦屏一级水电站左岸深卸荷裂缝发育特征及对工程安全影响研究	2010 年 12 月
41		雅砻江锦屏一级水电站左岸抗力体固结灌浆综合检测技术及处理效果评价总报告	2015 年 6 月
42	单项工程验收设计报告	雅砻江锦屏一级水电站工程截流验收设计报告	2006 年 11 月
43		雅砻江锦屏一级水电站 CⅡ标左岸高程 1885m 以上开挖工程完工验收设计报告	2008 年 7 月
44		雅砻江锦屏一级水电站 CⅡ标右岸高程 1885m 以上开挖工程完工验收设计报告	2008 年 11 月
45		雅砻江锦屏一级水电站导流洞下闸设计自检报告	2011 年 9 月
46		雅砻江锦屏一级水电站水垫塘和二道坝工程验收设计报告	2012 年 5 月
47		雅砻江锦屏一级水电站泄洪雾化区边坡及下游河道防护 CⅥ标工程完工验收设计报告	2014 年 2 月
48		雅砻江锦屏一级水电站引水发电系统及泄洪洞工程 CⅣ标工程完工验收设计报告	2015 年 6 月

续表

<table>
<tr><th rowspan="2">序号</th><th colspan="2">地质勘察成果</th><th rowspan="2">完成时间</th></tr>
<tr><th>分类</th><th>成果名称</th></tr>
<tr><td>49</td><td rowspan="3">单项工程验收设计报告</td><td>雅砻江锦屏一级水电站左岸基础处理工程 C V 标工程完工验收设计报告</td><td>2015 年 6 月</td></tr>
<tr><td>50</td><td>雅砻江锦屏一级水电站大坝左岸工程 CⅢ左岸标工程完工验收设计报告</td><td>2015 年 8 月</td></tr>
<tr><td>51</td><td>雅砻江锦屏一级水电站大坝右岸工程 CⅢ右岸标工程完工验收设计报告</td><td>2015 年 8 月</td></tr>
<tr><td>52</td><td rowspan="11">工程安全鉴定与验收报告</td><td>雅砻江锦屏一级水电站蓄水安全鉴定（第一阶段）设计自检报告（第三分册　工程地质）</td><td>2012 年 8 月</td></tr>
<tr><td>53</td><td>雅砻江锦屏一级水电站枢纽工程蓄水验收（第一阶段）设计验收报告（第三分册　工程地质）</td><td>2012 年 10 月</td></tr>
<tr><td>54</td><td>雅砻江锦屏一级水电站蓄水安全鉴定（第二阶段）设计自检报告（第三分册　工程地质）</td><td>2013 年 5 月</td></tr>
<tr><td>55</td><td>雅砻江锦屏一级水电站枢纽工程蓄水验收（第二阶段）设计验收报告（第三分册　工程地质）</td><td>2013 年 6 月</td></tr>
<tr><td>56</td><td>雅砻江锦屏一级水电站首批机组（5、6 号）启动验收设计报告</td><td>2013 年 7 月</td></tr>
<tr><td>57</td><td>雅砻江锦屏一级水电站蓄水安全鉴定（第三阶段）设计自检报告（第三分册　工程地质）</td><td>2013 年 9 月</td></tr>
<tr><td>58</td><td>雅砻江锦屏一级水电站枢纽工程蓄水验收（第三阶段）设计验收报告（第三分册　工程地质）</td><td>2013 年 9 月</td></tr>
<tr><td>59</td><td>雅砻江锦屏一级水电站蓄水安全鉴定（第四阶段）设计自检报告（第三分册　工程地质）</td><td>2014 年 5 月</td></tr>
<tr><td>60</td><td>雅砻江锦屏一级水电站枢纽工程蓄水验收（第四阶段）设计验收报告（第三分册　工程地质）</td><td>2014 年 7 月</td></tr>
<tr><td>61</td><td>雅砻江锦屏一级水电站枢纽工程竣工安全鉴定设计自检报告（第三分册　工程地质）</td><td>2015 年 10 月</td></tr>
<tr><td>62</td><td>雅砻江锦屏一级水电站枢纽工程专项验收设计自检报告（第三分册　工程地质）</td><td>2016 年 3 月</td></tr>
</table>

附录C 获 奖 情 况

附表C 锦屏一级水电站工程地质勘察与科研成果获奖项目汇总表

序号	类别	项目名称	颁奖机构	获奖等级	获奖时间
1	科技进步奖	深切河谷水电工程高边坡稳定性与支护设计研究	中国水电顾问集团公司	一等奖	2006年
2			四川省人民政府	二等奖	2007年
3		西南地区水电工程高边坡稳定性与支护设计研究	中国岩石力学与工程学会	一等奖	2008年
4		西南地区水电工程复杂高陡边坡稳定控制技术	中国岩石力学与工程学会	特等奖	2010年
5		岩石高边坡稳定性反馈分析和预警系统关键技术研究	四川省人民政府	三等奖	2011年
6			中国电机工程学会、中国电力科学技术奖励工作办公室	三等奖	2011年
7		高陡斜坡危岩体稳定性研究	中国电力建设集团有限公司	一等奖	2014年
8			水力发电工程学会、水力发电科学技术奖励委员会	二等奖	2014年
9		高地应力地下洞室群围岩变形稳定控制技术	中国岩石力学与工程学会	一等奖	2016年
10		锦屏一级地下厂房洞室群围岩破裂扩展机理与长期稳定控制关键技术	中国电力建设集团有限公司	一等奖	2017年
11			中国岩石力学与工程学会	特等奖	2017年
12	优秀工程勘察设计奖	四川省雅砻江锦屏一级水电站工程勘察	中国电力规划设计协会	一等奖	2014年
13			四川省住房和城乡建设厅	一等奖	2015年
14			中国电力建设股份有限公司	一等奖	2016年
15			中国勘察设计协会	一等奖	2017年
16	中国土木工程詹天佑奖	雅砻江锦屏一级水电站	中国土木工程学会		2018年（第十五届）
17	菲迪克（FIDIC）工程项目奖	雅砻江锦屏一级水电站	国际咨询工程师联合会（FIDIC，菲迪克）	工程项目杰出成就奖	2018年
18	国家优质工程奖	雅砻江锦屏一级、二级水电站工程	中国施工企业管理协会	金奖	2019年

参 考 文 献

[1] 能源部水利部成都勘测设计院. 四川省雅砻江干流水电规划报告（卡拉至江口河段）[R]. 成都：1992.

[2] 中国水电顾问集团成都勘测设计研究院. 四川省雅砻江锦屏一级水电站预可行性研究报告 [R]. 成都：1999.

[3] 中国水电顾问集团成都勘测设计研究院. 四川省雅砻江锦屏一级水电站可行性研究报告 3 工程地质 [R]. 成都：2003.

[4] SDJ 14—78 水利水电工程地质勘察规范（试行）[S]. 北京：中国计划出版社，1975.

[5] GB 50287—2006 水力发电工程地质勘察规范 [S]. 北京：中国计划出版社，2006.

[6] DL/T 5414—2009 水电水利工程坝址工程地质勘察技术规程 [S]. 北京：中国电力出版社，2009.

[7] DL/T 5415—2009 水电水利工程地下建筑物工程地质勘察技术规程 [S]. 北京：中国电力出版社，2009.

[8] 彭土标，袁建新，王慧明，等. 水力发电工程地质手册 [M]. 北京：中国水利水电出版社，2011.

[9] 张倬元，王士天，王兰生，等. 工程地质分析原理 [M]. 北京：地质出版社，2016.

[10] 孙广忠. 岩体结构力学 [M]. 北京：科学出版社，1988.

[11] 张世殊，冉从彦，裴向军，等. 环境边坡危岩体勘察 [M]. 北京：中国水利水电出版社，2014.

[12] 廖忠礼，邓永福，廖光宇. 四川锦屏地区新生代冲断作用 [J]. 大地构造与成矿学，2003，27（2）：152－159.

[13] 宋胜武，郑汉淮，巩满福. 左岸深部裂缝的地质特征及成因分析 [J]. 人民长江，2009，40（18）：34－36.

[14] 胡波，巩满福，郑汉淮，等. 基于精细结构描述及数值试验的节理岩体参数确定与应用 [J]. 岩石力学与工程学报，2007，26（12）：2458－2465.

[15] 王新峰，杨静熙，郑汉淮. 基于野外测量数据的裂隙间距箱线图法初探——以锦屏一级水电工程厂房为例 [J]. 安全与环境工程，2010，17（2）：103－107，122.

[16] 李晓，胡耀飞，贾疏源. 锦屏普斯罗沟坝址右岸地下水连通试验 [J]. 地质灾害与环境保护，2002，13（4）：51－55.

[17] 虞修竞，胡耀飞，王能峰，等. 锦屏山地下水碳酸碳氧同位素组成 [J]. 地球科学进展，2004，19（增）：132－134.

[18] 胡耀飞，宋胜武. 雅砻江锦屏水电站坝址区右岸地下水系特征及其工程意义 [J]. 水土保持研究，2006，13（6）：22－24.

[19] 王新峰，杨静熙，郑汉淮，等. 一种层状岩体压水试验成果计算分析渗透性的新方法 [J]. 水文地

质工程，2011，38（1）：46－52.

[20] 李小波，祝华平. 锦屏一级水电站左岸深部裂缝岩体灌浆试验研究 [J]. 水电站设计，2009，25（1）：54－56.

[21] 王胜，黄润秋，祝华平. 锦屏一级水电站 f_5 断层、煌斑岩脉复合灌浆技术研究 [J]. 工程地质学报，2012，20（3）：440－446.

[22] 王胜，黄润秋，祝华平. 锦屏一级水电站左岸抗力体基础处理洞室群围岩稳定性分析 [J]. 探矿工程（岩石钻掘工程），2009，36（9）：72－76.

[23] 祝华平，刘忠绪，李小波. 西南某水电站 f_5 断层化学复合灌浆试验研究 [J]. 中国水运，2010，10（11）：201－202.

[24] 李小波，孙云. 西南某水电站抗力体煌斑岩脉复合灌浆试验研究 [J]. 四川水利发电，2013，32（1）：8－10.

[25] 冯学敏，陈胜宏，李文纲. 岩石高边坡开挖卸荷松弛准则研究与工程应用 [J]. 岩土力学，2009，30（增2）：452－456.

[26] 李小波，杨静熙. 锦屏一级水电站右岸高位危岩体成因机制与防治对策研究 [J]. 四川水力发电，2010，29（3）：82－86.

[27] 向伯宇，姜清辉，宋胜武，等. 深埋混凝土抗剪结构加固设计方法及其在大型边坡工程治理中的应用 [J]. 岩石力学与工程学报，2012，31（2）：289－302.

[28] 申艳军，徐光黎，宋胜武，等. 高地应力区水电工程围岩分类法系统研究 [J]. 岩石力学与工程学报，2014，33（11）：2267－2275.

[29] 周雄华，沈军辉，王兰生. 锦屏一级水电站坝址区雾化边坡稳定性分析 [J]. 地质灾害与环境保护，2004，15（1）：65－69.

[30] 黄润秋，霍俊杰. 锦屏Ⅰ级水电站坝基岩体块度指数量化取值分析 [J]. 岩石力学与工程学报，2011，30（3）：449－453.

[31] 黄达，黄润秋，周江平，等. 雅砻江锦屏一级水电站坝区右岸高位边坡危岩体稳定性研究 [J]. 岩石力学与工程学报，2007，26（1）：175－181.

[32] 霍俊杰，黄润秋，严明，等. 锦屏一级坝区右岸建基面绿片岩工程地质性质研究 [J]. 太原理工学院学报，2010，41（6）：751－755.

[33] 霍俊杰，黄润秋，董秀军，等. 3D 激光扫描与岩体结构精细测量方法比较研究——以锦屏一级水电站为例 [J]. 湖南科技大学学报，2011，26（3）：39－44.

[34] 邓荣贵，张倬元，王士天，等. 锦屏电站坝区Ⅰ类结构面地质—力学特征研究 [J]. 成都理工学院学报，1996，23（4）：10－16.

[35] 邓荣贵，张倬元，黄润秋，等. 锦屏一级水电站坝区岩体结构面特征研究 [J]. 地质灾害与环境保护，1996，7（1）：35－40，53.

[36] 徐佩华，黄润秋，陈剑平，等. 锦屏复杂结构谷坡应力场反演模拟与特征分析[J]. 岩土力学，2012，33（增2）：329－337.

[37] 徐佩华，黄润秋，陈剑平，等. 高地应力区复杂结构河谷应力场特征——以锦屏Ⅰ级水电站为例[J]. 吉林大学学报，2013，43（5）：1523－1532.

[38] 刘明，黄润秋，严明，等. 锦屏一级左岸垫座以下坝基地质缺陷初步评价[J]. 工程地质学报，2010，18（6）：933－939.

[39] 刘明，黄润秋，严明. 锦屏一级水电站Ⅳ—Ⅵ山梁雾化边坡稳定性分析[J]. 岩石力学与工程学报，2006，25（增1）：2801－2807.

[40] 裴向军，黄润秋，李正兵，等. 锦屏一级水电站左岸卸荷拉裂松弛岩体灌浆加固研究[J]. 岩石力学与工程学报，2011，30（02）：284－288.

[41] 林锋，黄润秋，严明. 锦屏水电站左岸坝头边坡变形拉裂岩体稳定性评价[J]. 成都理工大学学报，2009，36（5）：487－491.

[42] 荣冠，朱焕春，王思敬. 锦屏一级水电站左岸边坡深部裂缝成因初探[J]. 岩石力学与工程学报，2008，27（增1）：2855－2863.

[43] 林华章，裴向军. 锦屏一级水电站猴子坡危岩区稳定性研究[J]. 科学技术与工程，2014，30（14）：91－96.

[44] 赵德军，陈洪德，吴德超. 雅砻江锦屏一级水电站左岸深部裂缝成因机制探讨[J]. 水文工程地质，2011，38（6）：102－107.

[45] 任爱武，伍法权，范永波. 复杂地质条件下顶拱大型不稳定块体分析与预测[J]. 工程地质学报，2008，16（6）：788－792.

[46] 朱文彬，伍法权，任爱武. 复杂构造条件下大型地下工程开挖局部不稳定块体分析与预测[J]. 中国地质灾害与防治学报，2009，20（4）：130－134.

[47] 衣晓强，伍法权，熊峥. 锦屏一级水电站地下厂区破坏成因分析[J]. 工程地质学报，2010，18（2）：267－272.

[48] 王东，伍法权，任爱武. 锦屏一级水电站引渠内侧自然边坡的稳定性[J]. 工程地质学报，2008，16（6）：793－797.

[49] 安关峰，伍法权. 锦屏水电站左坝肩岩体深卸荷带成因分析[J]. 岩土力学，2003，24（2）：300－303.

[50] 祁生文，伍法权，丁振明，等. 从工程地质类比的角度看锦屏一级水电站左岸深部裂缝的形成[J]. 岩石力学与工程学报，2004，23（8）：1380－1384.

[51] 祁生文，伍法权，兰恒星. 锦屏一级水电站普斯罗沟左岸深部裂缝成因的工程地质分析[J]. 岩土工程学报，2002，24（5）：596－599.

[52] 祁生文，伍法权. 锦屏一级水电站普斯罗沟左岸深部裂缝变形模式[J]. 岩土力学，2002，23（6）：817－820.

[53] 王胜. 锦屏一级水电站左岸抗力体地质缺陷及加固处理技术研究[D]. 成都：成都理工大学，2011.

[54] 肖延亮，尹习双，周小波. 组合骨料对锦屏一级大坝混凝土性能影响的试验研究 [J]. 水电站设计，2011，27（4）：70－71，82.

[55] 张伟锋，刘亚洲，曹驾云，宋祺弢. 锦屏一级水电站大坝混凝土细骨料料源选择 [J]. 中国水能及电气化，2012（11）：48－54.